IB BIOLOGY
STUDENT WORKBOOK

ワークブックで学ぶ
生物学の基礎
〈第3版〉

Tracey Greenwood
Lissa Bainbridge-Smith
Kent Pryor
Richard Allan 共著
後藤太一郎 監訳

Original English language editions:

IB BIOLOGY – Student Workbook 2014
Copyright © 2014 Richard Allan

Senior Biology 1 – Student Workbook 2011
Senior Biology 2 – Student Workbook 2011
Copyright © 2010 Richard Allan

Published by BIOZONE International Ltd.

Japanese translation of selected pages from the original editions
Basic Biology – Study with Workbook
(Workbook de Manabu Seibutsugaku no Kiso - 3rd Edition)
Copyright © 2015 Ohmsha, Ltd.

Translation rights arranged with BIOZONE International Ltd.

Photo Credits

IB BIOLOGY

Dartmouth College for microscopy images • Louisa Howard, Dartmouth College • Kent Pryor • Wintec • Waikato Hospital for Karyogram images • Scott McDougall • Roslin Institute for the photo of Dolly the sheep • Rhys Barrier, University of Waikato for mudfish images and data • Pennsylvania State University College of Medicine • Katherine Connollly, Dartmouth College electron microscope facility • Dan Butler • PEIR Digital Library • deborahripley. com for the photo of her mother with COPD • John Mahn PLU, for the cross section of a dicot leaf • Rita Willaert, Flickr, for the photograph of the Nuba woman • Aptychus, Flickr for use of the photograph of the Tamil girl • Landcare Research • Kerry Suter

Senior Biology 1

• Charles W. Brown for the photographs of the 7 subspecies of Ensatina • Dena Borchardt at HGSI for photos of large scale DNA sequencing • Campus Photography at the Uni. of Waikato (NZ) for photographs of monitoring equipment • Dept. of Natural Resources, Illinois, for the photograph of the threatened prairie chicken • Dartmouth College for TEMs of cell structures • Genesis Research & Development Corp. Auckland (NZ), for the photo used on the HGP activity • Wadsworth Centre (NYSDH) for the photo of the cell undergoing cytokinesis,• Missouri Botanical Gardens for their photograph of egg mimicry in Passiflora • Alex Wild for his photograph of swollen thorn Acacia • The late Ron Lind for his photograph of stromatolites • Marc King for photographs of comb types in poultry • Pharmacia (Aust) Ltd. for providing the photographs of DNA gel sequencing • The Roslin Institute, for their photographs of Dolly • Dr. Nita Scobie, Cytogenetics Department, Waikato Hospital (NZ) for chromosome photographs • Dr. David Wells, AgResearch, NZ, for his photos on livestock cloning, • Alan Sheldon Sheldon's Nature Photography, Wisconsin for the photo of the lizard without its tail • Jeremy Kemp for the tick photos • Ed Uthman for the image of the nine week human embryo • Seotaro for photo of topminnow • Leo Sanchez and Burkhard Budel for use of their photographs in the activities on Antarctic springtails • Greenpeace for photos used for the ethics of gene technology • Adam Luckenbach and the North Carolina State University for use of the poster image on sex determination in flounder • The three-spined stickleback image was originally prepared by Ellen Edmonson as part of the 1927-1940 New York Biological Survey. Permission for use granted by the New York State Department of Environmental Conservation • ms.donna for the photo of the albino child • California Academy of Sciences for the photo of the ground finch • Rita Willaert, Flickr, for the photograph of the Nuba woman • Aptychus, Flickr for use of the photograph of the Tamil girl

Senior Biology 2

• The late Dr. M. Soper, for his photograph of the waxeye feeding chicks • Stephen Moore, for his photo of a hydrophyte, Myriophyllum and for his photos of stream invertebrates • Dr Roger Wagner, Dept of Biological Sciences, University of Delaware, for the LS of a capillary • Dan Butler for his photograph of a finger injury • PASCO for their photographs of probeware (available for students of biology in the USA) • The three-spined stickleback image, which was originally prepared by Ellen Edmonson as part of the 1927-1940 New York Biological Survey. Permission for use granted by the New York State Department of Environmental Conservation. • Wellington Harrier Athletics Club • Helen Hall for the picture of her late husband Richard Hall • Janice Windsor, for photographs taken 'on safari' in East Africa • LJ Grauke, USDA-ARS Pecan Breeding & Genetics, for his photograph of budscales in shagbark hickory • Simon Pollard, for his photograph of the naked mole rat • UC Regents David campus • D. Fankhauser-University of Cincinnati, Clermont College • Bruce Wetzel and Harry Schaefer, National Cancer Institute • Charles Goldberg, UCSD School of Medicine • Ian Smith • Rogan Colbourne • Karen Nichols for the photograph of the digger wasp

IB BIOLOGY, Senior Biology1, Senior Biology2

Contributors identified by coded credits are: **BF**: Brian Finerran (Uni. Of Canterbury), BH: Brendan Hicks (Uni. of Waikato), **BOB**: Barry O'Brien (Uni. of Waikato), **CDC**: Centers for Disease Control and Prevention, Atlanta, USA, COD: Colin O'Donnell, DEQ: Dept of Environment Queensland Ltd., DNRI: Dept of Natural Resources, Illinois, **DH**: Don Horne DM: Dartmouth College, DOC: Dept of Conservation (NZ), **DS**: Digital Stock, **DW**: David Wells at Agresearch, **EII**: Education Interactive Imaging, EW: Environment Waikato, GW: Graham Walker, **FRI**: Forestry Research Institute, GW: Graham Walker, HGSI: Human Genome Sciences Inc., IF: I. Flux (DoC), JB-BU: Jason Biggerstaff, Brandeis University, JDG: John Green (Uni. of Waikato), MPI: Max Planck Institute for Developmental Biology, Germany **NASA**: National Aeronautics and Space Administration, **NIH**: National Institutes of Health **NOAA**: National Oceanic and Atmospheric Administration, **NYSDEC**: New York State Dept of Environmental Conservation, PH: Phil Herrity, **RA**: Richard Allan, **RCN**: Ralph Cocklin, RL: Ron Lind, TG: Tracey Greenwood, USDA: United States Department of Agriculture, **WBS**: Warwick Silvester (Uni. of Waikato), **WMU**: Waikato Microscope Unit.

はじめに

ニュージーランドのBiozone社は，高校生物を学び，教えるための優れた教材を作成するために1988年に設立された出版社です。世界中の学校で，生物学の教育遂行能力を向上させることをゴールとしてあげており，生徒が教室だけでなく，将来も成功するようにと考えている教師の毎日の挑戦を支援することを真髄としています。また，生徒を刺激し(excite)，豊かにし(enrich)，活動させ(engage)，力づける(empower)ことを基本的な教育目標としています。これらは，教育改革と職能教育が進んでいるニュージーランドの発想と言えます。

『ワークブックで学ぶ生物学』は，このBiozone社が最初に出版した生物学教科書"SeniorBiology"を抜粋翻訳し，初版を2010年9月出版しました。"SeniorBiology"は毎年改訂版が出されていることから，2012年には改訂版を出版しました。Biozone社はレベルの異なる教科書を複数出版するようになり，2014年より，SeniorBiology"の改訂を止め，新たに"IB Biology"というタイトルの教科書を出版しました。これは"SeniorBiology"の内容が基本となっていますがIB(International Bacalorea 国際バカロレア)に対応した構成となっており，特にヒトを中心とした内容が強化されています。国内でも国際バカロレアの普及・拡大が推進される中で，本書はこれからの生物教育に適していると考え，ここに，『ワークブックで学ぶ生物学　第3版』として出版する運びとなりました。
"IB Biology"は，"SeniorBiology"同様にワークブック形式の総ページ数450ページの教科書で，大きく分けるとコア(core)と発展(AHL)から成ります。翻訳にあたり，IBで扱う学習項目を満たしながらも，高校や大学初年次教育に使いやすくするために抜粋翻訳としました。第2版までには収められなかった，神経系，生殖系，免疫系を加えたことから，一層充実した構成となっています。しかし，原著の中の「生物学の方法」に関する内容は，姉妹書　『ワークブックで学ぶ生物学実験の基礎』と重複するために，系統分類の一部を含めるにとどめて，本書では除いています。

Biozone社のワークブックの最大の特徴は，図がわかりやすい，1〜2ページで1つの課題が完結していて教師が教えやすい，内容理解と思考を発展させる質問がある，ワークブック形式なので自学自習しやすいという点にあります。そして，何よりも私たちが生きていくうえで必要な生物学の学習内容であり，これはすべてBiozone社の出版目標を満たしているものです。

本書の出版はオーム社の方々のご努力なしには成し得なかったことであり，特に，多くの生物学関連書の編集を手掛けておられる加藤法子さんの編集協力のおかげで，第2版での記述についてもさらにわかりやすいものになったほか，原著の誤りについても適切な修正がなされました。この場を借りて深くお礼申し上げます。

訳者を代表して

2015年11月

後藤　太一郎

目次

第1章

生命の起源に関する研究

重要概念：生命がどのように誕生したのかは，いまだ謎のままである。しかし，生命がこつ然とどこからともなく出現することはない，ということは多くの実験によって示されている。

人間は長い間，生命体が火や水，土などの環境要素から，自然発生的に生ずると信じてきた。しかし1862年，ルイ・パスツールはそれが誤りであることを実験によって示した（下図）。1950年代，スタンレー・ミラーとハロルド・アレーは原始地球の状態を再現し，生命の発生につながる前駆物質を生成しようとした。彼らの実験は，最初の生命がどのような条件のもとで発生したのか，私たちの理解を促すものとなった。

パスツールの実験

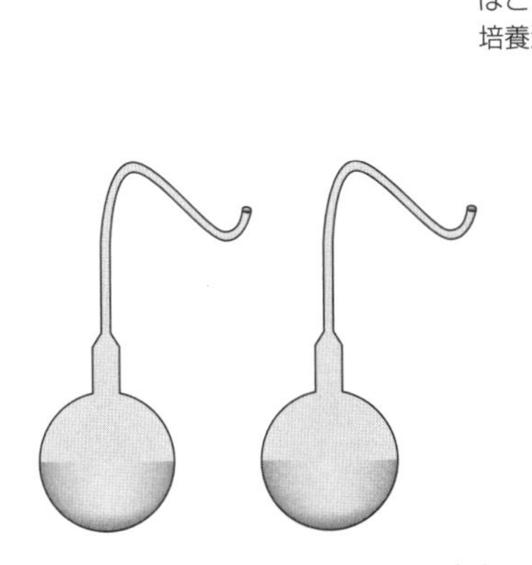

ルイ・パスツールは自然発生の考えが誤っていることを簡単な実験で示した。まず，2つの白鳥の首フラスコに培養液を入れ，加熱してその中の微生物を死滅させる。

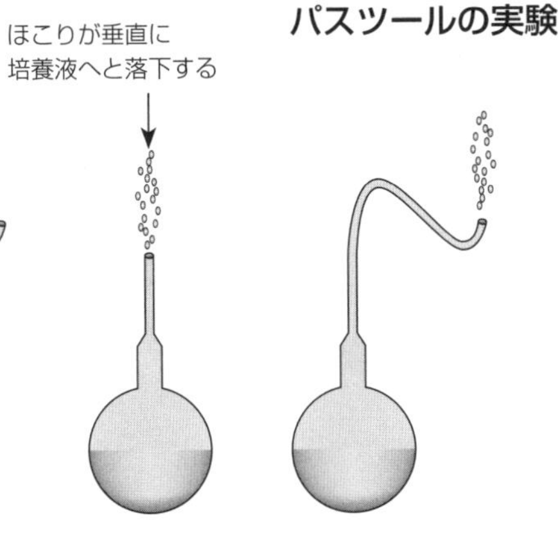

一方のフラスコの首を折って，空気や（微生物が付着した）ほこりが培養液に直接入るようにする。もう一方のフラスコは管が白鳥の首の形になっているため培養液にはほこりが入らいない。

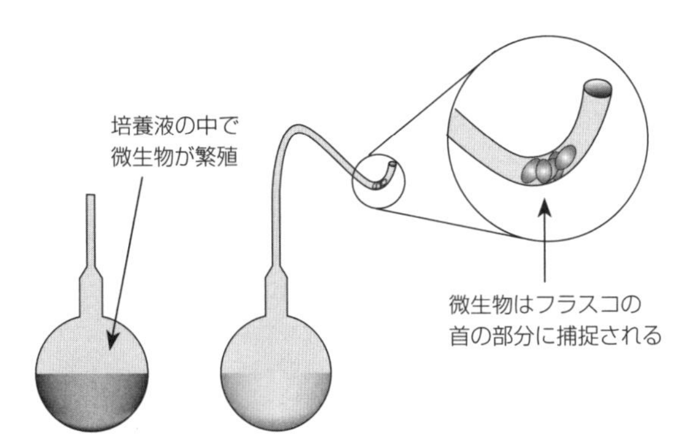

やがて，首を折ったフラスコの培養液は濁ってくる。これは微生物が増殖したことを示している。首を折っていない方は変化しない。この現象から，パスツールは自然発生は起こらないと結論づけた。

ミラーとアレーの実験

ミラーとアレーは，当時の研究者たちが考えていた地球の原始大気の組成を模した混合ガスを作製し，反応容器に満たした。ガスを熱し，雷を模して放電を行った（右図）。実験を1週間続け，集液槽からサンプルを集めて分析したところ，炭素成分（メタンから）の4%がアミノ酸に変換していた。

続く実験から，生物を構成する20種のアミノ酸すべてと，核酸，いくつかの糖類，脂質，アデニン，そしてATP（フラスコにリン酸を添加した条件下で）を生成することができた。現代の研究者たちは，原始大気は現在でも見られる火山ガスの組成，つまり，一酸化炭素（CO），二酸化炭素（CO_2），窒素（N_2）などと同様であったと考えている。これらのガスを混合して同じ実験をしても，反応物のほとんどは同じになる。
※ 酸素がないことに注意しよう。

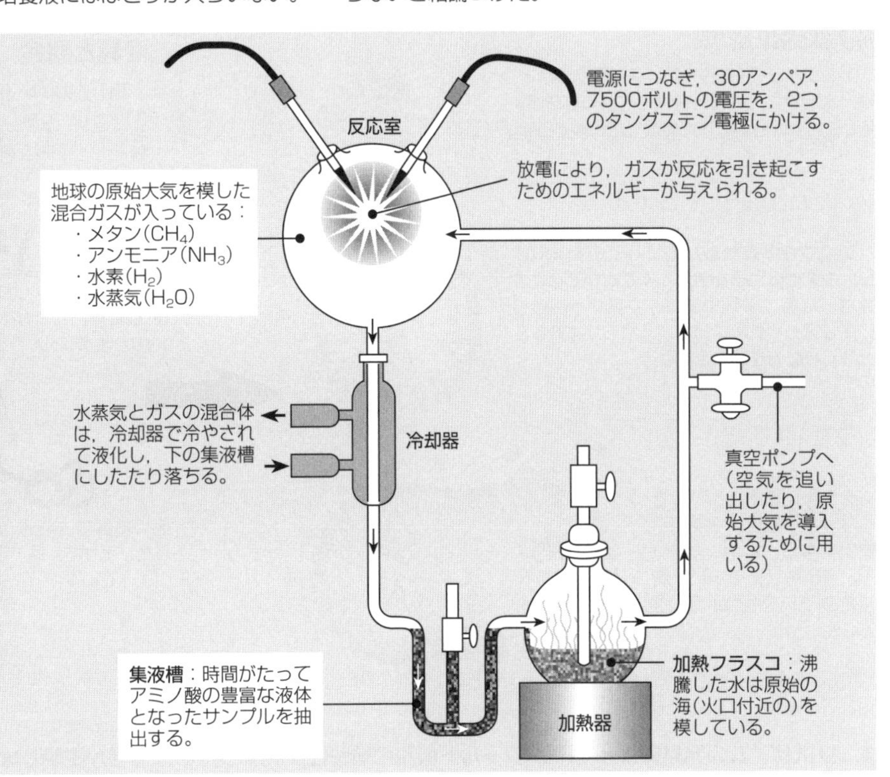

1. パスツールの導き出した結論によって何が証明されたのか，説明しなさい。 ______

______

______

______

2. 原始地球の状態を模したミラーとアレーの実験で，次に対応するのは装置のどの部分か示しなさい。

(a) 原始大気：______　(b) 雷：______

(c) 原始海洋：______　(d) 火山の熱：______

原始細胞

重要概念：おそらく自己複製するRNA分子から始まり，いくつもの小さな進化のステップを経ることで，最初の細胞が登場した。

生命がどのように始まったのかを理解するうえで鍵となるのは，いかに生体情報が最初に蓄えられ，コピーされ，複製されたかにある。現存する生物は，生命の歴史が始まったころには存在しなかったような複雑な複製のための分子を大量に必要とする。1982年のリボザイムの発見（最初の仮説から15年後）は，この問題の一部を解くのに役立った。リボザイムはRNAからつくられる酵素であり，かつ，生体情報を蓄えることができる。リボザイムはもとのRNA分子の複製を触媒することもできる。このRNAの自己複製メカニズムから，「RNAワールド」という仮説が導かれた。

RNAワールド

RNAは，情報を蓄積する媒体，かつ，酵素のような触媒機能をもつ媒体の双方として働くことができる。したがって，遺伝子の形成には酵素が必要であり，酵素の形成には遺伝子が必要であるという問題を解決してくれる。進化の第1段階では，ヌクレオチドのスープの中から自己複製する酵素活性をもったRNA分子が出現し，RNA分子がタンパク質合成を始めたのかもしれない。しかし，RNAの構成成分であるリボースは不安定な物質であるため，RNAを生命の前駆物質とみなすには問題がある。そこで，前RNAワールドに，RNAよりも単純で安定なPNA（ペプチド核酸）のような分子（右図）が，最初の触媒であり鋳型分子として存在していたと考えられている。

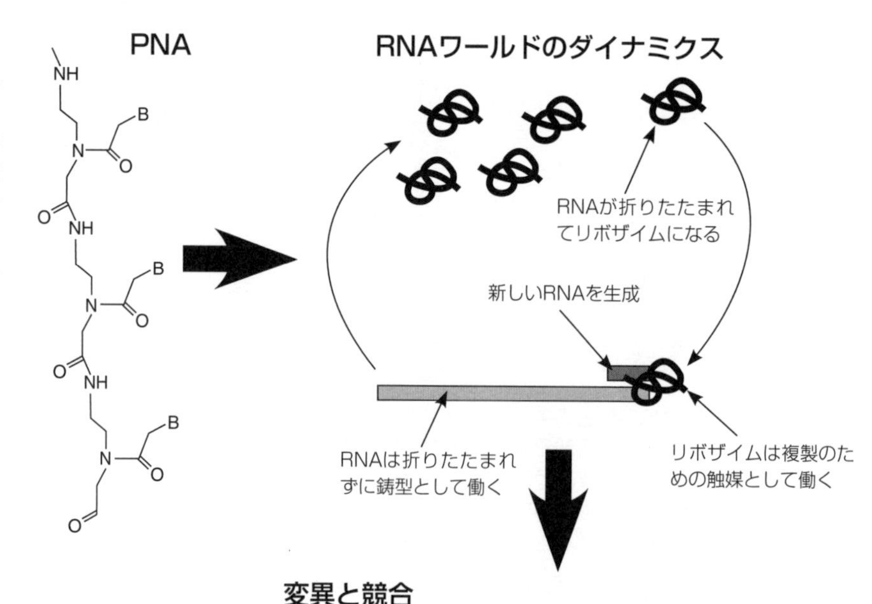

変異と競合

自己複製するRNA分子が確立した後，何らかの競合が起こっただろう。もとのRNAから誤った複製が発生し，多様な新しいRNAをつくり出した。

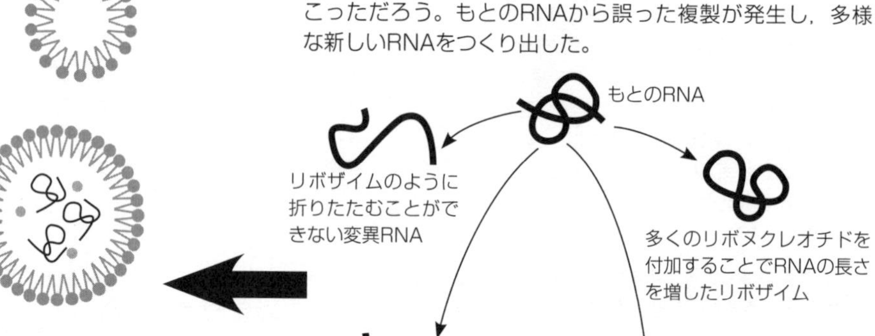

速く複製できるように変異したリボザイムは，より速く広まっていく

RNAをタンパク質に翻訳できるようになった変異リボザイム

原始細胞の形成

あるタイプの有機物（たとえば脂肪酸など）は，水溶液に入れると容易にミセルを形成する。ミセルは分子が弱く集合した状態である。

いくつかのミセルが結合して小胞を形成し，中に他の分子を包含することができる大きさになる。RNAやタンパク質が小胞の中に閉じ込められることで，それらが離れることなく複製できるようになる。

ミセルの結合により大きくなった小胞は，徐々に不安定になり，2つに分かれる。各小胞はその中に不特定数のRNAをもつようになる。

1. リボザイムの発見によってRNAワールド仮説の信頼性が高まったのはなぜか説明しなさい。

2. どのようにしてRNA鋳型の変異が進化の第1段階を引き起こしたか説明しなさい。

真核生物の起源

重要概念：真核細胞は，小さな原核細胞が大きな原核細胞に飲み込まれて共生関係をつくった結果生まれたと考えられている。

最初の真核細胞は単細胞であるため，微小化石としては本当にまれに発見される程度である。最古の化石記録は21億年前であるが，分子学的には真核細胞の系統はそれよりもさらに古く，生命の起源に近いと考えられている。最初に提唱された細胞内共生説（マーグリス，1970年）は，真核細胞は2つの原核細胞の間に起こった細胞内共生の結果として生じたというもので，原核細胞の1つは好気的であり，それがミトコンドリアになったとしている。その後，真核細胞は核や鞭毛をもったものから生じ，さらに，細胞内共生によってミトコンドリアや葉緑体を獲得したという仮説に修正された。原始的な真核細胞は，おそらく紅色細菌を取り込むことでミトコンドリアを獲得したのだろう。同様に，葉緑体は原始的なシアノバクテリアを取り込むことで獲得したのだろう。いずれの場合も，これらの細胞小器官は代謝の一部を宿主細胞の核に依存するようになった。ミトコンドリアと異なり，葉緑体の起源は多系統であると考えられていることから，葉緑体はいくつかの生物によって独立的に獲得されたのかもしれない。

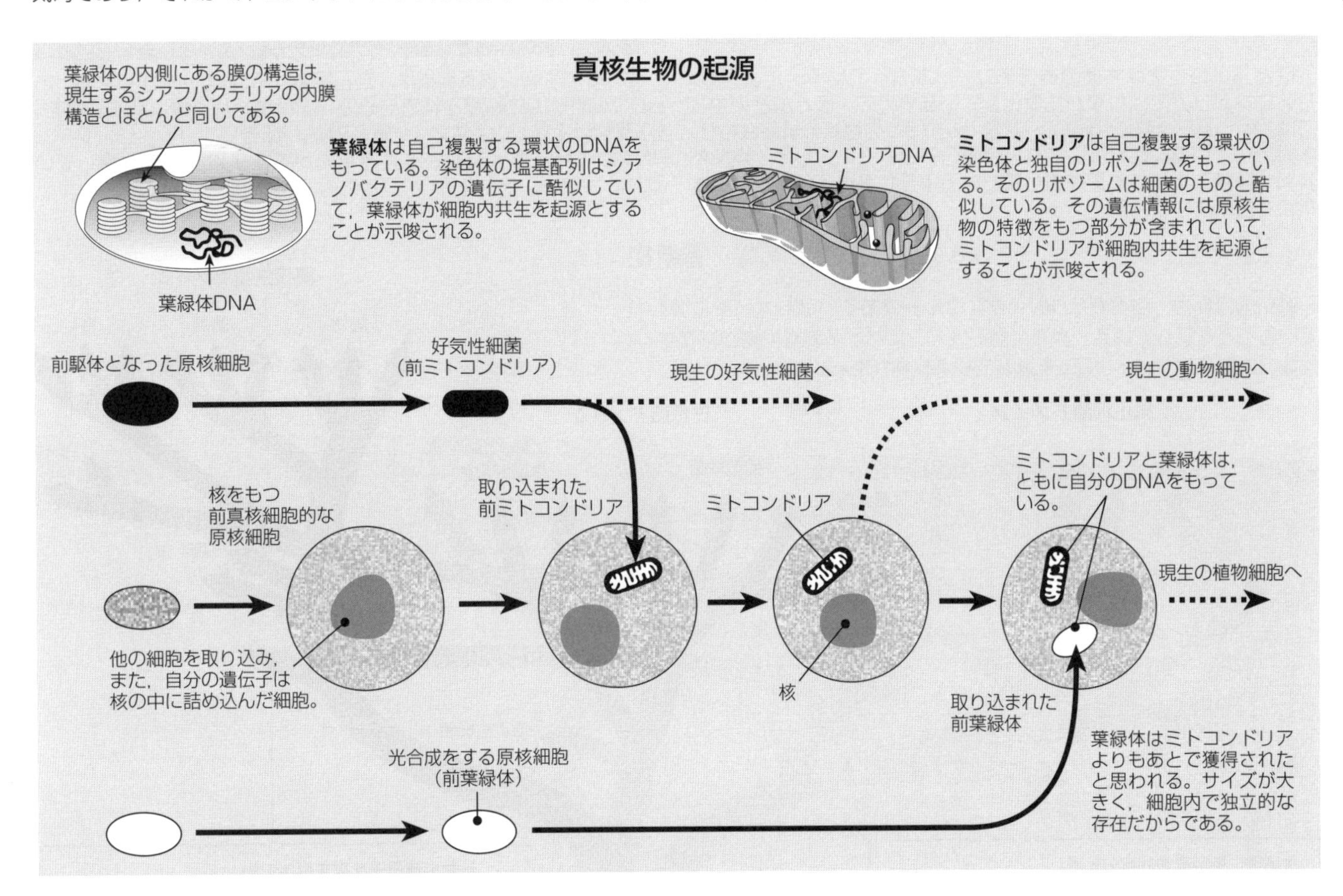

1. 細胞内共生説に示された進化の順序を，2段階に分けて述べなさい。

2. 細胞内共生説は，以下の真核細胞の細胞小器官の起源をどのように説明できるか述べなさい。

(a) ミトコンドリア：

(b) 葉緑体：

3. 細胞内共生説を支持する証拠として，現在のミトコンドリアと葉緑体に見られる共通点を述べなさい。

生命共通の祖先

重要概念：地球上において今日見られるすべての生物は，共通の祖先に由来する。

生物を分類する古典的な方法は，形態的な比較に基づいていた。しかし，生物のDNAやRNA，タンパク質を比較して進化の中での類縁関係を調べる分子学的手法が発展したことで，生物分類は大幅に修正されてきた。分子的な証拠に基づき，科学者たちは真核生物の起源により迫ることができ，（原核生物界が1つあるのではなく）2つの原核生物ドメインがあることを明らかにした。すべての生命が共通祖先に由来することの強力な証拠は，すべての生命の遺伝子コードに共通性が見られ，すべての細胞の分子機構が類似性を示すことである。

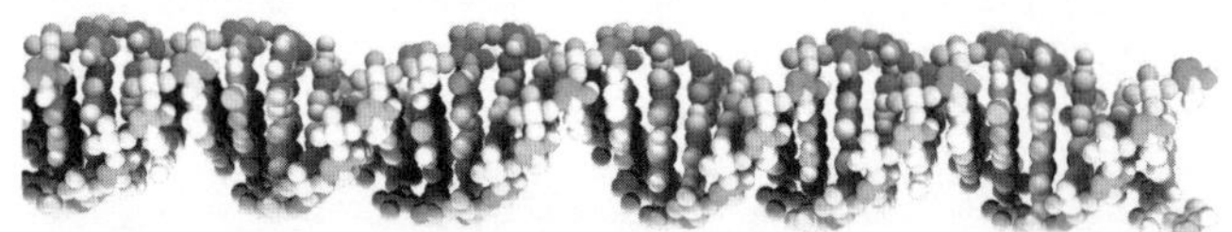

ほとんどの生物は共通の遺伝子コードをもっている。たとえば，ミトコンドリアではわずかに変化しているものの，ほとんどの生物では，同じアミノ酸には同じトリプレット（3つの塩基の組み合わせ）が対応している。これは，これらの遺伝子コードに対して，点突然変異や翻訳エラーの影響が最小限となるような選択圧がかかってきたことを示唆している。

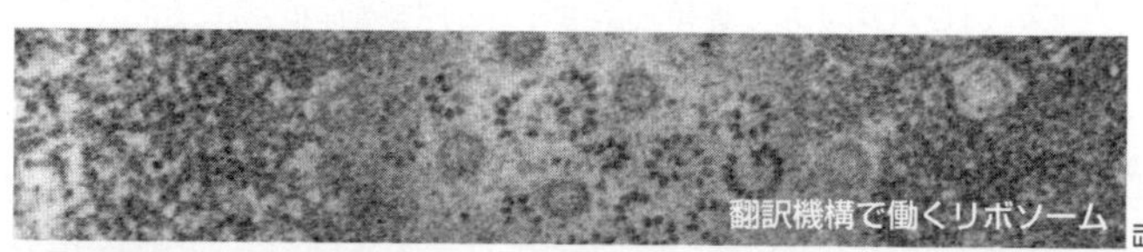

翻訳機構で働くリボソーム

すべての生物の遺伝機構は，自己複製するDNA分子からなる。あるDNAはRNAに転写されて，その一部がタンパク質に翻訳される。翻訳機構（上図）にはタンパク質とRNAが関与している。リボソームRNAの分析結果は普遍的な共通祖先が存在することを支持している。

系統樹

遺伝的証拠は，生命が3つの大きなグループあるいはドメインに分かれていることを示している。真核生物ドメインにだけ多細胞生物が存在する。複数の遺伝子がドメイン間で転移している証拠がある。

真正細菌ドメイン

その他のバクテリア　シアノバクテリア　プロテオバクテリア（多くは病原菌）

古細菌ドメイン

硫黄細菌　メタン菌，超好熱菌，高度好塩菌　コル古細菌

真核生物ドメイン

動物　菌類　植物　藻類　繊毛虫　他の単細胞真核生物

葉緑体のもとになったバクテリア

ミトコンドリアのもとになったバクテリア

最初の普遍的共通祖先（LUCA）

古細菌に近い真核細胞の起源

古細菌のRNAポリメラーゼ（DNAを転写する酵素）は，細菌のものよりも真核生物のものに類似している。また，古細菌のリボソームタンパク質の構成は真核生物のものに似ている。これらの分子機構の類似性は，真核生物が細菌ではなく古細菌から派生してきたことを示している。

細菌の遺伝子を宿す真核生物

真核生物には，光合成や細胞呼吸とは関係のない細菌の遺伝子が存在することを示す新しい証拠が見つかった。このことは進化の過程で種を超えた遺伝子の水平伝播（転移）が起こったと考えると説明できる。見直された系統樹では，ドメイン間で横断的に遺伝子転移が起こっていることを示すために，複雑なネットワークとなっている。

『Uprooting the tree of life』（W. Ford Doolittle）より改変

1．古典的な分類法（1980年以前）の修正において，分子的な分類法が果たした役割を説明しなさい。

2．古細菌が真核生物の祖先である証拠を挙げなさい。

3．普遍的共通祖先がいた証拠は何か説明しなさい。

第2章

有機分子

重要概念：有機分子は生き物を構成する分子の大半を占めている。

分子生物学は生命活動の分子的基盤を研究する科学分野である。すべての生命は，炭素を基礎として構成されている。炭素原子は多くの元素と結合できるため，炭素数の大きな有機分子を形成することができる。官能基と呼ばれる特定の原子団は，その官能基をもつ有機分子の化学特性を決定する。生体を構成する有機分子は，炭水化物，脂質，タンパク質と核酸という4つのグループに分けられる。これらの大きな分子は同化反応によって小さな分子から構成され，異化反応によって分解される。細胞や生物体における代謝とは，同化反応と異化反応の総和である。

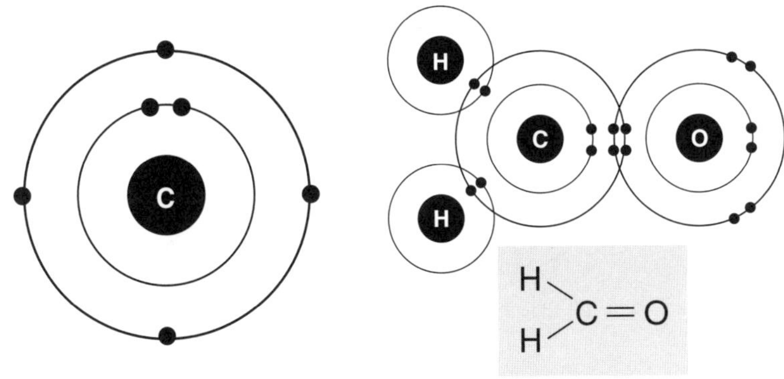

生体高分子	構成単位	構成元素
炭水化物	単糖	C, H, O
タンパク質	アミノ酸	C, H, O, N, S
脂質	なし	C, H, O
核酸	ヌクレオチド	C, H, O, N, P

1つの炭素原子（上図）は，外殻軌道の4つの電子によって4つの**共有結合**をつくることができる。2つの炭素原子が同一の電子対を共有することで，共有結合ができる。分子内にどれくらいの数の共有結合があるかで，その分子の化学特性や分子形状が決定される。

CH_2Oで表すホルムアルデヒドは，単純な構造の有機分子である。1つの炭素原子が，2つの水素原子（H）と1つの酸素原子（O）に共有結合している。上の構造式では，共有結合が線で示されている。共有結合は強い結合であり，共有結合をもつ分子は安定している。

有機分子の中で普遍的に存在する元素は炭素や水素，酸素である。さらに有機分子には窒素やリン，硫黄など他の元素を含むものもある。有機高分子の多くは，ある基本単位が繰り返した構造をもっている。ただし脂質は例外で，脂肪の構造は多岐にわたっている。

代謝とは何か

生命を維持するために，細胞や個体の中で起きているすべての化学反応を代謝という。これらの化学反応には，触媒活性をもつ酵素と呼ばれるタンパク質が関与していて，多くの反応中間産物を生ずる代謝経路の中で起こる。代謝経路の中の反応中間産物は，その直前のステップの産物であり，直後のステップの基質でもある。代謝は異化反応と同化反応に分けることができる。

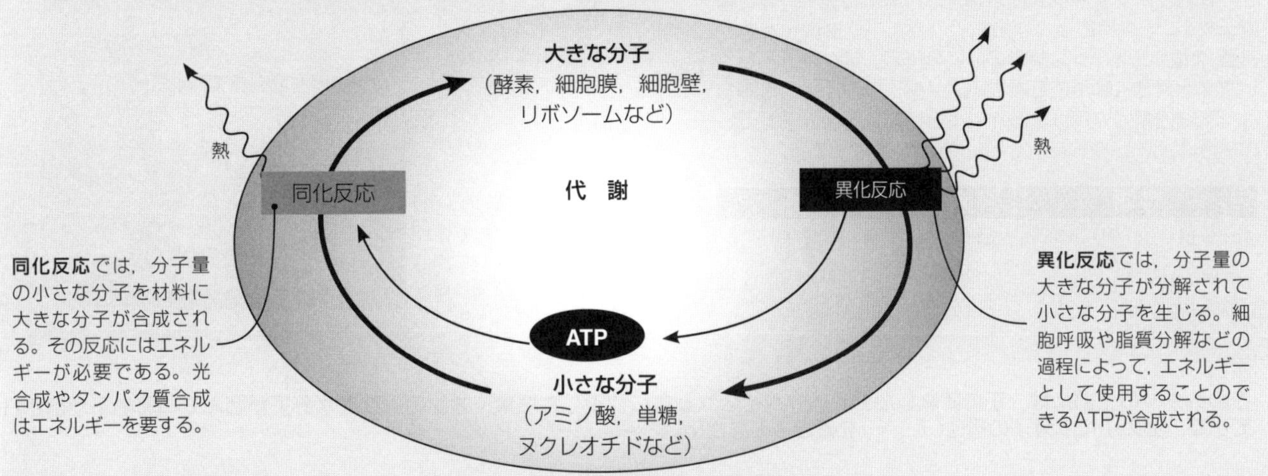

有機分子の人工合成

1828年，シアン化アンモニウムをつくろうとしたフリードリヒ・ヴェーラーは，シアン化銀をアンモニアと反応させ，偶然にも有機物である**尿素**を合成した（尿素の分子式は$(NH_2)_2CO$）。尿素は尿に含まれる有機物として1700年代から知られていた。ヴェーラーによる尿素合成の実験は，人工的に無機物から有機物を合成できることを示した最初のものとなった。当時は，有機分子は生命によってしかつくることができず，人工的に合成することはできないという考え方（生気論）が主流であったが，ヴェーラーの実験により，生気論の信ぴょう性は失われた。

右：フリードリッヒ・ヴェーラー，ドイツの化学者。尿素の合成法の発見者。

$AgNCO + NH_4Cl \rightarrow (NH_2)_2CO + AgCl$

1. ページ最上部左の炭素原子の模式図の中に，他の分子と共有結合ができる電子を矢印で示しなさい。

2. ヴェーラーの尿素合成法について調べ，生体内の尿素合成経路とどのように異なるか話し合いなさい。どんな点でヴェーラーの尿素合成実験は幸運だったのか。生気論が否定されるにはなぜそれほど時間がかかったのか。生気論を否定するさらなる証拠は何だったのか。あなたの見つけたことをまとめてこのページに貼りつけなさい。

水

重要概念：水分子は他の水分子と水素結合する。水はイオン分子と結合し，イオン分子の溶媒となる。

水(H_2O)は生物体の主成分で，身体のおよそ70%を占めている。水は細胞の化学反応にとって重要な存在である。水は，多くの化学反応に直接関与するとともに共通な産物でもある。水は他の水分子と結合することで，荷電分子とも容易に結合することができる。この水分子の化学的性質のために，水は万能溶媒とも呼ばれている。

水は水素結合を形成する

水分子は，電気的に正に偏った部位と負に偏った部位をもつ極性分子である。液体の水では，酸素原子側がやや負に偏り，水素原子側が正に偏っている。水分子は互いに弱く引きつけ合い，多数の水分子が互いに弱い水素結合を形成している(右端の図)。

水分子と他の極性をもった分子やイオンとの間で形成される分子間結合は，生物では大事な役割をもつ。ナトリウムイオンは正に，塩素イオンは負にというように，無機イオンは正か負に荷電している。極性をもった水分子は，正に荷電した部位で負に荷電したイオンを引きつけ，周りを囲む(右図)。このような水とイオンの分子間結合は，イオンを水中で可溶化するうえで大事な役割をもつ。アミノ酸や炭水化物のような極性分子は水分子と結合するので，水によく溶けることができる。

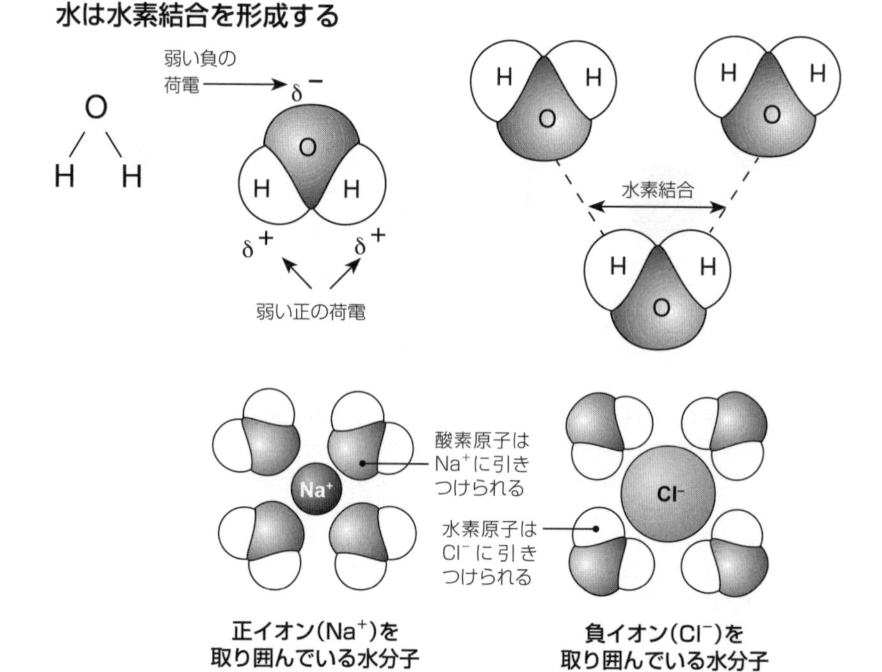

正イオン(Na^+)を取り囲んでいる水分子

負イオン(Cl^-)を取り囲んでいる水分子

水とメタンとの比較

水とメタンは両方とも小さな分子であるが，それらの化学的性質は大きく異なる。メタン分子(CH_4)は4つの水素原子が1つの炭素原子と結合してできた小さな炭化水素である(右図)。メタンは極性のない分子で，メタン分子どうしでは水素結合は形成されない。メタン分子は水に比べると分子間の相互作用ははるかに小さい。メタン分子どうしの結合は，ほんの少しのエネルギーで切れてしまう。

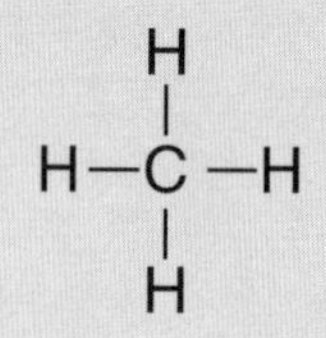

性質	メタン	水
分子式	CH_4	H_2O
融点	−182℃	0℃
沸点	−160℃	100℃

水分子どうしの結合を切るには大きなエネルギーを要する。これが，水がメタンに比べはるかに高い沸点をもつ理由である。

1. このページの上部には，正に荷電したナトリウムイオンと負に荷電した塩素イオンの周りを水分子が囲んでいる様子が示されている。図の中に水分子の極性(+，−)を書き込みなさい。

2. 水分子と他の極性分子との間でできる水素結合について説明しなさい。

3. メタンは水に比べ，なぜずっと低い融点と沸点をもつのか説明しなさい。

水の性質

重要概念：水の化学的性質は溶液内の他の分子の可溶性に大きく影響する。

水分子のもつ粘性や接着性や熱特性，可溶性は，他の極性分子と形成する水素結合によって生じる性質である。これらの物性により，血液などの水溶液は他の極性分子を溶かして運ぶことができるのである。物質ごとに水に対する溶解度は異なる。塩や糖のような**親水性物質**は水に溶けやすく，油のような**疎水性物質**は水に溶けにくい。血液は疎水性物質を含め，多くの物質を運ばなければならない。

粘性

水分子の粘性は，互いに水素結合を形成していることによる。粘性は表面張力を生じ，水滴をつくらせる。

例：水の粘性と接着性によって，植物の木部内に切れ目のない水柱を形成することができ，植物体内で水を運搬することができる。

接着性

水は，他の極性をもつ分子を水素結合によって引き寄せる。

例：水分子は毛細管の側面に対する接着性が高いため，毛細管に入った水は表面にメニスカス（液面の屈曲）を形成する。

溶媒としての水

水分子が極性分子であるため，水分子が荷電分子の周りを取り囲みその分子が塊をつくるのを阻み，水に溶かすことができる。

例：植物体内でのミネラルの転流。

熱的性質

- 水は他の液体に比べもっとも大きな熱容量をもつため，その温度を変えるには大量のエネルギーを要する。その結果，水は温めにくく，冷めにくい。したがって大量の水は温度を安定させるのに適している。
- 水分子をつなぐ水素結合がなかなか切れないために，水は室温では液体で，高い沸点をもつ。それゆえ水は生命活動をサポートし，代謝を進行させることができる。
- 水は沸騰して気化するまでに大量のエネルギーを要する。汗が出ると体温を下げる効果があるのはそのためである。

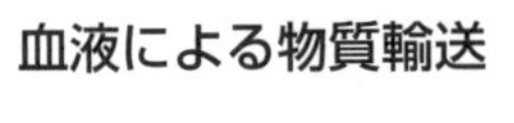

血液による物質輸送

塩化ナトリウム	グルコース（ブドウ糖）	アミノ酸	酸素	脂質とコレステロール
塩化ナトリウム（NaCl）は水によく溶ける。血液にはナトリウムイオンと塩素イオンが大量に溶け込んでいる。	グルコースは極性がある分子で，水によく溶ける。おかげで血液中に溶かして体内に送ることができる。	すべてのアミノ酸には正に荷電している部位と負に荷電している部位があり，血液によく溶ける。しかし，アミノ酸のR基が異なると溶解度も少し異なる。	酸素は水に溶けにくい。血液においては，赤血球中のヘモグロビンというタンパク質分子に結合して体内を輸送される。	脂質は極性をもたないため，水に溶けない。コレステロールは弱い電荷をもっているが水に溶けない。どちらもリポタンパク質複合体（親水基を外側に疎水基を内側にもつリン脂質の球体）の中に入った状態で血液中を輸送される。

1. (a) **親水性分子**と**疎水性分子**の違いを説明しなさい。＿＿＿＿＿＿＿＿＿＿＿＿＿＿＿＿＿＿

   (b) 親水性あるいは疎水性の分子は，どのようにして血液中を運搬されるか，例を挙げて説明しなさい。＿＿＿＿＿＿＿＿

2. 汗をかいているとき，水はどのようにして体温を下げるか説明しなさい。＿＿＿＿＿＿＿＿＿＿＿＿

炭水化物

重要概念：単糖類は縮合反応により二糖類や多糖類を形成する。多糖類の構成や異性化が，機能的特性を変える。

炭水化物(糖質)は，炭素，水素，酸素で構成される有機化合物の総称であり，その多くは化学式 $(CH_2O)_x$ で表される。糖質でもっともよく見られる構造は，六炭糖(ヘキソース，六角形)または五炭糖(ペントース，五角形)である。これらは単糖類と呼ばれ，水の放出(**縮合**)により結合が起こり，複合糖(二糖類や多糖類)が形成される。複合糖類は，逆の反応(**加水分解**)により単糖類に分解される。糖質は細胞におけるエネルギー供給の中心的な役割を担っており，細胞によってはその構造を支持する役目を果たしている。糖質は植物体の主要な構成要素であり(乾燥重量の60～90%を占める)，安価な食物源として，また，燃料，住居，衣服の原料として利用されている。炭水化物の構造は，その機能特性と密接に関連している(下図を参照)。

単糖類

単糖類は，細胞の代謝の主要なエネルギー源として用いられる。これらは単一の糖分子であり，グルコース(ブドウ糖，血糖)とフルクトース(果糖)がこれに含まれる。一般的に単糖類は，その炭素鎖の中に3つから7つの炭素原子を含んでいる。生物の体内には，これらのうち六炭糖がもっとも多く存在する。単糖類はすべて還元糖に分類される(単糖類は還元反応に関与する)。

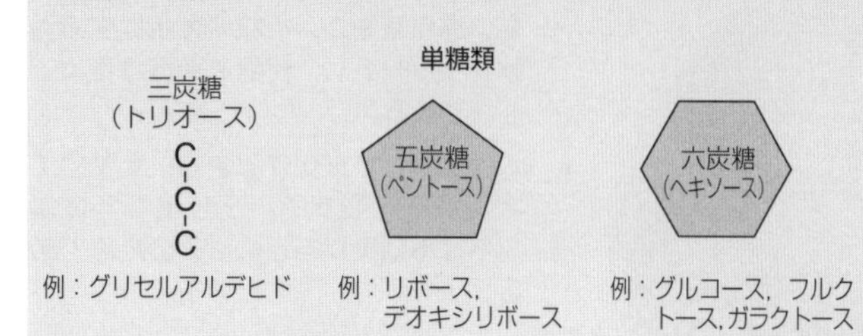

二糖類

二糖類は2つの糖分子からなり，エネルギー源や，より大きい分子の構成単位として用いられる。二糖類の種類は，構成する単糖の種類とその型(α型かβ型か)によって決まる。二糖類のうち，ごくわずかなものだけが還元糖に分類される(例：ラクトース)。

スクロース ＝α-グルコース＋β-フルクトース(植物の樹液に見られる単糖)
マルトース ＝α-グルコース＋α-グルコース(デンプンの加水分解の産物)
ラクトース ＝β-グルコース＋β-ガラクトース(乳糖)
セロビオース＝β-グルコース＋β-グルコース(セルロースの加水分解の産物)

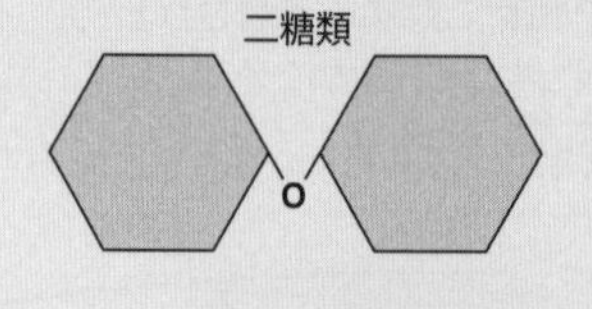

多糖類

セルロース：セルロースは植物体を構成する材料であり，β-**グルコース**分子が**1,4グリコシド結合**によって互いに結合し，枝分かれのない鎖となってできている。1万個ほどのグルコース分子がつながって直鎖を形成することもある。平行する複数の鎖が水素結合によって架橋され，60～70分子の束を形成することがあり，それをミクロフィブリル(微細繊維)と呼ぶ。セルロースミクロフィブリルは非常に強固で，細胞壁など植物の構造上の主な構成要素となっている(右の写真)。

デンプン：デンプンもグルコースの重合体であるが，セルロースと異なり，α-**グルコース**分子が互いに結合し，長鎖を形成したものである。デンプンは，25～30%の**アミロース**(α-1,4グリコシド結合でつながった枝分かれのない鎖)と，70～75%の**アミロペクチン**(グルコース24～30分子ごとにα-1,6グリコシド結合でつながった枝分かれのある鎖)の混合した構造をしている。デンプンは植物におけるエネルギー貯蔵分子であり，細胞内で不溶性**デンプン顆粒**に凝縮されている(右の写真)。デンプンは，酵素により必要に応じて容易に加水分解され，可溶性の糖になる。

グリコーゲン：グリコーゲンはデンプン同様，枝分かれ構造をもつ多糖類である。α-グルコース分子からなり，化学的にはアミロペクチンに似ている。しかし，**α-1,6グリコシド結合**をより多くもつため，デンプンに比べてより多くの枝分かれ構造をもち，水に溶けやすい。グリコーゲンは動物組織における貯蔵物質であり，主に**肝臓**や**筋肉**の細胞に見られる(右の写真)。グリコーゲンは，酵素により容易に加水分解されてグルコースになる。

キチン：キチンは，β-**グルコース**分子の鎖でできた頑丈な多糖類である。化学的にはセルロースと似ているが，各グルコース分子にはアミノ基 $(-NH_2)$ が結合している。キチンは，セルロースに次いで2番目に多く存在する炭水化物である。菌類の細胞壁に見られ，また，昆虫や他の節足動物の**外骨格**の主な構成要素となっている(右の写真)。

セルロース

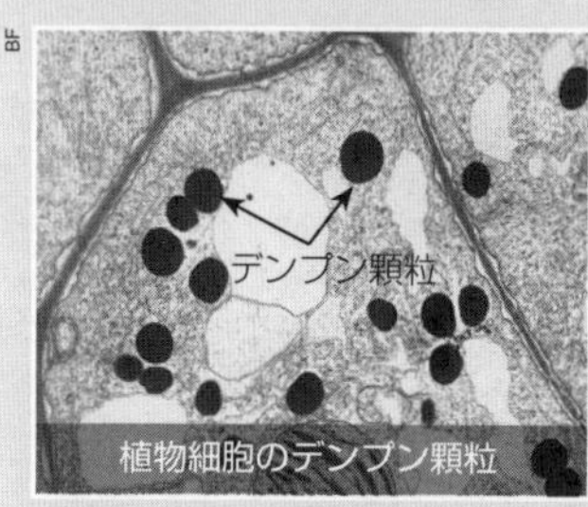

植物細胞のデンプン顆粒

骨格筋組織

キチン質でできた昆虫の外骨格

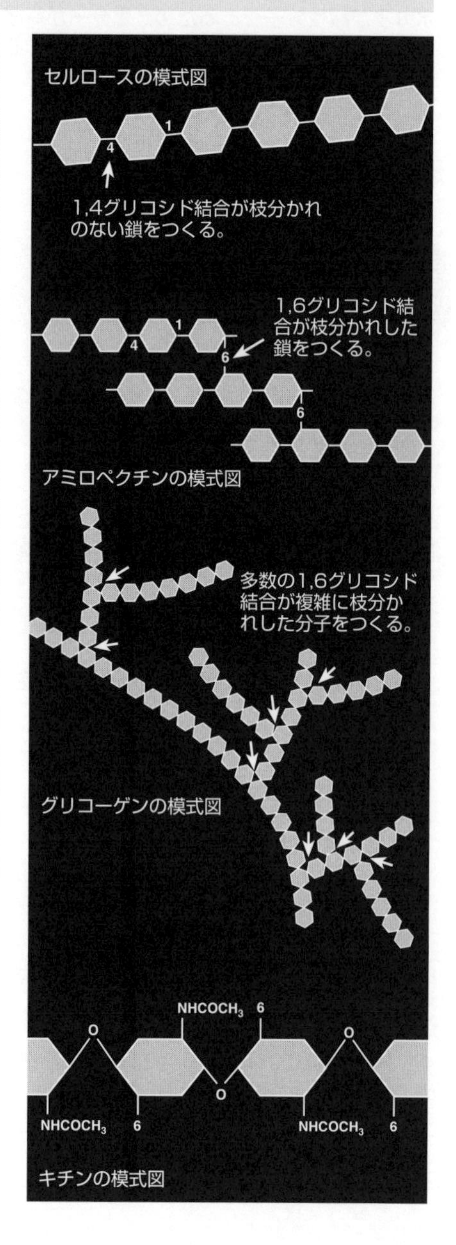

異性体

化学式が同じ（原子の種類と数が同じ）でも，原子の配置が異なる化合物を**異性体**という。**構造異性体**（フルクトースとグルコースや右図のα-グルコースとβ-グルコース）では，原子は異なる配列でつながっている。**光学異性体**では，原子の配列は同じだが，互いに鏡像になっている。

α-グルコース　　β-グルコース

縮合と加水分解

単糖は，縮合と呼ばれる反応で結合し，複合糖となる。複合糖は，加水分解により単糖に分解される。

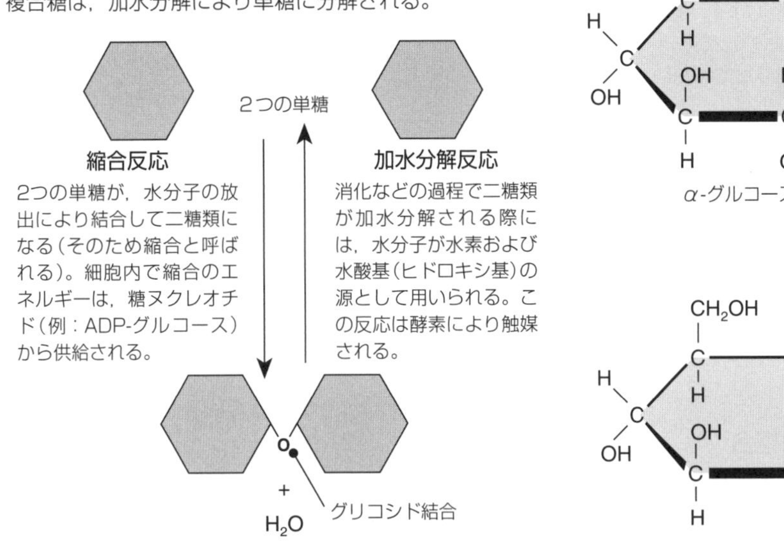

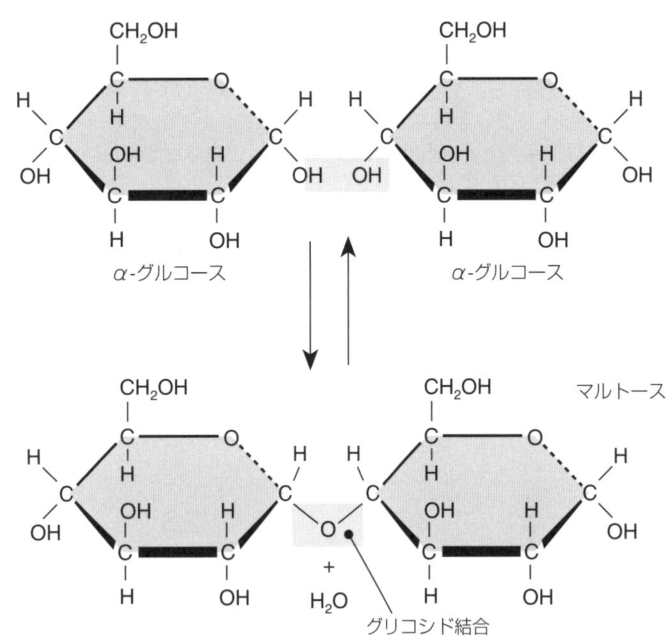

1．炭水化物の構造異性体と光学異性体の違いを，それぞれの例を挙げて説明しなさい。

2．炭水化物において，異性体が化学的性質に及ぼす影響を説明しなさい。

3．複合糖はどのように形成され，どのように分解されるのかを簡潔に説明しなさい。

4．多糖類のセルロース，デンプン，グリコーゲンの構造の違いを述べ，その違いが機能特性にどのように寄与しているのかを説明しなさい。

脂質

重要概念：脂質は非極性で疎水性の分子で，多くの重要な生物学的機能をもつ。脂肪酸は代表的な脂質である。

脂質は，油やロウのような物質を構成する有機化合物である。脂質は比較的水に溶けにくく，またよく水をはじく（例：葉の表面のクチクラ）。脂質は生物の重要な燃料源であるとともに，ホルモンとして働くものや，細胞膜の構成要素としての役割を担うものもある。タンパク質と炭水化物は酵素により脂質に変換され，脂肪組織の細胞に貯蔵される。食料が豊富にある時期には貯蔵され，食料が不足した際に消費される。

中性脂肪と油

生物体にもっとも多く含まれる脂質は，中性脂肪である。中性脂肪は，植物でも動物でも脂肪分や油を形成している。脂肪は同量の炭水化物に比べて2倍のエネルギーを生み出すため，効率の高い貯蔵燃料となる。中性脂肪は，**グリセロール**分子に，1個（モノグリセリド），2個（ジグリセリド），あるいは3個（トリグリセリド）の脂肪酸が結合したものである。脂肪酸には飽和型と不飽和型がある（右図）。ロウは脂肪や油と似た構造をしているが，グリセロールではなく，アルコールと脂肪酸の複合体で形成されている。

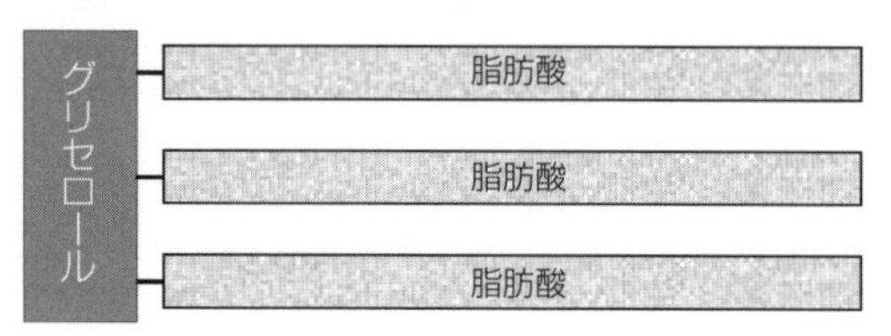

トリグリセリド：中性脂肪の例

縮合

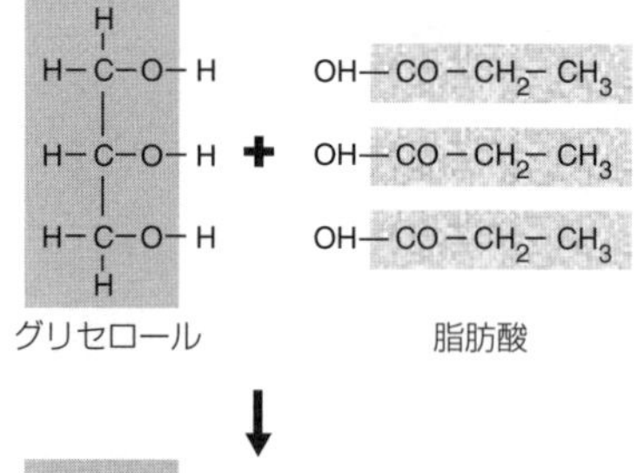

トリグリセリドは，グリセロールが3個の脂肪酸と結合して形成される。グリセロールは3個の炭素を含むアルコールである。3個の炭素はそれぞれヒドロキシ基（水酸基，-OH）と結合している。

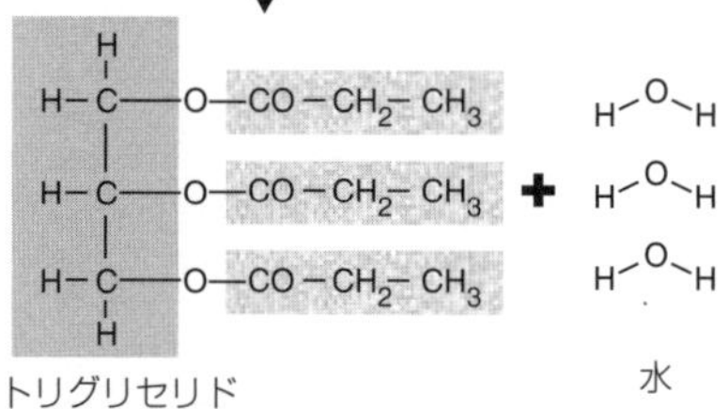

グリセロールが脂肪酸と結合する際，**エステル結合**が形成され，水分子が放出される。つまり，トリグリセリドの形成には3つの縮合反応が必要である。

飽和脂肪酸と不飽和脂肪酸

脂肪酸は中性脂肪とリン脂質の主要な構成要素である。動物の脂質には約30種類の異なる脂肪酸が存在する。**不飽和脂肪酸**は，いくつかの炭素原子が互いに二重結合をしており，そのため水素原子で飽和していない。**飽和脂肪酸**は炭素原子どうしの二重結合はなく，水素原子で飽和している。飽和脂肪酸を高い割合で含む脂質は，室温では固体であることが多い（例：バター）。一方，不飽和脂肪酸を高い割合で含む脂質は油であり，室温では液体であることが多い。これは，不飽和脂肪酸では脂肪酸の鎖がねじれ，鎖どうしが密着できず，固体化できないためである。飽和の程度に関係なく，脂肪酸は酸化される際に大量のエネルギーを生じる。

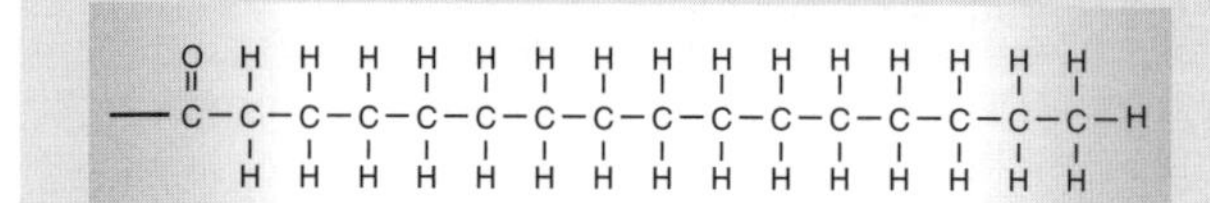

パルミチン酸（飽和脂肪酸）の構造式（上図）と分子モデル（下図）

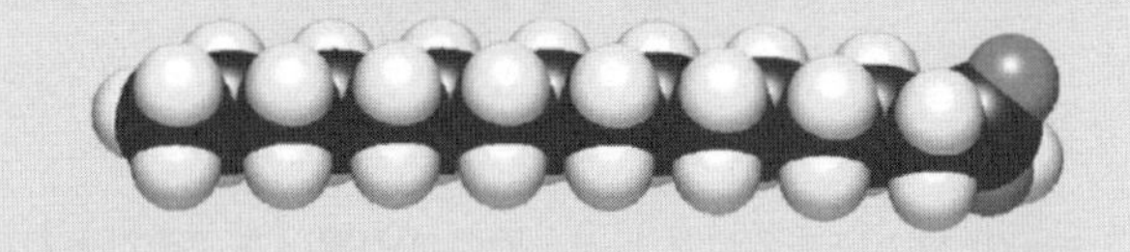

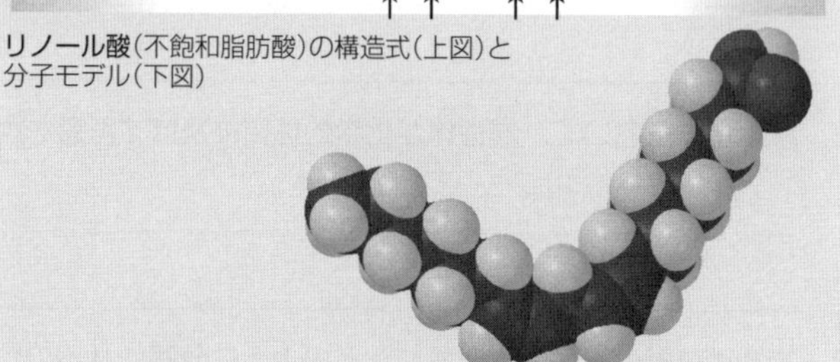

リノール酸（不飽和脂肪酸）の構造式（上図）と分子モデル（下図）

リン脂質

リン脂質は細胞膜の主要な構成成分である。リン脂質は，グリセロールに2つの脂肪酸とリン酸基（PO_4^{3-}）が結合してできている。この分子のリン酸基末端は水を誘引し（親水性），脂肪酸末端は水をはじく（疎水性）。この疎水性の末端は膜の内側に向き，リン脂質二重層を形成する。

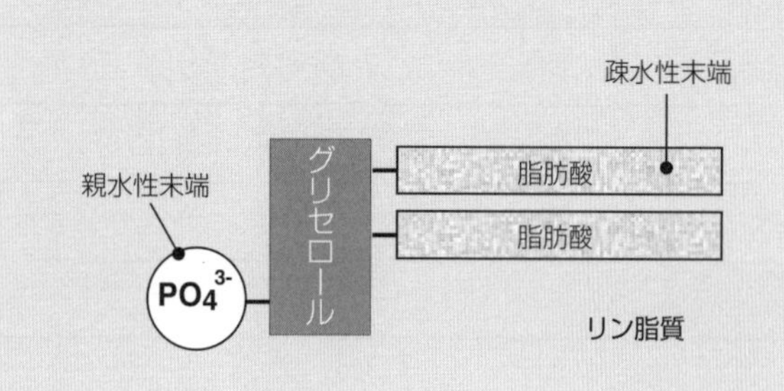

リン脂質

ステロイド

ステロイドは脂質に分類されるが，その構造は他の脂質ときわめて異なる。ステロイドは基本的に，6つの炭素原子からなる3つの環と，5つの炭素原子からなる１つの環を合わせた構造をしている。ステロイドの例には，男性ホルモン（テストステロン），女性ホルモン（エストロゲン），コルチゾール，アルドステロンといったホルモンがある。コレステロールはそれ自体はステロイドではないが，ステロール脂質に分類され，いくつかのステロイドホルモンの前駆物質となっている。

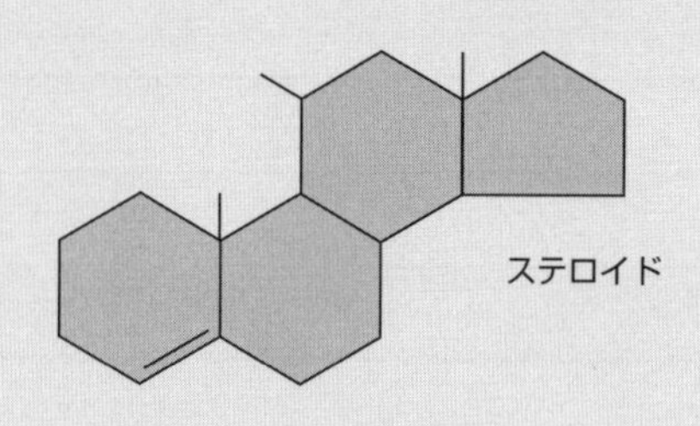

ステロイド

生物における脂質の重要な機能

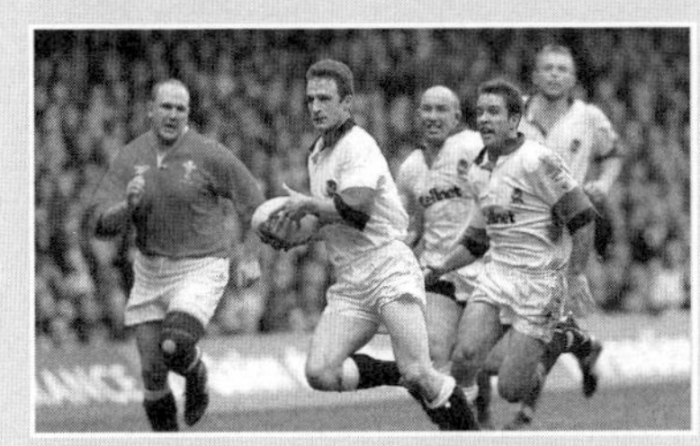

脂質にはエネルギーが凝縮されていて，酸素呼吸の燃料として供給される。

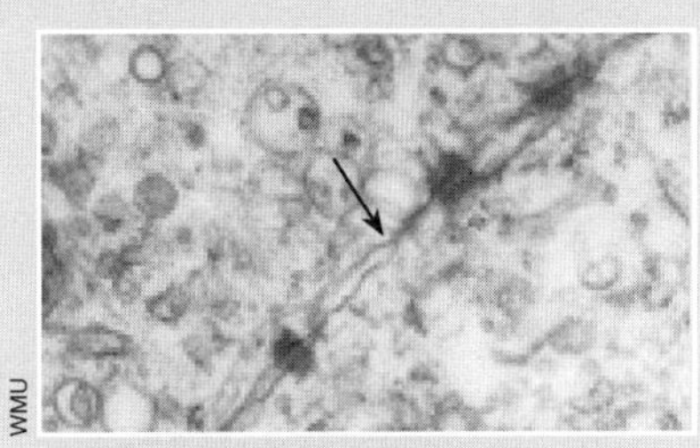

リン脂質は細胞膜の構造をつくる。

動植物は，分泌したロウや油により体の表面の防水性を得る。

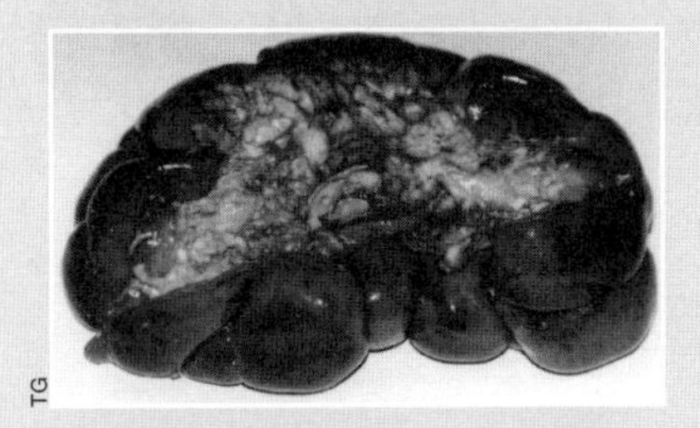

脂肪は衝撃を吸収する。衝突や衝撃の影響を受けやすい組織（例：腎臓）は，比較的厚い脂肪層で衝撃を緩和する。

脂質は水の供給源となる。呼吸の際に貯蔵していた脂質は代謝され，水と二酸化炭素を生じる。

貯蔵脂質は外部環境に対する絶縁体の役割を担う。寒季に体脂肪を増加させることにより，体温の消失を抑えることができる。

1．リン脂質とトリグリセリドの化学的な差異を簡単に説明しなさい。

2．常温で以下の状態となる脂質を構成する脂肪酸の種類を述べなさい。

(a) 固体の脂肪：　(b) 油：

3．リン脂質の構造とその化学的性質との関係，および細胞膜における役割との関係を述べなさい。

4．(a) 飽和脂肪酸と不飽和脂肪酸の違いを述べなさい。

(b) 中性脂肪とリン脂質に存在する脂肪酸の種類が，どのようにその性質に関係しているのか説明しなさい。

(c) 極地に生息する魚と熱帯魚では，細胞膜の構造がどのように異なると考えられるか述べなさい。

5．ステロイドの例を2つ挙げなさい。また，それぞれの生理的な機能を説明しなさい。

(a)

(b)

6．動物は，脂肪から以下のものをどのように得ているか説明しなさい。

(a) エネルギー：

(b) 水：

(c) 外部環境からの断熱性：

アミノ酸

重要概念：アミノ酸は縮合によりポリペプチドを形成する。タンパク質は，1つ以上のポリペプチド分子からなる。

植物は必要なすべてのアミノ酸を単純な分子からつくることができるが，動物は，ある種類のアミノ酸については，すでにつくられたものを食物から獲得しなければならない。これらのアミノ酸を**必須アミノ酸**と呼ぶ。代謝系が異なれば，合成される物質も違ってくるので，どのアミノ酸が必須であるかは，種によって異なる。また，必須アミノ酸と非必須アミノ酸の区別は厳密なものではない。他のアミノ酸からつくることのできるアミノ酸もあり，オルニチン回路で相互に変換可能なアミノ酸もある。アミノ酸は，縮合反応により化合してペプチド鎖を形成することができる。この逆反応，つまりペプチド鎖を壊すような反応は，水を必要とし，加水分解と呼ばれる。

アミノ酸の構造

細胞には，150種類を超えるアミノ酸が存在する。しかし，たった20種類のアミノ酸だけがタンパク質をつくっている。残りの非タンパク質性のアミノ酸は，中間代謝物や神経伝達物質，ホルモンとして特定の役割を担っている。すべてのアミノ酸は共通の構造をもつ（右図）。唯一の違いは構造式の中の**R基**である。R基は可変部であり，この部分の違いにより異なるアミノ酸となり，まったく異なる化学的性質をもつことになる。

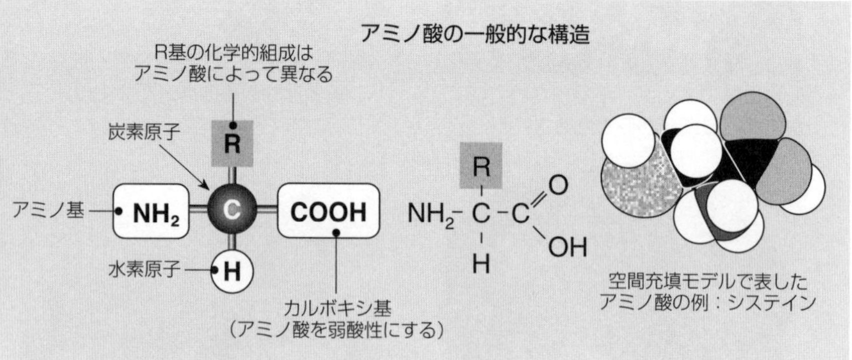

アミノ酸の性質

異なる性質をもつ3つのアミノ酸の例を，R基の特徴とともに示す（右図）。もっとも単純な構造をもつグリシン以外のアミノ酸は光学異性体をもつ。つまり，**D型**と**L型**がある。きわめてまれな例を除き，生物にはL型アミノ酸だけが存在する。

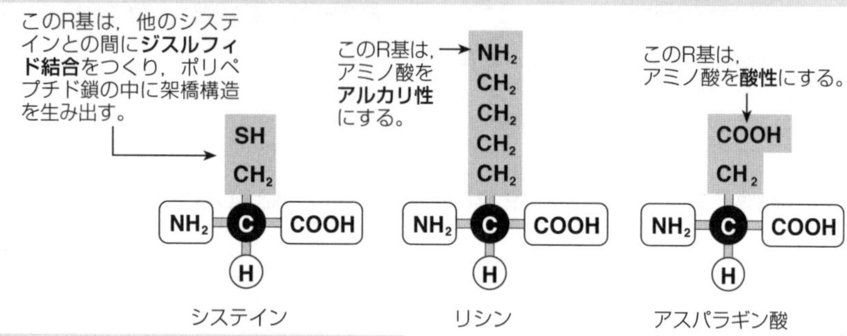

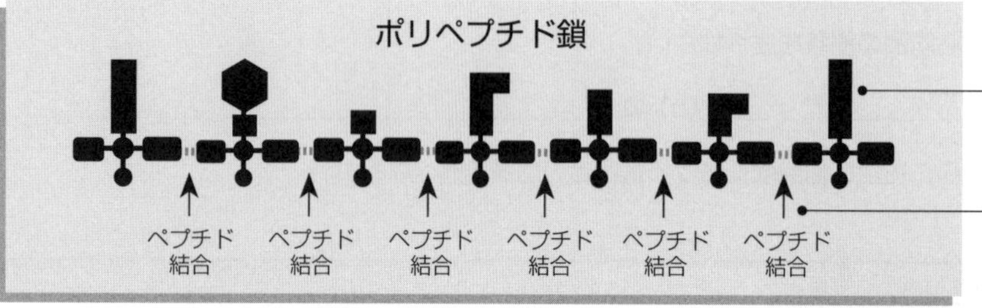

タンパク質中のアミノ酸の配列は，DNAおよびmRNA（メッセンジャーRNA）のヌクレオチドの配列で決まる。

ペプチド結合がアミノ酸をつなぎ，ポリペプチド鎖と呼ばれる長い重合体をつくる。ポリペプチド鎖がすべてのタンパク質の構成要素となる。

アミノ酸は**ペプチド結合**によってつながり，ポリペプチド鎖と呼ばれる数百個ものアミノ酸が結合した長い鎖となる。ポリペプチド鎖には，それだけで機能をもっているものや，他のポリペプチド鎖と結合することで初めて機能をもつものがある。ヒトの場合，すべてのアミノ酸を自らの体内でつくれるわけではない。10種類のアミノ酸については，食物から摂取しなければならない（成人では8種類）。表中の◆は必須アミノ酸，＊は幼児期には食物から摂取する必要があるアミノ酸。

タンパク質をつくるアミノ酸

アラニン	グリシン	プロリン
アルギニン＊	ヒスチジン＊	セリン
アスパラギン	イソロイシン◆	トレオニン◆
アスパラギン酸	ロイシン◆	トリプトファン◆
システイン	リシン◆	チロシン
グルタミン	メチオニン◆	バリン◆
グルタミン酸	フェニルアラニン◆	

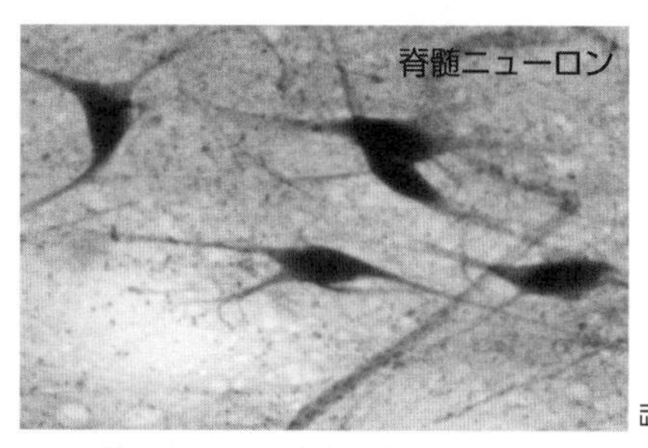

アミノ酸の中には，中枢神経系で神経伝達物質として働くものがある。グルタミン酸やγ－アミノ酪酸（GABA）は，脳でもっとも一般的な神経伝達物質である。また，グリシンのように脊髄だけに存在するものもある。

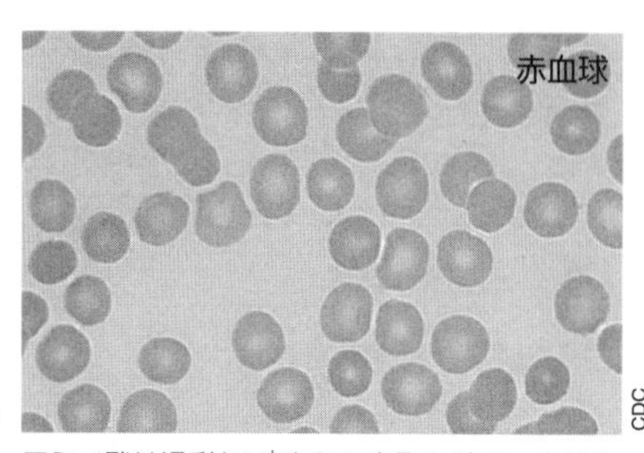

アミノ酸は過剰なH^+やOH^-を取り除き，血液や組織液などでpHを安定化する働きをもつ。アミノ酸は，ペプチドやタンパク質に取り込まれても，その緩衝能を保持する。

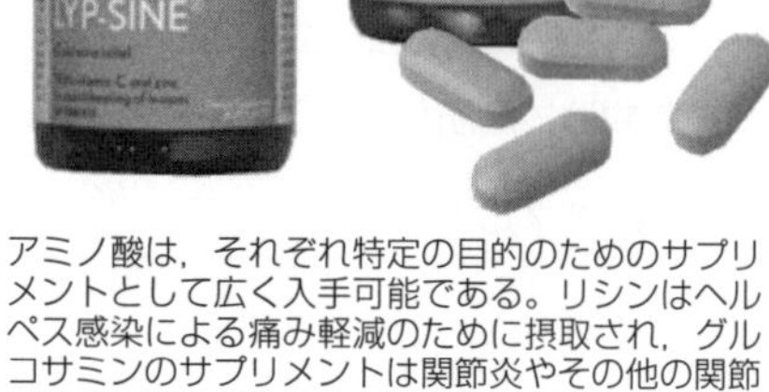

アミノ酸は，それぞれ特定の目的のためのサプリメントとして広く入手可能である。リシンはヘルペス感染による痛み軽減のために摂取され，グルコサミンのサプリメントは関節炎やその他の関節障害の症状を緩和するために使用される。

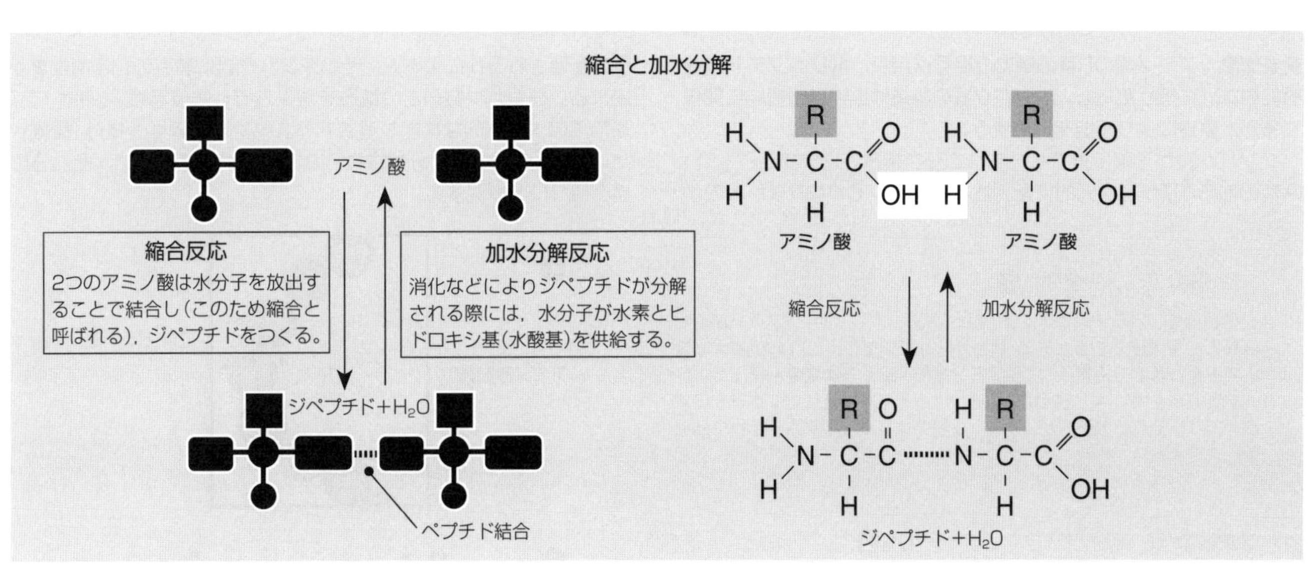

1．アミノ酸の生物学的な役割を述べなさい。

2．タンパク質に含まれる20のアミノ酸をそれぞれ特徴づけているのは何であるか，説明しなさい。

3．ポリペプチド鎖が形成される際に，そのアミノ酸配列が決定される過程について説明しなさい。

4．どのような化学的性質のために，アミノ酸は生物の組織中で緩衝液として働くことができるのか説明しなさい。

5．**必須アミノ酸**とは何か，例を挙げて説明しなさい。

6．アミノ酸が結合したり，その結合が切れたりする反応を解説しなさい。

タンパク質

重要概念：アミノ酸のR基の間での相互作用が，ポリペプチド鎖を機能的な形に折りたたむ。タンパク質の構造は生物学的機能に関係するが，変性により機能を消失する。

タンパク質が正確に折りたたまれて三次構造を形成することで，活性のあるR基が三次元的に配列される。それぞれのR基がどのように配置されるかによって，そのタンパク質に特有の化学的性質が決まる。タンパク質がこの構造を消失してしまう（変性と呼ぶ）と，通常その生物学的な機能も消滅する。タンパク質は，構造（繊維状か球状か）に基づいて分類されることが多い。ここでは，それらの構造について解説する。

一次構造（アミノ酸配列）❶

何百個ものアミノ酸がペプチド結合でつながり，ポリペプチド鎖と呼ばれる分子を形成する。アミノ酸の種類は20あり，これらが膨大な数の組み合わせで結合する。このアミノ酸配列を，**一次構造**と呼ぶ。ポリペプチド鎖の中には，お互いに引きつけ合ったり反発したりするアミノ酸があり，それらの配列が，タンパク質のより高次の構造や生物学的機能を決定する。

二次構造（αヘリックスまたはβシート）❷

ポリペプチドは，さまざまな折りたたまれ方をする。これを二次構造と呼ぶ。もっともよく見られる二次構造は，**αヘリックス**と**βシート**である。二次構造は，隣接したCO基とNH基の間の水素結合で維持される。水素結合は単独では弱いが，多数集まれば結合力が非常に強くなる。右図に代表的な2つの二次構造を示す。どちらの構造においても，**R基**（図にはない）が外部に突き出ている。多くの球状タンパク質は，αヘリックスの領域とβシートの領域を併せもっている。ケラチン（繊維状のタンパク質）は，ほぼすべてαヘリックスにより構成される。別の繊維状タンパク質であるフィブロイン（絹のタンパク質）は，ほぼすべてβシートでできている。

三次構造（折りたたみ構造）❸

すべてのタンパク質は，二次構造が複雑な形に折りたたまれることで形成された特有の構造をもつ。これを**三次構造**と呼ぶ。タンパク質は，二次構造のさまざまな場所が互いに引きつけ合うことで折りたたまれる。もっとも強い結合は，隣接する**システイン**どうしがジスルフィド結合でつながったものである。折りたたみに関係する他の相互作用には，疎水性の相互作用，弱いイオン結合や水素結合がある。

四次構造 ❹

酵素のように，タンパク質の中には，三次構造のみで完全な機能をもつものがある。しかし多くの複雑なタンパク質は，ポリペプチド鎖がさらに集合してできている。ポリペプチド鎖が集合し，機能をもつタンパク質となったものを**四次構造**と呼ぶ。右図の例はヘモグロビン分子を示しており，これは，4つのポリペプチド鎖（**β鎖**2つと**α鎖**2つ）がサブユニットとして結合した球状タンパク質である。各サブユニットの中心にはヘム（鉄を含む）があり，これが酸素と結合する。非タンパク質性の部分を**補欠分子族**と呼び，これをもつタンパク質を**複合タンパク質**と呼ぶ。

タンパク質の変性

変性とは，タンパク質の三次元構造の消失（通常は生物学的機能も）をさす。一度変性したタンパク質は多くの場合，元の形には戻らない。それは，たとえアミノ酸配列が変化せずに残っていたとしても，二次および三次構造をつくる結合が変化するからである。タンパク質に変性を起こすものには，次のようなものがある。

- **強酸・強アルカリ**：イオン結合を切断し，その結果タンパク質が凝固する。タンパク質を強酸・強アルカリに長くさらすと，一次構造も崩壊する。
- **重金属**：R基のカルボキシ基と強い結合を形成することでイオン結合を切断し，タンパク質の電荷を減少させる。
- **熱および放射線（例：紫外線）**：原子に加わるエネルギーを増大させ，タンパク質中のさまざまな結合を切断する。
- **界面活性剤および溶剤**：タンパク質中の非極性基（電荷をもたない官能基）と結合し，水素結合を切断する。

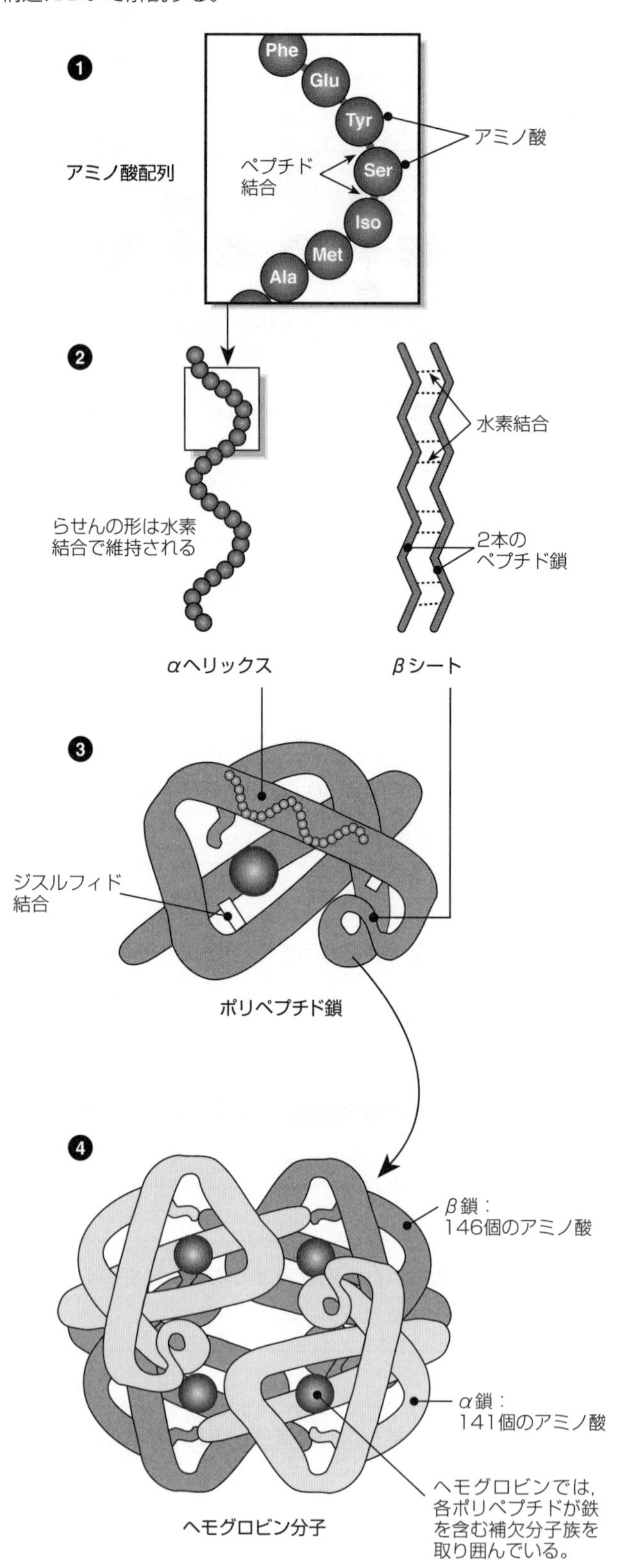

ヘモグロビンの分子式

$C_{3032}H_{4816}O_{872}N_{780}S_8Fe_4$

タンパク質の構造上の分類

繊維状タンパク質	球状タンパク質
性質・水に不溶 ・物理的にきわめて頑丈 ・柔軟性と伸縮性をもつものもある ・並行するポリペプチド鎖が長い繊維やシートを形成する **機能**・細胞や組織で構造支持の役割を担う(例:結合組織，軟骨，骨，腱，血管壁などに見られるコラーゲン) ・収縮(例：ミオシン，アクチン)	**性質**・水に溶けやすい ・三次構造が機能を決定する ・ポリペプチド鎖が球状に折りたたまれる **機能**・触媒(例：酵素) ・調節(例：ホルモン(インスリン)) ・輸送(例：ヘモグロビン) ・防御(例：抗体)

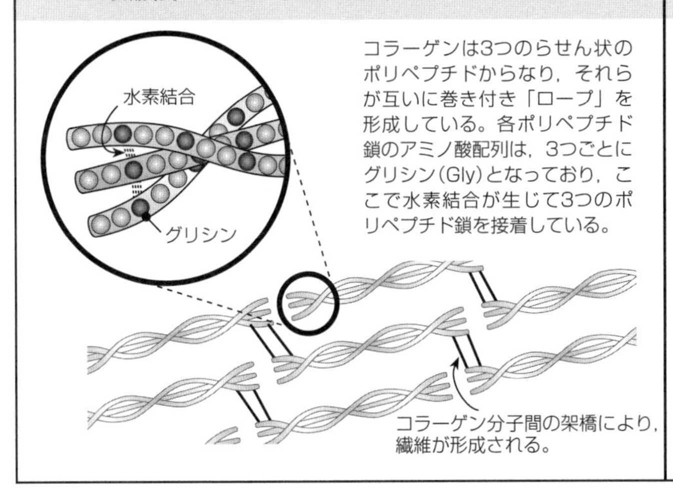

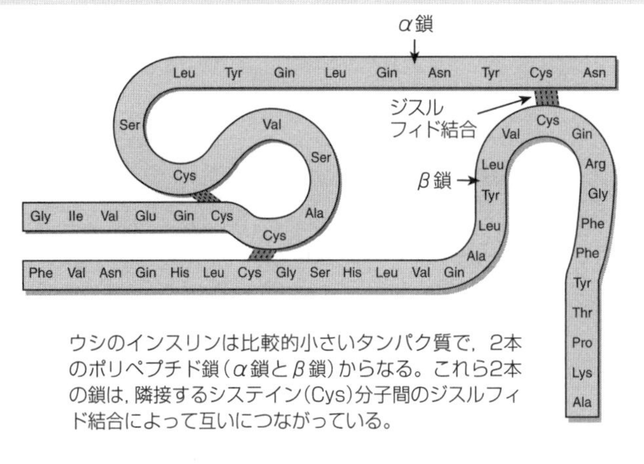

1．タンパク質が以下に示す機能とどのように関連するのか，例を挙げて簡潔に説明しなさい。

(a) 体の組織：

(b) 体内の反応の調節：

(c) 収縮：

(d) 病原体に対する免疫反応：

(e) 細胞内や血流における分子の輸送：

(f) 細胞における代謝の触媒：

2．変性はどのようにしてタンパク質の機能を消失させるのか説明しなさい。

3．なぜ繊維状タンパク質は細胞内で構造分子として重要なのかを説明しなさい。

4．繊維状タンパク質とは異なり，多くの球状タンパク質が触媒作用あるいは調節機能をもつ理由を説明しなさい。

ヌクレオチドと核酸

重要概念：ヌクレオチドはDNAとRNAの構成単位である。核酸はヌクレオチドが連なった長い鎖状の分子であり，遺伝情報を蓄積し，伝達する。

ヌクレオチドは塩基，糖，リン酸基の3つの構成部分からなる。ヌクレオチドは核酸（DNAとRNA）の構成単位で，遺伝情報の伝達にかかわっている。核酸には細胞の活動を制御する情報が蓄積されている。中心となる核酸はデオキシリボ核酸（DNA）と呼ばれる。リボ核酸（RNA）はDNA情報を読み取ることにかかわっている。すべての核酸はヌクレオチドが鎖状あるいはより糸状に連結してできている。ヌクレオチドのもつ塩基には異なる種類があり，核酸の塩基配列はそれらヌクレオチドの並び方で決定される。この塩基の配列そのものが，細胞のもつ‘遺伝情報’となる。

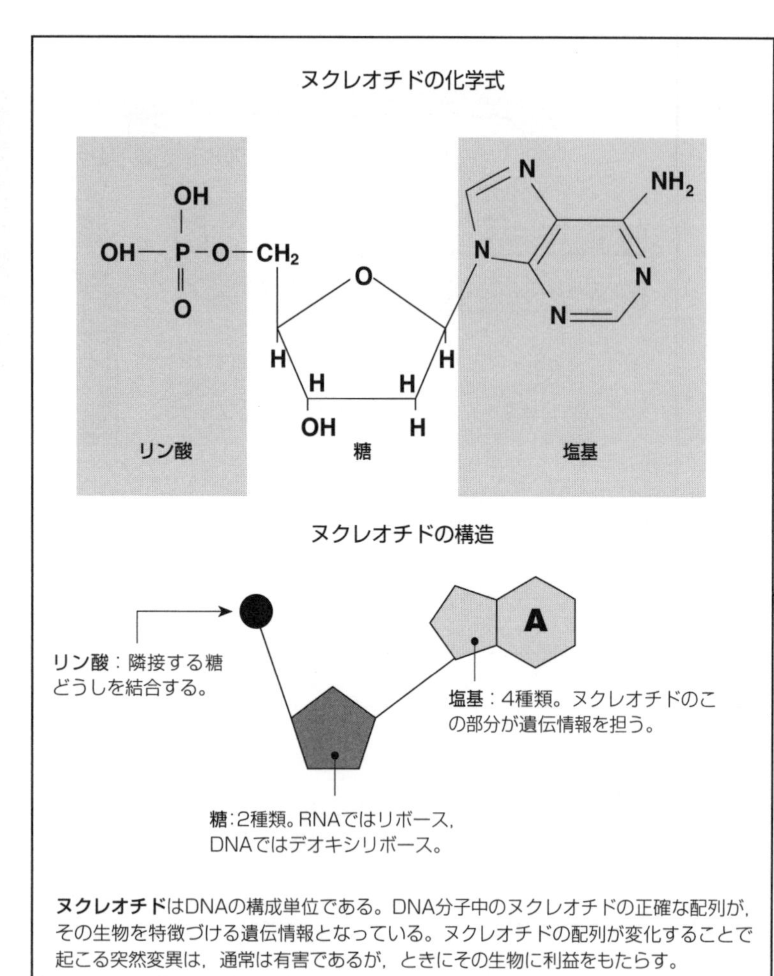

ヌクレオチドはDNAの構成単位である。DNA分子中のヌクレオチドの正確な配列が，その生物を特徴づける遺伝情報となっている。ヌクレオチドの配列が変化することで起こる突然変異は，通常は有害であるが，ときにその生物に利益をもたらす。

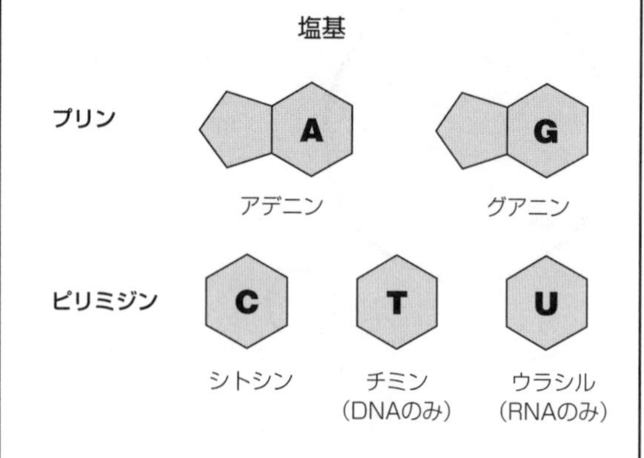

2つの塩基環をもつのが**プリン**，１つの塩基環をもつのが**ピリミジン**である。核酸では上記のうち4種類が使われ，RNAでは**ウラシル**が，DNAでは**チミン**が使われる。DNAはA，T，C，Gで構成され，RNAはA，U，C，Gで構成される。

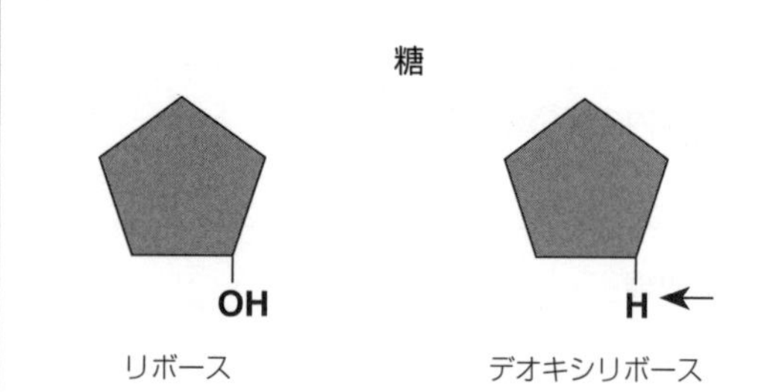

デオキシリボースはDNAに，**リボース**はRNAに含まれる。デオキシリボースは，リボースと酸素原子が１つ違うだけである（矢印）。

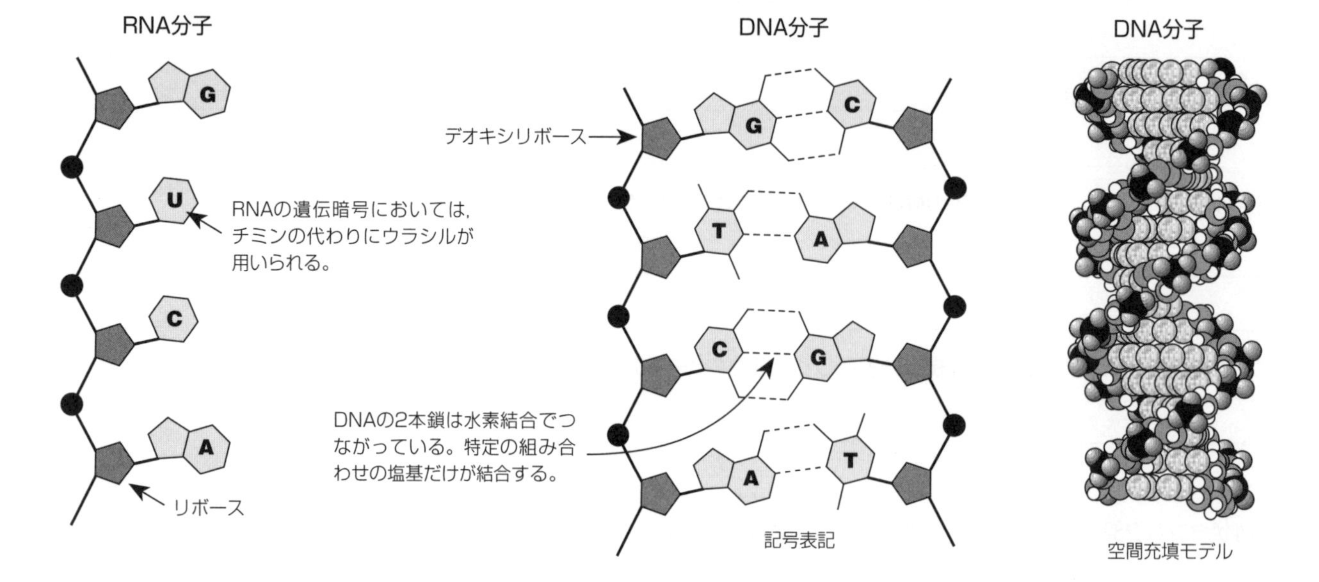

リボ核酸（RNA）は，ヌクレオチドが一列に結合した1本鎖である。

デオキシリボ核酸（DNA）は，2本のヌクレオチド鎖がつながってできている。左図は，より糸が解けた状態を記号化して示している。DNA分子は二重らせん構造をもつ。右図はその空間充填モデル。

ヌクレオチドの生成

縮合
（水分子が取り除かれる）

H_2O

H_2O

ヌクレオチドは，リン酸と塩基が化学的に糖と結合してつくられる。どちらも水が取り除かれる縮合反応である。逆の反応では，ヌクレオチドは水の付加によって分解される（**加水分解**）。

ジヌクレオチドの生成

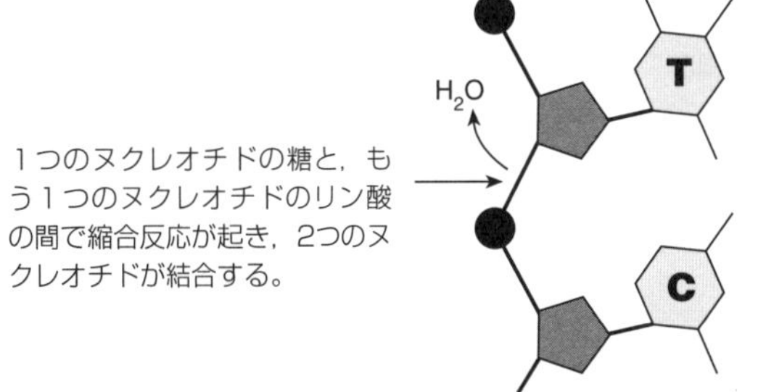

1つのヌクレオチドの糖と，もう1つのヌクレオチドのリン酸の間で縮合反応が起き，2つのヌクレオチドが結合する。

2本鎖DNA

DNAの2本鎖構造は，長軸方向にねじられたハシゴのような構造をしている。右図では，塩基間の関係を示すために，ねじれを解いている。

- DNAの骨格はリン酸と糖の分子が交互につながってできていて，これがDNA分子を非対称な構造にしている。
- 非対称な構造がDNA鎖に**方向性**を与えている。それぞれの鎖は反対の向きに並んでいる。
- DNA鎖の末端は5'末（five prime）と3'末（three prime）と標識される。**5'末**は炭素5に結合した末端のリン酸基で，**3'末**は炭素3に結合した末端の水酸基である。
- 対となる塩基が近づいて水素結合をつくる道筋は，つくり得る水素結合の数と塩基の形によって決められる。

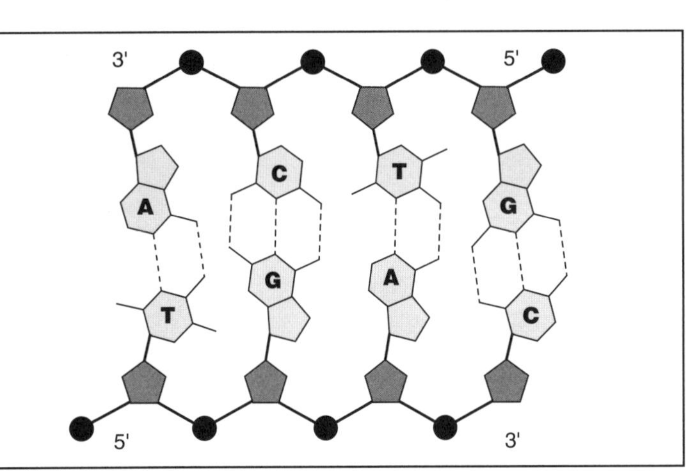

1．上は，2本鎖DNAを示した図である。以下の名称を上図に書き込みなさい。

(a) **糖**（デオキシリボース）　(b) **リン酸**　(c) **水素結合**（塩基間）　(d) **プリン塩基**　(e) **ピリミジン塩基**

2．(a) 2本鎖DNAにおいて，**塩基対が形成されるためのルール**を説明しなさい。＿＿＿＿＿＿＿＿＿＿

(b) それはmRNAとどのように違うか説明しなさい。＿＿＿＿＿＿＿＿＿＿

(c) 2本鎖DNAにおける水素結合の役割を書きなさい。＿＿＿＿＿＿＿＿＿＿

3．ヌクレオチドの機能について説明しなさい。＿＿＿＿＿＿＿＿＿＿

4．(a) なぜDNA鎖は非対称の構造をもっているのか，答えなさい。

＿＿＿＿＿＿＿＿＿＿

(b) DNA糸の5'末と3'末の違いは何か，答えなさい。

＿＿＿＿＿＿＿＿＿＿

5．下記の表にDNAとRNAの違いについて簡潔に記入しなさい。

	DNA	RNA
糖		
塩基		
鎖の数		
長さ（長い，短い）		

重要概念：酵素は生体触媒である。それは反応物どうしがうまくぶつかり合うようにすることで生体内での化学反応を促進する。

ほとんどの酵素はタンパク質である。それらは生化学的な反応を促進するが酵素自体は変化しないので，生体触媒と呼ばれる。酵素は基質1分子をより単純な物質に分解するか，2つ以上の物質を結合させる働きをする。

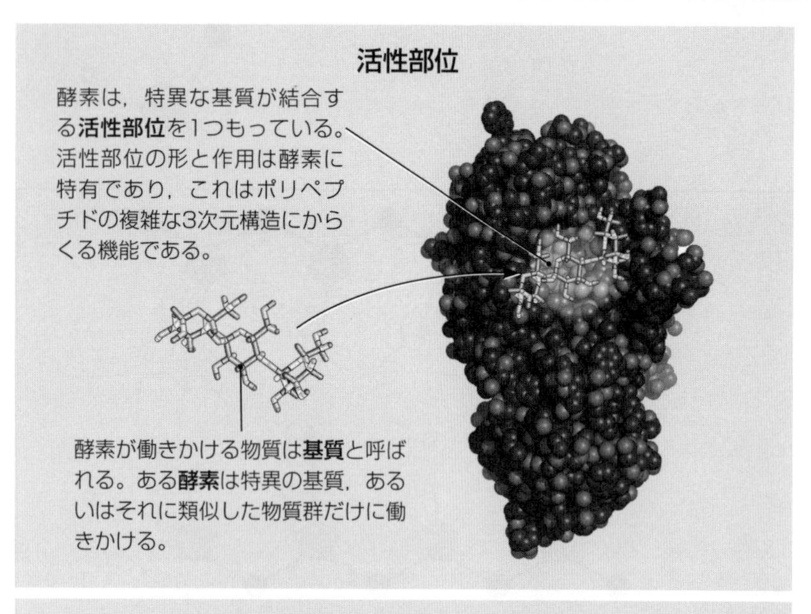

基質は酵素の活性部位に衝突する

反応が起こるためには，反応物は十分なスピードと正しい角度で衝突しなければならない。酵素は反応が起こるように反応物が出会う場を提供することによって反応速度を上げる。これは，反応部位が合致するように反応物を正しい角度に向かせることでもたらされる。酵素は反応物内の結合を不安定化させ，反応が起こりやすくもしている。

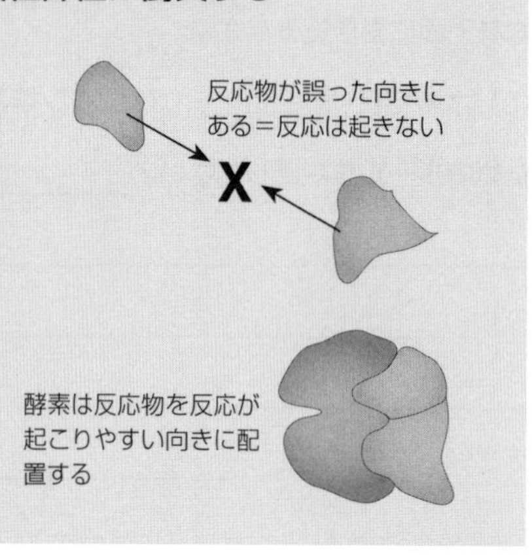

酵素は代謝反応を触媒する

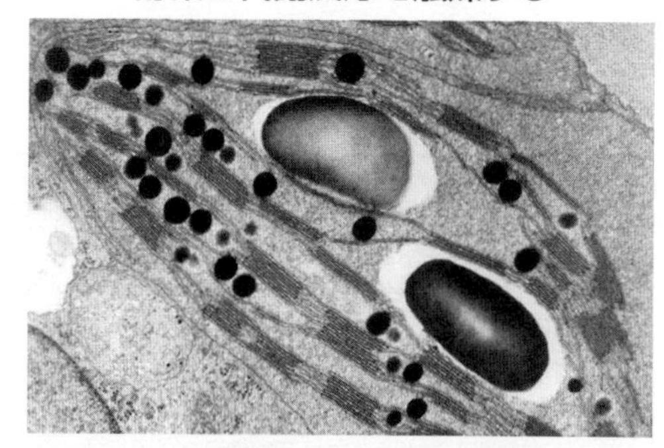

光合成の第1段階において，酵素はATPとNADPHの生産を触媒する。ATPとNADPHは光合成の第2段階に，エネルギーと水素分子を与える。酵素はCO_2の炭素を固定して，炭水化物を生産するステップの触媒もしている。

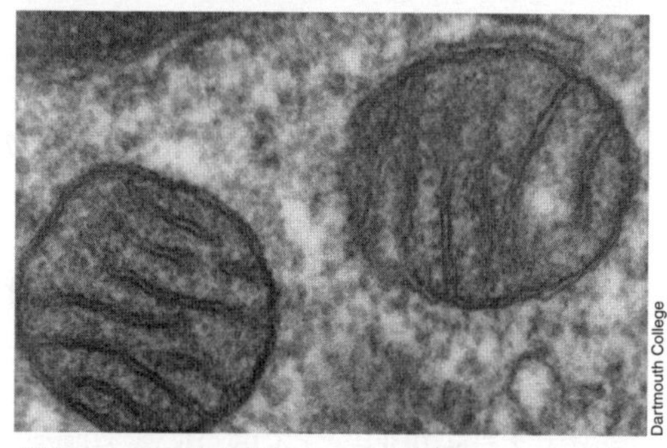

グルコースの分解はいくつかの酵素によって触媒される。解糖系は，各ステップあたり1つ，全部で10種類の酵素を使う。クレブス回路には別の8個の酵素がかかわっている。電子伝達系では，水素イオンを膜を横切って移動させることで水素イオン勾配をつくり出し，ATP合成酵素によってATP合成が起こる。

1. (a) 酵素の活性部位とはなにか，酵素の3次元構造と関連させて答えなさい。

   (b) 酵素がたいがいの場合，1つの基質(または密接な関係にある一群の基質)にしか作用しないのはなぜか，答えなさい。

2. 基質分子どうしはどのようにして酵素の活性部位で接触できるようになるのか，答えなさい。

3. 代謝過程における酵素の役割について，例を挙げて説明しなさい。

酵素の反応速度

重要概念：酵素は狭い範囲の条件の中で，もっとも効果的に機能する。酵素が触媒する反応の速度は，酵素および基質の濃度によって影響を受ける。

通常，酵素には最適条件（たとえばpHと温度）があり，最適条件下で活性は最大になる。多くの植物や動物の酵素は低温下では活性がほとんどない。酵素活性は温度の上昇にともなって増加するが，最適温度を超えると活性は低下し，酵素は変性する。pHが極端な値になっても変性が起こる。通常の反応可能な条件のもとでは，酵素反応速度は酵素と基質の濃度に影響され，その程度は予測することができる。

下のグラフは，酵素の働きに影響を与える4つの因子に対する反応速度または酵素活性をプロットしたものである。それぞれのグラフに関する質問に答えなさい。

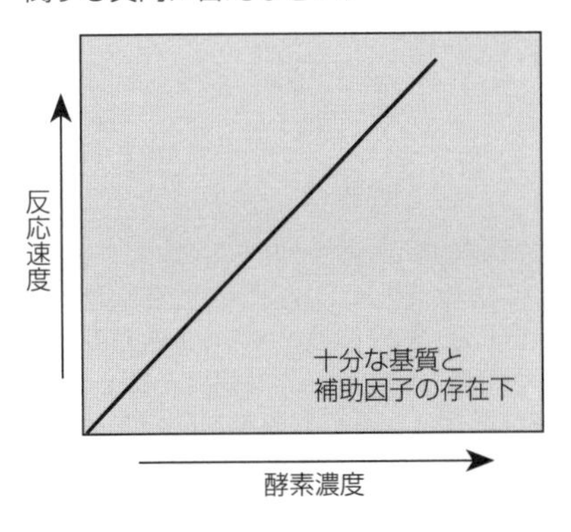

1．**酵素濃度**

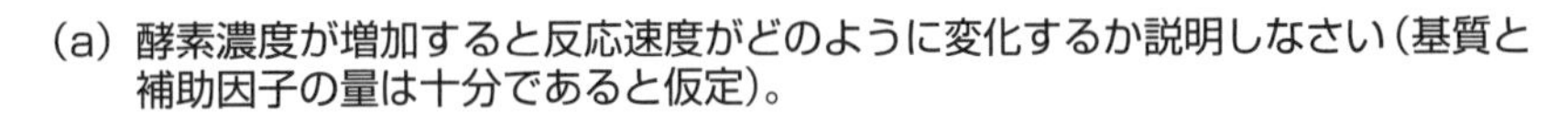

(a) 酵素濃度が増加すると反応速度がどのように変化するか説明しなさい（基質と補助因子の量は十分であると仮定）。

____

____

(b) 細胞が細胞中の酵素の量をどのように変化させるか考えなさい。

____

____

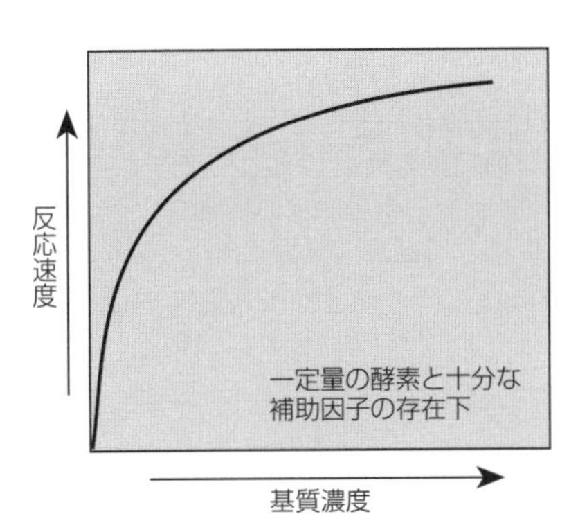

2．**基質濃度**

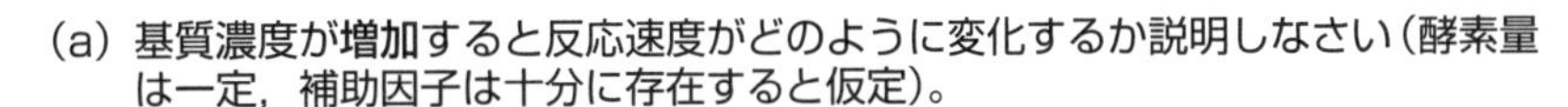

(a) 基質濃度が増加すると反応速度がどのように変化するか説明しなさい（酵素量は一定，補助因子は十分に存在すると仮定）。

____

____

(b) なぜ反応速度がこのような変化を示すのか説明しなさい。

____

____

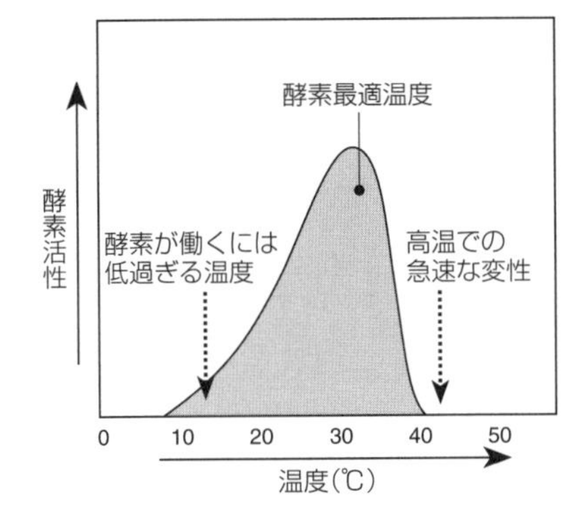

3．**温度**

温度の上昇はすべての反応の速度を速めるが，50〜60℃以上の温度に耐えられる酵素は少ない。温度が高いほど酵素が変性（構造変化による失活）する率も上がる。

(a) 酵素にとっての最適温度とは何か説明しなさい。

____

____

(b) 低い温度では，多くの酵素がうまく機能しない理由を説明しなさい。

____

____

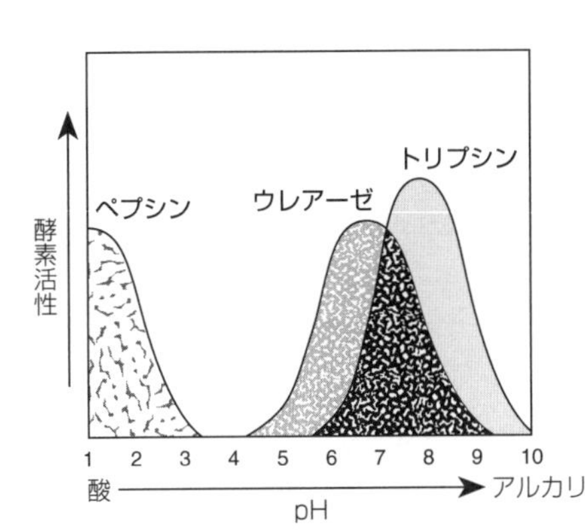

4．**pH（酸性／アルカリ性）**

ほとんどのタンパク質がそうであるように，酵素は極端なpH（強酸，強アルカリ）のもとで変性する。変性の起きない範囲内でも，多くの酵素はpHの影響を受ける。それぞれの酵素には働きやすい最適pHがある。

(a) 下記の酵素の最適pHを記入しなさい。

ペプシン：________　ウレアーゼ：________　トリプシン：________

(b) ペプシンは胃内のタンパク質に作用する。ペプシンの最適pHが，この作業環境に適している理由を説明しなさい。____________________

____

____

カタラーゼの活性の実験

重要概念：発芽中の種子では，時間を追ってカタラーゼ活性が変化する。

カタラーゼは，過酸化水素を水と酸素に分解する反応を触媒する。以下の課題では，緑豆（リョクトウ）の発芽齢とカタラーゼ活性の関係を調べる実験について述べる。この課題に取り組むことで，酵素活性の実験を自分でデザインし，研究を正当に評価する手助けとなるはずである。

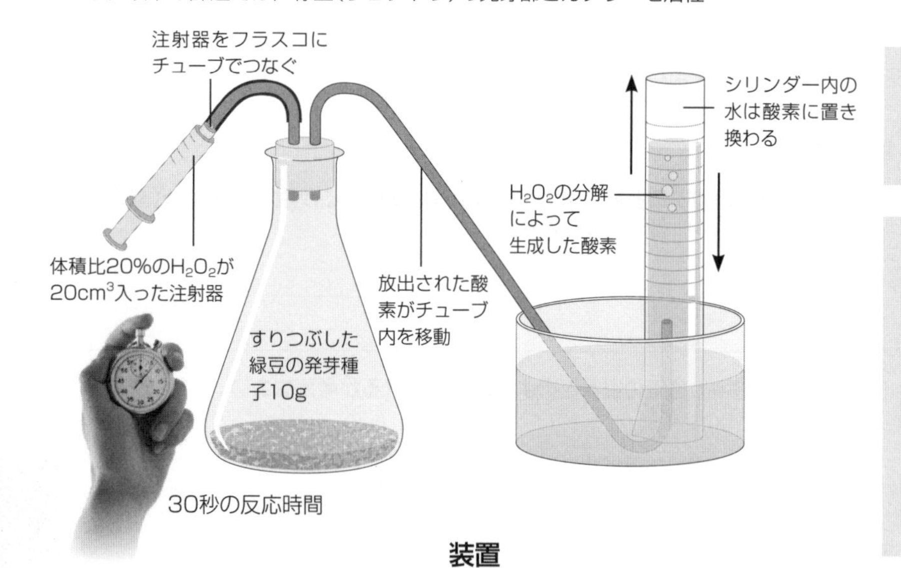

目的

緑豆の発芽種子の日齢がカタラーゼ活性に及ぼす影響を調べる。

背景

発芽中の種子は代謝活性が非常に高い。しかし代謝によって，H_2O_2などの活性酸素が不可避的に生産される。H_2O_2は休眠を破ることで発芽を助けるが，有毒でもある。H_2O_2の毒性を抑え，細胞の傷害を防ぐために，発芽種子はカタラーゼをつくる。この酵素はH_2O_2を水と酸素に分解する。

装置

この実験では，まず10gの緑豆の発芽種子（0.5，2，4，6，10日齢）を乳鉢と乳棒ですりつぶし，上図のように三角フラスコに入れた。5つの日齢でそれぞれ6回の測定を行った。各測定では，体積比20%のH_2O_2を20cm^{3}フラスコに加え，加えた時点を0として，30秒間反応させた。カタラーゼによるH_2O_2の分解によって放出された酸素がチューブを通して運ばれ，逆目盛シリンダーに集められた。生成された酸素の体積は，シリンダーから押し出された水の量として測定される。測定結果を下の表に示す。

生徒を6つのグループに分け，各グループはそれぞれの日齢の実生（芽生え）で実験を行った。それぞれのグループの結果のセット（0.5, 2, 4, 6, 10日齢）が1回の試行となる。

発芽段階（日）＼試行	30秒間に採集した酸素の体積（cm^3）								平均速度（cm^3 s^{-1} g^{-1}）
	1	2	3	4	5	6	平均	標準偏差	
0.5	9.5	10	10.7	9.5	10.2	10.5			
2	36.2	30	31.5	37.5	34	40			
4	59	66	69	60.5	66.5	72			
6	39	31.5	32.5	41	40.3	36			
10	20	18.6	24.3	23.2	23.5	25.5			

1. カタラーゼと過酸化水素の反応を化学反応式で示しなさい。＿＿＿＿＿＿＿＿

2. 上の表の空欄を埋めて表を完成させなさい。

   (a) 各発芽段階の酸素体積の平均値を計算して，表を埋めなさい。

   (b) 各平均の標準偏差を計算して表に書き入れなさい（計算に別紙を用いてもよい）。

   (c) 酸素生成の平均速度（10cm^3，1gあたり1秒あたり）を計算しなさい。ただし，どの場合も発芽種子の重量は10.0gと仮定しなさい。

3. グループ2では次のような酸素体積の測定値を得た：0．5日：4.8cm^3，2日：29.0cm^3，4日：70cm^3，6日：30.0cm^3，10日：8.8cm^3（これらの値を，グループ2のデータの横に書き加えなさい）。

   (a) グループ2の新しいデータは，ほかのグループの測定値とどのくらい一致しているか，述べなさい。＿＿＿＿＿＿＿＿

   (b) 新しいグループ2のデータと合わせて，データセットをどのように再分析したらよいか，述べなさい。＿＿＿＿＿＿＿＿

(c) その再分析の方法について，理論的な根拠を示しなさい。

4. 下のグラフ用紙に，表のデータをプロットしグラフを完成しなさい。

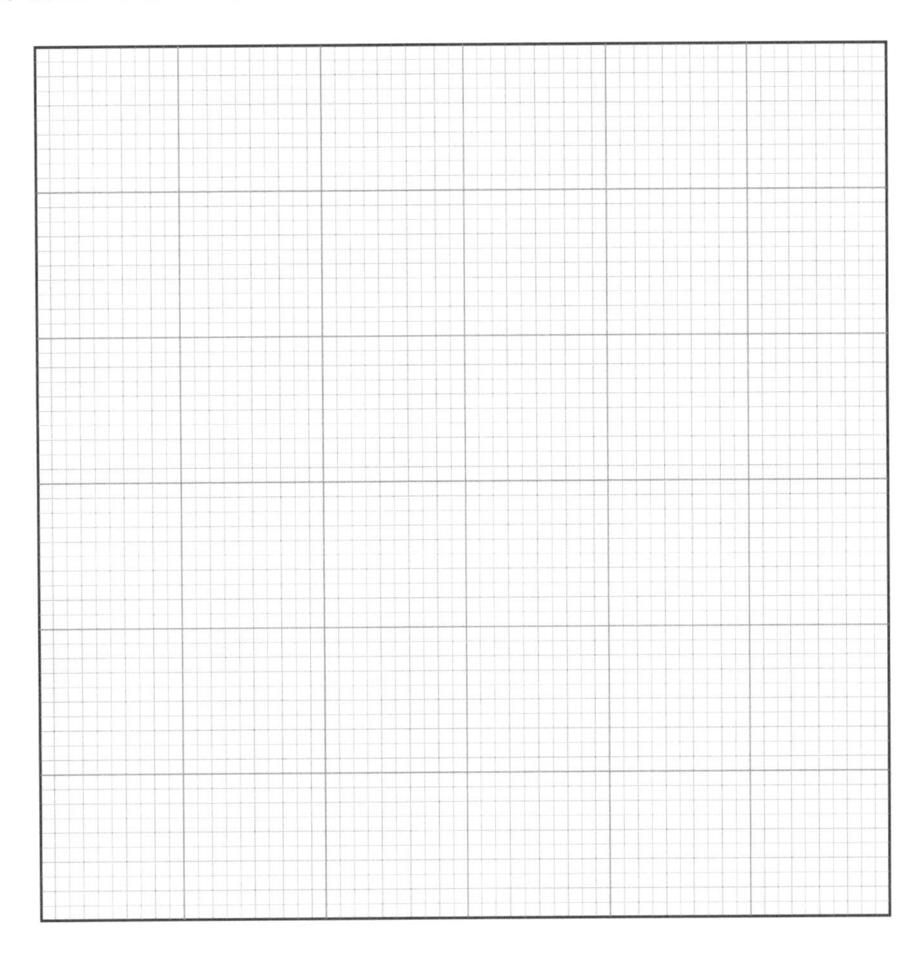

5. (a) グラフから読み取れるデータの傾向について述べなさい。

(b) データにはどのような発芽段階とカタラーゼ活性の関係が示されているか，説明しなさい。

6. この測定装置や実験方法によってもたらされうる誤差について述べなさい。

7. この実験設定における，結果の妥当性に影響を及ぼしかねない2つのことを述べなさい。

8. より信頼できるデータを得るために，この実験で改善すべき点を1つ述べなさい。

酵素の応用

重要概念：牛乳からラクトース（乳糖）を除去して，乳糖不耐症の人たちに適合した牛乳を生産するために，ラクターゼが使用されている。

牛乳は栄養成分に富んだ飲料で，タンパク質，脂肪，炭水化物，ミネラル，そしてビタミン類を含んでいる。多くの人が成長するにつれ，乳糖不耐症（乳糖を消化できない）になる。彼らは乳製品を避け，牛乳の恩恵を受けることができない。牛乳から乳糖を除去することで，これらの不耐症の人たちに栄養価の高い牛乳の恩恵をもたらすことができる。

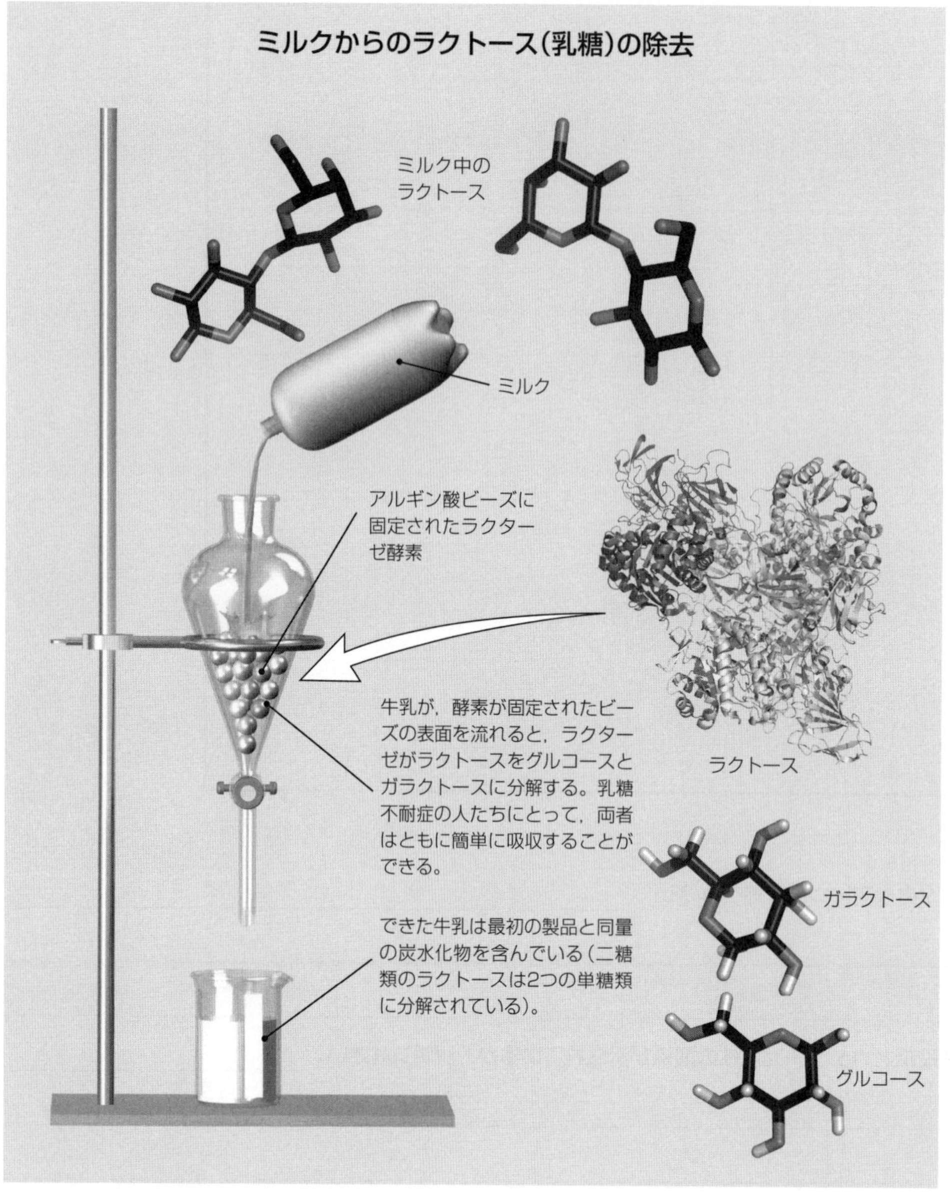

ヒトとラクターゼ

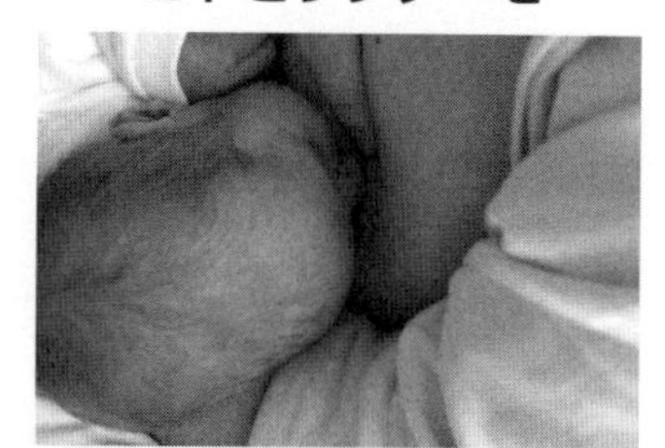

ラクトースは牛乳に含まれる二糖類である。グルコースより甘くない。ヒトの新生児はすべて，ラクトースをグルコースとガラクトースに加水分解する**ラクターゼ**をもっている。

ヒトは成長するにしたがって，ラクターゼの生産が徐々に減り，ラクトースの分解能力を失う。成人はラクトースに対して**不耐**で，牛乳を飲んだ後はおなかが膨らんだように感じる。

ヨーロッパ，東アフリカやインド系の人では，大人になってもラクターゼの生産が続く。しかし，おもにアジア系の人では，早い時期にラクターゼの生産をしなくなり，乳糖不耐症となる。

1. なぜ，生涯を通じて牛乳を飲み続けることができると，ヒトの利益になるのかを説明しなさい。

2. 乳糖を含まない牛乳をつくるために，ラクターゼはどのように使われているか述べなさい。

3. 乳糖を含まない牛乳が，普通の牛乳よりかすかに甘い味がするのはなぜか述べなさい。

代謝経路

重要概念：代謝経路は，連鎖的に起こる生化学反応の経路である。

代謝経路は，生体内で生命を維持するために起こる，一連の生化学反応である。**酵素**が代謝経路のそれぞれのステップを活性化（触媒）する。それぞれの酵素は特有の遺伝子の中に暗号化されている。代謝経路は（酵素の遺伝子をオンオフして）存在する酵素の量を調節することで，あるいは，酵素の活性を制御することで調整されている。代謝経路のそれぞれのステップは，一連の反応経路の一部をなし，あるステップの産物が次のステップの基質となっている。

簡略化された代謝経路

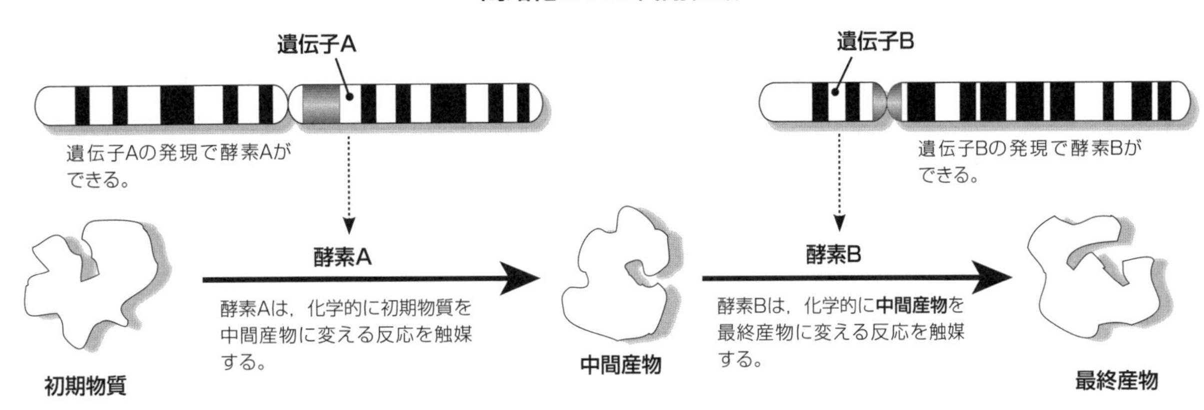

循環経路

いくつかの代謝経路は循環して進行する。循環の各構成要素は，次の反応の基質となっていて，最終産物は出発点の第一反応の基質となる（クエン酸回路と尿素回路を下に示す）。そのうえ，それぞれのステップは1種類の酵素，あるいは1グループの酵素群（酵素複合体と呼ばれることもある）によって触媒される。

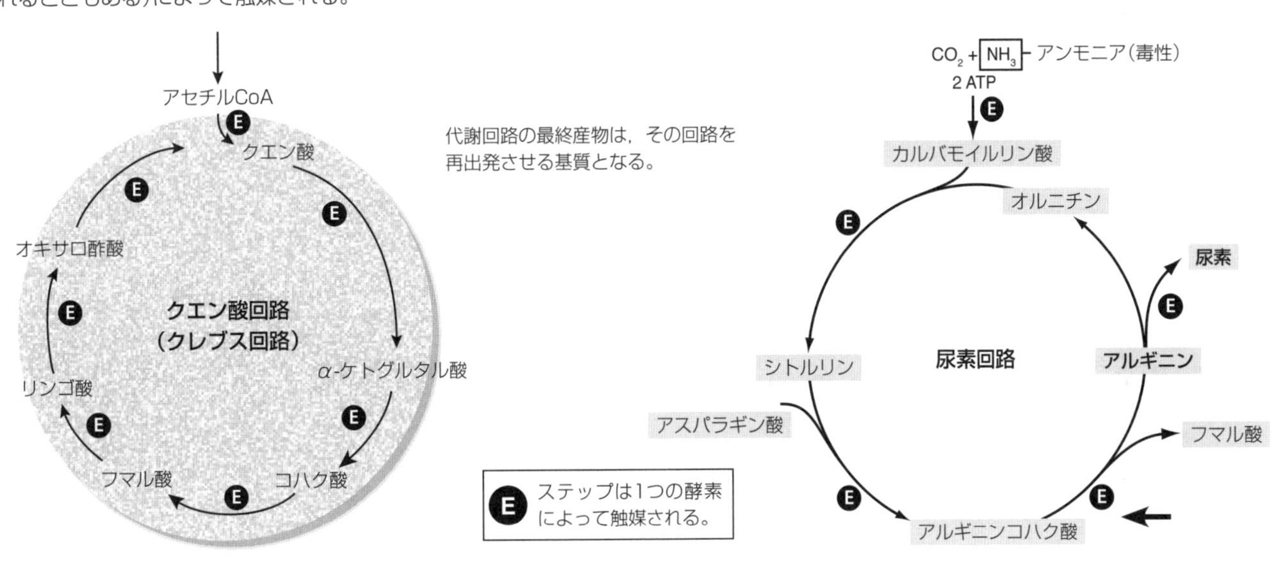

1．代謝経路という語を説明しなさい。

2．代謝経路における酵素の役割とは何か述べなさい。

3．尿素回路で太い矢印で示した酵素が働かなかった場合，どの産物がつくられないことになるか，答えなさい。

酵素はどのように働くか

重要概念：酵素は生体触媒である。生体触媒は活性化エネルギーを低くすることによって，生体内での化学反応を促進している。

細胞内の化学反応はエネルギーの変化をともなっている。化学反応によって放出されるまたは取り込まれるエネルギーの量は，生成物ができるまでの化学反応が示す傾向と直接的にかかわっている。しかし，どんな反応でも，反応を起こすためには，基質のエネルギーを不安定な遷移状態にまで高める必要がある（左下図）。このために必要なエネルギーの量を**活性化エネルギー**という（E_a）。酵素は，基質の中の結合を不安定化させることで，反応性をより高めている。最近の，酵素機能の誘導適合モデルは酵素阻害剤の研究によって支持されているが，そこでは酵素は柔軟であり，基質に接して形を変えることが示されている。

酵素は活性化エネルギーを低くする

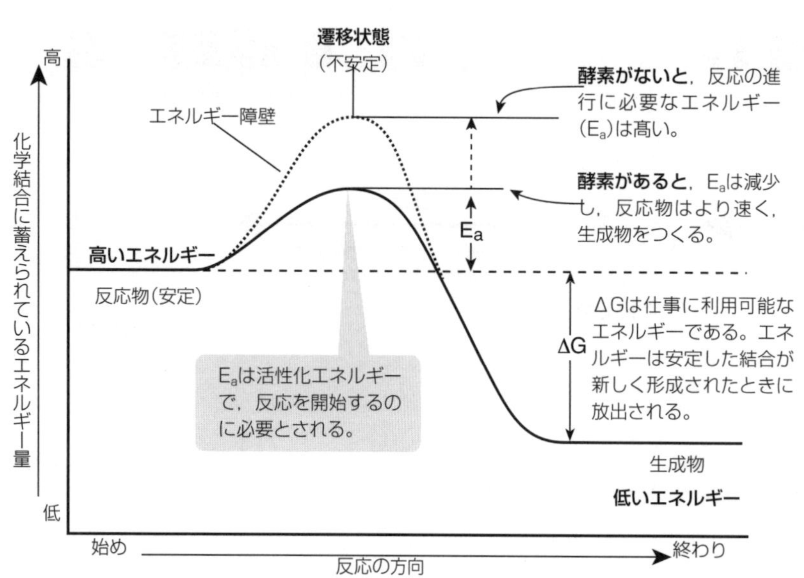

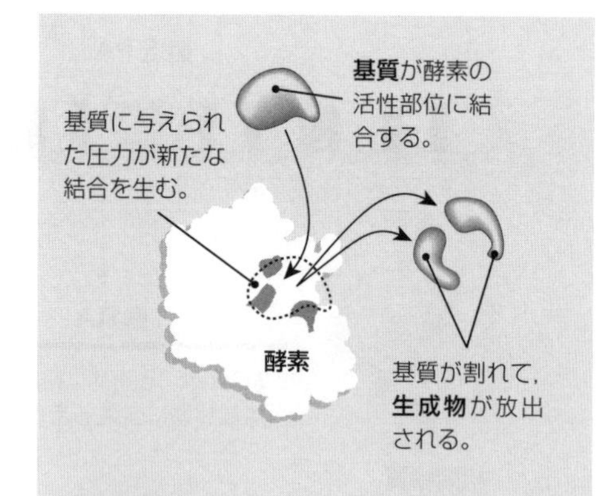

発熱反応

いくつかの酵素では，1つの基質分子を活性部位に引きずり込むようになっている。化学結合が壊され，基質分子は2つの別々の分子に分割される。分解反応は複雑な分子をより簡単な分子に分割し，エネルギーの放出を引き起こすので，発熱反応と呼ばれる。

例：加水分解，細胞呼吸

最近のモデル：誘導適合モデル

酵素と基質の相互作用は，誘導適合モデル（下図）でもっともよく表される。酵素の形は，基質が溝にはまり込んだときに変化する。反応物は弱い化学結合で酵素に結合する。この結びつきが反応物自身の内部の結合を弱め，反応の進行をより速める。最近の，酵素機能の誘導適合モデルは酵素阻害剤の研究によって支持されているが，そこでは酵素は柔軟に，基質に接して形を変えることが示されている。

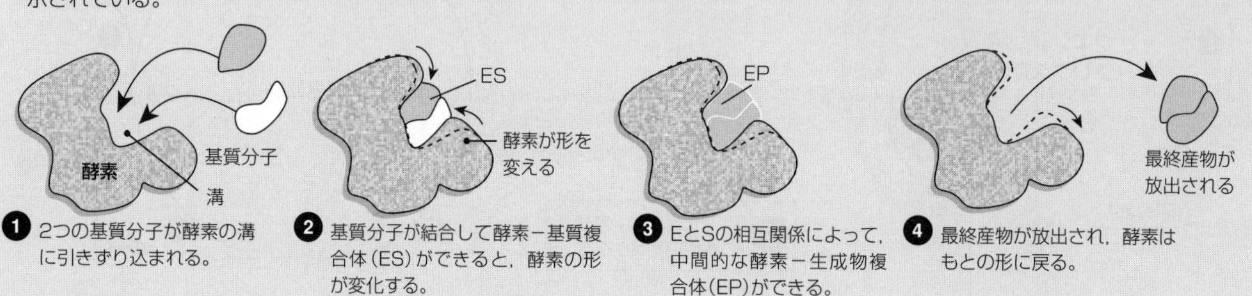

❶ 2つの基質分子が酵素の溝に引きずり込まれる。
❷ 基質分子が結合して酵素－基質複合体（ES）ができると，酵素の形が変化する。
❸ EとSの相互関係によって，中間的な酵素－生成物複合体（EP）ができる。
❹ 最終産物が放出され，酵素はもとの形に戻る。

1．**生体触媒**として，酵素はどのように働いているか説明しなさい。

2．酵素作用の**誘導適合モデル**について述べなさい。

酵素反応速度の計算とグラフ化

ある学生グループが，酵素の濃度が反応速度に与える影響を調べるために，カタラーゼ酵素を自然にもっているジャガイモを角切りにし，過酸化水素の中に入れる実験を行った。反応速度の測定は，過酸化水素が水と酸素に分解されたときにできる酸素の体積を測定することで行った。

学生たちは，生のジャガイモを1グラムの大きさの立方体に切った。それらを十分な量の過酸化水素とともに，三角フラスコに入れた（右図）。5分間反応させ，発生した酸素の体積を測定した。

下の表に結果を記録した。

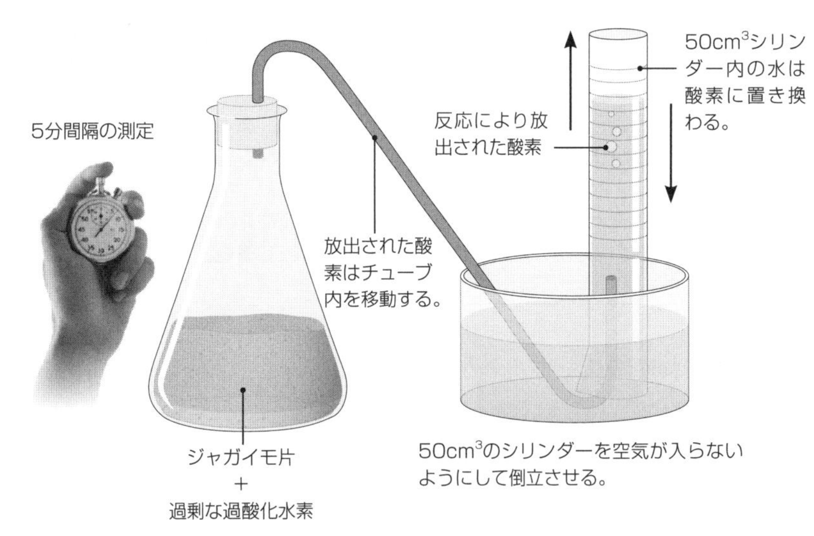

ジャガイモの量(g)	酸素の体積(cm³)(5分間隔の測定)			平均	酸素の生成速度(cm³／分)
	1回目	2回目	3回目		
1	6	5	6		
2	10	9	9		
3	14	15	15		
4	21	20	20		
5	24	23	25		

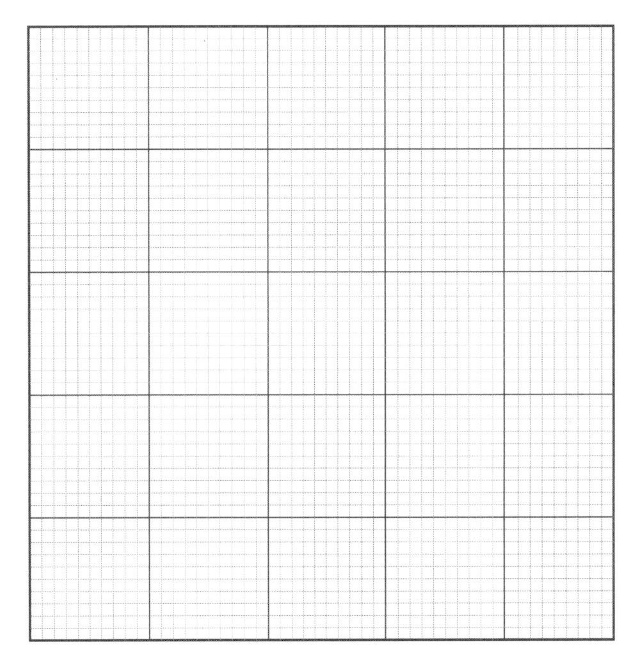

3. 生成された酸素の体積の平均値と，酸素の生成速度を求めて，表に書き入れなさい。

4. 右のグラフ用紙にジャガイモの量と，酸素の生成速度を対比させてプロットしなさい。

5. 反応速度と存在する酵素の量との関連について述べなさい。

6. なぜ反応に過剰な過酸化水素を加えたのか答えなさい。

7. 実験はされなかったが，やることができた（おそらくやるべきであった）もう1つの反応について述べなさい。

8. ジャガイモをゆでて，そのうち2グラムを用いて実験をすることにした。予測される結果を述べなさい。

9. なぜ，そう考えたか説明しなさい。

酵素阻害

重要概念：酵素活性は，活性部位に対して基質と競合する，あるいは何らかの形で酵素と結合する化学物質によって制御される場合がある。

酵素は，酵素阻害剤と呼ばれる化学物質によって，一時的，または永久に不活性化される。競合阻害剤は活性部位をめぐって基質と直接に競合する。利用可能な基質の濃度を上げることで，競合阻害剤の影響を小さくすることができる。非競合阻害剤は活性部位に結合はしないが，活性部位を変形させてしまうので基質と酵素は相互作用ができなくなってしまう。

競合阻害

競合阻害剤は酵素の活性部位をめぐって，本来の基質と競合する。

競合阻害剤は一時的に活性部位を占有するだけなので，阻害は可逆的である。金属**水銀**は競合阻害剤である。

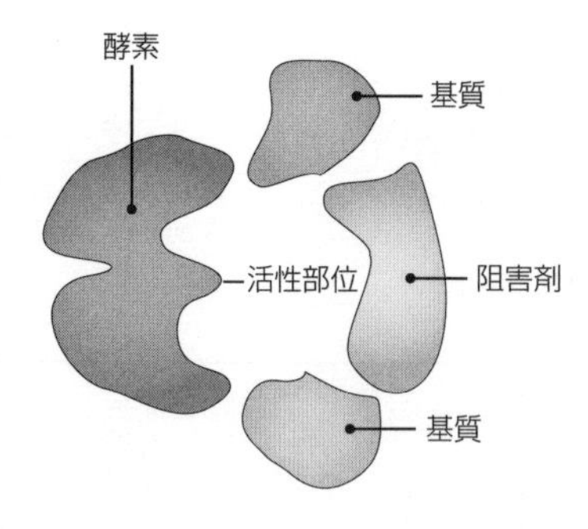

❶ 阻害剤は細胞または溶液中に基質とともに存在する。

❷ 阻害剤は一時的に活性部位に結合し場所をふさぐので，基質は結合することができない。

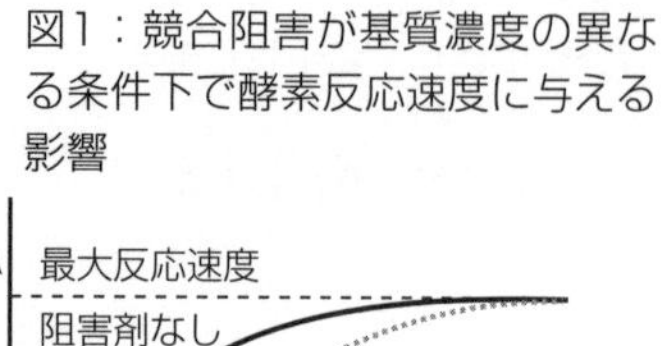

図1：競合阻害が基質濃度の異なる条件下で酵素反応速度に与える影響

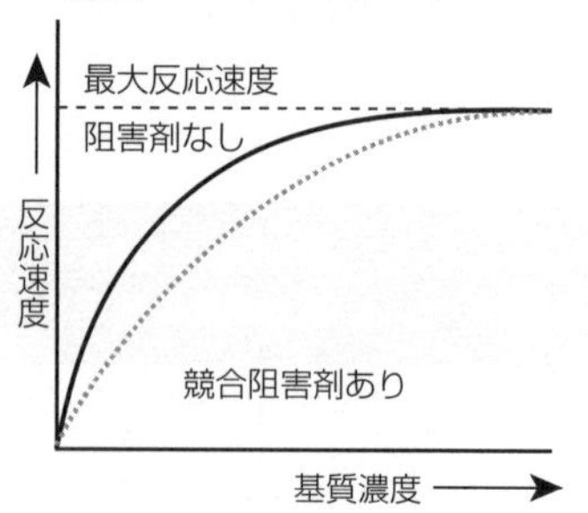

非競合阻害

非競合阻害剤は活性部位以外の部位で酵素と結合する。それらは酵素を変形させることによって不活性化する。アミノ酸のアラニンは，酵素のピルビン酸キナーゼの非競合阻害剤である。

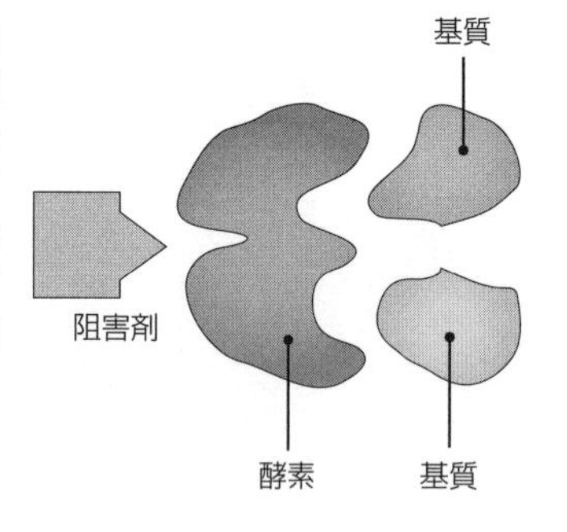

❶ 阻害剤がないと，酵素は基質と結合することができる。

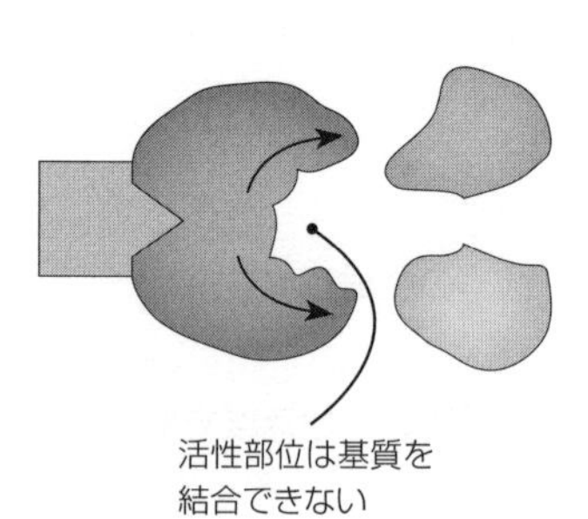

❷ 阻害剤が結合すると，酵素は変形する。

図2：非競合阻害が基質濃度の異なる条件下で酵素反応速度に与える影響

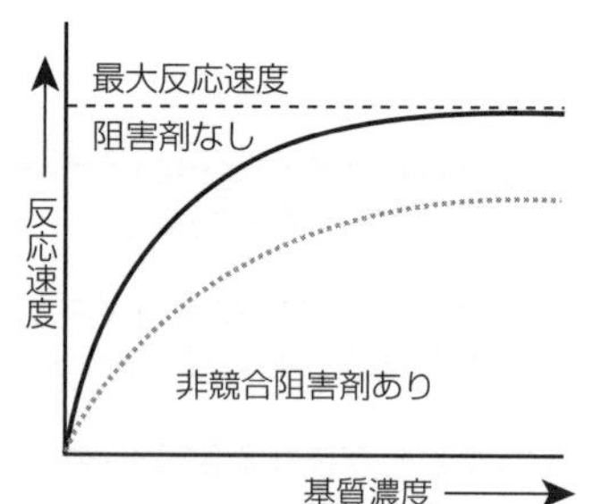

科学研究の発展と，世界規模での酵素と遺伝子のデータベースの利用によって，酵素とそれが制御する代謝経路についての研究が非常に進んだ。MEP代謝経路（非メバロン酸経路とも呼ばれる）はマラリアの原因となる寄生虫であるマラリア原虫では重要な経路だが，ヒトには見つかっていない。この経路にある酵素，特にDXR酵素に対して，その代謝経路を阻害する抗マラリア薬の開発のために狙いがつけられていた。研究によって，抗生物質のホスミドマイシンがDXRの競合阻害剤および非競合阻害剤の両方として機能することがわかった。

マラリアの原因となる寄生虫のマラリア原虫は，ハマダラカによってヒトに運ばれる。

1. **競合阻害**と**非競合阻害**の違いを述べなさい。

2. 独立した系において，競合阻害と非競合阻害はどのようにして見分けることができるか述べなさい。

3. MEP経路が，抗マラリア薬の研究をしている会社から特別な関心を集めたのはなぜか述べなさい。

代謝経路の調節

重要概念：代謝経路の最終産物が，その経路自体を制御することがある。

代謝とは，生命のすべての化学的な活動（代謝反応）を意味している。代謝は驚異的に複雑なネットワークを形成し，生物体を維持している。**代謝経路**の産物が経路自体を制御することがしばしば起こる。経路の最終産物が経路中の反応を阻害することで，最終産物はそれ以上合成されなくなる。これは，**アロステリックな酵素制御**によってなされる（下図）。

酵素の制御

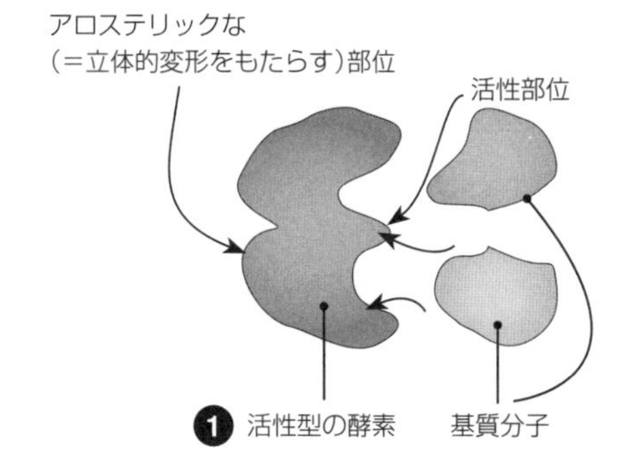

❶ 活性型の酵素　基質分子

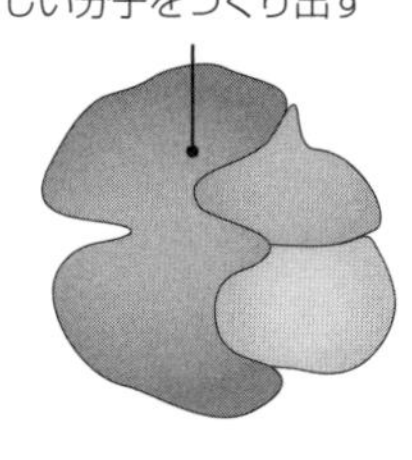

❷ 酵素－基質複合体

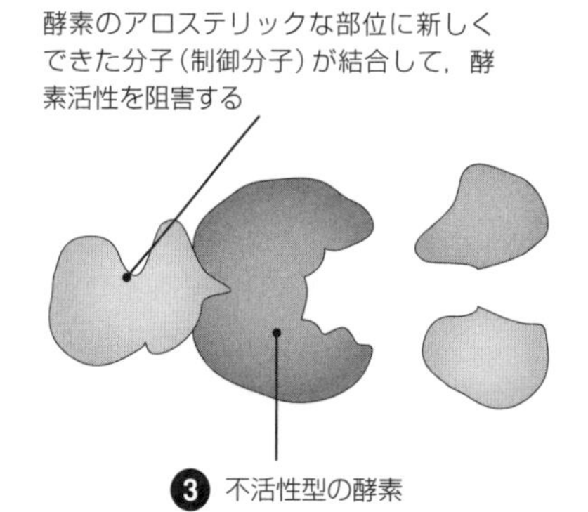

❸ 不活性型の酵素

代謝経路は，自身がつくり出した産物によって制御されることがある。これは通常，フィードバック制御によって行われるが，**アロステリックな制御**によってなされることもある（上図）。最終産物は経路の最初の酵素のアロステリックな部位に結合して，その酵素を一時的に不活性にする。最終産物の濃度が高まると，最初の酵素がすべて不活性な状態となりその経路が遮断される。最終産物の濃度が減少すると，アロステリック部位が解放された酵素が増加し，経路が再び進行するようになる。

トレオニンからのイソロイシン合成

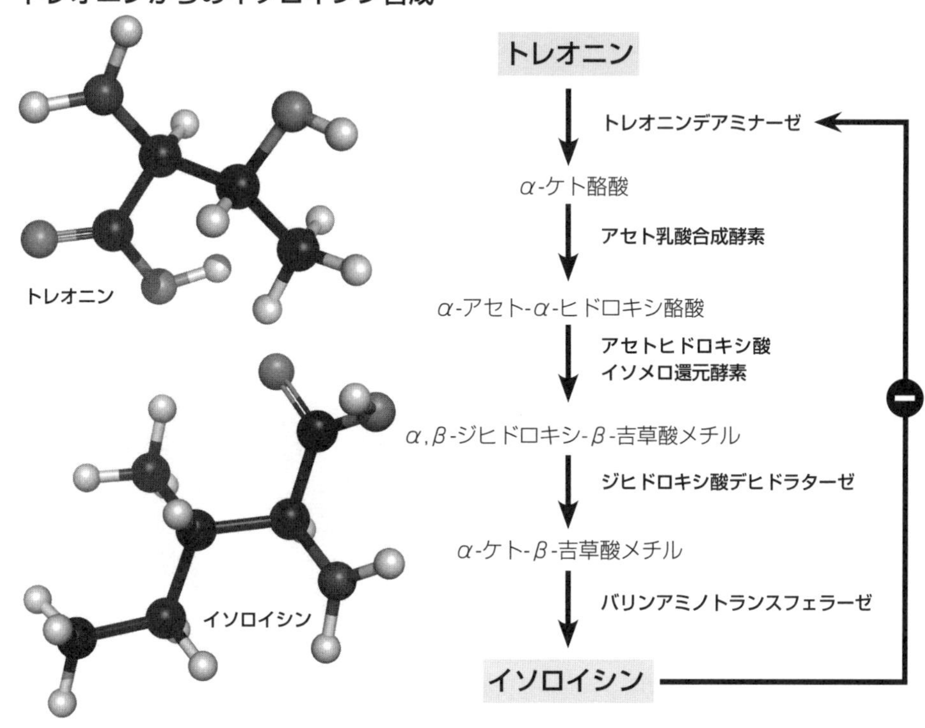

イソロイシンは必須アミノ酸であり，細菌と植物によってのみ合成される。動物はそれを食物から取り入れなければならない。

イソロイシンがトレオニンから合成される経路は，最終産物（イソロイシン）によって制御されている（**負のフィードバック**）。トレオニンは**トレオニンデアミナーゼ**によって，中間分子であるα-ケト酪酸に変換される。トレオニンデアミナーゼはイソロイシンによって阻害される。イソロイシンの濃度が高いときには経路は阻害されるが，イソロイシンの濃度が減少するとトレオニンデアミナーゼは阻害されなくなり，経路が再開される。

1. トレオニン-イソロイシン合成経路にふれながら，**最終産物**がどのように阻害作用をするか，説明しなさい。

2. 最終産物による阻害において，アロステリックな調節因子の役割について説明しなさい。

細胞説

重要概念：すべての生物は細胞からなる。細胞は生命の基本単位である。

細胞説は生物学の基礎をなす考え方である。すべての生物が細胞で構成されるという考えが確固たるものになった背景には，1600年代に顕微鏡が発明され，その後改良されてきたことが大きくかかわっている。細胞という言葉は，ロバート・フックによって命名された。彼が顕微鏡でコルク片を見たところ，壁に囲まれた小さな区画の集まりが観察され，修道僧が住んでいる小部屋の数々を思い起こさせた。

細胞説

細胞が生命の基本単位であるという概念は細胞説の一部をなしている。当時の生物学者たちによる細胞説の基本原理は以下の通りである。

- すべての生物は細胞と細胞の産物からなる。
- 新しい細胞は既存する細胞の分裂によってのみ形成される。
- 細胞は遺伝情報（遺伝子）を含み，遺伝情報は成長，活動，発達の指令に使われる。
- 細胞は生命活動の単位である。生命活動にかかわる化学反応はすべて細胞内で起こる。

生命活動

すべての細胞は生命活動を行っている。細胞は，安定した内部環境を保つために食物（グルコースなど）を用い，成長し，生産し，老廃物をつくる。

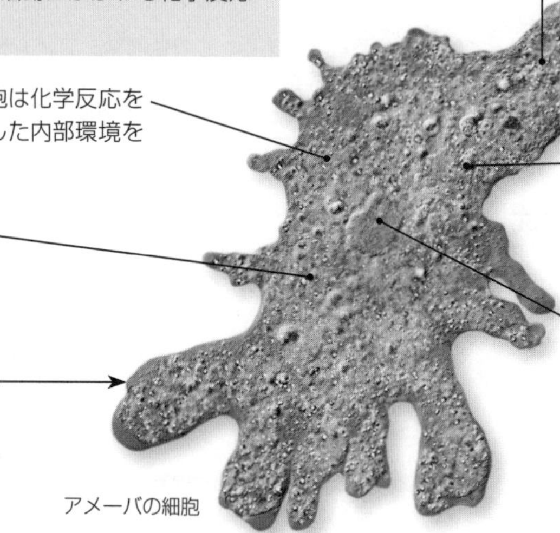

アメーバの細胞

細胞説の例外

藻類の**イワヅタ**は多核の単細胞生物で，大きなもので数メートルにまで成長する。その形態は細胞壁と微小管によって保たれ，細胞は分裂しない。

筋肉を構成する**筋線維**は，多くの筋芽細胞（筋肉の幹細胞）が融合した多核細胞である。1本の筋線維が20cm以上に達するものもある。

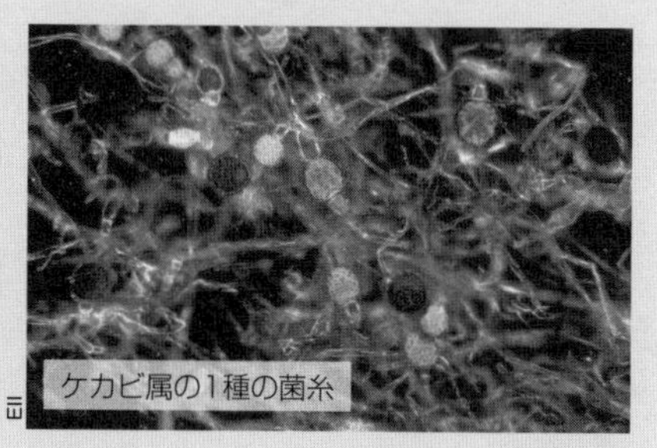

ある菌類は，菌糸を構成する細胞間の隔壁を欠く菌糸をつくる。これらは無隔菌糸として知られている（隔壁をもつ有隔菌糸に対して）。

1. 細胞は生命の基本単位である。これが意味することを説明しなさい。

2. イワヅタのような生物は，どんな点で細胞説の例外と考えることができるか，説明しなさい。

単細胞の真核生物

重要概念：単細胞生物は1つの細胞でありながらすべての生命機能を有している。しかし，その方法には非常に多様性がある。

単細胞の（1個の細胞からなる）真核生物は，原生生物界の生物の大部分を占める。水のある場所にはほぼどこにでも見られ，また，大きな生物の体内に，寄生生物または共生生物としても存在する。原生生物界には多様なグループがあり，一般的な真核細胞に典型的な特徴を示すと同時に，それぞれ固有の性質をもつ。ゾウリムシは食物を摂取する従属栄養生物であり，イカダモは食物を合成する独立栄養生物である。ほとんどの原生生物は分裂によって無性生殖で増殖する。一方で，多くのものは有性生殖もおこない，配偶子の接合によって接合子をつくる。

ゾウリムシ

ゾウリムシは一般的な原生生物で淡水にも海水にも生息している。細菌，藻類，酵母などを繊毛によって囲口部に送って食べる。ゾウリムシにはたくさんの種があり，大きさは50～300 μmである。

大きさ：240×80 μm
生息場所：淡水，海水

繊毛：毛のような構造で，繊毛を波打つことで細胞が移動する。

収縮胞：水分バランスを調節する。2つある。

食胞：摂取した食物がたまる小胞

囲口部：繊毛が波打つことで食物を囲口部の奥へと移動させる。奥には食胞が形成される。

食物：食べ物は細菌や小さな原生生物

核：異なる機能をもつ2種類の核がある。

細胞肛門：未消化の物質を含む食胞が細胞膜と融合して，未消化物を放出する。

イカダモ

イカダモは淡水性藻類で，4，8，または16の細胞からなる群体を形成する。群体となることや，外側に突き出た棘が捕食者（ミジンコ）からの防御となる。棘は群体の両端の細胞にだけ形成される。

大きさ：12.5×5 μm
生息場所：淡水

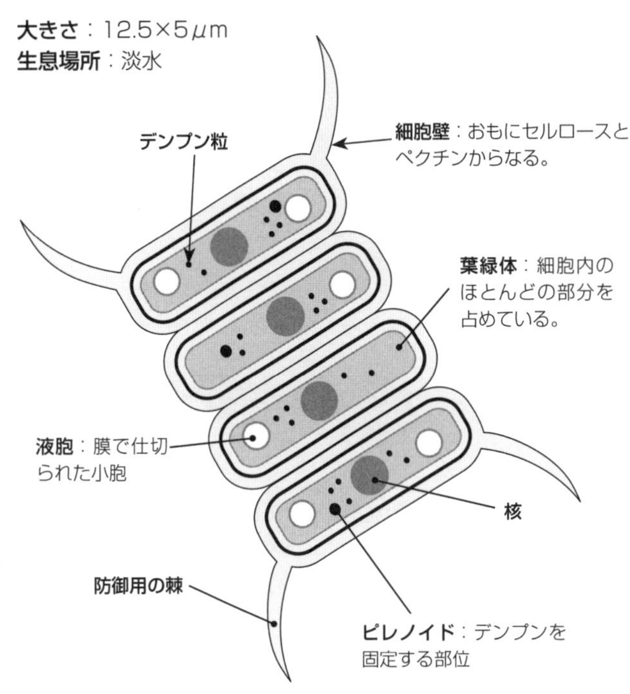

1．イカダモが捕食者から身を守るために採用している方法を2つ述べなさい。

2．イカダモの群体が，通常，4，8，16個の細胞からなるのはなぜか述べなさい。

3．栄養摂取がどのように行なわれているか説明しなさい。

(a) ゾウリムシ：

(b) イカダモ：

4．ゾウリムシはなぜ移動する必要があるのか述べなさい。

表面積と体積

重要概念：拡散は，体積に対して表面積が大きい細胞の方が，体積に対して表面積が小さい細胞より効果的である。

物体（たとえば細胞）は，小さいほど体積に対して表面積が大きい。大きな表面積は，物質（たとえば気体）を拡散によって細胞へ輸送するのに効果的である。物体が大きくなるにつれ，体積に対して表面積は小さくなる。こうなると拡散は物質輸送にとって効果的な方法ではなくなる。このために細胞が成長できる大きさには物理的限界があり，拡散の効果がこれを制限する要因となる。大きな生物は多細胞となることで，この制約を超えている。

異なる大きさの生物における拡散

単細胞生物

単細胞生物（たとえばアメーバ）は小さいが，細胞の体積に対して大きな表面積をもっている。細胞が必要とするものは，物質の拡散や能動輸送によって細胞に出入りする。

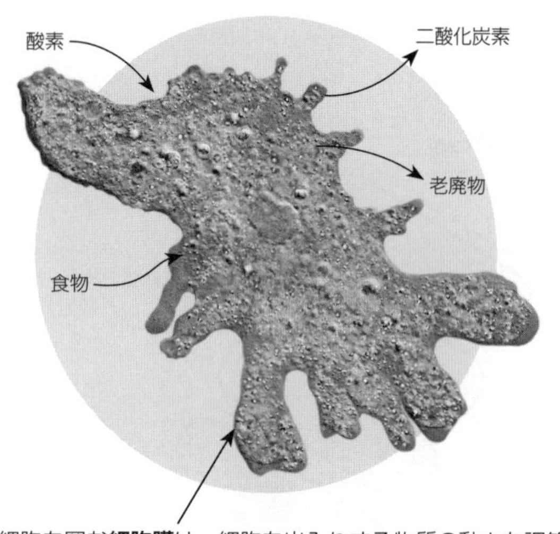

細胞を囲む**細胞膜**は，細胞を出入りする物質の動きを調節している。わずか1 μm^2の面積の中で，特定の物質だけが1秒間に相当量出入りしている。

多細胞生物

多細胞生物（たとえば植物や動物）の中には非常に大きな生物がいる。大きい生物ほど，体積に対する表面積が小さいため，物質を体の細胞や組織に（から）輸送するために特殊化した器官が必要となる。

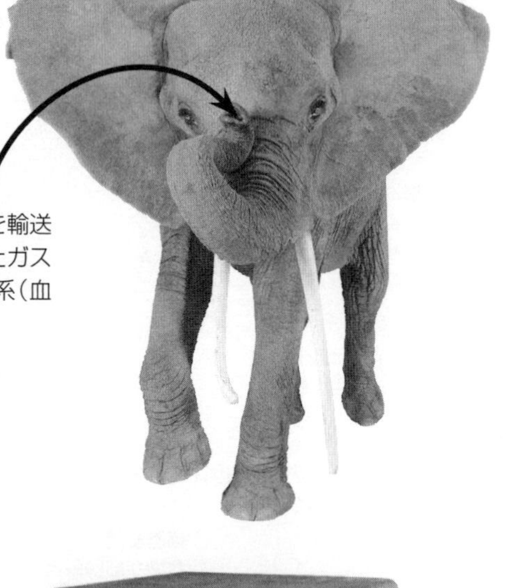
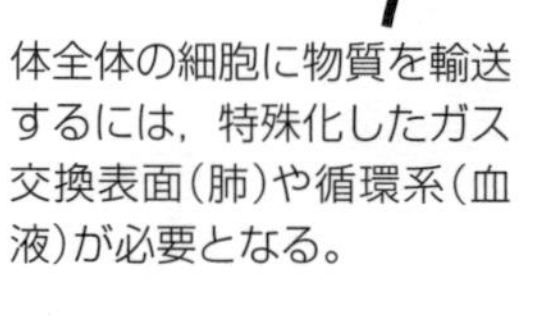

ゾウのような大きな多細胞生物では，体表からの拡散だけでは，体が必要とする呼吸ガスを組織全体に届けることができない。

体全体の細胞に物質を輸送するには，特殊化したガス交換表面（肺）や循環系（血液）が必要となる。

下図は，大きさの異なる4つの架空の細胞を示している。これらは一辺の大きさが2cmから5cmの立方体である。この課題では，細胞の大きさが拡散効率に与える影響について調べる。

一辺が2cmの立方体

3cmの立方体

4cmの立方体

5cmの立方体

1. 上記の4つの立方体について，表面積，体積，体積に対する表面積の比を計算しなさい（1つ目の立方体については計算を記している）。

立方体の大きさ（一辺の長さで示す）	表面積	体積	表面積対体積の比
2cm立方体	$2 \times 2 \times 6 = 24\ cm^2$ （2cm×2cm×6面）	$2 \times 2 \times 2 = 8\ cm^3$ （縦×横×高さ）	24 : 8 = 3 : 1
3cm立方体			
4cm立方体			
5cm立方体			

2. 右の座標に，各立方体の体積に対する表面積のグラフを描きなさい。各点を線でつなぎ，軸のラベルと単位を記入しなさい。

3. 一辺の長さの増加にともない，**体積**と**表面積**のどちらが速く増加するか述べなさい。

4. 一辺の長さの増加にともない，表面積と体積の比はなぜそうなるのか説明しなさい。

5. 分子が1つの細胞内に拡散していく様子は，フェノールフタレイン指示薬を染み込ませた寒天を，水酸化ナトリウム(NaOH)溶液の中に浸すことでモデル化できる。フェノールフタレイン指示薬は塩基の存在下でピンクに変色する。NaOHが寒天の中へと拡散するにしたがって，フェノールフタレインはピンクに変わるので，NaOHが寒天の中のどの辺りまで浸透したかがわかる。寒天ブロックをさまざまな大きさに切り，拡散と細胞の大きさとの関係を見ることができる。

(a) 下図の情報を使用して，右の表の空欄を埋めなさい。

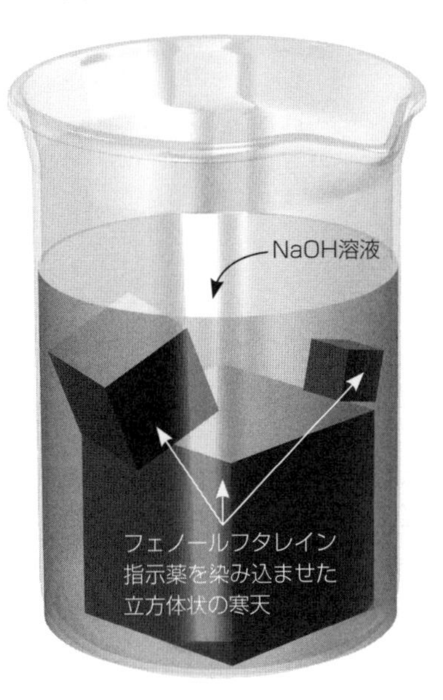

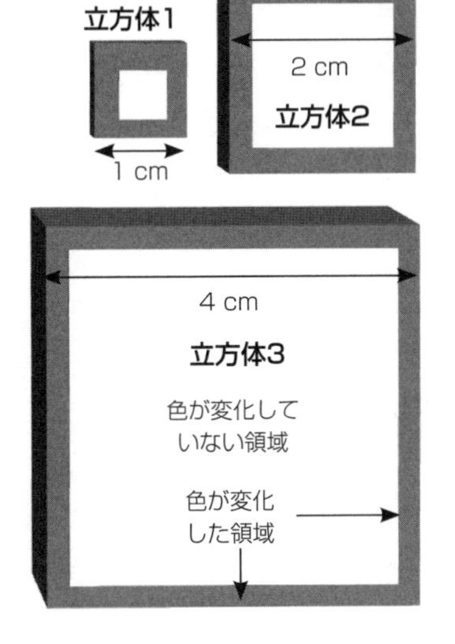

立方体	1	2	3
1. 全容積(cm^3)			
2. ピンクでない部分の容積(cm^3)			
3. NaOHが拡散した部分の容積(cm^3) (1から2を引いて値を得る)			
4. 立方体中で拡散した割合(%)			

(b) 細胞内への物質の拡散は，細胞表面に存在する細胞膜を通過して行われる。立方体の細胞のサイズが増加すると，細胞が物質を受け取るために必要な，拡散力にどのように影響するか考えなさい。

6. 栄養物を拡散によって得る場合，1つの大きな細胞(2cm×2cm×2cm)は，8つの小さな細胞(1cm×1cm×1cm)よりも効率がよくないことを説明しなさい。

細胞の大きさ

重要概念：細胞の大きさは2～100 μmと多様である。真核生物の細胞は，原核生物の細胞の10倍近く大きい。

細胞は非常に小さく，観察するには顕微鏡で拡大して見る必要がある。下図にさまざまな種類の細胞を示すとともに，比較のためにウイルスや微細な多細胞動物を記している。それぞれの図について，スケールに注意し，使用された顕微鏡の種類との関連を考えなさい。

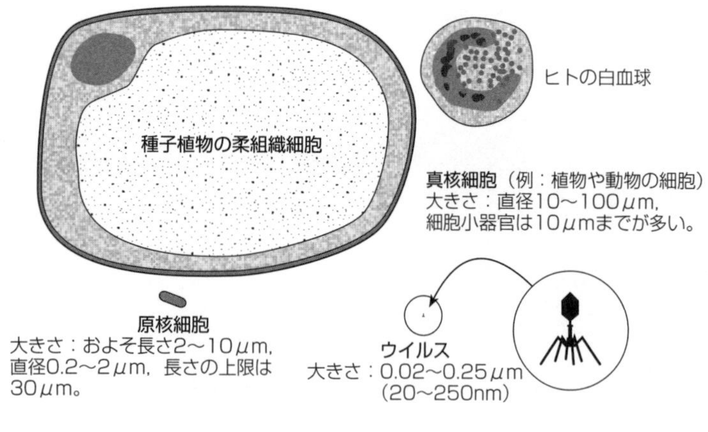

長さの単位（国際単位系，SI）		
単位	メートル	同じ長さ
1メートル（m）	1m	＝1,000ミリメートル
1ミリメートル（mm）	10^{-3}m	＝1,000マイクロメートル
1マイクロメートル（μm）	10^{-6}m	＝1,000ナノメートル
1ナノメートル（nm）	10^{-9}m	＝1,000ピコメートル

マイクロメートル（μm）は，ミクロンと呼ばれることもある。より小さな構造体は，通常ナノメートル（nm）で測定される。例：分子（1nm），細胞膜の厚さ（10nm）。

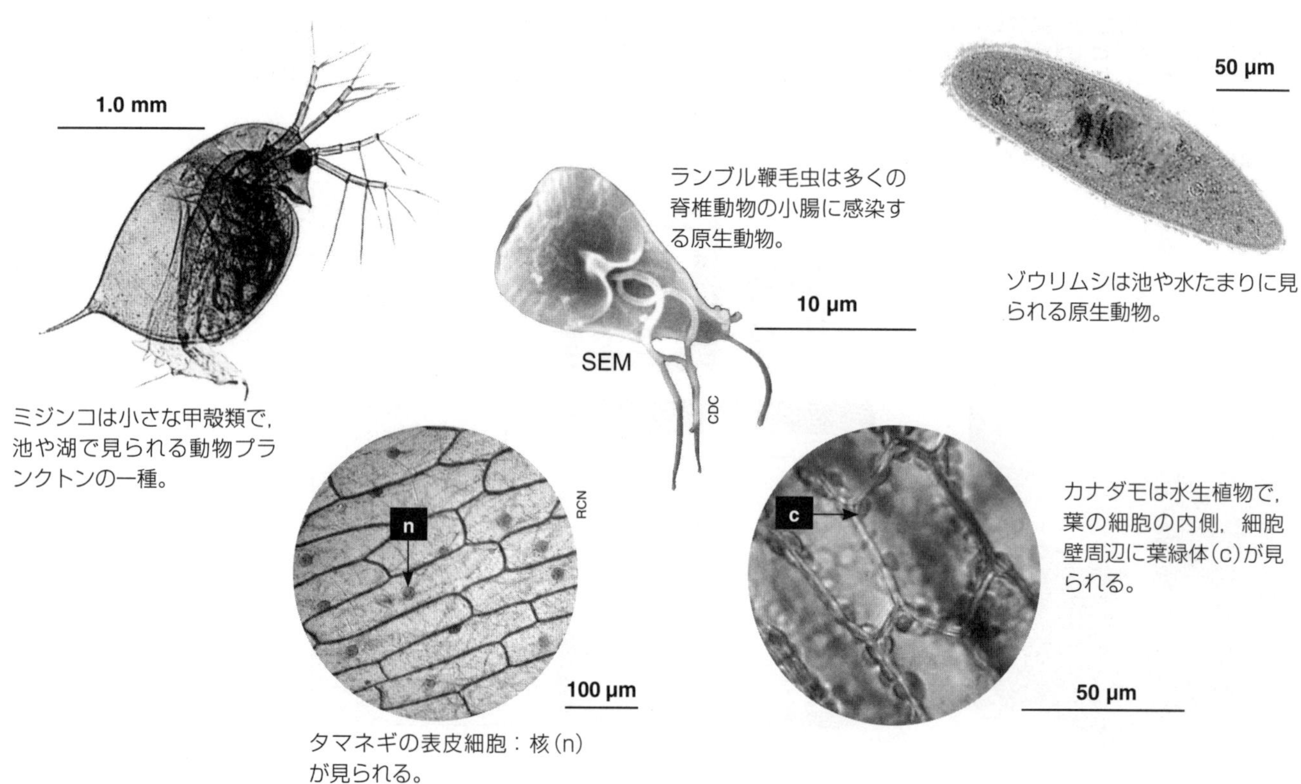

ミジンコは小さな甲殻類で，池や湖で見られる動物プランクトンの一種。

ランブル鞭毛虫は多くの脊椎動物の小腸に感染する原生動物。

ゾウリムシは池や水たまりに見られる原生動物。

タマネギの表皮細胞：核（n）が見られる。

カナダモは水生植物で，葉の細胞の内側，細胞壁周辺に葉緑体（c）が見られる。

1. 上の写真に示したそれぞれの細胞，動物，細胞小器官の大きさ（もっとも長い部分の長さまたは直径）を，スケールを利用して μmまたはmmで求めなさい。

   (a) ミジンコ：＿＿＿＿ μm ＿＿＿＿ mm　(b) ランブル鞭毛虫：＿＿＿＿ μm ＿＿＿＿ mm

   (c) 核：＿＿＿＿ μm ＿＿＿＿ mm　(d) カナダモの葉の細胞：＿＿＿＿ μm ＿＿＿＿ mm

   (e) 葉緑体：＿＿＿＿ μm ＿＿＿＿ mm　(f) ゾウリムシ：＿＿＿＿ μm ＿＿＿＿ mm

2. (a) 設問1のa～fを大きさの小さいものから順に並べなさい。

   ＿＿＿＿＿＿＿＿＿＿＿＿＿＿＿＿＿＿＿＿

   (b) これらのうちで肉眼でも見られるものはどれか答えなさい。＿＿＿＿＿＿＿＿＿＿

3. 以下の長さをmmの単位での長さに換算しなさい。

   (a) 0.25 μm ＿＿＿＿ mm　(b) 450 μm ＿＿＿＿ mm　(c) 200nm ＿＿＿＿ mm

多細胞生物

重要概念：特殊化した細胞や組織は，細胞の分化によって生じる。分化は異なる遺伝子が発現することで調節されている。多細胞生物においては，細胞どうしが複雑に相互作用し合うことで，新しい性質を生み出している。

細胞は生物を構成する機能単位である。多細胞生物では，細胞は分化することで特定の機能をもつ特殊化した細胞となる。関連する機能をもった細胞が集まって組織を形成し，組織は器官を形成する。多細胞生物ではこのような階層性が形づくられたことで，単純なつくりの生物には見られなかった新しい性質（創発特性）が出現した。生命は，エネルギーを消費し，数十億もの化学反応を行って，この創発特性をつくり出している。そして結果として，系のエントロピー（無秩序さ）の減少を達成している。

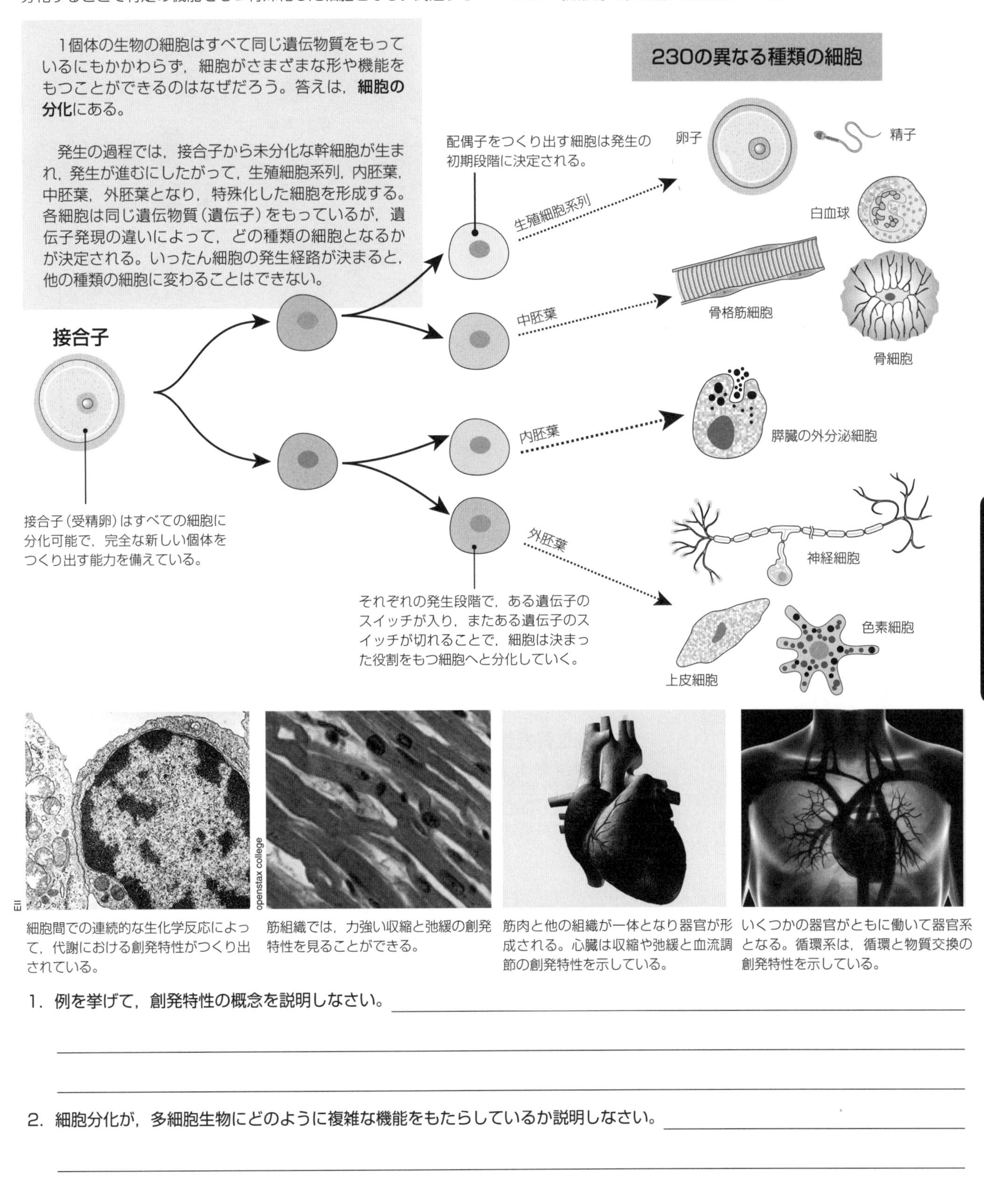

細胞間での連続的な生化学反応によって，代謝における創発特性がつくり出されている。

筋組織では，力強い収縮と弛緩の創発特性を見ることができる。

筋肉と他の組織が一体となり器官が形成される。心臓は収縮や弛緩と血流調節の創発特性を示している。

いくつかの器官がともに働いて器官系となる。循環系は，循環と物質交換の創発特性を示している。

1．例を挙げて，創発特性の概念を説明しなさい。＿＿＿＿＿＿＿＿＿＿＿＿＿＿＿＿＿＿＿＿

2．細胞分化が，多細胞生物にどのように複雑な機能をもたらしているか説明しなさい。＿＿＿＿＿＿＿＿

幹細胞と分化

重要概念：幹細胞は多細胞生物に存在する未分化な細胞である。幹細胞は自己複製能と多分化能の性質を有している。

接合子は全能性細胞であり，その生物のすべての種類の細胞に分化することができる。接合子が数回分裂を繰り返して，多能性を有する幹細胞が生まれる。幹細胞は多くの種類の細胞を生み出して，多細胞生物の組織や器官をつくり出す。骨髄にある多能性幹細胞は，分化して血液や結合組織をつくり出す。多能性幹細胞（成体幹細胞）はほとんどの器官で見られ，古くなったり傷ついたりした細胞を入れ替え，一生を通じて体の細胞を補充し続ける。

幹細胞と血球の生産

新しい血球は赤色骨髄でつくられる。赤色骨髄は，胎児の肝臓に代わって出生後の主要な造血部位となる。すべての種類の血球は，**多能性幹細胞**または血球芽細胞と呼ばれる1種類の細胞からつくられる。これらの細胞は分裂によって増殖しながら，それぞれの血球種に特化した前駆細胞へと分化する。

それぞれの細胞への分化は特定の**成長因子**によって制御されている。幹細胞が分裂すると，2つの娘細胞のうちの1つは幹細胞のまま残り，片方の娘細胞は**リンパ系細胞**か**骨髄系細胞**かいずれかの前駆細胞となる。これらの細胞はそれぞれの特化した特徴や役割を発達させながら，さまざまな種類の血球へと成熟していく。

幹細胞の特徴

自己複製能：未分化な状態で何回も分裂できる。

多分化能：さまざまな細胞に分化できる。

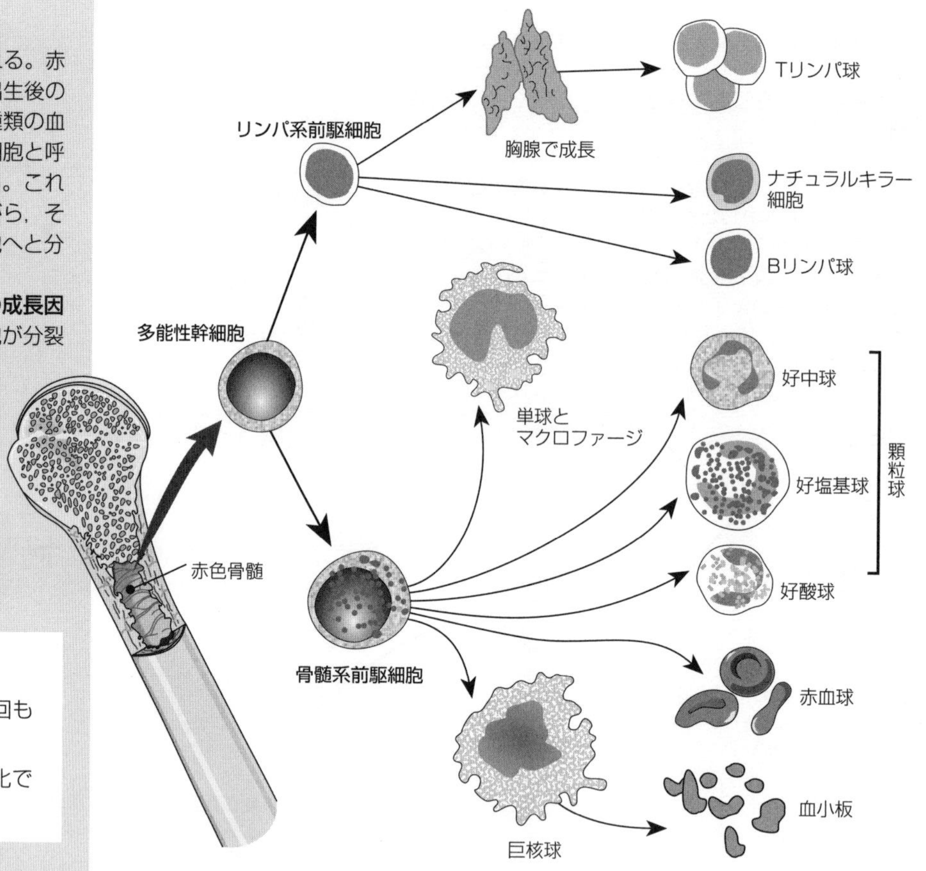

赤色骨髄
多能性幹細胞
リンパ系前駆細胞
胸腺で成長
Tリンパ球
ナチュラルキラー細胞
Bリンパ球
単球とマクロファージ
好中球
好塩基球
好酸球
顆粒球
骨髄系前駆細胞
赤血球
巨核球
血小板

幹細胞の種類

全能性幹細胞

この幹細胞は，その生物のすべての種類の細胞に分化することができる。
例：ヒトでは受精卵と数回の卵割後までの細胞。植物の成長点の細胞も全能性である。

多能性幹細胞

この幹細胞は，胚体外の細胞（胎盤や漿膜）を除くすべての種類の細胞を生じることができる。
例：胚性幹細胞

多分化能性幹細胞

この幹細胞は成体幹細胞とも呼ばれ，由来する組織によって限定された種類の細胞のみを生じることができる。
例：骨髄幹細胞，上皮系体性幹細胞，骨芽細胞（骨の幹細胞）

1. 幹細胞を定義する2つの特徴について述べなさい。

2. 多細胞生物の組織が発生する過程で，幹細胞が果たす役割を説明しなさい。

幹細胞の種類

重要概念：幹細胞の多分化能はその細胞の由来に依存する。胚性幹細胞や成体幹細胞は病気になったり損傷したりした組織を修復するのに利用することができる。

幹細胞の自己複製能と多分化能という性質は，幅広い分野で応用可能である。初期胚の幹細胞（胚性幹細胞）は全能性であり，再生可能な細胞として培養することで，ヒトの発生や遺伝子調節の研究，新薬やワクチンのテスト，モノクローナル抗体生産，さまざまな病気や損傷した組織の治療のために用いることができる。骨髄や臍帯血から得られた成体幹細胞がつくることができる細胞の種類は，胚性幹細胞に比べ限られる。それらの利用範囲は限られるものの，利用に関する倫理的問題は少ない。

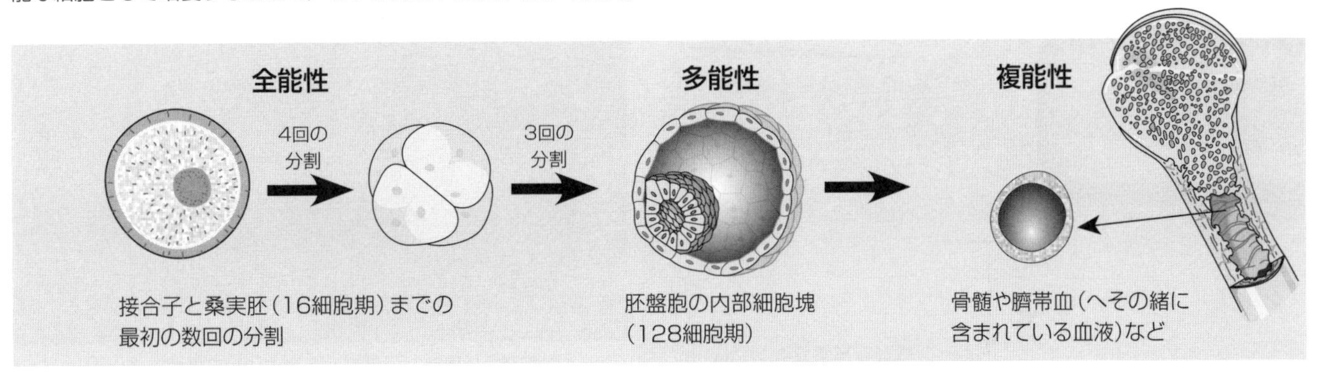

胚性幹細胞

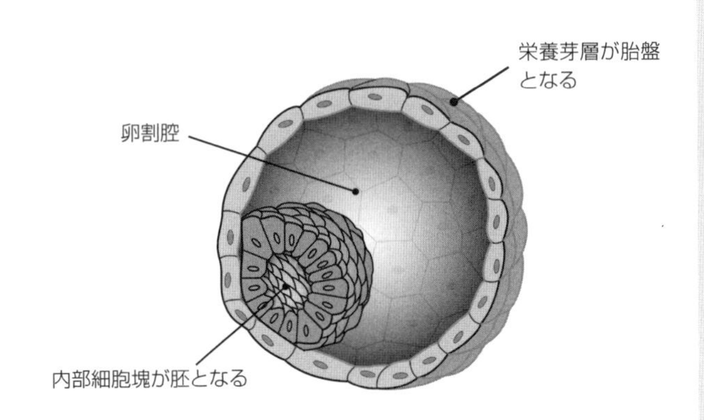

胚性幹細胞（ESC）は，胚盤胞の内部細胞塊から生じる（上図）。胚盤胞は受精後5日目の胚で，50～150個の細胞からなり，中空のボールのような形をしている。内部細胞塊の細胞は**多能性**を有する。多能性細胞は，胎盤を除き，体のどのような種類の細胞にもなることができる。分化させることなく培養すると，ESCは，多分化能をもったまま何度も分裂し自己複製することができる。ESCのこの性質は，再生医療や組織修復の分野での治療応用に役立つ可能性が高い。しかし，ESCを用いることは，胚を人工的につくったり破壊したりすることになるため，多くの人たちにとって倫理的に受け入れ難いものとなっている。

成体幹細胞

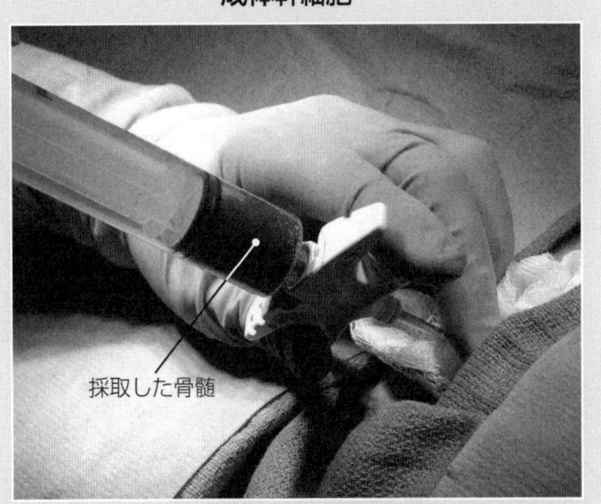

成体幹細胞（ASC）は，大人や子ども，臍帯血に見られる未分化な細胞で，数種類の組織（たとえば，脳，骨髄，脂肪，肝臓）に存在する。ESCと異なり**複能性**であり，たいていはその組織の起源に関係した限られた種類の細胞に分化する。胚を扱わないため，治療目的でのASCの利用に関して倫理的問題は少ない。そのためASCは，白血病を含めた血液疾患をはじめ，すでに多くの疾患の治療に幅広く活用されている。

1. (a) 胚性幹細胞と成体幹細胞の違いを**多分化能**に関して述べなさい。 ＿＿＿＿＿＿＿＿

   (b) この違いが，病気の治療に用いるうえでの重要性は何か述べなさい。 ＿＿＿＿＿＿＿＿

胚性幹細胞(ESC)のクローニング

胚性幹細胞(ESC)は，生体外で受精した胚からつくられ，研究のために提供される。この生体外受精によって得られた胚は，卵子と精子の遺伝子を引き継いでいて特有であるため，患者には適合しない。しかしESCは，患者の体細胞の核を移植することでクローン化した胚(クローン胚)から得ることができる。これによって，ESCは患者に適合することになる。

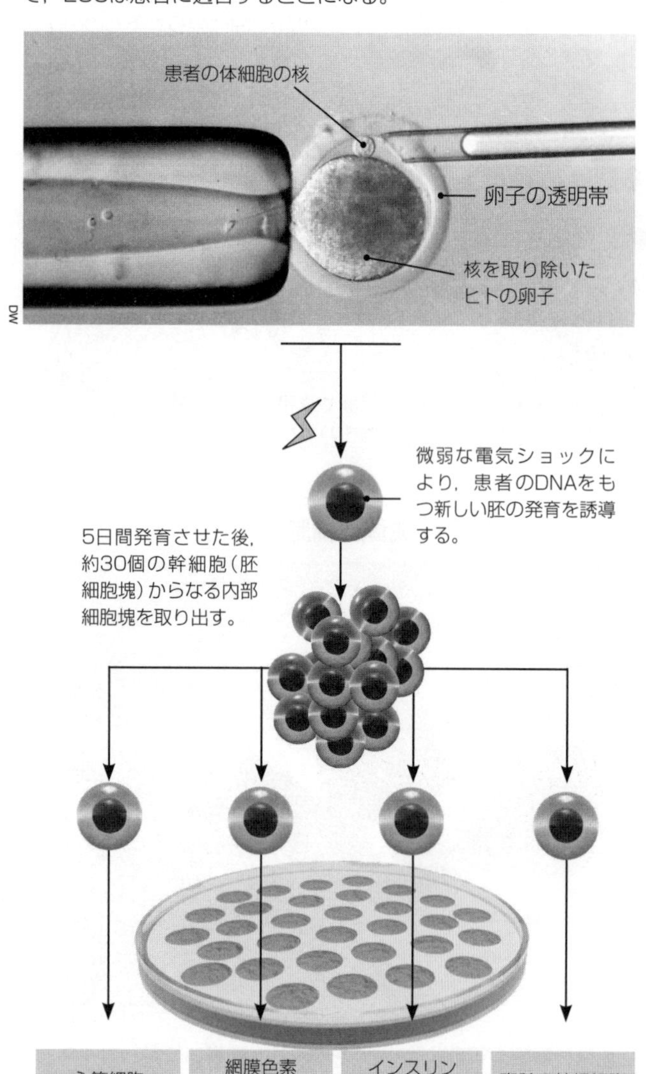

胚性幹細胞は適切な成長因子や培養条件が与えられると，特殊化した細胞種に分化する。

体細胞核移植法の課題

輸血や骨髄移植などの移植において，移植される組織はすべて個体間の組織適合性が合っていなければならない。もしドナーの組織がレシピエントの組織と十分に適合していなければ，レシピエントの免疫系がドナーの細胞を拒絶する。体細胞核移植法(**治療目的クローニング**)は，この問題を解決する手法である。体細胞核移植法によって，遺伝的に適合し，かつ，体内のいかなる細胞にも分化する幹細胞をつくり出すことができる。

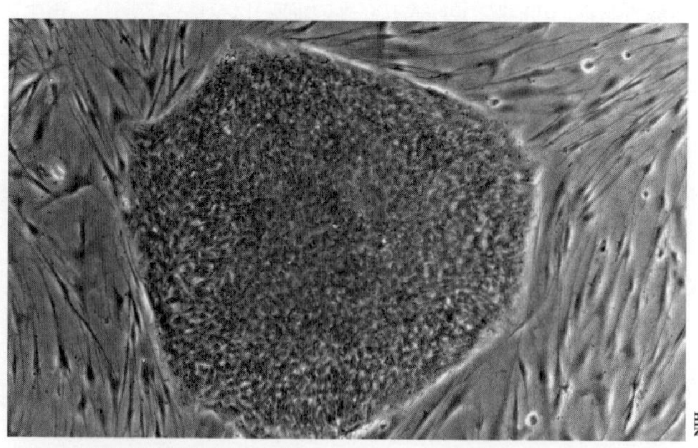

マウスの胚性線維芽細胞上で成長しているヒト胚性幹細胞(hESC)。マウスの線維芽細胞はフィーダー細胞として，ESCに栄養物を放出するとともに，ESCが成長するための足場となる。

ESCを使った治療法は，病気になった人や器官を損傷した人の健康を改善する治療法として，高い潜在能力を有している。患者のESC由来の器官や組織を使った移植ができれば，拒絶がなく，免疫抑制剤も必要としない。しかし，治療目的クローニングには多くの反対がある。その理由は以下のようなものである。

- ▶ クローン胚を作製するための技術は，ヒトのクローンをつくるなどの生殖目的クローニングに利用することができる。
  - ・幹細胞系を作製するためには，ヒト胚を破壊する必要があり，それはヒトの生命を壊すことになる。
- ▶ ヒト胚は個体へと発達する潜在能力をもっているのであるから，個人としての権利をもっている。
  - ・個人の生命を助けたり，その質を高めるために他人の生命を破壊することは，正当化できない。
- ▶ ESCについては長期的な生存可能性に関する研究がなされていないのに対して，他の技術ではなされている。
- ▶ 胚を利用せずに同様の結果をもたらす他の幹細胞技術がある(たとえば，成体幹細胞や臍帯血由来の細胞系)。

2. (a) 医学におけるESCの利用に関して，もっとも重要な倫理的問題は何か，あなたの意見を述べなさい。

(b) 体細胞核移植法が，生体外受精卵由来の胚性幹細胞を治療に利用する場合よりも優位性が高いのはなぜか述べなさい。

3. 自己移植を目的として多能性幹細胞を利用する場合，臍帯血はその多能性幹細胞のよい供給源となる。新生児のときに採取した臍帯血を，成長後の病気治療に利用することに問題点があるか考えなさい。

幹細胞の治療応用

重要概念：胚性幹細胞はシュタルガルト病の治療に適用され，成功している。倫理的に受け入れ可能な方法で，治療を目的として，多分化能をもつ細胞を作製する新しい技術が生まれている。

シュタルガルト病という眼の病気では，失ってしまった網膜の細胞を胚性幹細胞（ESC）に置き換える治療が行なわれ，病気になった器官の機能を回復できることが示された。成体組織由来の人工多能性幹細胞（iPS細胞）を用いた将来的な治療が，患者に適合した細胞系をつくり，胚の必要性を回避するだろう。

シュタルガルト病のための幹細胞利用

シュタルガルト病は，遺伝性の若年性黄斑変性症で，眼の中心視野が欠失する。この病気は多くの突然変異が関係し，網膜色素上皮（RPE）の機能障害を引き起こす。RPEは視細胞に栄養を供給し，過剰な光から網膜を守っている。RPEが機能障害を起こすと，網膜の中心部にある視細胞が機能障害を起こし，中心視野が大きく欠失することになる。この病気は6～12歳で発症し，失明するまで進行する。幹細胞利用によって，この病気の治療にとって将来有望な結果がもたらされた。

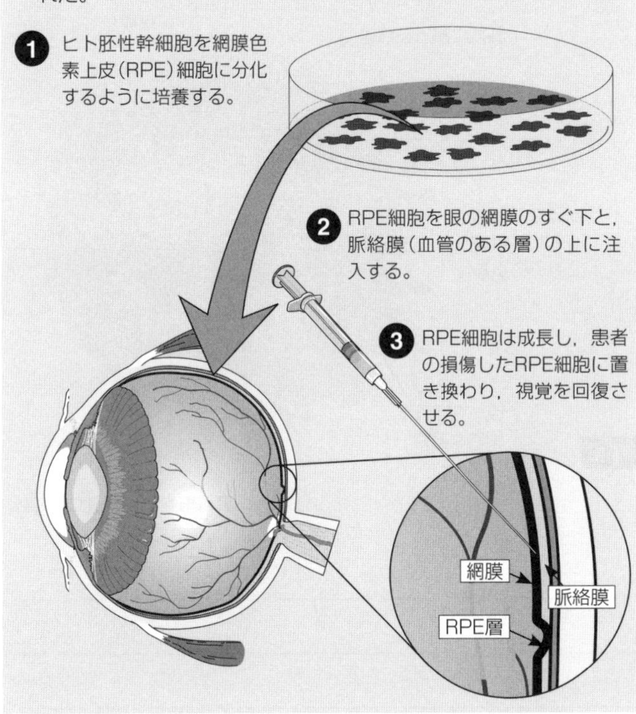

I 型糖尿病のための幹細胞利用

I 型糖尿病は，自己の免疫系が，インスリンを産生する膵臓の細胞（膵β細胞）を攻撃・破壊することで発症する。理論的には，幹細胞を利用して新たな膵β細胞を作製することが可能である。しかし，幹細胞をどのように得て，患者にいかに効果的に投与するかについては研究課題が残っている。現在まで多くの手法が開発されてきたが，それらのほとんどでは自己の免疫系が新たな膵β細胞を攻撃しないように，免疫抑制剤を用いなければならない。

2014年，マウスの皮膚から得た線維芽細胞をI 型糖尿病のマウスに投与する方法が報告された。

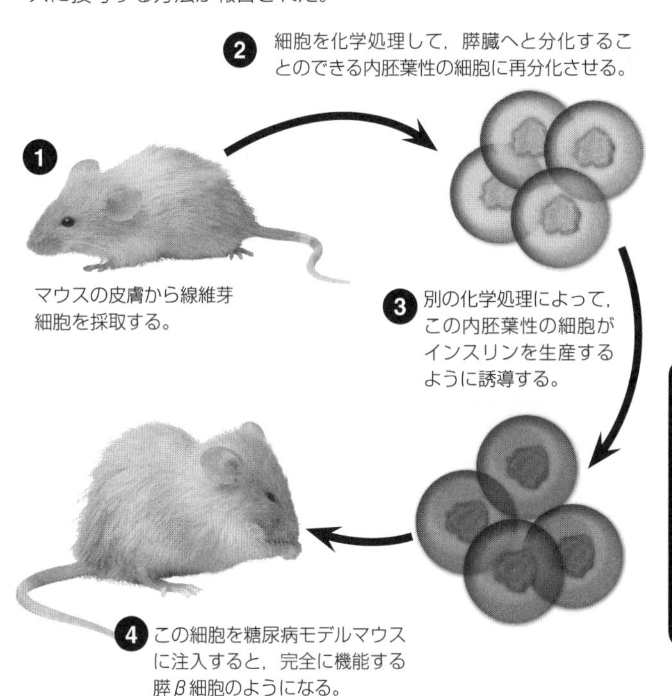

1．組織工学で胚性幹細胞を利用する潜在的な利点を述べなさい。

2．幹細胞技術を用いたシュタルガルト病治療について簡単に説明しなさい。

3．研究者は，なぜ患者自身の細胞を再分化させるのでなく，胚のRPEを利用したのか考えなさい。

4．患者自身の細胞を再プログラムする利点は何か。また，どのような場合にこの方法が望ましい選択になるか考えなさい。

原核細胞と真核細胞の比較

重要概念：細胞には，原核細胞と真核細胞の2種類がある。

細胞は，生物を形づくっている最小の構成単位である。細胞は**原核細胞**か**真核細胞**のいずれかであり，いずれの細胞も，大きさ，形，および担っている機能が大きく異なる。

原核細胞

- 膜で囲まれた核や，生体膜で囲まれた細胞小器官をもたない。
- 単一の小さな細胞である（通常，0.5～10 μm）。
- 比較的単純な構造で，細胞の内部は数少ない構成要素でできている（DNA,リボソーム，酵素が細胞質に浮遊している）。
- 細胞壁をもつが，真核細胞のものとは異なる。
- 環状構造をした染色体を1個のみもち，その染色体DNAは裸の状態で存在している。
- 70Sリボソームをもつ（Sは沈降定数）。

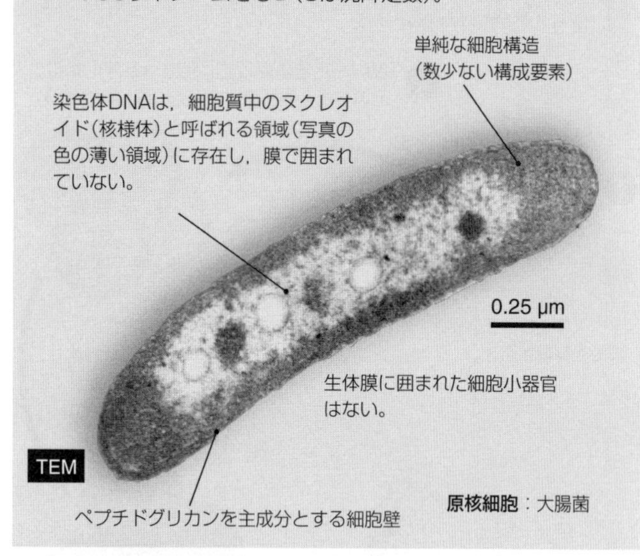

原核細胞：大腸菌

真核細胞

- 膜で囲まれた核と，膜で囲まれた細胞小器官をもつ。
- 植物細胞，動物細胞，菌類細胞，原生生物はすべて真核細胞である。
- 細胞は大きく（30～150 μm），単細胞生物または多細胞生物の構成単位として存在する。
- 原核細胞に比べて，より複雑な構造で，より多くの構成要素をもっている。
- DNAとそれに結合したタンパク質からなる複数の直鎖状の染色体をもつ。
- 80Sリボソームをもつ。

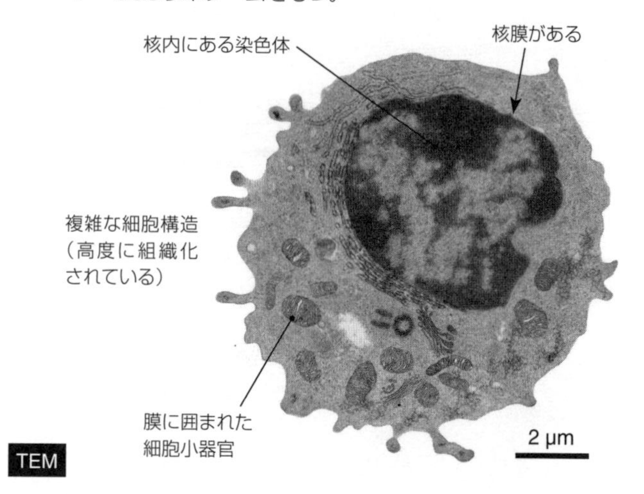

真核細胞：ヒト白血球細胞

1. 原核細胞の特徴は何か述べなさい。

2. 真核細胞の特徴は何か述べなさい。

3. 真核細胞の例を挙げなさい。

4. 下の写真A～Dについて，原核細胞か真核細胞のいずれかを記し，また，その理由を簡単に述べなさい。

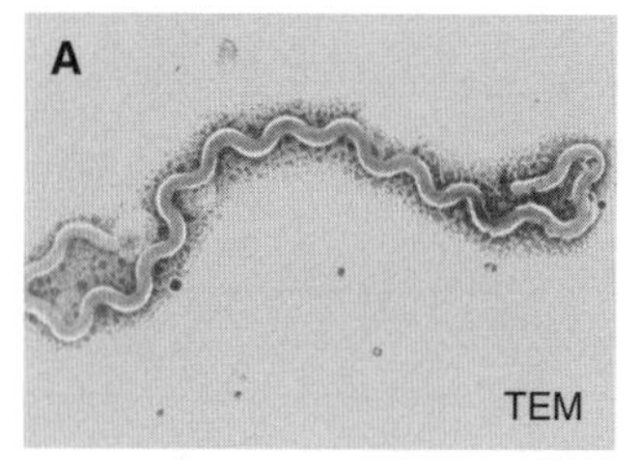

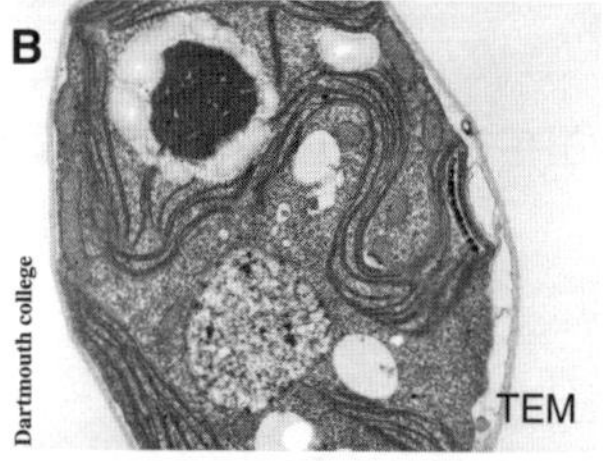

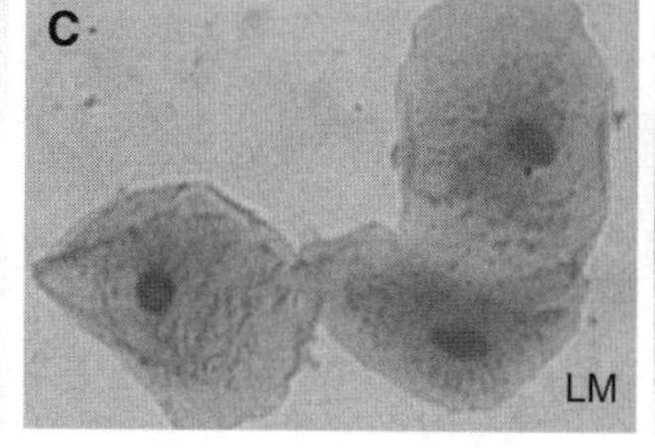

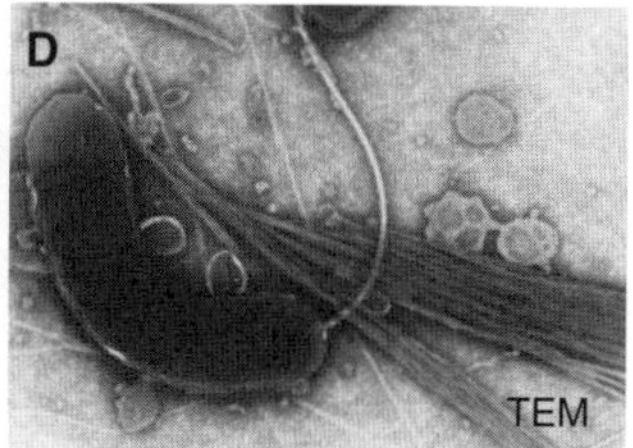

A

B

C

D

※TEM：透過型電子顕微鏡像，LM：光学顕微鏡像

原核細胞の構造

重要概念：原核細胞は，真核細胞より単純な構造をしている。

原核細胞は，真核細胞よりもかなり小さく，真核細胞の特徴である明瞭な核や，膜で囲まれた細胞小器官をもたない。原核細胞は特徴的な細胞壁をもつ。細胞壁は複雑で多層の構造をしていて，病原性細菌ではその毒性に関係している。以下に，大腸菌を例に挙げ，原核細胞の構造を示す。

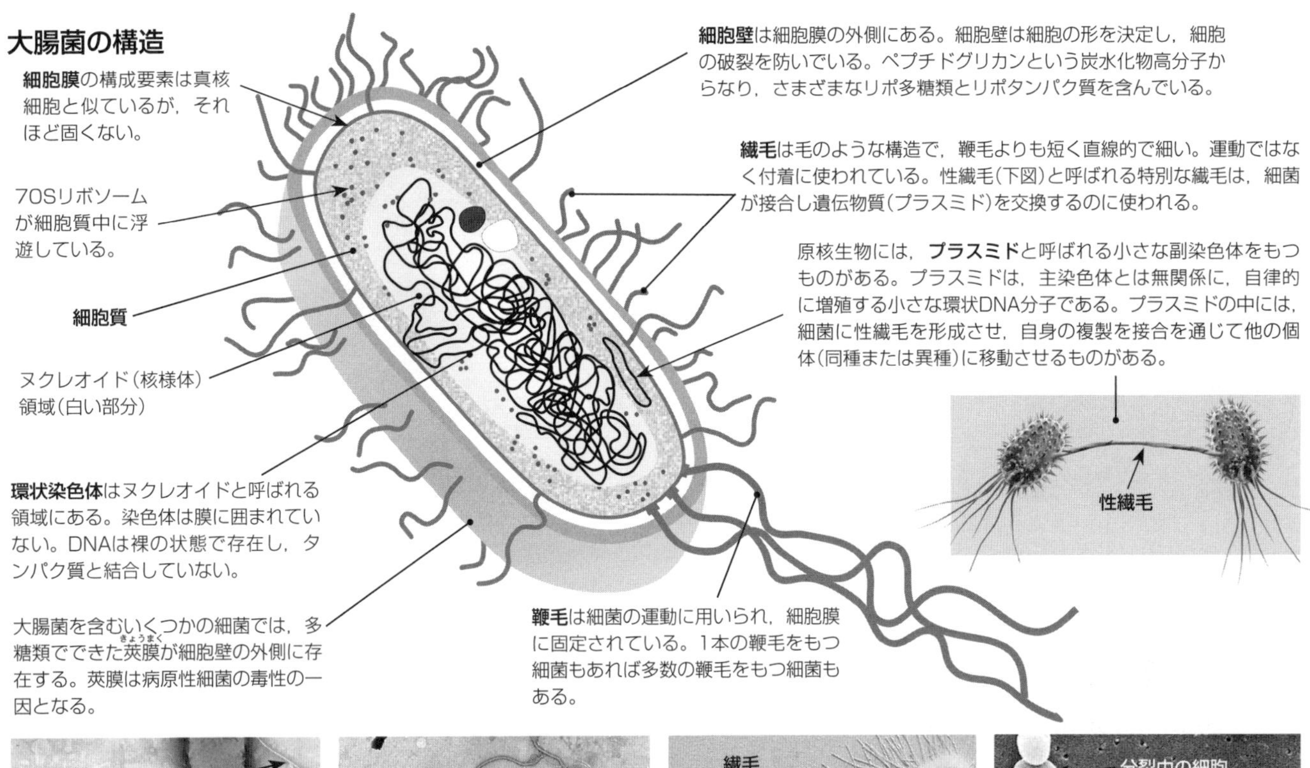

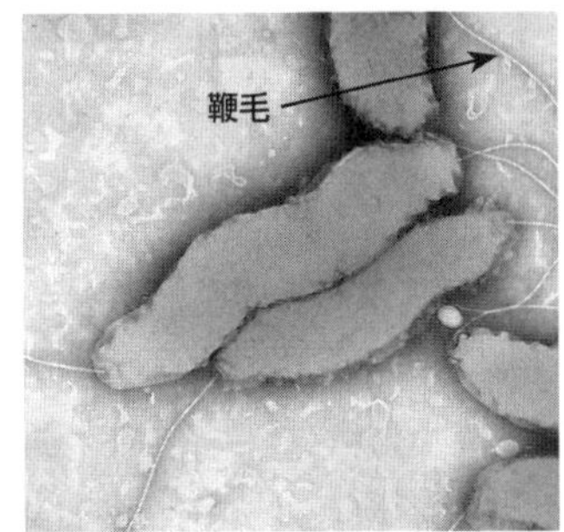

細菌の形状には，らせん状，桿状，コンマ状，球状の4つが見られる。写真のカンピロバクターはらせん状で，鞭毛をもつ。

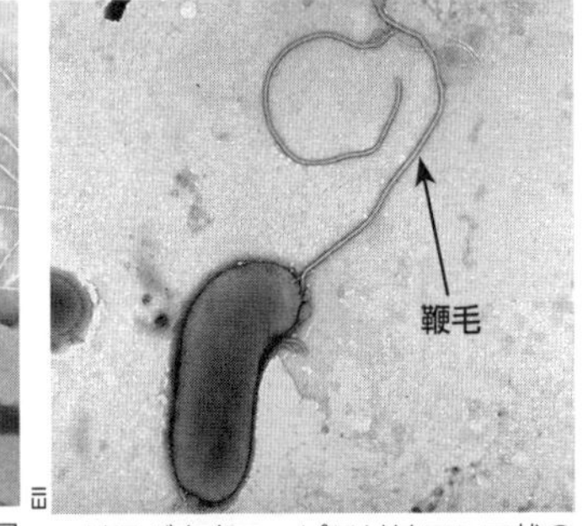

ヘリコバクター・ピロリはコンマ状の細菌で，ヒトでは胃潰瘍を起こす。極鞭毛（細菌の前後両端にある鞭毛）で移動する。

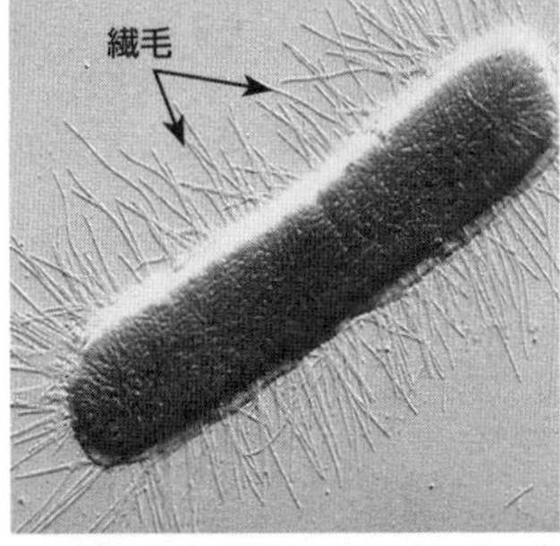

大腸菌は桿状の細菌で，ヒトの腸に常在している。細胞には繊毛があり，腸壁に付着するのに使われている。

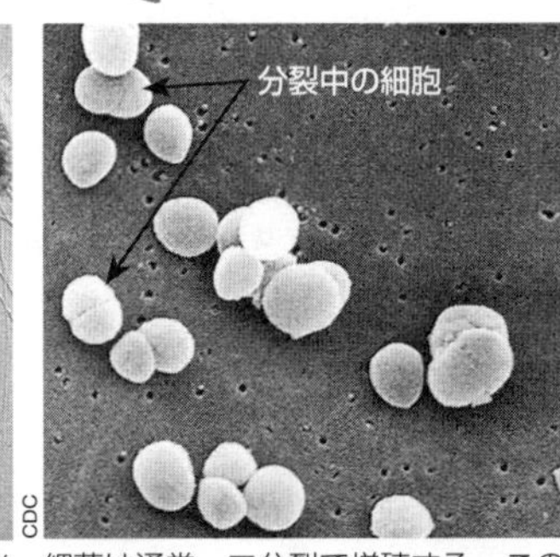

細菌は通常，二分裂で増殖する。この過程でDNAも複製され，それぞれの細胞に分配される。写真は球菌が分裂する様子。

1. 細菌の細胞壁の場所，役割，一般的な構成について述べなさい。＿＿＿＿＿＿＿＿＿＿＿＿

2. 細菌における鞭毛の機能を挙げ，繊毛との違いを述べなさい。＿＿＿＿＿＿＿＿＿＿＿＿

3. 性繊毛は繊毛とどのように違うのか，また，性繊毛の役割は何か説明しなさい。＿＿＿＿＿＿＿＿＿＿＿＿

4. 別紙に，一般的な原核細胞を描き，細胞膜，細胞壁，殻，プラスミドDNA，染色体，鞭毛，繊毛を記しなさい。描いた別紙をホチキスでこのページにとめなさい。

植物細胞

重要概念：植物細胞は真核細胞である。動物細胞と共通の特徴を多くもつが，いくつか独自な特徴をもつ。

真核細胞は，それぞれ似た基本構造をもっているが，大きさ，形，機能はかなり異なっている。ほぼすべての真核細胞には，**核**（通常は細胞の中央付近に位置する），そのまわりにある**細胞質**，それを取り囲む**細胞膜**の3つ領域が共通して存在する。植物細胞にはセルロースでできた細胞壁があり，これが植物細胞の規則的で均一な外形をもたらしている。細胞壁は細胞を保護し，形を維持し，過剰な水分の取り込みを防いでいる。そして，植物の構造を強固にしているとともに，細胞に物質が自由に出入りするようにしている。

デンプン粒：**アミロプラスト**（貯蔵のための色素体）に蓄えられた炭水化物。色素体は植物にだけある。光合成を行わない色素体は，物質を貯蔵していることが多い。

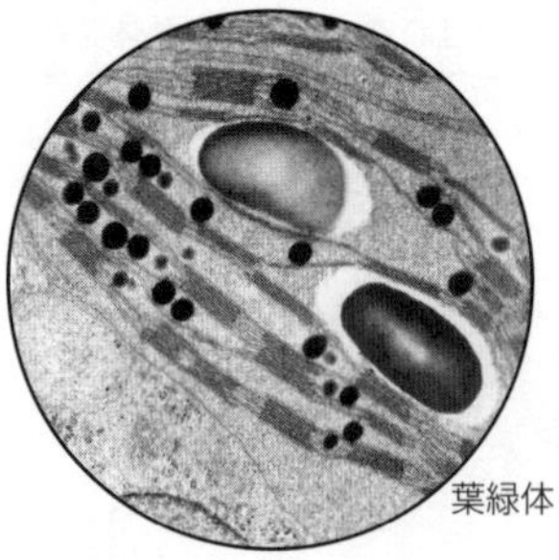

葉緑体

葉緑体：大きさ2μm×5μm，クロロフィルという緑の色素を含む特殊な色素体。無色のストロマの中に膜でできた袋（グラナ）がぎっしり詰まっている。葉緑体は光合成の場であり，おもに葉で見られる。

細胞壁：細胞膜の外側にある構造で，厚さ0.1μm～数μm。おもにセルロースからできている。細胞を支え，体積を制限する。

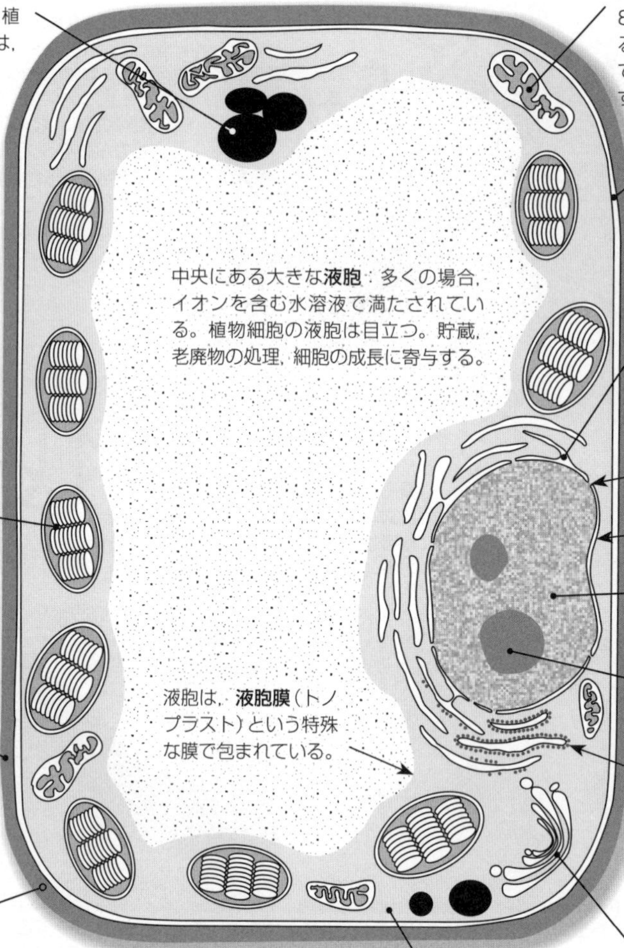

P

Alison Roberts

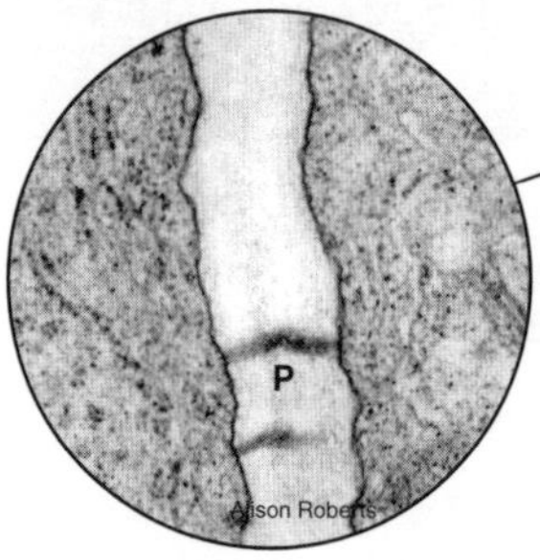

中層（隣接する細胞間に見られる。左図）：細胞分裂で形成される細胞壁の最初の層。ペクチンとタンパク質を含み，安定化をもたらしている。**原形質連絡（P）**という特別なチャネルが形成され，細胞間での交信や輸送を可能にしている。

中央にある大きな**液胞**：多くの場合，イオンを含む水溶液で満たされている。植物細胞の液胞は目立つ。貯蔵，老廃物の処理，細胞の成長に寄与する。

液胞は，**液胞膜**（トノプラスト）という特殊な膜で包まれている。

細胞質：水溶性の物質や酵素，細胞小器官などの細胞の構成成分を含む水溶液。mRNA翻訳の場でもある。

ミトコンドリア：大きさ1.5μm×2～8μm。二重膜に囲まれ，卵形をしている。細胞での酸素呼吸（ATP合成）の場であり，化学エネルギーをATPに転換する。

細胞膜：細胞壁の内側にある厚さ3～10nmの膜。

小胞体：細い管と扁平な袋がつながって構成されている。小胞体は細胞膜，核膜とつながり，表面が滑らかなものは滑面小胞体，表面にリボソームが付着しているものは粗面小胞体と呼ばれる。

核膜孔：直径100nm

核膜：孔（核膜孔）が貫通する二重膜構造。

核：非常によく目立つ細胞小器官。細胞のDNAのほとんどを含む。直径5μm

核小体

リボソーム：これらの小さな（20nm）構造体がタンパク質をつくる。リボソームは，リボソームRNAとタンパク質からできている。細胞質中に浮遊するか，小胞体の表面に結合している。

ゴルジ体

1．(a) 植物における細胞壁の機能について述べなさい。

(b) 細胞壁と細胞膜の違いについて説明しなさい。

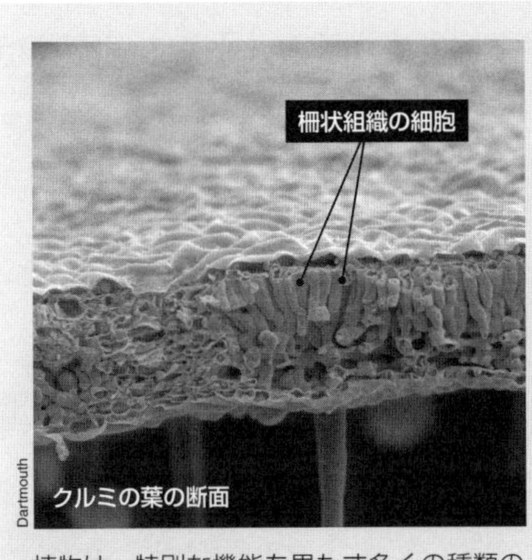

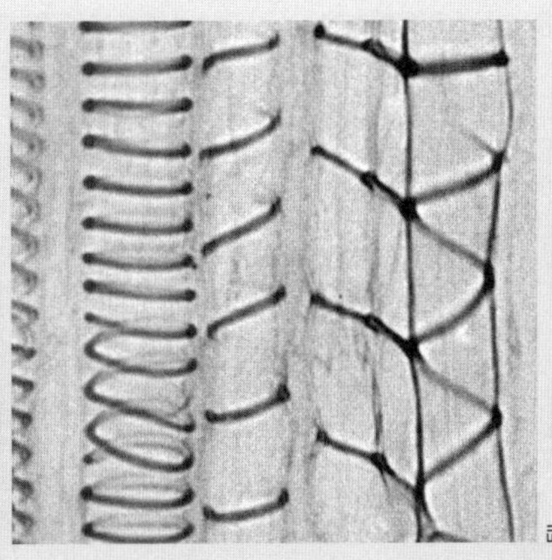

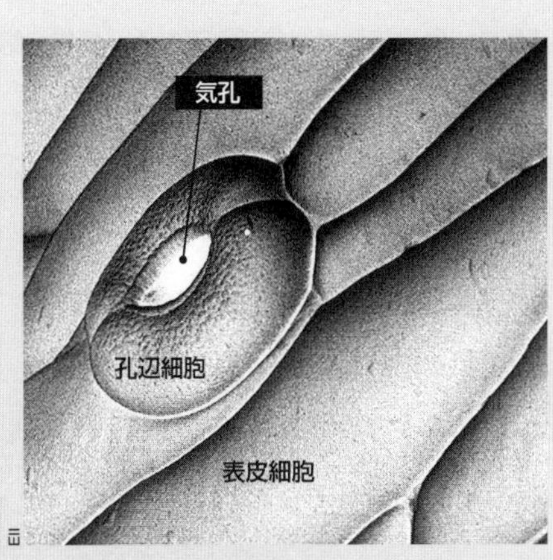

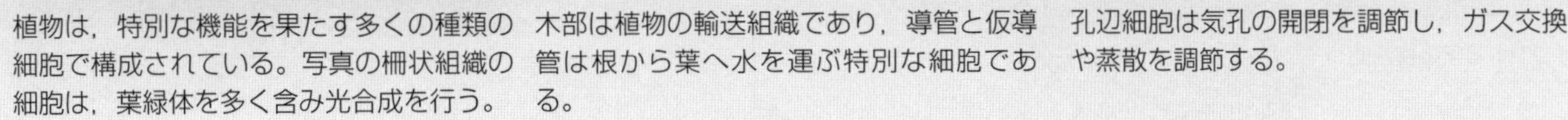

植物は，特別な機能を果たす多くの種類の細胞で構成されている。写真の柵状組織の細胞は，葉緑体を多く含み光合成を行う。

木部は植物の輸送組織であり，導管と仮導管は根から葉へ水を運ぶ特別な細胞である。

孔辺細胞は気孔の開閉を調節し，ガス交換や蒸散を調節する。

2. 機能の効率化という観点から，細胞において細胞小器官があることの意味を述べなさい。

3. 柵状組織の細胞が葉の表面部に見られるのはなぜか説明しなさい。

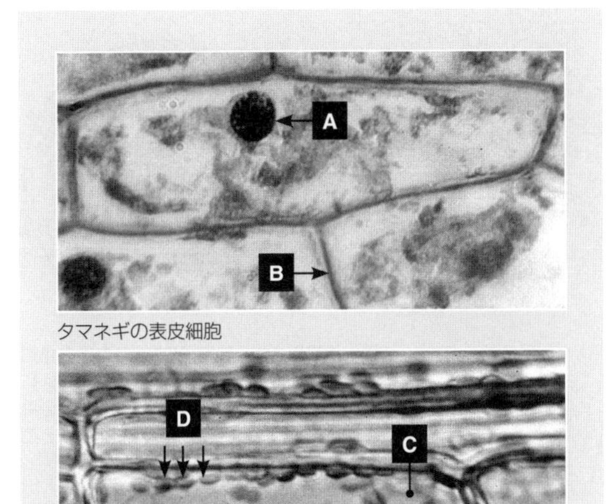

タマネギの表皮細胞

カナダモの細胞

4. 左の2枚の写真は，光学顕微鏡で見た植物細胞である。A～Dで図示した基本的な構造が何か答えなさい。

5. 細胞質流動（原形質流動）は真核細胞の特徴であり，植物および藻類の細胞で光学顕微鏡を用いるとはっきり見える。

(a) 細胞質流動によってわかることを説明しなさい。

(b) カナダモの細胞（左下図）の細胞質流動の動きを示す矢印を図に描きなさい。

6. 一般的な植物細胞にあって動物細胞にはない構造，または細胞小器官を3つ挙げなさい（次ページ「動物細胞」も参考にすること）。

動物細胞

重要概念：動物細胞は真核細胞である。植物細胞と共通の特徴を多くもつが，いくつかの独自の特徴をもつ。

植物細胞と動物細胞の基本的構造は似ているが，動物細胞は規則的な形をもたず，中には食細胞のように活発に動く細胞がある。下の図は，肝細胞の微細構造を示している。ここでは，ほとんどのヒト細胞に共通な細胞小器官を記している。肝細胞は，肝臓の70～80%（重量）を占め，活発に代謝を行い，大きな核を中央にもち，多くのミトコンドリア，多くの粗面小胞体をもつ。微絨毛という細い細胞突起は，細胞表面を増加させ，吸収能力を高めている。

肝細胞の構造と細胞小器官

ミトコンドリア：1.5 μm×2～8 μm。二重膜で囲まれた卵形の細胞小器官。細胞のエネルギー変換器であり，化学エネルギーをATPに変換する。

ミトコンドリアの横断面

各細胞には微絨毛という小さい突起があり，吸収効率を高めるために細胞表面を増加させている。

リソソーム：一重の膜で囲まれた袋。ゴルジ体からくびれるようにして切り離され，外からの物質を分解する酵素を含み，運搬する。リソソームは内部に構造をほとんどもたないが，分解した物質の断片を含むこともある。

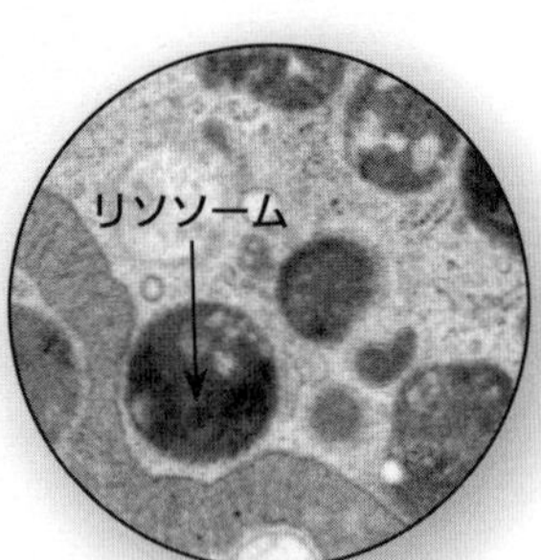

ペルオキシソーム：自己複製する細胞小器官で，酸化酵素を含んでいる。毒物を除去する働きをもつ。結晶性の構造物があることでリソソームと区別される。

細胞膜：3～10nmの厚さのリン脂質二重膜。そこにタンパク質や脂質が埋め込まれている。

タイト結合：隣接する細胞を結合し，細胞間での分子の通過を防いでいる（上皮細胞によく見られる）。

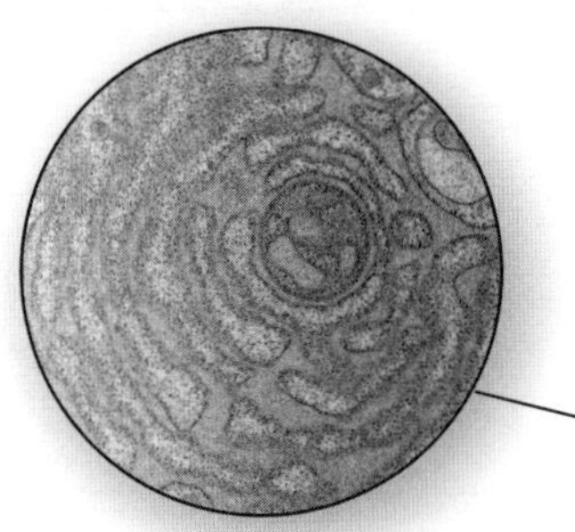

粗面小胞体
（黒い点がリボソーム）

核膜孔：核膜にある孔。核と核以外の細胞部分との間のコミュニケーションを可能にしている。

粗面小胞体：リボソームが表面に付着している小胞体。タンパク質合成の場である。

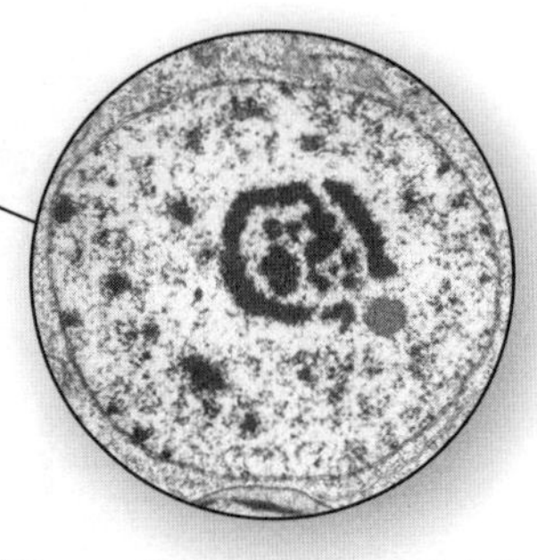

リボソーム：20nmの小さな構造体で，リボソームRNAとタンパク質からなる。細胞質に浮遊しているか，小胞体に付着している。

核：直径5 μm。細胞のDNAの大半を含む大きな細胞小器官。核内にある核小体は，結晶性タンパク質と核酸からなる密度の高い構造で，リボソームの合成にかかわっている。

中心体：核分裂に関係する微小管構造。光学顕微鏡下では，直径0.25 μmの特徴のない小さな顆粒に見える。

細胞質：水溶性の物質や酵素，細胞小器官などの細胞の構成成分を含む。肝細胞の細胞質は，グリコーゲンとして炭水化物を貯蔵する。

小胞体：管と扁平な袋のネットワーク。小胞体は細胞膜や核膜とつながっている。滑面小胞体は脂質や炭水化物の代謝の場であり，ホルモン合成にも関係している。

ゴルジ体：扁平で円盤状の袋の集まり。これらの袋は重なり合っており，小胞体とつながっている。ゴルジ体はタンパク質の貯蔵，修飾，濃縮を行う。タンパク質はゴルジ体で「荷札」をつけられ，正しい場所へ移動していく。

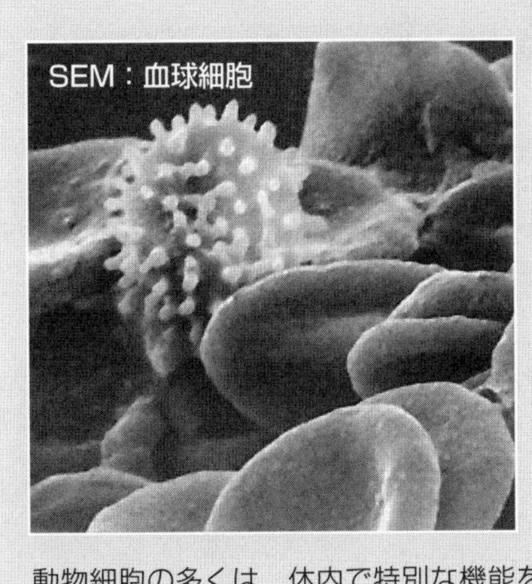

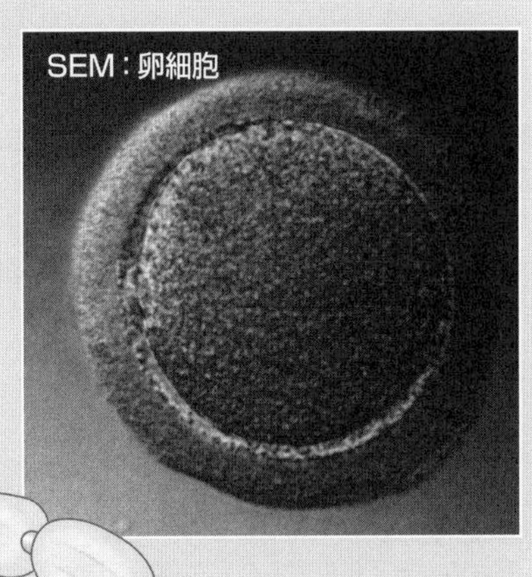

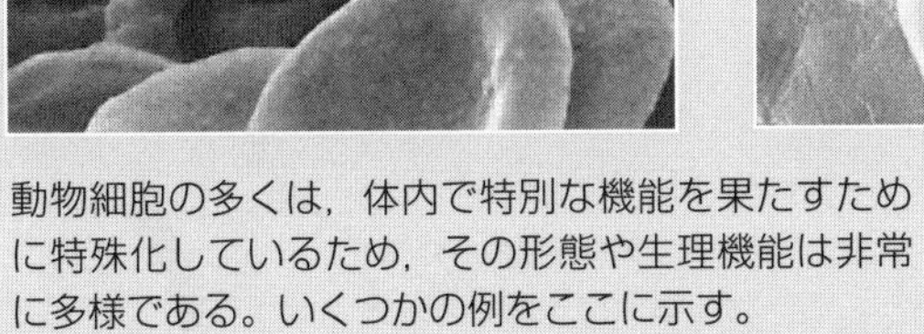

動物細胞の多くは，体内で特別な機能を果たすために特殊化しているため，その形態や生理機能は非常に多様である。いくつかの例をここに示す。

神経細胞

1.「一般化した細胞」とはどういう意味か説明しなさい。

2.（a）肝細胞の特徴について述べなさい。

（b）代謝が活発であることと関連する肝細胞の特徴は何か述べなさい。

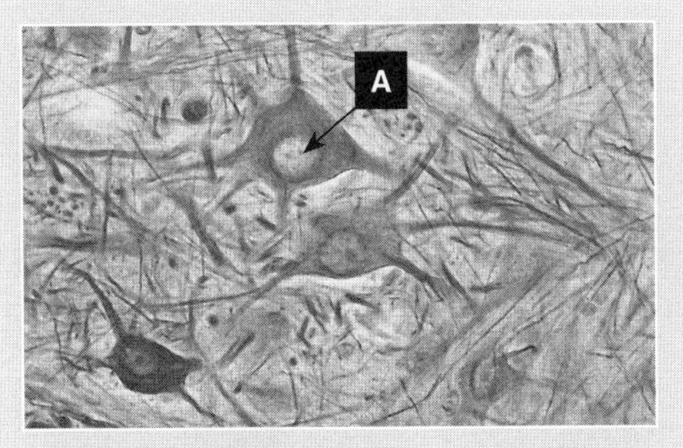

脊髄の中の神経細胞

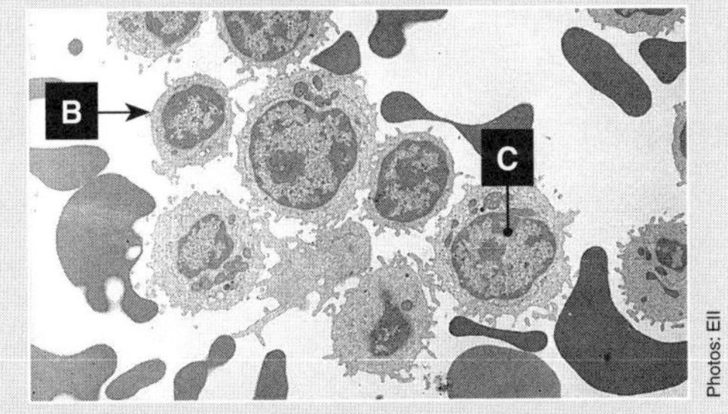

白血球と赤血球（血液塗抹標本）

3. 2枚の顕微鏡写真（左）は数種類の動物細胞を示している。A～Cが示す構造は何か述べなさい。

4. 白血球は活発に移動する食細胞である。一方，赤血球は白血球より小さく，ヒトでは核をもたない。

（a）顕微鏡写真（左下）において，白血球と赤血球を丸印で囲みなさい。

（b）なぜそのように判断したか，写真に見られる特徴から説明しなさい。

5. 動物細胞にあって植物細胞にない構造，または細胞小器官を1つ挙げて説明しなさい。

細胞膜の構造

重要概念：細胞膜は脂質二重層と，その中を自由に動くタンパク質で構成されている。

すべての細胞は細胞膜をもち，これが細胞の内外を隔てている。細菌，菌類，植物細胞は，さらにその外側に細胞壁をもつ。真核細胞では，細胞膜は細胞の内部にも細胞小器官として存在している。多くの観察と実験によって，膜構造の詳細がわかってきた。現在受け入れられている膜構造のモデルは，以下に示す**流動モザイクモデル**と呼ばれるものである。

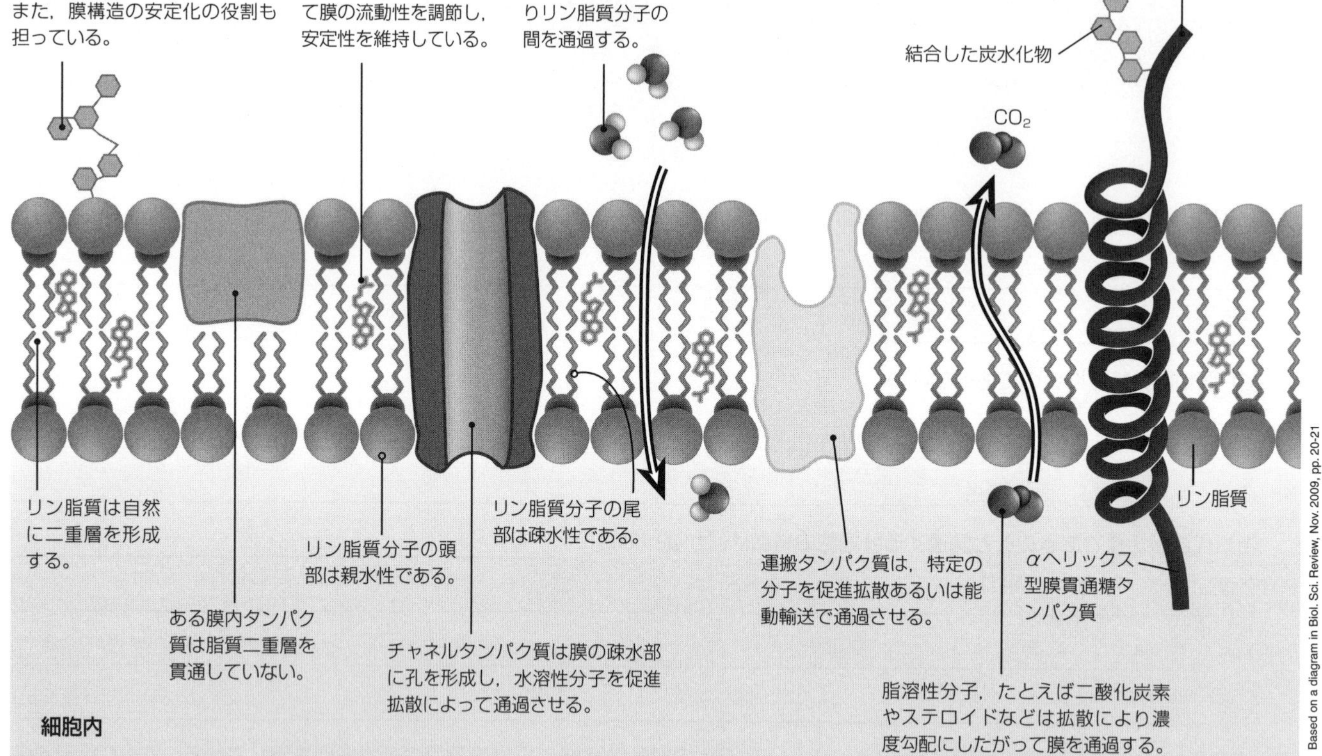

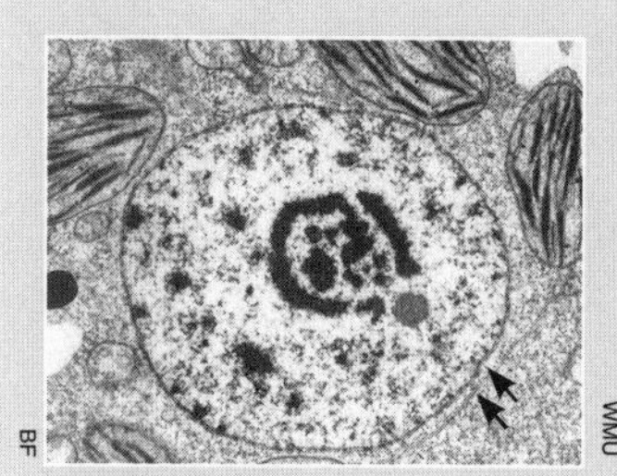

核膜は核を覆い，遺伝情報の細胞質への移動を調節する。また，DNAを保護する役割を担う。

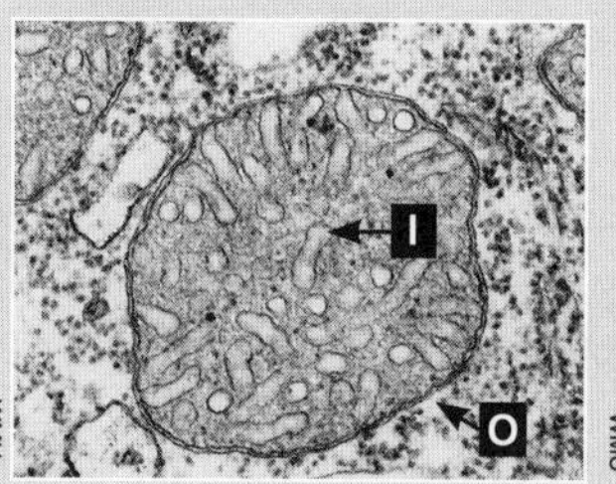

ミトコンドリアは，酸素呼吸にかかわる物質の出入りを調節する外膜(O)をもつ。内膜(I)は酵素反応の場となる。

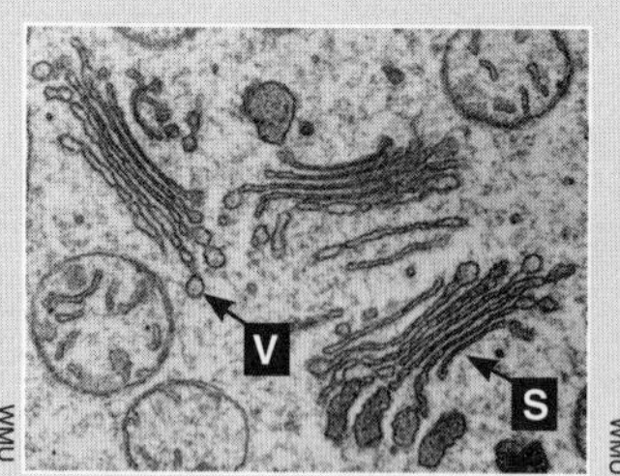

ゴルジ体は，膜に囲まれた扁平な袋(S)が積み重なってできている。物質を梱包したり，分泌小胞(V)を形成して物質を細胞外に排出する役割を担っている。

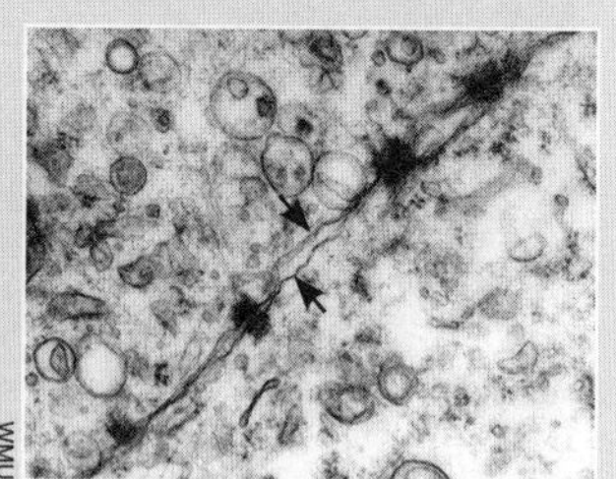

細胞は**細胞膜**で囲まれ，細胞へ出入りする多くの物質の動きを調節している。この写真は，2つの隣り合う細胞の細胞膜(矢印)を示している。

1．以下に関係している細胞膜の要素を述べなさい。

(a) 促進拡散：＿＿＿＿＿＿＿＿＿＿＿＿ (b) 能動輸送：＿＿＿＿＿＿＿＿＿＿＿＿

(c) 細胞内シグナル伝達：＿＿＿＿＿＿＿＿＿＿ (d) 膜流動性の調節：＿＿＿＿＿＿＿＿＿＿

2．リン脂質の性質は細胞膜構造の形成においてどのように役立っているか述べなさい。

＿＿＿＿＿＿＿＿＿＿＿＿＿＿＿＿＿＿＿＿＿＿＿＿＿＿＿＿＿＿

＿＿＿＿＿＿＿＿＿＿＿＿＿＿＿＿＿＿＿＿＿＿＿＿＿＿＿＿＿＿

3. (a) 細胞構造の流動モザイクモデルについて述べなさい。

(b) なぜ流動モザイクモデルが細胞膜の特性を説明するモデルとして認められているのか述べなさい。

4. 細胞において膜が果たすさまざまな機能的役割を考えなさい。

5. (a) 膜をもつ細胞小器官の名称を挙げなさい。

(b) その細胞小器官での膜の役割を説明しなさい。

6. 細胞膜におけるコレステロールの役割を述べなさい。

7. すべての動物細胞が生存のために**取り込まねばならない**物質を3つ挙げなさい。

(a) (b) (c)

8. すべての動物細胞が生存のために**排出せねばならない**物質を2つ挙げなさい。

(a) (b)

9. 右下のリン脂質を表す記号を用いて，細胞膜の構造を示す簡単な模式図（脂質二重層や，さまざまな種類のタンパク質を含む）を描きなさい。

リン脂質分子の記号

拡　散

重要概念：拡散とは，濃度勾配にしたがって高濃度から低濃度へと分子が移動することである。

物質を構成する分子は，常に無秩序な動きをしている。この無秩序な動きによって，分子は濃度の高いほうから低いほうへと分散する。この動きを**拡散**という。どの種類の分子もそれぞれの濃度勾配にしたがって移動する。拡散は，外部環境との物質交換や細胞の水分含有量の調節に重要である。

拡散とは何か

拡散は高濃度の領域から低濃度の領域への粒子の移動である。拡散は受動的な過程であり，移動のためにエネルギーを必要としない。拡散が起こっている間，分子は自由に移動し，その結果，分子は均等に分布する。

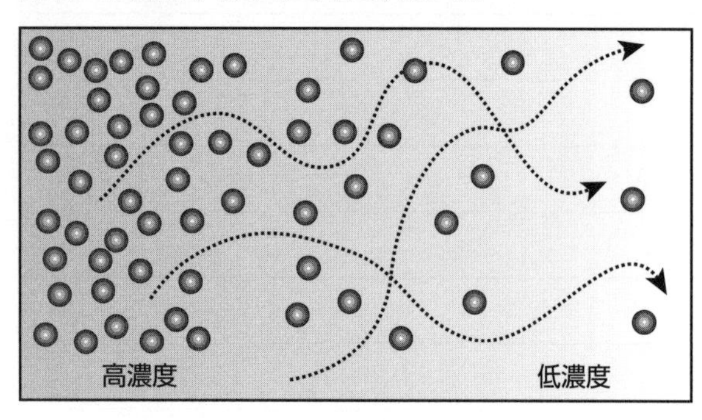

分子が自由に動ける場合，分子は均等に分布するまで高濃度から低濃度へと移動する。

拡散の速度に関係する要因

濃度勾配	2つの領域の濃度差が大きい場合，拡散速度は速い。
移動距離	移動する距離が短いほど，拡散速度は速い。
面積	拡散の起こる面積が大きいほど，拡散速度は速い。
拡散の障壁	障壁が厚いほど，拡散速度は遅い。
温度	温度が高いほど，拡散速度は速い。

拡散の種類

単純拡散

分子が直接，細胞膜を通過する。　例：酸素が血液に入り二酸化炭素が出る。

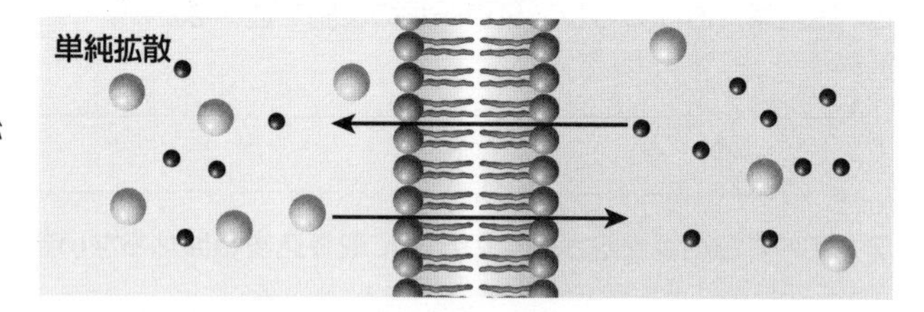

促進拡散

運搬タンパク質による促進拡散

運搬タンパク質は，脂質に不溶な大型分子など単純拡散では細胞膜を通過できない分子を細胞に輸送する。　例：赤血球へのグルコース輸送

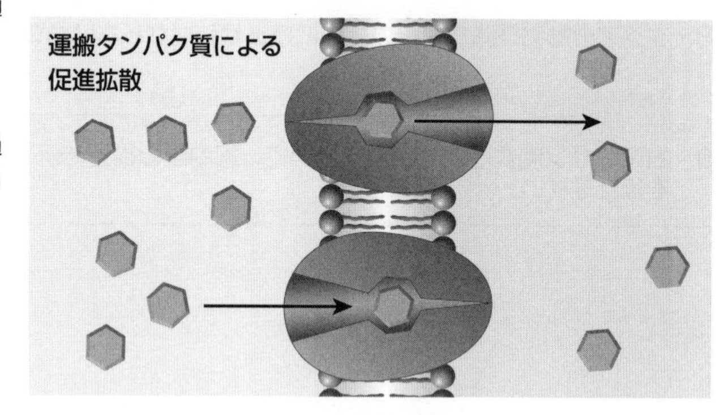

チャネルタンパク質による促進拡散

細胞膜にあるチャネル（親水性の通過孔）は，無機イオンが細胞膜を通過できるようにする。　例：神経細胞が静止電位に戻るときに排出されるカリウムイオン

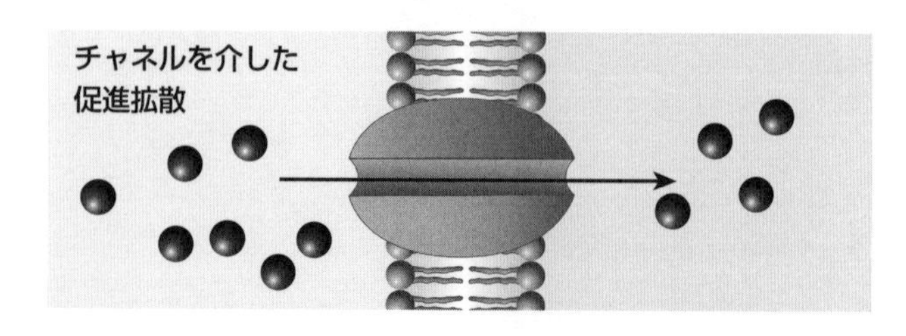

1. 拡散とは何か述べなさい。＿＿＿＿＿＿＿＿＿＿＿＿

2. 上に述べた3つのタイプの拡散に共通することは何か述べなさい。

3. 20℃の水道水50mLに体積1cm^{3}の食塩を入れる。このとき，次の状態で拡散に起こることは何か述べなさい。

(a) 水を40℃に過熱した場合：＿＿＿＿＿＿＿＿＿＿＿＿

(b) 規定の食塩を入れる前に，茶さじ2杯の食塩を溶かしておいた場合：＿＿＿＿＿＿＿＿＿＿＿＿

浸透

重要概念：浸透とは，半透膜で仕切られた溶液において，溶質の濃度が低い方から高い方へと水分子が拡散することである。

半透膜はある大きさまでの分子を透過させるが，それより大きい分子は透過させない。水分子は平衡になるまで半透膜を拡散する。原形質膜は半透膜の一例である。浸透は受動的な過程であり，移動のためのエネルギーを必要としない。

浸透圧

溶液中に溶質（溶けている物質）があることは，その溶液に水が移動する傾向を高める。この傾向のことを，浸透力あるいは浸透圧と呼ぶ。溶液の濃度が高いほど（溶質の量が多いほど）浸透力は大きくなる。

浸透は，医療として体組織を輸送するうえで重要となる。輸送中に組織の水分が流出したり，組織に水分が流入するのを防ぐために，組織と同じ浸透圧の溶液に浸しておくことが必要となる。

下図の赤血球は，細胞内よりも低い浸透圧（**高張**液）の溶液中に置かれている。細胞は水分を失なって縮み，通常の円盤形を保てない。

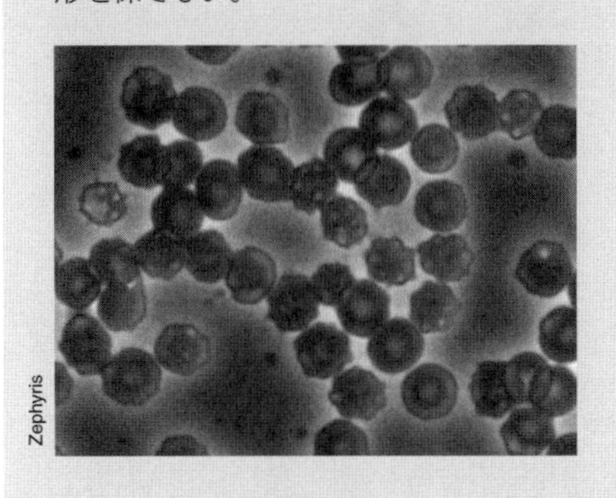

浸透の実験

浸透は透析チューブを用いた簡単な実験で示すことができる（下図）。透析チューブは細胞膜のように半透性の膜である。

スクロース（ショ糖）液を透析チューブに入れて，ビーカーに溜めた水の中に置くと，2つの液体の間にあるスクロース（溶質）の濃度差が浸透勾配をつくる。浸透によって水はスクロース液に移動するため，透析チューブ内のスクロース液の体積は増加する。

透析チューブは半透膜であるために，水は自由に透過するが，透析チューブ内のスクロースはそのままである。

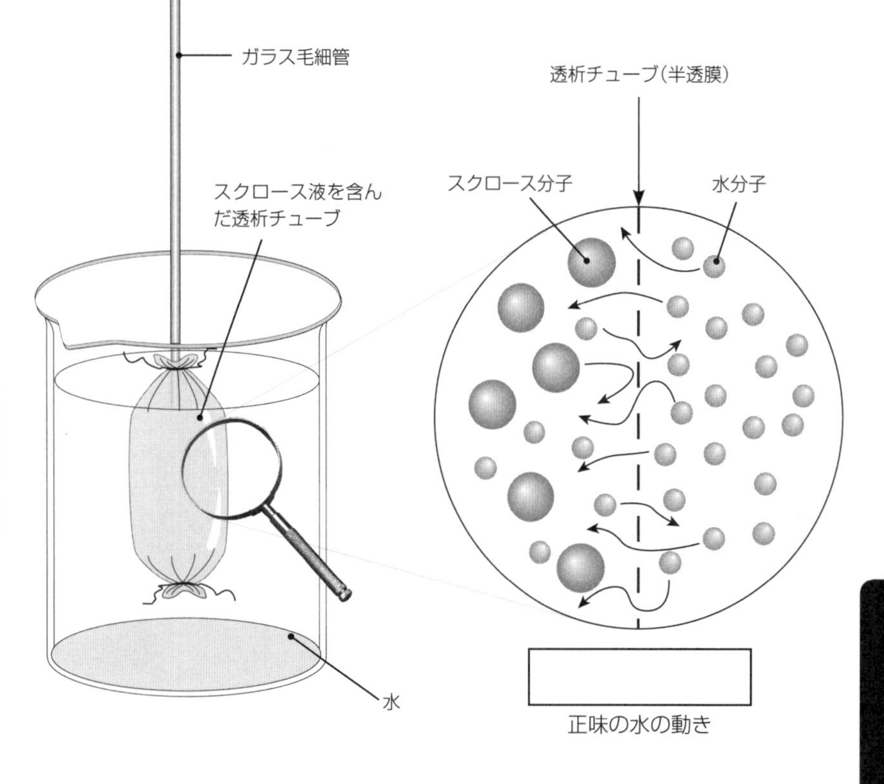

1. 浸透とは何か説明しなさい。

2. (a) 上の図の四角の中に，水の動く方向を矢印で示しなさい。

   (b) なぜ水がこの方向に動くのか説明しなさい。

3. スクロースの濃度が高くなると，毛細管の中の水の高さはどうなるか述べなさい。

能動輸送

重要概念：能動輸送は，半透膜を介した濃度勾配に逆らって分子を輸送するためにエネルギーを使う。

能動輸送とは，分子（またはイオン）が細胞膜を挟んで低濃度の領域から高濃度の領域へと移動することであり，分子は輸送タンパク質によって細胞膜を通過する。能動輸送は，濃度勾配に逆らって分子が移動するためにエネルギーを必要とする。

- 能動輸送で使用されるエネルギーは**ATP（アデノシン三リン酸）**が供給する。ATPが加水分解される（水が付加される）とエネルギーが放出され，ADPとリン酸（Pi）ができる。
- 細胞膜において，輸送（キャリア）タンパク質は膜の片側から反対側へ分子を能動的に輸送する（下図）。
- 能動輸送は，細胞の内外に分子を移動するのにも使われている。
- 能動輸送は一次性能動輸送と二次性能動輸送に大別される。一次性能動輸送はATPのエネルギー直接利用して分子を輸送する。二次性能動輸送は，他の分子の濃度勾配をエネルギーとして利用する。二次性能動輸送では，ある分子の輸送は，別の分子が濃度勾配に沿って移動するのと組みになって起こる。ATPは輸送過程で直接関与はしていない。

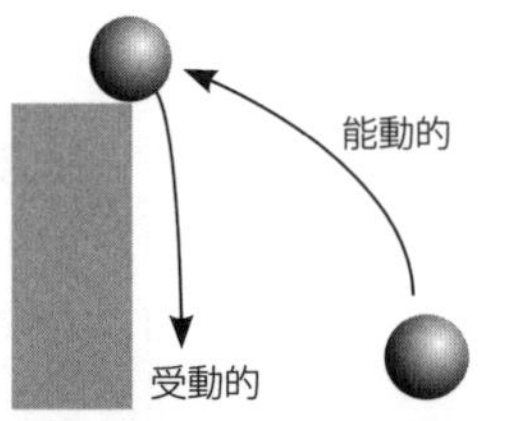

落ちるボールは受動的過程（エネルギーを必要としない）。ボールをもとの位置に戻すにはエネルギーが必要となる。

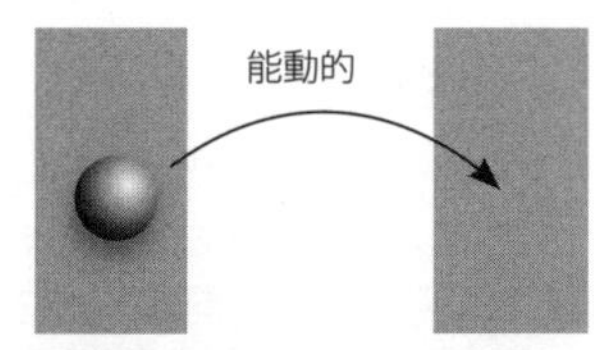

物理的隔壁を横切って物質が移動するにはエネルギーが必要。

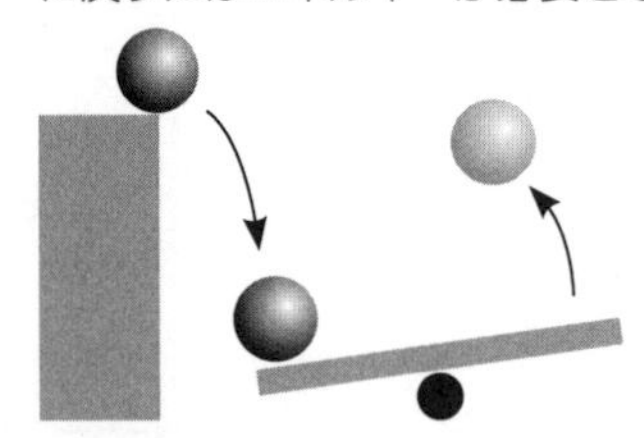
受動的に移動する物体のエネルギーが別の物体を能動的に動かすことに役立つ。たとえば左図のように，落ちるボールが別の物体を跳ね上げることに使われる。

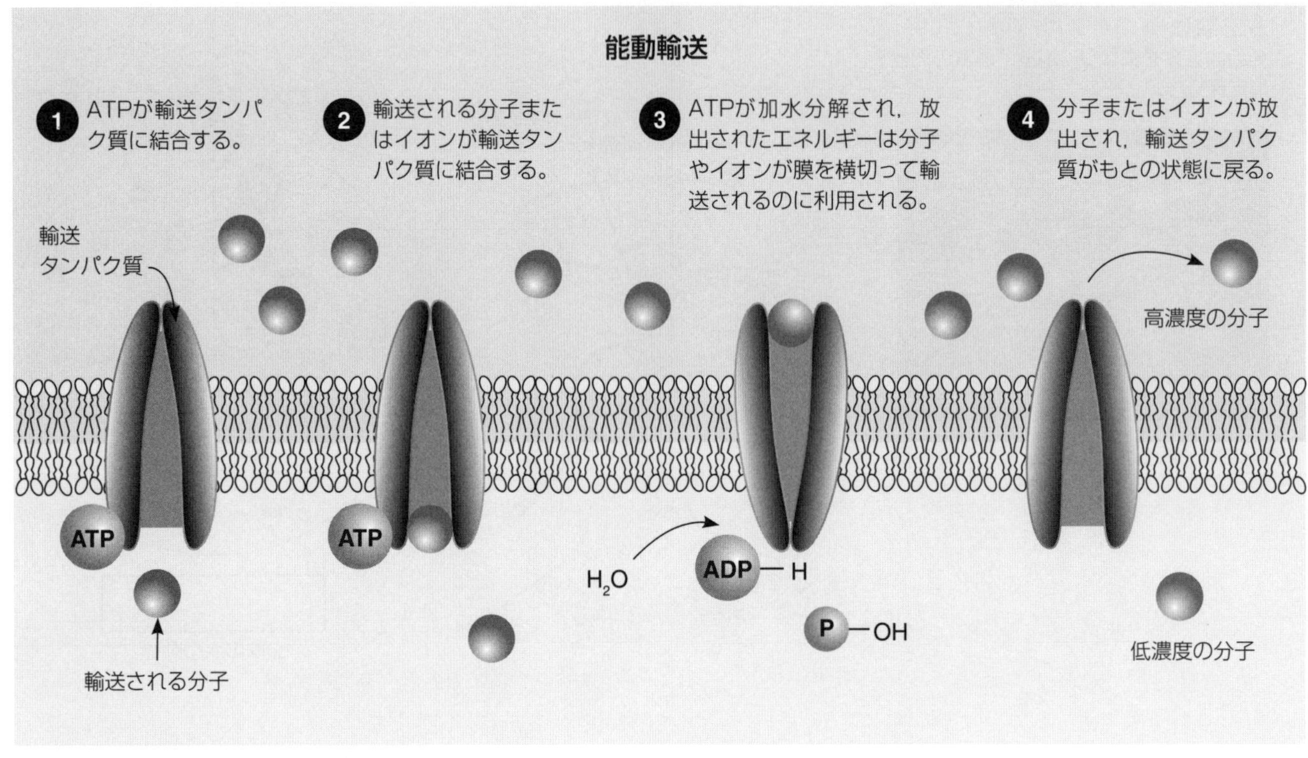

1．**能動輸送**とは何か説明しなさい。

2．能動輸送のエネルギーはどこから来るか述べなさい。

3．一次性能動輸送と二次性能動輸送の違いを説明しなさい。

イオンポンプ

重要概念：イオンポンプは膜を横切ってイオンを輸送する膜貫通型タンパク質で，濃度勾配に逆らって輸送するのにエネルギーを利用する。

拡散だけでは細胞が必要とする濃度の分子やイオンを供給できない，あるいはそれらの分子やイオンが細胞膜を貫通して拡散できないことがある。そのような場合に，イオンポンプはイオン（および，数種類の分子）を膜を横切って移動させる。ナトリウム―カリウムポンプ（下右図）はほとんどの動物細胞で見られ，植物細胞にも普通にある。イオンポンプでつくられた濃度勾配がグルコースのような分子の輸送と組みになっていることもある。

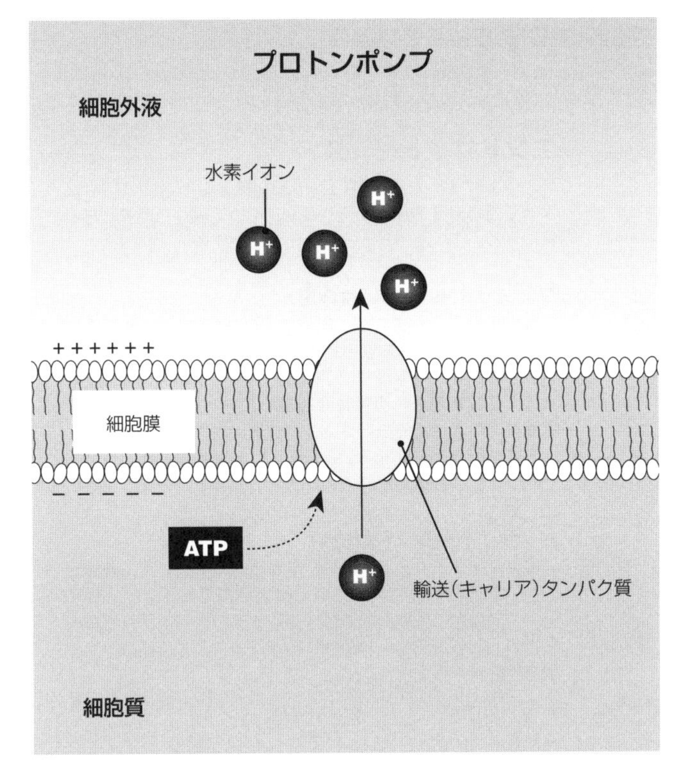

プロトン（H^+）ポンプは，エネルギー（ATPまたは電子）を使って水素イオンを細胞の内側から外側へと輸送し，細胞膜を介した電位差をつくっている。この電位差は細胞膜を介した分子の輸送に利用されている。細胞呼吸や光合成反応では，電子伝達系を電子移動することでエネルギーが生み出されプロトンが細胞の外へと輸送される。逆に，プロトンが細胞内へ戻るときにATP合成酵素によってATP合成が駆動される。プロトンポンプは，植物の師部におけるスクロース輸送でも働いている。

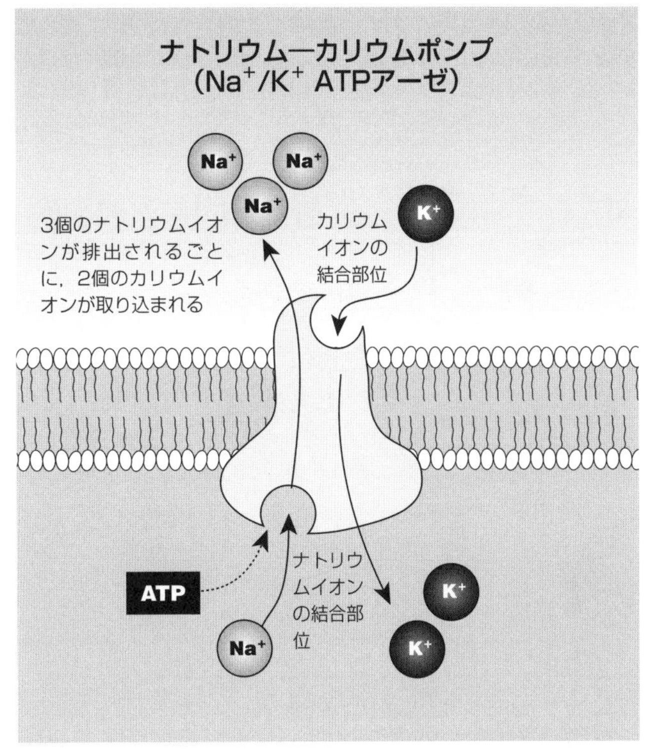

ナトリウム―カリウムポンプは，ATPのエネルギーを用いてナトリウムイオン（Na^+）とカリウムイオン（K^+）を膜を介して交換するタンパク質である。膜を介したナトリウムイオンとカリウムイオンの不均衡が大きな濃度勾配をつくりだし，これが他の物質の輸送（たとえばグルコースの共役輸送）をするのに使われる。

1. 膜を介した輸送システムが働くためになぜATPが必要か述べなさい。

2. 細胞に必要なイオンや分子が拡散だけでは供給できないことがあるのはなぜか説明しなさい。

3. ナトリウムイオンが細胞外に蓄積した後どのようなことが起こるか，考えられる帰結を2つ述べなさい。

4. プロトンの濃度差がもたらす電位差が細胞内でどのように使われるか説明しなさい。

エキソサイトーシスとエンドサイトーシス

重要概念：エキソサイトーシスとエンドサイトーシスは一種の能動輸送であり，前者は物質の放出，後者は物質の取り込みに関係している。

ほとんどの細胞は**サイトーシス**を行っている。サイトーシスの過程において，物質は膜に囲まれ，細胞膜を横切って細胞の内外へと運搬される。このため，サイトーシスを一種の能動輸送と考えることができる。サイトーシスは，細胞膜の柔軟性がもたらした細胞の機能である。サイトーシスによって細胞内外へ大量の物質が輸送されている。またサイトーシスは，細胞骨格が限局的に働くことで達成される。**エンドサイトーシス**によって物質は包まれて，細胞内に取り込まれる。エンドサイトーシスは，原生生物や，哺乳類の防御システムを担う白血球（食細胞）などでよく見られる。**エキソサイトーシス**はエンドサイトーシスの逆であり，小胞や液胞が細胞膜に融合して細胞から物質が放出される。エキソサイトーシスは，分泌細胞など物質を放出する細胞に共通して見られる。

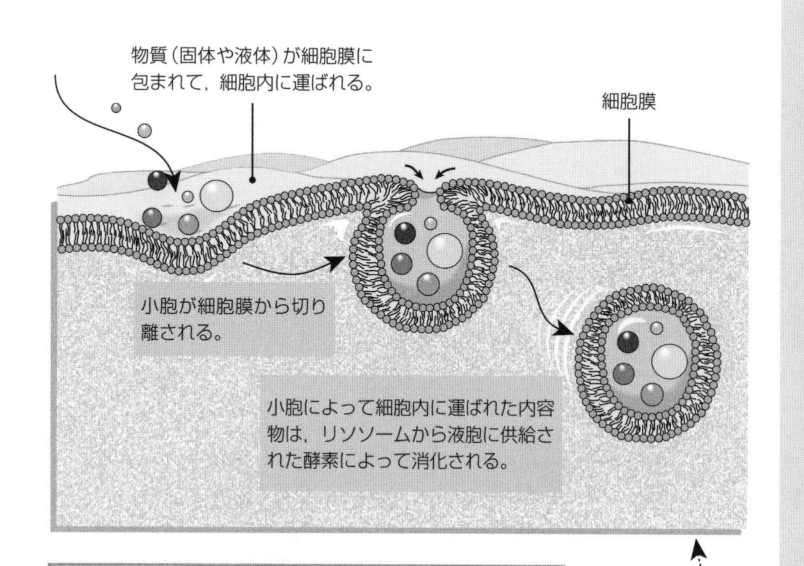

エンドサイトーシスとエキソサイトーシスのいずれもATPのエネルギーを必要とする

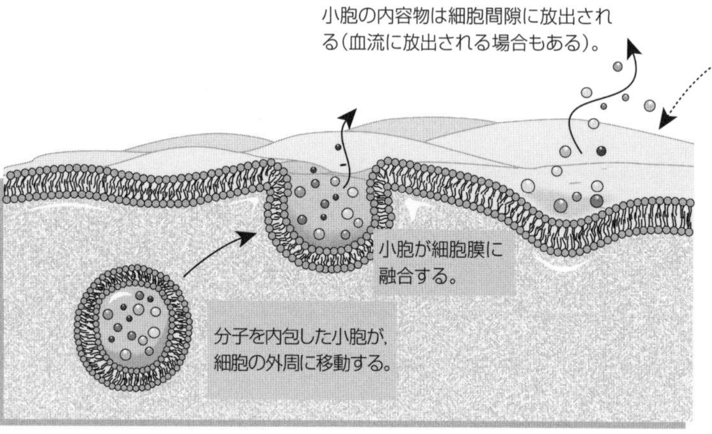

エンドサイトーシス

エンドサイトーシス（左図）は細胞膜の陥入（包み込み）によって生じ，その後，小胞や液胞となって膜から離れて細胞質に入る。エンドサイトーシスには2つのタイプがある。

ファゴサイトーシス（食作用）

ファゴサイトーシスは，**固体**を取り込む小胞や液胞（たとえば食胞など）を形成する細胞に見られる。例としては，アメーバの摂食，好中球やマクロファージによる異物や細胞破片の食作用がある。**受容体介在性**のエンドサイトーシスは，細胞膜の外表にある受容体タンパク質に特異的物質が結合したときに引き起こされる。例としては，哺乳類細胞のリポタンパク質の取り込みがある。

ピノサイトーシス（飲作用）

ピノサイトーシスは，小さい飲作用胞を形成して，**液体**や細かい懸濁物を非特異的に取り込む機構である。ピノサイトーシスは主に細胞外の液体を吸収するのに利用される。例として，多くの原生生物に飲作用が見られ，ある種の肝細胞や植物細胞でも見られる。

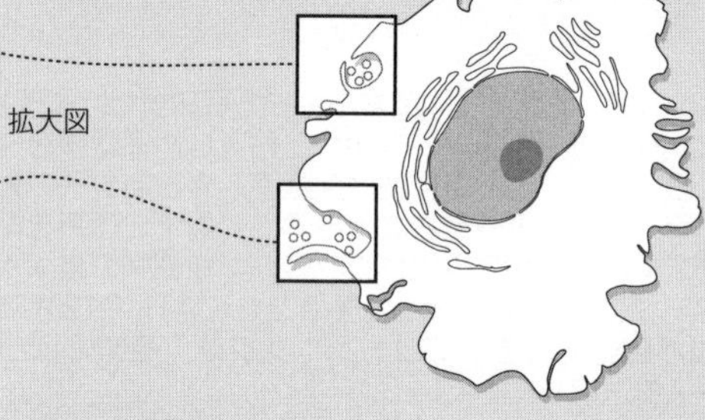

エキソサイトーシス

多細胞生物では，生産したタンパク質などの物質を，体の別の場所や外界へと送り出すことに特化した，さまざまな種類の細胞（たとえばリンパ球）が存在する。エキソサイトーシス（左図）では小胞の膜と細胞膜が融合し，続いて小胞の内容物が細胞外に放出される。

1. **ファゴサイトーシスとピノサイトーシスの違いを述べなさい。** ____________________

____

2. ファゴサイトーシスの例を挙げて，関係している細胞の特徴を述べなさい。 ____________________

____

3. エキソサイトーシスの例を挙げて，関係している細胞の特徴を述べなさい。 ____________________

____

4. 以下の物質は，マクロファージにどのように入っていくか述べなさい。

(a) 酸素： ____________________　(b) 細胞破片： ____________________

(c) 水： ____________________　(d) グルコース： ____________________

能動輸送と受動輸送

重要概念：細胞は，エネルギーを使わない受動輸送か，エネルギーを必要とする能動輸送のいずれかによって物質を細胞内外に移動させる。能動輸送のエネルギーには多くの場合ATPが使われる。

細胞は，細胞の内外に物質を移動することを必要とする。代謝に必要な分子は細胞外から集めなければならない。これらの物質は細胞外に少ないこともあり，集めるための仕組みが必要となる。老廃物や，生物が体のほかの場所で使う分子は，細胞の外に輸送されなければならない。ある物質（たとえば気体や水）はエネルギー消費をすることなく受動輸送によって細胞の内外を移動する。他の分子（たとえばスクロース）は能動輸送により細胞内外を移動する。能動輸送ではATPからエネルギーを得るために，酸素を利用する。

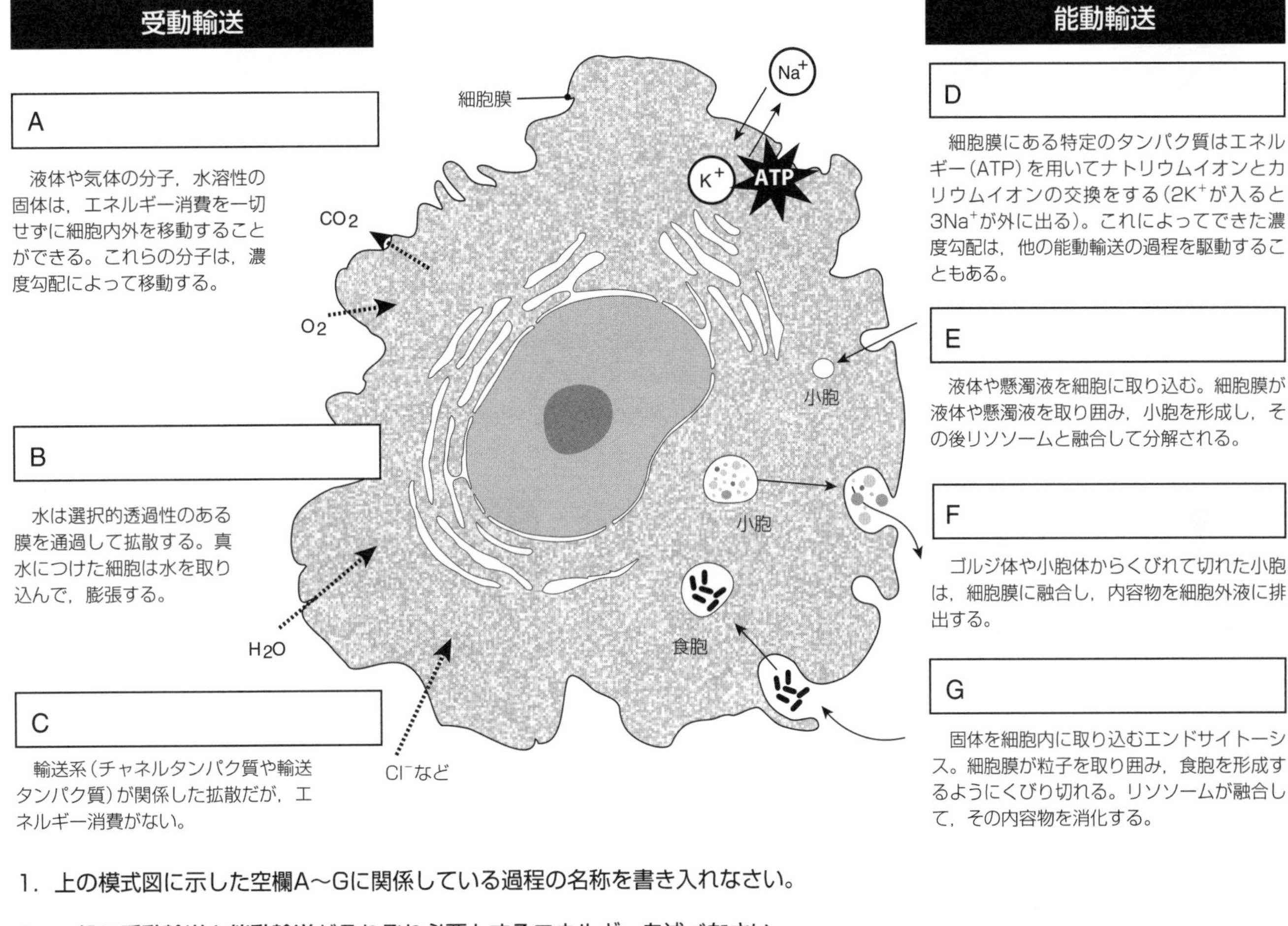

1. 上の模式図に示した空欄A～Gに関係している過程の名称を書き入れなさい。

2. 一般に**受動輸送**と**能動輸送**がそれぞれ必要とするエネルギーを述べなさい。＿＿＿＿＿＿＿＿

3. **拡散**によって細胞内外を移動する気体を2つ挙げなさい。＿＿＿＿＿＿＿＿

4. 細胞において次の過程で関係している輸送機構を述べなさい。

   (a) 肝細胞による細胞外液の取り込み：＿＿＿＿＿＿＿＿

   (b) 白血球による細菌の捕獲と消化：＿＿＿＿＿＿＿＿

   (c) 細胞への水の移動：＿＿＿＿＿＿＿＿

   (d) 膵臓細胞からの消化酵素の分泌：＿＿＿＿＿＿＿＿

   (e) 哺乳類細胞による血液中のリポタンパク質の取り込み：＿＿＿＿＿＿＿＿

   (f) 原生生物による食物粒子の摂食：＿＿＿＿＿＿＿＿

   (g) 細胞への塩素イオンの輸送：＿＿＿＿＿＿＿＿

   (h) 赤血球へのグルコースの取り込み：＿＿＿＿＿＿＿＿

   (i) 神経細胞の膜を隔てた電位差の発生：＿＿＿＿＿＿＿＿

体細胞分裂はなぜ必要か

重要概念：体細胞分裂には3つの基本的な働きがある。生体の成長，損傷を受けたり古くなった細胞の置き換え，そして一部の生物における無性生殖である。

体細胞分裂によって母細胞と遺伝的に同一な娘細胞がつくられる。その目的は，成長，修復，生殖の3つである。成長：多細胞生物は1つの受精卵から成長し，数千から数兆の細胞をもつ成体となる。修復：損傷を受けたり古くなった細胞が新しい細胞と置き換わる。無性生殖：ある種の単細胞真核生物(たとえば酵母)や多細胞生物(たとえばヒドラ)は，細胞分裂による無性生殖で増殖する。

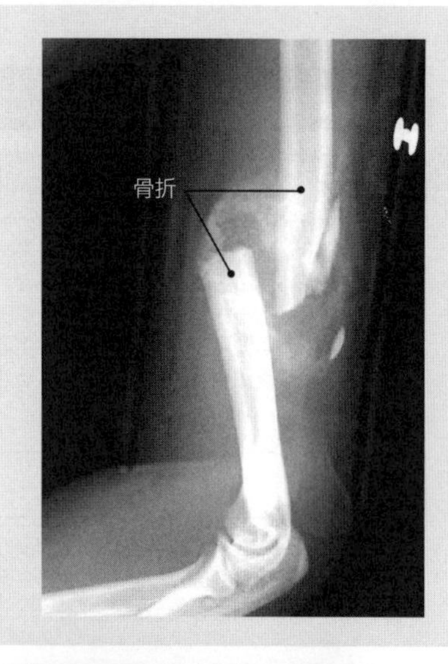

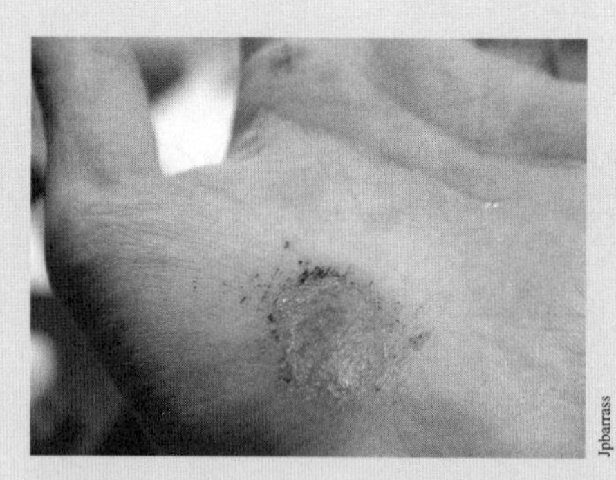

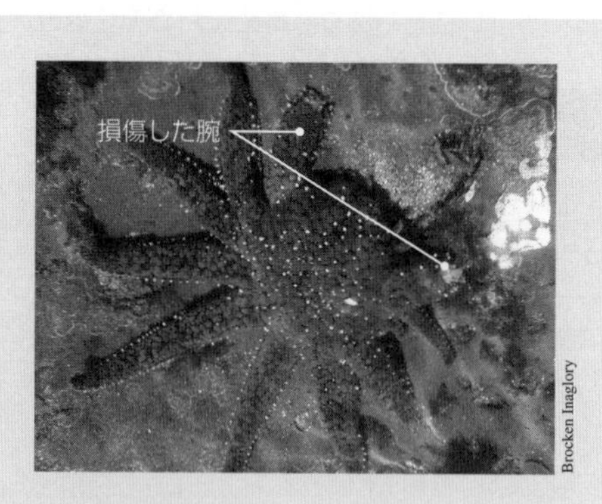

修復

体細胞分裂は，損傷した細胞の修復と置換に不可欠な生命活動である。骨折したり，すりむいたりすると，損傷部を修復するために新しい細胞が生じる。ヒトデ(上図の右)のような動物は腕がちぎれても新しく再生することができる。

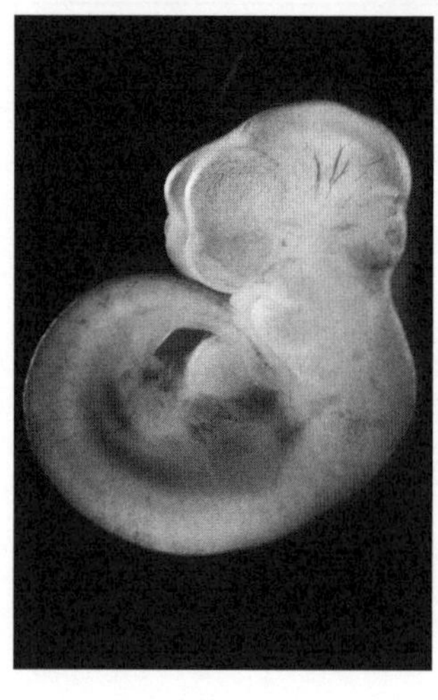

成長

多細胞生物は1つの細胞から発生する。マウスの12日目胚(左図)は細胞数を増加することによって成長する。細胞の増殖は高度に調節されており，成体(上図)の大きさになると身体的成長は停止する。

無性生殖

単純な真核生物の中には、細胞分裂による無性生殖で繁殖するものがある。酵母(いわゆるパン酵母のような)は出芽により増殖する。母細胞は娘細胞をつくるために出芽する(右図)。娘細胞は成長し，最後には母細胞から分かれる。

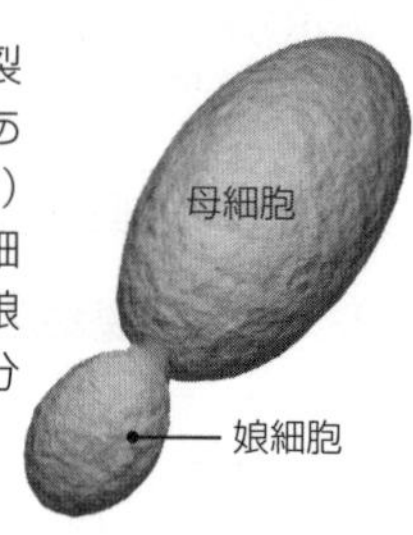

1. 以下の例について，細胞分裂の役割を説明しなさい。

   (a) 生物の成長：

   (b) 損傷細胞の置き換え：

   (c) 無性生殖：

2. 24本の染色体をもった細胞が体細胞分裂をすると，娘細胞のそれぞれにはいくつの染色体があるか答えなさい。

体細胞分裂と細胞周期

重要概念：体細胞分裂は細胞周期にとって重要な過程である。複製された染色体が分離し、細胞が分かれ，新しく2つの同じ細胞がつくられる。

体細胞分裂（またはM期）は**細胞周期**の一部で，もととなる細胞（母細胞）が2つ（娘細胞）に分かれる過程である。減数分裂と異なり，体細胞分裂では染色体数に変化は生じず，娘細胞は母細胞と同じ数の染色体をもつ。細胞周期は連続的な過程であり、体細胞分裂はその中の短い過程にすぎない。体細胞分裂は、生じる出来事に応じて各ステージに分けられる。細胞が細胞分裂をしない時期を間期という。間期は、細胞周期の90%近くの期間を占める。体細胞分裂は、核分裂と細胞質分裂（新しく形成された細胞の分裂）に分けることができる。

細胞周期

間期

細胞はそのほとんどの時間を間期として過ごしている。間期は3つの段階（右図）に分けられる。

- 第1間期（G1期）
- S期（DNA合成期）
- 第2間期（G2期）

間期の間に細胞は成長し，通常の活動を行い，DNAの複製など細胞分裂のための準備をする。
間期は細胞分裂の時期ではない。

核分裂と細胞質分裂（M期）

核分裂と細胞質分裂はM期で起こる。S期に複製されたDNAがM期に2つの核へと分かれる。細胞質分裂はM期の終わりに起こり，細胞質は分割され2つの娘細胞がつくられる。

有糸分裂の概要

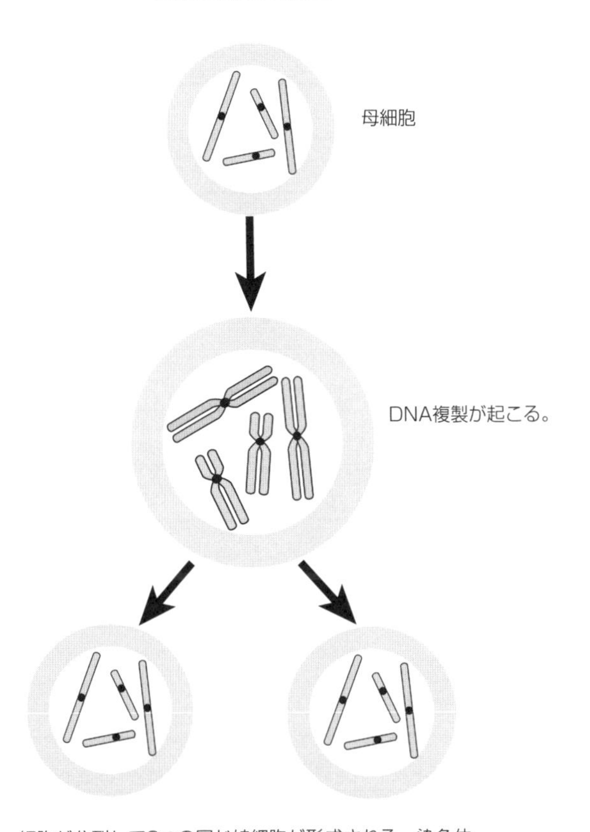

細胞が分裂して2つの同じ娘細胞が形成される。染色体数は母細胞と同じままである。

細胞質分裂

植物細胞の細胞質分裂（下図の上）では，細胞の中央部に細胞板（新しい細胞壁の前駆体）が形成される。細胞壁の物質はゴルジ体由来の小胞によって運搬される。小胞は新しい細胞表面の細胞膜になるために融合する。動物細胞の細胞質分裂（下図の下）は，核分裂後期に娘染色体が分かれた後まもなくに始まる。微小管からなる収縮環が細胞の中央に集まり，細胞膜のすぐそばで分裂溝をつくるように収縮する。分裂溝はエネルギーを使って内側に収縮していき，細胞質がくびれ，やがて細胞は2つに分離する。

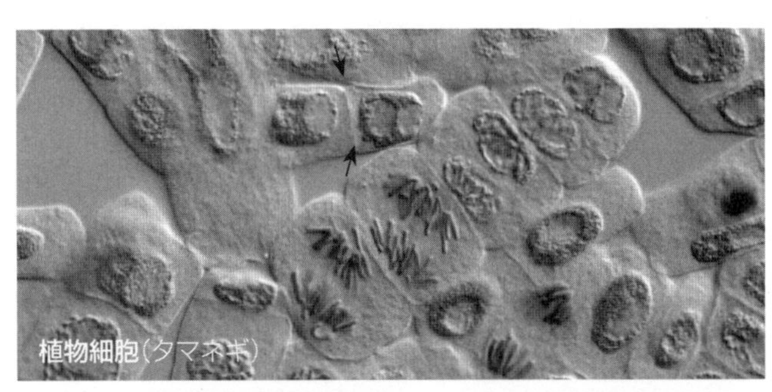

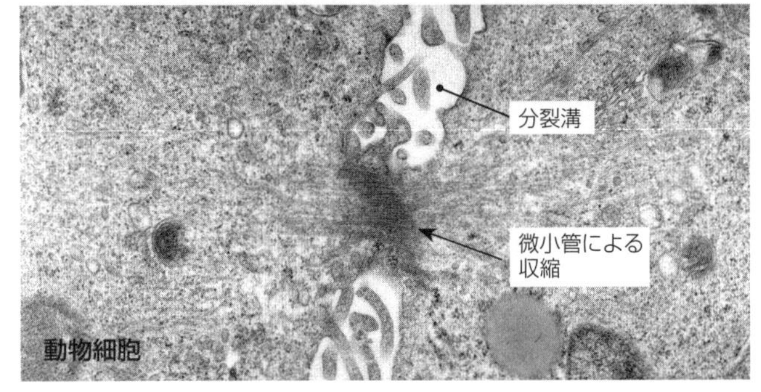

6 細胞分裂

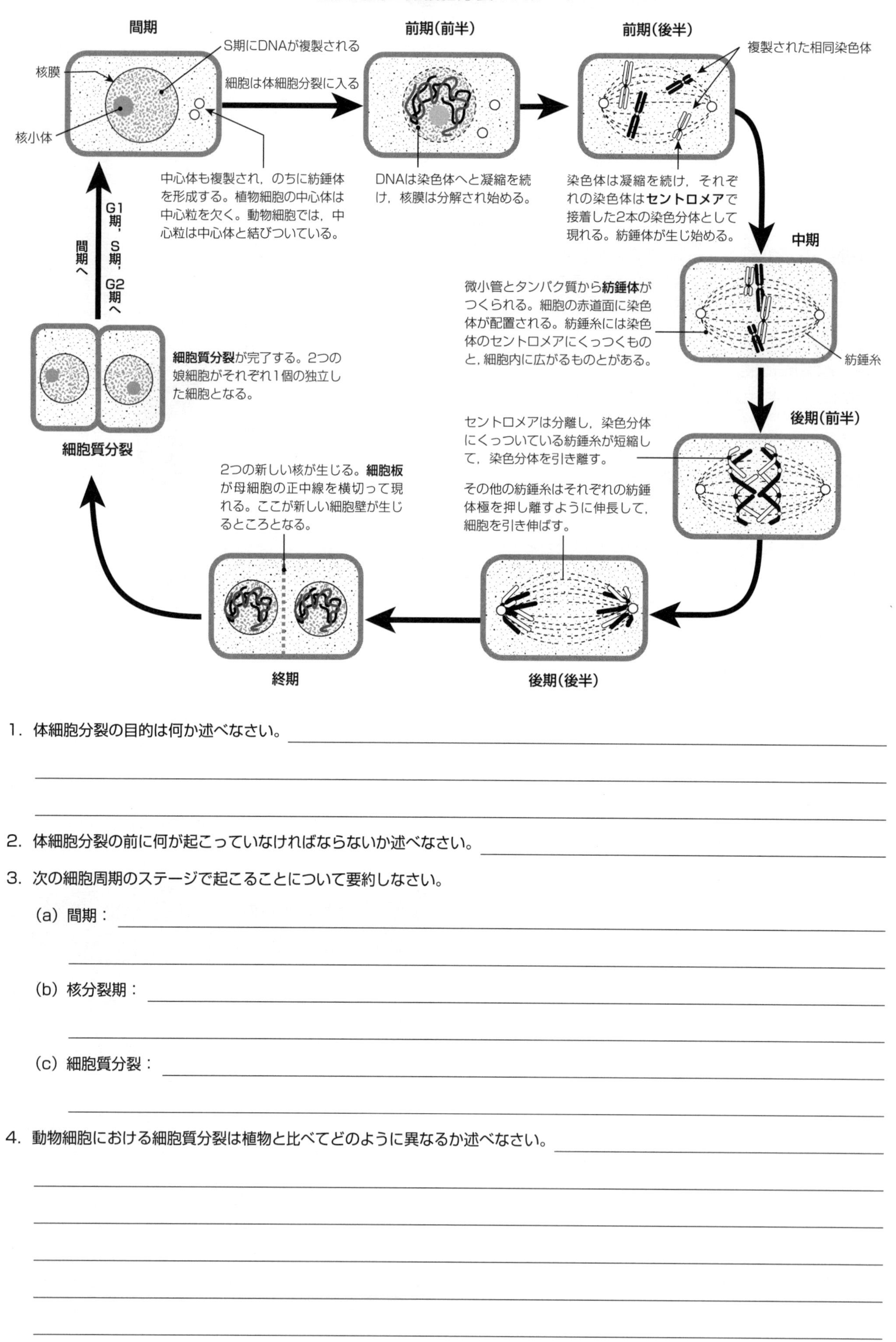

1. 体細胞分裂の目的は何か述べなさい。

2. 体細胞分裂の前に何が起こっていなければならないか述べなさい。

3. 次の細胞周期のステージで起こることについて要約しなさい。

(a) 間期：

(b) 核分裂期：

(c) 細胞質分裂：

4. 動物細胞における細胞質分裂は植物と比べてどのように異なるか述べなさい。

体細胞分裂のステージ

重要概念：体細胞分裂のステージは，細胞と染色体の構成によって識別できる。

体細胞分裂は連続的な過程であるが，その過程を容易に記述するために進行順に4つのステージ（前期，中期，後期，終期）に分けられる。

分裂指数

分裂指数は，数えた細胞数のうちで細胞分裂期にある細胞の割合を求めたものである。細胞の増殖を測定するものであり，がんの診断にも用いられる。植物の茎頂や根端などのような成長の速い部位では分裂指数は大きい。分裂指数は以下の式で計算される。

$$\text{分裂指数} = \frac{\text{分裂中の細胞数}}{\text{全細胞数}}$$

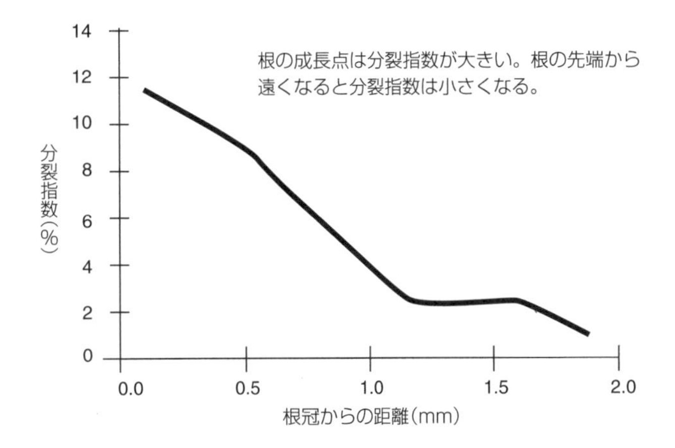

1．前ページの模式図をもとに，下の各写真が分裂期のどのステージであるか答えなさい。

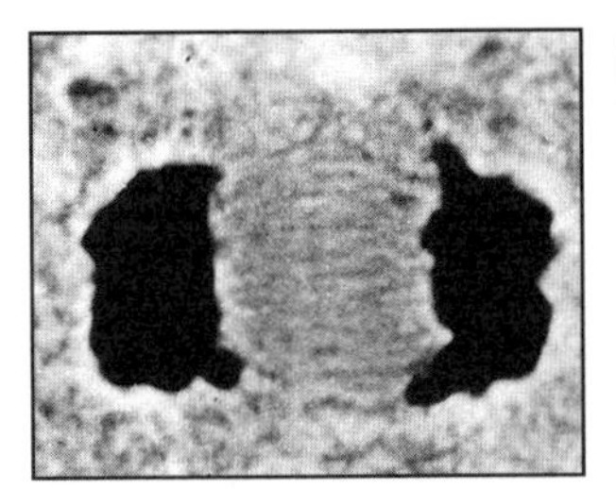
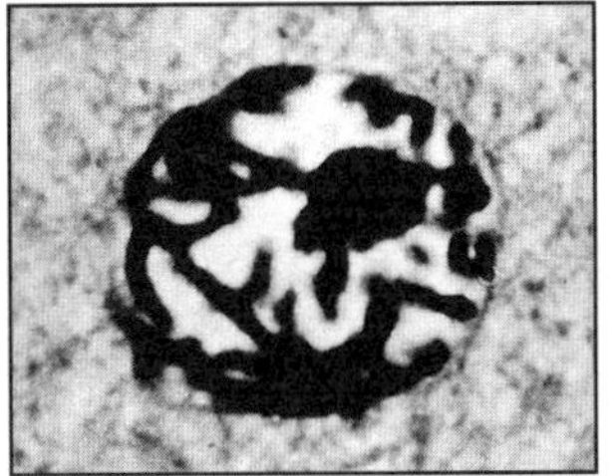
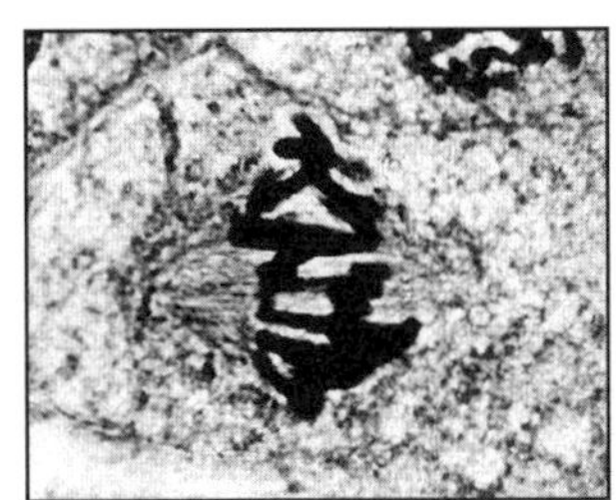
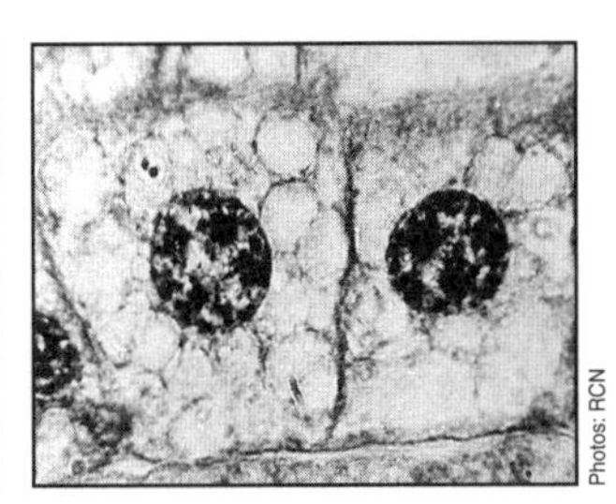

(a) ＿＿＿＿＿＿　(b) ＿＿＿＿＿＿　(c) ＿＿＿＿＿＿　(d) ＿＿＿＿＿＿

2．(a) 右の光学顕微鏡写真はタマネギの根端細胞の切片を示している。これらの細胞は約24時間の細胞周期をもち，写真では細胞周期のさまざまなステージが見られる。各ステージの細胞数を数えることで，細胞周期のそれぞれのステージにどのくらいの時間を費やすか計算できる。写真の分裂期と間期の細胞数を数えて下の表に記入し，各ステージに費やす時間を求めなさい。なお，細胞質分裂中の細胞は間期として数えること。

ステージ	各ステージの細胞数	全細胞あたりに占める率（%）	各ステージに費やす時間
間期			
体細胞分裂期			
合計		100	

(b) 上の結果から，この切片における分裂指数を求めなさい。

＿＿＿＿＿＿＿＿＿＿＿＿＿＿＿＿＿＿＿＿

＿＿＿＿＿＿＿＿＿＿＿＿＿＿＿＿＿＿＿＿

3．成長して分裂能力を失ってきた細胞集団の分裂指数はどのようになると考えられるか述べなさい。

＿＿＿＿＿＿＿＿＿＿＿＿＿＿＿＿＿＿＿＿

＿＿＿＿＿＿＿＿＿＿＿＿＿＿＿＿＿＿＿＿

タマネギの根端細胞

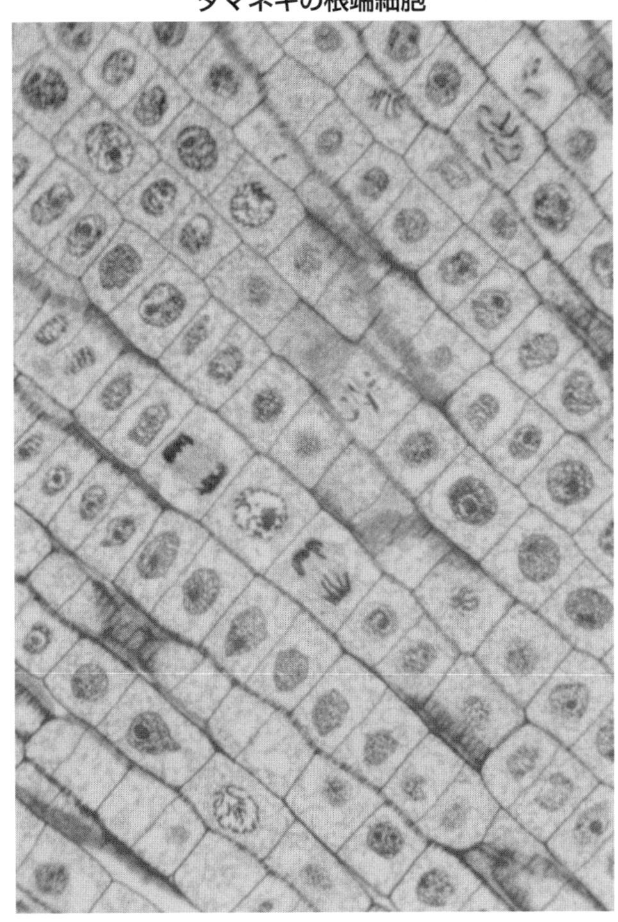

細胞周期の調節機構

重要概念：細胞周期は，必要なときに細胞が確実に分裂するように調節されている。

細胞分裂の仕組みは真核生物では実質的にほとんど同じであるが，細胞周期は種や同じ生物でも細胞によって大きく異なる。たとえば，腸管と肝臓の細胞では細胞周期の長さが異なり、腸管の細胞は1日に2回分裂するが，肝臓の細胞は1年に1回ほどである。しかし，組織が損傷すると，それが修復されるまでは細胞分裂が急速に増加する。細胞周期の長さは，変化する状況に応じてその速度を上げたり下げたりする調節機構により制御される。

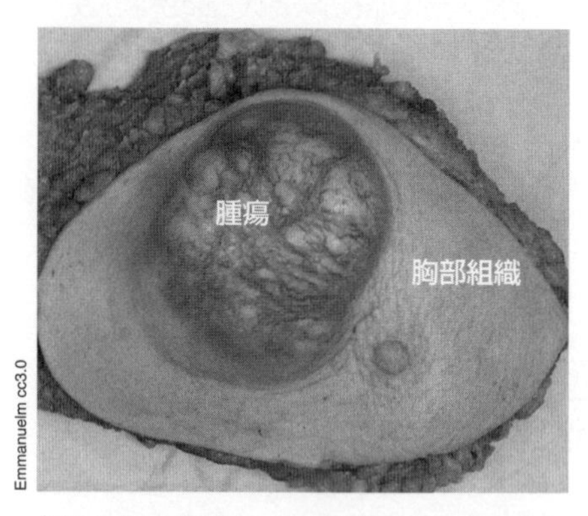

細胞周期の調節は，遺伝子の損傷を検出したり修復したり，また制御できない細胞分裂を阻止するのに重要である。腫瘍やがんは，この乳がん（上の写真）のように，制御できない細胞分裂の結果である。

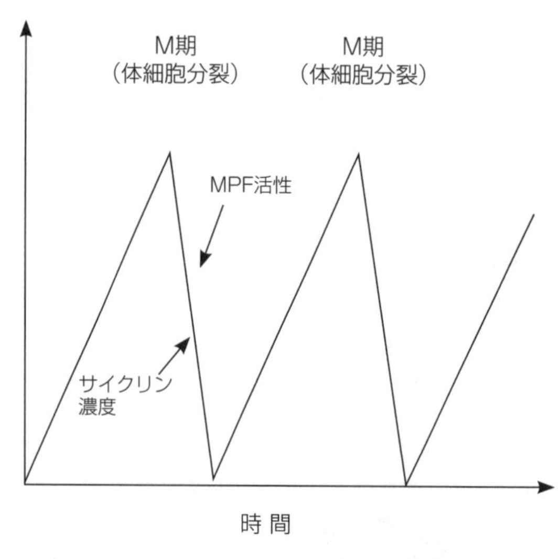

M期促進因子（MPF）と呼ばれる物質は細胞調節を制御する。MPFは調節分子である**サイクリン**と**サイクリン依存性キナーゼ**（CDK）の2つの調節分子からなる。

サイクリンはCDK（酵素）の活性化によって細胞周期を進めるように働く。

CDKは，細胞が細胞周期の次のステージに進む準備ができたことを知らせるシグナルとなり，他のタンパク質をリン酸化する。サイクリンがないとCDKはリン酸化活性がない。サイクリン―CDK複合体となったときだけ活性化する。CDKは常に細胞にあるが，サイクリンは常に存在するわけではない。

細胞周期におけるチェックポイント

細胞周期には3つの**チェックポイント**がある。チェックポイントは細胞周期において厳密に調節されており，各チェックポイントでは，ある条件が，細胞が次の段階に進んでいいかどうかを決定する。たとえば，細胞の大きさは，G1チェックポイントを細胞が通過できるかどうか決めるのに重要である。

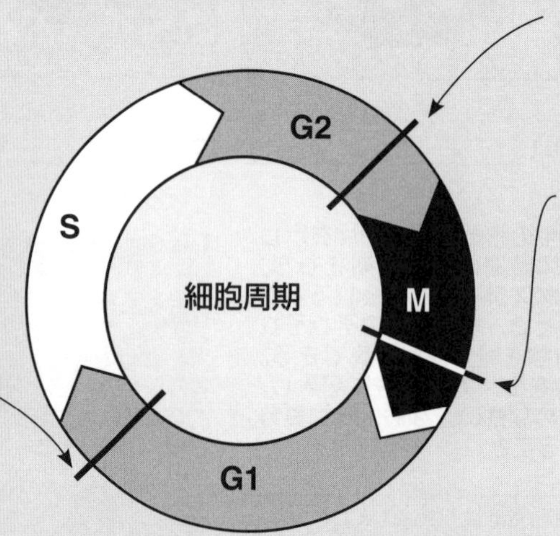

G1チェックポイント
- 細胞の大きさは十分か
- 十分な栄養があるか
- 他の細胞からのシグナルを受けたか

G2チェックポイント
- 細胞の大きさは十分か
- 染色体の複製はうまく完了したか

分裂中期チェックポイント
- すべての染色体が紡錘体に付着したか

サイクリンの発見は偶然であった。1980年代初期にウニの胚発生の研究から，ティモシー・ハントとジョアン・ルダーマンはサイクリンが細胞周期を調節していることを発見した。

1．もし細胞周期が調節されないとどのようなことが起こるか述べなさい。＿＿＿＿＿＿＿＿

2．(a) 上述の腸管細胞のように，上皮細胞ではなぜ肝細胞よりも細胞周期が短いか述べなさい。

(b) 上記の例以外で，細胞分裂の速度を一時的に速くして細胞周期が短くなる例を挙げなさい。

がん：制御不能となった細胞

重要概念：がん細胞は正常な細胞の制御機構を失っている。がんは発がん物質によって引き起こされる。

修復できないほど損傷を受けた細胞は，通常，プログラムされた細胞死（**アポトーシス**）を迎える。これは細胞の正常な制御の一部である。がん細胞はこの制御を逃れ，不死となり，どんな制御も受けずに分裂を続ける。**発がん物質**はがんを引き起こす物質で，その約90％は**突然変異誘発物質**であり，DNAの損傷などを起こす。発がん物質に慢性的にさらされると，細胞分裂の際にエラーを生じる割合が増加する。多くのがんを誘発する要因（傷ついた遺伝子を含む）は，それぞれが相互にかかわり合って，がんを引き起こす。

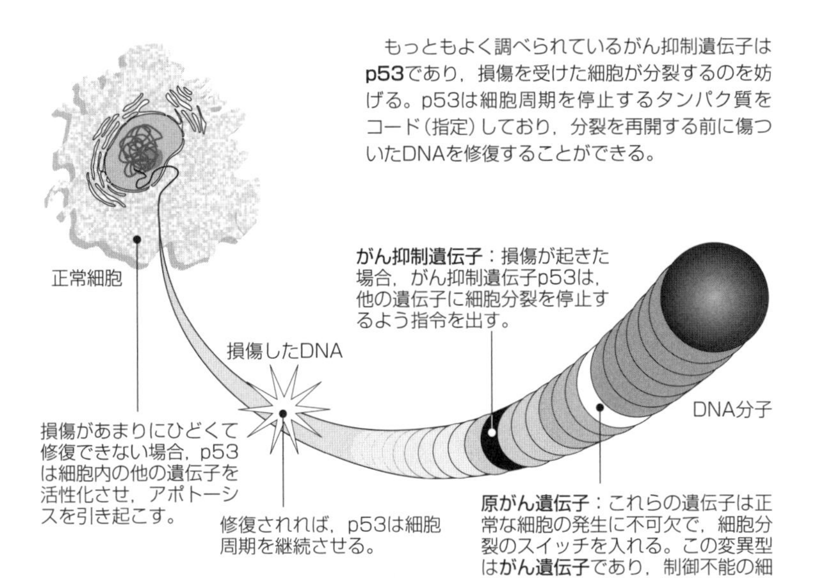

がん：制御不能の細胞

2つのタイプの遺伝子が細胞周期の制御に関係している。**原がん遺伝子**は細胞周期を開始させ，**がん抑制遺伝子**は細胞分裂のスイッチを切る役割をもつ。正常な状態では，両者が一緒に働き，損傷を受けた細胞を修復したり，死んだ細胞を取り替えたりする。

これらの遺伝子に起こった**突然変異**（DNA配列の変化）は，正常な働きを停止させる。原がん遺伝子が突然変異を起こすと，**がん遺伝子**となり，制御できない細胞分裂を引き起こす。

がん細胞は，細胞の正常な成長や分裂を制御する遺伝子に変化が生じることで起きる。結果として生じた細胞は不死となり，本来の働きを失ってしまう。がん抑制遺伝子の突然変異はほとんどのヒトのがんを起こしている。

がんはどのようにして広がるか

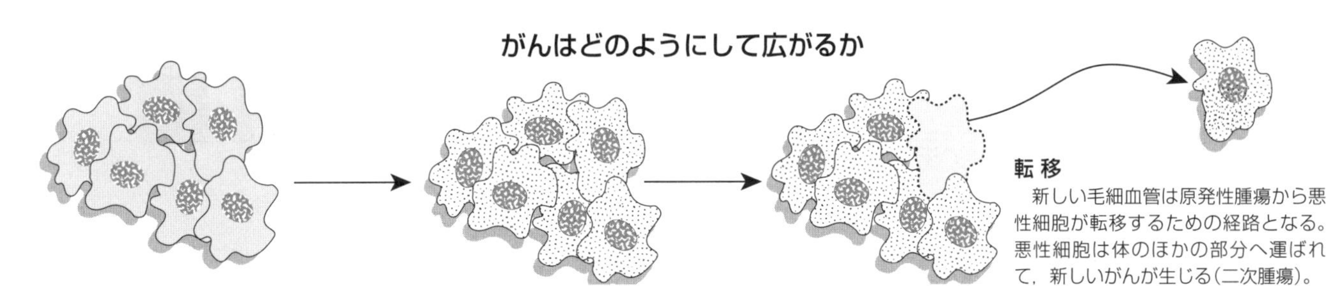

転 移
新しい毛細血管は原発性腫瘍から悪性細胞が転移するための経路となる。悪性細胞は体のほかの部分へ運ばれて，新しいがんが生じる（二次腫瘍）。

良性のがん細胞
突然変異が良性（害がない）のがんを形成する。新規の細胞が形成されると細胞死が起こるので，この細胞は広がらない。

悪性のがん細胞
さらに突然変異が起こると，細胞は悪性（害がある）となり**原発性腫瘍**を形成する。細胞の生理機能が変化し，毛細血管の形成を促す。新しい毛細血管ががんに栄養供給することで，がんは早く成長する。

1. (a) 原がん遺伝子やがん抑制遺伝子は細胞周期をどのように調節するのか述べなさい。＿＿＿＿＿＿＿＿＿＿

   (b) 原がん遺伝子は正常な細胞周期の調節機構をどのように破綻させるか述べなさい。＿＿＿＿＿＿＿＿＿＿

2. 喫煙と肺がんの間に関係があるかどうかが研究された。右のグラフから関係があるかどうかを考え，その理由を述べなさい。＿＿＿＿＿＿＿＿＿＿

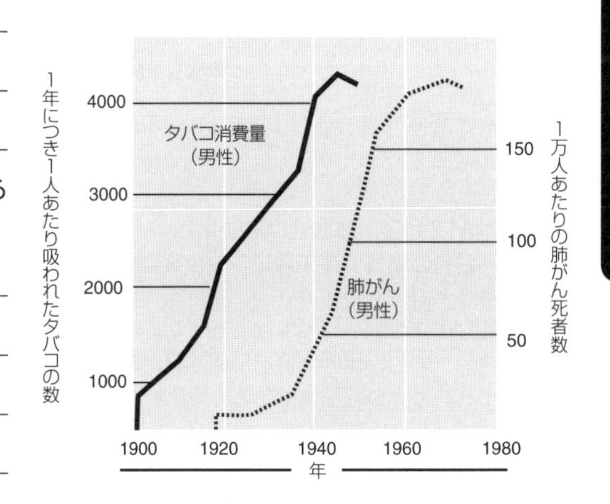

細胞におけるATPの役割

重要概念：ATPは細胞内で化学エネルギーを運搬し，代謝過程で消費される。

生物が生きていき，再生産するためにはエネルギーが必要である。エネルギーは細胞呼吸によって得られる。細胞呼吸とは，いわば食物をアデノシン三リン酸（ATP）という生化学的エネルギーに変換する一連の代謝反応である。ATPは細胞内のエネルギー運搬体と考えることができる。ATPは，物質合成，細胞分裂，情報伝達，温度制御，細胞運動，能動輸送などの代謝過程で利用される。

ATPの構造

ATP分子はヌクレオチド誘導体で，プリン塩基（アデニン），五炭糖（リボース），3つのリン酸基からできている。リン酸基は五炭糖の5′炭素についている。ATPの構造模式図を下に，三次元構造を右に示す。

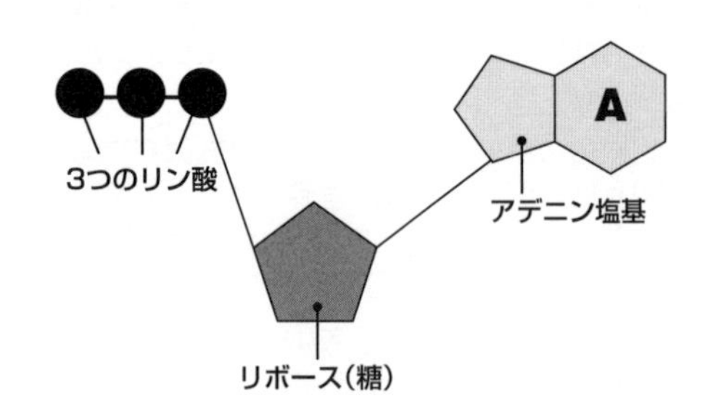

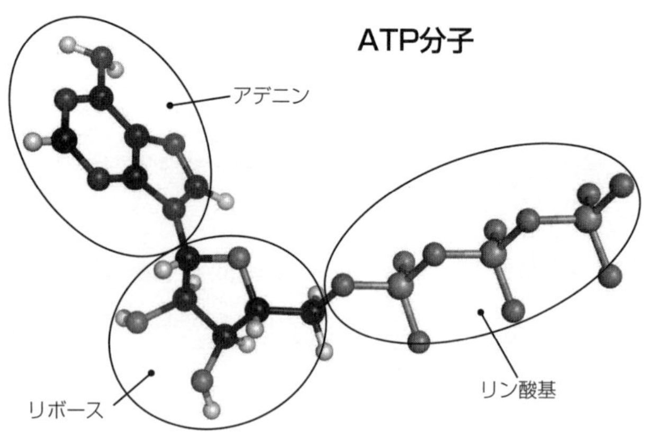

アデニン＋リボース＝アデノシン

ATPはどのようにしてエネルギーを供給するのか

ATPは加水分解によってエネルギーを放出する。H_2OがHとOHに分かれて末端のリン酸に結合し，ADPとPi（無機リン酸）を生じる。1分子のATPが加水分解されると**30.7kJ**のエネルギーを放出する。エネルギーは，化学結合の分解（ATP→ADP+Pi）からではなく，化学結合の形成（リン酸と水分子の結合）によって放出されることに注意。

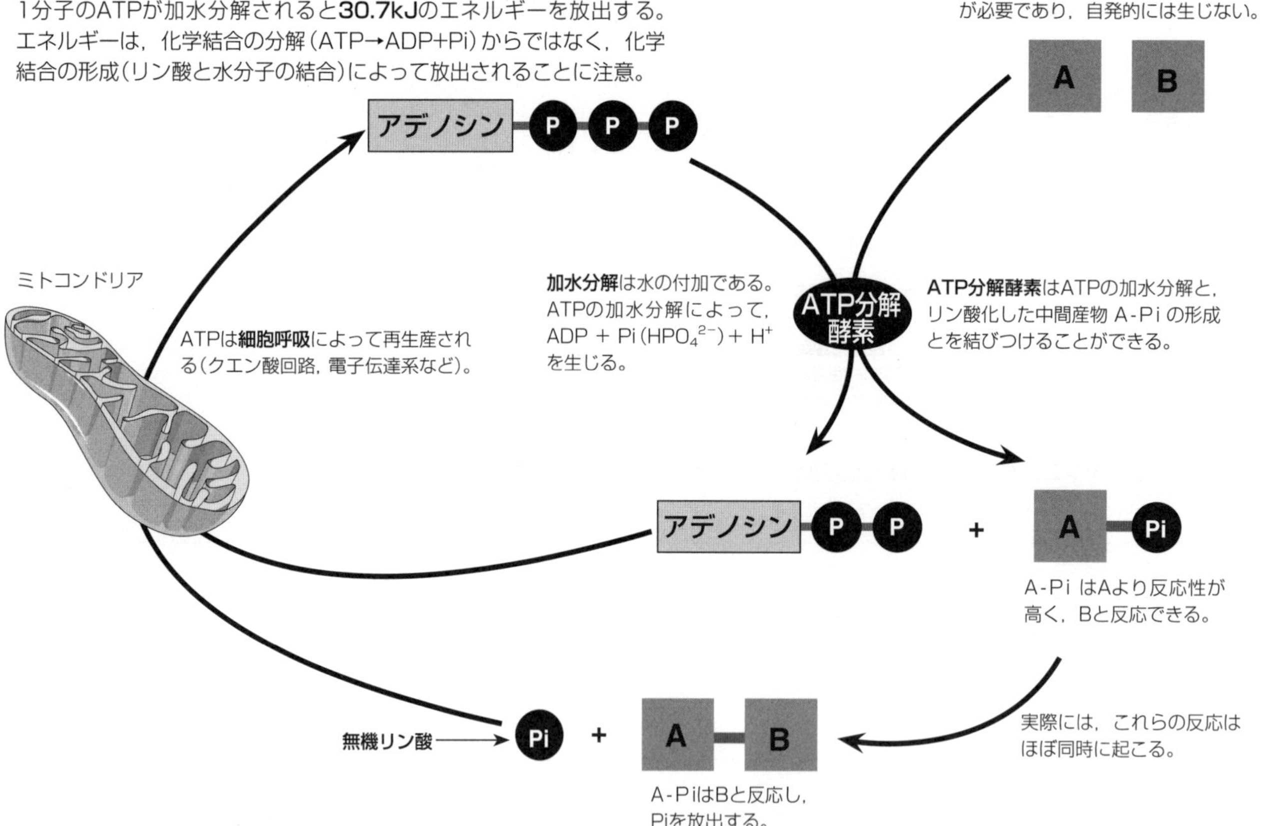

注意：ATPのリン酸結合は高エネルギー結合と呼ばれている。しかし，これは結合に高エネルギー状態の電子を含んでいるための名称であり，誤解を与えやすい。結合自体は比較的弱く，結合の分解に必要なエネルギーはわずかである。にもかかわらず，中間産物が再結合し，新しい化学結合を形成するときには，大量のエネルギーが放出される。最終産物はもとの反応物よりも反応性は低い。

多くの教科書では，上述の反応は単純化されて，中間産物は除かれている。

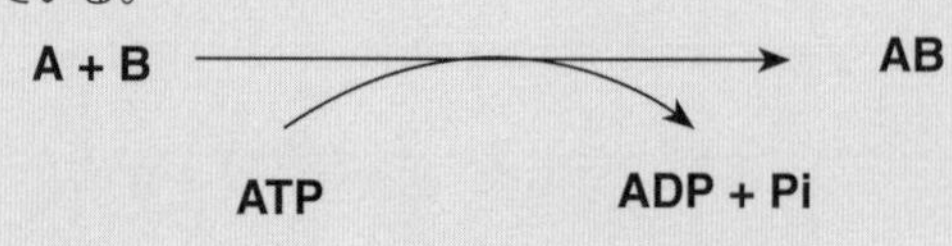

ATPは代謝の原動力

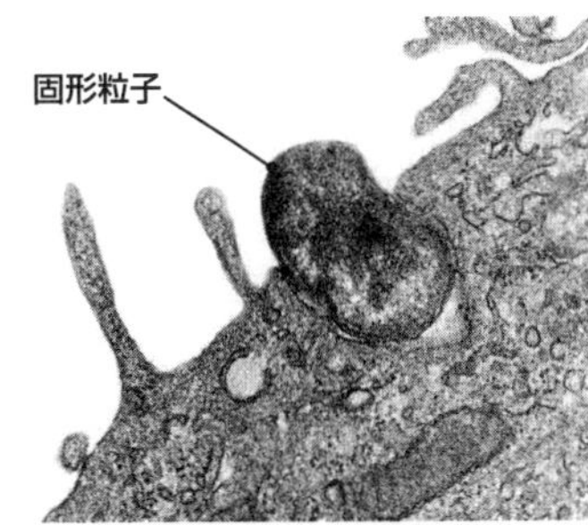

ATPの1つのリン酸基が外れたときに放出されるエネルギーは，物質が濃度勾配に逆らって生体膜を通過する（能動輸送）ときにも使われる。粒子を取り込むための貪食現象（上）はその一例である。

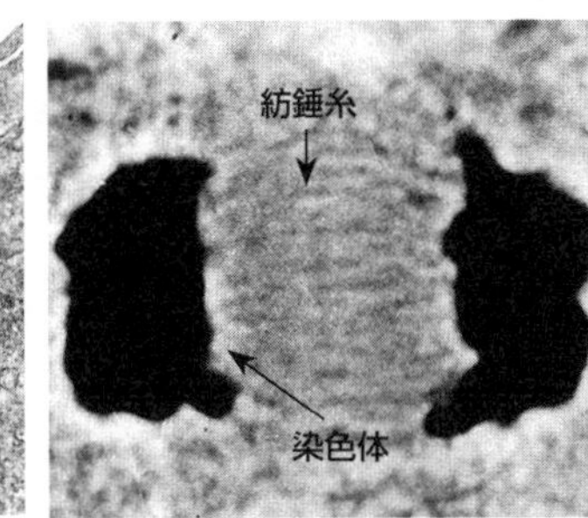

タマネギの細胞で観察される細胞分裂（有糸分裂）にもATPが必要である。分裂のための紡錘体の形成と染色体の分離には，ATPの加水分解により生じるエネルギーが使われる。

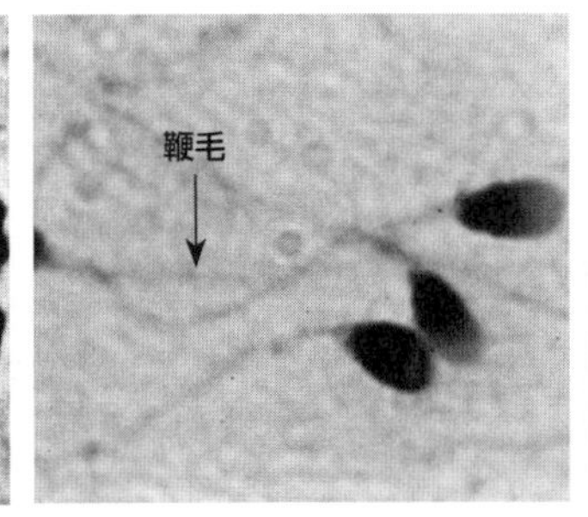

ATPの加水分解は，運動性の細胞が鞭毛と呼ばれる尾のような構造を使って動くためのエネルギーを供給する。たとえば，ピロリ菌（上）は運動性をもつ。また，哺乳類の卵細胞の受精には，鞭毛をもつ精子の運動が不可欠である。

体温の維持にはエネルギーが必要である。筋肉活動（体の震えや体毛を立てるなど）を盛んに行うことで体温は上昇する。体温を下げるために，皮膚の汗腺から汗を分泌するのにもエネルギーが使われる。

1. 細胞の中のどの細胞小器官でATPがつくられるか，答えなさい。 ________

2. ATPの加水分解を触媒する酵素は何か，答えなさい。 ________

3. 右のATPの空間充填モデルを見て，以下に答えなさい。

   (a) ATP分子の3つの構成要素を図に書き込みなさい。

   (b) 細胞にエネルギーを供給するために，どのリン酸結合が加水分解されるか，図に示しなさい。

4. ATPは次のことにどのように関係しているか述べなさい。

   (a) 温度調節： ________

   (b) 細胞運動： ________

   (c) 細胞分裂： ________

5. (a) ATPは代謝を高めるためにどのようにエネルギーを供給するか，説明しなさい。 ________

   (b) ADP/ATPのシステムはどのような点で再充電バッテリーに似ているか，述べなさい。 ________

6. ADPからATPを再生産するエネルギー源は何か，答えなさい。 ________

7. 代謝が活発な細胞（たとえば，精子，分泌細胞，筋線維）がたくさんのミトコンドリアをもつのはなぜか，説明しなさい。

____

細胞呼吸

重要概念：細胞呼吸とは，グルコースなどの分子を分解して利用可能なエネルギー（ATP）に変換する過程をいう。

細胞呼吸には，酸素を必要とする**好気呼吸**と酸素を必要としない**嫌気呼吸**がある。動物や植物の中には，短期間ならばATPを嫌気的に生産できるものもいる。嫌気呼吸しか行わず，無酸素環境でしか生きられない生物もいる。細胞呼吸は細胞質やミトコンドリアで行われる。

細胞呼吸の概説

呼吸には，下にまとめたような3つの段階がある。最初の2段階は，グルコースやその他の有機物を燃料として分解する分解系である。3番目の段階では，電子伝達系が最初の2つの段階から電子を受け取り，それを受容体から受容体へと受け渡していく。それぞれの受け渡しで順番に放出されたエネルギーは，ATPを合成するために使われる。この過程の最終的な電子伝達体は酸素分子である。

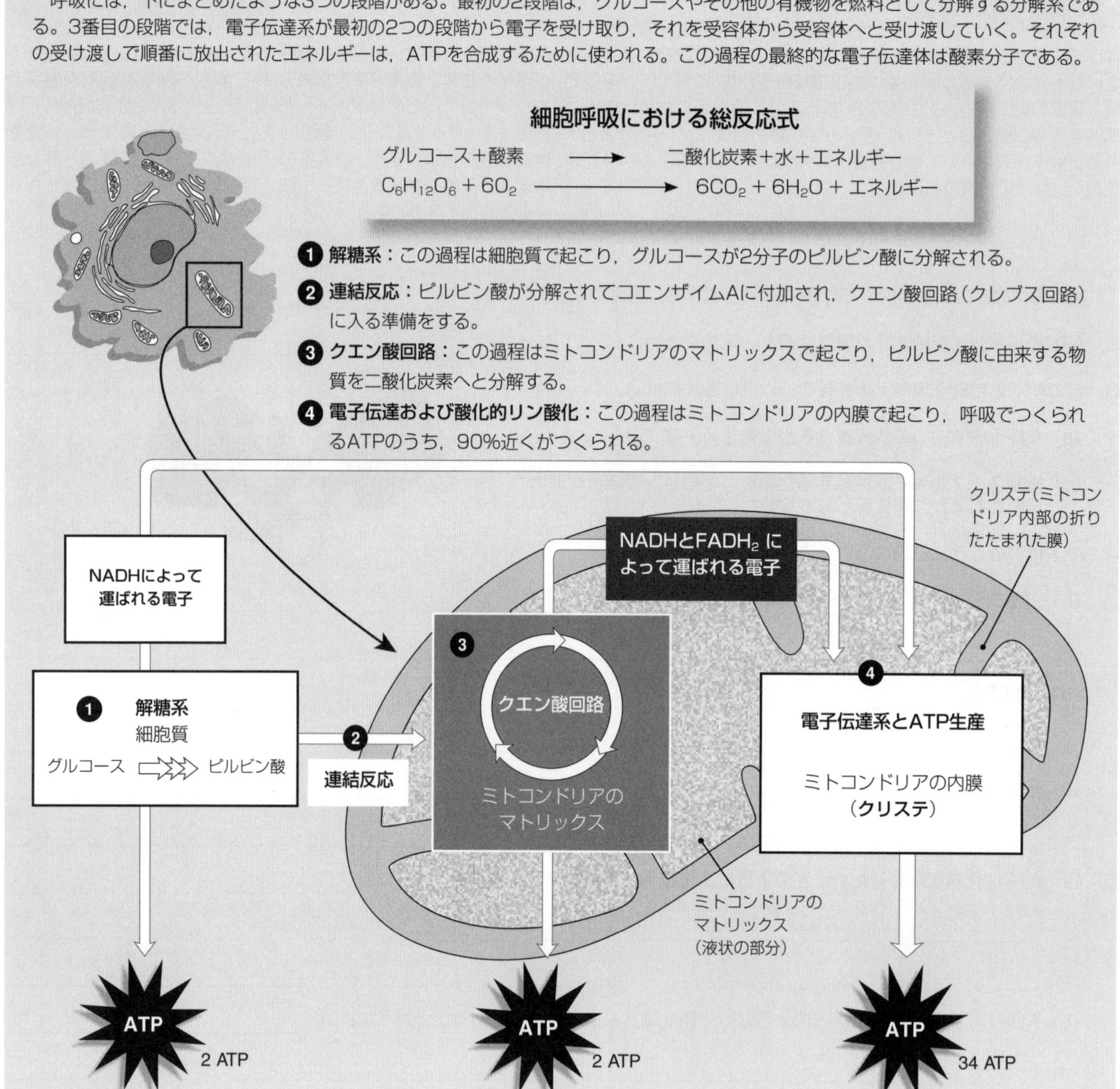

1．細胞呼吸は何のために行われているのか述べなさい。＿＿＿＿＿＿＿＿

2．細胞内で次の反応が行われている部位を正確に答えなさい。

（a）解糖系：＿＿＿＿＿＿＿＿

（b）クエン酸回路：＿＿＿＿＿＿＿＿

（c）電子伝達系：＿＿＿＿＿＿＿＿

3．下記の呼吸過程で，**グルコース1分子あたり**何分子のATPが生産されるか答えなさい。

（a）解糖系：＿＿＿＿　（b）クエン酸回路：＿＿＿＿　（c）電子伝達系：＿＿＿＿　（d）合計：＿＿＿＿

呼吸の生化学

重要概念：細胞呼吸の過程で，酵素に制御された連続的なステップを経て，グルコースのエネルギーはATPへと移転される。

グルコースの酸化は，異化的なエネルギー生産経路である。グルコースや他の有機物（脂肪やタンパク質など）を低分子へと分解する反応はエネルギー発生性であり，ATPを合成するエネルギーが生じる。解糖系とクエン酸回路は電子を電子伝達系へと供給し，そこで**酸化的リン酸化**が起こる。解糖系では，2分子のATPがつくられる。ピルビン酸（解糖系の最終産物）の**アセチルCoA**への変換は，解糖系とクエン酸回路をつないでいる。回路が1回転すると二酸化炭素が放出され，反応基質段階のリン酸化によりATPが1分子でき，電子を3分子のNAD^+と1分子のFADに渡す。$NADH+H^+$と$FADH_2$が電子伝達系の電子伝達体に電子を供与して酸化的リン酸化が開始し，細胞呼吸で合成されるATPのほとんどがこの過程で生産される。系の末端で電子は酸素分子に渡され，水へと還元される。電子伝達はATP合成と連動して起こる。

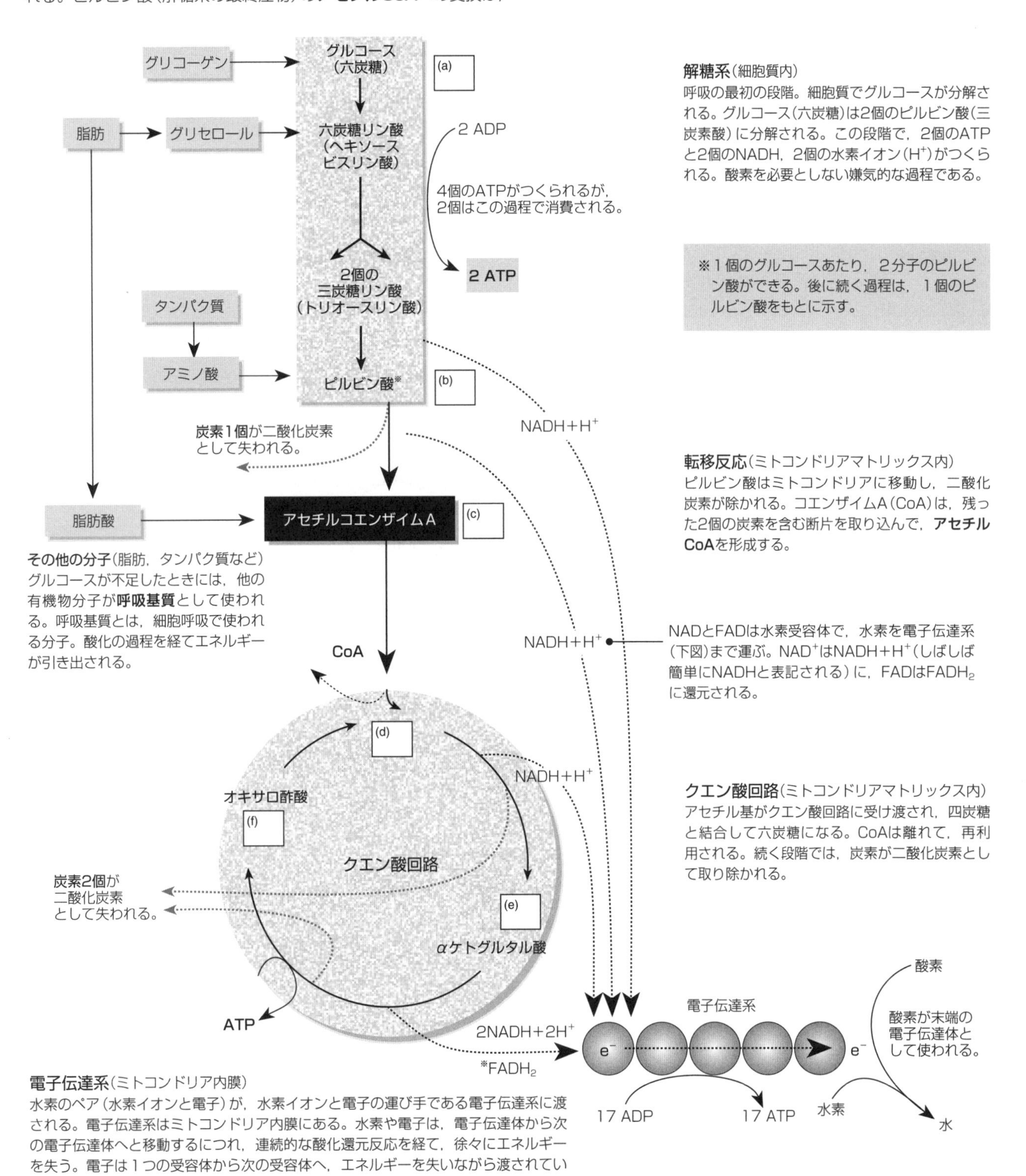

解糖系（細胞質内）
呼吸の最初の段階。細胞質でグルコースが分解される。グルコース（六炭糖）は2個のピルビン酸（三炭素酸）に分解される。この段階で，2個のATPと2個のNADH，2個の水素イオン（H^+）がつくられる。酸素を必要としない嫌気的な過程である。

※1個のグルコースあたり，2分子のピルビン酸ができる。後に続く過程は，1個のピルビン酸をもとに示す。

転移反応（ミトコンドリアマトリックス内）
ピルビン酸はミトコンドリアに移動し，二酸化炭素が除かれる。コエンザイムA（CoA）は，残った2個の炭素を含む断片を取り込んで，**アセチルCoA**を形成する。

その他の分子（脂肪，タンパク質など）
グルコースが不足したときには，他の有機物分子が**呼吸基質**として使われる。呼吸基質とは，細胞呼吸で使われる分子。酸化の過程を経てエネルギーが引き出される。

NADとFADは水素受容体で，水素を電子伝達系（下図）まで運ぶ。NAD^+は$NADH+H^+$（しばしば簡単にNADHと表記される）に，FADは$FADH_2$に還元される。

クエン酸回路（ミトコンドリアマトリックス内）
アセチル基がクエン酸回路に受け渡され，四炭糖と結合して六炭糖になる。CoAは離れて，再利用される。続く段階では，炭素が二酸化炭素として取り除かれる。

電子伝達系（ミトコンドリア内膜）
水素のペア（水素イオンと電子）が，水素イオンと電子の運び手である電子伝達系に渡される。電子伝達系はミトコンドリア内膜にある。水素や電子は，電子伝達体から次の電子伝達体へと移動するにつれ，連続的な酸化還元反応を経て，徐々にエネルギーを失う。電子は1つの受容体から次の受容体へ，エネルギーを失いながら渡されていく。エネルギーは段階的に放出されながらATP合成に使われる。この段階的な過程において放出されるエネルギーは，ADPをATPの形に**リン酸化**するために使われる。最後の電子伝達体は酸素で，水へと還元される（そのため，**酸化的リン酸化**と呼ばれる）。
※**注**：FADはNADよりも低いレベルで電子伝達系に入るので，1個の$FADH_2$あたり2個のATPしかつくれない。

グルコース1分子あたりのATP生産
解糖系で2個，クエン酸回路で2個，電子伝達系で34個のATPがつくられる。

ミトコンドリアはほとんどの真核細胞に存在する細胞小器官である。その直径は0.5〜1 μmあり，長さは直径に比べるとかなり大きい。

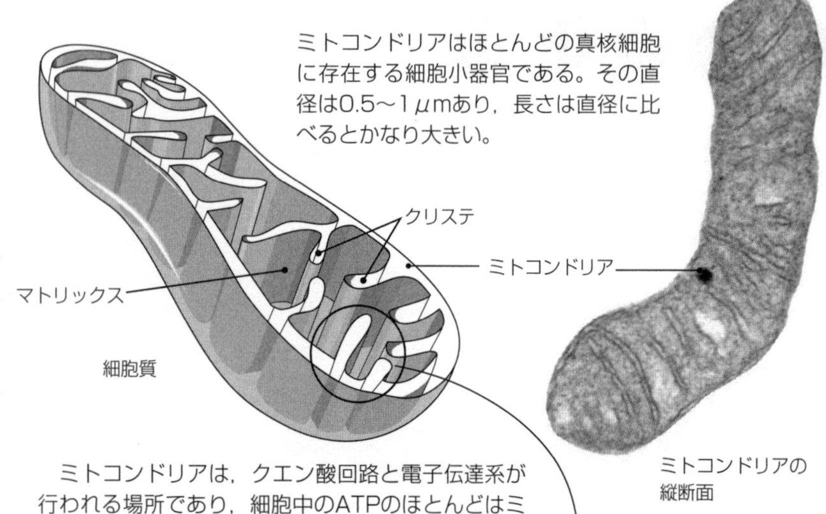

ミトコンドリアの縦断面

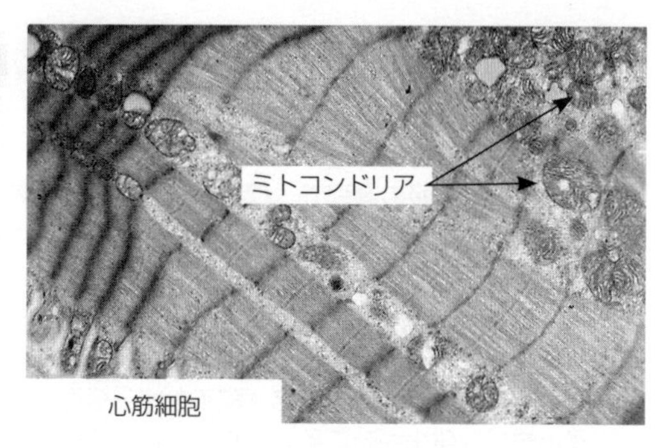

心筋細胞

ATPを大量に必要とする細胞には，大量のミトコンドリアが存在する。精子の鞭毛基部には多数のミトコンドリアがある。肝細胞には，1細胞あたり2000個近くのミトコンドリアがあり，細胞質の25%近くを占めている。心筋(上図)細胞の細胞質は40%近くがミトコンドリアで占められている。

ミトコンドリアは，クエン酸回路と電子伝達系が行われる場所であり，細胞中のATPのほとんどはミトコンドリアで生産される。

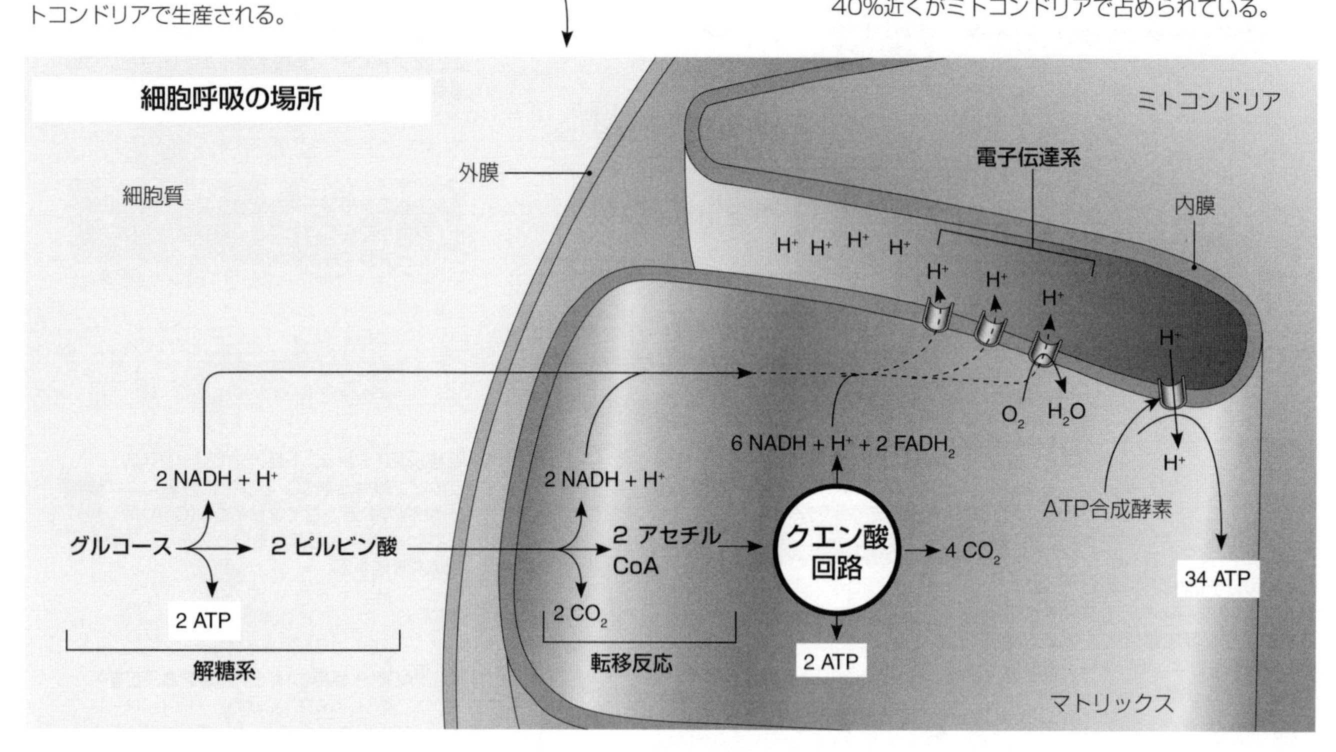

1. 上のミトコンドリアの縦断面の図に，マトリックスとクリステを書き込みなさい。
2. ピルビン酸からアセチルCoAがつくられる経路の目的は何か，述べなさい。
3. 前ページの細胞呼吸の図において，a〜fの枠内にそれぞれの分子の炭素数を記しなさい。
4. 細胞呼吸の過程で，失われた炭素原子には何が起こったのか説明しなさい。
5. 酸化的リン酸化では何が起こっているのか，説明しなさい。

化学浸透

重要概念：化学浸透とは，電子伝達系およびプロトン（水素イオン）の移動と連動して，ATP合成が起こることをさす。

化学浸透は，ミトコンドリアや植物の葉緑体の膜で，また細菌の原形質膜を横切って起こる現象である。化学浸透では，生体膜の内側と外側の間でプロトン（水素イオン）濃度勾配が発生し，この濃度勾配を利用してATPが合成される。化学浸透は，**電子伝達系**と**ATP合成酵素**の2つの主要な要素によって構成されている。電子伝達系に沿って電子が移動し，それにともなってプロトン濃度勾配がつくり出される。ATP合成酵素はそのプロトン濃度勾配を利用してATPを合成する。細胞呼吸において，電子伝達系の電子伝達体は，ミトコンドリアの内膜上に存在し，NADH+H$^+$ およびFADH$_2$を酸化する。この過程で生じたエネルギーは，プロトンを，その濃度勾配に逆らって，ミトコンドリアのマトリックスから2つの膜の間の空間に移動させる。そしてプロトンが濃度勾配に沿い，ATP合成酵素を介してマトリックスへ戻る。それとともにATPが合成される。緑色植物の葉緑体でも同様に，チラコイド膜を境にしてチラコイドの内側から外側（葉緑体のストロマ）へと，ATP合成酵素を介してプロトンが移動したときにATPが合成される。

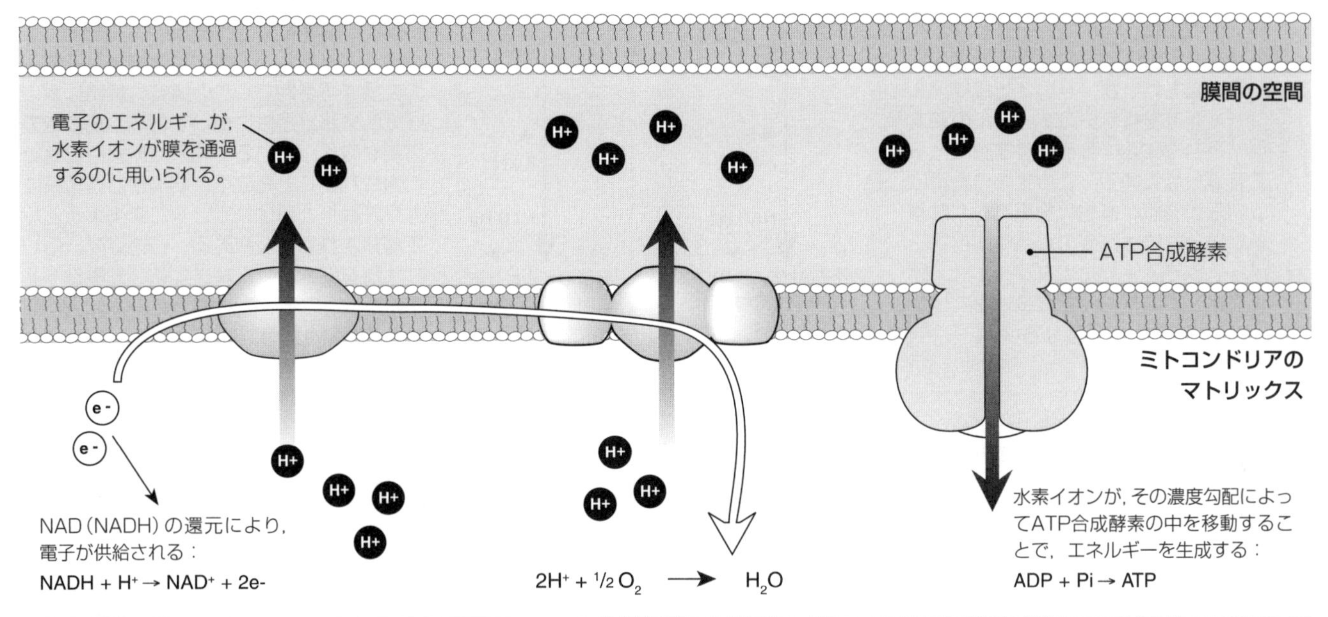

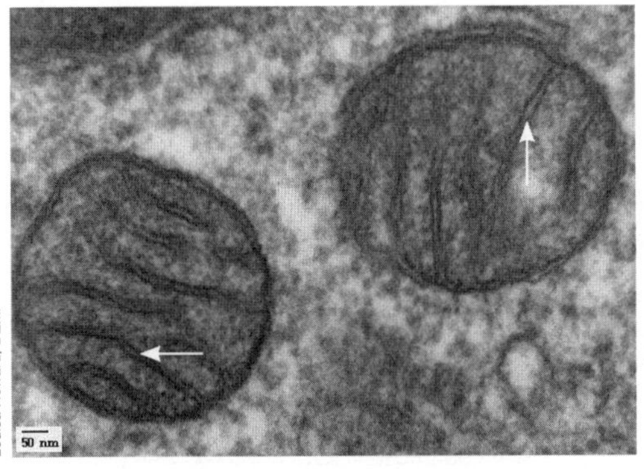

ミトコンドリアの横断面。内膜で仕切られた空間が見える（矢印）。

化学浸透説の証拠

化学浸透説は，1961年，英国の生化学者ピーター・ミッチェルによって提唱された。彼は，生きた細胞には膜電位が存在し，この電気化学的な勾配を利用してATPが合成されているという仮説を提唱した。当時の科学者たちは彼の仮説に対して懐疑的であったが，単離されたミトコンドリアや葉緑体が研究され，化学浸透説を指示する多くの証拠（以下）が示された。

- ミトコンドリアの内膜を残して外膜のみ除去する。そのミトコンドリアにプロトンを添加するとATP合成が増加した。
- 単離された葉緑体に光を照射すると，葉緑体が懸濁している液体がアルカリ化した。
- 単離された葉緑体を暗所に置き，まず酸性の溶液に移しチラコイドの中を酸化させた。そして，プロトンの少ないアルカリ性の溶液へと移したと同時に，ATPが合成された（光は不要）。

1. 化学浸透の過程を要約して説明しなさい。

2. 外膜を除去されたミトコンドリアでATP合成が増加したのはなぜか，述べなさい。

3. 単離された葉緑体の懸濁液に光を当てるとアルカリ化したのはなぜか，述べなさい。

4. (a) 葉緑体を，最初は酸性溶液，次にアルカリ性溶液に移動させた目的は何か，述べなさい。

   (b) アルカリ性溶液に移動したと同時にATPが合成されたのはなぜか，述べなさい。

嫌気的経路

重要概念：ATPを合成するグルコース代謝は，好気的にも嫌気的にも行われる。ATPの合成量は嫌気的過程よりも好気的過程のほうが高い。

好気呼吸は酸素の存在下で行われる。電子伝達系において酸素以外の分子を最終的な電子の受容体として使い，酸素のない環境でATPを合成している生物もいる。酵母によるアルコール発酵では，電子受容体はエタノールである。哺乳類の骨格筋細胞で起こっている乳酸発酵では，酸素がある環境でも，電子受容体はピルビン酸である。

アルコール発酵

アルコール発酵では，ピルビン酸がCO_2を放出してアセトアルデヒドになり，H^+を受容してエタノールへと還元される。酵母は，酸素があるときには好気呼吸を行うが，ないときにはアルコール発酵を行う。エタノールの濃度が12〜15%になると酵母細胞にとって有毒となるので，この経路の利用には制限がある。植物の根細胞も，酸素がないときには発酵の経路を利用するが，そこで発生したエタノールは，呼吸経路の中間基質へと変換され，好気的に分解されなければならない。

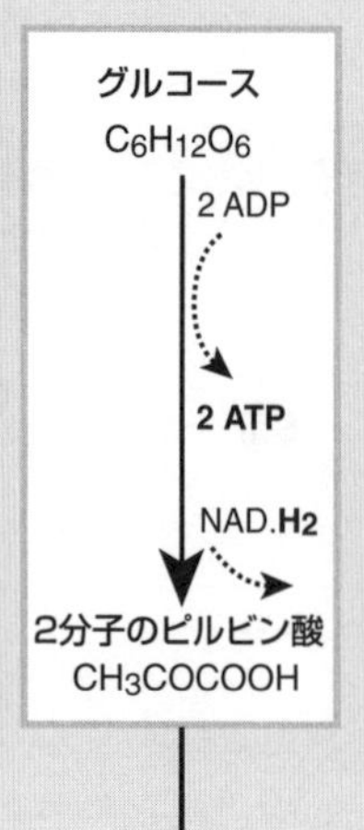

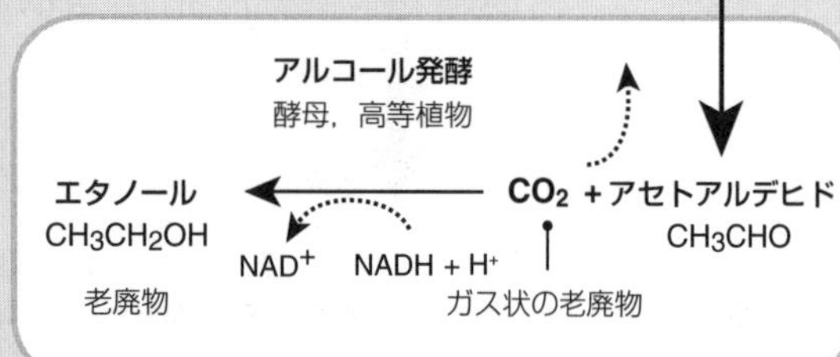

乳酸発酵

無酸素環境下で骨格筋細胞は，乳酸発酵によってATPを合成する。この過程では，ピルビン酸は乳酸へと還元され，乳酸とH^+が形成される。このピルビン酸から乳酸への変換は可逆的で，この嫌気的経路は常に好気的経路とともに働いており，筋細胞の活動を強化している。乳酸は筋細胞自身で代謝されることもあり，筋肉から循環系に入り肝臓へと運ばれて，そこで炭素源として補充されることもある。この必要に応じて乳酸を細胞内外に輸送する「乳酸シャトル説」は，基質と老廃物をバランスよく配分する重要なメカニズムである。

グルコース
$C_6H_{12}O_6$
2 ADP
2 ATP
NAD.H2
2分子のピルビン酸
$CH_3COCOOH$

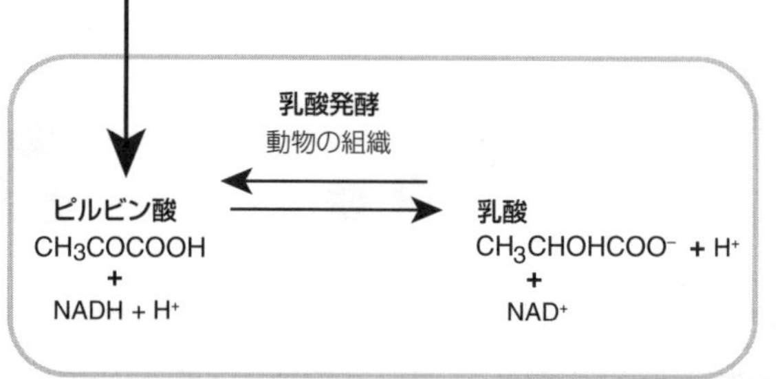

アルコール発酵によってアルコールとCO_2が生産される。アルコール発酵は，醸造業や製パン業の基礎をなしている。パンの製造では，パン生地は発酵させるためにしばらく寝かされる。その間，酵母が糖を代謝しエタノールとCO_2を生産する。このCO_2がパン生地を膨らませる。

酵母は，ほぼすべてのアルコール飲料（たとえば，ワインやビール）を生産するのに使われている。酵母は，糖を分解してエタノール（アルコール）とCO_2を生産する。アルコールは酵母による発酵の代謝副産物である。

Wintec

脊椎動物の骨格筋細胞における「乳酸シャトル」は，好気発酵とともに働き，筋肉が最大限に活動することを可能としている。乳酸は筋肉の外へと運搬され，肝臓では好気的に代謝される。

1. (a) 細胞の好気呼吸によって，38分子のATPが合成される。発酵ではわずか2分子である。好気呼吸と比べた発酵によるATP合成の効率をパーセンテージで示しなさい。

   ____

   (b) 発酵による効率が低いのはなぜか述べなさい。____________________

   ____

2. 酵母が嫌気呼吸によるATP生産を永遠に続けることができないのはなぜか，説明しなさい。____________________

   ____

3. 乳酸シャトルは活動中の筋肉にとってどのような利点があるか述べなさい。____________________

   ____

光合成

重要概念：光合成は太陽光と二酸化炭素と水を，グルコースと酸素に変換する過程である。

光合成は，生物の根源にかかわる重要な反応である。なぜなら光合成は，太陽エネルギーを化学エネルギーに変換して分子に蓄え，酸素を放出し，二酸化炭素（細胞代謝によって生じる老廃物）を吸収するからである。光合成を行う生物は**クロロフィル**と呼ばれる特別な色素を用いて，特定の波長の光を吸収し，光エネルギーをとらえる。光合成は，細胞呼吸と同じく酸化還元反応だが，電子の流れは呼吸と反対である。光合成では，水が分解され，電子とともに水素イオンが水からCO_2へと運ばれ，CO_2は還元されて糖となる。

光合成の化学反応式	$6CO_2 + 12H_2O \xrightarrow[\text{クロロフィル}]{\text{光}} C_6H_{12}O_6 + 6O_2 + 6H_2O$

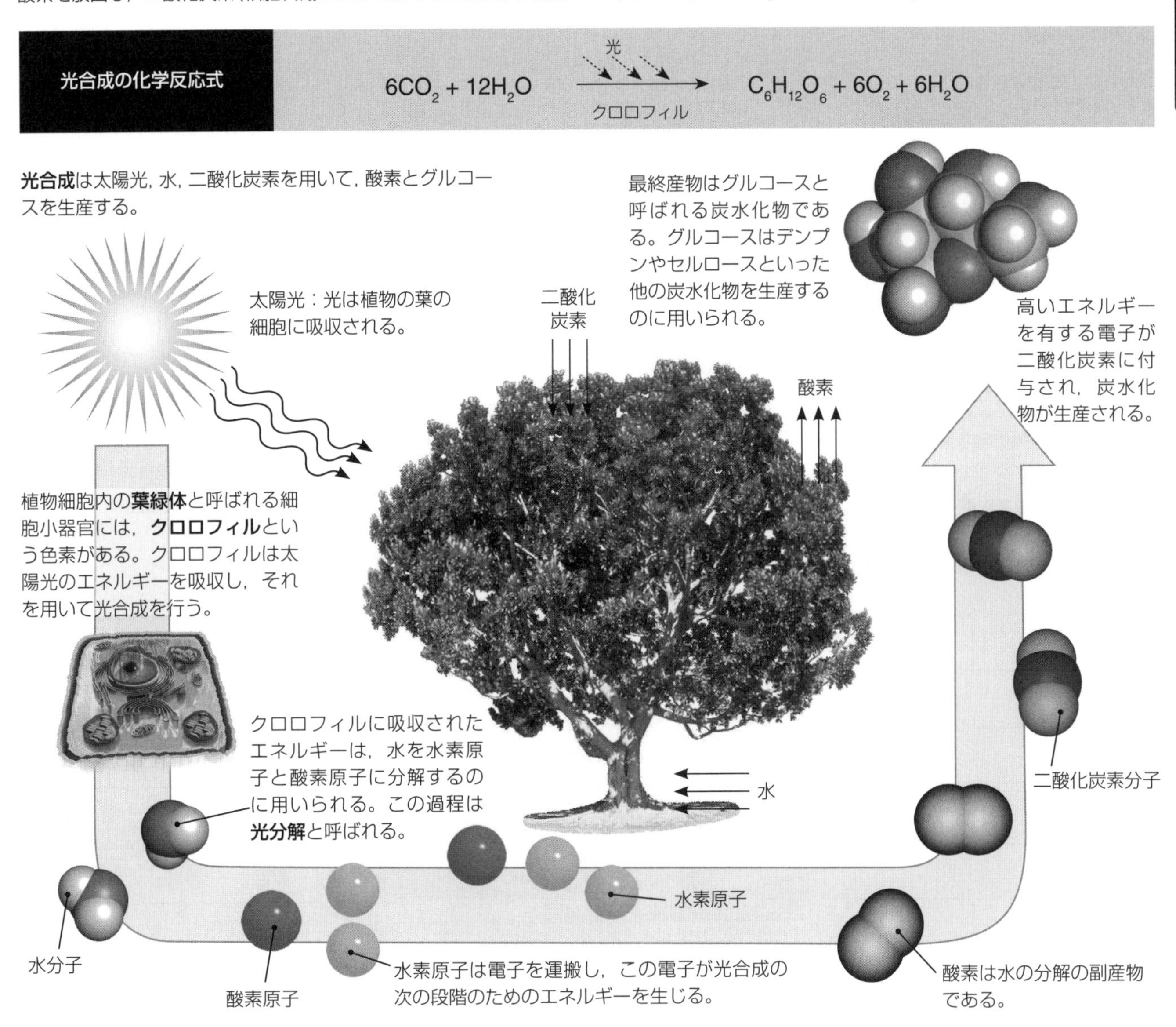

1．空欄を埋めて，下に示す光合成の概略図を完成させなさい。

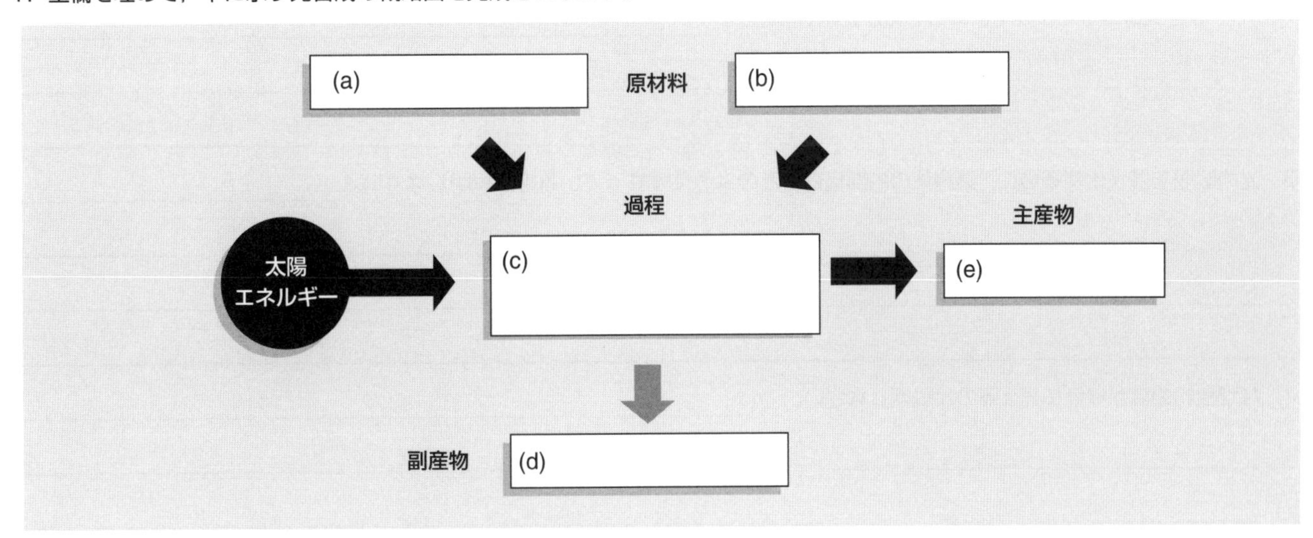

葉緑体

重要概念：葉緑体は複雑な内膜構造をもち，これが光合成において，光に依存する段階の反応の場となる。

葉緑体は光合成のための特殊化した色素体である。1つの葉肉細胞は50から100個の葉緑体をもつ。葉緑体は一般に，その広い表面が細胞壁と平行に並び，光を吸収できる表面積を最大化するように配置されている。葉緑体の内部には，**チラコイド**と呼ばれる膜構造が積み重なってできた**グラナ**がある。**クロロフィル**や**カロテノイド**と呼ばれる特殊な色素が膜に結合していて，光を捕捉する光化学系の一部を構成する。これらの色素は特定の波長の光を吸収し，光エネルギーを獲得している。

葉緑体の構造

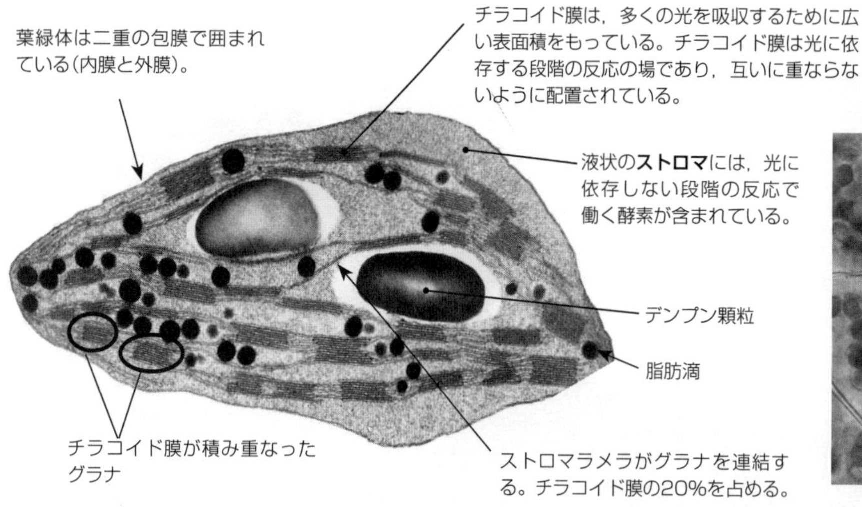

1つの葉緑体の透過型電子顕微鏡（TEM）像

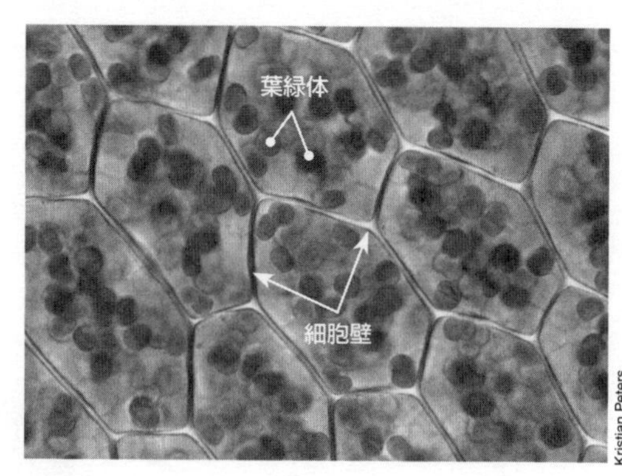

植物細胞中に見られる葉緑体

1．下に示す葉緑体の透過型電子顕微鏡像中の構造物の名称を，枠に書き入れなさい。

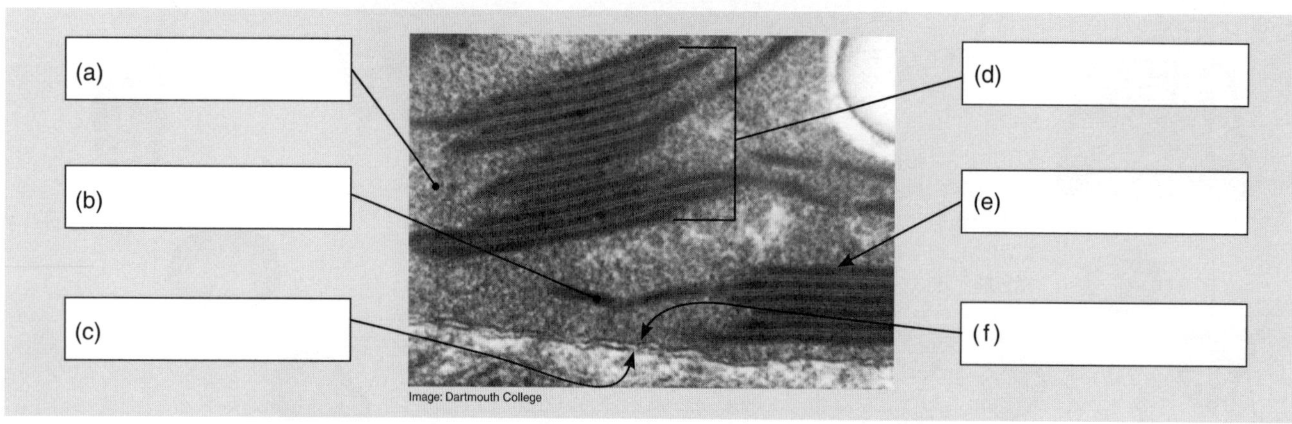

2．（a）クロロフィルが葉緑体のどこに見られるか答えなさい。

（b）なぜクロロフィルがそこにあるのか説明しなさい。

3．光の吸収を最大化するのに，葉緑体の内部構造がどのように役立っているのか説明しなさい。

4．なぜ植物の葉が緑色に見えるのか説明しなさい。

光合成の光に依存する段階

重要概念：光合成の光に依存する段階では，光子のエネルギーを使ってNADP⁺の還元とATPの生産が行われる。

細胞呼吸と同様に，光合成は酸化還元反応だが，電子の流れは呼吸と反対である。光合成では，水が分解され，電子は水素イオンとともに水から二酸化炭素へと運ばれる。二酸化炭素は受容体と結合した後，水素イオンの付加により還元され，糖ができる。電子が水から糖へと動くにしたがって，電子のもつエネルギーポテンシャルは増加する。そのエネルギーは光から与えられる。光合成には，2つの段階がある。**光に依存する段階**では，光のエネルギーが化学エネルギー（ATPとNADPH）に変換される。その化学エネルギーは，**光に依存しない段階**（カルビン・ベンソン回路）において，炭水化物の合成に使われる。光に依存する段階ではおもに**非循環的リン酸化**が行われ，おおまかに言えば同量のATPとNADPHがつくられる。失われた電子は水から補われる。**循環的リン酸化**では，光化学系Ⅱで失われた電子は，光化学系Ⅰからの電子で補われる。ATPはつくられるが，NADPHはつくられない。

非循環的リン酸化

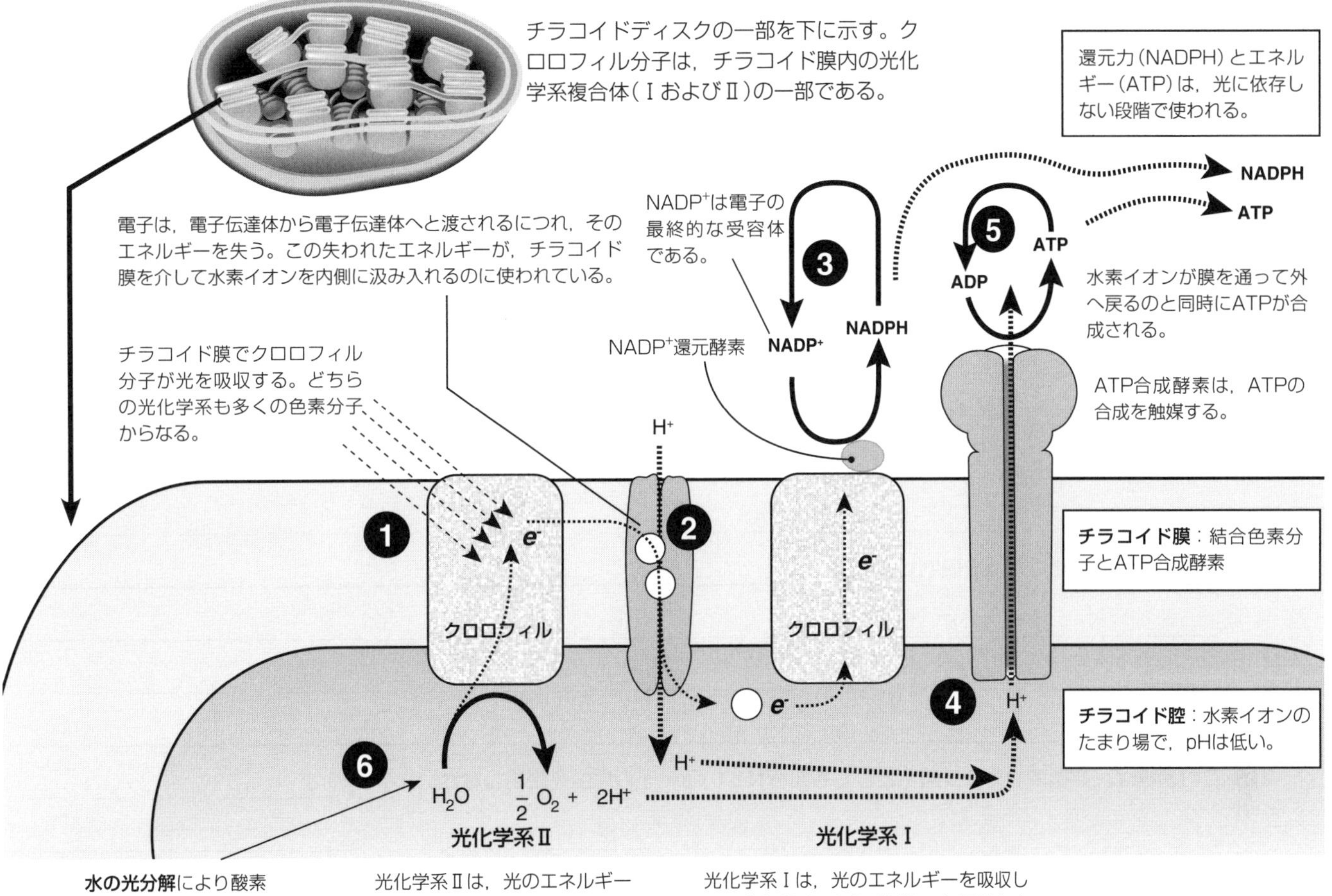

循環的リン酸化

循環的リン酸化には光化学系Ⅰのみが関与し，NADPHはつくられない。光化学系Ⅰからの電子は，チラコイド膜内の電子受容体に戻される。この経路ではATPの合成のみが起こる。カルビン・ベンソン回路はNADPHより多くのATPを使うため，循環的リン酸化がその差を補う。NADPHレベルが高くなると循環的リン酸化が活性化し，ATPが十分な量だけつくられるまで持続する。

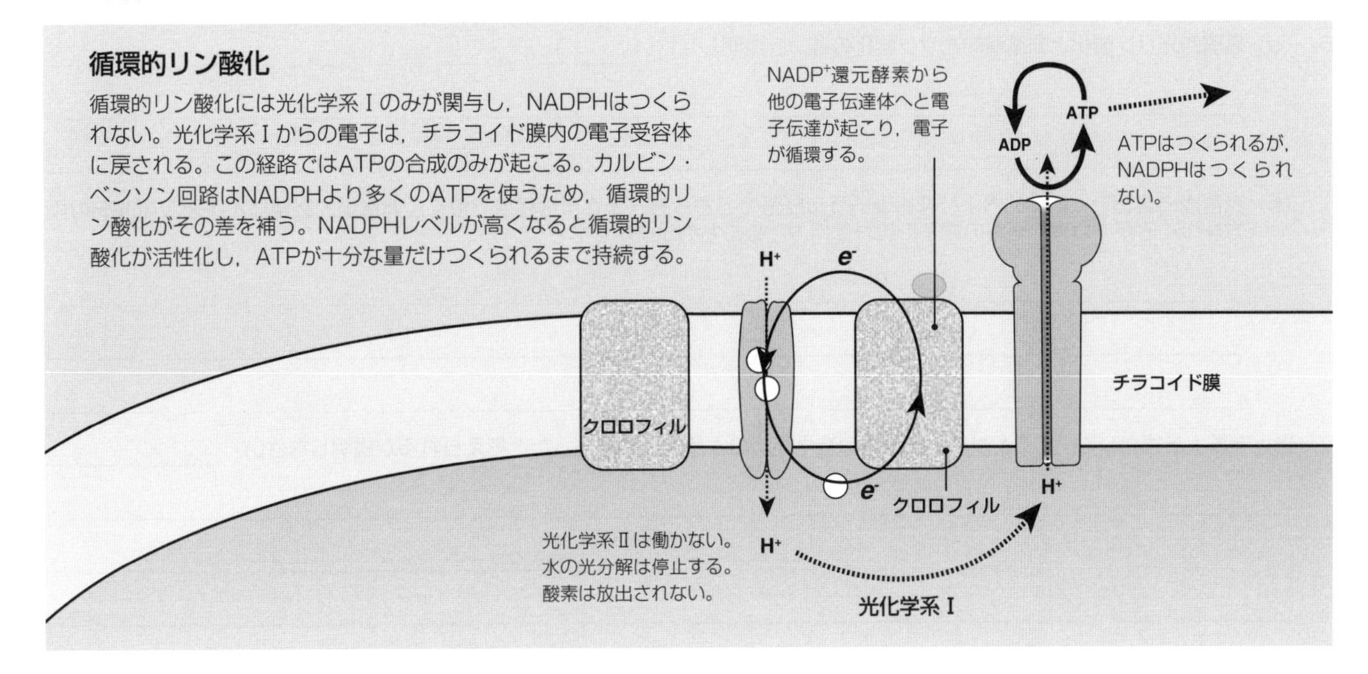

1. 電子伝達体であるNADPが光合成で果たす役割を説明しなさい。

2. クロロフィル分子が光合成で果たす役割を説明しなさい。

3. 光に依存する段階で起こること，およびその反応が行われる場所を述べなさい。

4. 光に依存する段階で，光によってクロロフィル分子が励起された後，どのようにATPが合成されるのか，説明しなさい。

5. (a) **非循環的リン酸化**の意味を説明しなさい。

   (b) この過程は，非循環的光リン酸化としても知られている。その理由を説明しなさい。

6. (a) **循環的光リン酸化**と非循環的光リン酸化の違いを説明しなさい。

   (b) 光合成の過程で，循環的および非循環的反応経路のどちらもさまざまな程度で働く。非循環的経路はATPとNADPHの両方をつくるが，循環的経路の電子の流れは何のためのものか説明しなさい。

7. 光化学系Ｉが独立していることから，光合成の進化がどのようにして起こったと考えられるか説明しなさい。

光合成の光に依存しない段階

重要概念：光合成の光に依存しない段階は，葉緑体のストロマで起こり，その反応は光を必要としない。

光合成の光に依存しない段階(カルビン・ベンソン回路)では，水素イオンが二酸化炭素と五炭糖由来の中間物質に付加されて，炭水化物ができる。水素イオンとATPは光に依存する段階から供給される。カルビン・ベンソン回路では，NADPHより多くのATPが使用されるが，細胞はATPが欠乏すると循環的リン酸化（NADPHはつくられない）を用いることでその差を補う。

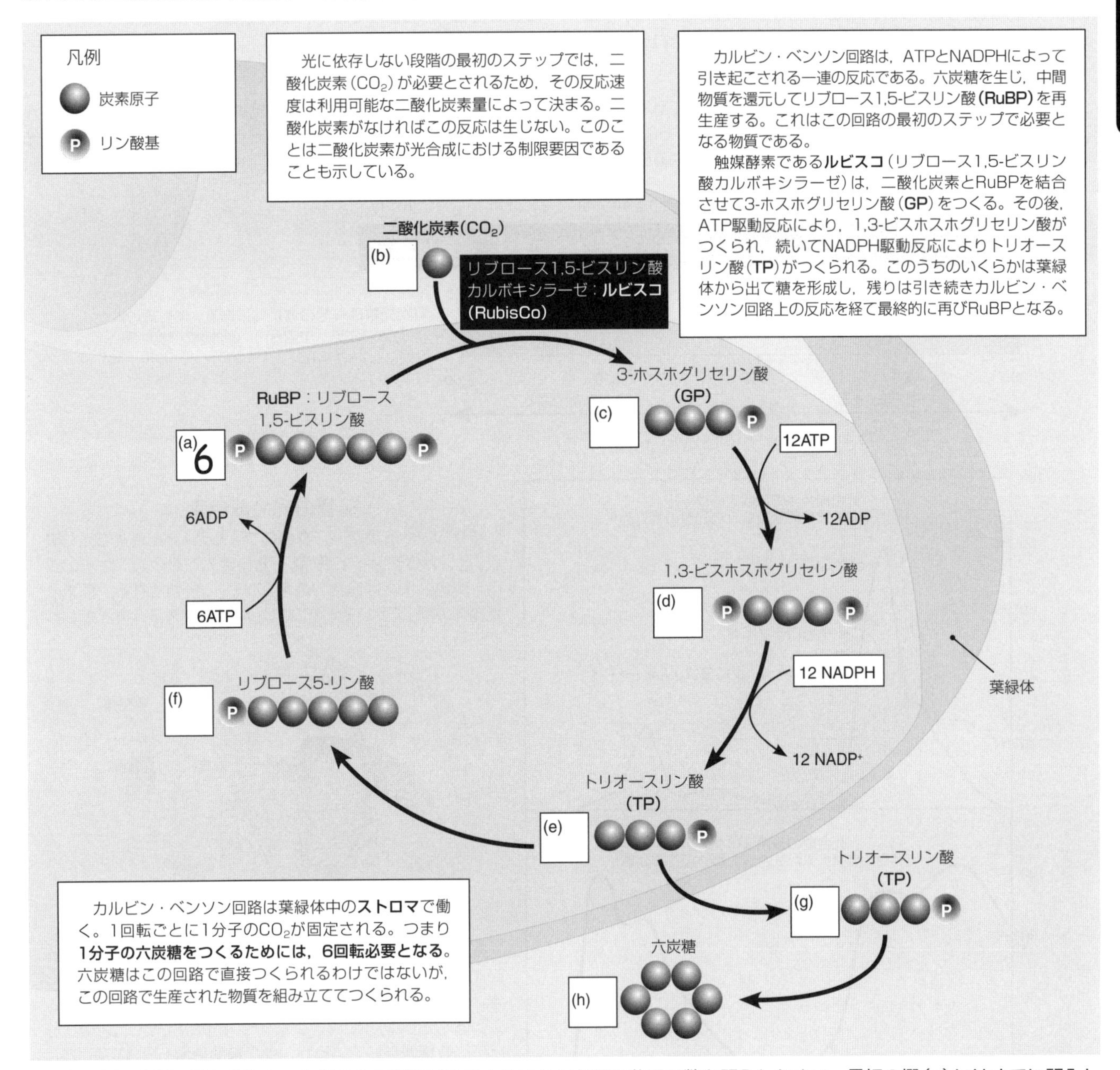

1. 上の図の空欄のそれぞれに，**1分子の六炭糖**が合成されるのに必要な分子の数を記入しなさい。最初の欄（a）にはすでに記入してある。

2. カルビン・ベンソン回路におけるルビスコの重要性を説明しなさい。

3. カルビン・ベンソン回路の実際の最終産物は何か答えなさい。

4. 二酸化炭素から六炭糖が形成される化学反応式を書きなさい。

5. 実際には光とは無関係であるにもかかわらず，暗所では大半の植物がカルビン・ベンソン回路を停止しているように見えるのはなぜか説明しなさい。

色素と光の吸収

重要概念：クロロフィル色素は特定の波長の光を吸収し，光合成のための光エネルギーを捕捉する。

可視光線を吸収する物質を色素と呼び，**色素**ごとに吸収する波長は異なっている。色素が特定の波長の光を吸収する能力を測定するには，分光光度計が使用される。ある色素が光の波長ごとに示す吸収能力の推移を，その色素の**吸収スペクトル**と呼ぶ。それぞれの光合成色素が示す吸収スペクトルを調べることで，それら色素が光合成で果たしている役割を知ることができる。**作用スペクトル**は，さまざまな波長の光がもつ光合成を引き起こす効果を示したものである。作用スペクトルは，光合成速度を表す測定値（酸素生産）と波長とを対応させることで得られる。

電磁スペクトル

光は，電磁放射として知られるエネルギーの一形態である。生命にとってもっとも重要な電磁スペクトルは，380～750nmの狭い範囲にある。この放射はヒトの目に色として認識される部分なので，**可視光線**として知られている（昆虫など他の動物では，紫外線領域まで見えるものもいる）。光合成で使われるのは，この可視光線である。

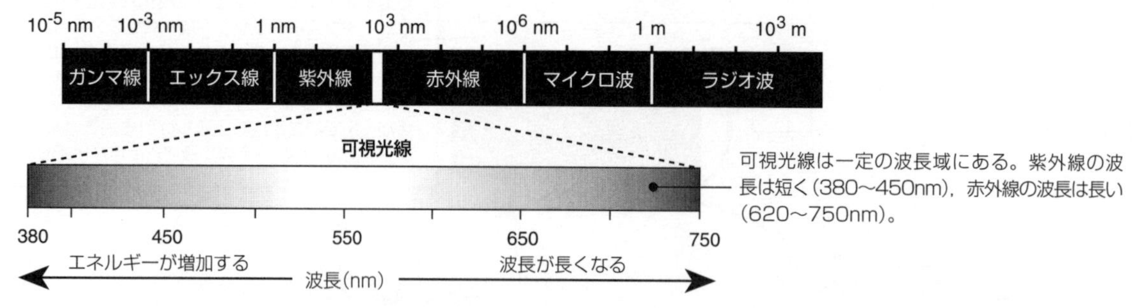

可視光線は一定の波長域にある。紫外線の波長は短く（380～450nm），赤外線の波長は長い（620～750nm）。

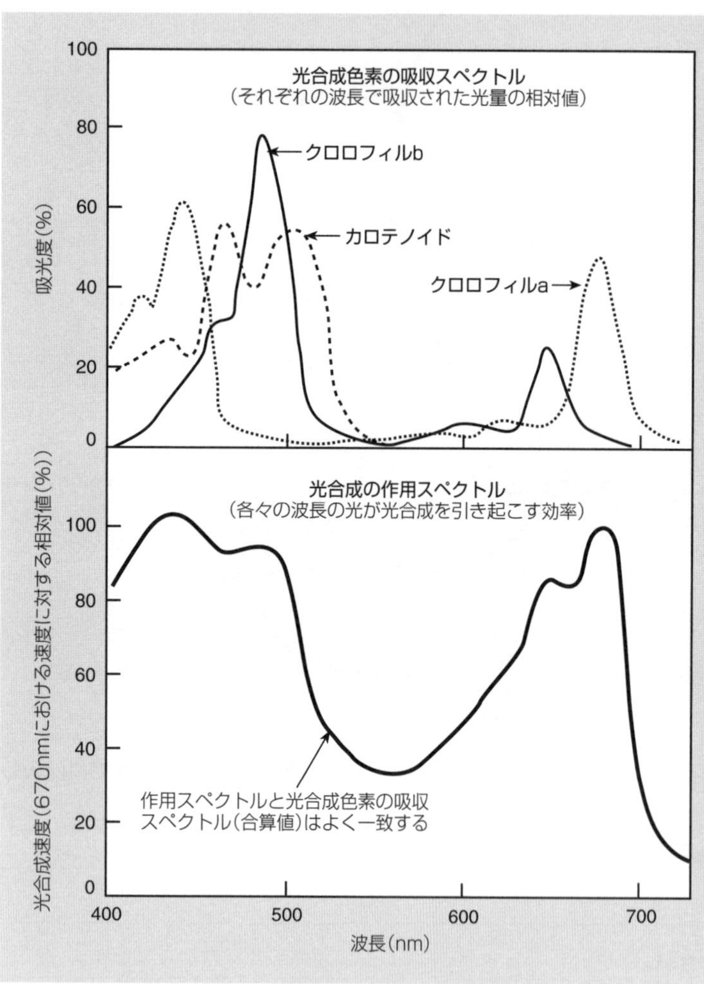

植物の光合成色素

植物の光合成色素は，**クロロフィル系**（赤と青紫の光を吸収）と，**カロテノイド系**（青～紫色の光を吸収し，オレンジ色，黄色，または赤色の色素）の2つに分類される。色素は葉緑体の膜（チラコイド）にあり，膜輸送システムをともなっている。

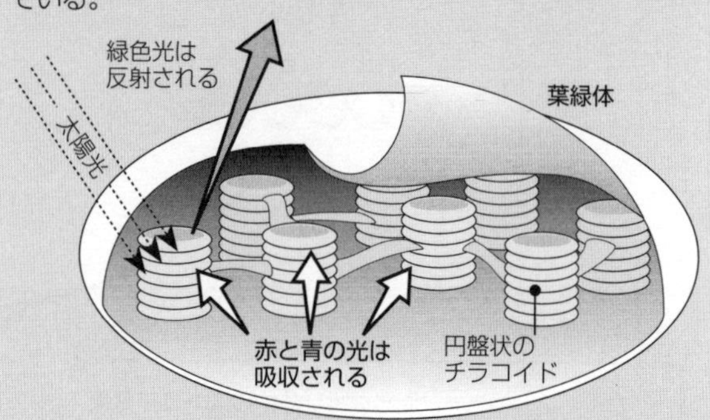

高等植物のもつ葉緑体（上図）の色素は，青と赤の光を吸収するが，緑の光は反射する。その結果，葉は緑色に見える。それぞれの光合成色素は，独自の**吸収スペクトル**をもっている（左上のグラフ）。クロロフィルaだけが光合成の光反応に直接関与しているが，他の**補助色素**（クロロフィルbとカロテノイド）も，クロロフィルaが吸収できない波長の光を吸収する。補助色素はエネルギー（光量子）をクロロフィルaに渡すので，広い範囲のスペクトルが光合成で有効に利用される。

左図：光合成色素の吸収スペクトルと光合成の作用スペクトルを比較したグラフ

1. 色素の吸収スペクトルとは何か，説明しなさい。＿＿＿＿＿＿＿＿＿＿＿＿＿＿＿＿

2. 光合成の**作用スペクトル**が，クロロフィルaの吸収スペクトルに完全には一致しない理由を述べなさい。＿＿＿＿＿＿＿＿

光合成速度に影響する因子

重要概念：植物の光合成速度は，利用できる光の強さ，二酸化炭素(CO_2)濃度などの環境要因に依存している。

光合成速度とは，植物が炭化水素を合成する速度のことである。光合成速度は環境要因に依存し，特に利用できる光の強さ，二酸化炭素(CO_2)濃度に依存している。温度も重要であるが，その影響は光の強さやCO_2濃度ほど明確ではない。温度の影響は，他の制限要因(利用できる光の強さとCO_2濃度)に依存し，その植物の低温や高温に対する耐性にも依存している。これらの環境要因の重要性は，調べたい要因のみを変化させ，他の要因は一定に保つような実験を行うことで調べることができる。下記はその結果を示したものである。

光合成速度に影響を与える要因

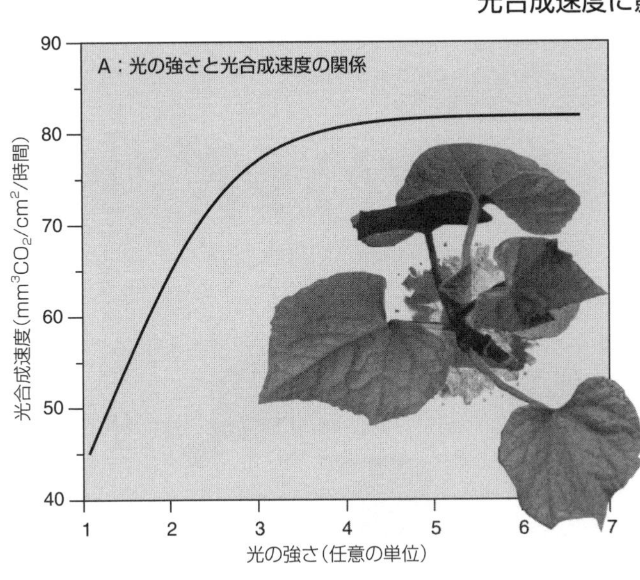

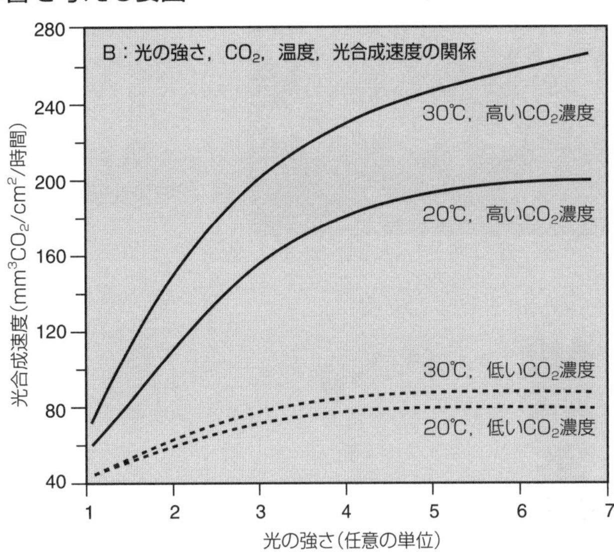

上の2つのグラフは，キュウリの光合成速度が環境条件の変化によってどのように影響を受けるかを示したものである。グラフA(左上)は光の強さの影響を表している。この実験では，CO_2濃度と温度は一定である。グラフB(右上)は光の強さの影響を，高い温度と低い温度，高いCO_2濃度と低いCO_2濃度で比べたものである。各実験では，それぞれの光の強さのもとで，CO_2濃度または温度を低から高に順番に変え，測定を行った。

1. 上のグラフを見て，下記の要因が光合成に及ぼす影響について簡単に説明しなさい。

   (a) CO_2濃度：______________________________

   (b) 光の強度：______________________________

   (c) 温度：______________________________

2. CO_2濃度が低いと光合成速度が低下する理由を説明しなさい。______________________________

3. (a) グラフBにおいて，CO_2濃度の影響と温度の影響を比べ違いを述べなさい。

   ____

   (b) CO_2濃度と温度の2つの要因では，どちらがより光合成速度に大きな影響をもっているか答えなさい。______________

   (c) その違いはグラフの何に現れているか，説明しなさい。______________________________

4. 温室では光合成速度を最高にする環境をつくり出すことができるのはなぜか，述べなさい。______________________________

5. 温度が光合成速度に与える影響を調べるための実験系を考えなさい。仮説，実験機器，実験方法を他の用紙に記し，このページにホチキスでとめなさい。

核におけるDNA凝集

重要概念：染色体はDNAとタンパク質の複合体であり，高度に組織化され，コイル状に密に凝集した形態をしている。

真核生物では，DNAとヒストンタンパク質がクロマチンと呼ばれる複合体を形成している。ヒストンは，DNAが凝集し核内に効率よく収まるのを補助している。細胞分裂中期に，クロマチンはもっとも凝集した状態となり，光学顕微鏡下でも確認できるようになる。

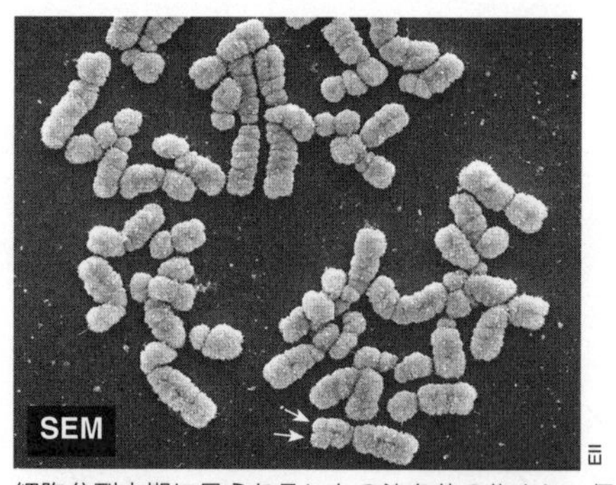

細胞分裂中期に見られるヒトの染色体の集まり。個々の染色体は，2つの染色分体（矢印）からなる。この写真では，染色分体を識別するのが難しい。

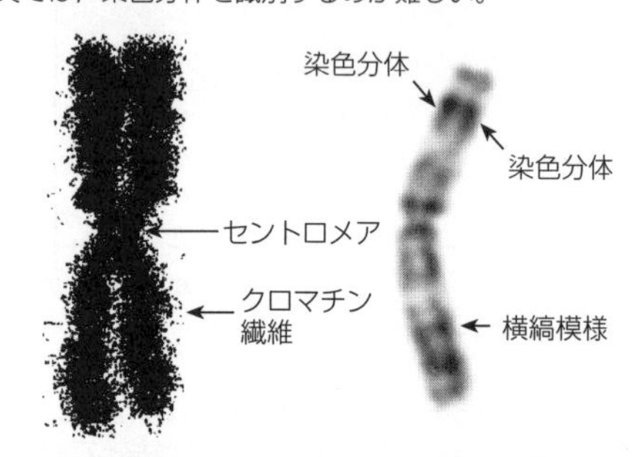

分裂中の白血球から得たヒトの染色体（上図左）。クロマチンは凝縮されて2つの染色分体になっている。光学顕微鏡によるヒトの第3染色体写真（上図右）。横縞模様が確認できる。

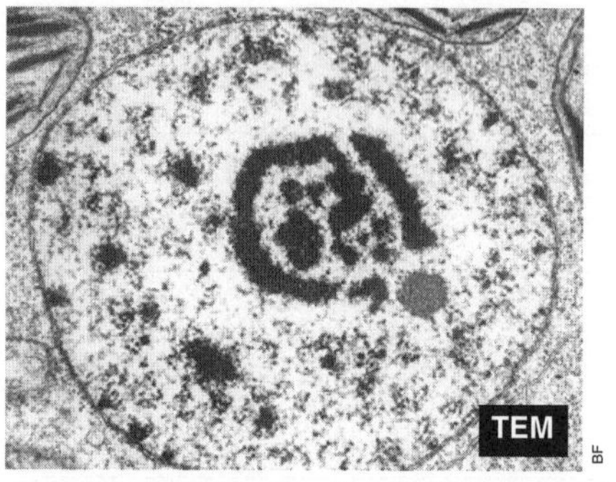

分裂していない細胞では，染色体は1本の構造体として存在する。染色体はコイル状に巻かれた構造ではなく，コイルが"ほどかれ"，遺伝子の転写が容易な状態になっている。

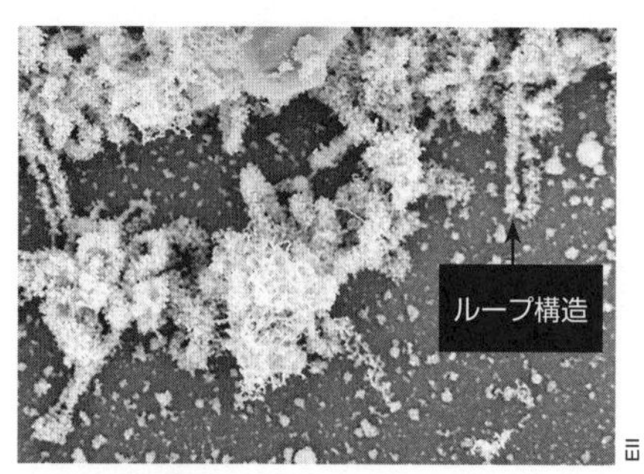

両生類の卵母細胞に見られる巨大な**ランプブラシ染色体**の研究から，染色体にはループ構造があることがわかった。SEMで見ると，外側にはみ出たDNA−タンパク質複合体がブラシのように見える。

※SEM：走査型電子顕微鏡，TEM：透過型電子顕微鏡

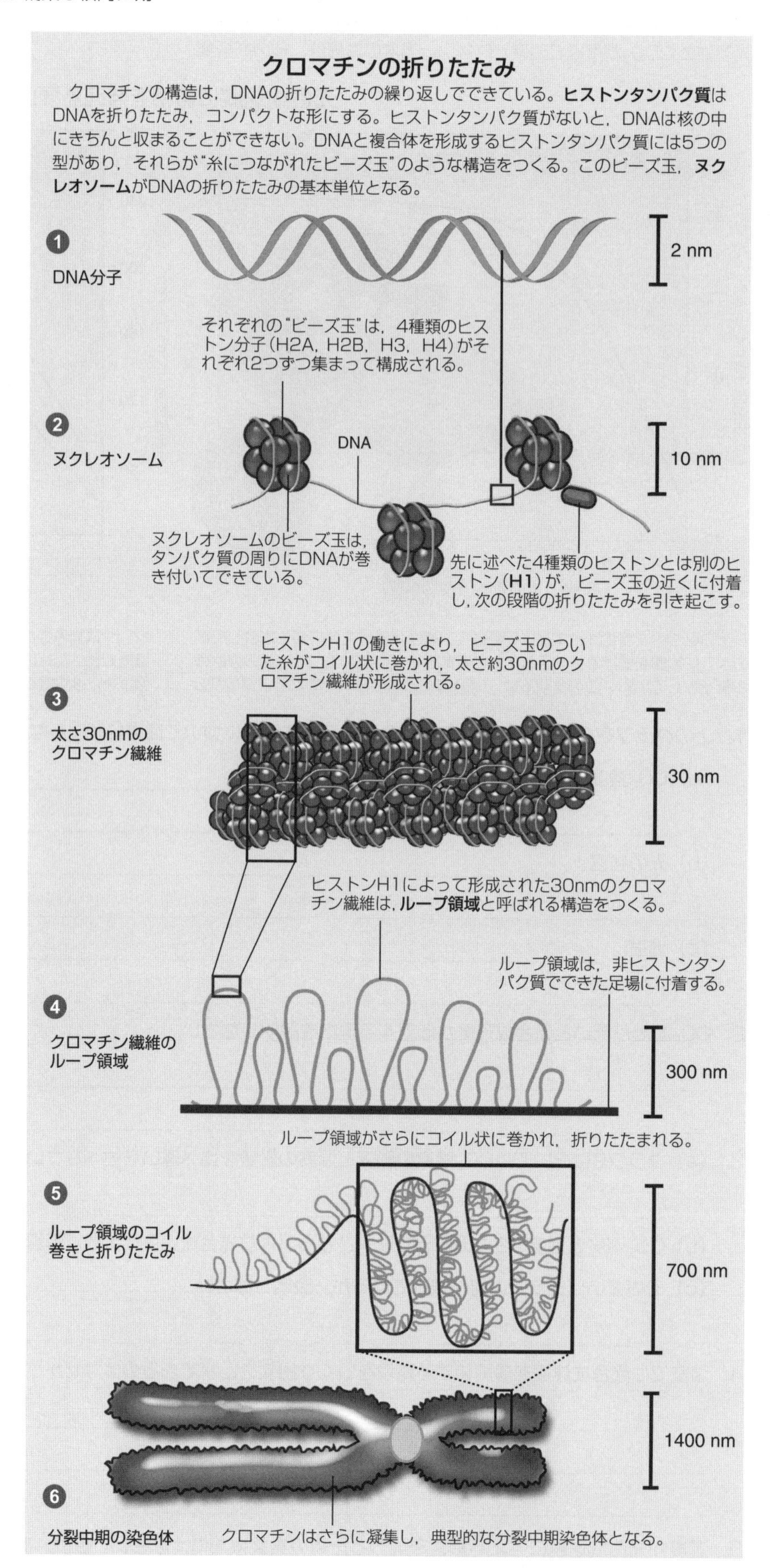

DNA凝集を修飾する

DNAの凝集の状態は，遺伝子の発現に影響を与える。クロマチンの中のヌクレオソームが密に凝集した状態(ヘテロクロマチン)か，緩く凝集した状態(ユークロマチン)かによって，RNAポリメラーゼがDNAに付着し，DNAをmRNAに転写することができるかどうかが決定される。DNAの凝集は，ヒストン修飾とDNAのメチル化よって影響を受ける。

ヒストン修飾

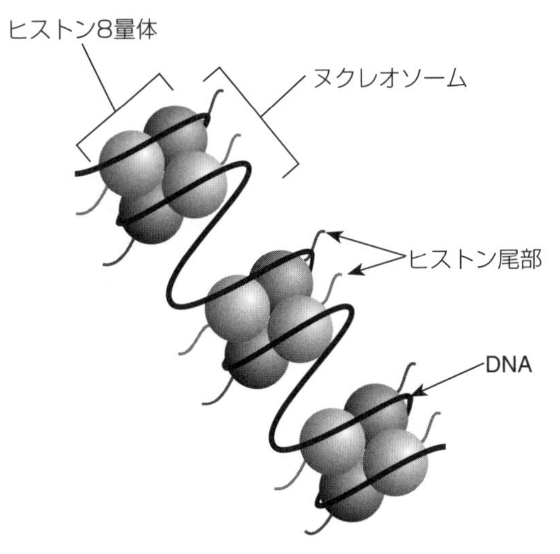

ヒストンは，ヒストン尾部のメチル化など，多くの過程によって修飾される。修飾のタイプによって，クロマチンは密に凝集したり緩く凝集したりし，遺伝子の転写に影響を及ぼす。

DNAのメチル化

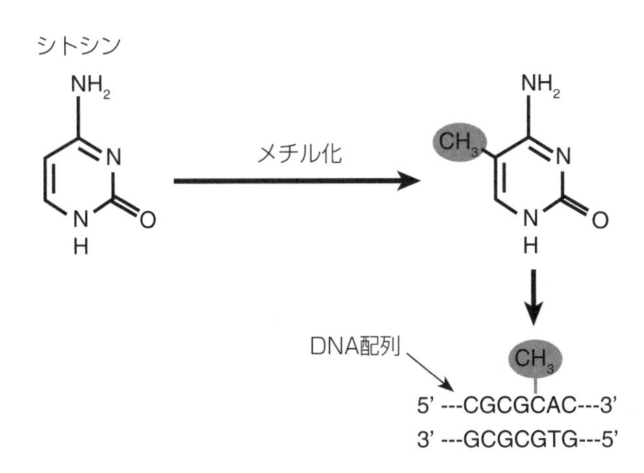

シトシンのメチル化は，DNA凝集と遺伝子発現において重要な過程である。シトシンのメチル化は2つの方法で遺伝子発現に影響を及ぼす。1つは，転写因子の結合を物理的に阻害することであり，もう1つはクロマチンを固く凝集させて遺伝子が転写できないようにすることである。

1．染色体の構造を記載するのに用いられる以下の用語について説明しなさい。

(a) DNA：

(b) クロマチン：

(c) ヒストン：

(d) ヌクレオソーム：

2．(a) DNA凝集におけるヒストン修飾とDNAのメチル化の影響について述べなさい。

(b) これがDNAの転写にどのように影響するか述べなさい。

3．ヒト細胞の核の中には，約1mのDNAがある。このDNAはどのように核に詰め込まれるのか説明しなさい。

DNAの複製

重要概念：半保存的なDNA複製によって，2つの同一なDNAのコピーがつくられる。各コピーの半分はもとの材料から，もう半分は新しい材料からできている。

細胞分裂に先立って，DNAは倍に増えていなければならない。この倍に増える過程をDNA複製と呼ぶ。DNA複製によって，分裂後の細胞はもとの細胞と完全に同じ遺伝子を受け取ることができる。DNAが複製されたあと，各染色体はセントロメアで結合した2つの染色分体となる。2つの染色分体は細胞分裂にともなって分離し，2つの染色体となる。DNA複製は，ヌクレオチドが複製フォークに付加されながら進行する。この過程では，酵素が重要な役割を担っている。

ステップ 1：DNA分子をほどく

1本の染色体は，2本鎖DNAからできている。細胞分裂の前に，この長い2本鎖DNAは複製されなければならない。

DNAが複製されるためには，まず2本鎖をほどく必要がある。2本鎖DNAは，**ヘリカーゼ**と呼ばれる酵素によって，複製フォーク（複製起点）において高速でほどかれる。別の酵素（**トポイソメラーゼ**）がDNA鎖を切り，鎖を回転させ，再度切れ目を閉じることによって，鎖のよじれを戻していく。

ステップ2：新しいDNA鎖をつくる

新しいDNA鎖の合成は，おもに，**DNAポリメラーゼ**と呼ばれる酵素の複合体によって行われる。

DNAポリメラーゼは，ヌクレオチドを5'→ 3'の向きに連結していく。一方のDNA鎖（リーディング鎖）では連続的に新しいDNAが合成され，反対側のDNA鎖（ラギング鎖）では短いDNA鎖が合成される。これらのDNA鎖は，酵素の働きによって1本の連続した鎖として連結される。

ステップ3：DNA分子を巻き戻す

新しくできた2本鎖DNAはそれぞれ，もとになったDNA鎖（濃灰色または白色）と新しく合成されたDNA鎖（薄灰色）でできている。2本のDNA鎖は再び二重らせん構造に巻き戻る。

DNA複製は半保存的で，新しくできた二重らせんは，古い（親）鎖と新しく合成された（娘）鎖で構成されている。複製後の染色体には，複製前の染色体の2倍量のDNAが存在している。2本の染色分体は細胞分裂の過程で分かれて，2本の染色体になる。

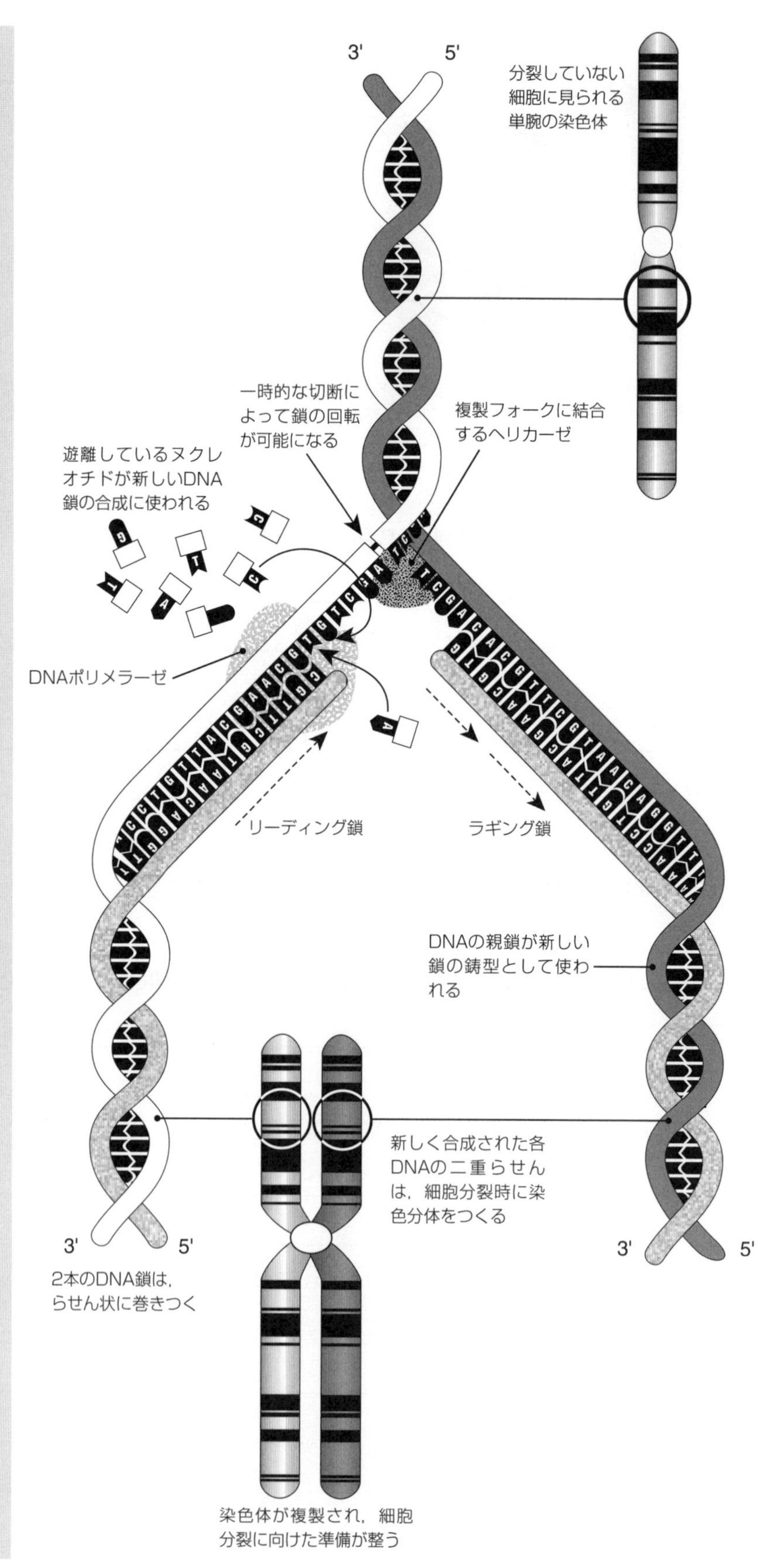

1. DNA複製の目的を簡潔に説明しなさい。

2. DNA複製にかかわる3つの主要なステップを要約しなさい。

   (a)

   (b)

   (c)

3. 22本の染色体をもつ細胞は，DNA複製後，何本の染色分体をもつか答えなさい。

4. 各娘細胞がもつ新しいDNAと，もとのDNAの割合を述べなさい。

5. DNA複製が「**半保存的である**」とはどういう意味か述べなさい。

6. DNA複製における以下の酵素の働きを説明しなさい。

   (a) ヘリカーゼ：

   (b) DNAポリメラーゼ：

7. 以下に記す右と左の文をつないで(あるいは，(　)の中に文章を入れて)完全な文章をつくりなさい。できた文章を，DNA複製とその役割を適切に説明するように並べ，以下の欄に文章を完成させなさい。

- その酵素は，また，(　　　)複製中に校正も行う
- DNA複製は，DNA分子が(　　　)過程である
- 複製は，(　　　)厳密に制御されている
- 複製後，染色体は…
- DNA複製は，…
- 染色分体は，(　　　)分離する
- 各染色分体は，半分はもとのDNAと(　　　)をもっている

- 細胞分裂が起こる前に必要とされる
- 酵素によって
- あらゆる間違いを正すために
- 半分は新しいDNA
- 細胞分裂にともなって
- コピーされて，2本の同一のDNA鎖が合成される
- 2本の染色分体で構成されている

メセルソンとスタールの実験

重要概念：メセルソンとスタールは，DNA複製が半保存的であることを示す実験方法を考案した。

DNAの複製方法について，当初，3つのモデルが提唱されていた。ワトソンとクリックは，各DNA鎖が鋳型となって複製が行われ，結果，新しい2本鎖は半分が古いDNA，もう半分が新しいDNAで構成されるという，「**半保存モデル**」を提示した。2つ目の「保存モデル」は，もとのDNA鎖は鋳型としてだけ働き，できあがったDNA鎖は完全に新しいDNAで構成される，というものであった。そして3つ目の「分散モデル」は，2つの新しいDNA鎖には，部分的に新しいDNAと古いDNAが分散している，というものであった。メセルソンとスタールは，実験的にDNA複製が半保存的であることを証明した。

メセルソンとスタールの実験

大腸菌を，**重い窒素同位体**（^{15}N）を含む培養液中で，何世代も培養し，すべての大腸菌に^{15}Nを取り込ませたあと，**軽い窒素同位体**（^{14}N）を含む培養液に移した。新しく合成されたDNAは^{14}Nをもち，古いDNAは^{15}Nをもっているはずである。

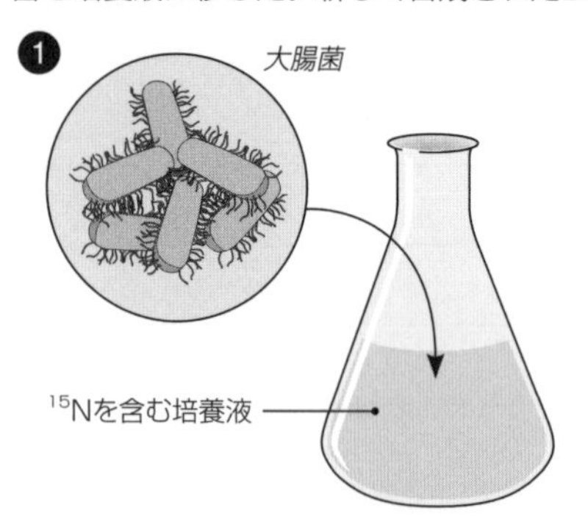

大腸菌を，^{15}Nを含む培養液の中で増殖させた。14世代を経たあと，すべての大腸菌DNAは^{15}Nを含んでいた。サンプルを採取し，これを世代0とする。

世代0を過剰な^{14}N（NH_4Cl）を含む培養液に移す。複製にともなって，新しいDNAは^{14}Nを取り込む。新しいDNAは，^{15}NだけをもつもとのDNAより「軽い」はずである。

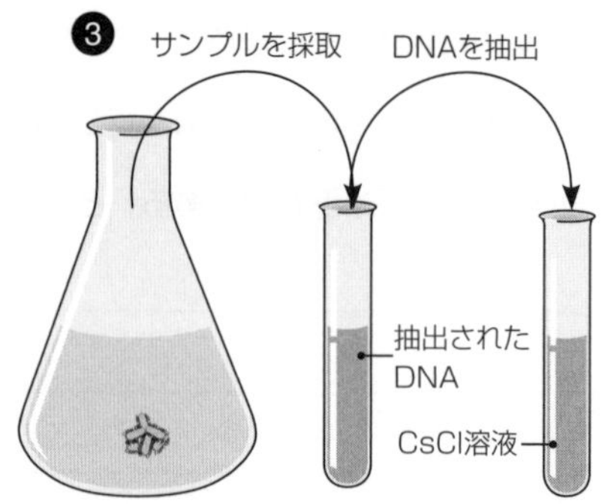

世代ごとに（各世代はおよそ20分）サンプルを採取し，DNA抽出の処理を行う。抽出したDNAをCsCl溶液に入れ，密度勾配にしたがってDNAを分離する。

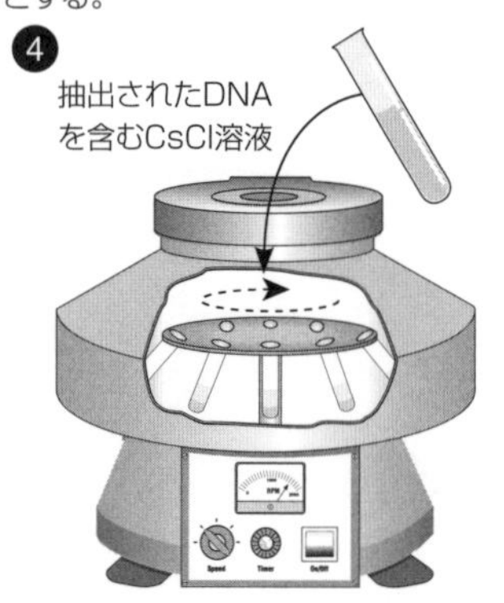

サンプルを140,000×g で20時間，高速遠心する。重い^{15}N DNAは，軽い^{14}N DNAや中間の重さをもつ^{14}N/^{15}N DNAよりも，試験管の底に近い位置に移動する。

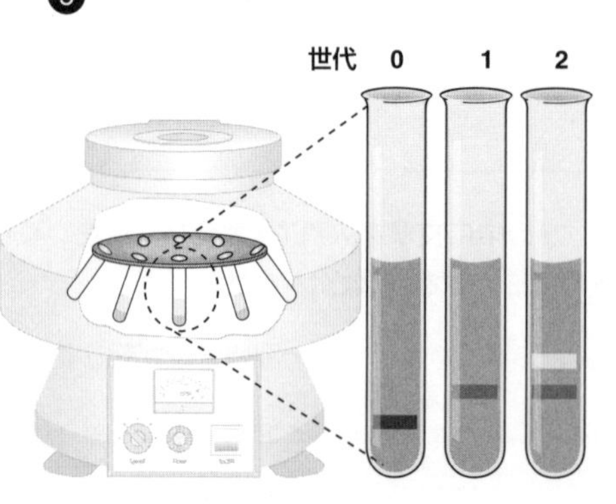

世代0のDNAは，すべて試験管の底に移動した。世代1のDNAは，すべて中間の位置にあった。世代2では，半分のDNAが中間の位置にあり，半分は試験管の上に近い位置にあった。続く世代では，より多くのDNAが上に近い位置にあり，中間のものは少なくなった。

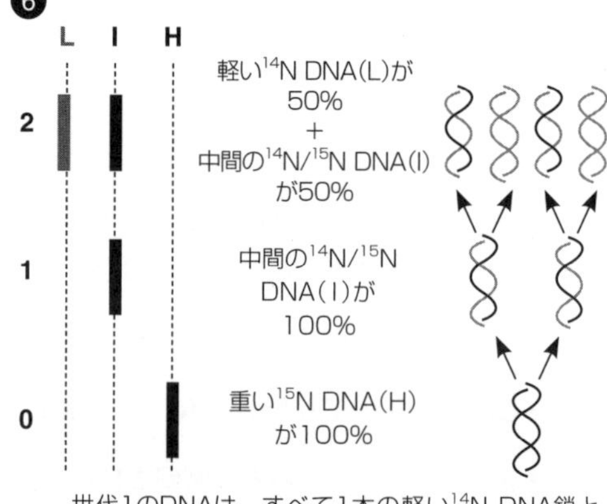

世代1のDNAは，すべて1本の軽い^{14}N DNA鎖と1本の重い^{15}N DNA鎖をもっており，中間の重さとなる。世代2では，50%が軽いDNA，50%が中間のDNAとなる。この組み合わせによって，半保存的複製モデルが証明された。

1．なぜ，メセルソンとスタールの実験が半保存的複製モデルを支持するのか，説明しなさい。＿＿＿＿＿＿＿＿

＿＿＿＿＿＿＿＿＿＿＿＿＿＿＿＿＿＿＿＿＿＿＿＿

＿＿＿＿＿＿＿＿＿＿＿＿＿＿＿＿＿＿＿＿＿＿＿＿

＿＿＿＿＿＿＿＿＿＿＿＿＿＿＿＿＿＿＿＿＿＿＿＿

＿＿＿＿＿＿＿＿＿＿＿＿＿＿＿＿＿＿＿＿＿＿＿＿

2．次の仮定データに合う複製モデルは何か述べなさい。

(a) 世代0は，すべて（100%）“重いDNA”。世代1の50%は“重いDNA”であり，50%は“軽いDNA”。世代2の25%は“重いDNA”であり，75%は“軽いDNA”。

＿＿＿＿＿＿＿＿＿＿＿＿＿＿＿＿＿＿＿＿＿＿＿＿

(b) 世代0は，すべて（100%）“重いDNA”。世代1の100%は“中間のDNA”。世代2のすべて（100%）のDNAは，“中間”と“軽い”DNAの間にある。

＿＿＿＿＿＿＿＿＿＿＿＿＿＿＿＿＿＿＿＿＿＿＿＿

遺伝子からタンパク質へ

重要概念：遺伝子とは，DNAの中のタンパク質をコードしている部位をさす。遺伝子は，メッセンジャーRNA(mRNA)に転写され，続いてタンパク質に翻訳されて，発現する。

遺伝子発現とは，遺伝子をタンパク質に書き出す過程をさす。この過程にはDNAのmRNAへの**転写**と，mRNAのタンパク質への**翻訳**が含まれる。遺伝子は，遺伝子の上流にある開始(プロモーター)領域と，遺伝子の下流にあるターミネーター領域によって挟まれている。これらの領域は，**RNAポリメラーゼ**に，遺伝子の転写開始点と転写終結点を知らせることによって，転写を制御している。遺伝子からタンパク質への情報の流れを，以下に示す。ヌクレオチドは，3つの塩基の並び(トリプレット)として読まれる。mRNA分子上でのトリプレットは，コドンと呼ばれる。コドンの中には，タンパク質合成に際して特別な働き(開始や終点の働き)をするものがある。

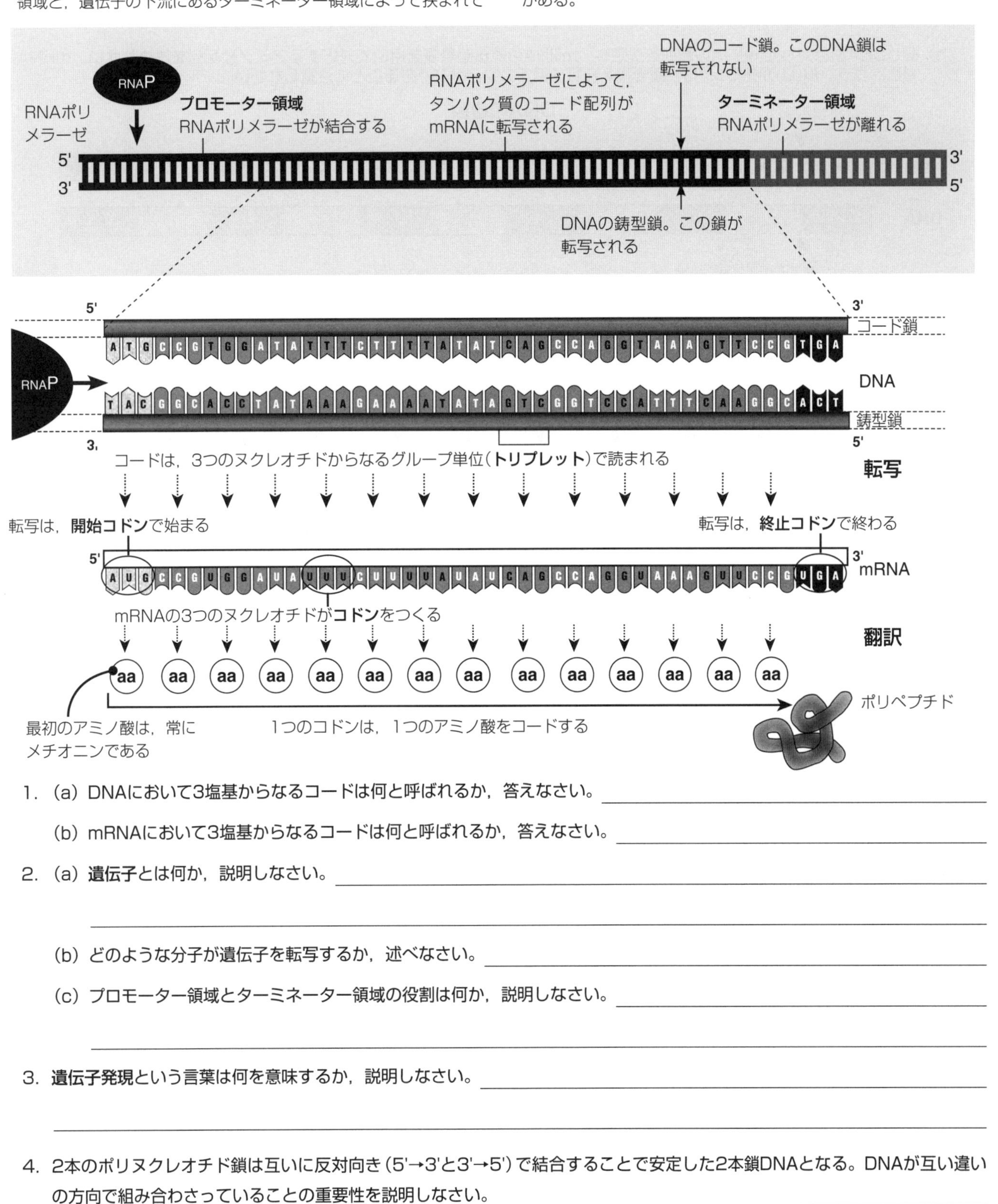

1. (a) DNAにおいて3塩基からなるコードは何と呼ばれるか，答えなさい。

   (b) mRNAにおいて3塩基からなるコードは何と呼ばれるか，答えなさい。

2. (a) **遺伝子**とは何か，説明しなさい。

   (b) どのような分子が遺伝子を転写するか，述べなさい。

   (c) プロモーター領域とターミネーター領域の役割は何か，説明しなさい。

3. **遺伝子発現**という言葉は何を意味するか，説明しなさい。

4. 2本のポリヌクレオチド鎖は互いに反対向き(5'→3'と3'→5')で結合することで安定した2本鎖DNAとなる。DNAが互い違いの方向で組み合わさっていることの重要性を説明しなさい。

遺伝暗号

重要概念：遺伝暗号とは，DNAあるいはmRNAの遺伝情報がタンパク質に翻訳されるときの一連の規則性を意味する。

アミノ酸配列へと置換される遺伝情報は，3つの塩基配列の組み合わせとして蓄えられている。mRNA上のこれら3塩基の配列は，**コドン**と呼ばれる。各コドンは，タンパク質を構成する20種類のアミノ酸のうちの1つをコードしている。いくつかのわずかな例外はあるが，遺伝暗号はすべての生物で共通している。それぞれの遺伝暗号を，下記のmRNAの遺伝暗号表にまとめて示す。コドンは縮重している，つまり1つのアミノ酸につき複数のコドンが存在する場合もある。この縮重は多くの場合，コドンの3番目のヌクレオチドで起こっている。

1. (a) DNA複製における塩基対ルールを使い，下の図の鋳型鎖に対して相補的なコーディング鎖をつくりなさい。

   (b) 同じDNA鎖に対してmRNAの配列を決定し，mRNAの遺伝暗号表を用いて対応するアミノ酸配列を決めなさい。mRNAでは，ウラシル(U)がチミン(T)と置き換えられ，アデニンとペアであることに注意しなさい。

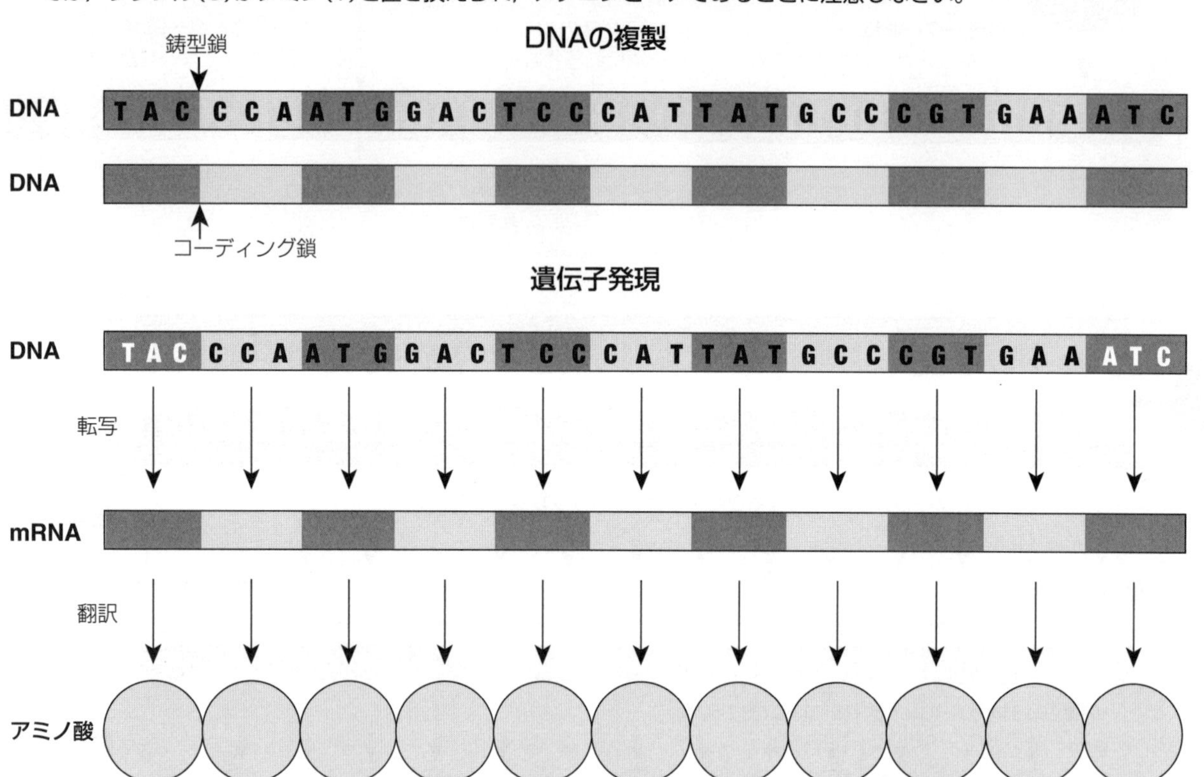

mRNAの遺伝暗号表

右の表は，遺伝暗号を解読するために用いられる。表はmRNAの各コドンがコードするアミノ酸を示している。64個のコドンがあり，そのうち61個のコドンがアミノ酸をコードし，3個が終止コドンをコードしている。

アミノ酸の名前は，3文字に省略して書いてある(たとえば，Ser = serine・セリン)。コドンがコードするアミノ酸を導くために，以下のステップにしたがいなさい。

i 「第1の文字」の行からコドンの最初の文字(塩基)を選びなさい。AUGは開始コドンである。

ii 「第2の文字」の列から2番目の文字を選び，(i)と(ii)が交差する場所を見つけなさい。

iii コドンの3番目の文字を右側の「第3の文字」から選びなさい。

例：**GAU**はAsp(アスパラギン酸)をコードしている。

ここから2番目の文字を選ぶ　ここから最初の文字を選ぶ　ここから3番目の文字を選ぶ

第1文字	第2文字 U	第2文字 C	第2文字 A	第2文字 G	第3文字
U	**UUU** Phe	**UCU** Ser	**UAU** Tyr	**UGU** Cys	U
U	**UUC** Phe	**UCC** Ser	**UAC** Tyr	**UGC** Cys	C
U	**UUA** Leu	**UCA** Ser	**UAA** 終止	**UGA** 終止	A
U	**UUG** Leu	**UCG** Ser	**UAG** 終止	**UGG** Trp	G
C	**CUU** Leu	**CCU** Pro	**CAU** His	**CGU** Arg	U
C	**CUC** Leu	**CCC** Pro	**CAC** His	**CGC** Arg	C
C	**CUA** Leu	**CCA** Pro	**CAA** Gln	**CGA** Arg	A
C	**CUG** Leu	**CCG** Pro	**CAG** Gln	**CGG** Arg	G
A	**AUU** Ile	**ACU** Thr	**AAU** Asn	**AGU** Ser	U
A	**AUC** Ile	**ACC** Thr	**AAC** Asn	**AGC** Ser	C
A	**AUA** Ile	**ACA** Thr	**AAA** Lys	**AGA** Arg	A
A	**AUG** Met (開始)	**ACG** Thr	**AAG** Lys	**AGG** Arg	G
G	**GUU** Val	**GCU** Ala	**GAU** Asp	**GGU** Gly	U
G	**GUC** Val	**GCC** Ala	**GAC** Asp	**GGC** Gly	C
G	**GUA** Val	**GCA** Ala	**GAA** Glu	**GGA** Gly	A
G	**GUG** Val	**GCG** Ala	**GAG** Glu	**GGG** Gly	G

2. (a) mRNAの開始コドンと終止コドンを書きなさい。 ____________________

   (b) 例を挙げて，遺伝コードの縮重について説明しなさい。 ____________________

   ____

転写と翻訳

重要概念：真核生物の細胞では，転写は核内で，翻訳は細胞質で行われる。翻訳はリボソーム上で行われる。

DNA上の遺伝子が発現するためには，DNAの塩基配列がmRNAに転写され，そのあと，タンパク質としての機能をもつアミノ酸配列に翻訳されなければならない。リボソームはポリペプチドの合成を触媒する働きをし，mRNAによって指定された順番に，アミノ酸をつなげる。トランスファーRNA（tRNA）分子にはmRNAのコドンに相補的なアンチコドンがあり，tRNAはリボソーム-mRNA複合体の中にアミノ酸を運ぶ。そしてアミノ酸が連結されて，ポリペプチド鎖がつくられる。

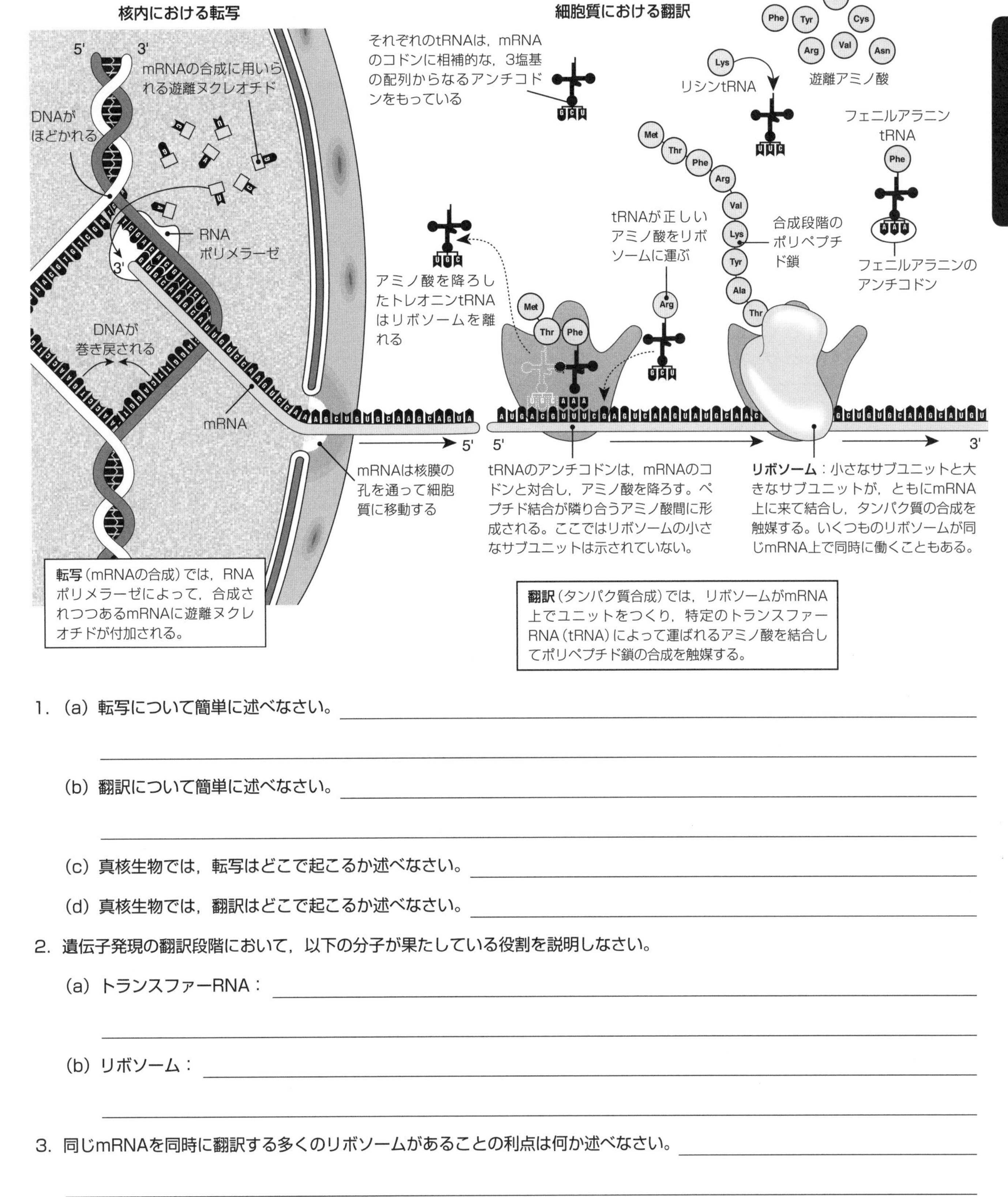

1．(a) 転写について簡単に述べなさい。

(b) 翻訳について簡単に述べなさい。

(c) 真核生物では，転写はどこで起こるか述べなさい。

(d) 真核生物では，翻訳はどこで起こるか述べなさい。

2．遺伝子発現の翻訳段階において，以下の分子が果たしている役割を説明しなさい。

(a) トランスファーRNA：

(b) リボソーム：

3．同じmRNAを同時に翻訳する多くのリボソームがあることの利点は何か述べなさい。

転写後修飾

重要概念：DNAから転写された一次転写産物は，転写後修飾を受けて成熟mRNAとなり，タンパク質に翻訳される。

ヒトのゲノムDNAは2万5,000個の遺伝子をもっているが，そこから100万個の異なるタンパク質をつくることができる。したがって，それぞれの遺伝子は，1種類以上のタンパク質をつくることになる。これを可能にしているのが，**転写後修飾**と**翻訳後修飾**である。一次転写産物は，エキソン(アミノ酸配列の情報をもつ部分)とイントロン(スプライシングで除去される部分)をもっている。通常，イントロンは転写後に取り除かれ，エキソンが継ぎ合わされる。しかし，エキソンの数と継ぎ合わされ方はさまざまである。この多様性によって，さまざまなポリペプチド鎖への翻訳ができる。これらのメカニズムによって，多種多様なタンパク質をつくることができる。

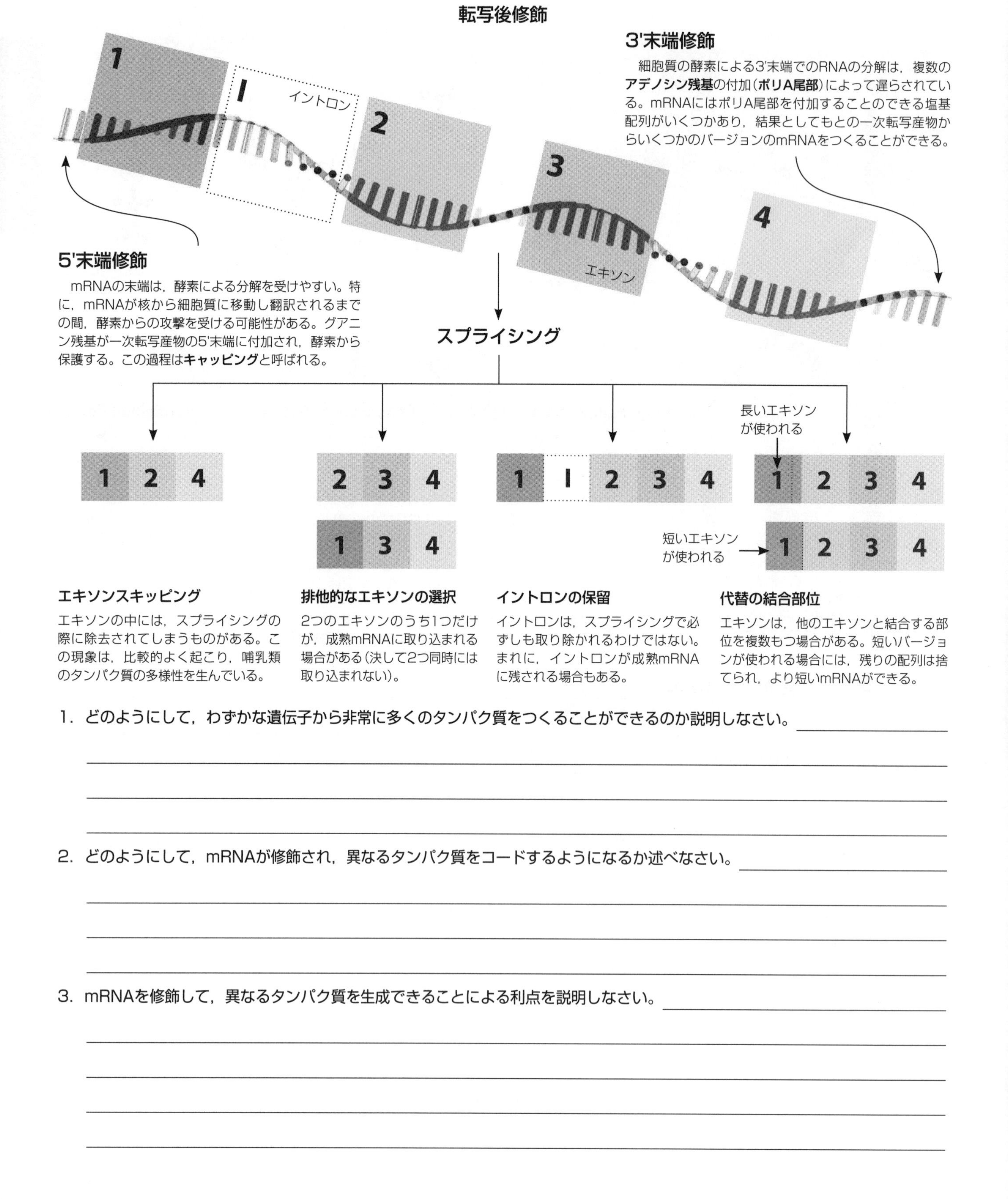

1．どのようにして，わずかな遺伝子から非常に多くのタンパク質をつくることができるのか説明しなさい。

2．どのようにして，mRNAが修飾され，異なるタンパク質をコードするようになるか述べなさい。

3．mRNAを修飾して，異なるタンパク質を生成できることによる利点を説明しなさい。

遺伝子発現の調節

重要概念：遺伝子発現は厳密に制御されている。遺伝子発現は，RNAポリメラーゼが遺伝子のプロモーター領域に結合したときから始まる。

体の中のすべての細胞は，同じ遺伝情報をもっている。しかし，これらの細胞はまったく異なる細胞に見える（たとえば，筋肉，神経，表皮の細胞はほとんど似ていない）。これらの形態的な違いは，細胞が分化する過程での遺伝子発現の違いによる。たとえば，筋肉細胞では，筋線維の収縮要素をつくるタンパク質の遺伝子が発現される。細胞の構造や機能の多様性は，非常に多くの遺伝子の発現が時間，場所，量ごとに正確に制御されていることを示している。

遺伝子の中あるいは近くにあるといったDNA上の物理的な位置が，遺伝子が転写できるかどうかを制御するために重要である。クロマチンが凝縮した**ヘテロクロマチン**状態だと，転写に関与するタンパク質はDNAに到達することができないため，遺伝子は発現しない。転写が起こるためには，遺伝子は凝縮した状態から解かれなければならない。クロマチンの構造がゆるむと，遺伝子発現にかかわる**転写因子**（右図で，DNAと結合している様子が示されている）が，特定の遺伝子を制御するDNA配列に結合する。遺伝子発現の制御において，転写の開始はもっとも重要で，普遍的な役割を担っている。

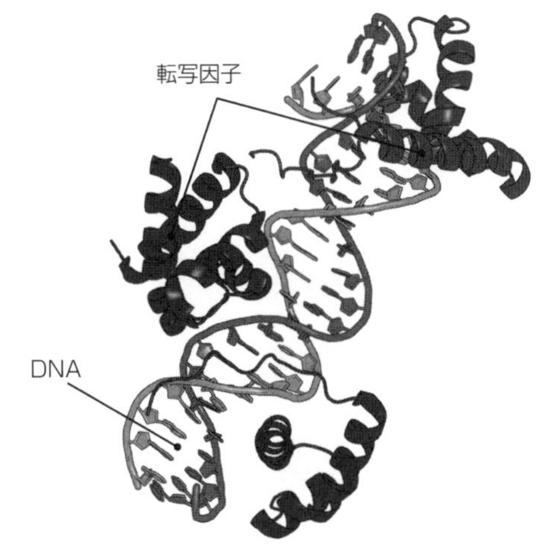

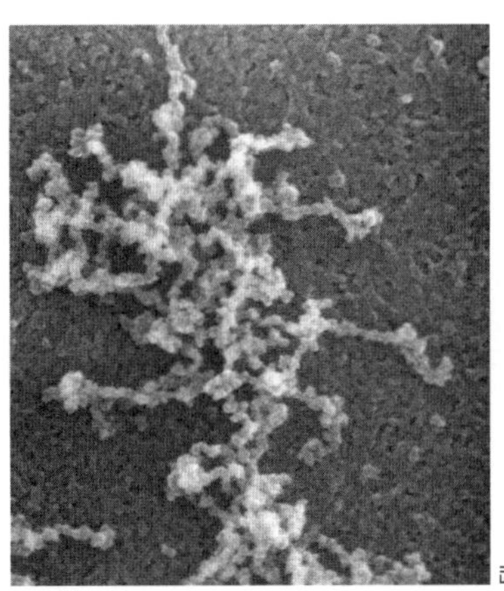

転写後の解かれたmRNA

転写は，RNAポリメラーゼがDNAの**プロモーター領域**に結合して開始される。プロモーターは転写されるDNAの上流にある。RNAポリメラーゼのプロモーター領域への結合方法は，原核生物と真核生物で異なる（下）。

原核生物における遺伝子発現の調節

原核生物では，RNAポリメラーゼと関連するタンパク質は，プロモーターに直接結合する。プロモーターは，普通，転写されるDNA配列（構造遺伝子）のすぐ近くにある。構造遺伝子の転写は，**調節遺伝子**によって制御されている。調節遺伝子は，オペレーター部位に結合し転写を抑える抑制分子（リプレッサー分子）をつくる。プロモーター，オペレーター，転写されるDNAは，**オペロン**と呼ばれる。

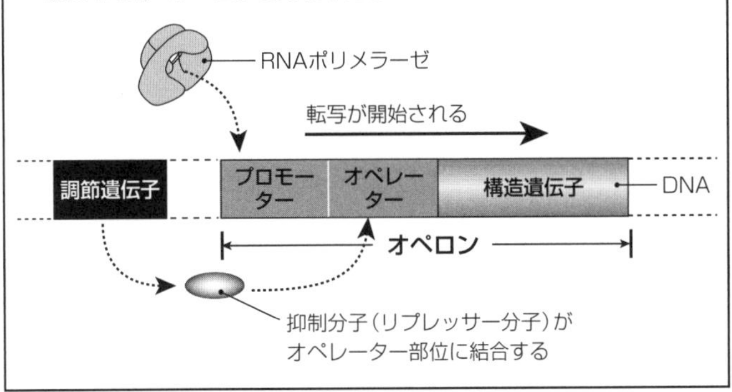

真核生物における遺伝子発現の調節

真核生物の遺伝子は，オペロンとしては存在しない。**真核生物**では，RNAポリメラーゼをプロモーターに結合させるためには，複数の**転写因子**が必要とされる（RNAポリメラーゼは直接結合しない）。これらの転写因子には，プロモーターから遠く離れた**エンハンサー**部位に結合するものもある。転写因子によってプロモーターとエンハンサーが近づいて，転写が開始される。

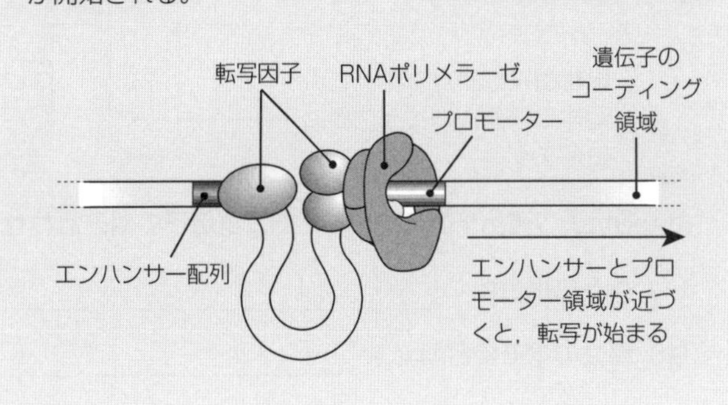

1. (a) 原核生物の転写はどのように始まるのか述べなさい。

   (b) 真核生物の転写はどのように始まるのか述べなさい。

2. プロモーターの役割は何か述べなさい。

対立遺伝子

重要概念：一般に真核生物は染色体を対でもっている。それぞれの染色体には多くの遺伝子が含まれ，それぞれの遺伝子には，対立遺伝子と呼ばれるいくつかの異なるバージョンが存在する。

有性生殖をする生物では通常，染色体のセットを対でもっており，それぞれのセットは両親の一方に由来する。対をなす染色体は**相同染色体**と呼ばれる。相同染色体は等価な遺伝子のセットを含んでいるが，それぞれの遺伝子ごとに，異なるバージョン，つまり**対立遺伝子**の可能性がある。

相同染色体

有性生殖をする生物においては，ほとんどの細胞が相同な対となる染色体をもっており，対のそれぞれは親の一方に由来する。図には，相同な染色体上に3つの形質（A，B，C）を調節する3つの遺伝子の場所が示されている。

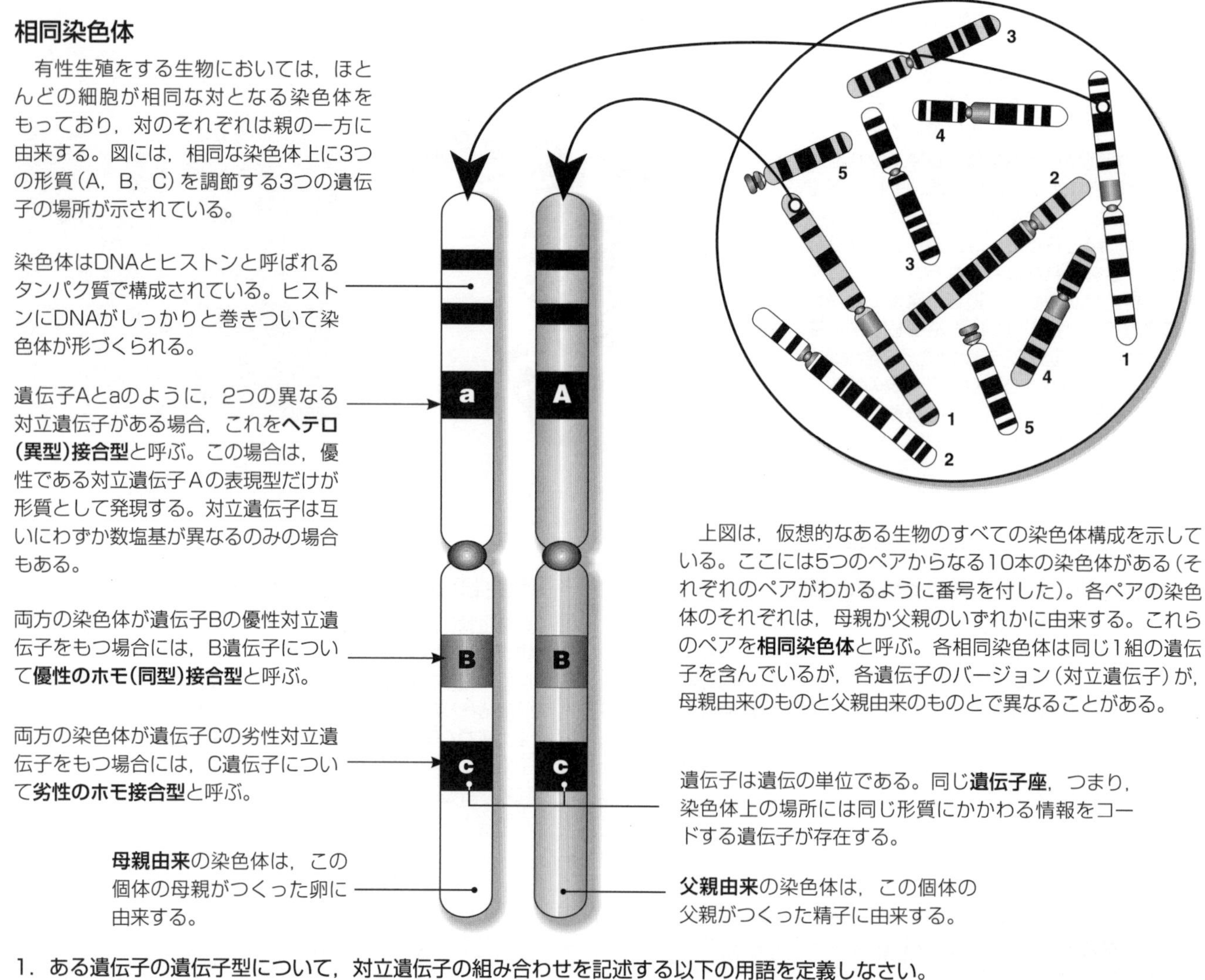

上図は，仮想的なある生物のすべての染色体構成を示している。ここには5つのペアからなる10本の染色体がある（それぞれのペアがわかるように番号を付した）。各ペアの染色体のそれぞれは，母親か父親のいずれかに由来する。これらのペアを**相同染色体**と呼ぶ。各相同染色体は同じ1組の遺伝子を含んでいるが，各遺伝子のバージョン（対立遺伝子）が，母親由来のものと父親由来のものとで異なることがある。

1. ある遺伝子の遺伝子型について，対立遺伝子の組み合わせを記述する以下の用語を定義しなさい。
   (a) ヘテロ接合型：＿＿＿＿＿＿＿＿
   (b) 優性のホモ接合型：＿＿＿＿＿＿＿＿
   (c) 劣性のホモ接合型：＿＿＿＿＿＿＿＿
2. 記号Aで表される遺伝子について，以下のように同定された個体に含まれている対立遺伝子の組み合わせを書きなさい。
   (a) ヘテロ接合型：＿＿＿＿　(b) 優性のホモ接合型：＿＿＿＿　(c) 劣性のホモ接合型：＿＿＿＿
3. 染色体の**相同なペア**とは何か説明しなさい。＿＿＿＿＿＿＿＿
4. **対立遺伝子**が存在することの意義について論じなさい。＿＿＿＿＿＿＿＿

DNA塩基配列の変化

重要概念：DNA塩基配列の変化は突然変異と呼ばれる。突然変異は新しい遺伝情報，すなわち新しい対立遺伝子がもたらされる原因となる。

突然変異はDNA塩基配列の変化であり，DNAが複製される際に起こったエラーによっても引き起こされる。突然変異には1つの塩基対が変化したものから，染色体の大きな領域が変化したものまである。塩基はDNAに挿入されたり，置換されたり，欠失したりする。突然変異はすべての対立遺伝子の源であり，有害な影響を与えるものが多いが，有益なものもある。ときとして表現型に影響しないサイレントな突然変異もある。

新しい対立する形質を生み出す突然変異の例を紹介する。NSRDと呼ばれる遺伝性難聴を引き起こす突然変異は，コネキシン26タンパク質の情報をコードする遺伝子に起きている。

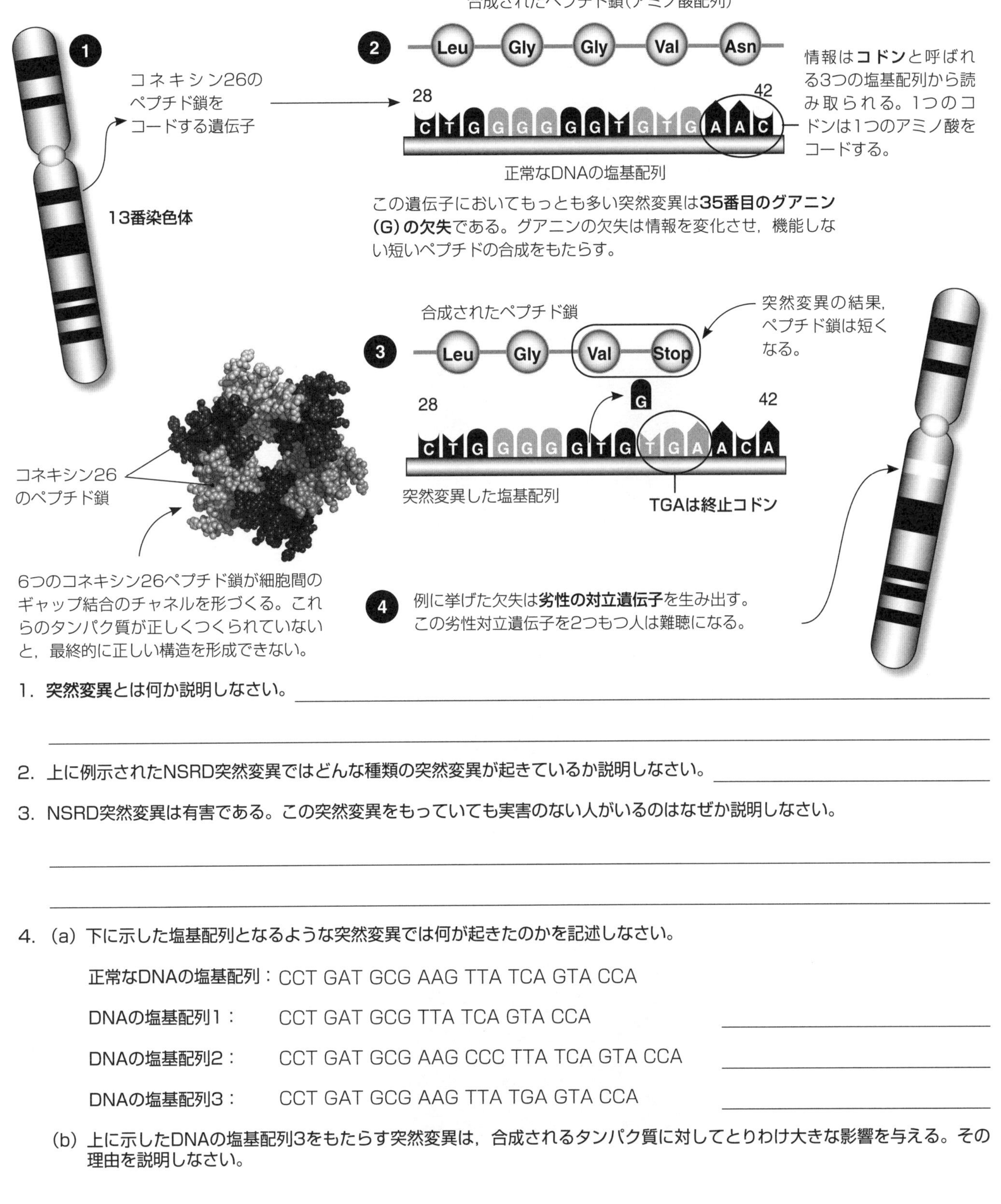

1. **突然変異**とは何か説明しなさい。＿＿＿＿＿＿＿＿＿＿

＿＿＿＿＿＿＿＿＿＿

2. 上に例示されたNSRD突然変異ではどんな種類の突然変異が起きているか説明しなさい。＿＿＿＿＿＿＿＿＿＿

3. NSRD突然変異は有害である。この突然変異をもっていても実害のない人がいるのはなぜか説明しなさい。

＿＿＿＿＿＿＿＿＿＿

＿＿＿＿＿＿＿＿＿＿

4. (a) 下に示した塩基配列となるような突然変異では何が起きたのかを記述しなさい。

正常なDNAの塩基配列：CCT GAT GCG AAG TTA TCA GTA CCA

DNAの塩基配列1： CCT GAT GCG TTA TCA GTA CCA ＿＿＿＿＿＿＿＿＿＿

DNAの塩基配列2： CCT GAT GCG AAG CCC TTA TCA GTA CCA ＿＿＿＿＿＿＿＿＿＿

DNAの塩基配列3： CCT GAT GCG AAG TTA TGA GTA CCA ＿＿＿＿＿＿＿＿＿＿

(b) 上に示したDNAの塩基配列3をもたらす突然変異は，合成されるタンパク質に対してとりわけ大きな影響を与える。その理由を説明しなさい。

＿＿＿＿＿＿＿＿＿＿

＿＿＿＿＿＿＿＿＿＿

突然変異の原因

重要概念：変異原とはDNAの塩基配列に変化をもたらす化学的あるいは物理的要因のことである。

突然変異はすべての生物において自然に起きている。突然変異が起きる割合は通常きわめて低いが，電離放射線や変異原性化学物質（ベンゼンなど）といった環境要因によって上昇することがある。配偶子を形成する細胞に起きた突然変異（**生殖細胞突然変異**）だけが遺伝する。生物が受精卵の時期を過ぎて発生を始めてから，体細胞で起きた突然変異は**体細胞突然変異**と呼ばれる。体細胞突然変異は，ときとして遺伝子発現の正常な調節を妨げ，がん発生の引き金を引くことがある。

変異原と影響

電離放射線

放射性同位元素からの粒子線やガンマ線は多様な突然変異を引き起こす。右図にあるチェルノブイリ原子力発電所4号炉の爆発以後，周辺地域での甲状腺がんの発生率が上昇した。紫外線を過剰に浴びた人では皮膚がんの発症が増える傾向にある。低緯度地方に住む白人は紫外線の危険にさらされている。適切な安全装備を身につけることで，X線技師のような電離放射線を利用する人たちの危険性を顕著に低下させることができる。

1986年の爆発後のチェルノブイリ原子力発電所4号炉

Kurchatov Institute

ウイルスと微生物

ある種のウイルスの遺伝子はヒトの染色体DNAに入り込んで遺伝子を撹乱し，がんへの引き金を引く。たとえば，B型肝炎ウイルスは肝がん，ヒト免疫不全ウイルスはカポジ肉腫，エプスタイン・バーウイルスはバーキットリンパ腫やホジキンリンパ腫，右写真にあるヒトパピローマウイルスは子宮頸がんを引き起こすと考えられている。カビのアスペルギルス・フラバスがつくり出すアフラトキシンは肝がんの原因になり得る。静注薬物使用者や無防備な性行為をする者はウイルス感染の危険性が高い。

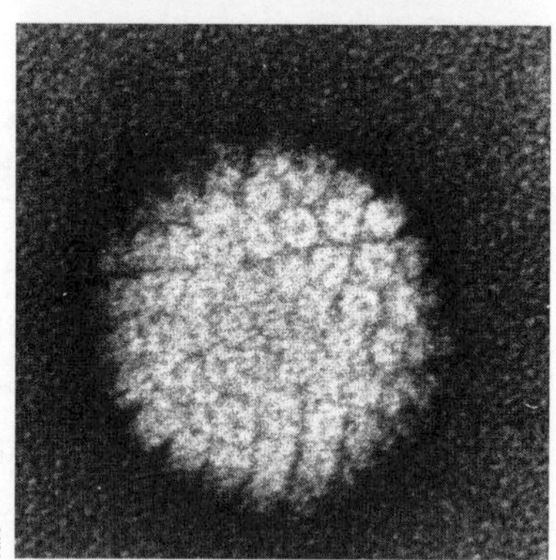

NIH

毒物と刺激物

合成物，天然物を問わず多くの化学物質には変異原性がある。例としては有機溶剤のベンゼンやホルムアルデヒド，アスベスト，タバコのヤニ，塩化ビニル，コールタール，ある種の色素，亜硝酸化合物などがある。接着剤，塗料，ゴム，樹脂などをあつかう化学工業や皮革工業の従事者，ガソリンスタンド従業員，炭鉱や鉱工業の従事者は危険性が高い。

右写真：消防士や有毒物質の清浄作業に従事する人たちは変異原にさらされる危険性が高い。

食事制限，アルコールと喫煙

脂質の多い食事，特に脂っこくて長期保存され焼かれた肉は腸の通過がゆっくりで，変異原性をもつ刺激物が腸内下部で生成される可能性を高める。アルコールの過剰摂取は数種のがんの危険性を上昇させるとともに，喫煙に関係するがんの感受性も高める。タバコのヤニはタバコのもっとも有害な成分の1つであり，少なくとも17種類の発がん物質（がんを誘発する変異原）を含み，呼吸器系に慢性的な刺激を与えて喫煙者にがんを引き起こす。

1. 以下の項目について，突然変異を引き起こす環境因子の例を挙げなさい。

   (a) 放射線：______________________

   ____

   ____

   ____

   ____

   (b) 化学物質：______________________

   ____

   ____

   ____

   ____

   ____

2. 突然変異を引き起こす際の，変異原の作用について説明しなさい。

   ____

   ____

   ____

   ____

   ____

   ____

   ____

   ____

   ____

3. 生殖細胞突然変異と体細胞突然変異の違いを説明し，その重要性について論じなさい。

   ____

   ____

   ____

   ____

   ____

   ____

遺伝子突然変異と遺伝性疾患

重要概念：ヒトの遺伝性疾患の多くは劣性対立遺伝子に起こった突然変異によるものであるが，優性あるいは共優性※を示す対立遺伝子によるものもある。

※ABO式血液型における遺伝子 I^A と I^B のように対立遺伝子間に優劣がなく，両方の形質が現れる。

単一遺伝子の突然変異によるヒトの疾患は6,000以上も存在するが，それらのほとんどは稀な病である。以下に紹介する3つの遺伝性疾患は比較的高頻度に起きるもので，それぞれが劣性，優性，共優性を示す対立遺伝子を生む突然変異の結果である。

嚢胞性線維症

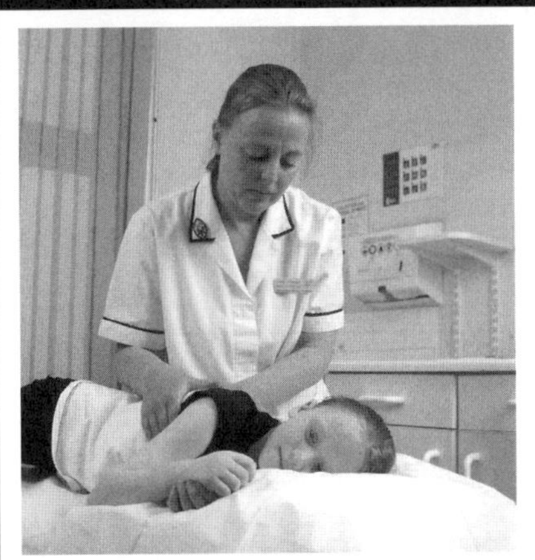

粘液分泌物を除去し気道を確保するために理学療法を受ける嚢胞性線維症患者

罹患率：集団によって異なり，アメリカ合衆国では1,000人に1人(0.1%)。
イギリスのアジア系住民では1万人に1人。
欧州系の人たちでは20～28人に1人が保因者である。

遺伝子型：常染色体の劣性突然変異である。もっとも多い突然変異は塩素イオンチャネル(CFTR)をコードするDNAの508番目のトリプレットが欠失したΔF508であり，欠陥のあるCF遺伝子の70%ほどを占める。この突然変異の結果としてフェニルアラニンを失ったCFTRタンパク質は，細胞の塩素イオン濃度を調節する機能をはたせない。

遺伝子座：7番染色体

CFTR
p *q*

症状：膵臓，腸腺，胆道系(胆汁性肝硬変)，気管支腺(慢性肺感染症)，そして汗腺(高塩分濃度の汗による塩分欠乏)などの分泌腺の機能不全。男女両性における不妊。

遺伝：常染色体劣性の遺伝様式を示す。症状が現れるのは劣性の突然変異についてホモ接合型の人であり，ヘテロ接合型の人は保因者となる。

ハンチントン病

アメリカのシンガーソングライターでありフォークミュージシャンのウディー・ガスリーはハンチントン病の合併症によって亡くなった。

罹患率：欧州系の人たちでは10万人に3～7人と稀な病気である。日本人，中国人，アフリカ系の人たちを含む他の民族ではもっと少ない。

遺伝子型：4番染色体短腕のHTT遺伝子にある3塩基の繰り返し配列が延長することによってもたらされる常染色体の優性突然変異である。正常では6～30回の繰り返しであるCAGリピートが，突然変異(mHTT)においては36～125回に増えている。CAGリピートの数が増すほど疾病が重篤になる。リピート構造の延長によって異常に長いハンチントンタンパク質が合成される。

遺伝子座：4番染色体の短腕

HTT
p *q*

症状：異常に長いハンチントンタンパク質は毒性のある短い断片に切断されて，神経細胞に蓄積し，神経細胞を殺してしまう。ぎくしゃくした動き，不随意運動，記憶障害，論理的思考の欠如，性格の変化などの症状は中年期に顕著となる。

遺伝：常染色体優性の遺伝様式を示す。突然変異についてホモ接合型の人にも，ヘテロ接合型の人にも症状が現れる。

鎌状赤血球症

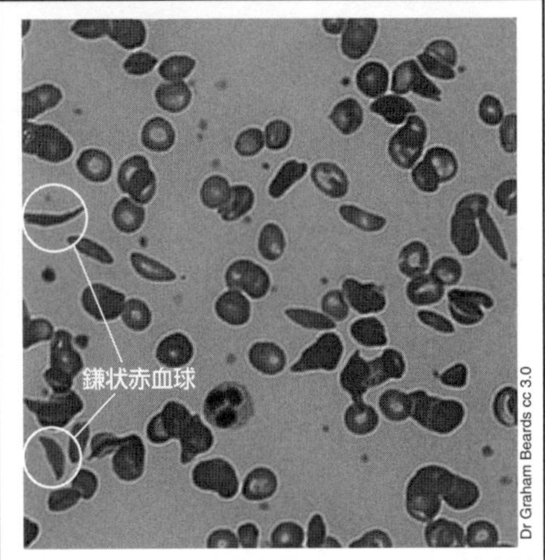

鎌状赤血球貧血の突然変異についてヘテロ接合型の人では，一部の赤血球が変形するだけである。

罹患率：アフリカ系の人たちにもっとも多く見られる。西アフリカの人たちでは1%に発症し，10～45%が保因者である。西インド諸島の人たちでは0.5%に発症する。

遺伝子型：ヘモグロビンβ鎖をコードするHBB遺伝子の1塩基置換による常染色体の突然変異である。対立遺伝子は共優性を示す。1塩基の置換はアミノ酸1つの変化をもたらす。突然変異したヘモグロビンは赤血球の形をゆがめ，貧血をもたらし，循環器系の障害を引き起こすなど，酸欠状態において通常とは異なる振る舞いをする。

遺伝子座：11番染色体の短腕

HBB
p *q*

症状：赤血球を鎌状の形に変化させる。変形した赤血球は体内を循環できなくなり，貧血，痛み，組織や器官への障害を引き起こす。

遺伝：常染色体共優性の遺伝様式を示す。突然変異についてホモ接合型の人は鎌状赤血球をもつ。保因者であるヘテロ接合型の人にも中程度の影響が見られる。マラリアの発生しやすい地域では，この対立遺伝子のヘテロ接合型である人が優位性を示す。

1．下に示した各遺伝病について，空欄を埋めなさい。

(a) 鎌状赤血球症　遺伝子名：＿＿＿＿　染色体：＿＿＿＿　突然変異のタイプ：＿＿＿＿

(b) 嚢胞性線維症　遺伝子名：＿＿＿＿　染色体：＿＿＿＿　突然変異のタイプ：＿＿＿＿

(c) ハンチントン病　遺伝子名：＿＿＿＿　染色体：＿＿＿＿　突然変異のタイプ：＿＿＿＿

2．下に示した各遺伝病に見られる遺伝の様式を述べなさい。

(a) 嚢胞性線維症：＿＿＿＿＿＿＿＿

(b) ハンチントン病：＿＿＿＿＿＿＿＿

(c) 鎌状赤血球症：＿＿＿＿＿＿＿＿

3．mHTTは優性であり致死的な対立遺伝子であるのに，ヒトの集団から消失しない理由を説明しなさい。＿＿＿＿＿＿＿＿

鎌状赤血球症突然変異

重要概念：鎌状赤血球症はヘモグロビンのβ鎖に影響する突然変異によってもたらされる。

鎌状赤血球症はヘモグロビンの不完全なβ鎖タンパク質をコードする遺伝子突然変異による遺伝病である。この突然変異によって赤血球の形が異常になり，健康上の問題を引き起こす。対立遺伝子は共優性でありホモ接合型は死に至る。しかし，対立遺伝子を1つだけもつ人はマラリアに対して抵抗性を示す。

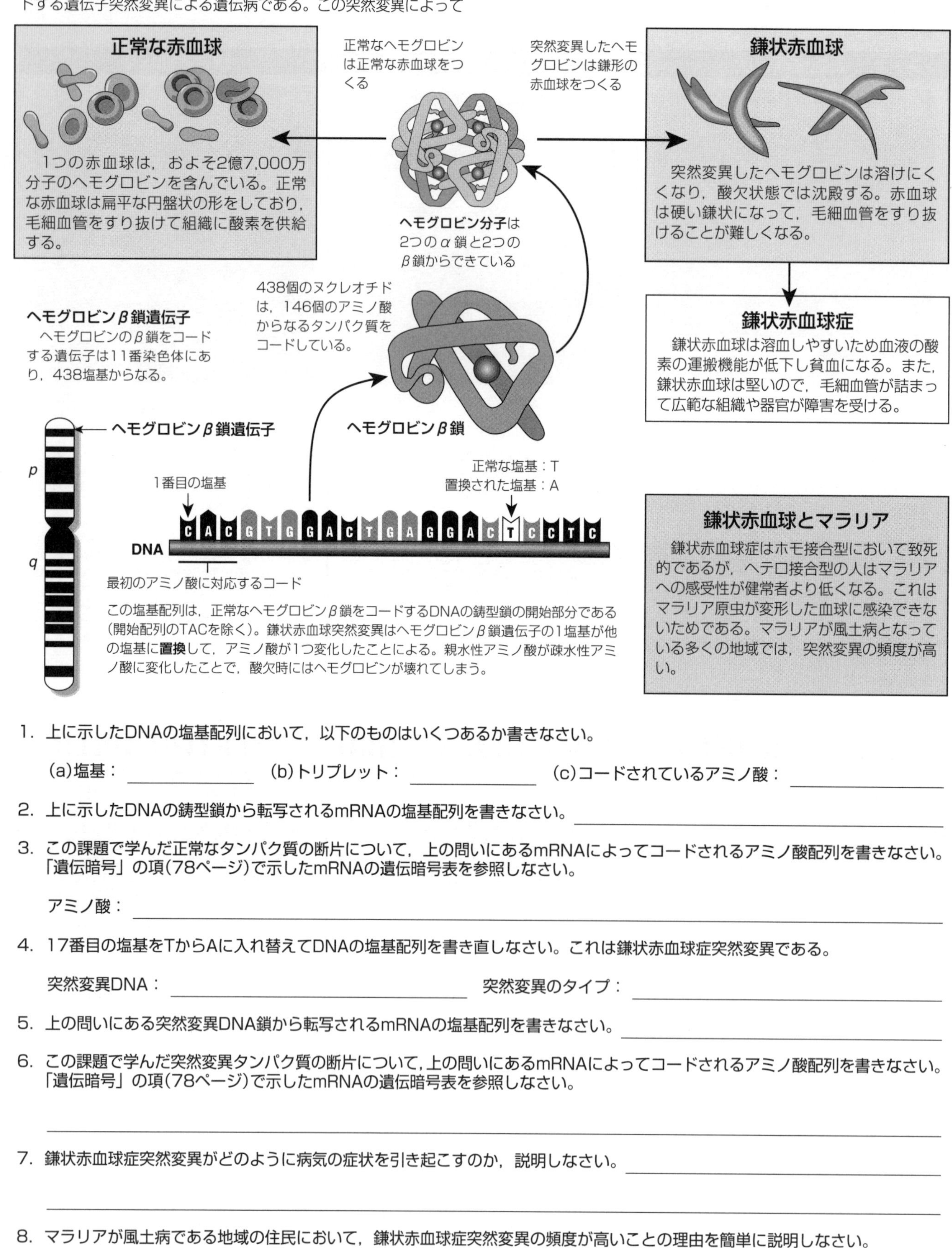

1. 上に示したDNAの塩基配列において，以下のものはいくつあるか書きなさい。

   (a)塩基：________　(b)トリプレット：________　(c)コードされているアミノ酸：________

2. 上に示したDNAの鋳型鎖から転写されるmRNAの塩基配列を書きなさい。________________

3. この課題で学んだ正常なタンパク質の断片について，上の問いにあるmRNAによってコードされるアミノ酸配列を書きなさい。「遺伝暗号」の項（78ページ）で示したmRNAの遺伝暗号表を参照しなさい。

   アミノ酸：________________________

4. 17番目の塩基をTからAに入れ替えてDNAの塩基配列を書き直しなさい。これは鎌状赤血球症突然変異である。

   突然変異DNA：________________　突然変異のタイプ：____________

5. 上の問いにある突然変異DNA鎖から転写されるmRNAの塩基配列を書きなさい。________________

6. この課題で学んだ突然変異タンパク質の断片について，上の問いにあるmRNAによってコードされるアミノ酸配列を書きなさい。「遺伝暗号」の項（78ページ）で示したmRNAの遺伝暗号表を参照しなさい。

   ____

7. 鎌状赤血球症突然変異がどのように病気の症状を引き起こすのか，説明しなさい。________________

   ____

8. マラリアが風土病である地域の住民において，鎌状赤血球症突然変異の頻度が高いことの理由を簡単に説明しなさい。

   ____

ゲノム

重要概念：ゲノムとはある生物の遺伝物質の完全なセットのことで，その生物の遺伝子のすべてを含む。多くの生物においてゲノムの塩基配列が決定され，遺伝子が比較できるようになった。それら遺伝子の塩基配列は，遺伝子データベース上で調べることができる。

これまで，さまざまな生物において，ゲノム全体の塩基配列を決定するゲノムプロジェクトが実施されてきた。今や，ミツバチ，線虫，アフリカツメガエル，フグ，ゼブラフィッシュ，イネ，ウシ，イヌ，ラットを含む多くの種についてゲノムの塩基配列が決定されている。ゲノムサイズや1ゲノムあたりの遺伝子の数は，種ごとに異なり，生物の大きさや構造的な複雑さとは関連性がない。ゲノムの塩基配列が決定されると，コンピュータを使って遺伝子に対応する塩基配列が同定される。遺伝子の塩基配列や詳細情報はオンライン上のデータベースに収容されているので，知りたい遺伝子の情報について誰もが調べることができる。Genbank®はそのようなデータベースの1つである。

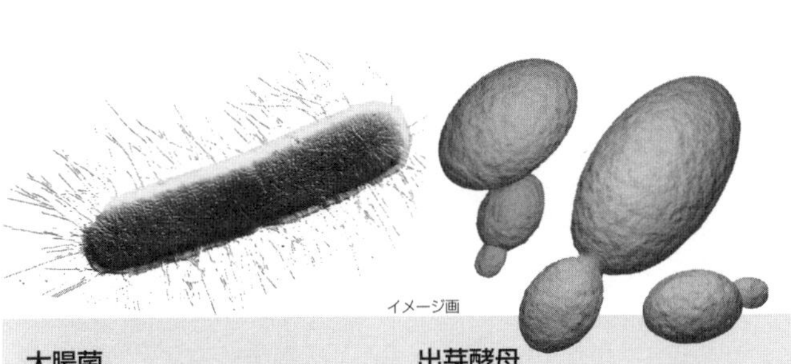

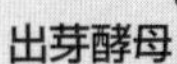

大腸菌

ゲノムサイズ：460万塩基対
遺伝子数：4,403

大腸菌は70年以上にわたって実験生物として利用されてきた。大腸菌の多くの株がヒトのいくつかの病気の原因となっている。

出芽酵母

ゲノムサイズ：130万塩基対
遺伝子数：6,000

真核生物において最初に全塩基配列が決定された。酵母はモデル生物としてヒトのがんの研究に利用される。

ヒト

ゲノムサイズ：30億塩基対
遺伝子数：<22,500

ヒトゲノム塩基配列の決定は医学領域，とりわけがんの研究を推進する。

イネ

ゲノムサイズ：インディカ米は4億6,600万塩基対，ジャポニカ米は4億2,000万塩基対
遺伝子数：46,000

世界中の多くの人たちの主食である。世界的な穀物として重要であるために，塩基配列決定の優先度は高かった。

alpsdake PD

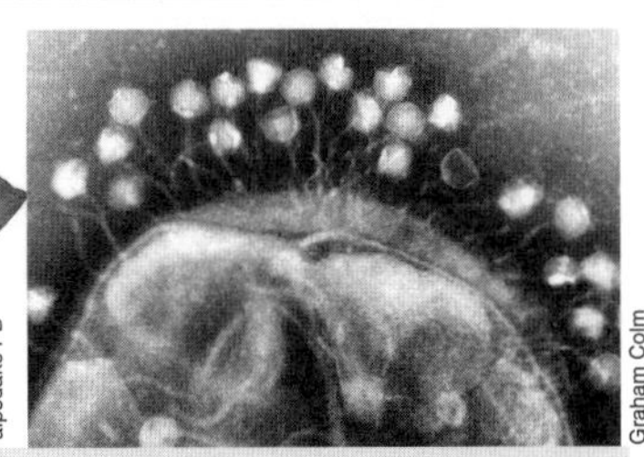

Graham Colm

マウス
（ハツカネズミ）

ゲノムサイズ：25億塩基対
遺伝子数：30,000

ヒトに向けての新薬はしばしばマウスでテストされる。それは，マウスのタンパク質の90%以上がヒトのタンパク質に似ているからである。

キイロショウジョウバエ

ゲノムサイズ：1億5,000万塩基対
遺伝子数：14,000

ショウジョウバエは，特に遺伝学研究において長年利用されてきた。ショウジョウバエのタンパク質の約50%は，哺乳類のタンパク質と似ている。

キヌガサソウ

ゲノムサイズ：1,490億塩基対

日本固有の珍しい植物で，塩基配列が決定されている生物の中では最大のゲノムを有している（それまで最大とされていた真核生物のゲノムよりも15%は大きかった）。大きなゲノムを有する植物の成長や増殖はゆっくりである。

T2ファージ

ゲノムサイズ：16万塩基対
遺伝子数：約300

T2ファージは，細菌に感染するT偶数系ファージの1つである。これらのファージにおけるゲノム変異の解析によって，進化にともない遺伝子が伝搬していることが示された。

1. 以下に挙げる生物ゲノムは，ヒトのゲノムと比較してどれほど小さい，あるいは大きいか計算しなさい(%)。

 (a) キヌガサソウ：＿＿＿＿＿＿＿＿

 (b) 大腸菌：＿＿＿＿＿＿＿＿

 (c) T2ファージ：＿＿＿＿＿＿＿＿

2. 非常に大きなサイズのゲノムをもつ植物は，より高い絶滅のリスクを抱えている。その理由を説明しなさい。＿＿＿＿＿＿＿＿

3. Genbank®にアクセスして，それを使って以下に答えなさい。

 (a) ヒトのミトコンドリアDNAの塩基対の数：＿＿＿＿＿＿＿＿

 (b) ヒトの1番染色体の塩基の数：＿＿＿＿＿＿＿＿

 (c) ヒトの1番染色体のグアニン／シトシンが占める割合(GC%)：＿＿＿＿＿＿＿＿

ヒトゲノムプロジェクト

重要概念：ヒトゲノムプロジェクト（HGP）はヒトのゲノムの塩基配列を決定し，遺伝子を同定して染色体上の位置を決定するために，公的資金が投入された国際的な取り組みである。

HGPは予定より早く2003年に完了したが，解析は継続されている。ヒトゲノムの塩基配列を決定する取り組みのほかにも，大規模な塩基配列決定プロジェクトが立ち上がった。たとえば2002年，ヒトゲノムのハプロタイプ（一倍体の遺伝子型）地図を作成し，ヒトゲノムの多様性の共通パターンを記述することを目指す国際ハップマッププロジェクトが始まった。HGPは膨大な情報をもたらしたが，それですべてが終わったわけではない。次になすべきことは同定された遺伝子の働きを知ることである。遺伝子の産物であるタンパク質を同定して研究すること（**プロテオミクス**）はHGPからの重要な展開であり，ゲノムの機能をよりよく理解することにつながる。DNAの塩基配列自体の変化ではなく，DNAやヒストンタンパク質が受ける化学修飾を記録するエピゲノムの研究も拡大している。**エピゲノム**はゲノムの機能の調節に重要である。エピゲノムがどのように働いているかを理解することは，疾病の過程を理解するためにも重要である。

HGPの主要な結果

- ヒトのゲノムには，タンパク質をコードしている遺伝子が20,000～25,000しかない。
- HGPはゲノムの99%の遺伝子を含む領域を，99.999%の精度でカバーしている。
- 得られた塩基配列から既知の遺伝子のほとんどすべて（99.74%）が正しく同定できる。
- 塩基配列が正確で網羅的であるので，疾病の原因を探索することも可能である。

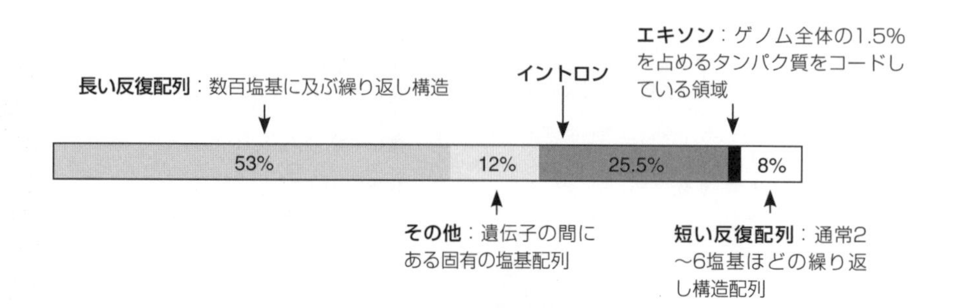

マッピングされた遺伝子の例

多くの遺伝子の位置が，ヒト染色体上にマッピングされてきている（下図参照）。配列の違いが疾患の原因になることがある。21番染色体（いちばん小さな染色体）上の遺伝子密度は低く，他の染色体上の遺伝子密度は高い。おそらくこのために，トリソミー21（ダウン症）が，数少ない生存可能な常染色体における三染色体性の1つとなっている。

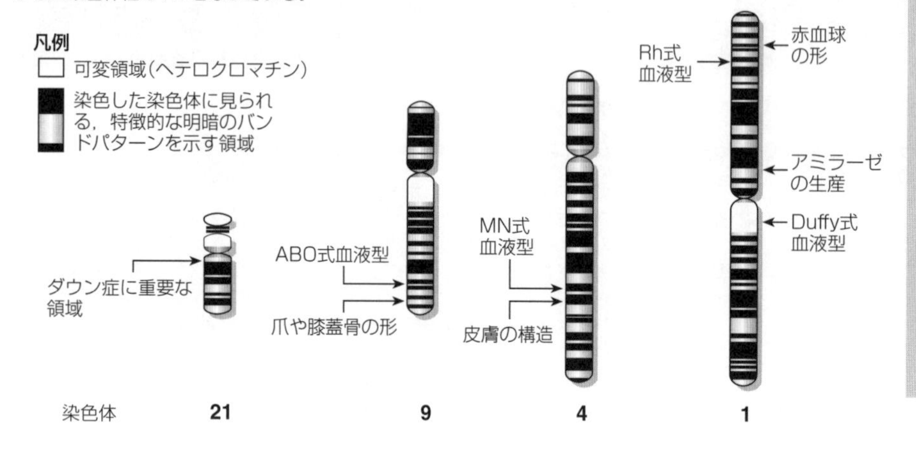

染色体にマップされた遺伝子の数

HGPの目標は，各染色体について連続的な塩基配列情報を作成することである。最初に得られた塩基配列情報は，1,000塩基に1か所程度の誤りを含むほどの精度であった。10万塩基に1か所以下の誤りしかない，研究上の判断基準となる塩基配列の決定は，2004年の10月に完了した。下の表には各染色体の長さとマップされた遺伝子の数を示した。

染色体	長さ（Mb）	位置が決まった遺伝子の数
1	263	1,873
2	255	1,113
3	214	965
4	203	614
5	194	782
6	183	1,217
7	171	995
8	155	591
9	145	804
10	144	872
11	144	1,162
12	143	894
13	114	290
14	109	1,013
15	106	510
16	98	658
17	92	1,034
18	85	302
19	67	1,129
20	72	599
21	50	386
22	56	501
X	164	1,021
Y	59	122
		Total：19,447

1．ヒトゲノムプロジェクトの目的を簡潔に述べなさい。

______

2．(a) ヒトゲノムの何パーセントが長い反復配列からなっているか答えなさい。______

(b) ヒトゲノムの何パーセントが短い反復配列からなっているか答えなさい。______

(c) ヒトゲノムDNA全体の塩基配列と遺伝子の位置を知ることは，ある病気の原因を特定することにどのように役に立つのか説明しなさい。______

3．ABO式の血液型にかかわる遺伝子は，どの染色体にあるか答えなさい。

______

原核生物の染色体の構造

重要概念：原核生物のDNAは，タンパク質をともなわない単一の染色体として細胞内に収められている。

DNAは遺伝情報の普遍的な運搬体であるが，原核生物と真核生物とでは細胞内での収納のされ方が異なる。原核生物の染色体は真核生物の染色体とは異なり，核膜に覆われておらず，タンパク質もともなっていない。染色体は核様体と呼ばれる領域にあり，原形質膜に付着している1つの環状（直鎖状ではない）の二重らせんDNAであり，細胞質と接している。細菌はプラスミドと呼ばれる小さな，染色体と同様に環状の二重らせんDNAをもっていることが多い。プラスミドは染色体とはつながっておらず，通常の生育環境においては細菌の生存に重要ではない遺伝子（通常5～100個）を含んでいる。しかし，それらの遺伝子が抗生物質に対する耐性，重金属に対する耐性などの特性をもっていることがあり，特定の環境においては生存に有利に働くことがある。細菌の接合によるプラスミドの水平伝搬は，細菌の薬剤耐性の拡大や，素早い進化を可能としている大きな要因である。

原核生物の染色体の構造

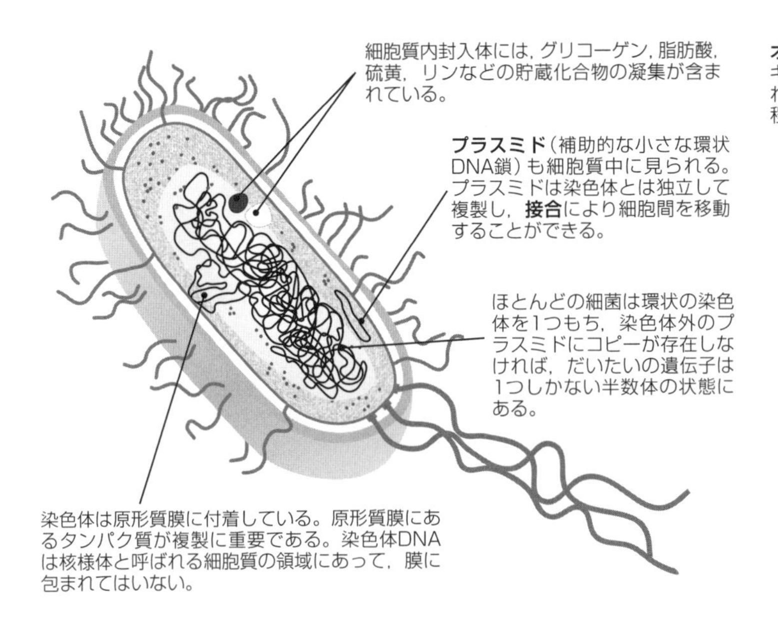

細菌のプラスミド

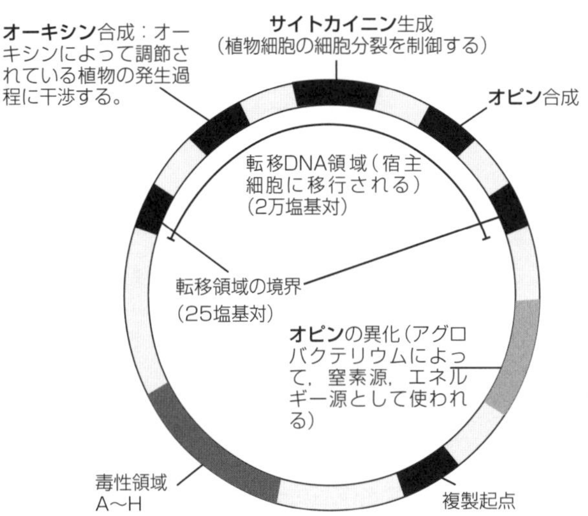

土壌細菌アグロバクテリウムは，しばしば腫瘍を引き起こすTiプラスミドを含んでいる。このプラスミドは植物細胞に遺伝物質を運搬することが可能で，根頭癌腫病の原因となる。上図に示したプラスミド上のいくつかの領域が植物への感染に役立っている。プラスミドは20万塩基対以上の長さがあり196個の遺伝子を含んでいる。遺伝子地図が作成されたことで，アグロバクテリウムはトランスジェニック植物の作製においてとても重要なものとなった。

1遺伝子1タンパク質か？

真核生物とは対照的に，原核生物のDNAの大部分はタンパク質をコードする遺伝子とそれらの調節遺伝子からなっている。1遺伝子1タンパク質仮説が考え出されたのは，原核生物のゲノムの研究によってであったが，細菌においてはこの説は依然としてほぼ正しい。

1. 原核生物の染色体と真核生物の染色体とで異なる重要な点を2つ挙げなさい。

(a) ____________________

____

(b) ____________________

____

2. 原核生物の染色体が細胞質中にあることのタンパク質合成に対する影響について説明しなさい。____________________

____

____

3. ほとんどの細菌のゲノムは，タンパク質をコードする遺伝子とそれらの調節配列から構成される。このことが細菌と真核生物の染色体サイズの違いにどのような影響を与えているか説明しなさい。

____

____

____

真核生物の染色体の構造

重要概念：真核生物のDNAは細胞の核の中に収まっている。DNA分子は非常に長く，核の中で折りたたまれている。

真核生物のDNAは，いくつかに分かれた直線状の染色体として存在している。染色体の数は種ごとに異なっている。DNAの折りたたまれ方は細胞のライフサイクルの中で変化するが，古典的な染色体の構造（下図）は有糸分裂の中期に見ることができる。

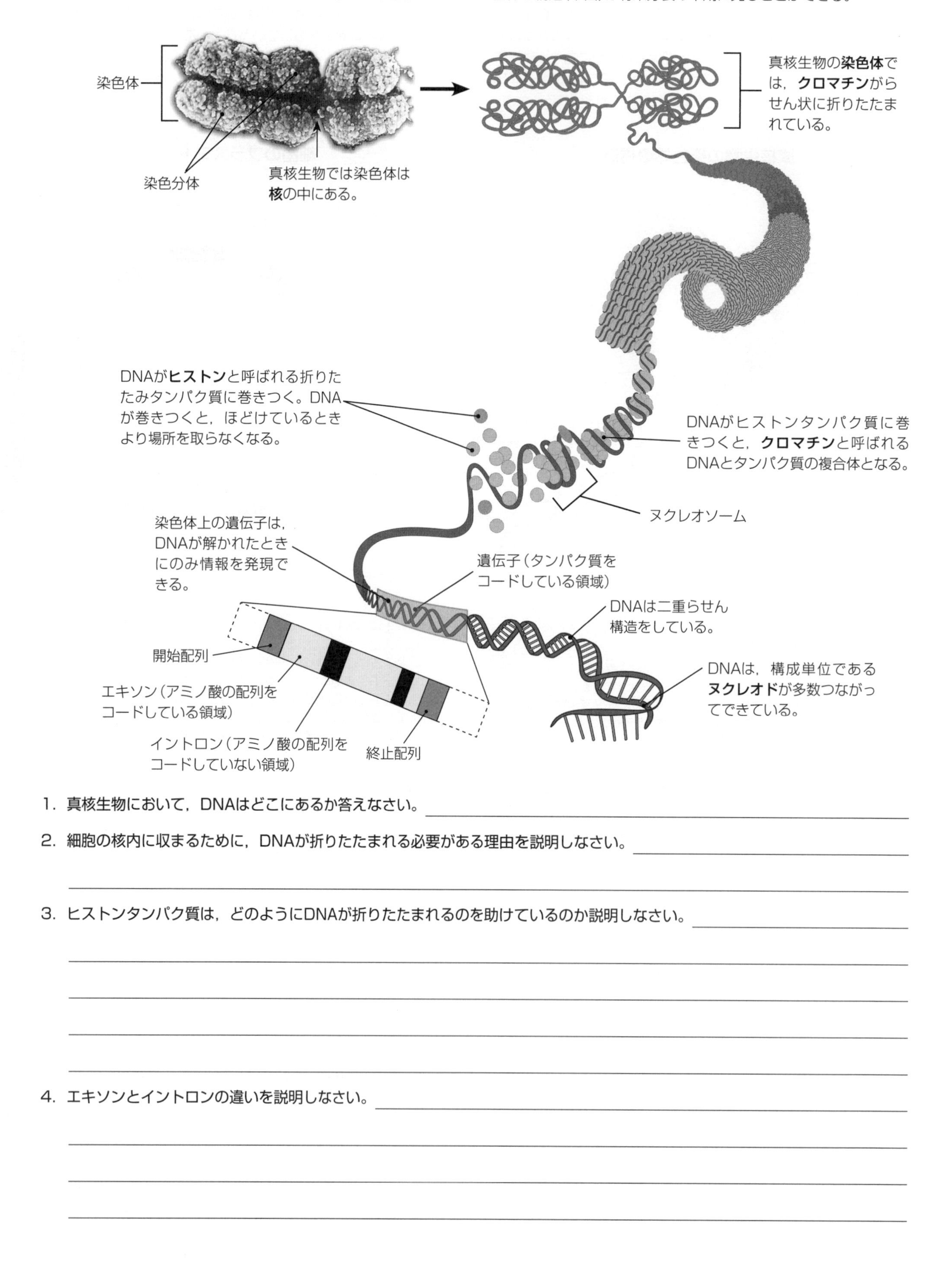

1. 真核生物において，DNAはどこにあるか答えなさい。＿＿＿＿＿＿＿＿

2. 細胞の核内に収まるために，DNAが折りたたまれる必要がある理由を説明しなさい。＿＿＿＿＿＿＿＿

3. ヒストンタンパク質は，どのようにDNAが折りたたまれるのを助けているのか説明しなさい。＿＿＿＿＿＿＿＿

4. エキソンとイントロンの違いを説明しなさい。＿＿＿＿＿＿＿＿

減数分裂のステージ

重要概念：減数分裂は，有性生殖のための生殖細胞（配偶子）をつくる特別な細胞分裂である。

減数分裂では，1回の染色体複製のあとに，連続する2回の核分裂が起きるため，二倍体であった染色体の数が半減する。減数分裂は，動物においても植物においても，生殖器官の中で起きる。このとき，**遺伝子突然変異**や**染色体突然変異**といった遺伝的な誤りが起きると，それらは子に伝わる，つまり遺伝する。

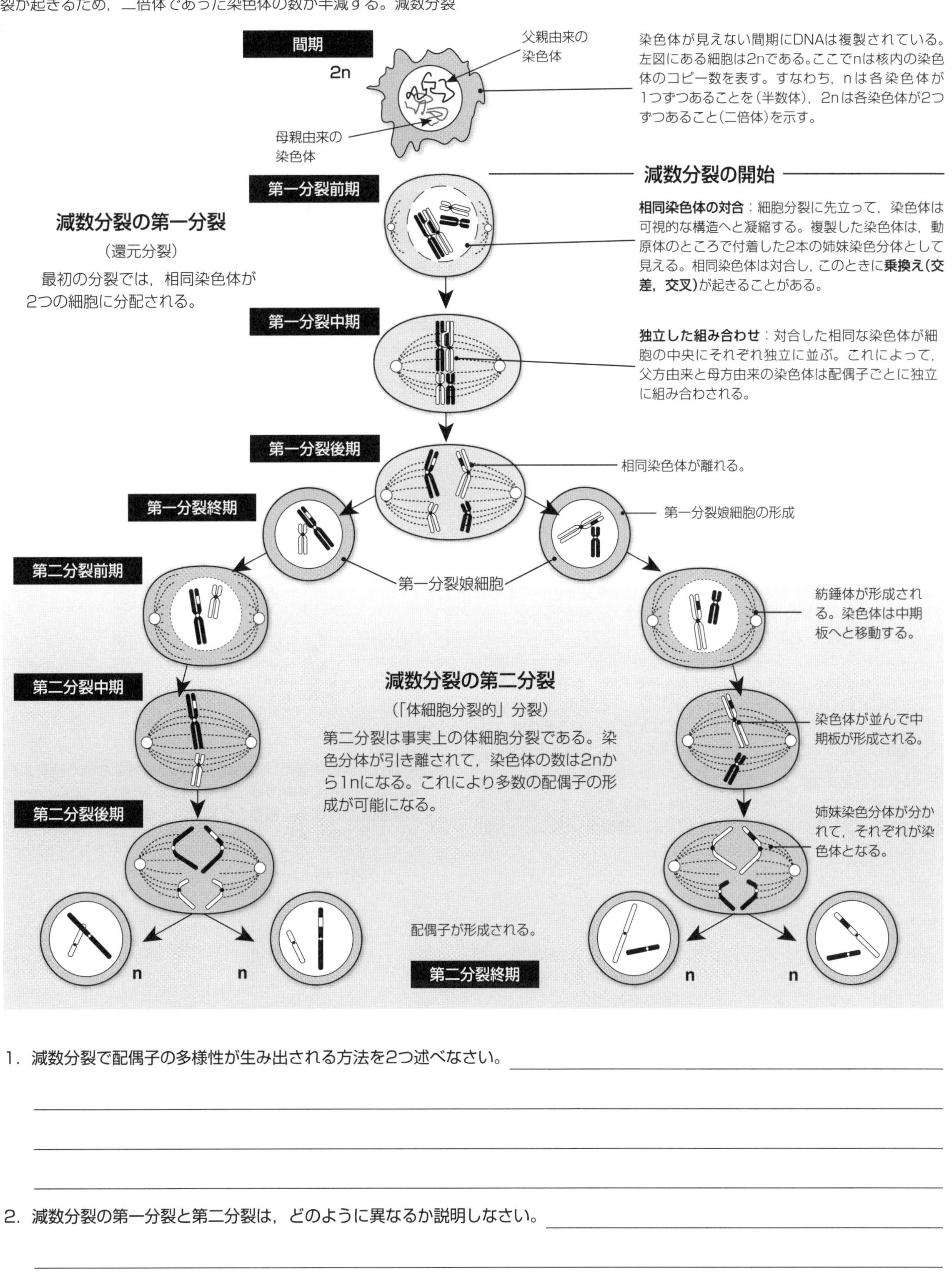

1．減数分裂で配偶子の多様性が生み出される方法を2つ述べなさい。＿＿＿＿＿＿＿＿

2．減数分裂の第一分裂と第二分裂は，どのように異なるか説明しなさい。＿＿＿＿＿＿＿＿

減数分裂のモデル化

重要概念：アイスキャンディーの棒を染色体と見立てて，乗換え，配偶子形成，配偶子形成における対立遺伝子の継承をシミュレートすることができる。

ここでの実習的な課題は，**減数分裂**による配偶子（精子や卵）の形成をシミュレートし，**乗換え**がどのように遺伝的な多様性を増すのかを明らかにする。この課題が終了するときには，あなた自身の2つの対立遺伝子がどのように子どもに継承されるのかがわかる。この活動は減数分裂を可視化し，あなたの理解を助けるだろう。課題の所要時間は25〜45分ほどである。

背景

私たちを形づくる体細胞は，それぞれが46本の染色体を含んでいる。そのうち23本の染色体は母親から（**母系染色体**），残りの23本は父親から（**父系染色体**）受け継いだものである。つまり，私たちは23組の相同染色体をもっている。この課題では簡単に，染色体の数を4本（2組の相同染色体）として進める。乗換えが遺伝的な多様性に与える影響を学ぶために，**舌をU字形に丸める**ことができるかどうかと，**利き手**という2つの遺伝形質の継承について見てみる。

染色体番号	表現型	遺伝子型
10	舌を丸められる	TT, Tt
10	舌を丸められない	tt
2	右利き	RR, Rr
2	左利き	rr

右の表の空欄にそれぞれの形質についてあなたの表現型を記録しなさい。

注：あなたが優性の形質をもつ場合には，この課題においては一方の遺伝子型を選ぶことにする。

シミュレーションを始める前に：クラスメートが2人1組になる。2人の配偶子は課題の最終段階で，子どもをつくるために受精によって一緒になる。どちらが女性になり，どちらが男性になるかを決める。2人は6番目のステップでまた一緒に作業する。

1. 4本の染色体を意味する4本のアイスキャンディーの棒を集める。2本を着色するか，Pと印をつける。これらは父系染色体である。無印の2本は母系染色体となる。4本にあなたのイニシャルと染色体番号を書く（右図）。
   4枚の丸い付箋に，あなたの表現型に対応する対立遺伝子を書き込んで，適当な染色体に貼りつける。たとえば，あなたが舌を丸めることについてヘテロ接合体であれば，Tとtの付箋を用意して10番染色体の棒に貼りつける。あなたが左利きであれば，対立遺伝子はrとrであり，それらは2番染色体上に位置する（右図）。
2. 染色体を無作為にテーブルに落とす。これは，精巣か卵巣の細胞を意味する。机に先ほどと同じ4本の棒を追加して，あなたの染色体と同じものをつくりなさい（DNAの**複製**をシミュレートする）（下図）。これは**間期**を意味する。

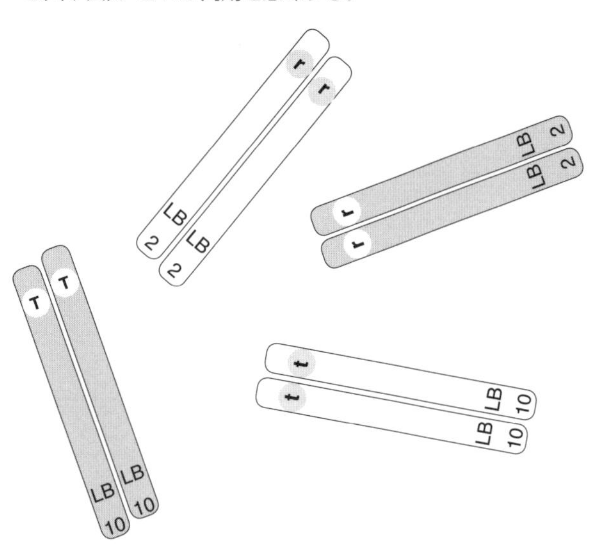

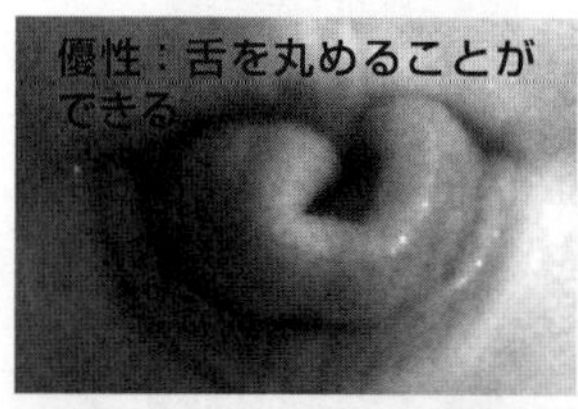

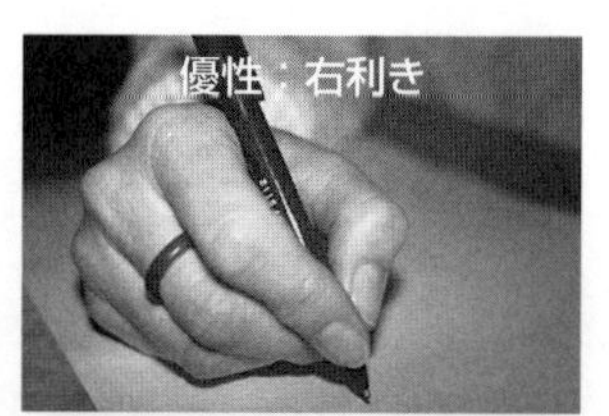

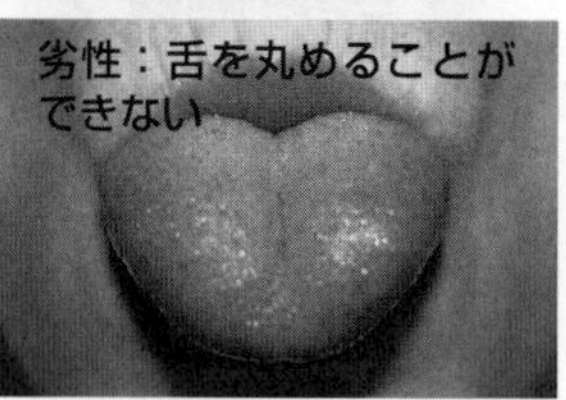

形質	表現型	遺伝子型
利き手		
舌を丸めること		

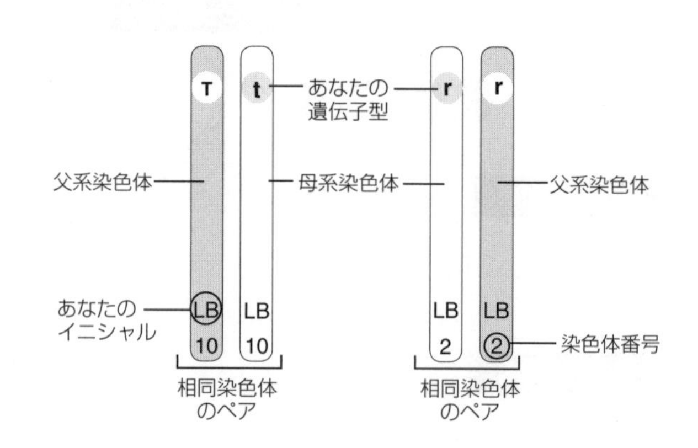

3. 複製した染色体を相同染色体どうしで並べなさい（下図）。各染色体について4本の棒が横並びになる（A）。このステージで**乗換え**が起きる。隣り合う相同染色体間で付箋を入れ替えることで乗換えをシミュレートしなさい（B）。

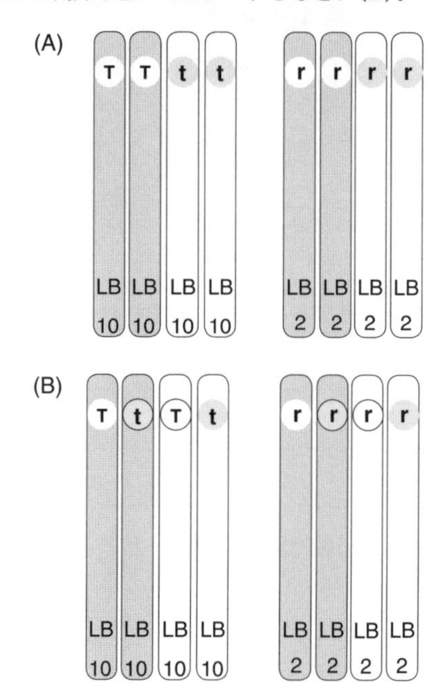

4. **第一分裂の中期**で起きる中期板での並び方をシミュレートして，相同染色体のペアを無作為に並べなさい。次に，相同染色体のペアを引き離すことで**第一分裂の後期**をシミュレートしなさい。4本の棒からなるグループごとに，2本ずつがそれぞれの極に引かれる。

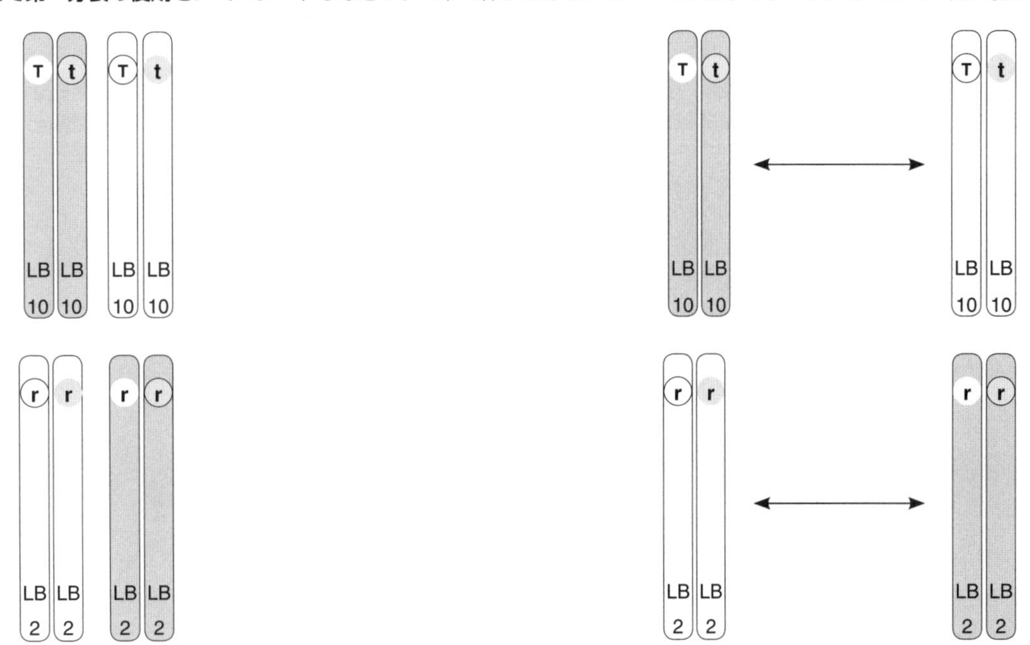

5. **第一分裂の終期**：2つの第一分裂娘細胞が形成される。これまでのステップが無作為であれば，中間体であるそれぞれの細胞には母系染色体と父系染色体が混ざっている可能性がある。ここで**減数分裂の第一分裂**が終わる。

第一分裂が終わると，あなたの細胞は**第二分裂**に向かう。第二分裂の前期，中期，後期，終期と進めなさい。ただし，第二分裂では乗換えは起きないことに留意しなさい。第二分裂の終わりには，中間体の細胞のそれぞれが2つの半数体の配偶子をつくり出す(下図)。

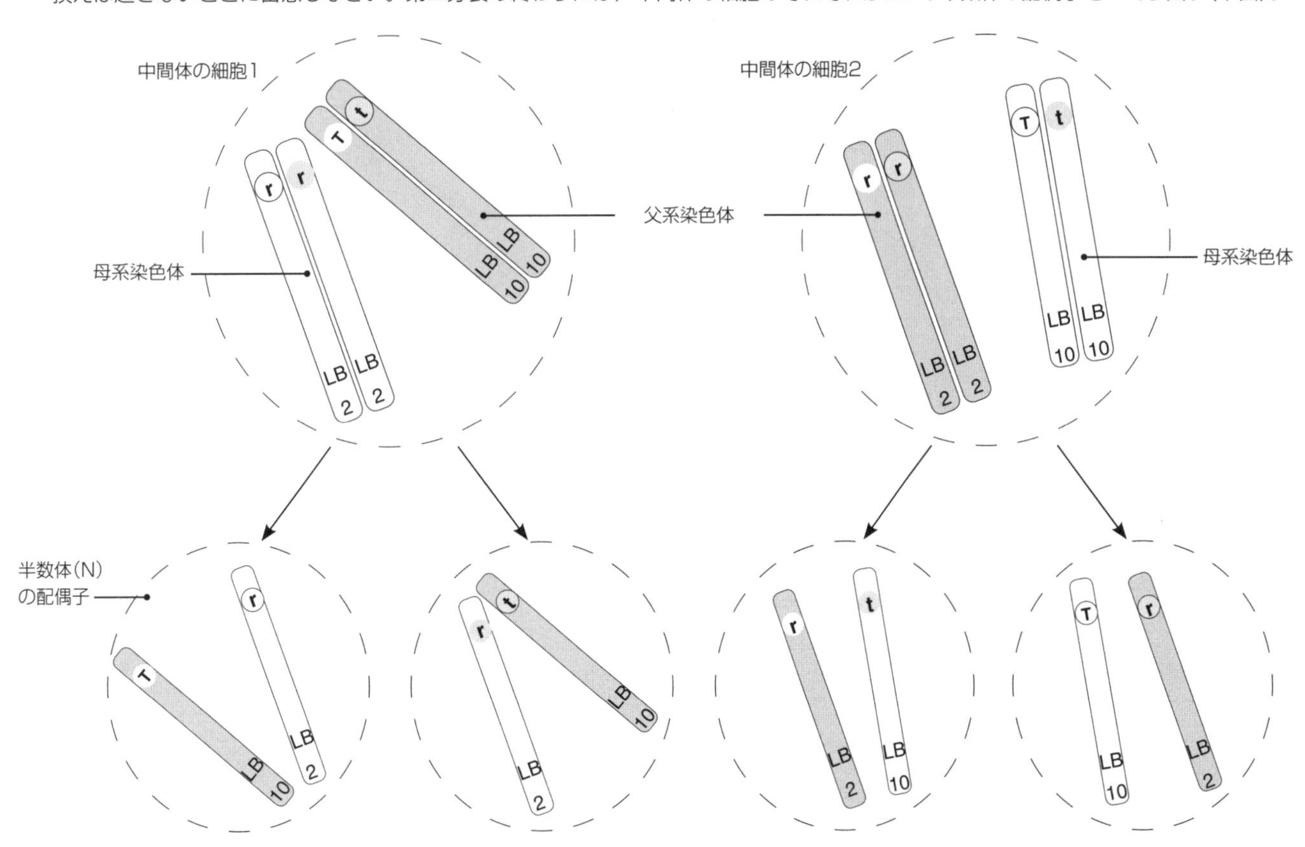

6. 課題を始めたときのパートナーと2人1組になって，**受精**の過程を進めなさい。精子と卵を1つずつ無作為に選びなさい。受精に利用されなかった配偶子はテーブルから取り除いてよい。受精に成功した配偶子の染色体を混ぜ合わせなさい。あなたに子どもができました。あなたの子どもの舌を丸めることと利き手についての遺伝子型と表現型を示す次の表を埋めなさい。

形質	表現型	遺伝子型
利き手		
舌を丸めること		

減数分裂における染色体の不分離

重要概念：減数分裂における染色体の不分離は，配偶子への染色体の間違った分配をもたらす。ダウン症候群は21番染色体の不分離による。

減数分裂紡錘体は，通常，間違えることなく娘細胞への染色体の分配を行う。しかし，第一分裂の後期に相同染色体の分離がうまくいかない，あるいは第二分裂で姉妹染色分体が分かれるのに失敗するといった誤りは起こり得る。こうした場合，一方の配偶子は同じタイプの染色体を2本受け取り，他方の配偶子はその染色体を受け取らない。このような事故は染色体の**不分離**と呼ばれ，配偶子に正常ではない数の染色体を伝えてしまう。受精において，こうした異常な配偶子が正常な配偶子と一緒になると，子どもは**異数性**として知られる正常ではない数の染色体をもつことになる。21番染色体のトリソミーであるダウン症候群はこうした染色体の不分離によってもたらされる。

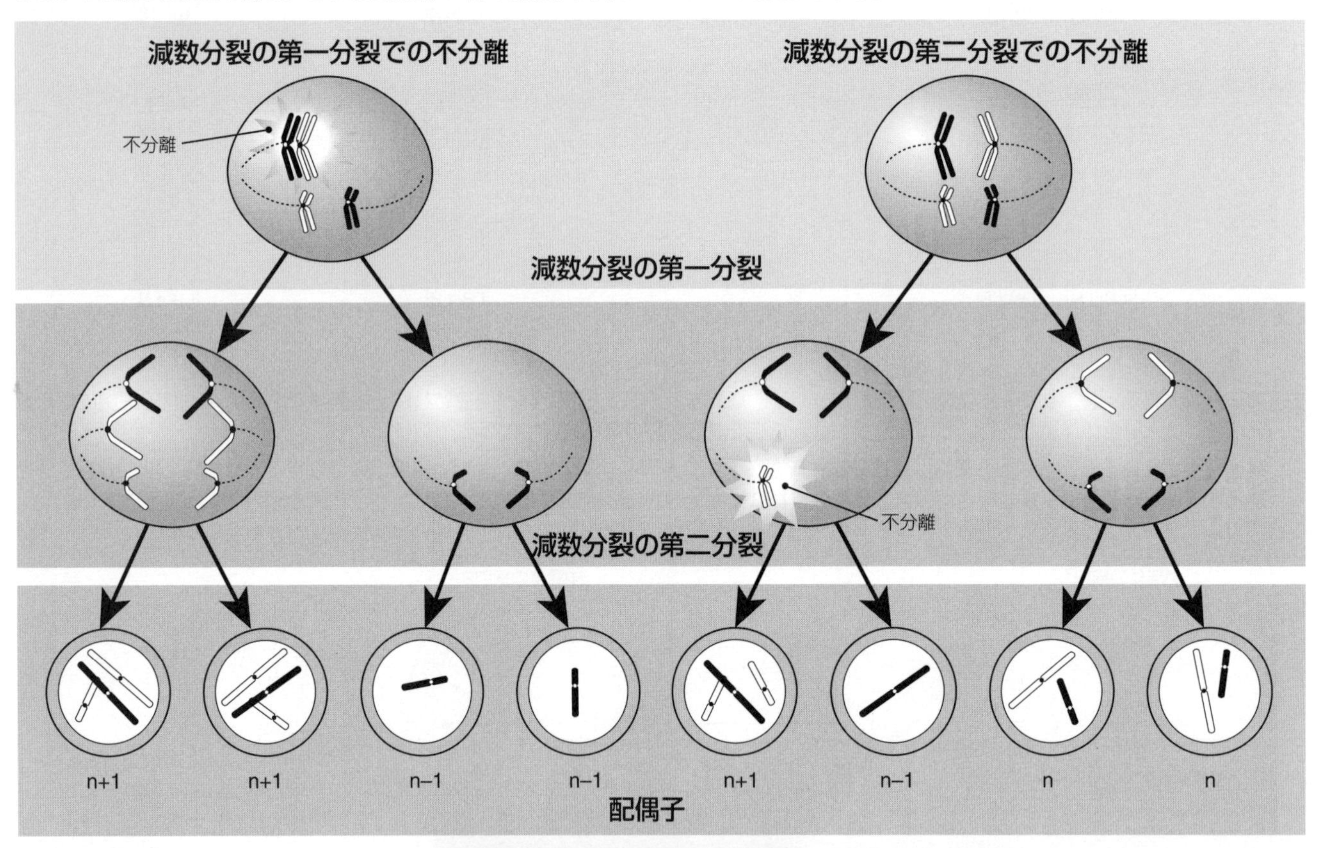

ダウン症候群
(21番染色体のトリソミー)

ダウン症候群はヒトの異数性としてもっとも起こりやすいものである。発生率は**母親の年齢に依存**しており，母親の年齢とともに急激に上昇する（右表）。およそ95%のケースは**減数分裂**中の21番染色体の**不分離**が原因である。染色体の不分離が起きると，配偶子は23本ではなく24本の染色体をもち，受精によってトリソミーの子どもが生まれる。

右写真：21番染色体のトリソミーであるヒトの核型。3本の21番染色体を丸で囲んである。

ダウン症候群の発生は母親の年齢と関係する

母親の年齢（歳）	出生1,000人あたりの発生数
< 30	< 1
30 ～ 34	1 ～ 2
35 ～ 39	2 ～ 5
40 ～ 44	5 ～ 10
> 44	10 ～ 20

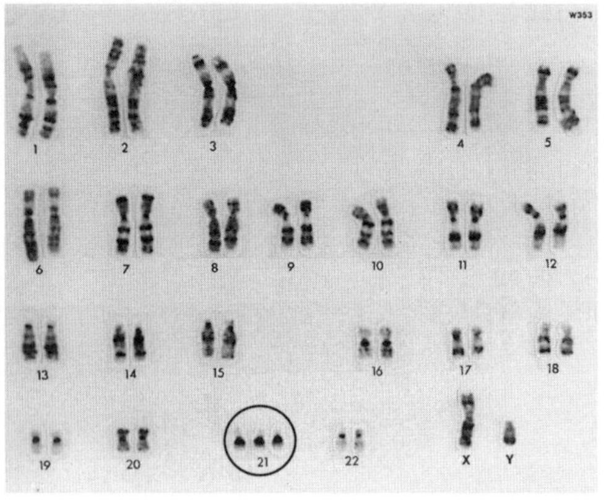

Photo: Waikato Hospital

1. 減数分裂で染色体の不分離が起こるとどうなるか説明しなさい。

2. 減数分裂の第一分裂での染色体の不分離が，第二分裂での不分離より不完全な配偶子を生じやすい理由を説明しなさい。

3. 母親の年齢による影響とは何か，その結果何が起こるか説明しなさい。

核型

重要概念：核型とは，真核細胞の核内にある染色体の数と形のことである。核型はカリオグラムと呼ばれる染色体を大きさの順に並べた図で示される。

下の図は，正常なヒトの**カリオグラム**を示している。この図の核型は，白血球細胞を培養し，細胞分裂中期で停止させた細胞の核から得られたものである（次ページの丸で囲んだ写真を参照）。図は，下の写真の染色体を**相同染色体**のペアごとに並べたものである。相同染色体は，全体の形，長さ，特殊な染色法によって得られた縞模様のパターンによって識別する。次ページにヒトの男性と女性の核型を示す。**男性の核型**は，44本の常染色体，1本のX染色体，1本のY染色体からなる（44 + XYと表される）。一方，**女性の核型**は，44本の常染色体と2本のX染色体からなる（44 + XXと表される）。

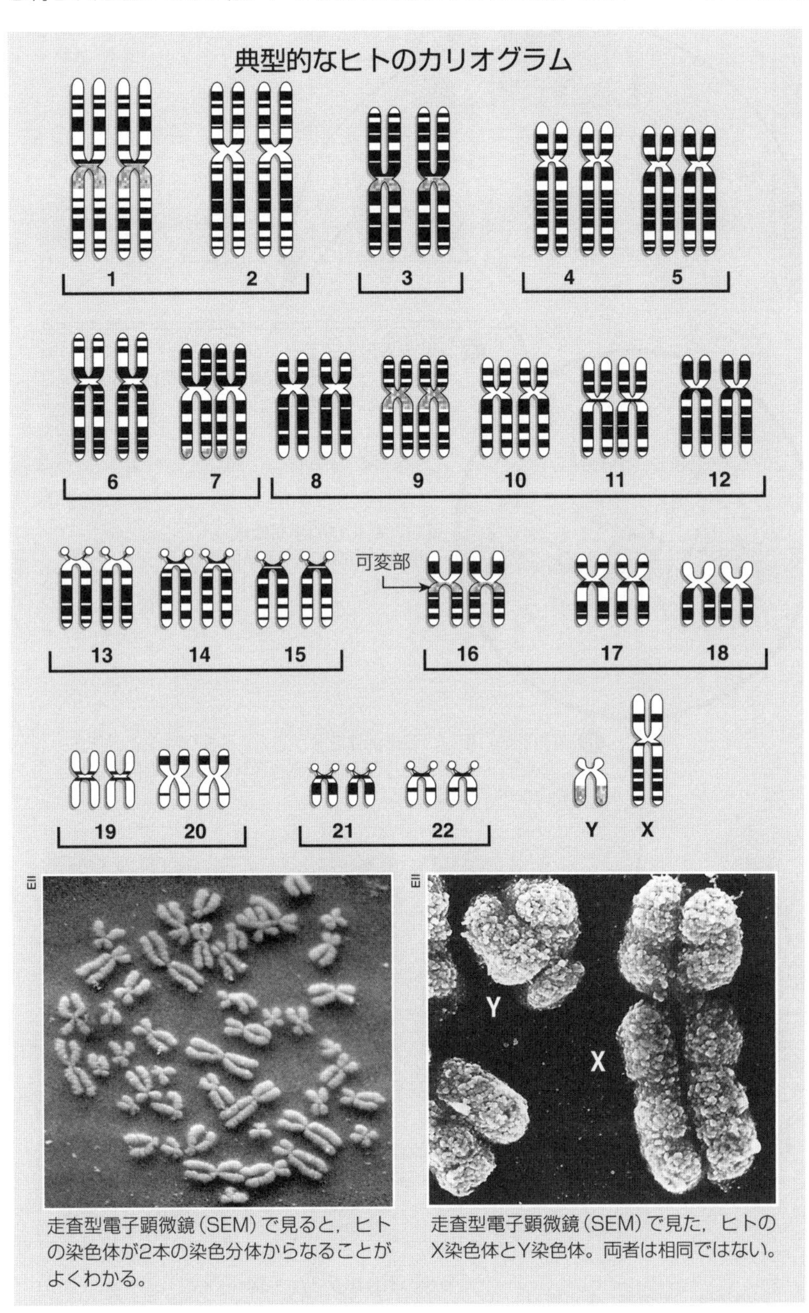

走査型電子顕微鏡（SEM）で見ると，ヒトの染色体が2本の染色分体からなることがよくわかる。

走査型電子顕微鏡（SEM）で見た，ヒトのX染色体とY染色体。両者は相同ではない。

さまざまな生物の核型

核型という用語は，1つの細胞あるいは1個体のもつ全染色体を表すものである。特に体細胞分裂中期に見られる染色体の数，大きさ，形を表す。左図はヒトの核型を示す。染色体の数は生物によってさまざまで，近縁種間であっても大きく異なることがある。

種	染色体数（2n）
脊椎動物	
ヒト	46
チンパンジー	48
ゴリラ	48
ウマ	64
ウシ	60
イヌ	78
ネコ	38
ウサギ	44
ネズミ	42
シチメンチョウ	82
キンギョ	94
無脊椎動物	
ミバエ	8
イエバエ	12
ミツバチ	32 または 16
ヒドラ	32
植物	
キャベツ	18
ソラマメ	12
ジャガイモ	48
オレンジ	18, 27 または 36
オオムギ	14
エンドウマメ	14
マツ	24

※注：染色体数は，遺伝情報の量を示すものではない。

1．(a)**カリオグラム**とは何かを説明しなさい。__________

(b)カリオグラムから得られる情報について説明しなさい。__________

2．**常染色体**と**性染色体**の違いを述べなさい。__________

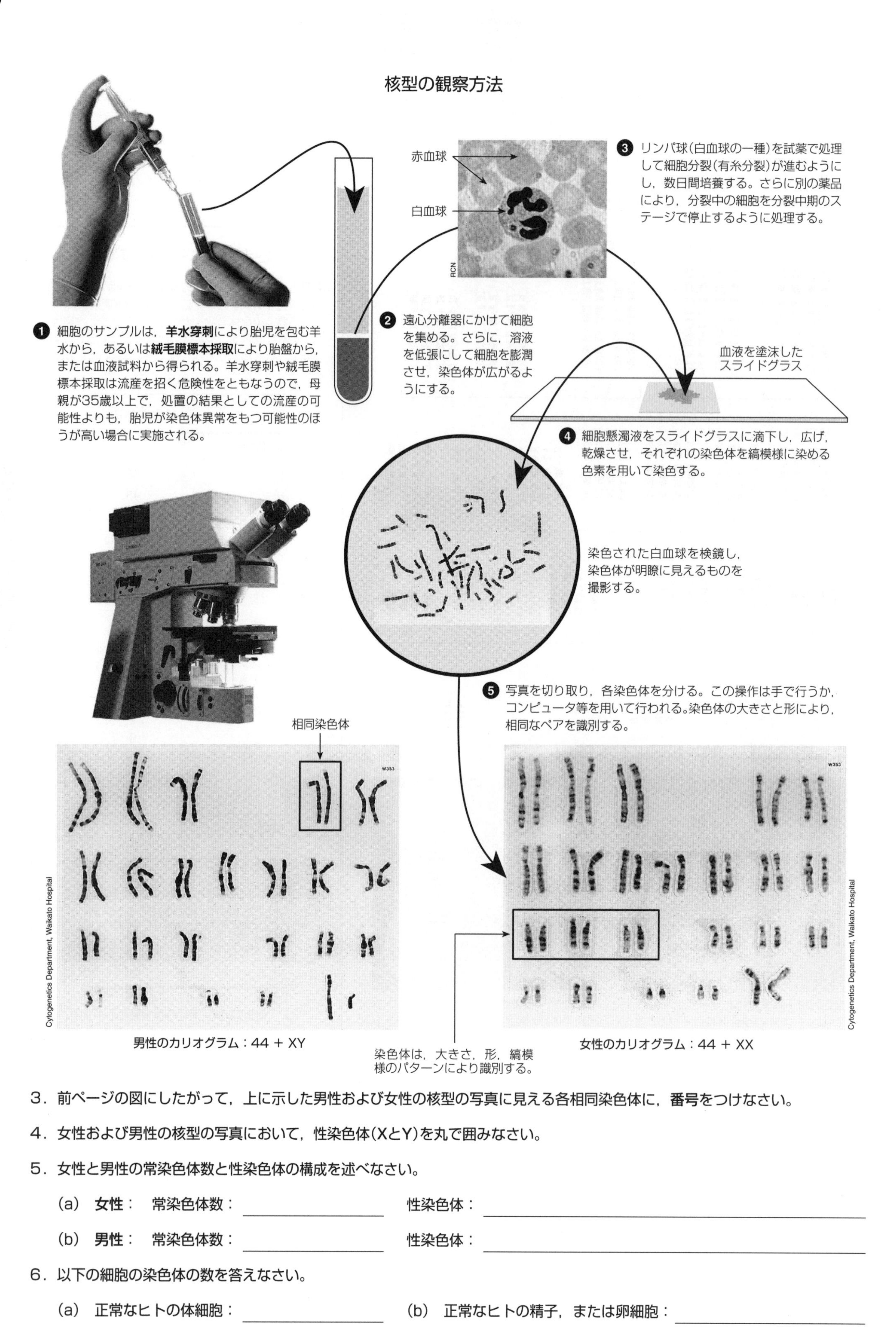

3．前ページの図にしたがって，上に示した男性および女性の核型の写真に見える各相同染色体に，番号をつけなさい。

4．女性および男性の核型の写真において，性染色体(XとY)を丸で囲みなさい。

5．女性と男性の常染色体数と性染色体の構成を述べなさい。

(a)　女性：　常染色体数：＿＿＿＿＿＿＿＿　性染色体：＿＿＿＿＿＿＿＿＿＿＿＿＿＿＿＿

(b)　男性：　常染色体数：＿＿＿＿＿＿＿＿　性染色体：＿＿＿＿＿＿＿＿＿＿＿＿＿＿＿＿

6．以下の細胞の染色体の数を答えなさい。

(a)　正常なヒトの体細胞：＿＿＿＿＿＿＿＿　(b)　正常なヒトの精子，または卵細胞：＿＿＿＿＿＿＿＿

第10章
メンデルのエンドウマメの実験

重要概念：多くの遺伝子が表現型として現れる形質をつくり出す。その形質は，メンデルのエンドウマメの実験で示されたように予測できる割合で遺伝する。

写真の人物，グレゴール・メンデル（1822－1884）は，オーストリアの修道士であり，遺伝学の父と呼ばれる。メンデルは，エンドウマメを使って，いくつかの形質の遺伝の様式を研究した。その結果，ある世代では隠れていた形質が，のちの世代になって現れる場合があることを発見し，遺伝では個々に独立した要素が子へと伝搬していると提案した。その時点では，遺伝の仕組みは明らかになっていなかったが，その後の研究から多くの人が認める仕組みが示され，私たちも遺伝の単位が**遺伝子**であることを知るようになった。生物の遺伝的構成の全体が**遺伝子型**である。

メンデルは6つの形質を調べて，それらの形質は親の**表現型**（外見）に依存して予測可能な割合で遺伝することを発見した。メンデルがヘテロ接合体である植物を交配した結果のいくつかを下表にまとめてある。結果の欄にある数字は子のいくつがそれらの形質をもっているかを示している。

1．表の6つの実験結果を見て，優性の表現型と劣性の表現型を決め，表の「優性」の欄の空欄に書きなさい。

2．優性と劣性の表現型の分離比を計算し，答えを表の「分離比」欄の空欄に書きなさい（最初の「種子の形」を例にすると，5,474÷1,850＝2.96となる）。

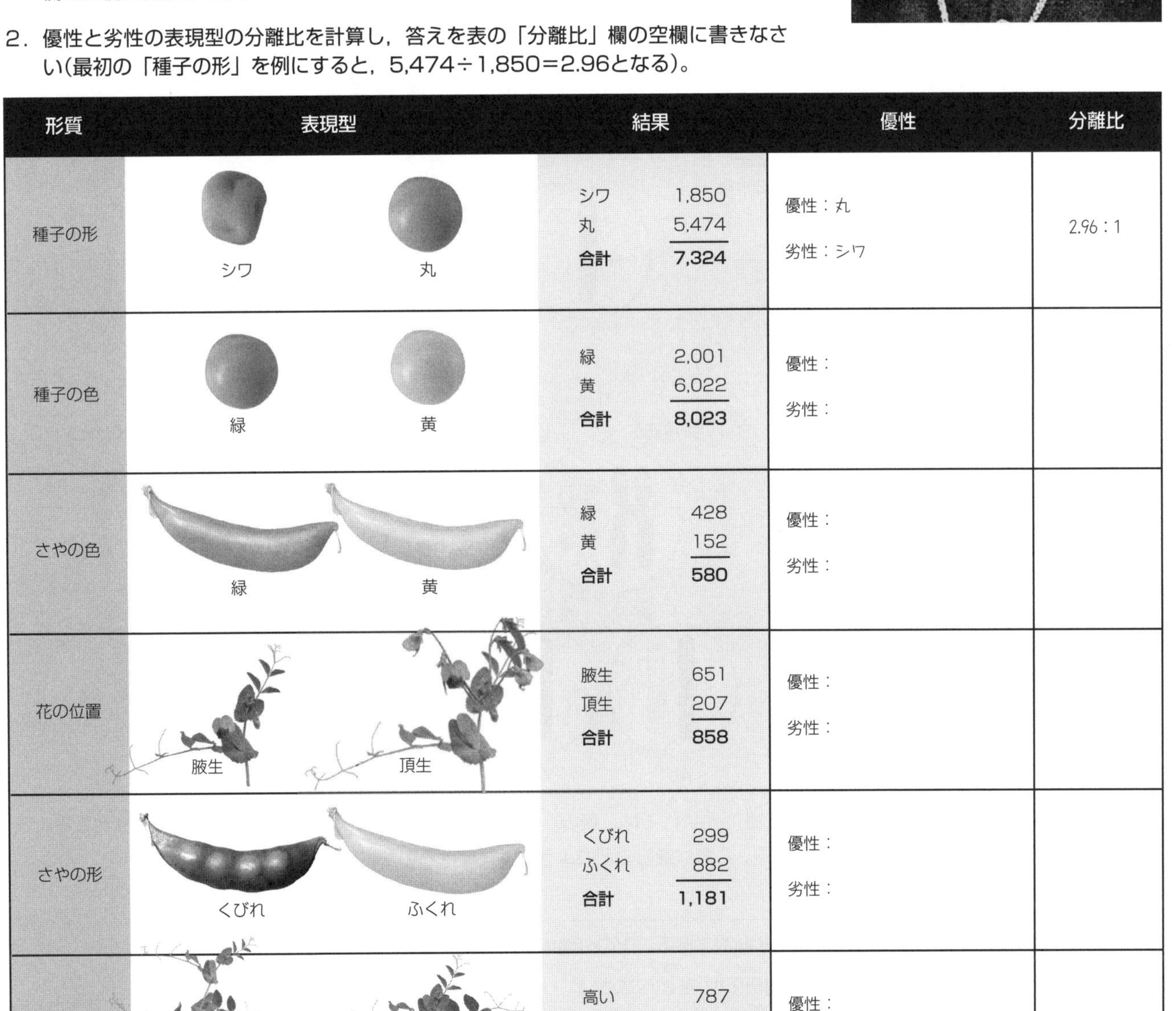

形質	表現型		結果		優性	分離比
種子の形	シワ	丸	シワ 丸 **合計**	1,850 5,474 **7,324**	優性：丸 劣性：シワ	2.96：1
種子の色	緑	黄	緑 黄 **合計**	2,001 6,022 **8,023**	優性： 劣性：	
さやの色	緑	黄	緑 黄 **合計**	428 152 **580**	優性： 劣性：	
花の位置	腋生	頂生	腋生 頂生 **合計**	651 207 **858**	優性： 劣性：	
さやの形	くびれ	ふくれ	くびれ ふくれ **合計**	299 882 **1,181**	優性： 劣性：	
茎の高さ	高い	低い	高い 低い **合計**	787 277 **1,064**	優性： 劣性：	

3．メンデルの実験は，1組のヘテロ接合体の両親からは，劣性表現型の子に対して3倍の数の優性表現型の子が生まれることを明らかにした。

(a) メンデルの実験のうち，理論値の3：1に近い分離比を示したものを，もっとも近いものから順に3つ挙げなさい。

(b) これら3つの結果が，他の結果より理論値に近いことの理由を考えなさい。

メンデルの遺伝の法則

重要概念：遺伝情報は，遺伝子と呼ばれる不連続な要素で，親から子へと遺伝する。メンデルの遺伝の法則は，これらの遺伝子がどのように子に伝わるかを示すものであり，彼の実験で観察された遺伝のパターンを説明するものである。

粒子遺伝（粒子説）

両親の特徴は不連続な要素（遺伝子）として次世代に伝えられる。

メンデルは，形質は世代を超えて伝わる独立した単位によって決定されること（粒子説）に気づいた。それまでの主流の考え方であった，遺伝するものが混ざり合うという考え方（融合説）では説明できない多くの観察結果を，粒子説によって説明できた。右図は，この考え方を示したものである。F_1世代において，花の色の形質は，一方の親の形質だけを反映しているのに，次のF_2世代では，再び両方の親の形質が発現する。

分離の法則

右の図は，減数分裂の間に，ある対立遺伝子のペアが異なる配偶子に分配されることを示している。

これらの配偶子は，動物であれば卵か精子，植物であれば卵か花粉である。配偶子が含む対立遺伝子は，子へと受け渡される。

注：図は，各染色体について染色分体が形成される段階を省略してある。

独立の法則

対立遺伝子の複数のペアは配偶子形成の際にそれぞれが独立に分配され，形質は互いに独立に子に伝えられる（ただし，これは遺伝子が連鎖していない場合にのみ成立する）。

右の図は異なる形質にかかわるAとB，2つの遺伝子が異なる染色体に座位し，対立遺伝子が相同染色体のそれぞれにあることを示している。このために，2つの遺伝子は独立に遺伝する。すなわち，配偶子は親の対立遺伝子のいずれの組み合わせも含む可能性がある。

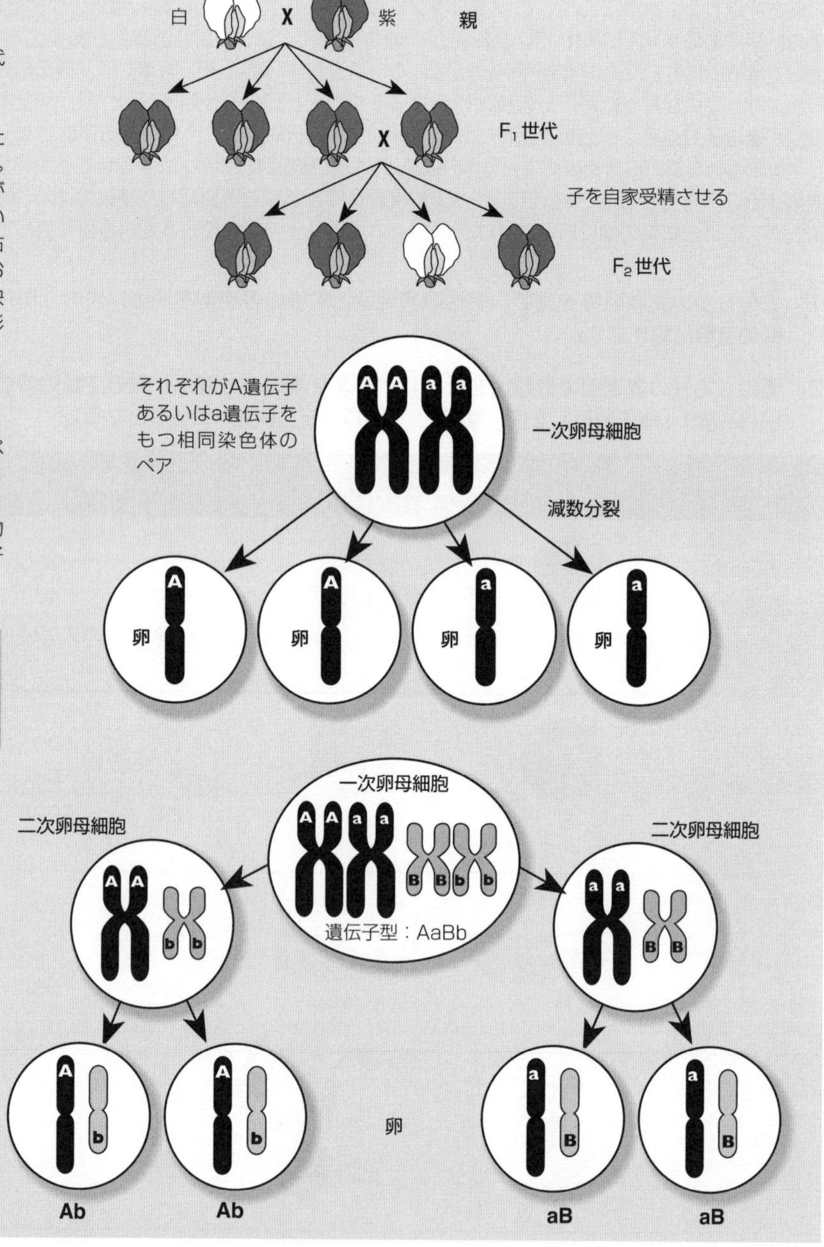

1．花の色の異なるエンドウマメを交配して得たF_1世代では，親の一方の形質だけが現れるのに，これを自家受精させて得たF_2世代になると，両方の親の花の色が現れる。これは遺伝の**どのような性質**によるのか，簡単に述べなさい。

2．卵母細胞は，動物の卵巣で卵をつくり出す細胞である。上の分離の法則を示す図において，以下の問いに答えなさい。

(a) 一次卵母細胞の遺伝子型（親個体の遺伝子型）を述べなさい。

(b) 4つの配偶子それぞれの遺伝子型を述べなさい。

(c) この卵母細胞からは，何種類の配偶子がつくられる可能性があるか答えなさい。

3．上の独立の法則を示す図は，染色体が無作為に組み合わされた結果の1つとして，配偶子の遺伝子型にAbとaBとが生じる例を示している。

(a) 同じ卵母細胞から生じる配偶子がもつ遺伝子の組み合わせとして，可能な別の例を答えなさい。

(b) この卵母細胞から生じる配偶子の遺伝子型について，異なる遺伝子の組み合わせには何種類あるか答えなさい。

遺伝的交配の基礎

重要概念：交配の結果は親の遺伝子型に依存している。純系の親は，注目している形質にかかわる遺伝子についてホモ接合体である。

一遺伝子交雑（単一遺伝子）に関する下記の図を確認しなさい。F_1世代とは，形質が明確に異なる**純系**（ホモ接合体）の親の交配による子と定義されている。**戻し交配（交雑）**とは子と一方の親との交配のことである。劣性のホモ接合体との戻し交配は，優性の表現型を示す個体の遺伝子型を判断することができるので，検定交雑と呼ばれる。

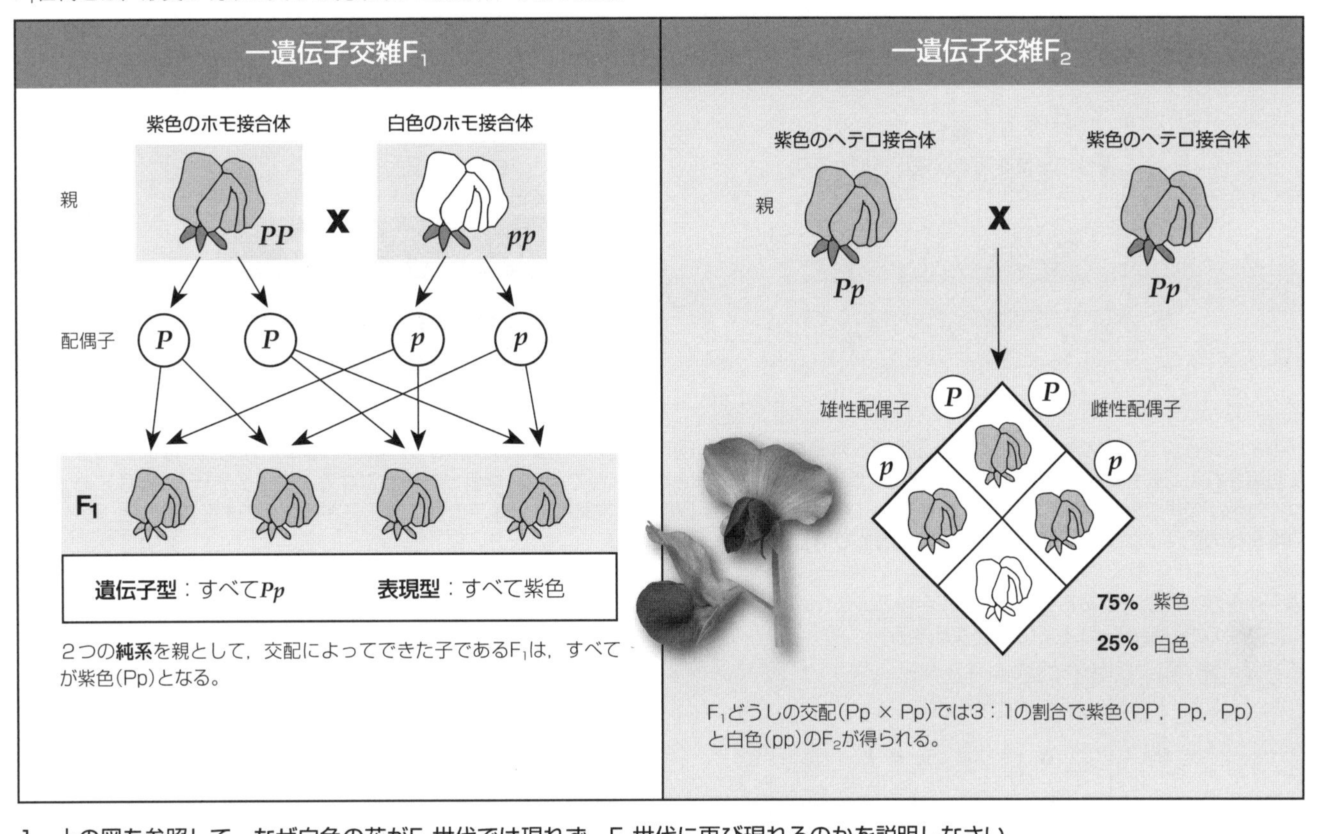

1. 上の図を参照して，なぜ白色の花がF_1世代では現れず，F_2世代に再び現れるのかを説明しなさい。

2. 下の図の空欄に遺伝子型を記入しなさい。

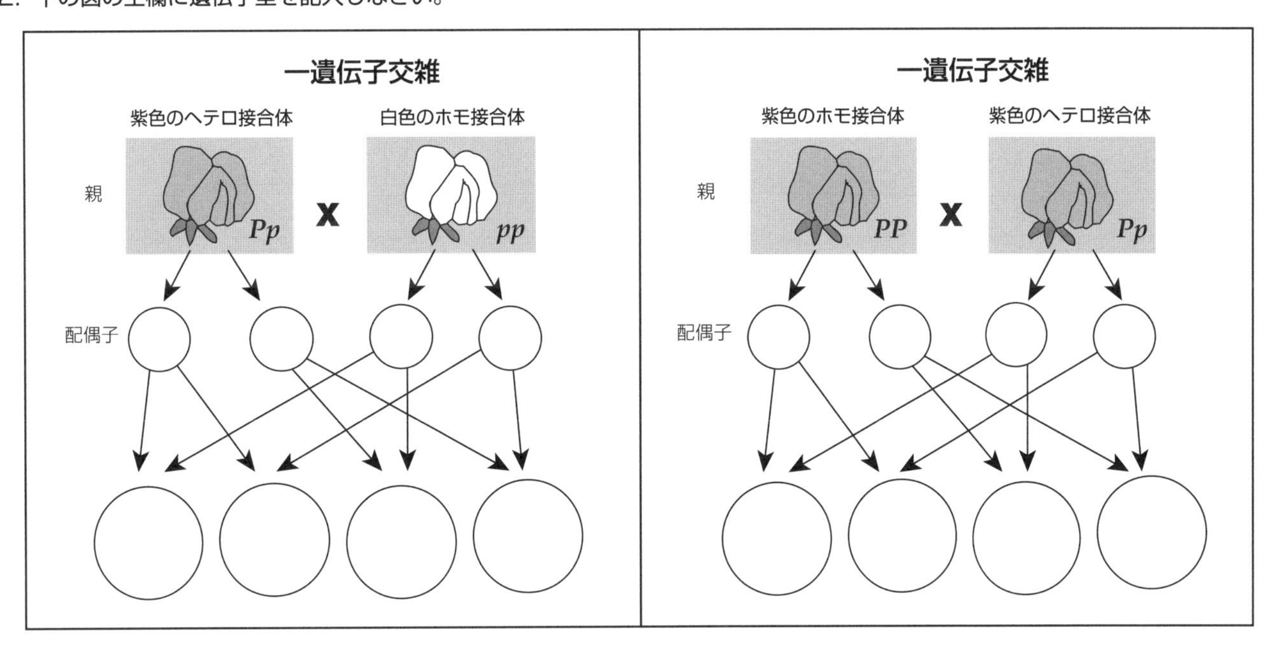

検定交雑

重要概念：ある個体の未知の遺伝子型は，同じ形質に関して劣性のホモ接合体である個体と交配し，生まれた子の表現型を観察することで決定できる。

優性の遺伝様式や遺伝子の相互作用があるために遺伝子発現は複雑であり，生物の遺伝子型は常にその見た目から決定できるわけではない。**検定交雑**は，特定の形質について優性の表現型をもつ個体の遺伝子型を決定する手法として，メンデルが開発した。その原理は簡単である。未知の遺伝子型をもつ個体を，課題となる形質について劣性のホモ接合体と交配する。劣性のホモ接合体は劣性の対立遺伝子をもつ配偶子のみをつくるので，子の表現型から親の未知の遺伝子型が明らかになる。検定交雑は，単一の遺伝子あるいは複数の遺伝子がかかわる遺伝子型を決定するために利用できる。

親1
優性の形質を示すが遺伝子型は不明

?	?
?	?

X

親2
優性の形質を示さず
遺伝子型は劣性のホモ接合体

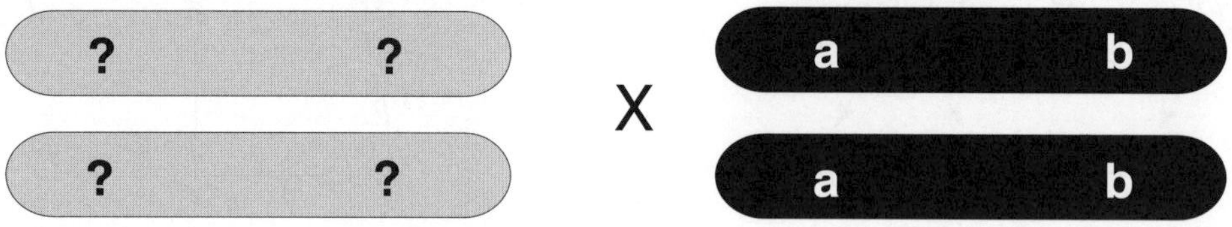

a	b
a	b

キイロショウジョウバエは，いくつかの識別が容易な表現型を示す遺伝子マーカーもつために，遺伝の基本原理を説明するのによく利用される。体色はその表現型の1つである。野生型（正常）の体色は黄褐色である。体色が黄褐色になる対立遺伝子（E）は優性であり，体色がエボニー（黒色）になる対立遺伝子（e）は劣性である。下図の検定交雑では，体色の対立遺伝子が野生型のホモ接合体とヘテロ接合体の個体について可能性のある結果を示している。

A. 体色がエボニーである劣性のホモ接合体のメス（ee）を，優性のホモ接合体のオス（EE）と交配する。

オスの配偶子 ＼ メスの配偶子	e	e
E	Ee	Ee
E	Ee	Ee

交配 A：
(a)遺伝子型の頻度： 100% Ee
(b)表現型の頻度： 100% 黄褐色

B. 体色がエボニーである劣性のホモ接合体のメス（ee）を，優性のヘテロ接合体のオス（Ee）と交配する。

オスの配偶子 ＼ メスの配偶子	e	e
E	Ee	Ee
e	ee	ee

交配 B：
(a)遺伝子型の頻度： 50% Ee, 50% ee
(b)表現型の頻度： 50% 黄褐色 , 50% エボニー

1. キイロショウジョウバエでは，眼色ブラウンの対立遺伝子（b）は劣性であり，野生型である赤（B）の対立遺伝子は優性である。体色が野生型の黄褐色で眼色が野生型の赤であるオスの遺伝子型を決定するための，**二遺伝子雑種の検定交雑**はどのように準備したらよいか説明しなさい。

2. 体色が黄褐色で眼色が赤であるオスのキイロショウジョウバエとして**可能な遺伝子型**をすべて書き出しなさい。

3. 生まれた子の50%は体色が黄褐色かつ眼色が赤であり，残り50%は体色がエボニーかつ眼色が赤であるとする。

(a)オスのキイロショウジョウバエの遺伝子型はどうなるか答えなさい。

(b)あなたの回答について解説しなさい。

一遺伝子交雑

重要概念：1遺伝子の遺伝パターンの研究には，一遺伝子交雑を用いる。これらの交配によって生まれてくる子の割合は予測できる。

ここでは，モルモットの体色を支配する対立遺伝子のペアについて，可能な6種類の交配を調べてみる。記号**B**で表される優性の対立遺伝子は**黒色**の毛をつくり，劣性の対立遺伝子である**b**は白色の毛をつくる。両親のそれぞれは，減数分裂によって2種類の配偶子をつくることができる。下に示した交配について，遺伝子型と**表現型の頻度**を，図中の下線部に書き入れなさい。交配3～6については，各親のつくる配偶子を図中の丸の中に記入し，F_1の遺伝子型と表現型(黒なのか白なのか)をモルモットの絵の中に書きなさい。

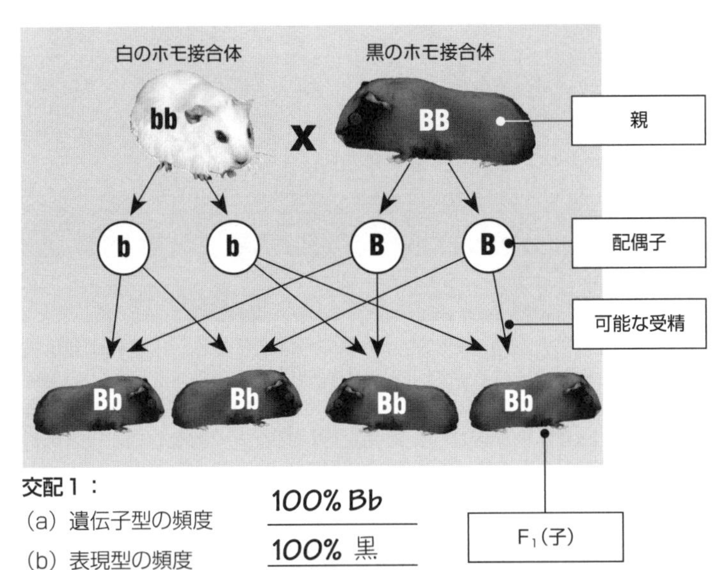

交配1：
(a) 遺伝子型の頻度　100% Bb
(b) 表現型の頻度　100% 黒

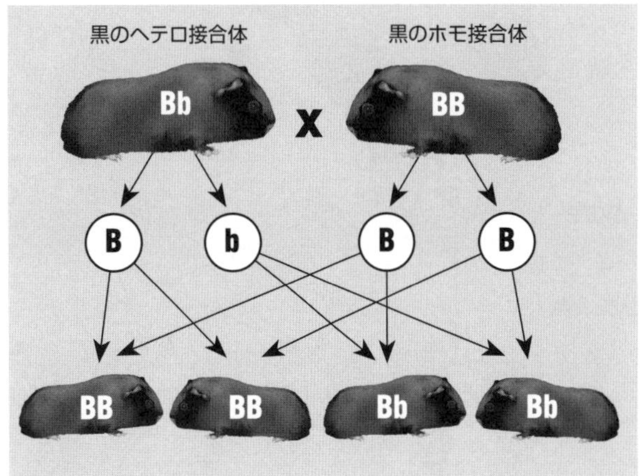

交配2：
(a) 遺伝子型の頻度 ____________
(b) 表現型の頻度 ____________

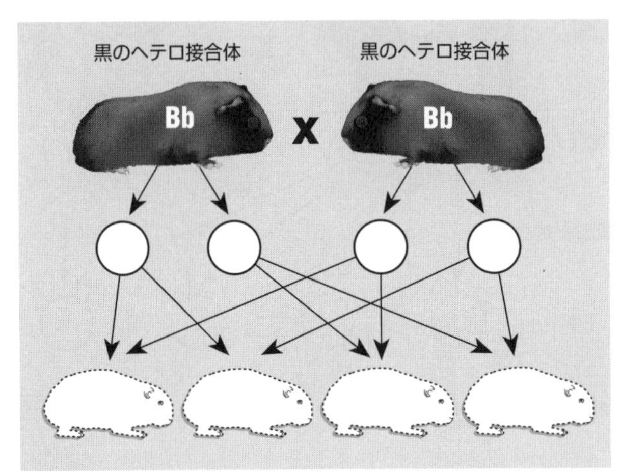

交配3：
(a) 遺伝子型の頻度 ____________
(b) 表現型の頻度 ____________

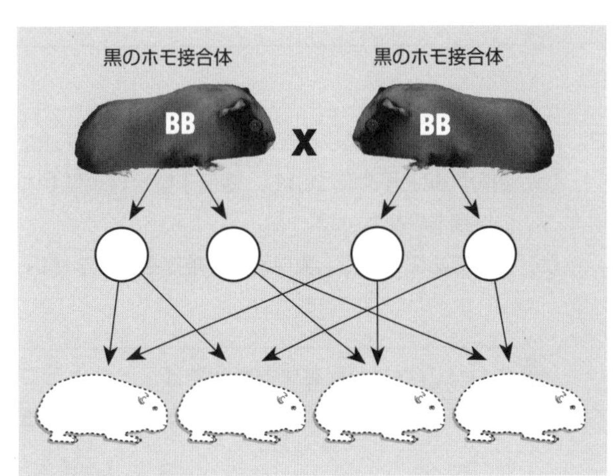

交配4：
(a) 遺伝子型の頻度 ____________
(b) 表現型の頻度 ____________

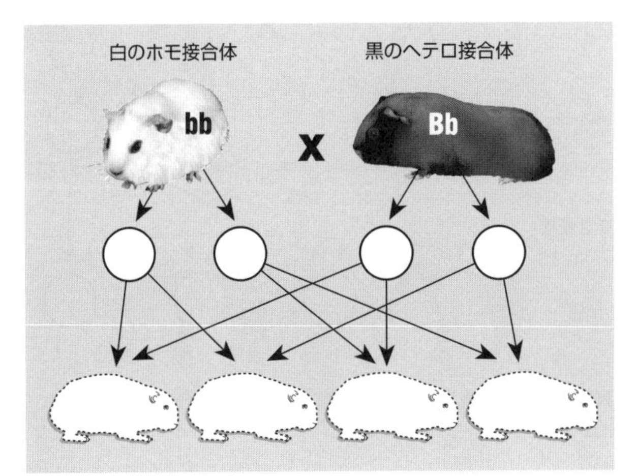

交配5：
(a) 遺伝子型の頻度 ____________
(b) 表現型の頻度 ____________

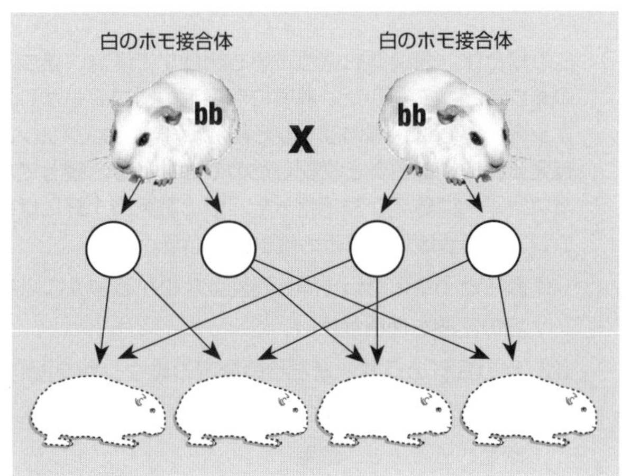

交配6：
(a) 遺伝子型の頻度 ____________
(b) 表現型の頻度 ____________

対立遺伝子の共優性

重要概念：共優性においては，劣性の対立遺伝子はない。ヘテロ接合体において対立遺伝子はともに等しく，独立に発現する。

共優性とは，ヘテロ接合体において対立遺伝子の双方が独立に等しく発現して表現型に寄与する遺伝様式である。例としてはヒトのABO式血液型におけるAB型，ウシやウマの体毛の色などが挙げられる。ウシの赤毛と白毛は同じく優性である。両方の対立遺伝子をもつ個体には，赤毛と白毛の両方が現れて葦毛になる。

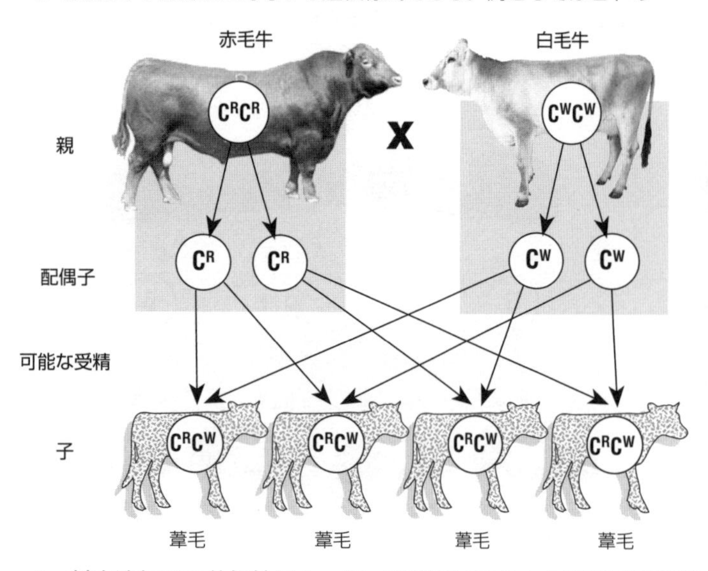

短角牛の品種において，体毛の色は遺伝する。白毛の両親は白毛をもつ子牛を産む。赤毛の両親は赤毛の子牛を産む。赤毛の親と白毛の親を交配すると，子牛は親のどちらとも異なり，赤と白の体毛が混ざった葦毛と呼ばれる体毛色をもつ。以下の問題を解くのに左にある例が参考になる。

1. 対立遺伝子の共優性によって，両親のいずれとも異なる表現型をもつ子が生まれる仕組みを説明しなさい。

____

____

2. 右の場合は，白毛の雄ウシを葦毛の雌ウシと交配した。
   (a) 図の両親と子牛について，遺伝子型と表現型がわかるように空欄を埋めなさい。
   (b) この交配について，表現型の分離比を答えなさい。

   ____

   (c) これらのウシを所有する農家では，どのように交配したら，赤毛のウシだけの群れにすることができるか述べなさい。

   ____

   ____

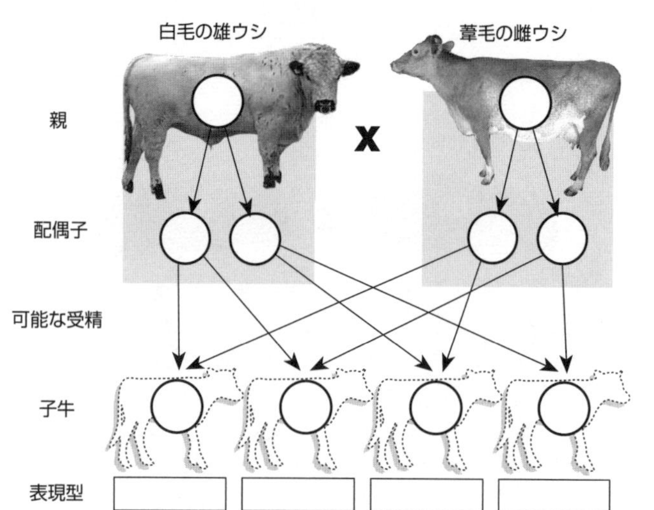

3. 右の場合は，表現型も遺伝子型も明らかではない雄ウシと葦毛の雌ウシとが交配した。農家には葦毛の雌ウシしかいない。雌ウシの所有者は，隣の農家から雄ウシの１頭がフェンスを跳び越えて来て，雌ウシと交配したのではないかと疑っている。生まれた子牛は赤毛か葦毛だった。隣の農家の１軒には赤毛の雄ウシ，別の農家には葦毛の雄ウシがいる。
   (a) 親牛と子牛の遺伝子型と表現型がわかるように，右の図の空欄を埋めなさい。
   (b) 隣の２軒のうち，どちらの農家の雄ウシが交配したのか。次のどちらかに丸をつけなさい。

   赤毛　あるいは　**葦毛**

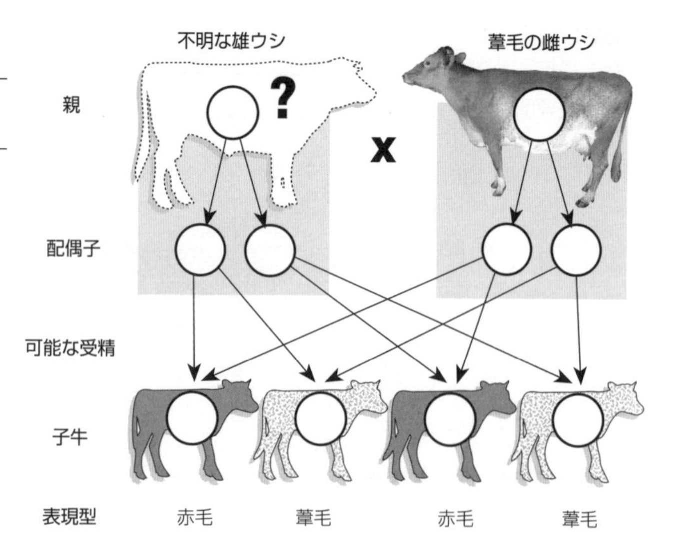

4. たとえば葦毛のウシ2頭の交配のように，共優性遺伝子のヘテロ接合体の両親を交配したときに得られる表現型の割合を書きなさい。______________________________

____

複対立遺伝子の共優性

重要概念：ヒトのABO式血液型は，共優性の対立遺伝子I^AとI^B，そして劣性の対立遺伝子iがかかわる複対立遺伝子によって決定される。

ヒトのABO式血液型における4つの血液型は，3つの対立遺伝子I^A，I^B，i によって決まる。これは**複対立遺伝子**の一例である。ABO抗原となるのは，赤血球表面の糖鎖である。この対立遺伝子は，抗原となる糖鎖を赤血球表面につなげる酵素をコードしている。対立遺伝子 i の産物は酵素の機能を失っており，赤血球表面に変化を与えることはできない。他の2つの対立遺伝子（I^A，I^B）は**共優性**であり，同じ程度に機能を発揮する。それぞれは異なる機能をもつ酵素をコードしており，それぞれの酵素は異なる特異的な糖を，赤血球表面に付加する。A型抗原もB型抗原も，別の血液型の人の血液中の抗体と反応してしまうので，輸血に際しては血液型を合わせなくてはならない。

劣性対立遺伝子：i　機能しないタンパク質をコードする
優性対立遺伝子：I^A　**A型抗原**をつくる酵素をコードする
優性対立遺伝子：I^B　**B型抗原**をつくる酵素をコードする

I^Ai という対立遺伝子の組み合わせをもつヒトの血液型は，**A型**になる。優性の対立遺伝子があると，劣性の対立遺伝子は血液型に何の効果も及ぼさない。同じ血液型となるもう1つの対立遺伝子の組み合わせは，I^AI^Aである。

血液型（表現型）	可能な遺伝子型	発生率* 白人	黒人	ネイティブアメリカン
O	ii	45%	49%	79%
A	I^AI^A　I^Ai	40%	27%	16%
B		11%	20%	4%
AB		4%	4%	1%

*北米の人口に基づく発生率

1. 上の説明を参考にして，表の血液型BとABの可能な遺伝子型の欄を埋めなさい。

2. 下は，さまざまな血液型のカップルの間で可能な6つの組み合わせである。最初の例については答えを記入済みである。残りの5つの組み合わせについて，遺伝子型と表現型を記入しなさい。

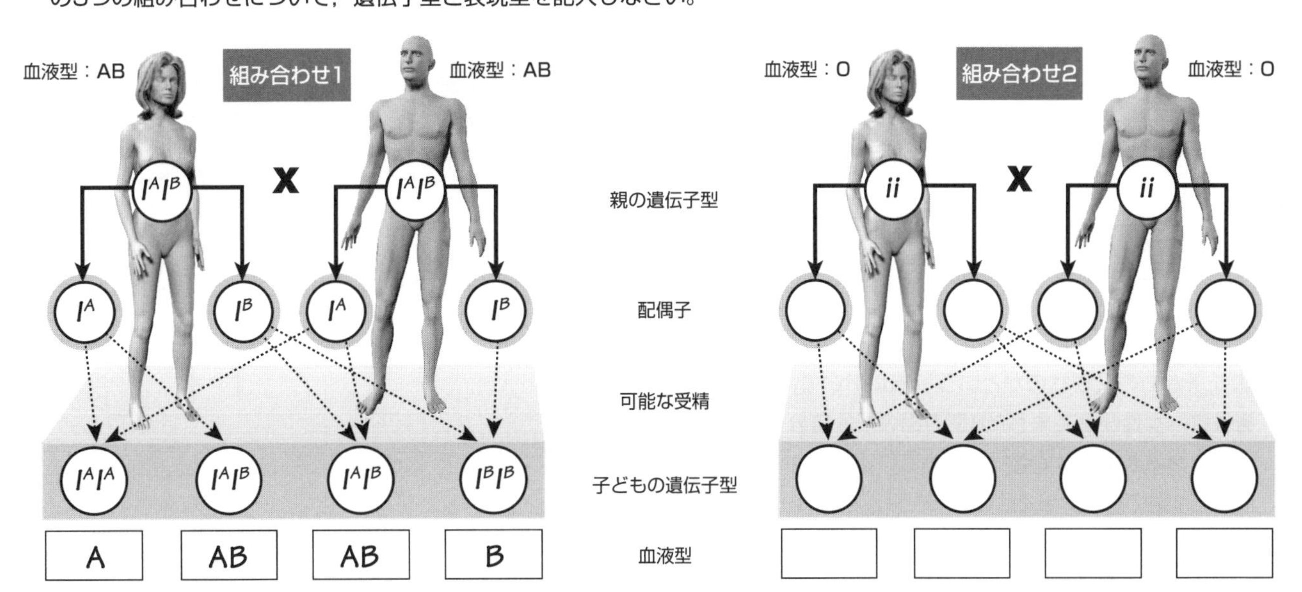

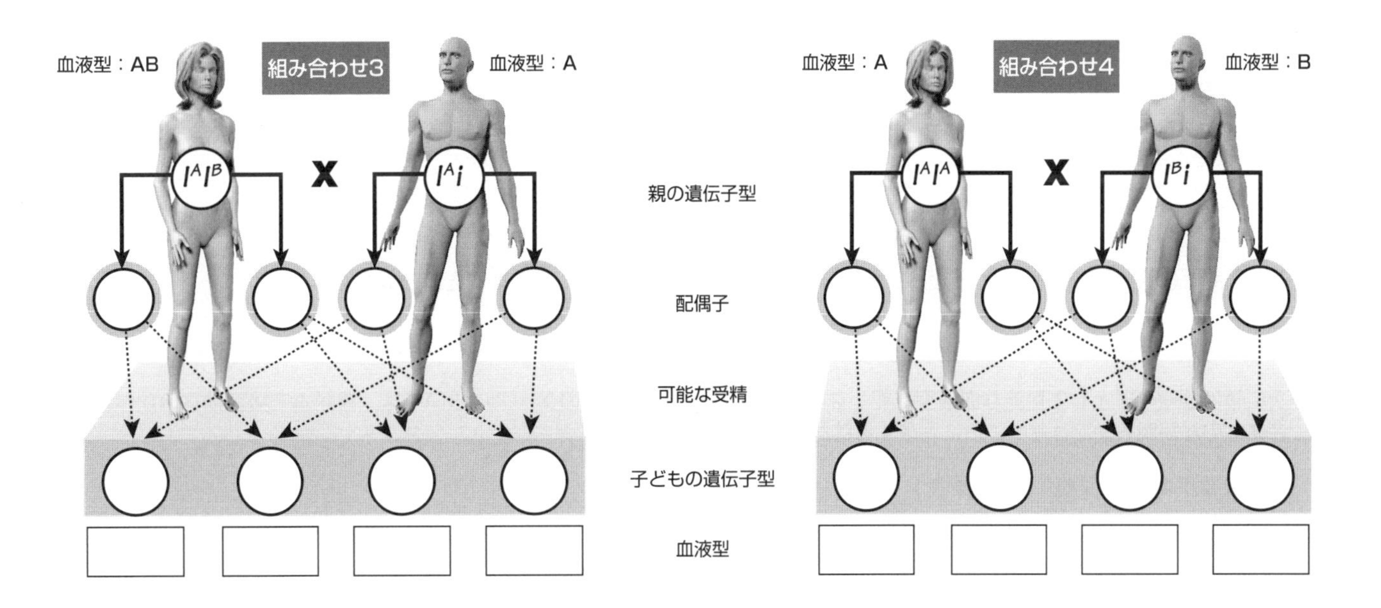

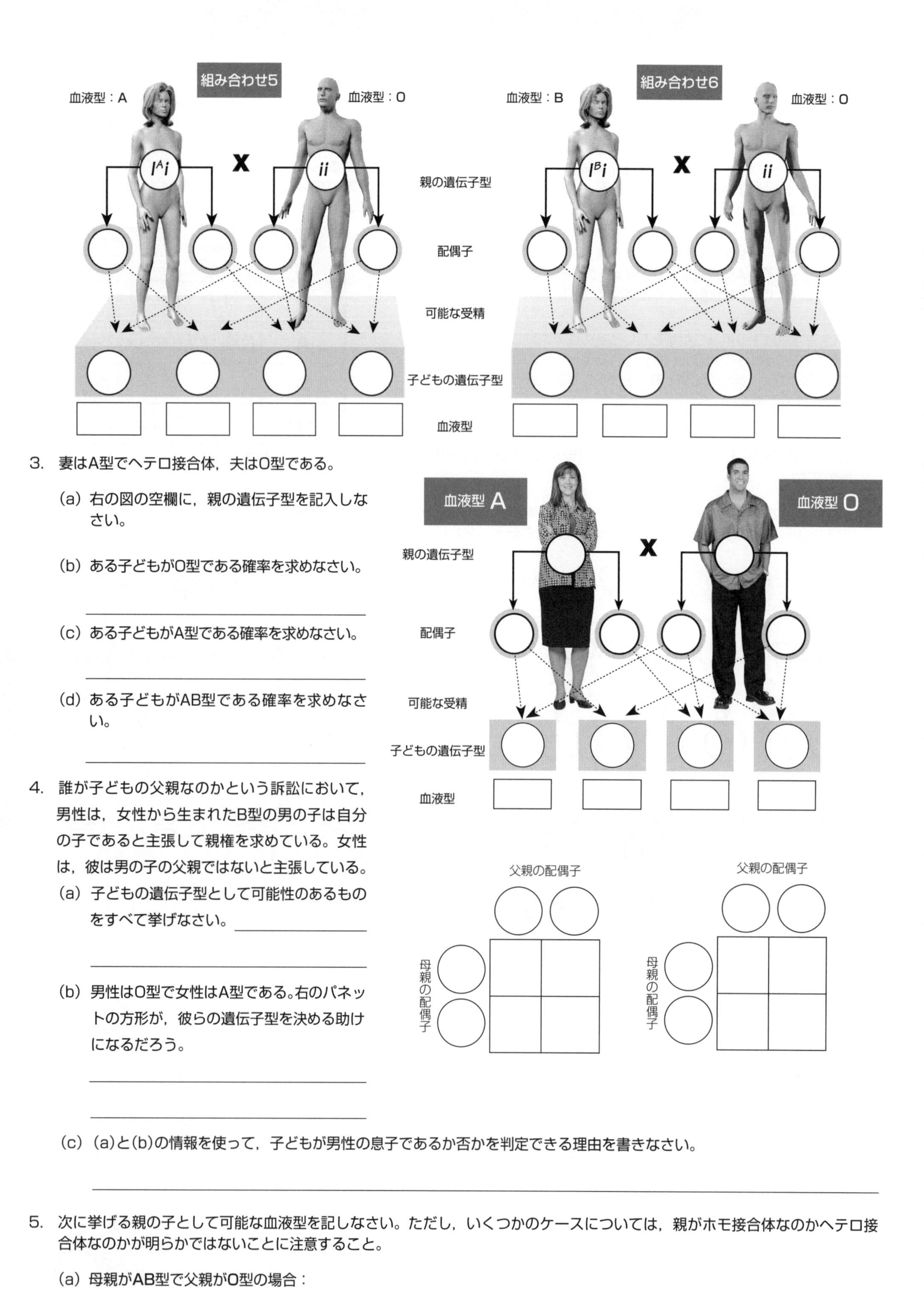

3. 妻はA型でヘテロ接合体，夫はO型である。

(a) 右の図の空欄に，親の遺伝子型を記入しなさい。

(b) ある子どもがO型である確率を求めなさい。

(c) ある子どもがA型である確率を求めなさい。

(d) ある子どもがAB型である確率を求めなさい。

4. 誰が子どもの父親なのかという訴訟において，男性は，女性から生まれたB型の男の子は自分の子であると主張して親権を求めている。女性は，彼は男の子の父親ではないと主張している。

(a) 子どもの遺伝子型として可能性のあるものをすべて挙げなさい。

(b) 男性はO型で女性はA型である。右のパネットの方形が，彼らの遺伝子型を決める助けになるだろう。

(c) (a)と(b)の情報を使って，子どもが男性の息子であるか否かを判定できる理由を書きなさい。

5. 次に挙げる親の子として可能な血液型を記しなさい。ただし，いくつかのケースについては，親がホモ接合体なのかヘテロ接合体なのかが明らかではないことに注意すること。

(a) 母親がAB型で父親がO型の場合：

(b) 父親がB型で母親がA型の場合：

伴　性

重要概念：X染色体上の多くの遺伝子は，Y染色体に対応するものがない。そのため，オスにおいては，劣性の対立遺伝子の機能が優性の対立遺伝子によって隠されてしまうことがない。

伴性は，遺伝子が性染色体（X染色体の場合が多い）にあるときに起きる，連鎖の特殊なケースである。その遺伝子にコードされる形質は通常ヘテロ接合体（XY）で見られ，ホモ接合体（XX）ではめったに見られないこととなる。ヒトにおいては，性に連鎖した劣性の遺伝子が，男性の多くの遺伝疾患，たとえば血友病の原因になる。劣性の対立遺伝子をもつ女性は**キャリア**と呼ばれる。

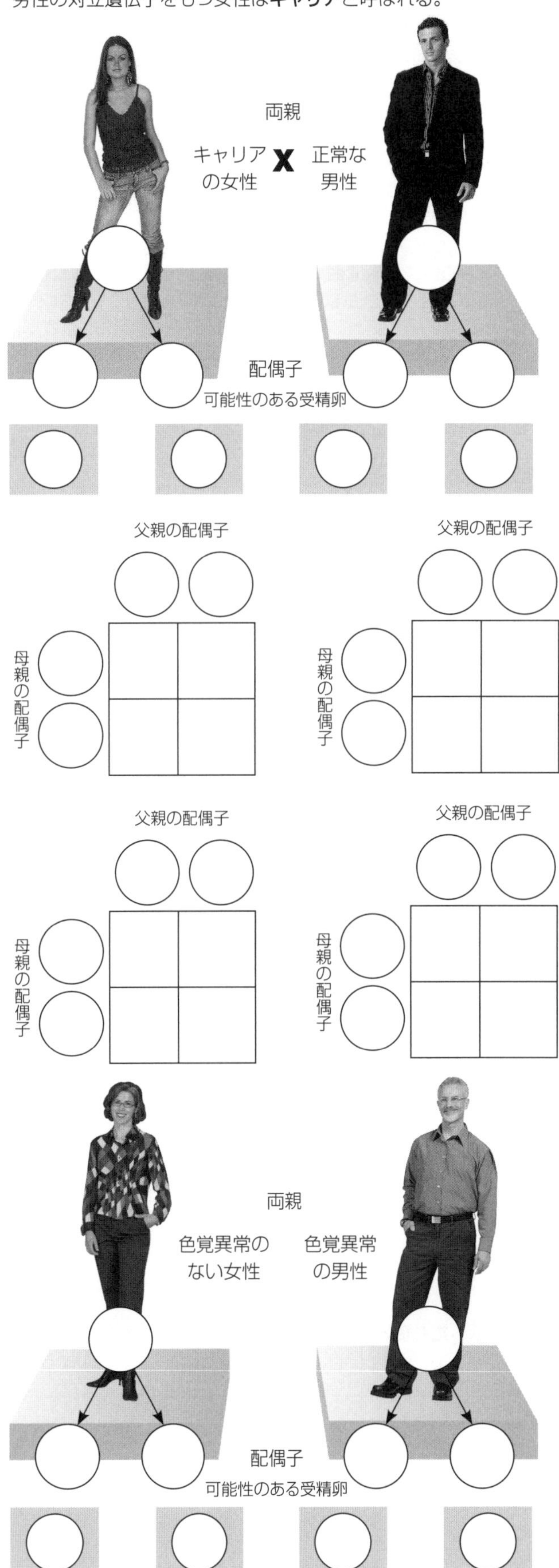

血友病はX染色体に連鎖した遺伝疾患であり，血管が傷ついたときに効果的に血液凝固することができなくなる。もっとも普通のタイプの血友病Aは，男子の出生5,000人に対して1人の割合で見られる。その遺伝子をもつ男性は誰でもその表現型を示す。女性の血友病はきわめてまれである。

1. カップルが子どもを望んでいる。女性は自分が血友病のキャリアであることを知っている。男性は血友病患者ではない。血友病の対立遺伝子をX^h，優性の対立遺伝子をX^Hと表記して，右図の両親，配偶子，可能性のある受精卵の遺伝子型を記入しなさい。次に下表に遺伝子型と表現型を記入しなさい。

	遺伝子型	表現型
男児		

女児		

2. (a) 2組目のカップルも子どもを望んでいる。女性は母方の祖父が血友病であるが，両親はともに血友病でないことを知っている。右のパネットの方形を使って，彼女がキャリア（X^HX^h）である確率を求めなさい。

____

____

(b) 男性は血友病ではなく健常である。右のパネットの方形を利用して，彼らの最初の男児が血友病となる確率を求めなさい。

____

____

3. 赤緑の色覚のための遺伝子はX染色体上にある。その遺伝子に欠陥があると，男性には色覚異常が起きる。赤緑色盲X^bは男性の8%に見られるが，女性では1%以下である。

色覚異常の男性と色覚異常のない女性との間には4人の子どもがいる。息子の1人には色覚異常があり，もう1人の息子と娘2人には色覚異常がない。母親について答えなさい。

(a) 遺伝子型：______________________________

(b) 表現型：______________________________

(c) 子どものいずれにもない遺伝子型を特定しなさい。

____

ヒトにおける優性の対立遺伝子

ヒトのくる病の中にはまれに，**X染色体**上にある優性の対立遺伝子で決まるものがある。この場合，ビタミンD投与による治療は有効ではない。対立遺伝子のタイプ，遺伝子型，表現型は下のようになる。

対立遺伝子のタイプ	遺伝子型		表現型
X^R＝くる病の影響を受ける	X^RX^R，X^RX	＝	影響された女性
X＝正常	X^RY	＝	影響された男性
	XX，XY	＝	正常な男性と女性

遺伝カウンセラーであるあなたは，この病気の家族歴のある1組の夫婦から相談を受ける。夫はこの病気の影響を受けており，妻は正常である。カップルが子どもをもうけることを考えるときに，子どもがこの病気になる可能性について知りたいと思う。病気になる男児，病気になる女児が生まれる確率についても知りたいはずである。上に示した表記を使って右図の空欄に遺伝子型を記入しなさい。そして，下記の項目の確率を求めなさい（割合か百分率で表しなさい）。

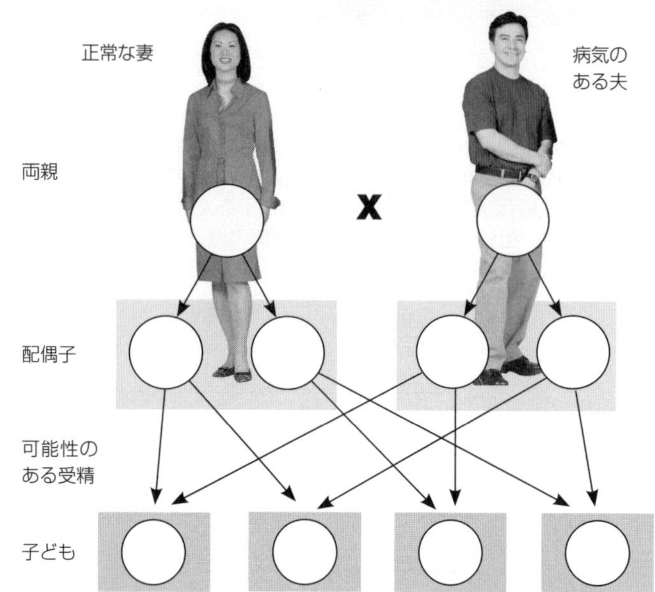

4. 以下の子どもをもつ確率を求めなさい。

(a) 病気のある子ども：__________

(b) 病気のある女児：__________

(c) 病気のある男児：__________

遺伝カウンセリングのために，同じ病気の家族歴のあるカップルがもう1組あなたに会いに来る。今回のケースでは夫は病気ではないが，妻が病気を患っている。そして，妻の父親はこの病気ではない。彼らの子どもがこの病気をもつ確率を求めなさい。彼らは病気の男児，病気の女児の生まれる確率も知りたい。上に示した表記を使って右図の空欄に遺伝子型を記入しなさい。そして，下記の項目の確率を求めなさい（割合か百分率で表しなさい）。

病気の
ある妻
正常な夫
両親
X
配偶子
可能性の
ある受精
子ども

5. 以下の子どもをもつ確率を求めなさい。

(a) 病気のある子ども：__________

(b) 病気のある女児：__________

(c) 病気のある男児：__________

6. 上に示したものとは異なる例を挙げて，遺伝病の遺伝において伴性が果たす役割を考察しなさい。

遺伝の様式

重要概念：伴性の形質と常染色体による形質とでは遺伝のパターンが異なる。

以下の，ヒトにおけるさまざまなタイプの一遺伝子雑種（常染色体劣性遺伝，常染色体優性遺伝，伴性劣性遺伝，伴性優性遺伝）についての問いに答えなさい。

1．常染色体劣性遺伝

例：色素欠乏症（白化）

髪，眼や皮膚の色素欠乏症は，性にかかわりなく，常染色体の劣性対立遺伝子によって遺伝する。

記号：PP（正常）　Pp（保因者）　pp（色素欠乏症）

(a) 2人の保因者の交配について，親の表現型を書き込み，パネットの方形を完成させなさい。

(b) この交配による表現型の分離比を答えなさい。

表現型の分離比：＿＿＿＿＿＿＿＿

2．常染色体優性遺伝

例：縮れ毛

縮れ毛は，常染色体の優性対立遺伝子によって遺伝する。この表現型のヒトは，少なくとも一方の親も同様の形質をもっている。

記号：WW（縮れ毛）

Ww（縮れ毛，ヘテロ接合体）　ww（正常）

(a) ヘテロ接合体の親どうしの交配について，親の表現型を書き込み，パネットの方形を完成させなさい。

(b) この交配による表現型の分離比を答えなさい。

表現型の分離比：＿＿＿＿＿＿＿＿

3．伴性劣性遺伝

例：血友病

血友病は伴性遺伝をする。劣性の対立遺伝子をもつ男性では発症するが，女性は保因者となる。

記号：XX（正常な女性）

XX^h（保因者の女性）

X^hX^h（血友病の女性）

XY（正常な男性）

X^hY（血友病の男性）

(a) 正常な男性と保因者である女性との交配について，親の表現型を書き込み，パネットの方形を完成させなさい。

(b) この交配による表現型の分離比を答えなさい。

表現型の分離比：＿＿＿＿＿＿＿＿

4．伴性優性遺伝

例：くる病のうち伴性遺伝するタイプ

くる病のまれなタイプとして，X染色体によって遺伝するものがある。

記号：XX（正常な女性）；XY（正常な男性）

X^RX（発症したヘテロ接合体の女性）

X^RX^R（発症したホモ接合体の女性）

X^RY（発症した男性）

(a) 発症した男性とヘテロ接合体の女性との交配について，親の表現型を書き込み，パネットの方形を完成させなさい。

(b) この交配による表現型の分離比を答えなさい。

表現型の分離比：＿＿＿＿＿＿＿＿

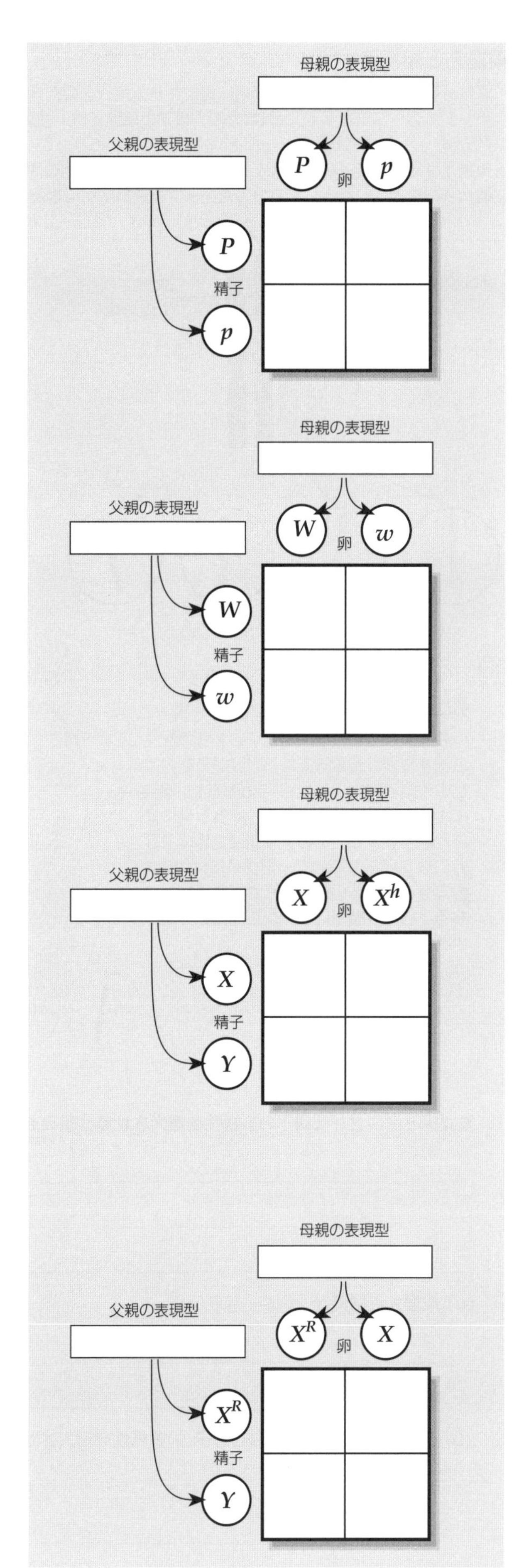

減数分裂と多様性

重要概念：減数分裂は，乗換えと独立組み合わせによって多様性を生み出す。

対立遺伝子の組換えにいたる乗換えと独立組み合わせは，減数分裂の第一分裂で起きる。それらは配偶子の，したがって子の遺伝的な多様性を増大させる。

乗換えと組換え

減数分裂に先立ち，染色体が間期に複製され，第一分裂前期にセントロメアのところで付着した姉妹染色分体が形成される（「減数分裂のステージ」のページを参照）。減数分裂の最初の段階では，複製された染色体が対合する。この間，姉妹染色分体ではない染色分体（非姉妹染色分体）どうしが絡み合い，一部を交換することがあり，これを**乗換え**と呼ぶ。

乗換えは対立遺伝子の**組換え**をもたらし，子について他の原因よりもはるかに大きな多様性を生み出す。同じ染色体上で連鎖している対立遺伝子が交換されると，それらの遺伝子は非連鎖状態になる。

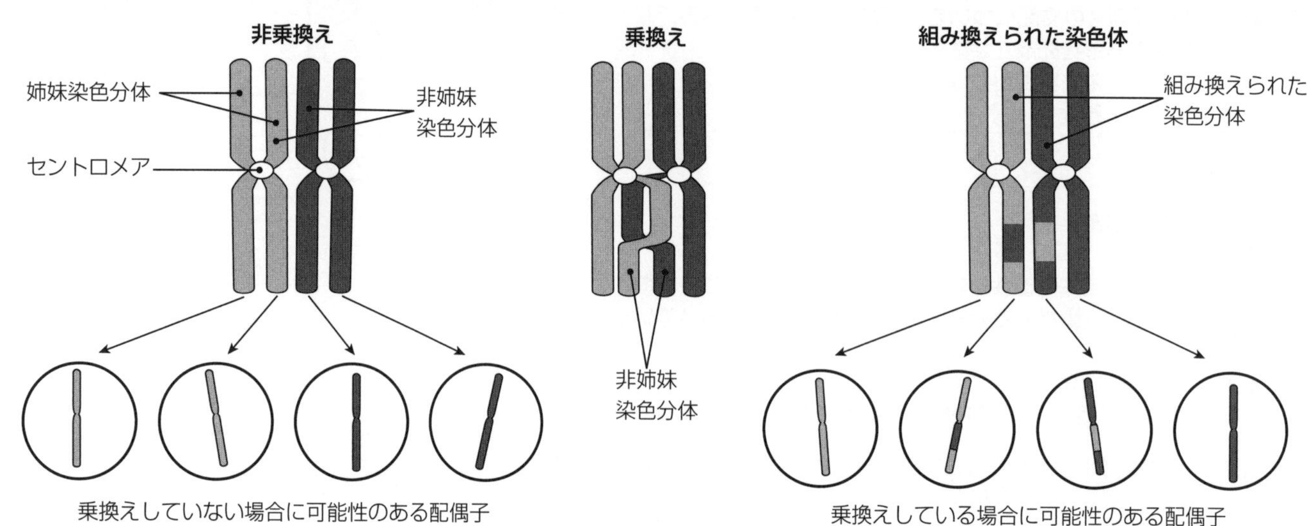

独立組み合わせ

独立組み合わせは，配偶子の多様性を生み出す重要な仕組みである。減数分裂の最初の段階で複製された相同染色体は，細胞の中央で対合する。染色体がどちら側に並ぶかはランダムである。相同染色体の並び方には二通りあるので，配偶子には4種類の異なる染色体の組み合わせがあることになる。右図は簡略にするため，減数分裂の中間段階を省略している。

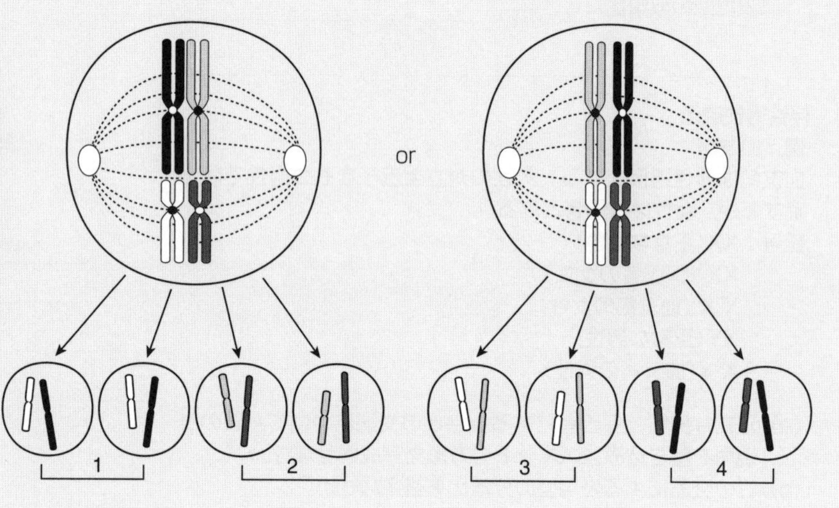

1．独立組み合わせが配偶子の多様性を増大させる仕組みを説明しなさい。

2．(a) 乗換えとは何か，説明しなさい。

(b) 乗換えが配偶子の（すなわち子の）多様性を増大させる仕組みを説明しなさい。

乗換え

重要概念：乗換えとは，非姉妹染色体分体の間で遺伝物質が交換されることであり，配偶子の大きな多様性を産み出す。

乗換えとは染色体の一部の相互交換を意味しており，そこにある遺伝子群が**相同染色体間**ですべて入れ替わる。この過程は**減数第一分裂**の**前期**にだけ起きる。乗換えに間違いがあると，有害な染色体突然変異が引き起こされることがある。乗換えの結果としての組換えは，子の遺伝的な多様性を増大させる重要な仕組みであり，世代を越えて有益な対立遺伝子の集積ができるように，それぞれの遺伝子が独立に動くことを可能にしている。

相同染色体の対合

体細胞は，核内にすべての染色体を対でもつ。これらの対をなす染色体は，それぞれが一方の親に由来するものであり，**相同染色体**と呼ばれる。**減数第一分裂**の前期に，相同染色体は対合によって，**二価染色体**をつくる。これによって相同染色体の染色分体は密着する。

セントロメア
母親由来の染色体
A B C D
A B C D
a b c d
a b c d
姉妹染色分体
非姉妹染色分体
姉妹染色分体
遺伝子
父親由来の染色体

キアズマ形成と乗換え

対合によって，相同染色体の非姉妹染色分体が絡まった状態になり，染色体の一部が交換されることがある。この交換は，**キアズマ**と呼ばれる部位で起きる。右図ではキアズマが形成されているが，染色体断片の交換は完了していない。相同染色体間には，多くのキアズマができることがある。

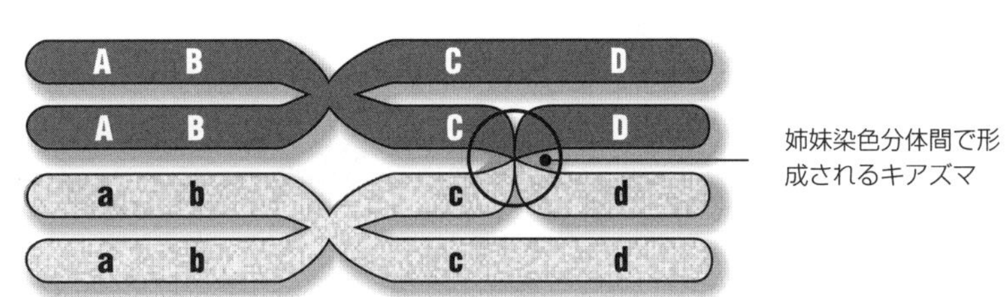

分離

乗換えによって遺伝子の新しい組み合わせができることを，**組換え**という。減数第一分裂後期に相同染色体が分かれるとき，右図にあるように各染色体は対立遺伝子の新しい組み合わせとなり，間もなくできる配偶子に受け渡される。組換えは生物集団の遺伝子プールの多様性を増す大きな原因である。

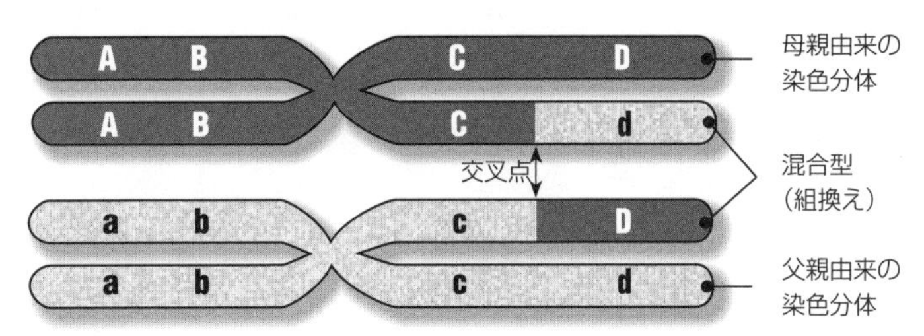

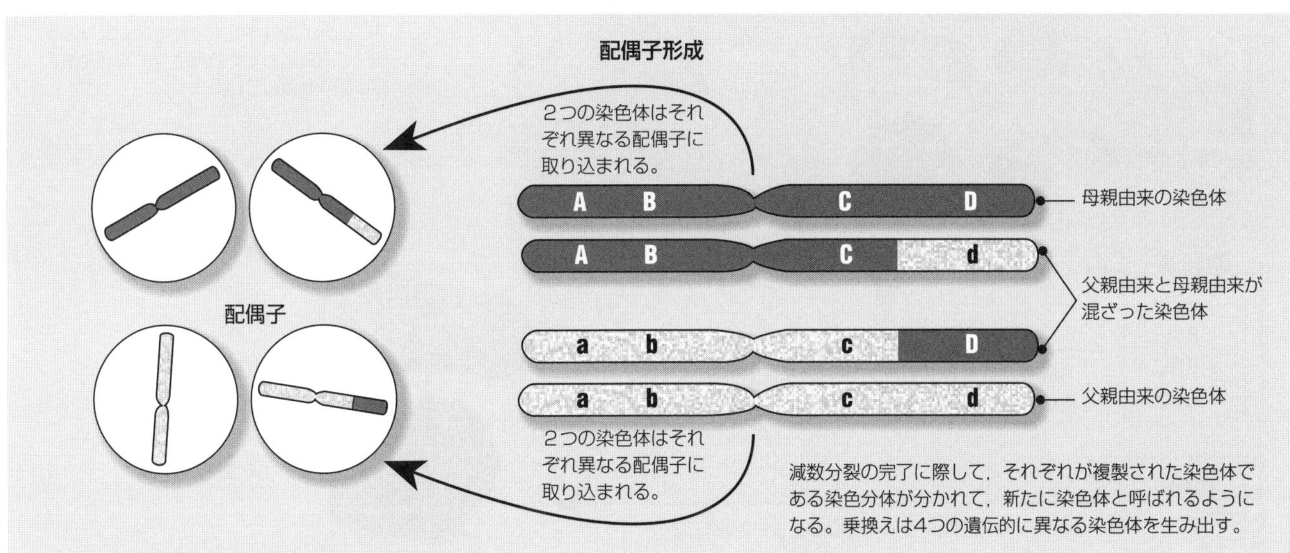

1．(a) 乗換えがどのように配偶子の遺伝子型を変化させるのか，簡単に説明しなさい。

(b) 乗換えはどんな結果をもたらすか述べなさい。

2．有性生殖をする集団の進化において，乗換えにはどんな意義があるか述べなさい。

10 遺伝

二遺伝子交雑

重要概念：2遺伝子の遺伝パターンの研究には，二遺伝子交雑を用いる。連鎖していない常染色体の2遺伝子の交雑においては，予測できる割合で子が生まれる。

2つの遺伝子が異なる染色体にあり，減数分裂において独立に動く場合，二遺伝子交雑によって，4種類の配偶子がつくり出される。下の例で取り上げる二遺伝子は，別々の染色体にあって，**体毛色**と**体毛の長さ**という互いに関係しない2つの特徴にかかわっている。黒毛(B)は白毛(b)に対して，短毛(L)は長毛(l)に対して優性である。

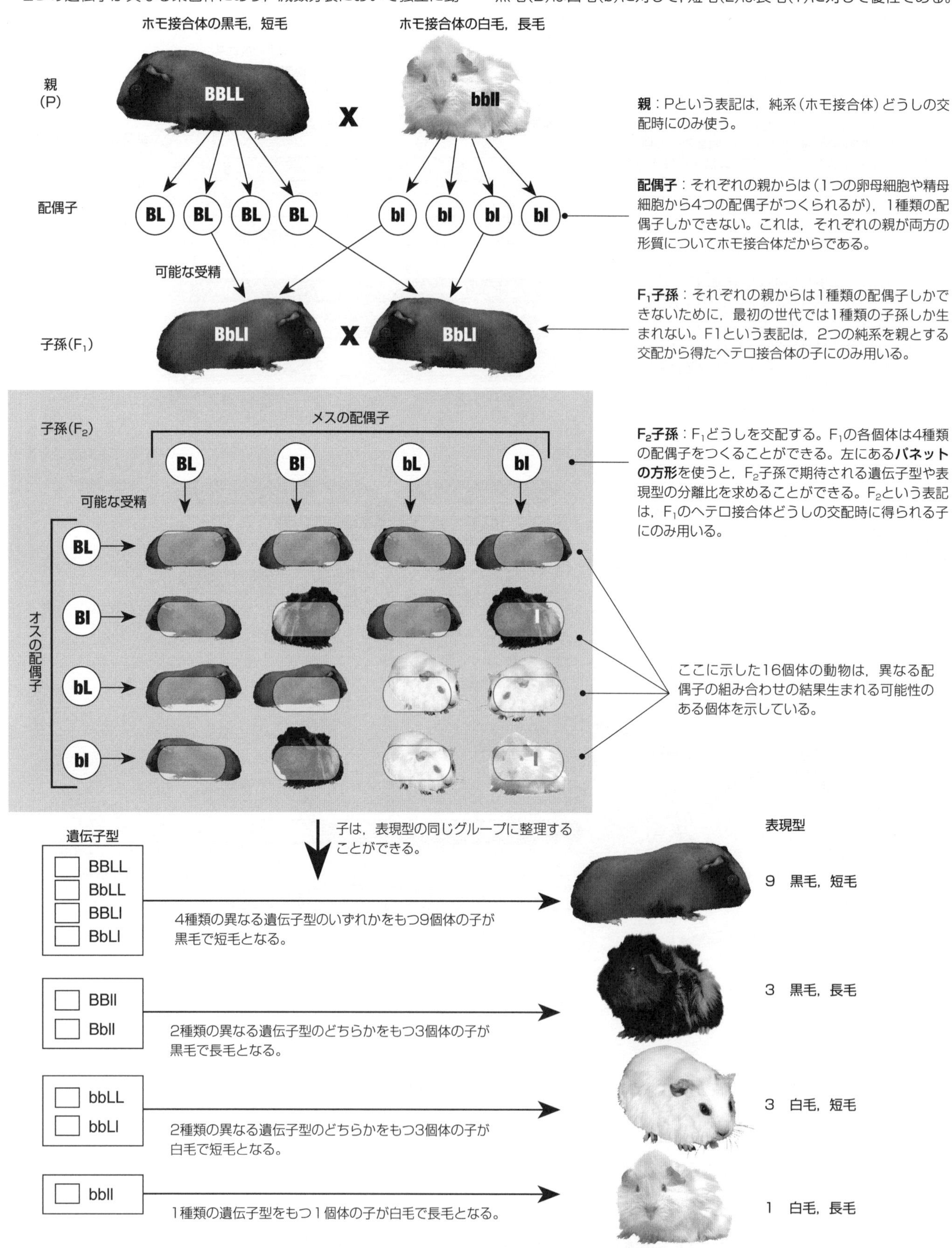

1. 上段のパネットの方形の空欄を埋め，それを利用して下段の遺伝子型の前にある空欄に適当な数字を入れなさい。

連鎖した遺伝子の遺伝

重要概念：連鎖している遺伝子は，同じ染色体にあって一緒に遺伝する傾向にある。連鎖は子の遺伝的多様性を減少させる。

遺伝子は同じ染色体にあると**連鎖**する。連鎖している遺伝子は一緒に遺伝する傾向にあり，乗換えの程度はそれら遺伝子が同じ染色体上でどれほど接近しているのかに依存する。遺伝的交雑で得られる子が（対立遺伝子が別の染色体にあり，かつ独立組み合わせである場合に期待されるよりも大きな割合で）親と同じタイプであるときには連鎖が示唆される。連鎖は，生まれる子の多様性を減少させる。

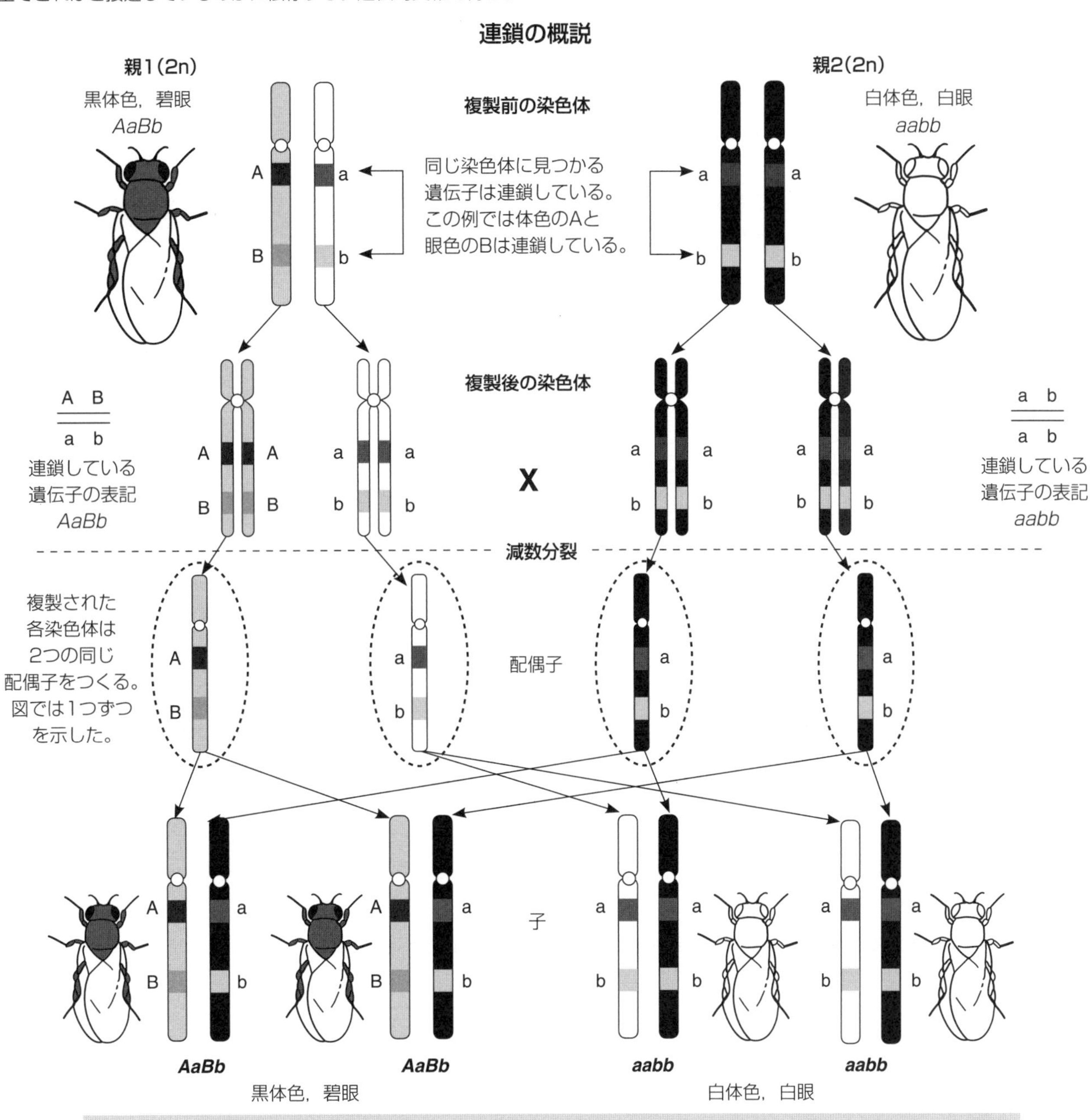

可能性のある子

子の遺伝子型として可能性があるのは2種類だけである。それらは親の遺伝子型と同じである。

1. 遺伝における連鎖の影響とは何か，説明しなさい。 ____________________

____

____

2. 連鎖がどのように子の多様性を減少させるのか，説明しなさい。 ____________________

____

____

____

ショウジョウバエの連鎖している遺伝子の例

翅の形にかかわる遺伝子と体色にかかわる遺伝子は連鎖している（両遺伝子は同じ染色体にある）。

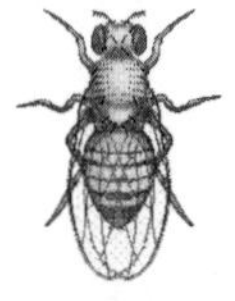

親	野生型のメス	突然変異のオス
表現型	真っ直ぐな翅 灰色の体色	カールした翅 黒体色
遺伝子型	CuCu Ebeb	cucu ebeb
連鎖		

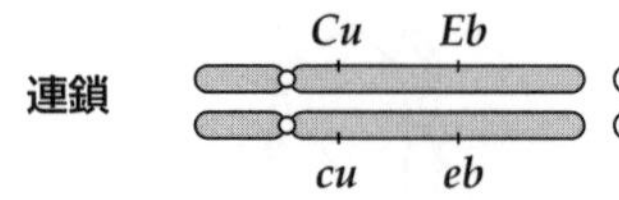

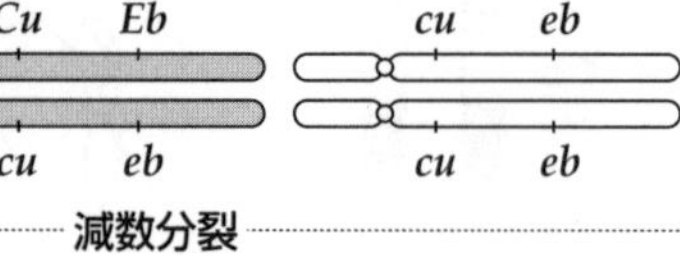

減数分裂

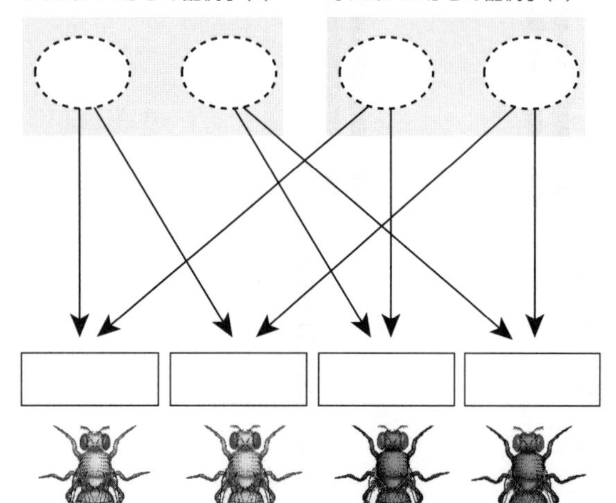

この場合には子の性は無関係である

ショウジョウバエと“連鎖している遺伝子”

左に示した例では，野生型の対立遺伝子は優性であり，突然変異の表現型についての大文字（CuあるいはEb）で表記した。ショウジョウバエに使われるこの表記法は，優性の遺伝子に記号を与える方法とは異なる。この表記法は，ショウジョウバエには，野生型とは異なる多くの表現型（翅のカールや痕跡翅のように）があるために必要となった。野生型遺伝子を小文字で表記する場合には，突然変異による表現型を示すものではない。

キイロショウジョウバエはモデル生物として知られている。モデル生物は，突然変異のような特定の生物現象の研究に利用される。キイロショウジョウバエは突然変異を非常に多く得ることができるので，とりわけ有用である。世代交代に必要な時間が短く，多数の子を生産し，系統を維持するのが容易であることがキイロショウジョウバエを研究にとって理想的な生物としている。

キイロショウジョウバエの眼色と体色の多様性を示す例。上の写真の野生型にはWの印をつけてある。

3. 連鎖を図示した上の図の楕円に配偶子の遺伝子型，四角に子の遺伝子型を書き込みなさい。

4. (a) 遺伝子CuとEbが異なる染色体にあるとしたときに，子の遺伝子型として可能性のあるものを列挙しなさい。

   (b) ショウジョウバエのメスが，優性である野生型対立遺伝子（CuCu EbEb）のホモ接合体であったとして，以下に答えなさい。

   F_1の遺伝子型：＿＿＿＿＿＿　F_1の表現型：＿＿＿＿＿＿

5. ショウジョウバエの2番目のペアを交配した。メスの遺伝子型はVgVg EbEb（真っ直ぐな翅，灰色体色）で，オスの遺伝子型はvgvg ebeb（痕跡翅，黒体色）であった。遺伝子が連鎖しているとして，交配させたときの子の遺伝子型と表現型を列挙しなさい。

   vg＝vestigial（痕跡翅）

6. ショウジョウバエが遺伝の研究においてモデル生物としてよく利用される理由を説明しなさい。

第11章

驚くべき生物，驚くべき酵素

重要概念：それぞれの生物が置かれた環境の中で生存するためにつくり出している物質は，バイオテクノロジーの諸問題を解決するのに役立つことがある。

1980年代以前，科学者が極限の状態で生存する生物として知っていたのは，わずか数種類であった。事実，多くの科学者は，高塩濃度や高温，高圧の環境では，生命は存在しないと考えていたが，深海の熱水噴出孔に棲む細菌が発見され，考えが変わった。そのような細菌は，110℃以上の環境や200気圧を超える環境でも生存することができる。陸上の火山性温泉にも細菌は生存しており，80℃を超える温度でも生存できるものもいる。ほとんどの酵素は，40℃以上の温度で変成するが，これら好熱菌のもつ酵素は，高温下でもしっかりと機能する。この発見は，バイオテクノロジーにおいてもっとも重要な技術の1つである，**ポリメラーゼ連鎖反応**(PCR)の発見につながった。

PCRは，1970年代に初めて報告された技術であり，これによって，科学者はDNAの断片を何百倍にもコピーし増幅することができるようになった。DNAは，98℃に加熱されると1本鎖に解離し，ポリメラーゼ酵素によって，遊離した核酸を使って新しいDNA鎖が合成される。この技術は，その初期においては，ポリメラーゼが高温で変成してしまうため，サイクルごとにポリメラーゼを変えなければならず，労力を要し高価であった。1985年に，好熱性のポリメラーゼ(***Taq*ポリメラーゼ**)が，イエローストーン国立公園に棲む好熱菌 *Thermophilus aquaticus* から単離された。この酵素は複数回のPCRサイクルを経ても安定して機能するため，PCRの自動化が可能になった。これによって，DNAサンプルを増幅し塩基配列を解析することが容易になり，バイオテクノロジー，特に遺伝子工学は急速に進歩した。

バイオテクノロジーの発展のためには，極限環境下に棲む生物から新しい未知の化合物を探索することが重要である。生物は，それぞれの特定の環境下で働く化合物をもっているはずであり，そのような化合物を発見し，抽出することによって，われわれヒトが利用できるようになる可能性がある。たとえば，南極に棲む海綿 *Kirkpatrickia variolosa* は，アルカロイドを産生し，他の生物が近くで成長するのを妨げる毒として排泄する。試験によって，これと同様の化合物が抗がん作用をもつ可能性が示されている。他の海綿のもつ化合物も，がんや，エイズ，結核，バクテリアによる感染症，嚢胞性線維症など，さまざまな病気の治療に使えるかどうか調べられている。

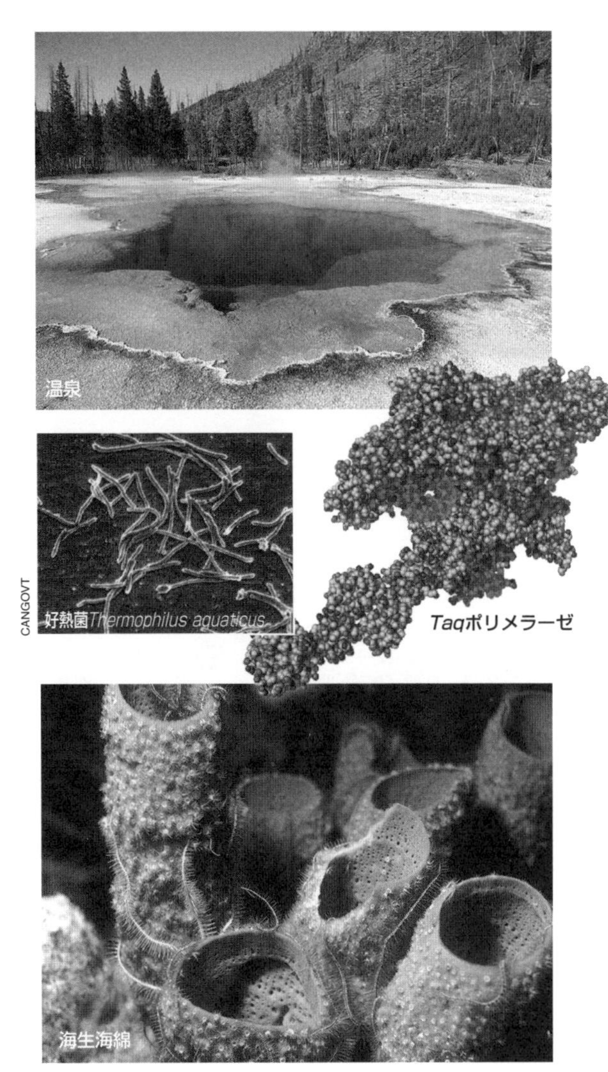

1．なぜ，PCRは，1980年代中ごろまで実用的な技術ではなかったのか，説明しなさい。

2．なぜ，*Taq*ポリメラーゼが，PCRの発展において非常に重要であったのか，説明しなさい。

3．他の生物の生存様式を調べることが，関係ない科学分野の進歩にどのようにつながるのか，説明しなさい。

ポリメラーゼ連鎖反応

重要概念：PCRは，ポリメラーゼ酵素を用いて，DNAサンプルを数時間で数百万コピーに増幅する。

DNA配列解析やDNA鑑定など，DNAを使ったテクノロジーの多くは，多量のDNAを必要とするが，わずかな量のDNAしか得られないことが多い（たとえば，犯罪現場や絶滅種からDNAを採取する場合など）。**PCR**（**ポリメラーゼ連鎖反応**）は，実験室において，もとのサンプルから大量のDNAをつくる技術であり，しばしば**DNA増幅**とも呼ばれる。PCRによる複製の1サイクルの概要が，以下にまとめられている。続いて起こるサイクルによって指数関数的にDNAを複製するため，PCRは，数時間で数百万コピーをつくることができる。

ポリメラーゼ連鎖反応の1サイクル

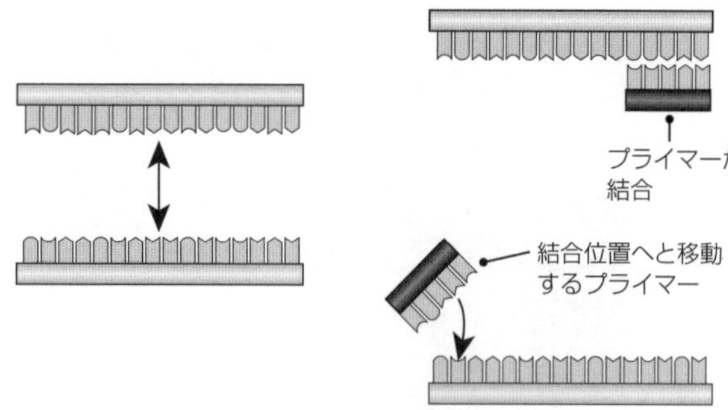
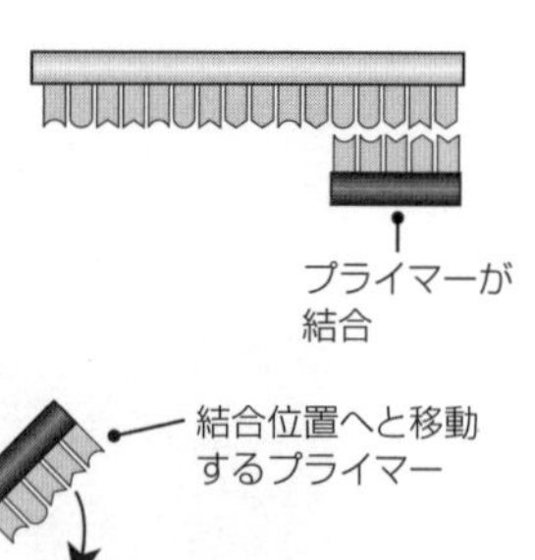

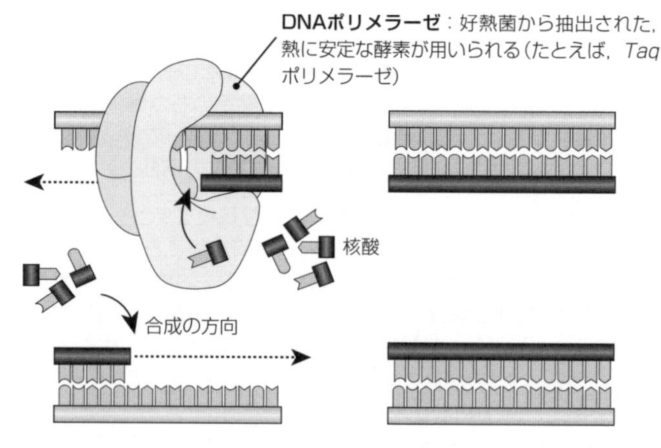

❶ DNAサンプル（**ターゲットDNA**）を得る。98℃で5分間加熱しDNAを変成させる（DNA鎖が解離する）。

❷ サンプルを60℃に冷やす。プライマーが各DNA鎖に結合する。プライマーとは，DNA伸長の開始配列となる短いDNA鎖のこと。

❸ DNAポリメラーゼはプライマーに結合し，遊離核酸を使って，相補的なDNA鎖を合成する。

❹ 1サイクル後，もとのDNAが2コピーできる。

およそ25サイクル繰り返す

ターゲットDNAのコピーが十分量合成できるまで，加熱と冷却のサイクルを繰り返す。

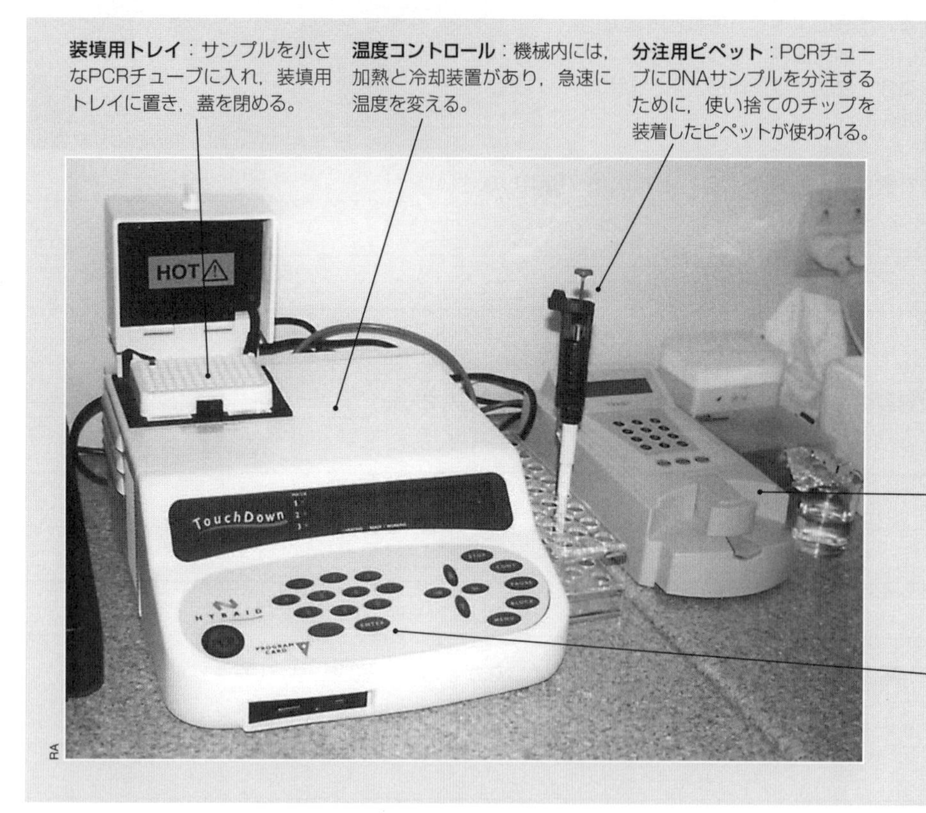

サーマルサイクラー：DNAの増幅は，サーマルサイクラーと呼ばれる簡便な機械で行われる。DNAサンプルが準備できたら，数時間でDNA量を百万倍に増やすことができる。サーマルサイクラーは，大学の生物系学部や他の研究所，分析所で共通して使われている。左の写真は，典型的な装置の例である。

DNAの定量：サンプルのDNA量は，この定量用機器に一定量を載せることで測ることができる。多くの遺伝子工学実験で必要とされるDNAの量はごく少量である。

制御：コントロールパネルを使って，多くの異なるPCRプログラムを機械に記憶させておくことができる。PCRを実行する際には，通常，記憶させてあるプログラムの1つを開始する。

1．PCRの目的を説明しなさい。______________________________

____

____

____

2. **ポリメラーゼ連鎖反応**がどのように起こるか，説明しなさい。

3. ほんのわずかしかDNAサンプルを得ることができない中で，PCRが使われる状況を3つ述べなさい。

(a)

(b)

(c)

4. 2サイクルの複製後，4コピーの2本鎖DNAが存在する。以下のPCRサイクルのあと，DNAサンプルがどれだけ増加するか，計算しなさい。

(a) 10サイクル：　(b) 25サイクル：

5. PCRの準備において，異物が混ざる危険性は無視できない。

(a) PCR前のサンプルに，望まないDNAの1分子が混ざったときの影響を述べなさい。

(b) PCRサンプルの準備中に，他のDNAが混入してサンプルが汚染される可能性がある。汚染源となりやすいものを2つ挙げなさい。

ソース1：

ソース2：

(c) 他のDNAの混入による汚染の危険性を減らすための予防策を2つ述べなさい。

予防策1：

予防策2：

6. PCRによるDNA増幅を必要とする遺伝子工学・遺伝子操作を2つ述べなさい。

(a)

(b)

ゲル電気泳動

重要概念：ゲル電気泳動は，DNA断片を大きさに基づいて分離するために使われる。

ゲル電気泳動を用いることで，DNA断片をその大きさによって分けることができる。DNAは，全体として負に帯電しており，電気泳動用ゲルに電気を流すと，ゲルに装填されたDNAは正の電極に向かって移動する。DNA分子のゲル中の移動度は，基本的にはその分子サイズと電場の強さに依存している。DNAが移動するゲルは多孔質であるため，小さいDNA分子は大きなものより，その孔を簡単に（かつ速く）移動できる。電気泳動が終わると，DNA分子はいくつものバンドとして染色，視覚化できる。各バンドは，特定の大きさのDNA分子の集まりである。ゲルの開始点からもっとも離れた位置にあるバンドは，最小のDNA断片の集まりである。ゲルの開始点にもっとも近いバンドは，最大のDNA断片の集まりである。

ゲル電気泳動によってDNAを分析する

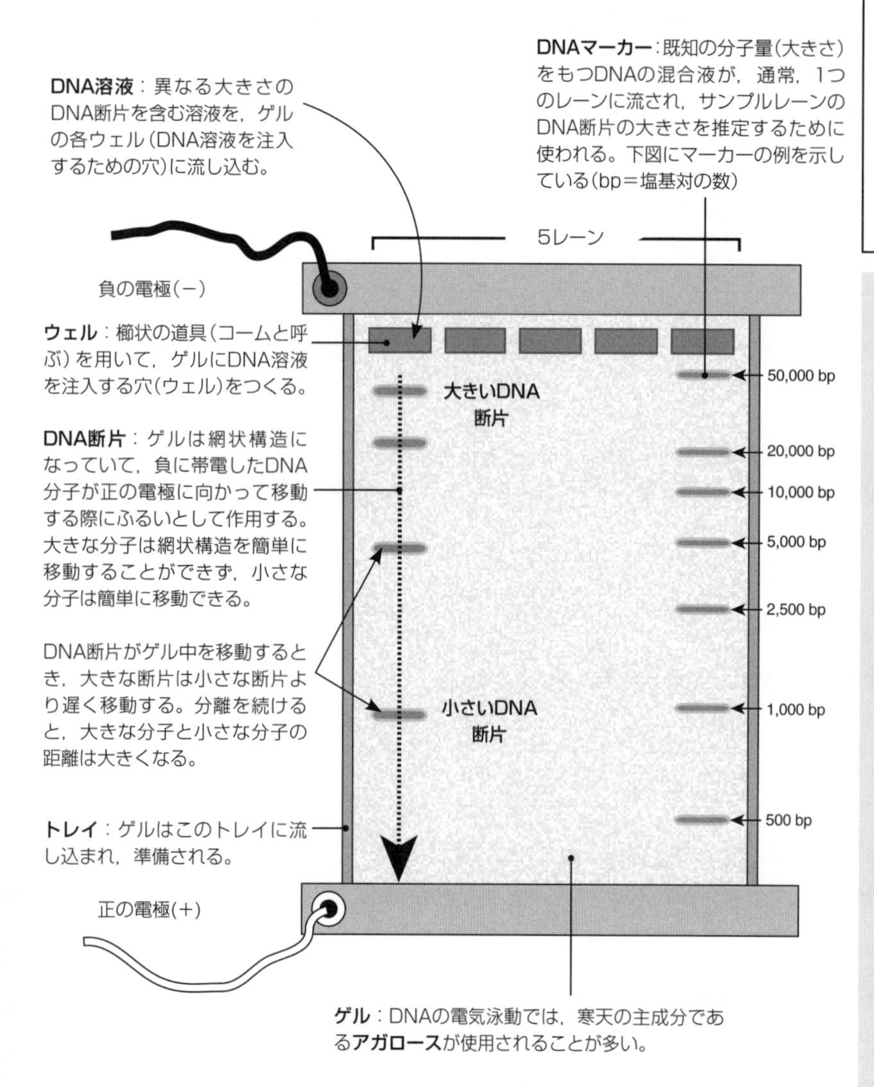

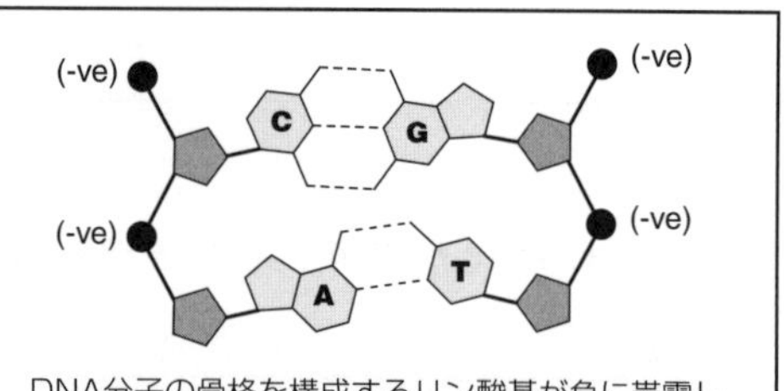

DNA分子の骨格を構成するリン酸基が負に帯電しているため，DNAは負に帯電している。

DNAゲル電気泳動の工程

1. ゲルを流し込むトレイをセットする。
2. コームをトレイにセットする。
3. アガロース粉末をバッファー（DNAを安定な状態に保つ緩衝液）と混ぜ，アガロースが溶けるまで加熱する。溶けたらトレイに流し，冷ます。
4. ゲルの入ったトレイを電気泳動槽に置き，ゲルが浸るくらいまで泳動槽をバッファーで満たす。こうすることによって，両端にある電極からゲル中を電流が流れる。
5. DNAサンプルを泳動用染色液と混ぜ，DNAサンプルを見えるようにする。染色液にはグリセロールあるいはスクロースが含まれているため，DNAサンプルはバッファーよりも重くなり，バッファー液中に拡散することなく，ウェルの底に沈む。
6. 安全カバーをゲルの上にかぶせ，電極を電源装置につなぎ，電源を入れる。
7. 染色マーカーがゲル中を移動したら，電源を切り，ゲルをトレイから取り出す。
8. DNAに結合し，UV光を当てると蛍光を発するメチレンブルーやエチジウムブロマイドなどのゲル染色剤で染めることによって，DNA分子を可視化できる。

1. ゲル電気泳動の目的は何か述べなさい。＿＿＿＿＿＿＿＿＿＿

2. DNA断片がゲルを移動する速さをコントロールする2つの要素（力）を述べなさい。

(a) ＿＿＿＿＿＿＿＿＿＿

(b) ＿＿＿＿＿＿＿＿＿＿

3. なぜ，もっとも小さな断片が，もっとも速く移動するのか説明しなさい。＿＿＿＿＿＿＿＿＿＿

PCRを用いたDNA鑑定

重要概念：ゲノム中のDNA配列が繰り返されている領域では，人によって繰り返しの回数が異なる。この繰り返しの違いは個人の遺伝的なプロファイルとして使うことができる。

染色体の中には，DNAの単純な繰り返し配列が存在する。それらはタンパク質をコードしない核酸配列で，何度も繰り返され，またゲノム中に散在している。**マイクロサテライト**あるいは**ショートタンデムリピート**（STR）と呼ばれる繰り返し配列は，とても短くて2～6塩基対しかなく，100回近く繰り返されていることもある。ヒトゲノムには，多くの異なるマイクロサテライトが存在する。繰り返し配列は，個々人において繰り返されている数が大きく異なる。この現象用いて，各人のDNAにある自然変異を同定する**DNA鑑定**が発展してきた。これら個々人におけるDNAの相異を同定することは，科学捜査の有用なツールとなる。アメリカでは，科学捜査におけるDNA鑑定を認可された研究所がたくさんある。これらの研究所では，13個のSTR遺伝子座をDNA鑑定のターゲットとしている：他の人が同じ結果となる可能性が非常に低い（10億人に1人よりも少ない）ことを保証するには十分な数である。DNA鑑定は，これまで未解決であった犯罪の解明に使われるとともに，現在の捜査でも活用されている。DNA鑑定は，遺伝学的な家族関係の問題（たとえば，父子関係にかかわる問題，血縁にかかわる問題）の解決のためや，特定の遺伝子を探す（たとえば，病気の原因遺伝子を探す）ためにも使うことができる。

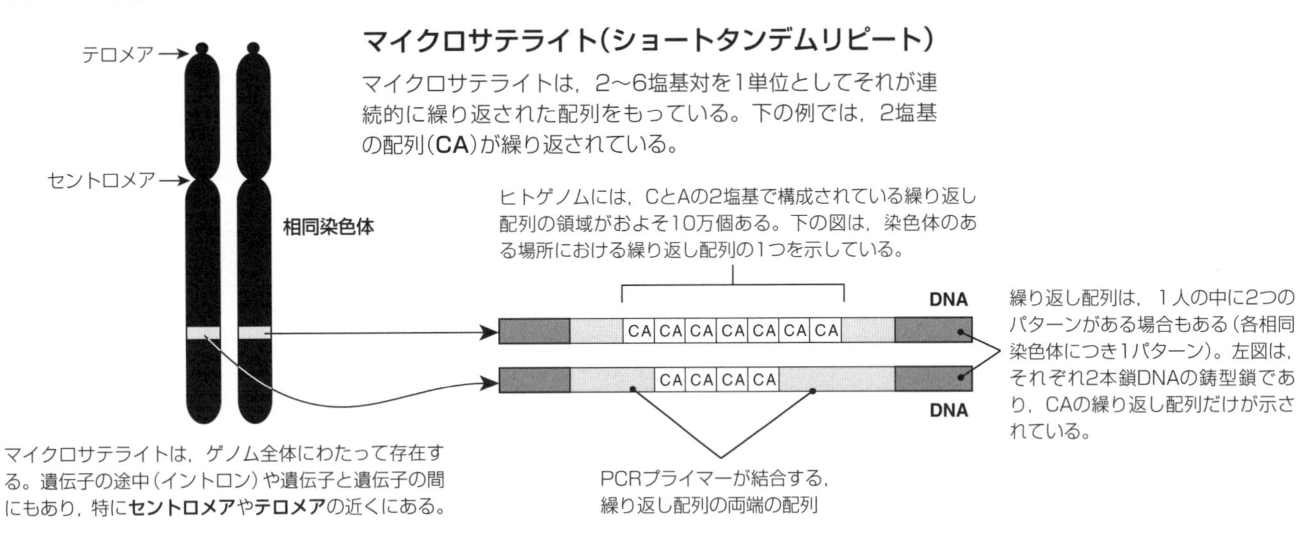

ショートタンデムリピートが，どのようにDNA鑑定に使われるか？

右図は，3人のDNAの同じ領域（遺伝子座）に，どのくらい異なるマイクロサテライトの配列がみられるのかを示している。それぞれのDNAプロファイルは電気泳動によって見ることができる。

❶ サンプルからDNAを抽出する

生きている生物あるいは死んだ生物の組織からサンプルを収集し，化学薬品と酵素で処理してDNAを抽出し，分離，精製する。

❷ PCRを使って，マイクロサテライトを増幅する

マイクロサテライトの各端の領域（灰色で示されている）に結合する特異的なプライマー（矢印）を用いて，マイクロサテライトとその両端の配列を増幅する（その他のDNA領域は増幅されない）。

❸ ゲル上のDNA断片を観る

DNA断片は，ゲル電気泳動により長さに基づいて分離される。負に帯電しているDNAは，正極の方向に移動する。小さな断片は，大きなものより速く移動する。

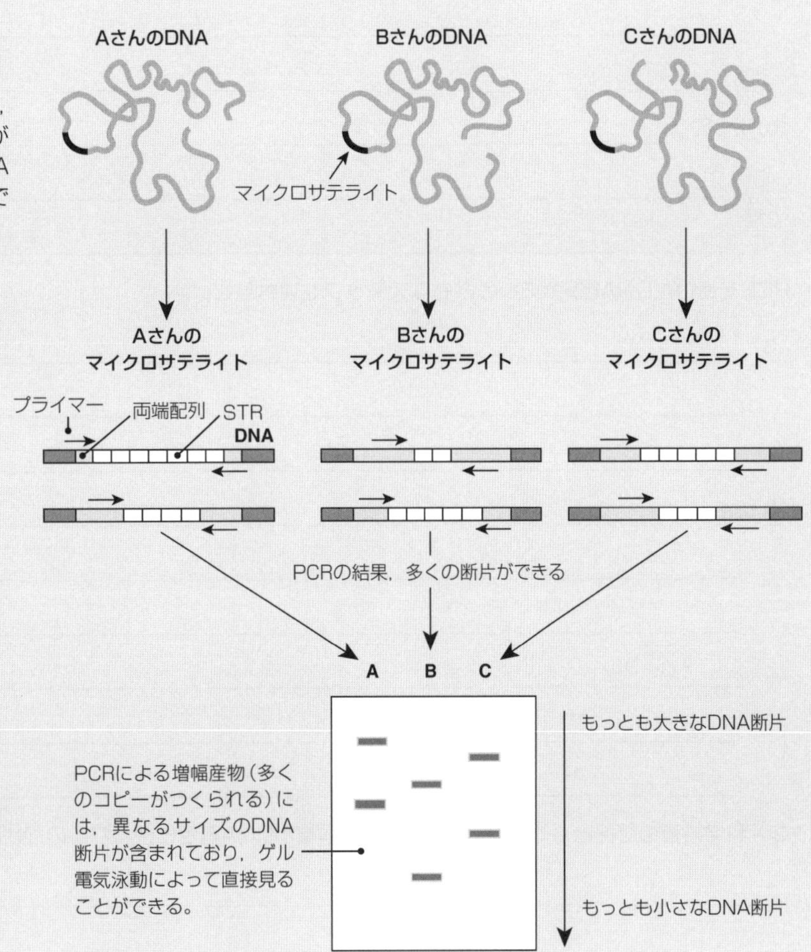

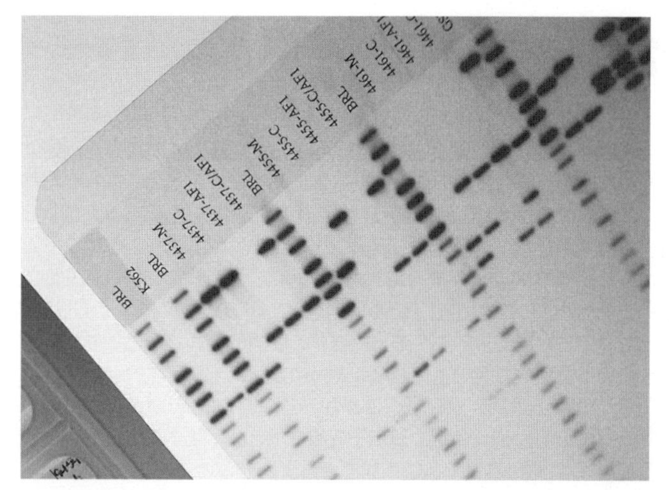

上の写真は，DNA鑑定の結果を示すフィルムである。規則的にバンドが並んでいるレーンが，目盛として使われる。このレーンには，長さが既知のDNA断片が泳動される。この目盛りが未知サンプルのDNA断片の長さを決めるために使われる。

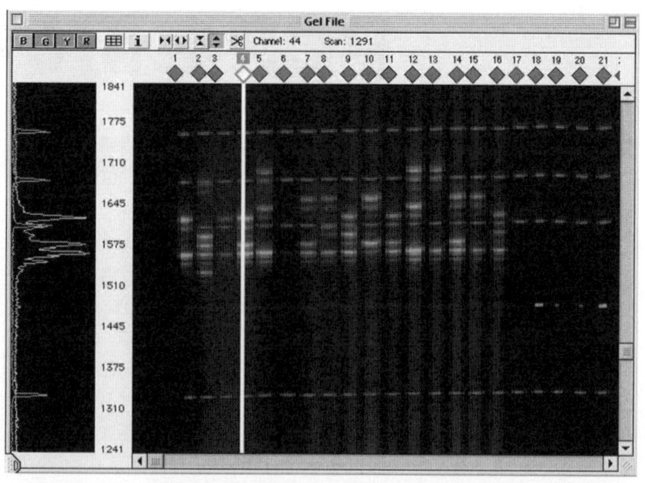

DNA鑑定は，DNAの塩基配列解析と同様に，自動化されている。強力なコンピュータソフトウエアによって，同時に泳動された多くのサンプルの結果を表示することができる。上の写真では，レーン4のサンプルが選択され，スクリーンの左側に異なる長さの断片が表示されている。

1. DNA鑑定技術に応用するうえで重要な，ショートタンデムリピートの特性を述べなさい。

2. DNA鑑定の過程で用いられる以下の技術が果たしている役割を説明しなさい。

(a) ゲル電気泳動：

(b) PCR：

3. PCRを用いたDNA鑑定の3つのおもなステップを述べなさい。

(a)

(b)

(c)

4. なぜ科学捜査の証拠として，10か所ものSTR領域がDNA鑑定に使われるのか説明しなさい。

DNA鑑定の科学捜査への応用

重要概念：DNA鑑定は，科学捜査において多くの応用がなされている。

殺人のような犯罪を解決するための道具としてDNAが利用されることはよく知られているが，DNAはほかにも多くの利用方法がある。DNAの証拠は，体の一部を同定するためや，企業への妨害行為や工業汚染問題の解決，親子関係のテスト，さらに絶滅危惧種から違法につくられた製品を発見するためにも使われている。

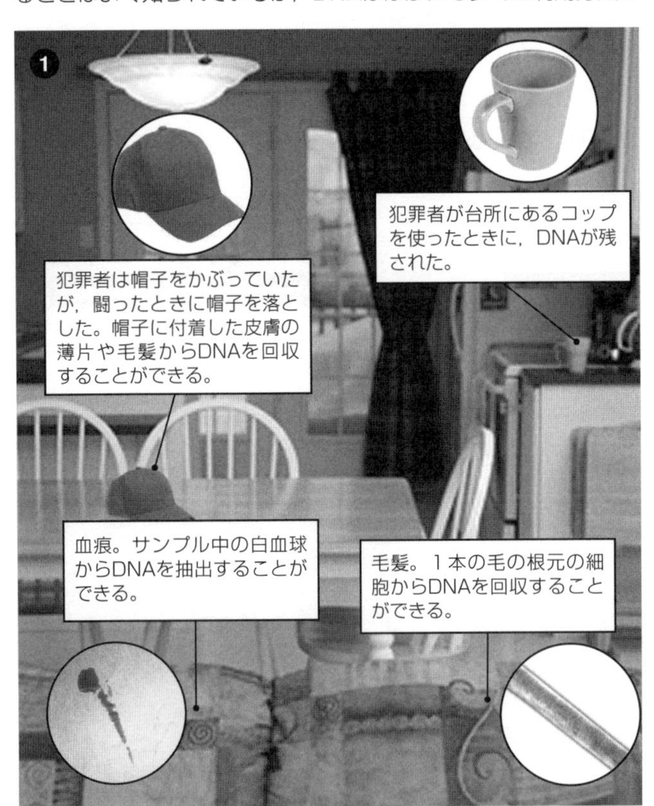

捜査では，まずDNAを含む可能性のあるサンプルを採取し，分析する。犯罪現場では，血液や体液，犯罪者が触れた可能性のある衣類や物品などが対象となる。被害者のものである可能性を排除するために，被害者からもサンプルを採取する。

1. なぜDNAプロファイルは，被害者と捜査員からもつくられるのか，説明しなさい。

2. ②と③からこの容疑者は有罪か無罪か，あなたの判断を説明しなさい。

3. なぜ，CSF1PO遺伝子座9における父子間の一致が，遺伝子座12の一致より重要なのか説明しなさい。

❷ すべてのサンプルからDNAが単離され，プロファイルがつくられ，被害者のDNAプロファイルなど既知のものと比較される。

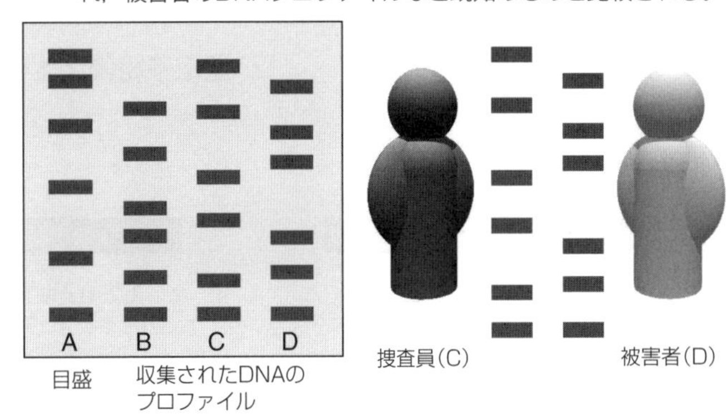

❸ 未知のDNAサンプルを，犯罪者のDNAデータベースや容疑者のDNAと比較する。

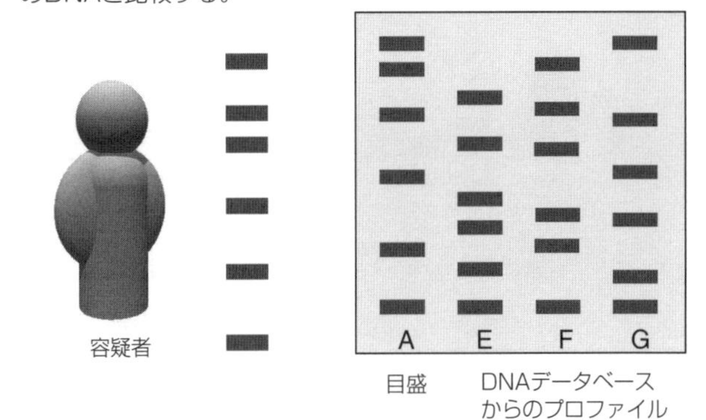

❹ DNAプロファイルはそれ自身だけでは完全ではないが，他の証拠を合わせることで犯罪者を特定するための非常に強力な道具となる。

父子鑑定

DNA鑑定は，非嫡子の父子認定や相続問題のような場合など，親と子どもの遺伝子座を比較し，子と父親（そして母親）との一致を判定するためにも使われる。DNA鑑定は，父親（そして母親）との血縁関係を99.99%の可能性で立証することができる。

各個人は，染色体を2コピー，つまり，鑑定に用いうるDNAマーカーを2コピー（遺伝子座）もっている。DNA鑑定では，各マーカーとなる遺伝子座に，たとえば，母親のものには1，2，父親のものには3，4などと数字をつける。次の表は，両親と子どもの遺伝子座の組み合わせの例を示している。

DNAマーカー	母親の遺伝子座	子どもの遺伝子座	父親の遺伝子座
CSF1PO	7, 8	8, 9	9, 12
D10S1248	14, 15	11, 14	10, 11
D12S391	16, 17	17, 17	17, 18
D13S317	10, 11	9, 10	8, 9

父親（あるいは母親）を決めるためには，集団内における各遺伝子座の出現頻度が重要である。たとえば，DNAマーカーCSF1PO遺伝子座9は，集団内で0.0294の頻度でしか出現しないので，父親と子どもの間での一致には統計的に有意である。一方，遺伝子座12は，0.3446もの頻度があるので，あまり有意であるとはいえない。各遺伝子座について，父権尤度比（paternity index（PI））が計算される。これは，父子間の一致の有意性を示すものである。PIを組み合わせて，血縁関係のパーセント確率が導かれる。

遺伝子組換えとは何か？

重要概念：遺伝子組換え生物（GMO）とは，人工的に遺伝子が改変された生物をさす。GMOは，人の健康や食料供給における多くの問題への解決策となる可能性がある。

遺伝子組換え技術は，新たな治療法の開発や穀物増産に応用できる可能性があり，また世界の公害問題や資源問題を解決する助けとなる可能性がある。人工的に変異を導入されたDNAをもつ生物は，**遺伝子組換え生物**（GMO，genetically modified organisms）と呼ばれる。遺伝子組換えは，下記の3つの中のいずれかの方法によって行われる。現在行われている，または提案されている遺伝子工学の手法は，倫理面や安全面において複雑な問題を提起している。その利用によってもたらされる利益は，人の健康への危険性や他の生物への影響，環境への影響などと秤にかけて，全体として慎重に評価されなければならない。

遺伝子組換え生物（GMO）をつくる

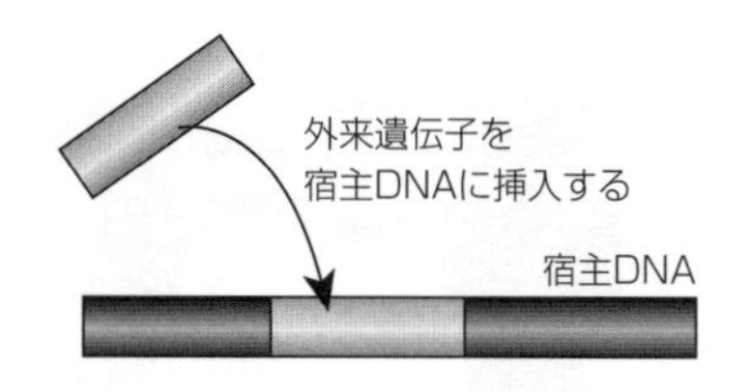

外来遺伝子を挿入する

外来の遺伝子を他の種から挿入する。これにより，GMOが新しい遺伝子によってコードされる形質を発現できるようになる。このようにして遺伝的に組み換えられた生物を**トランスジェニック生物**と呼ぶ。

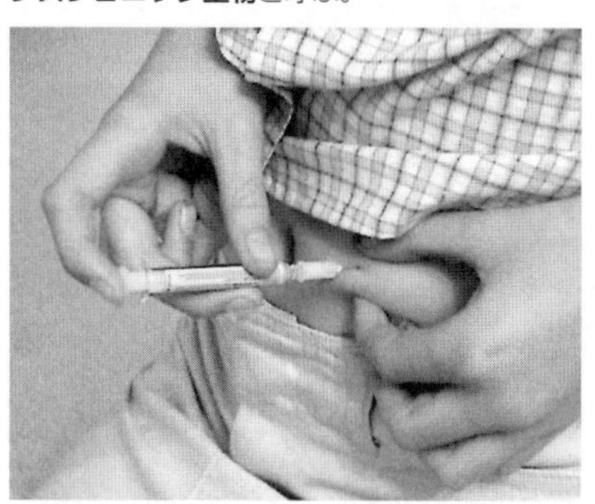

糖尿病患者に使うヒトのインスリンは，遺伝子組換え微生物を使ってつくられている。

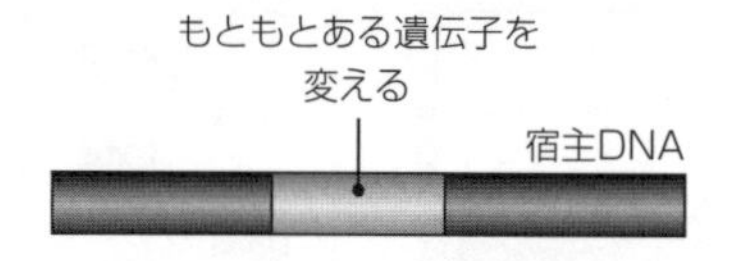

もともとある遺伝子を変える

もともとある遺伝子を，発現レベルが高くなるように（例：成長ホルモン），あるいは異なったパターンで発現するように（実際には発現していない組織で発現するように）変えることができる。この方法は遺伝子治療に用いられる。

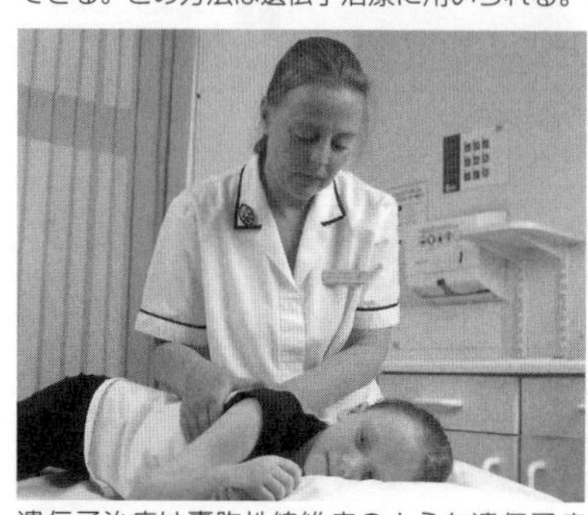

遺伝子治療は囊胞性線維症のような遺伝子疾患の治療に利用できるかもしれない。

遺伝子を除去，または活性を止める

ある形質の発現を防ぐために，もともとある遺伝子を除去したり，不活性化したりできる（例：トマトの成熟遺伝子を不活性化し，**フレーバーセーバー**という品種のトマトがつくられた）。

遺伝子の活性を操作することは，果物の成熟のような過程をコントロールするための1つの方法である。

1．ある生物を遺伝的に組み換える（GMOをつくる）方法を，例を挙げて述べなさい。

____

2．人の要求や願望が，以下の生物工学技術の発達をどのように促してきたか説明しなさい。

(a) 遺伝子治療：______________________________

(b) トランスジェニック生物の生産と利用：______________________________

(C) 植物の組織培養：______________________________

組換えDNAをつくる

重要概念：**組換えDNAは，ある生物のDNA配列を単離し，そのあと，他の生物のDNAに，単離したDNAを挿入することによって作製される。**

組換えDNAを作製することができるのは，すべての生物のDNAが同じ構成要素（**核酸**）でできているためである。DNAの組換え技術によって，ある生物の遺伝子を他の生物に入れ，発現させることができる。組換えDNAをつくるための2つ重要なツールとして，DNAを塩基配列特異的に切断する**制限酵素**と，DNA断片を結合する**リガーゼ**がある。

制限酵素について

❶ **制限酵素**は，特定の**認識部位**（ある決まった塩基配列）で，2本鎖DNA分子を切る酵素である。多くの種類の制限酵素があり，それぞれ固有の認識部位をもっている。

❷ 制限酵素には，2つの**突出末端**（右図）をもつDNA断片をつくるものがある。突出末端は，露出した核酸配列をもつ。このようなDNA切断部位は，同じ突出末端をもつ他のDNAと結合する。

❸ 制限酵素には，2つの**平滑末端**（露出した核酸配列が両末端にない）をもつDNA断片をつくるものがある。DNA断片がもともとあったDNA配列にも，平滑末端がつくられる。このようなDNA切断は，あらゆる他の平滑末端と結合できる。突出末端と異なり，平滑末端どうしの結合は，突出末端のような特定の認識部位をもたないため，非特異的である。

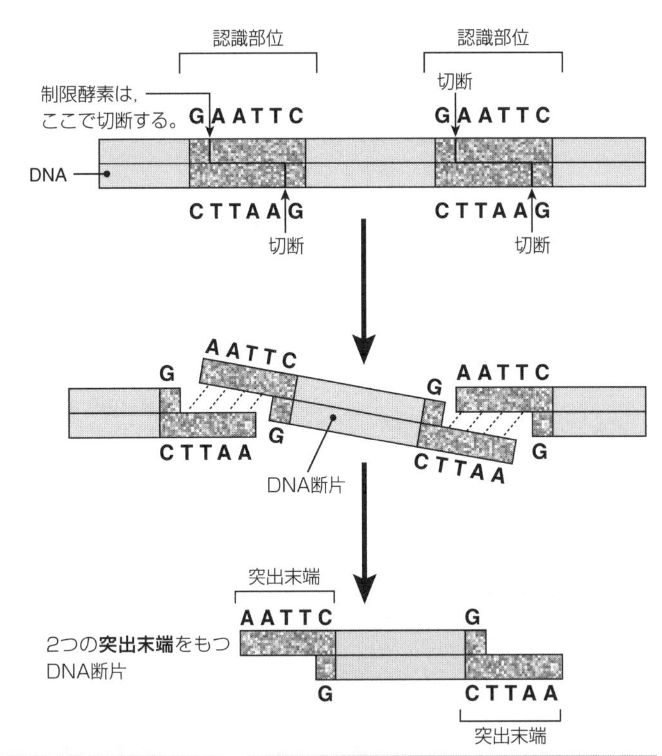

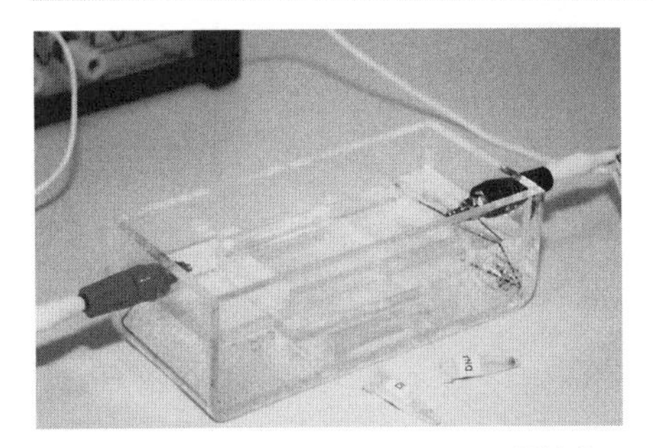

制限酵素によって切断されたDNA断片を，UV光によって蛍光を発するエチジウムブロマイドと混ぜる。そのあと，DNA断片を電気泳動にかけて，異なる長さのDNAに分離する。

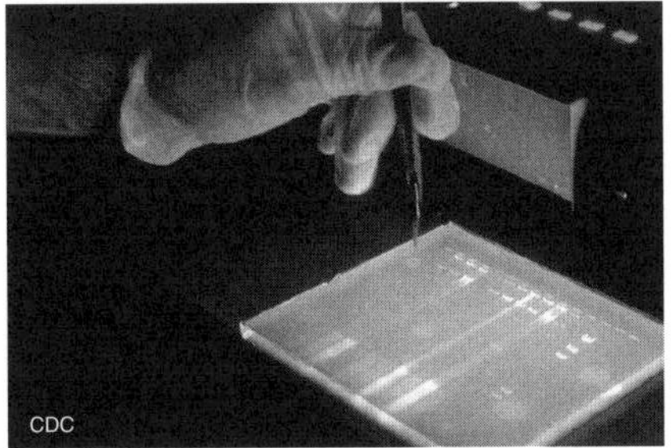

DNAが分離できたら，電気泳動ゲルをUV台の上に置く。目的とする長さのDNA断片を含むゲル部位を切り出し，ゲルを溶かす溶液の中に入れる。ゲルが溶けると，DNAは溶液中に出てくる。

DNAを含む溶液を高速で遠心分離機にかけ，DNAを分離する。遠心分離は，分子の密度差によって分離するものである。DNAを単離したら，他のDNA分子に挿入できる。

1. 組換えDNAをつくるときに，制限酵素を用いる目的は何か述べなさい。________________

2. 突出末端と平滑末端の違いは何か，述べなさい。________________

3. 多くの異なる種類の制限酵素を用いることは，なぜ役立つのか述べなさい。________________

組換えDNAプラスミドをつくる

❶ 2つのDNA断片を同じ制限酵素で切断する（一致する突出末端をもつ断片をつくる）。

❷ 一致する突出末端をもつ断片は，塩基対に基づいて結合する。この過程をアニーリングと呼ぶ。これによって，由来の異なるDNA断片を結合することができる。

❸ DNA断片をDNAリガーゼ酵素によって結合し，組換えDNAをつくる。

❹ 結合した断片は直線状，あるいは右図の組換えプラスミドDNAのような環状の分子となる。

pGLOは，緑色蛍光タンパク質遺伝子（*gfp*）をもつように組み換えられたプラスミドである。pGLOは，上の写真のバクテリア（寒天培地上の明るい点）のように，蛍光を発する生物をつくるために使われる。

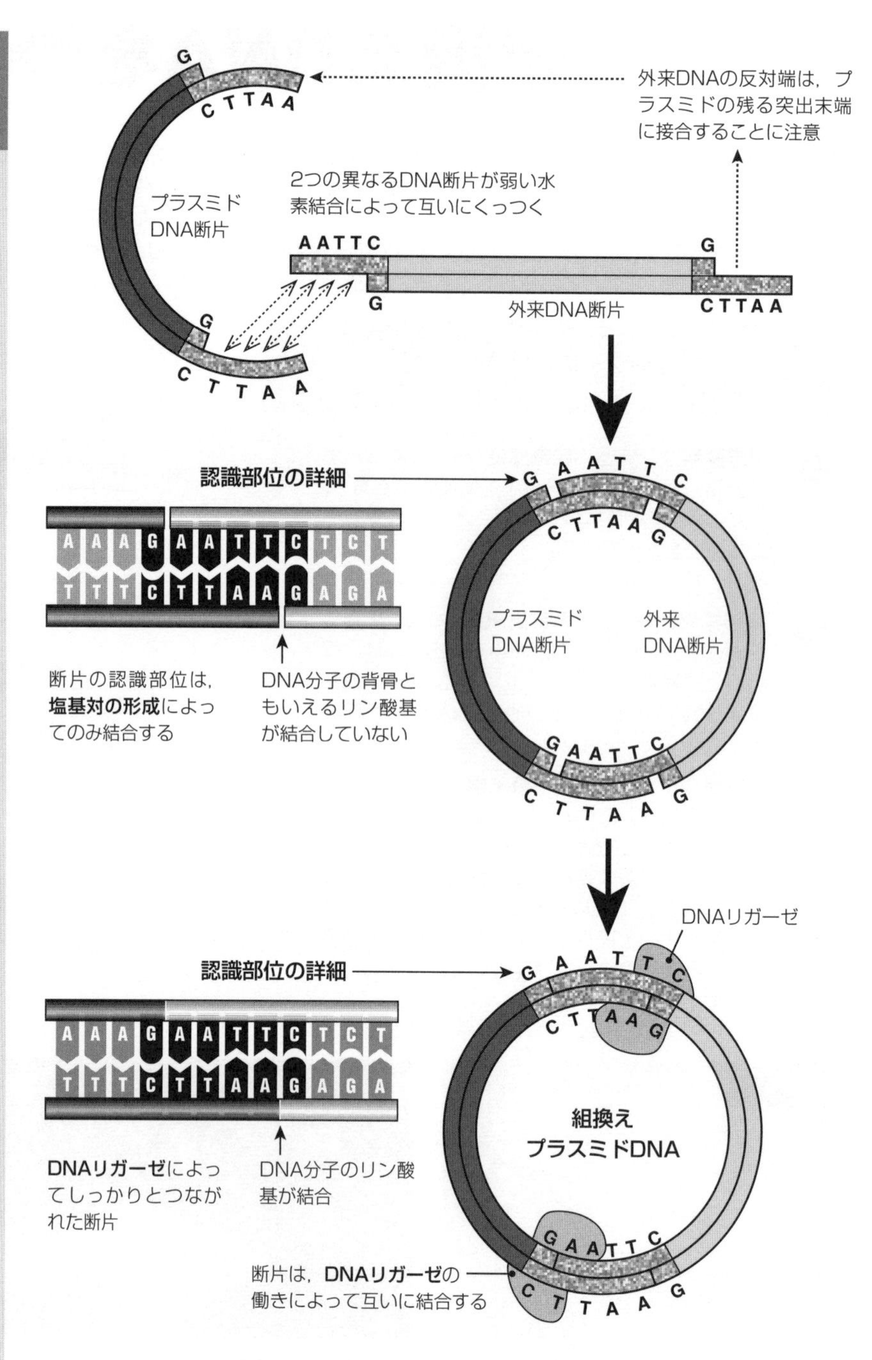

4. 2つのDNA断片を結合する過程で重要な2つの段階を，あなた自身の言葉で説明しなさい。

(a) アニーリング：________________

____

(b) DNAリガーゼ：________________

____

5. なぜ結合（ライゲーション）は，制限酵素による切断過程の反対の過程とみなされるのか，説明しなさい。

____

____

6. なぜ組換えDNAは，異なる種のDNAに組み込まれても，あらゆる種類の生物で発現させることができるのか説明しなさい。

____

____

____

遺伝子組換え生物の応用例

重要概念：遺伝子操作技術は，食品工学や酵素工学，医学や農業，園芸などの分野で，現代のバイオテクノロジー技術として広く応用されている。

微生物は，医薬品製造やワクチン開発から環境浄化に至るまで，もっとも広く利用されているGMOである。また，穀草類も遺伝子組換えが用いられる生物である。ただし，穀草類への応用では，他の高等生物での遺伝子工学利用と同様に，遺伝子組換えが論争の対象となり，ときに問題を含むことがある。

GMOの応用例

寿命を延ばす

農作物では長く品質を維持できるように遺伝子操作がされてきた。トマトの場合，成熟遺伝子が働かないようにして実が柔らかくなる過程を遅くしている。

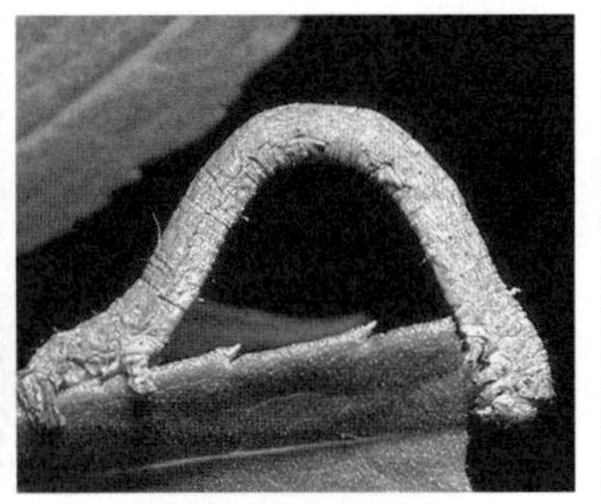

害虫や農薬への耐性

植物を遺伝子操作し，植物自身に殺虫剤をつくらせ害虫耐性にする。同様に，遺伝子操作によって除草剤に耐性をもたせることも普通に行われている。そうすることで，作物にダメージを与えることなく，化学除草剤を使うことができる。

作物改良

現在では，遺伝子工学は新品種の作物開発に必要不可欠である。作物を高タンパク質にしたり，荒地でも育つように遺伝子操作したりすることができる。

環境浄化

液化した新聞紙や油のような廃棄物中で繁殖できるように，細菌の遺伝子操作が行われてきた。汚染物や廃棄物の分解のほかに，細菌を商業用のタンパク質源として集めることもできる。

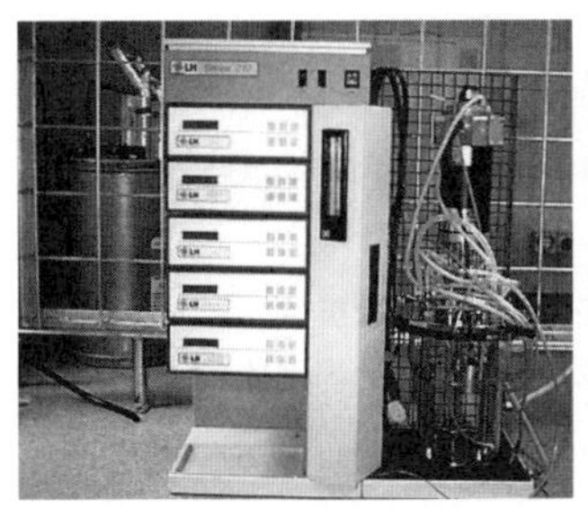

生物工場

細菌は，必要な産物（普通，ホルモンやタンパク質）をつくるために広く用いられている。バイオリアクター（上）を用いて大量の産物をつくることができる。例：組換え酵母によるインスリン生産，ウシの成長ホルモンの生産。

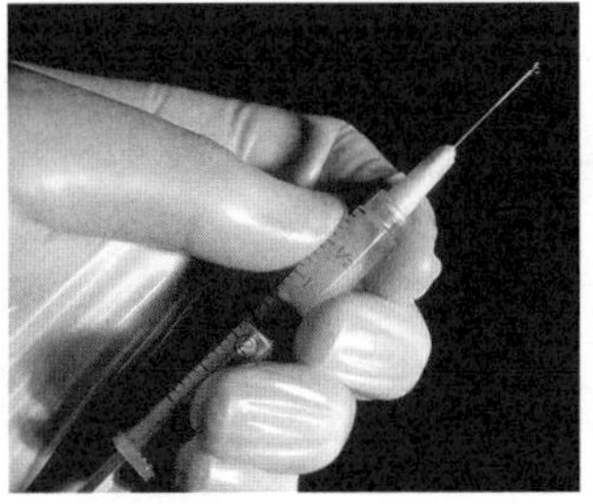

ワクチン開発

遺伝子工学によって多目的ワクチンをつくることができるかもしれない。あるウイルスのタンパク質（例：ウイルスの殻を構成するタンパク質）をコードする遺伝子を，類縁関係のないウイルスの遺伝子に挿入し，両方のタンパク質を発現するウイルスを生ワクチンとして投与し免疫反応を誘導する。

トランスジェニック動物を使った家畜の改良

羊毛の生産を高めるためにトランスジェニック羊が用いられている（上左）。羊毛のケラチンタンパク質は，おもに1つのアミノ酸（システイン）によってつくられる。発育中のヒツジにシステインをつくる酵素の遺伝子を注射し，ふさふさの毛のヒツジをつくる。トランスジェニック動物が，生物工場として用いられる場合もある。ヒトのα1-アンチトリプシンタンパク質をコードする遺伝子をもつトランスジェニック羊は，ミルクの中にそのタンパク質を生成する。アンチトリプシンはミルクから抽出され，ヒトの遺伝性の肺気腫を治療するために利用される。

1．上記のGMOの応用例のうち，1つについて簡単に論じなさい。 ______________________

生体内遺伝子クローニング

重要概念：生体内遺伝子クローニングとは，ある遺伝子を生物に挿入し，その生物の複製システムを用いて遺伝子を増幅したり，タンパク質をつくることである。

DNAを制限酵素によって切断し，DNAリガーゼによって結合するといった工程を経て，特定の遺伝子を**ベクターDNA**（プラスミドやウイルスDNA）に挿入することができる。この遺伝子組換え技術によって作製された組換えDNA分子は，**分子クローン**とも呼ばれる。ベクターDNAは，特定の遺伝子を他の生物に伝達する運搬体を意味する。すべてのベクターは，宿主となる生物の中で複製することが可能でなければ意味をなさない。また，制限酵素で切断できるサイトを1個から複数もち，ベクターを同定するための**遺伝子マーカー**をもっている必要がある。細菌のプラスミドは，組換えの操作が容易で，制限酵素が認識して切断する部位がよく知られており，培養液中の細胞に容易に取り込ませることができるため，ベクターとしてよく使われている。分子クローンを取り込んだ細菌の細胞が同定されれば，細菌が培養液中で増殖するのとともに，その遺伝子も複製される（クローン化される）。

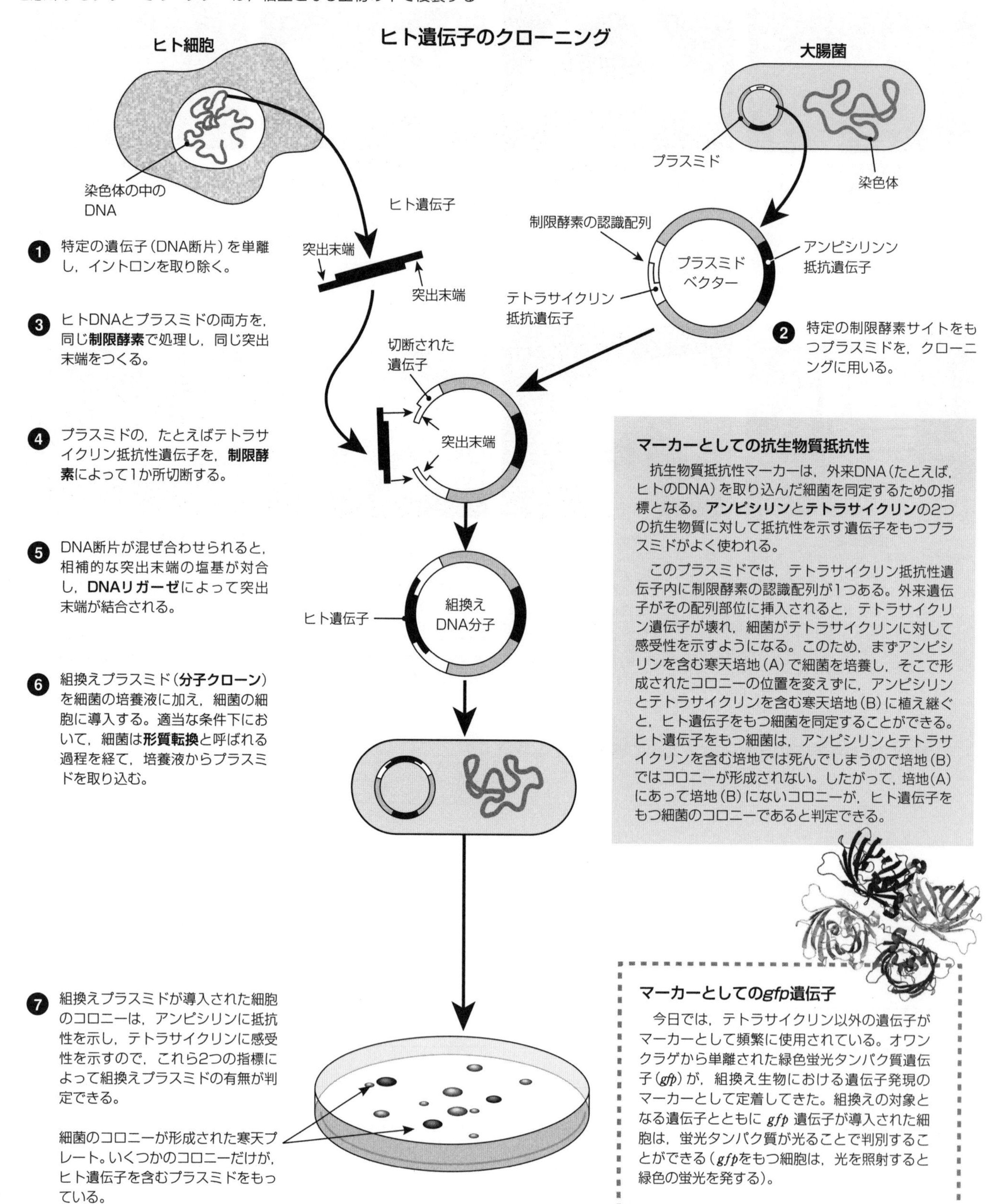

マーカーとしての抗生物質抵抗性

抗生物質抵抗性マーカーは，外来DNA（たとえば，ヒトのDNA）を取り込んだ細菌を同定するための指標となる。**アンピシリン**と**テトラサイクリン**の2つの抗生物質に対して抵抗性を示す遺伝子をもつプラスミドがよく使われる。

このプラスミドでは，テトラサイクリン抵抗性遺伝子内に制限酵素の認識配列が1つある。外来遺伝子がその配列部位に挿入されると，テトラサイクリン遺伝子が壊れ，細菌がテトラサイクリンに対して感受性を示すようになる。このため，まずアンピシリンを含む寒天培地（A）で細菌を培養し，そこで形成されたコロニーの位置を変えずに，アンピシリンとテトラサイクリンを含む寒天培地（B）に植え継ぐと，ヒト遺伝子をもつ細菌を同定することができる。ヒト遺伝子をもつ細菌は，アンピシリンとテトラサイクリンを含む培地では死んでしまうので培地（B）ではコロニーが形成されない。したがって，培地（A）にあって培地（B）にないコロニーが，ヒト遺伝子をもつ細菌のコロニーであると判定できる。

マーカーとしての*gfp*遺伝子

今日では，テトラサイクリン以外の遺伝子がマーカーとして頻繁に使用されている。オワンクラゲから単離された緑色蛍光タンパク質遺伝子（*gfp*）が，組換え生物における遺伝子発現のマーカーとして定着してきた。組換えの対象となる遺伝子とともに *gfp* 遺伝子が導入された細胞は，蛍光タンパク質が光ることで判別することができる（*gfp*をもつ細胞は，光を照射すると緑色の蛍光を発する）。

1. 遺伝子をクローニングするには，PCRよりも生体内でのクローニングが適しているといえるのはなぜか説明しなさい。

2. 細菌が遺伝子クローニングに適していないのは，どのような場合か述べなさい。

3. ヒト遺伝子を染色体から取り出し，プラスミドに入れる方法を説明しなさい。

4. 細菌の中のプラスミドが細菌の増殖と同じ割合で複製されるとすると，組換えプラスミドをもつ細菌が30分ごとに分裂・増殖する場合，24時間後に存在するプラスミドの数はいくらになるか，計算しなさい。

5. (a) 前ページのプラスミドDNAにおいて，抗生物質抵抗性遺伝子はどのような場所にあるか述べなさい。

(b) 2種類の抗生物質がともにある培地にコロニーを植え継いだら，ヒト遺伝子をもつ細菌のコロニーはどのようになるか。

(c) 両方の抗生物質を含む培地にコロニーを植えることによって，どうしてヒト遺伝子をもつコロニーが判別できるのか述べなさい。

6. なぜ *gfp* マーカーは，抗生物質抵抗性遺伝子より遺伝子マーカーとして適しているのか説明しなさい。

7. バクテリオファージは，バクテリアに感染するウイルスである。以下について自分で調べて答えなさい。

(a) バクテリオファージは，どのような特性のために遺伝子工学に役立つのか述べなさい。

(b) バクテリオファージは，遺伝子クローニングにどのように使われるのか述べなさい。

組換え細菌の利用

重要概念：有用な物質の遺伝子を細菌に導入し，その細菌を大量培養して有用な物質を生産する「バイオ工場」。バイオ工場は，製造産業や食品産業の抱える課題を解決できるかもしれない。

要点

- ▶ **キモシン**（レニンとも呼ぶ）は，ミルク中のタンパク質を消化する酵素であり，レンネット（チーズ製造に用いられる子牛の胃の内容物）内において活性を示す成分である。チーズ製造業者は，牛乳を凝固させるために用いている。
- ▶ レニンは，従来は子牛の胃分泌液から抽出されていた。
- ▶ 1960年代まではキモシンが不足していたため，チーズの生産量には限界があった。
- ▶ 菌類の酵素も代わりに使われていたが，チーズの風味が安定しないため適していなかった。

コンセプト1

酵素はタンパク質である，タンパク質はアミノ酸でできている。キモシンのアミノ酸配列はわかっており，そのタンパク質をコードするmRNAの配列も判明している。

コンセプト2

逆転写酵素を使って，mRNAからDNAを合成することができる。逆転写によって，イントロンをもたないDNAをつくることができる。細菌は，イントロンを取り除くことができない。

コンセプト3

制限酵素でDNAを特定の部位で切り，**DNAリガーゼ**で結合することができる。mRNAから合成された新しいDNAは，細菌のプラスミドに挿入することができる。

コンセプト4

適当な条件下で，細菌はプラスミドを失ったり，周囲の環境から取り込んだりすることができる。細菌は安価に大量培養できる。

コンセプト5

細菌によって大量のタンパク質をつくることができる。

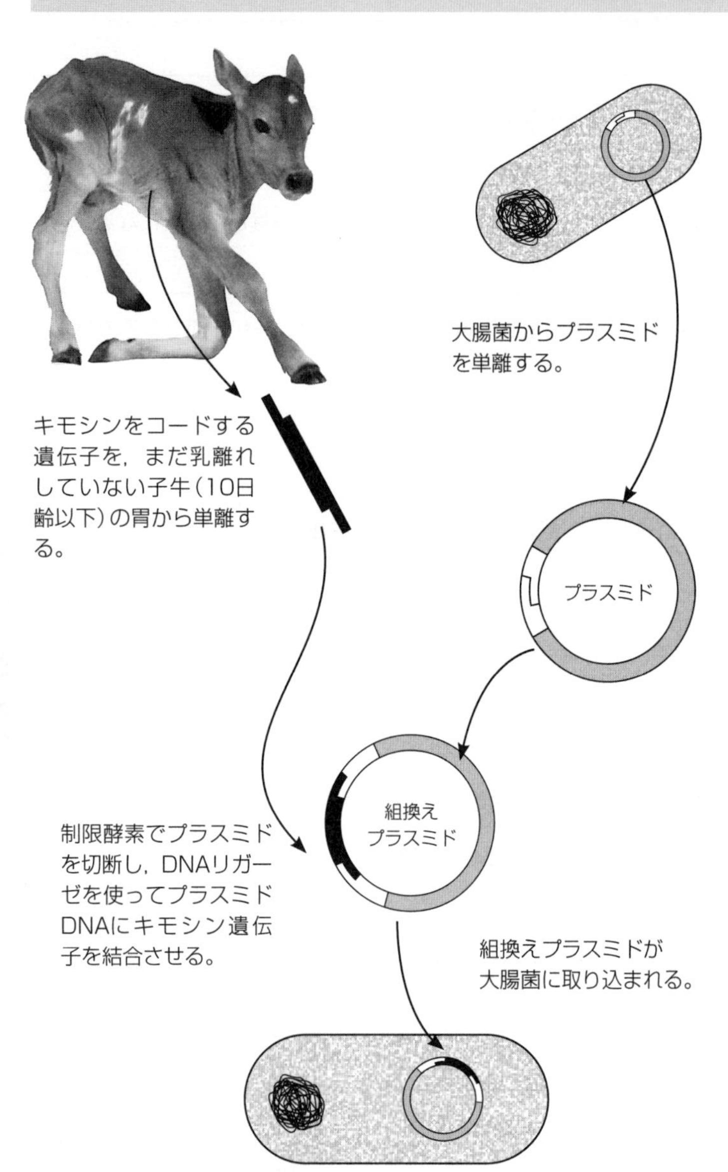

方法

まずキモシンのアミノ酸配列を決定し，各アミノ酸をコードするRNAのコドンを同定する。

同定された配列と一致するmRNAを子牛の胃から単離する。逆転写法によって，mRNAをDNAに**逆転写**する。DNAの配列が決定されれば，人工合成することもできる。

PCRを使ってDNAを増幅する。

大腸菌からプラスミドを単離し，**制限酵素**で切断する。**DNAリガーゼ**を使ってキモシンのDNA配列を挿入する。

プラスミドを取り込むのに適当な条件下で，プラスミドを大腸菌に戻す。

結果

形質転換された大腸菌を大量培養する。加工・精製過程を経て，キモシンを大腸菌から分離し，単離する。

組換えキモシンは1990年に市場に出た。その費用対効果の高さや高品質，安定供給がチーズ生産者によって歓迎され，組換えキモシンは市場に定着した。今日，ほとんどのチーズはCHY-MAXなどの組換えキモシンを使って生産されている。

将来の利用

大腸菌からキモシンを抽出するには，非常に長い加工工程が必要とされる。キモシンを生産することのできる別の種類の細菌や菌類があり，現在，ほとんどのキモシンは菌類の麹菌（*Aspergillus niger*）や酵母（*Kluyveromyces lactis*）を使って同様の方法で生産されている。どちらの菌類も大腸菌よりも大きく，より多くのキモシンをつくることができる。それら菌類がキモシンを分泌する経路は，大腸菌よりもヒトによく似ている。

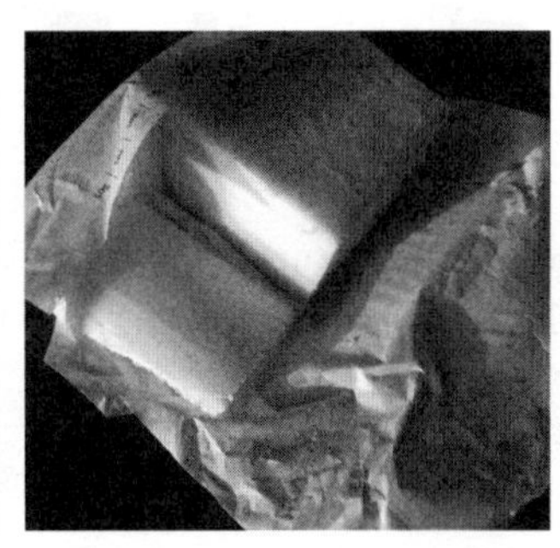

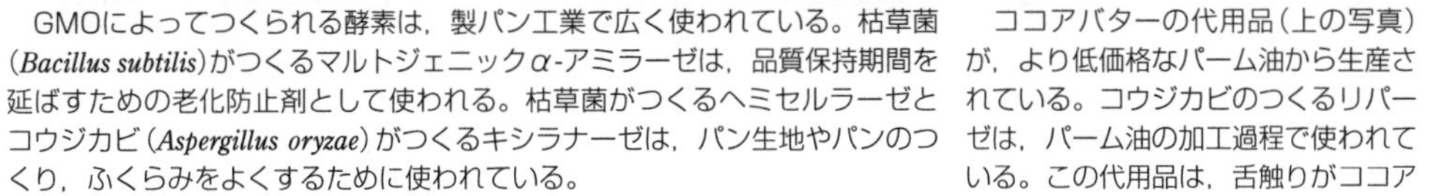

GMOによってつくられる酵素は，製パン工業で広く使われている。枯草菌(*Bacillus subtilis*)がつくるマルトジェニックα-アミラーゼは，品質保持期間を延ばすための老化防止剤として使われる。枯草菌がつくるヘミセルラーゼとコウジカビ(*Aspergillus oryzae*)がつくるキシラナーゼは，パン生地やパンのつくり，ふくらみをよくするために使われている。

ココアバターの代用品(上の写真)が，より低価格なパーム油から生産されている。コウジカビのつくるリパーゼは，パーム油の加工過程で使われている。この代用品は，舌触りがココアバターに似ている。

枯草菌がつくるアセト乳酸デカルボキシラーゼは，醸造工場で使われる酵素の1つである。これは，時間のかかる工程を迂回させることでビールの熟成期間を短くする。

1. キモシンは，おもに何に利用されるか述べなさい。 ______________________

____

2. キモシンは，従来，どこから採取されていたか述べなさい。 ______________________

____

3. キモシンを生産する技術開発につながった，主要なコンセプトを要約しなさい。

   (a) コンセプト1： ______________________

   (b) コンセプト2： ______________________

   (c) コンセプト3： ______________________

   (d) コンセプト4： ______________________

   (e) コンセプト5： ______________________

4. キモシン遺伝子がどのように単離されたか説明し，その方法が他の遺伝子の単離にどのように応用できるか説明しなさい。

____

5. 伝統的なキモシンの抽出方法よりも，遺伝子組換え細菌によってつくられるキモシンを使うことの利点を3つ述べなさい。

   (a) ______________________

   (b) ______________________

   (c) ______________________

6. 現在のキモシン生産において，麹菌が大腸菌よりもよく使われるのはなぜか，説明しなさい。

____

ゴールデンライス

重要概念：遺伝子組換え技術を用いて新しい代謝経路をつくった結果，コメの栄養価が大きく増加した。

要点

- **ベータカロテン**は，視覚，免疫，胎児の成長，皮膚の健康などに必要とされる**ビタミンA**の前駆体である。
- ビタミンAの欠乏症は発展途上国でよく見られる。そこでは，50万人もの子どもが夜盲症を患っており，免疫応答の低下によって感染症による死亡率が高くなっている。
- 多くの国において，必要量のベータカロテンを含む食料を十分に供給することは，困難かつ，高価である。

コンセプト1

多くの発展途上国においてコメは主食である。コメは大量に生産でき，人口の大半に供給可能である。しかし，コメは健康的な発育のために必要とされる多くの必須栄養素を欠いていて，ベータカロテンが少ない。

コンセプト2

イネはベータカロテンを生産するが，食用とされる胚乳ではつくられない。新しい生合成経路をつくることによって，ベータカロテンが胚乳でつくられるようになる。カロテン合成にかかわる酵素の遺伝子を，イネのゲノムに挿入することが可能である。

コンセプト3

土壌細菌（*Erwinia uredovora*）がもっている**カロテンデサチュラーゼ**（CRT1）酵素は，カロテノイド生合成の複数の過程を触媒する。ラッパズイセンでは，**フィトエンシンターゼ**（PSY）が無色のカロテンを過剰につくる。

コンセプト4

適当な**ベクター**を用いて，DNAを生物のゲノムに挿入できる。植物に腫瘍を形成する病原菌アグロバクテリウム（*Agrobacterium tumefaciens*）は，新規のDNAを植物に導入するのに一般的に使われている菌である。

ゴールデンライスの開発

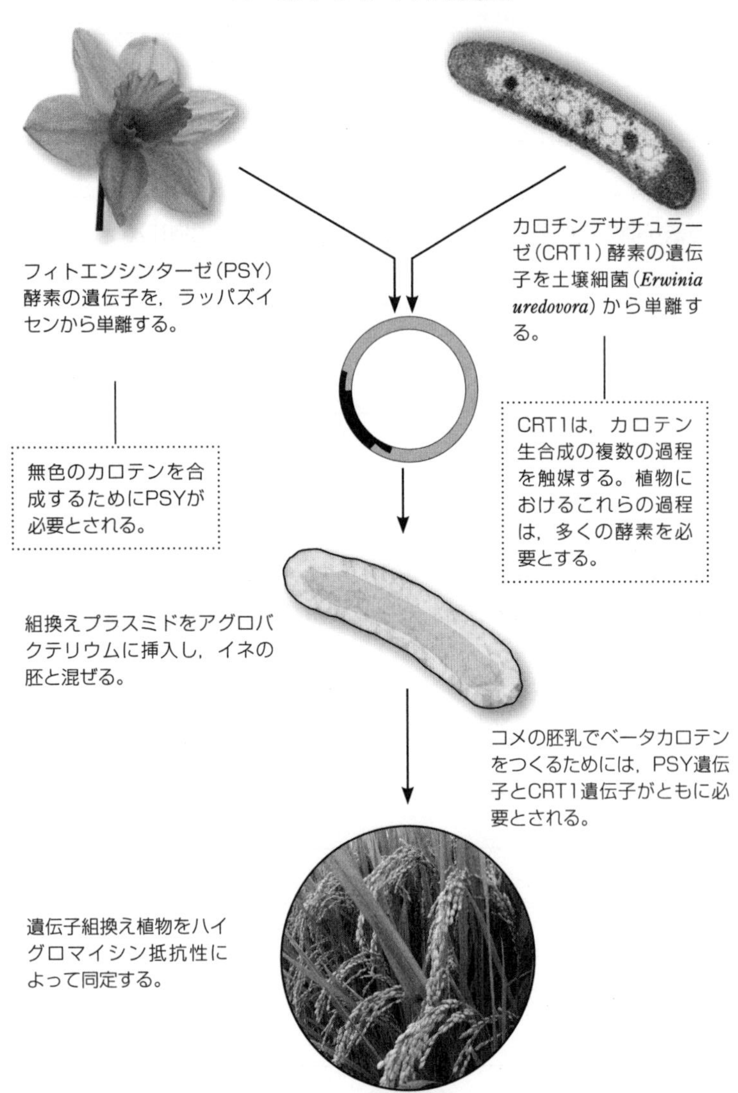

方法

ラッパズイセンのPSY遺伝子と土壌細菌（*Erwinia uredovora*）のCRT1遺伝子の塩基配列を解析する。

CRT1遺伝子あるいはPSY遺伝子，ターミネーター（転写を終結させる塩基配列），**胚乳特異的プロモーター**（コメの食用部位のみで発現させるための遺伝子）をもつDNAを合成する。

制限酵素とDNAリガーゼを用いて，アグロバクテリウムのTiプラスミドにある腫瘍形成遺伝子を取り除き，合成したDNAを挿入する。抗生物質**ハイグロマイシン**抵抗性遺伝子も挿入することで，形質転換された植物を同定できるようにする。Tiプラスミドの中で，植物の形質転換に必要な部位は残されている。

改変したTiプラスミドをアグロバクテリウムに導入する。

アグロバクテリウムをイネの胚とともに培養する。形質転換した胚をハイグロマイシンに対する抵抗性によって判別する。

結果

形質転換したコメは，はっきりとした黄色の胚乳をもつ。温室で育成したゴールデンライス（**SGR1**）は，1gあたり1.6μgのカロテノイドを含んでいた。水田では，おそらく生育環境がよいため，その5倍量ものカロテノイドがつくられた。

将来の応用

PSY遺伝子の働きをさらに調べることによって，ベータカロテンをより効率的につくる方法が見つかった。2世代目のゴールデンライスは，1gあたり37μgのカロテノイドを含んでいる。ゴールデンライスは，生合成経路の全体がつくられた最初の例であった。この開発方法は，他の食用植物の栄養価を高めるためにも応用できるだろう。

遺伝子を植物に伝達するアグロバクテリウムの性質が，作物の改良に利用されている。腫瘍形成能をもつTiプラスミドから腫瘍遺伝子を取り除き，特定の遺伝子を挿入する。植物の形質転換に必要なTiプラスミドの部位は，そのまま残されている。

大豆は，多くの種類の除草剤に耐性をもつように遺伝子組換えされた食用作物の1つである。遺伝子組換え大豆は，1996年にアメリカで初めて栽培された。2007年までに，全世界の大豆のほぼ60%が遺伝子組換えされたものになった。これは，食用作物の中でもっとも高い数値である。

BT毒素の遺伝子が導入された遺伝子組換え綿がつくられた。BT毒素は真正細菌バチルス・チューリンゲンシス(*Bacillus thuringiensis*)によってつくられ，ワタを食べる幼虫などさまざまな昆虫にとって有害な物質である。BT遺伝子によってワタの中で殺虫剤をつくることができるようになる。

1. ゴールデンライスをつくるために使われる基本的な方法を述べなさい。

2. 科学者たちは，どのようにコメの胚乳でベータカロテンをつくれるようにしたか，述べなさい。

3. アグロバクテリウムは，なぜ新しい遺伝子を植物に導入するベクターとして理想的であるのか述べなさい。

4. (a) 新しいコメ(イネ)の品種が，どうして発展途上国における病気を減らすことになるのか，述べなさい。

   (b) ビタミンAの吸収には，十分な食物脂肪が必要である。このことが，発展途上国を対象とした利用においてどうして問題となるのか，説明しなさい。

5. ゴールデンライスの栄養量を増加させたのと同様に，ほかにも食用作物には価値のある特性がある。以下の特性は，生産量の増加においてどのように意義があるのか述べなさい。

   (a) 粒の大きさや数：

   (b) 成熟度：

   (c) 害虫抵抗性：

インスリンの生産

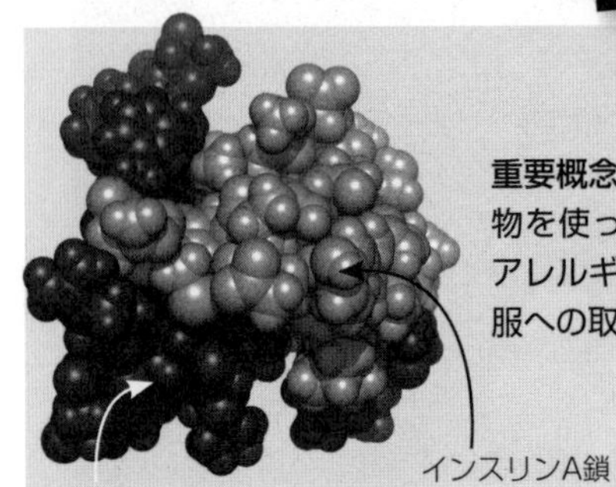

重要概念：ヒトのインスリンを微生物を使って生産することで，費用，アレルギー反応，倫理面での課題克服への取り組みがなされた。

要点

- **I型糖尿病**は，**インスリン**の欠乏によって起こる病気である。10万人に25人の割合で，I型糖尿病を患っている。
- 治療方法は，インスリン注射だけである。
- 以前は，ウシやブタの膵臓からインスリンを抽出し，ヒトに利用できるように精製していた。この方法は高価なうえ，注射されたインスリンや混入物に対してアレルギー反応を示す患者もいた。

コンセプト1

制限酵素を使って特定の部位でDNAを切断し，**DNAリガーゼ**でつなげることができる。自己複製能をもつ細菌の**プラスミド**の切断部位に，新しい遺伝子を挿入することができる。

コンセプト2

プラスミドは小さな環状DNAである。通常，プラスミドは細菌に有利な遺伝子をもっている。大腸菌のプラスミドに，遺伝子の転写に必要なプロモーターを挿入することができる。

コンセプト3

適当な条件下で，細菌はプラスミドを失ったり，周囲の環境からプラスミドを取り込むことができる。細菌は少ない費用で大量培養できる。

コンセプト4

ヒトのインスリンを構成する2つのポリペプチド鎖（AとB）をコードするDNA配列は，ヒトゲノムから決定することができる。

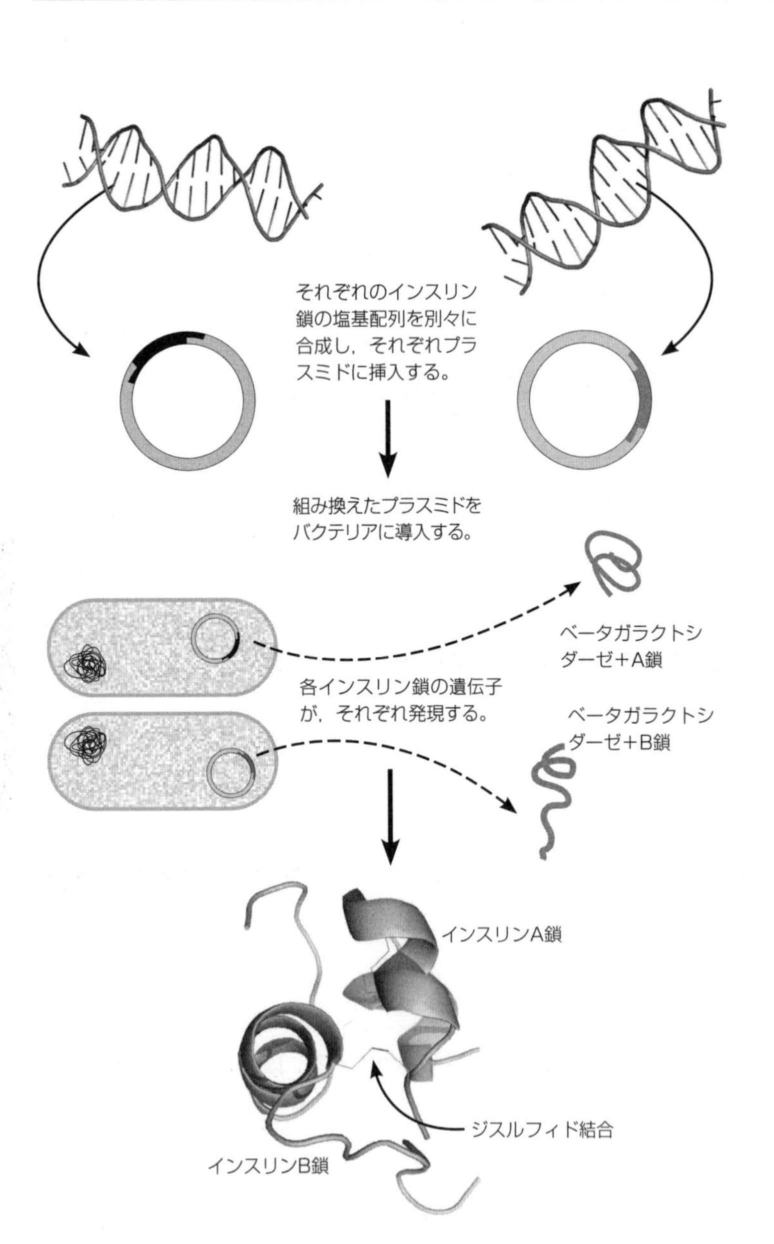

方法

インスリンA鎖，**インスリンB鎖**それぞれの遺伝子の塩基配列を化学的に合成することができる。これら2つの塩基配列は十分小さいので，プラスミドに挿入することができる。

大腸菌からプラスミドを抽出する。バクテリアの酵素**ベータガラクトシダーゼ**遺伝子がプラスミド上にある。大腸菌にインスリンをつくらせるためには，インスリン遺伝子は，転写のプロモーターをもつ**ベータガラクトシダーゼ**遺伝子につながっていなければならない。

制限酵素でプラスミドを適当な部位で切断し，インスリンA鎖とインスリンB鎖の遺伝子配列を挿入する。**DNAリガーゼ**を使って，各遺伝子をプラスミドと結合する。

大腸菌がプラスミドを取り込みやすい培養条件下で，大腸菌と**組換えプラスミド**を混ぜ，プラスミドをバクテリアに導入する。

適切な環境下で培養することで，バクテリアは大量に増殖する。

結果

産物は，インスリンA鎖あるいはインスリンB鎖とベータガラクトシダーゼの一部でできている。インスリンA鎖とB鎖を抽出・精製し，混合する。インスリンA鎖とB鎖は**ジスルフィド結合**によってつながり，インスリンタンパク質として機能するようになる。生成されたインスリンは，さまざまな形に調剤されて注射できるように加工される。

将来の応用

遺伝子組換えバクテリアを用いてヒトインスリンをつくる方法は，多くの種類のヒトタンパク質やホルモンに応用できる。ヒト成長ホルモン，インターフェロンや第VIII因子などのタンパク質が，遺伝子組換えによって合成されている。

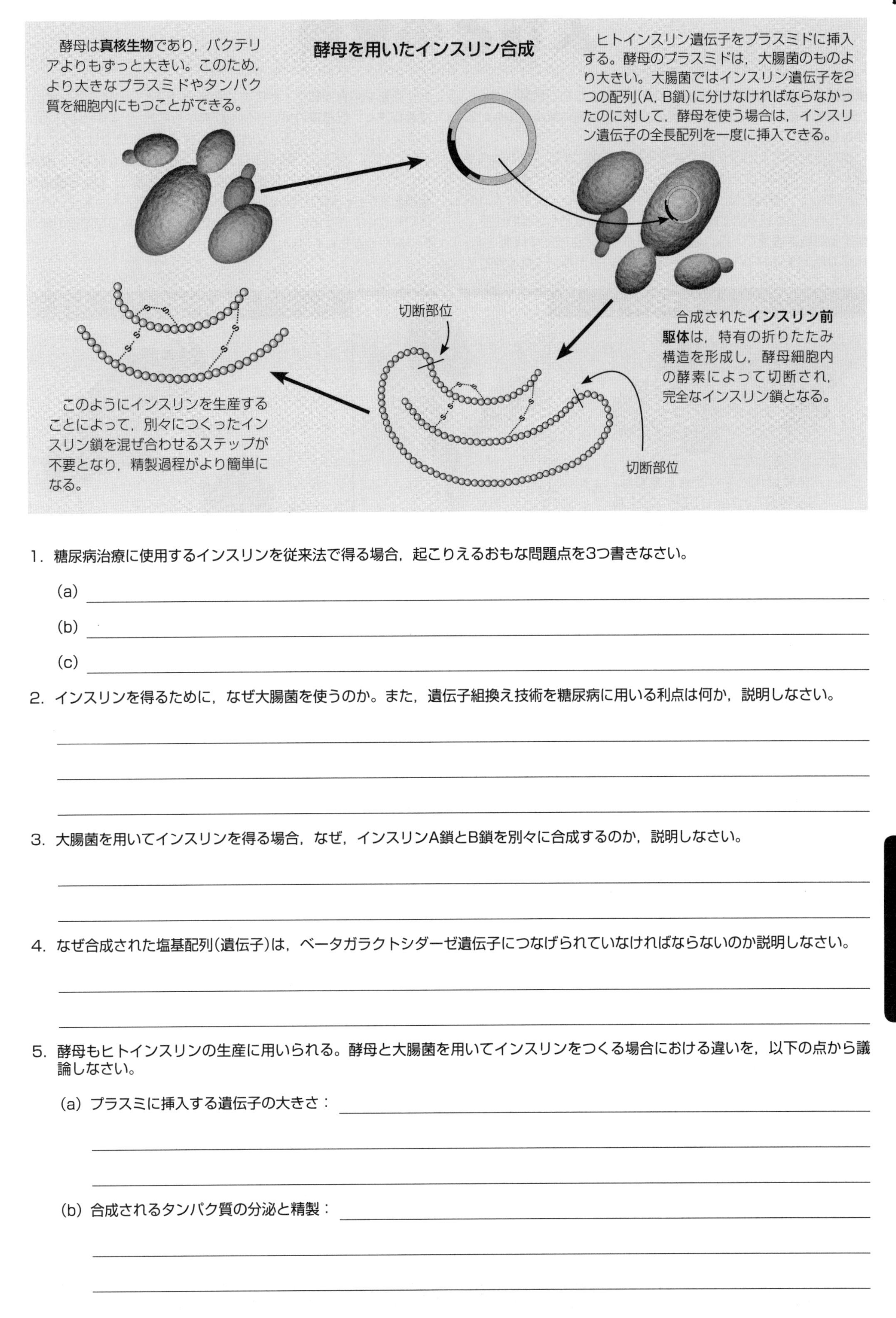

1．糖尿病治療に使用するインスリンを従来法で得る場合，起こりえるおもな問題点を3つ書きなさい。

(a) ______

(b) ______

(c) ______

2．インスリンを得るために，なぜ大腸菌を使うのか。また，遺伝子組換え技術を糖尿病に用いる利点は何か，説明しなさい。

______

3．大腸菌を用いてインスリンを得る場合，なぜ，インスリンA鎖とB鎖を別々に合成するのか，説明しなさい。

______

4．なぜ合成された塩基配列(遺伝子)は，ベータガラクトシダーゼ遺伝子につなげられていなければならないのか説明しなさい。

______

5．酵母もヒトインスリンの生産に用いられる。酵母と大腸菌を用いてインスリンをつくる場合における違いを，以下の点から議論しなさい。

(a) プラスミに挿入する遺伝子の大きさ：______

(b) 合成されるタンパク質の分泌と精製：______

人びとの食料

重要概念：遺伝子組換え技術によって，現在よりも収穫量が増加した穀物をつくり出すことで，世界の食料不足問題の解決につながるかもしれない。

現在，世界の人口の1／6が栄養不良の状態にある。この傾向が続くと，2050年までに15億もの人々が食料不足の危機に瀕することになり，地球温暖化も考慮すると，2100年までに世界人口のおよそ半分が食料不足に脅かされることになるだろう。食料生産に関する問題は複雑である。地球上の耕作可能地はすでに開墾され，地球の陸上面積の37%が使用されている。つまり，作物を育てたり，家畜を飼育することができる余剰地はほとんど残っていない。成長が速く，収穫量の多い作物を開発することが，解決策の1つだと考えられる。しかし多くの作物は，限られた環境でしか育たず，病気に弱い。さらに，場所によっては，耕作や灌漑が難しく，費用がかさみ，また環境に悪影響を及ぼす可能性もある。作物の**遺伝子組換え**を行い，栽培が簡単な作物や，不耕作地とみなされている場所でも栽培できる作物をつくることによって，これらの問題の解決につながるかもしれない。

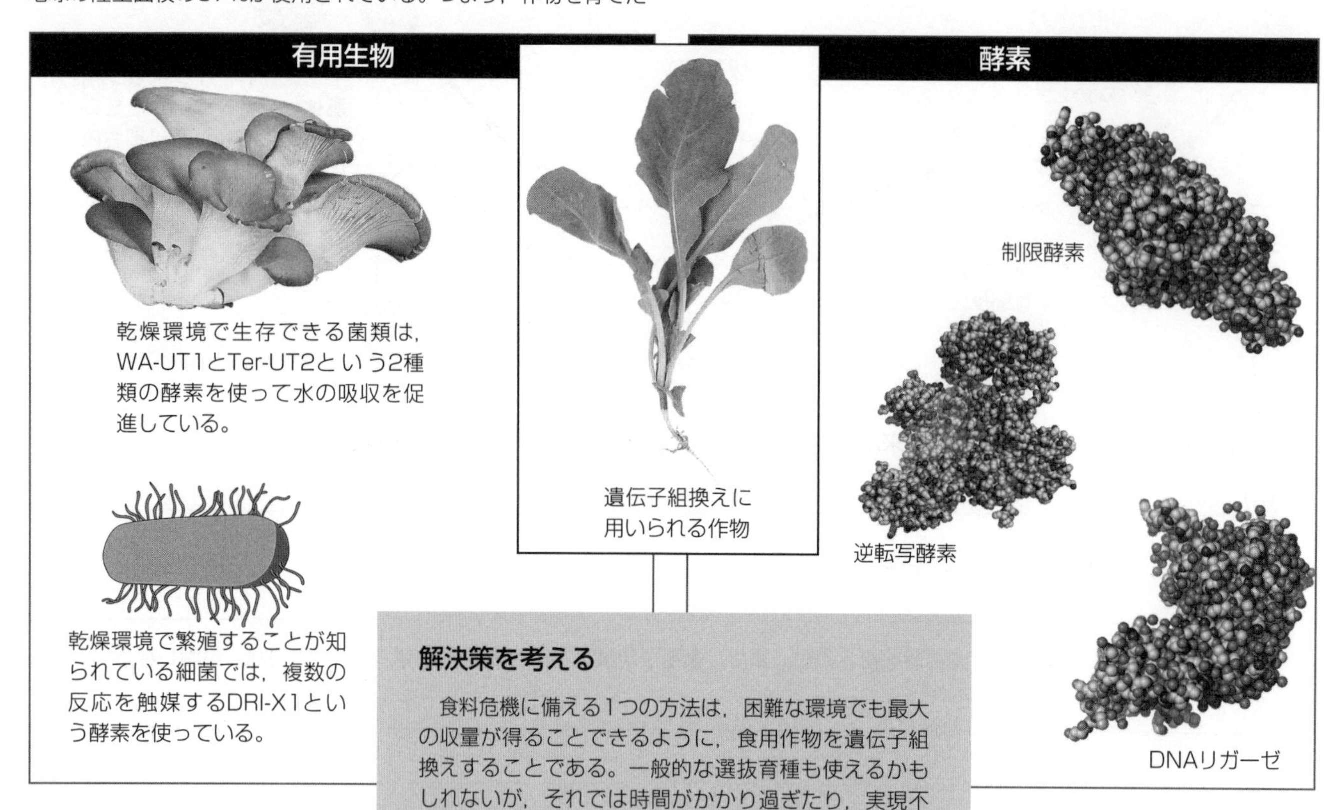

解決策を考える

食料危機に備える1つの方法は，困難な環境でも最大の収量が得ることできるように，食用作物を遺伝子組換えすることである。一般的な選抜育種も使えるかもしれないが，それでは時間がかかり過ぎたり，実現不可能な作物もある。ここに，遺伝子組換えで使われる器材と生物が示されている。**あなたの仕事**は，これらの器材を用いて，サハラ砂漠南縁部のような半砂漠環境において栽培できる作物をつくるための方法を考えることである。次ページで，一連の過程への案内を示している。ただし，すべての器材が必要とされるわけではない。

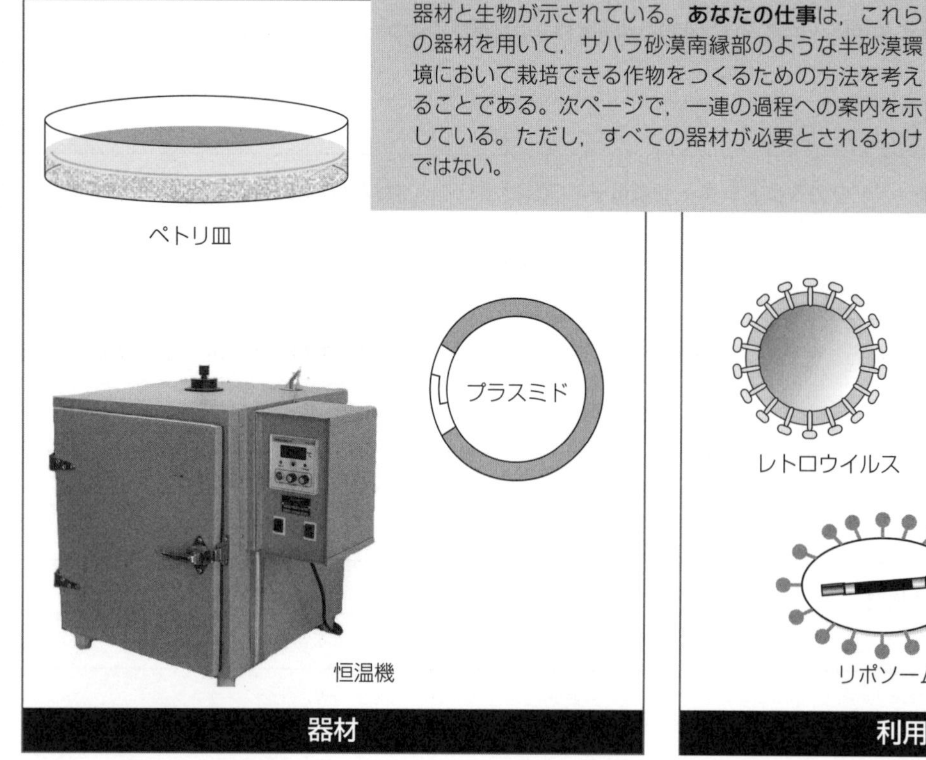

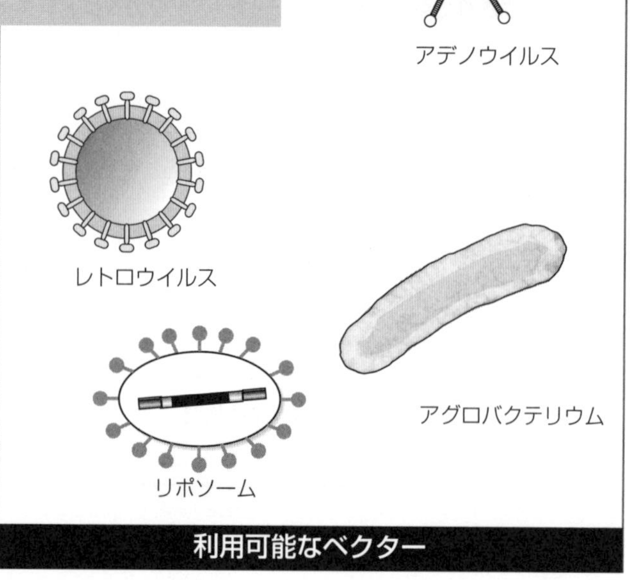

1．干ばつでも生存できる遺伝子の“ドナー生物”を選び，選んだ理由を説明しなさい。

2．必要な遺伝子を選び，単離する過程を述べなさい。また，必要な器材を示しなさい。

3．単離した遺伝子を作物に導入するために用いるベクターを選びなさい。また，それを選択した理由を説明しなさい。

4．単離した遺伝子をベクターに挿入する方法を説明しなさい。

5．(a) ベクターはどのように植物を形質転換するか説明しなさい。

(b) 植物の発生段階において，もっとも形質転換しやすいのはいつか？　その時期を選んだ理由を説明しなさい。

6．形質転換した植物を見分ける方法を説明しなさい。

7．新しいDNAを取り込んだほんのわずかな数の個体から，どのようにして大量の植物を育てることができるのか，説明しなさい。

GMO技術の倫理

重要概念：遺伝子組換え生物の利用には，リスクとベネフィットがともなう。

遺伝子組換え生物（GMO）は，多くの利益をもたらす一方で，ヒトへの健康被害，動物福祉問題，環境への影響など，その利用には多くの生物学的懸念，倫理上の懸念がともなう。現在，消費者が抱いているおもな懸念は，GMOを含む食品の表示に対する政府の規制が適切であるかどうかという点にある。遺伝子組換え製品であることを明示しなければならない国もあれば，表示を必要としない国もある。このことは，購入する製品の種類について，消費者の選択の機会を奪うことになり，GMO製品を輸出，輸入する国にとって貿易上の障害になる場合もある。

GMOの潜在的な利益

1. 栄養価の高い作物，長期保存ができる作物などの収量向上
2. 農薬，除草剤，動物治療薬の使用の軽減
3. 干ばつや塩害に強い作物の作製
4. 人の健康増進とそのために使用される薬の改良
5. 製造業，食品産業，健康産業に役立つタンパク質をつくる動物の開発

GMOの潜在的な危険性

1. 組換え遺伝子が，他の植物や動物に（無秩序に）広がってしまう可能性
2. GMOが環境に出てしまい，もとに戻せなくなってしまう可能性
3. 動物福祉と倫理上の問題：遺伝子組換え動物が病弱で短寿命となる可能性
4. GMOによって，従来の駆除方法に対して抵抗性をもつ有害生物や昆虫，微生物が出現する可能性
5. 世界の種子市場を独占しようとする企業を生み出し，そうした企業に発展途上国が依存せざるを得なくなる可能性

オオカバマダラを殺すものは何か？原因はトウモロコシではない

Btトウモロコシは，土壌細菌（*Bacillus thurigiensis*）の遺伝子をもつように遺伝子組換えされたトウモロコシの品種である。この遺伝子によって，トウモロコシは蝶や蛾に対して駆除作用をもつ一方，甲虫や蜂などの昆虫（実際には，蝶と蛾以外のすべての動物）に対しては無毒な物質（毒）をつくることがきるようになる。Btトウモロコシが標的としているのは，毎年のように収穫高に甚大な被害を及ぼし，数億ドルという損害を与えているヨーロッパマツマダラメイガの幼虫である。Bt毒素は，1960年代から微生物殺虫剤として使われてきおり，その作用が選択的であることから安全性が高いと考えられている。Btトウモロコシはモンサント社によって開発され，1996年に発売が開始された。多くの種類のBtトウモロコシがあり，それぞれ少しずつ異なる作用をもつ毒をつくるように操作されている。最初につくられたのは，Bt176であった。

1999年から，アメリカ中西部におけるオオカバマダラの数が減少し始めた。その年，コーネル大学は，トウモロコシの花粉によってBt毒素が他の植物に拡散している可能性を示唆する論文を発表した。トウモロコシ畑の近くに繁茂しているトウワタ（キョウチクトウ科の多年草，雑草）に降った花粉が，トウワタを食草としているオオカバマダラの幼虫を殺している可能性が考えられた。その結果，環境活動家たちの間でBtトウモロコシに対する反発が起こった。しかし2001年には，花粉の毒素はオオカバマダラの減少の原因ではない，とする研究が報告された。毒性のある花粉はおもにBt176品種のものであり，この種は，栽培されているトウモロコシのわずか2%にすぎず，すでに栽培されなくなりつつあった。他のBtトウモロコシの品種は，十分な毒素をつくらない品種であり，花粉量も，オオカバマダラの幼虫に影響を与えるほど多くはなかった。

現在，オオカバマダラの減少に関して，関連はするが，かなり異なる原因が考えられている。1996年に，モンサント社は，グリホサートという除草剤成分に耐性をもつ"ラウンドアアップレディー"というトウモロコシの発売を開始した。このラウンドアップという除草剤が噴霧されると，雑草は駆除されるがトウモロコシは成長を続けることができる。このため，駆除対象をしぼらずに除草剤を噴霧することができるようになった。そうすると，トウモロコシ畑の中や周辺で繁茂することが多いトウワタも，他の雑草同様に死んでしまい，オオカバマダラの幼虫の餌がなくなった。

それでは，オオカバマダラを殺しているのは何だろうか？

上：北アメリカのオオカバマダラが，メキシコやカリフォルニアに越冬のために移動する。
右：オオカバマダラの幼虫は，トウワタを好んで食する。

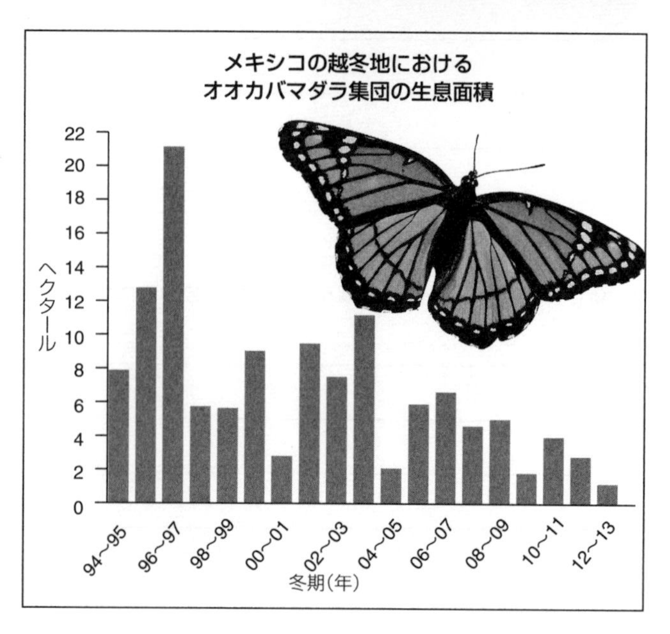

1. GMOの利点を3つ挙げ，なぜそれらが利点となるか説明しなさい。

(a) ____________________

____

(b) ____________________

____

(c) ____________________

____

2. GMOの潜在的な危険性を3つ挙げ，それらがどのように危険なのか説明しなさい。

(a) ____________________

____

____

(b) ____________________

____

____

(c) ____________________

____

____

3. グループをつくり，遺伝子組換えトウモロコシとオオカバマダラの減少にかかわる倫理的問題について議論しなさい。誰にオオカバマダラの減少の責任があり，オオカバマダラの個体数を回復させるために何ができるかを議論し，以下に，議論の要点をまとめなさい。

____

____

____

____

____

____

____

4. 遺伝子組換え作物に関するおそれや懸念は，道徳的，宗教上の信念に基づくものもある。一方，生物学的な根拠に基づいた，潜在的なGMOの脅威に関連するものもある。

(a) クラスにおいて，懸念がどのようなものであるか議論し，以下に挙げなさい。

____

____

____

____

____

(b) 上で挙げた考えの中から，実際に生物学的な脅威となるものを答えなさい。____________________

____

____

____

自然クローン

重要概念：多くの植物やいくつかの動物は，自然な状態でもクローンをつくることができる。

クローンは，親と遺伝学的に同一な生物である。クローンは速く増えることができるが，遺伝的多様性がないため，環境による変化の影響を受けやすい。植物は，無性生殖によって繁殖することができ，たとえば，塊茎，地下茎，球根といった栄養器官からクローンをつくることができる。植物は，挿し木からも育つことができる。また，植物の一部が地面に触れたり，植物の一部が傷つくと，発根をする場合もある。動物は，いくつかの種はクローンをつくるが，植物にくらべると，その能力は低い。

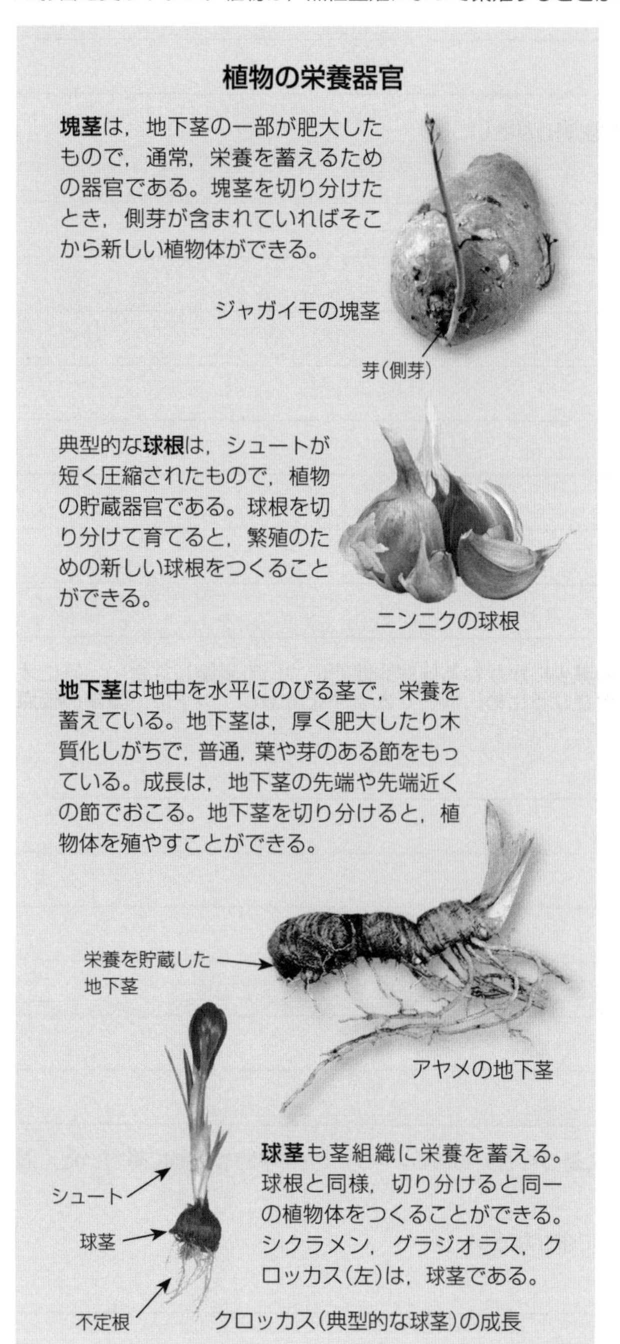

動物の自然クローン

動物では，自然に生じるクローンはほとんどなく，普通はプラナリアやヒトデ，ヒドラのような単純な動物で見られるだけである。

プラナリアは，クローンをつくることでよく知られている。扁形動物は，3つに切り分けると各部分がそれぞれ新しい個体を再生する。自然界では，尾の一部から，個体を再生するものもある。

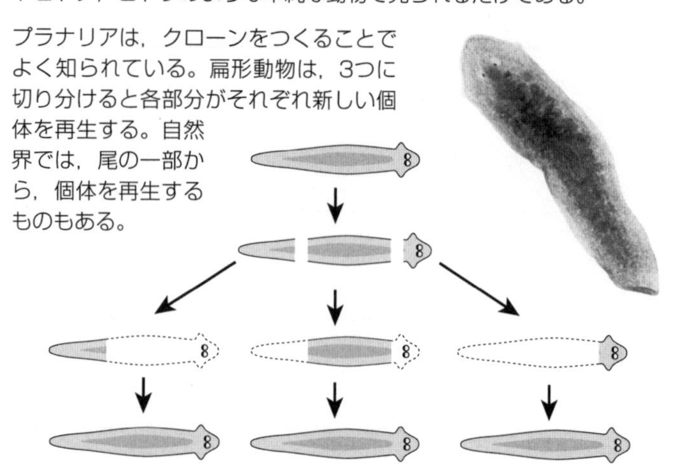

海綿やほとんどの刺胞動物（たとえば，ヒドラ）は，**出芽**によって再生することができる。出芽によって体の一部を分離し，新しい個体をつくる。新しくできた個体は，コロニーの一部としてもとの個体にくっついたままのこともあれば，出芽部位から切り離され独立した個体になることもある。

この図（右）は，ヒドラの出芽のようすを示している。新しい個体が親個体の体から出芽している。写真は，膨れて出てきている様子と，分離して独立した個体となる様子を示している。

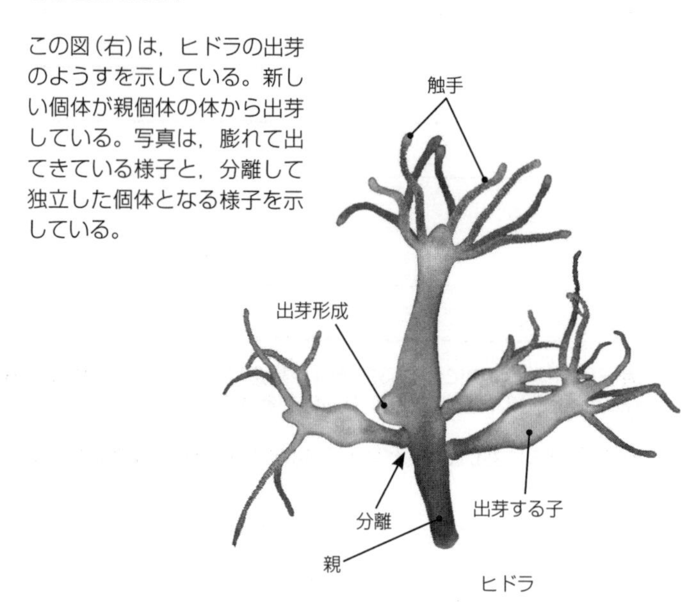

1．クローン個体間にはどのような遺伝的関係があるか，述べなさい。

2．環境変化に適応しようとする個体群に対して，そのような遺伝的関係が与える影響について説明しなさい。

胚分割法によるクローニング

重要概念：胚分割法によるクローニングは，自然に双子ができる過程を模倣するものであり，1頭の高品質な個体から複数の個体をつくることができる。

家畜は，普通，1年に1頭か2頭の子を産むだけであるため，選抜育種によって望ましい特性をもつ集団をつくるには時間がかかる。クローニングによって，望ましい特性(たとえば，高乳量)をもつ家畜をより速くつくることができる。胚分割法は，もっとも簡単にクローンをつくることのできる方法である。胚分割法は，生体外で，自然に双子ができる過程を模倣するものであり，遺伝的に同一な胚を代理母に移植し，成長させる。胚分割法によってできた個体は，産まれるまで完全な表現型はわからないが，多くの点で親と同じ特性をもっている。クローニングは，遺伝的に同一な個体をつくることによって，病気の過程を調べるためにも利用される。議論はあるが，胚から未分化幹細胞を取り出し，医学的治療に使うこともできる。

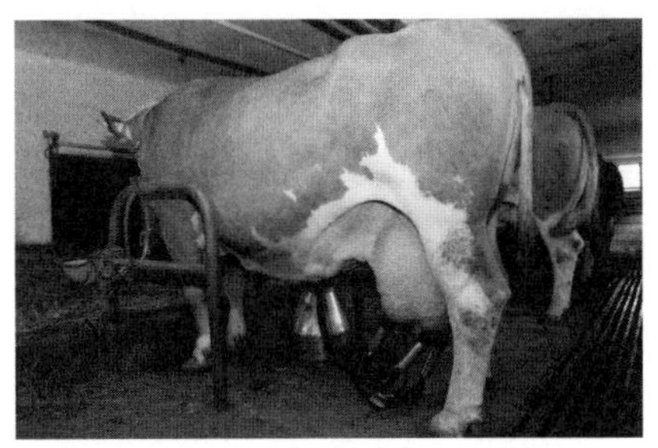

毛，肉，あるいは乳の生産などの望ましい特性に基づいて家畜を選抜し，選抜個体から複数の卵を取り出す。卵を受精させ，生体外で胚を育て，代理母に移植する。

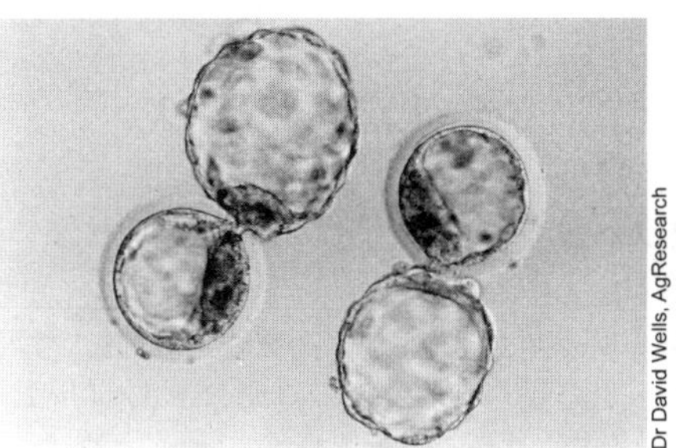

代理母に移植される直前のクローン胚。これらは胚盤胞期（50～150細胞）にある。1頭の家畜から多くの卵が得られるので，多くの胚盤胞期胚が移植できる。

胚分割法によって複数のクローンを得られるが，それらのもとになる胚の生理学的特性は完全にはわからない。この点が高品質な家畜をつくることを目的に胚分割法を用いることの限界となる。

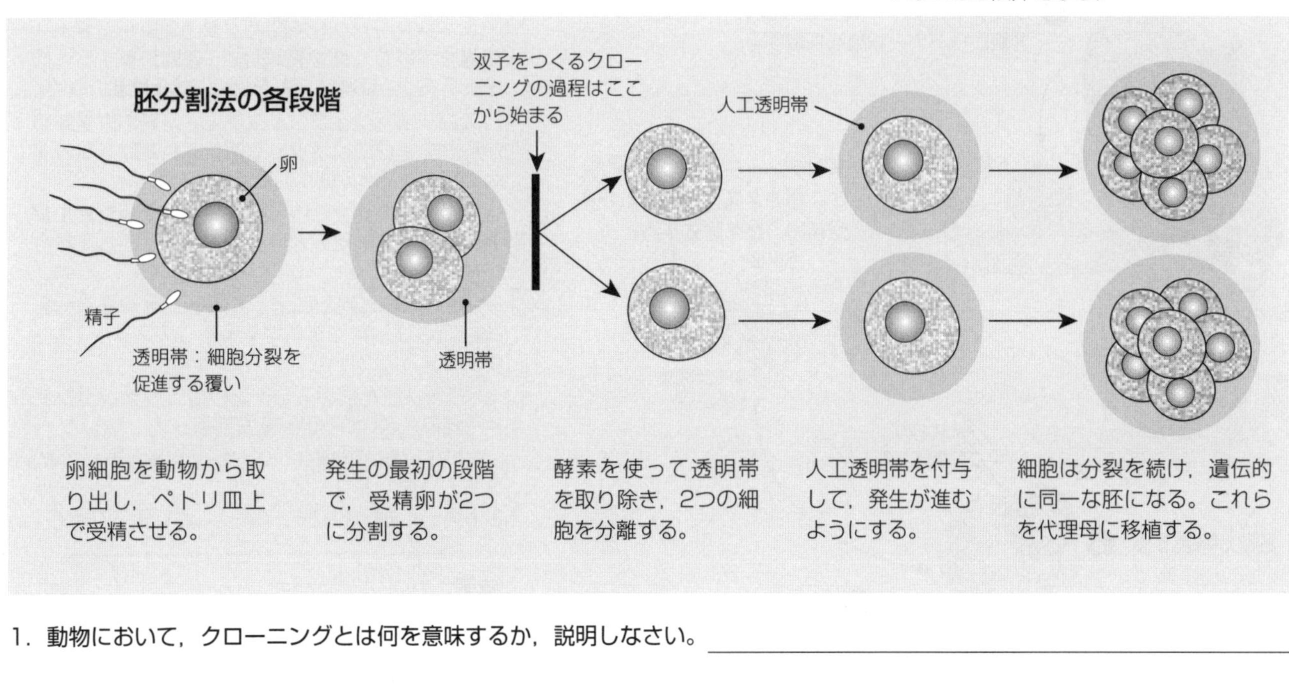

1. 動物において，クローニングとは何を意味するか，説明しなさい。

2. 胚分割法によって，高品質な家畜から複数のクローンをどのようにしてつくることができるのか，述べなさい。

3. 高乳量のウシをクローニングすることによって得られる可能性のある利益を述べなさい。

4. 胚分割法を使ってすべての家畜をつくることが望ましくない理由を挙げなさい。

細胞核移植によるクローニング

重要概念：クローンは，核を取り除いた卵細胞と，クローン化する生物の細胞とを融合させることによってつくられる。

要点

- ヒツジのような特定の動物種の種内，さらには同一の品種内でさえ，各個体はさまざまな特性を示す。
- 家畜のクローンをつくることによって，多様性を排し，成長を確実にコントロールし，一定の品質の羊毛やミルクを得ることができる。
- 従来の胚分割法によってできたクローンは，生理学的特性が十分にはわからない胚からつくられる。科学者たちは，望ましい特性をもつクローンをより効率よくつくるために，表現型が十分にわかっているクローンをつくりたいと考えた。

コンセプト1

体細胞を休止状態または胚発生状態に戻すと，細胞の遺伝子は発現しない。

コンセプト2

細胞の核を除去し，他の細胞の核と置き換えることができる。また，人為的に細胞を融合させることもできる。

コンセプト3

受精卵は胚をつくる。ドナー細胞の核をもつ卵は，ドナー細胞と同じDNAをもつ胚になる。

コンセプト4

胚は代理母に移植され，問題なく発生が進む。

体細胞核移植

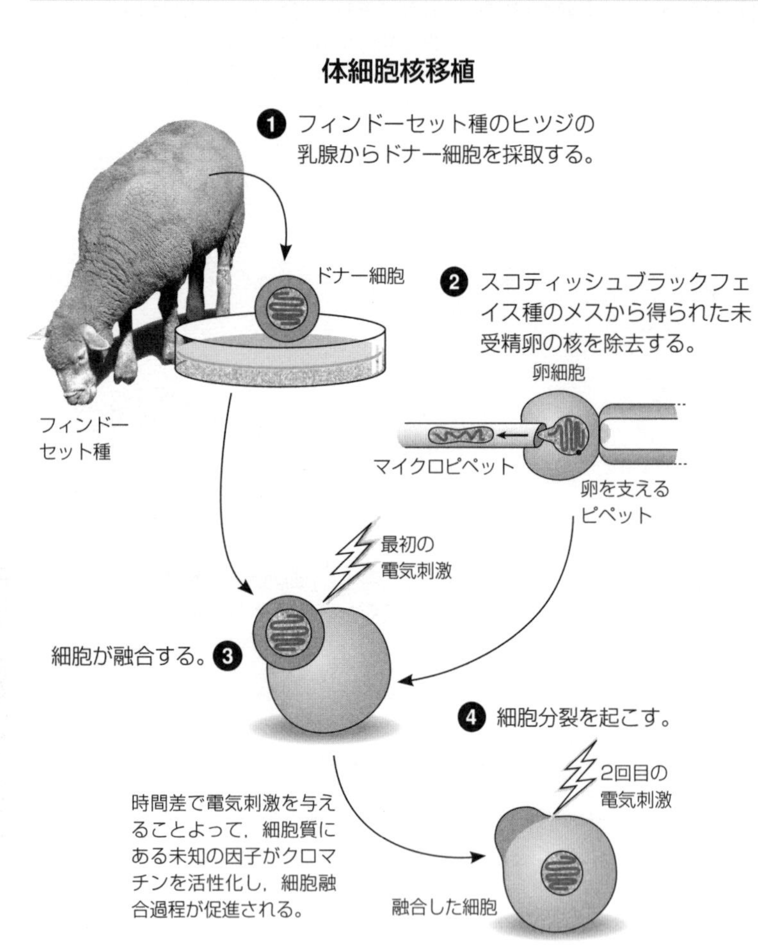

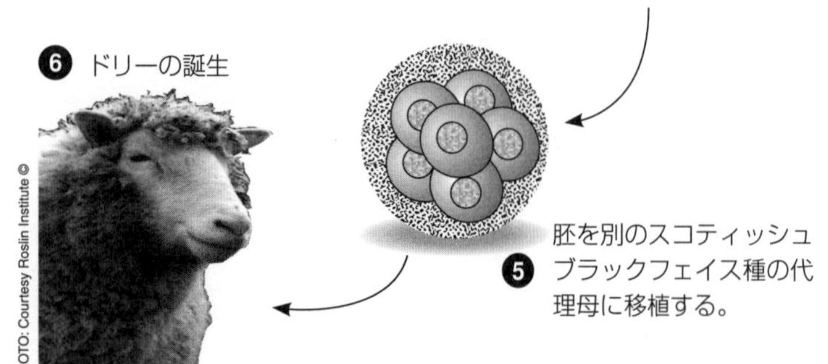

方法

フィンドーセット種のヒツジの乳腺から**ドナー細胞**を採取し，低栄養培地で1週間培養する。低栄養下では，細胞は分裂を止めて**休止状態**になる。

スコティッシュブラックフェイス種の**未受精卵**から，マイクロピペットを使って核だけを除去する。核以外の部分はそのまま残される。

休止状態の乳腺細胞と核を除去した**レシピエント細胞**に，弱い電気刺激を与え細胞どうしを融合させる。

2度目の電気刺激によって細胞活動や細胞分裂を起こさせ，発生を誘導する。このステップは，化学的な方法で行うこともできる。

6日後，胚を別のスコティッシュブラックフェイス種のメス(代理母)に移植する。

148日の妊娠期間後，ドリーが生まれる。DNA分析の結果，ドリーはもとのフィンドーセット種のドナーと遺伝的に同じであることが示される。

結果

フィンドーセット種のドリーは，1996年7月エディンバラ近くのロズリン研究所で生まれた。ドリーは**胚細胞以外の細胞**(つまり，すでに分化した細胞)からつくられた，哺乳類では最初のクローンだった。ドリーの誕生は，細胞分化の過程が不可逆的ではなく，分化した状態から胚の状態に再プロフラムできることを示した。クローニングは簡単に見えるが，多くの問題がある。数百個の卵のうち，わずか29個だけが胚になり，生まれたのはドリーだけだった。

将来の応用

動物の生殖技術開発において，クローニングは遺伝的に優れた品種を速くつくることを可能にした。クローニングによって誕生した動物は，商業利用される家畜として普及するであろう。新しいクローニング技術開発するうえでの焦点は，採算の合う方法を開発し，正確に遺伝子改変された動物を迅速につくることに置かれている。

10頭の子牛

成体の体細胞を用いたクローンは，家畜の品種改良における新しい時代の幕開けを示唆している。伝統的な繁殖技術では、生まれてくる子の表現型が予測できないため，次世代の繁殖前に表現型の確認をする必要があり，長い時間がかかっていた。現在では，成体クローニング法によって，利用価値の高い家畜が生産農家に速く広がることが可能になった。これによって，畜産業者が，家畜の特定の性質を必要とするような市場の要求に迅速に対応することも可能になる。ニュージーランドでは，10頭の健康なクローンが1頭のウシからつくられた（模様のパターンの違いは，初期胚において色素細胞がランダムに移動することによって起こる）。

エンダービー島のウシを救う

エンダービー島は，ニュージーランドの南，約320kmに位置している。1800年代の終わりから1900年代はじめにかけて，この島への定住とウシの飼育が始まった（初期の血統は不明）。定住は失敗し，あとにはウシが残された。その後約90年の間，ウシの群れは，低木や海草を食べて生き残り，独特の品種となった。1991年，ニュージーランドの自然保護局は，生き残っていた53頭が島の生態系の回復を妨げているとし，根絶プログラムを開始した。第一陣の遠征で47頭が駆除され、精細胞と卵細胞が採取，保存された。

レイディーとその子孫

1992年，雌ウシ（のちに，レイディーと呼ばれる）と子牛の2頭が島で生存していることが発見された。それらは捕獲され，ニュージーランドの研究センターに移送された。のちに子牛は死亡（死因不明）し，レイディーが「最後の血統」となった。集められた精子と卵を使って，胚の作製が試みられた。レイディーは2か所目の研究センターに移された。そこでは，雄ウシ（ダービー種）が，体外受精と代理母への移植によってつくられていた。体外受精の成功率が低かったため，体細胞核移植によってレイディーのクローンがつくられた。37頭のウシに移植された74個のクローン胚のうち，5個が妊娠期間中生きていた。1頭は生後すぐ死亡し，2頭はその翌年死亡した。生き残った2頭の雌ウシは，そのあとダービー種と交配し，4頭のウシを生んだ。2006年には，繁殖可能なウシは6頭となった。体外受精と代理母への移植によって，3世代目のウシがつくられ，頭数は現在ゆっくりと増えている。エンダービー島のウシは，体細胞核移植によって絶滅から救われた非常にまれな品種である。

1．体細胞核移植と関連づけて，**成体クローニング**とは何か説明しなさい。

____

____

2．以下の操作が，体細胞核移植の過程でどのように行われているか説明しなさい。

(a) ドナー細胞の遺伝子の活性を止める：__________

(b) ドナー細胞を，核を除去した卵と融合させる：__________

(c) クローン化された細胞が胚になるように活性化する：__________

3．核移植技術を用いたクローニングが応用できると考えられる動物を2つ挙げ，説明しなさい。

(a) __________

(b) __________

遺伝子と遺伝と選択

重要概念：選択は，各個体がもつ対立遺伝子の組み合わせによって決まる遺伝性の表現型変異に働く。

集団の構成員は，それぞれが特有の組み合わせの遺伝子をもっている。有性生殖を行う生物では，配偶子形成の際に染色体がかき混ぜられて，さまざまな遺伝子の組み合わせが生じる。また，配偶者選択や両親それぞれから受け継ぐ遺伝子のめぐり合わせによっても**対立遺伝子**の新しい組み合わせが生まれる。一部の構成員は，その生息環境によく適応した組み合わせの対立遺伝子をもっている。そのような構成員は，相対的に不利な組み合わせの遺伝子をもつ他の構成員よりも**繁殖成功度**（**適応度**）が高いと考えられる。その結果，それらの構成員がもつ遺伝子（対立遺伝子）の割合が世代ごとに増えていくことになる。無性生殖で増える生物では，基本的に子は親と遺伝的に同一である。しかし，突然変異によって新しい対立遺伝子を生じることがあり，新しい対立遺伝子の中には他の対立遺伝子よりも有利なために選択されるものもある。もちろん，環境が固定的であることはめったにないので，新たに生じる対立遺伝子の組み合わせは，そこで成功できるかどうか常に試されている。

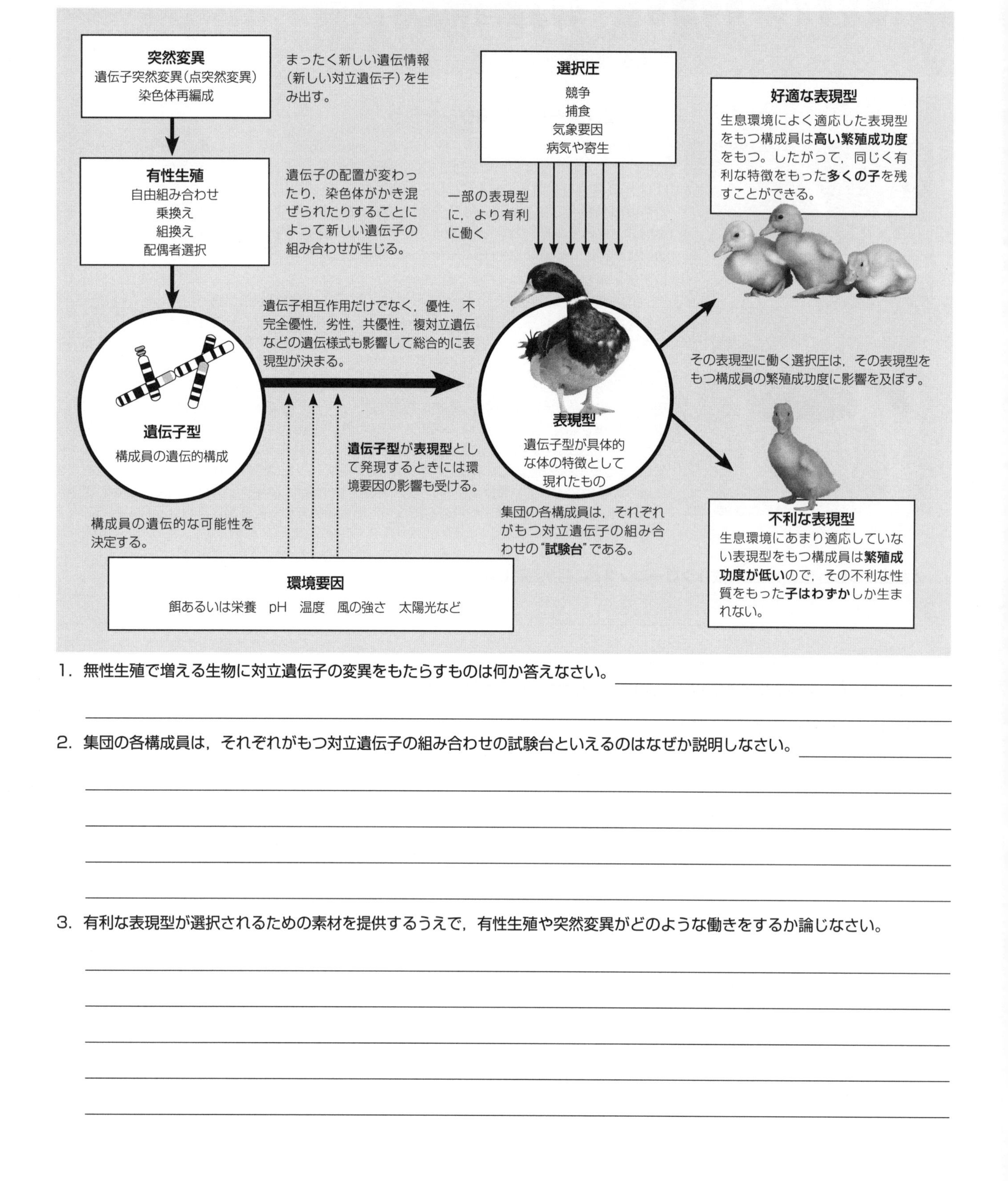

1. 無性生殖で増える生物に対立遺伝子の変異をもたらすものは何か答えなさい。

2. 集団の各構成員は，それぞれがもつ対立遺伝子の組み合わせの試験台といえるのはなぜか説明しなさい。

3. 有利な表現型が選択されるための素材を提供するうえで，有性生殖や突然変異がどのような働きをするか論じなさい。

化石記録

重要概念：化石によって，生物の出現と絶滅の歴史を知ることができる。また，化石記録は過去の出来事が起こった相対的な順序を明らかにすることにも役立つ。

化石は，鉱化して腐敗を免れ，死後，長く保存された生物の遺骸や痕跡である。化石を調べると，種からあらゆる分類群に至るまで，生物の出現と絶滅の歴史を知ることができる。この歴史を（**年代測定法**を用いて）地質年代に対応させると，これまでに起こった進化的変化を図に表すことができる。たとえば，化石記録を見ると，祖先のヒラコテリウム属から現代のウマ（エクウス属）に至るウマの進化（下図右）が詳しくわかる。おびただしい数の中間型化石を含む豊富な化石記録のおかげで，ウマの**系統発生**（進化的歴史）については揺るぎない1つの説が導き出されている。ウマの進化は，図のように多数の枝の出た複雑な樹形で表される。5,500万年以上に及ぶその進化の過程には，多くの種が共存していた期間がある。ウマ科の化石記録を見ると，森から草原へと棲み場所を変えたことにともなって多くの形態の変化が生じたことがわかる。

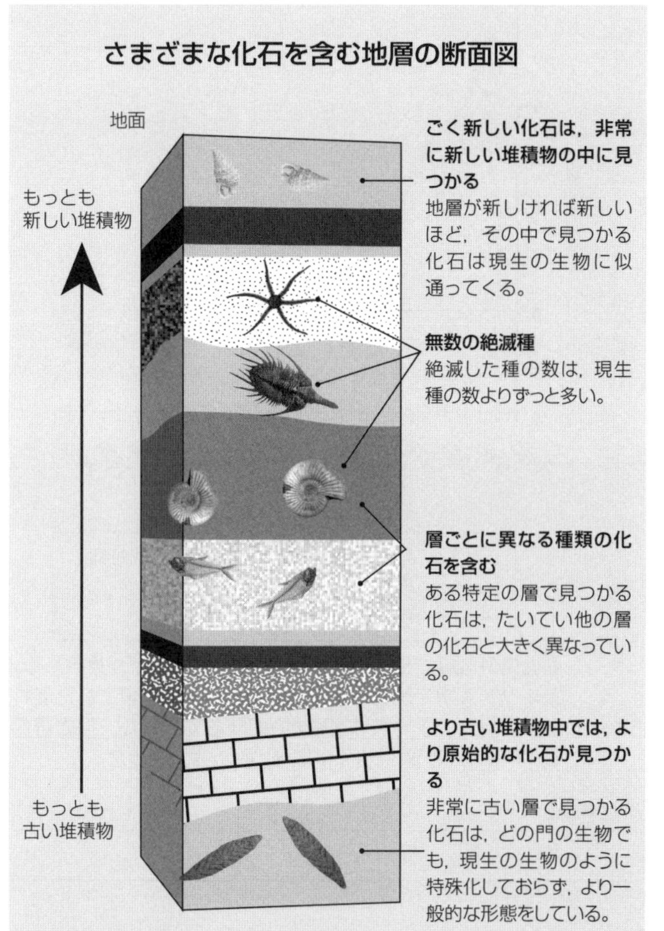

地層は長い時間かかって形成される

地質学的な出来事によって層が乱されていなければ，地層は堆積した順に並んでいる。最新の層は地表近くにあり，最古の層は一番下にある。

新しい種類の化石の出現は環境の変化があったことを示している

1つの地質時代の終わりを示す層では，次の地質時代に優勢になる新しい種類の化石が見つかることが多い。各地質時代は，その前後の地質時代とは環境が非常に異なっていた。地質時代の境目は，環境の劇的な変化が起きたために新しいニッチ（生態的地位）が出現した時期と一致する。環境変化と新しいニッチの出現によって新しい選択圧が働くようになり，生き残った生物は環境の変化に応じて新しい適応的形質を獲得した。

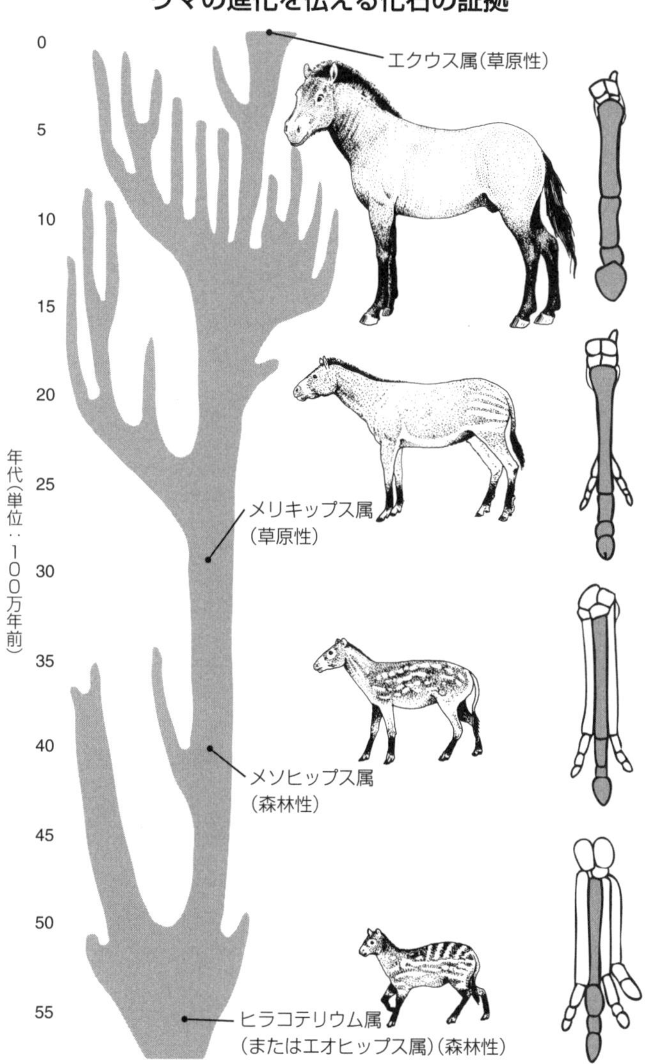

ウマの化石記録は，ウマの進化（体の大きさ，肢の長さ，歯の構造，肢の指の減少などの変化）について多くのことを教えてくれる。かつてウマの仲間は多様な種を含む大きな分類群を成していたが，現在はエクウス属（現生のウマ）の種しか生き残っていない。エクウス属の祖先である，さまざまな属のウマの肢の骨を見ると，ウマの進化では，肢の両端の指がだんだんなくなり，ついに中央の1本の指とひづめだけで体全体を支えるように変化してきたことがわかる。

1. 化石記録によって長い間の進化的な変化をどのように知ることができるか述べなさい。＿＿＿＿＿＿＿＿＿＿

2. どのような点において，ウマ科の化石記録は進化過程を示す好例となっているか説明しなさい。＿＿＿＿＿＿＿＿＿＿

選択と集団の変化

重要概念：選抜育種は，ある集団の表現型特性に急速な変化を起こす1つの方法である。

集団の中から特定の形質をもった構成員を選んで，それらの構成員を交配することによって，人間は他の生物の進化的変化に人為的な選択圧をかけることがある。ホルスタイン種のウシにおける産乳量の変化（下図）は，ホルスタイン種の産乳量と繁殖力に関する遺伝的組成に人間がどのように直接的影響を与えたかを示している。

1960年代からミネソタ大学では，どのような**人為選択**にもさらさないで一群のホルスタイン種のウシを飼ってきた。同大学ではまた，産乳量を増やすために1965年から1985年にかけて**選抜育種**を行ったホルスタイン種の群れも飼っている。そこで，これら2つの群れの産乳能力をアメリカ全体のホルスタイン種の平均的な産乳能力と比較した。

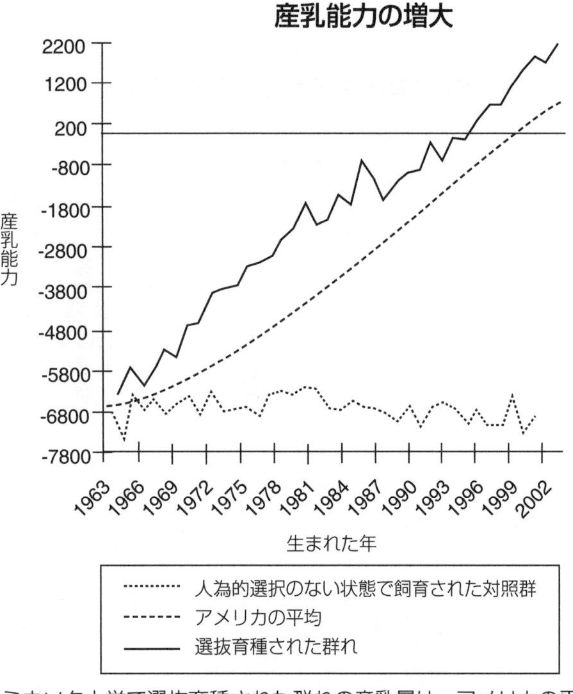

ミネソタ大学で選抜育種された群れの産乳量は，アメリカの平均産乳量と同じく増加している。1搾乳期間のウシ1頭あたりの産乳量は，1964年から実質的に3,740kg増加した。一方，人為的選択を受けていない対照群の産乳量はほぼ一定であった。

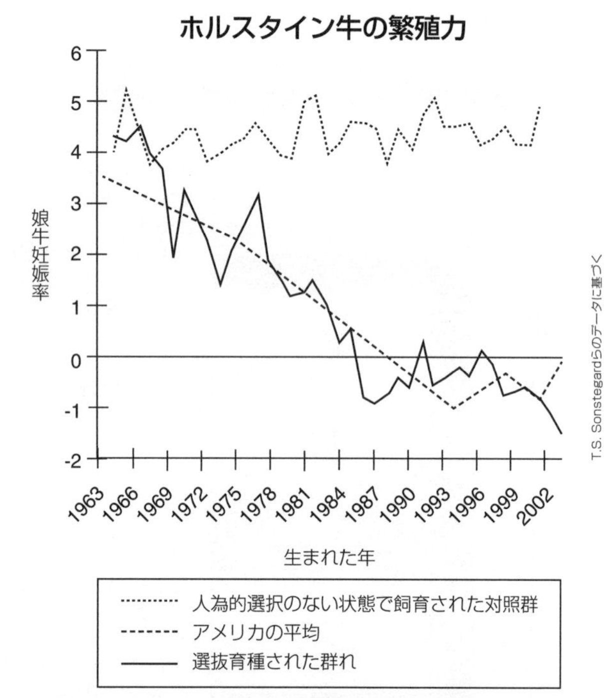

産乳量の増加にともない，明瞭な繁殖力の低下が見られる。ミネソタ大学で産乳量の増加のために選抜育種された群れとアメリカの平均では繁殖力が低下しているが，何の選択も受けていない対照群では繁殖力は一定であった。

1. (a) ホルスタイン種のウシの産乳量と繁殖力の関係について述べなさい。

   (b) この関係によって，産乳量にかかわる遺伝子と繁殖力にかかわる遺伝子が存在する場所に関して，どのようなことがわかるか述べなさい。

2. このことによって，産乳量の最大値にはどのような限界があると予想されるか答えなさい。

3. 自然選択は，有利な形質をもった生物の割合が集団の中でより大きくなるように働く仕組みである。選抜育種が自然選択にどう似ているか述べなさい。また，上のホルスタイン種のウシの例は，繁殖成功度は効果の対立する多くの形質の妥協の結果であることを示唆しているが，どうして，そう言えるかについても述べなさい。

相同な構造

重要概念：**相同とは，共通祖先に由来するためにもつ類似性のことである。相同な構造は，分類群によってそれぞれ異なる働きをするように変化している。**

陸上に生息する種々の脊椎動物の前肢の骨格を比較すると，どれも同じような配列を示す，形の似た骨で構成されていることがわかる。これは，それらの生物が共通祖先から派生したことを示している。初期の陸生脊椎動物は**5指性**（5本の指をもつ）の肢をもつ両生類であった。この両生類から派生したすべての脊椎動物の肢の基本構造は同じく5指性である。しかし，すべて5指性を基本としながらも，それぞれ異なるニッチに適応して肢のつくりが変化しており，脊椎動物の肢の進化は**適応放散**と呼ばれる現象のよい例ともなっている。

5指性の肢の基本構造

前肢と後肢の間で骨の配列は同じであるが，それぞれの骨には違う名前がつけられている。多くの場合，肢の部位によって骨の形状が大きく変化しており，それぞれ特有の運動機能を果せるようになっている。

5指性の肢の特殊化

1. 上の「5指性の肢の特殊化」の図に示された例のそれぞれについて，主要な形態変化はなぜ起きたか簡単に述べなさい。

   (a) 鳥の翼：空中を飛ぶために前肢の形態が大きく変わった。揚力を得やすい形に変化し，さらに羽根を備えている。

   (b) ヒトの腕：

   (c) アザラシの鰭：

   (d) イヌの前肢：

   (e) モグラの前肢：

   (f) コウモリの翼：

2. コウモリと鳥の翼の骨格を比較して，違いを述べなさい。

3. 5指性の肢に見られる相同性が適応放散の根拠と見なせるのはどうしてか説明しなさい。

分岐と進化

重要概念：新しい環境に移動した集団が，もとの集団から分かれて新しい種が形成されることがある。

ある1つの祖先集団が，それぞれ異なる生息場所を占めるようになった2つ以上の種に分かれることを**分岐進化**と呼ぶ。左下の図に示した分岐進化の例では，1つの**共通祖先**から2種が派生している。進化では分岐がよく起こる。分岐進化によって，それぞれが異なるニッチを占める多くの種が形成される場合，それを**適応放散**と呼ぶ。右下の図は，恐竜が絶滅したことによってさまざまな新しいニッチを利用できるようになったあとに哺乳類に起こった適応放散を表している。種の進化は必ずしも分岐をともなうとは限らないということも忘れてはならない。ある種が長い間に遺伝的変化を蓄積した結果，別の種と認識されるものに変わってしまうこともある。このような進化様式は，**系統漸進説**（連続進化やアナゲネシスとも呼ばれる）として知られる。

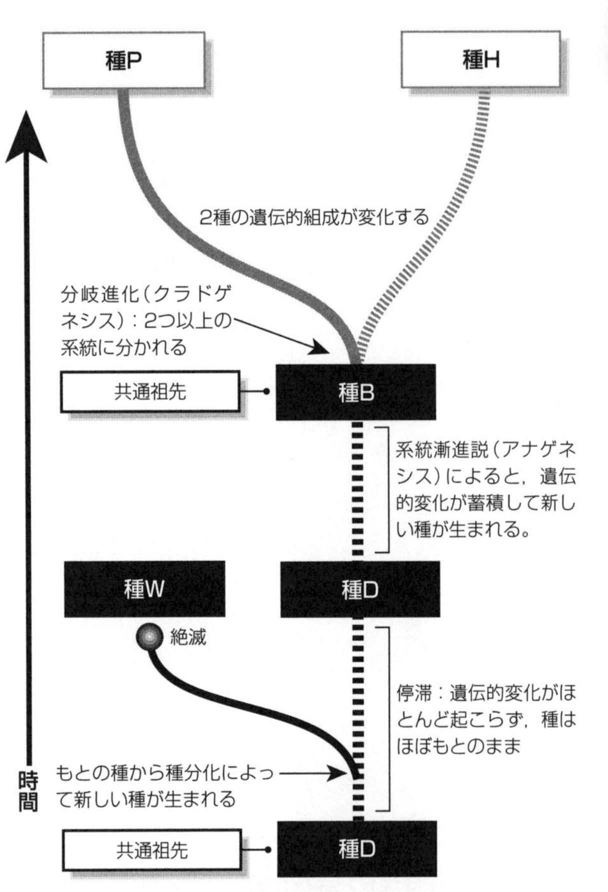

哺乳類の適応放散

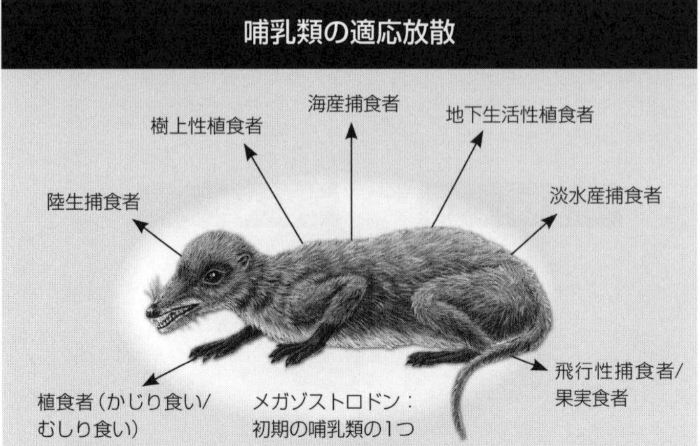

哺乳類はおよそ6,500～5,000万年前に大規模な適応放散を遂げたが，それよりずっと前の，今から1億9,500万年前ごろに最古の真の哺乳類が出現したと考えられている。現生哺乳類の祖先たちは非常に小さく（12cmほど），多くは夜行性で，昆虫などの無脊椎動物を食べていた。そのような哺乳類の例としてよく知られるのがメガゾストロドン（上図）である。このトガリネズミのような動物の化石は南アフリカで見つかっており，最古のものはジュラ紀初期（およそ1億9,500万年前）のものが知られている。

恐竜（と恐竜に近縁な動物）の絶滅と気候の変化によって，非常に適応能力の高い"何でも屋"が利用できるニッチが急にたくさん空いた。そして，現生哺乳類を構成する目（もく）のすべてが非常に早い時期に，非常に急速に出そろった。

1．上図（左）に示された仮想的進化の例について，次の問いに答えなさい。

(a) 種Dから種Bが生じた進化様式を答えなさい。 ____________________

(b) 種Bから種Pと種Hが生じた進化様式を答えなさい。 ____________________

(c) 次のそれぞれの種を共通の祖先としてもつ種をすべて挙げなさい。

種D： ____________________　　種B： ____________________

(d) 種B，種P，種Hのすべてが共通にもつ，ある形態的特徴が種Dや種Wには見られない。それはなぜか説明しなさい。

____

2．(a) **分岐進化**と**適応放散**の違いについて説明しなさい。 ____________________

____

____

(b) **連続進化**と**分岐進化**の違いを解説しなさい。

____

____

____

____

自然選択の仕組み

重要概念：自然選択説は，どのようにして環境によりよく適応した生物が生き残り，より多くの子を残すかを説明するものである。

進化は，集団に何世代にもわたって起こる，遺伝性の形質に関する変化である。それは，(1) 集団のもつ，個体数を増加させる潜在力，(2) 突然変異と有性生殖の結果である遺伝的変異，(3) 資源を巡る個体間の競争，そして (4) 生存能力や繁殖能力が高い個体の増殖，これら4つの要因の相互作用の結果である。

自然選択は，よりよく適応した生物が生き残って，生存能力の高い子をより多く残すように働く仕組みをさす言葉である。自然選択には，よりよく適応した生物が集団に占める割合を増やす働きがあり，その結果，集団内にそのような生物がより多く見られるようになる。これが，ダーウィンの進化論，すなわち自然選択説の基礎である。

M&M'S® チョコレートの“集団”を例に用いて進化の基本原理を説明することができる。

#1

M&M'Sの袋にはさまざまな色のチョコレートが入っているので，この“集団”には変異が見られる。友だちと一緒に袋の中のチョコレートを食べていってみよう。その際，2人とも青色が嫌いなので，青色のチョコレートは食べずに袋に戻すことにする。

#2

袋の中では，青色のチョコレートが相対的に増えてくる。

#3

やがて，袋の中には青色のチョコレートだけが残る。つまり，2人が青以外の色のチョコレートを好んで食べたことによって，M&M'Sの“集団”の組成が変わってしまったのである。これが，自然集団に進化をもたらす選択の基本原理である。

ダーウィンの進化論ー自然選択説

下図で，ダーウィンの進化論すなわち自然選択説を概説する。今日では自然選択説は科学者の間で広く受け入れられており，近代科学の基本原理の1つとなっている。

過剰生産

集団では過剰な子が生まれる：子の多くは死んでしまうに違いない

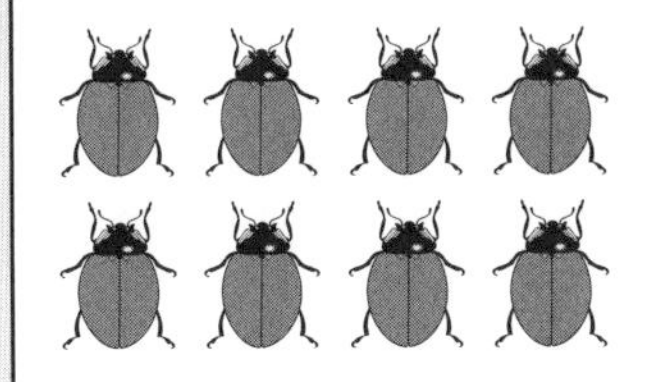

集団ではたいてい親の後継者として必要な数より多くの子が生まれる。自然集団の個体数はふつうほぼ一定である。したがって，生まれた子のうちのいくらかは繁殖することなく死んでいくであろう。

変異

集団の構成員の間には変異が見られる。一部の変異は他の変異より有利である

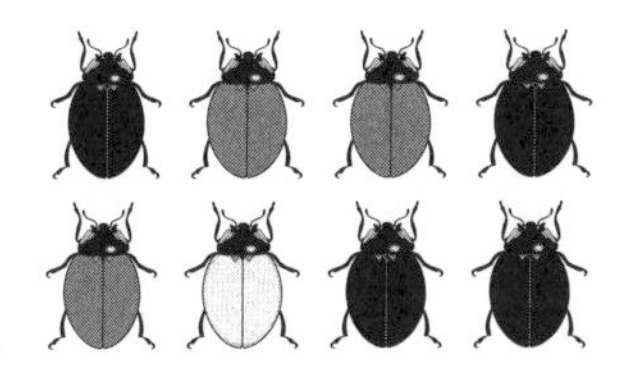

集団の構成員は，個体によって表現型，したがって遺伝子型が異なる。一部の表現型は他のものより環境によく適しており，そのような表現型をもつ個体は別の表現型をもつ個体よりも生存能力や繁殖成功度が高い。

自然選択

自然選択は，その時々の環境にもっともよく適応した構成員に有利に働く

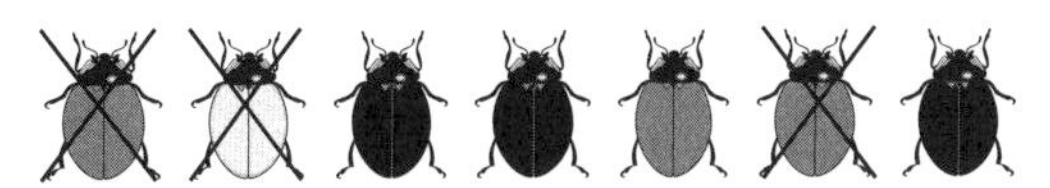

集団の構成員は限られた資源を巡って競争している。有利な変異をもった個体のほうが生き残る可能性が高い。相対的にいえば，有利な変異をもたない構成員はより多くが死ぬことになるだろう。

遺伝性

変異は遺伝する：もっともよく適応した変異をもつ構成員がより多くの子を残す

変異（有利なものも不利なものも）は子の代に受け継がれる。世代を追うごとに，有利な形質をもった個体の子孫が集団に占める割合が増加するだろう。

1．相互に作用し合って集団に進化をもたらす4つの要因を答えなさい。＿＿＿＿＿＿＿＿＿＿

＿＿＿＿＿＿＿＿＿＿＿＿＿＿＿＿＿＿＿＿

＿＿＿＿＿＿＿＿＿＿＿＿＿＿＿＿＿＿＿＿

＿＿＿＿＿＿＿＿＿＿＿＿＿＿＿＿＿＿＿＿

変異と選択，そして集団の変化

上の写真に示したテントウムシ集団のように，自然集団には遺伝的変異が見られる。**変異**は，突然変異（新しい対立遺伝子をつくり出す）と有性生殖（対立遺伝子の新しい組み合わせを可能にする）によって生み出される。集団の構成員の中には，他者よりもそのときの環境によく適応した変異をもつものがいる。このような構成員は，右図に示した架空の集団の例で説明するように，他の構成員より多くの子孫を残すであろう。

1．突然変異と有性生殖によって生じる変異：
ある褐色の甲虫の集団で2つの独立した突然変異が起こり，体色が赤色の個体と翅（はね）に1つずつ斑点がある個体が現れた（褐色の個体では斑点は見えない）。この集団の構成員は限られた資源を巡って競争している。

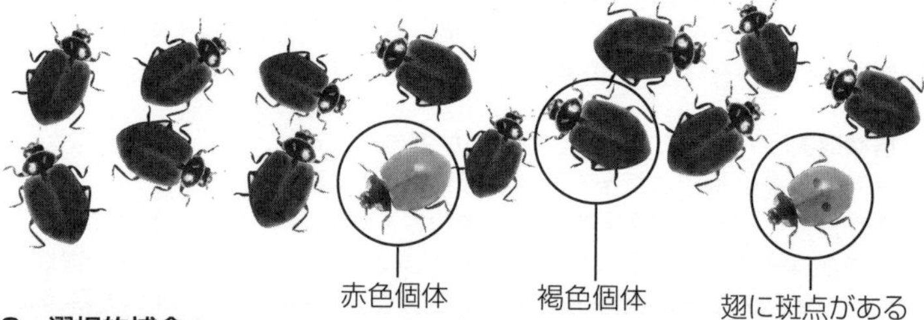

2．選択的捕食：
鳥は褐色の甲虫は食べるが，赤色の個体には近づかない。

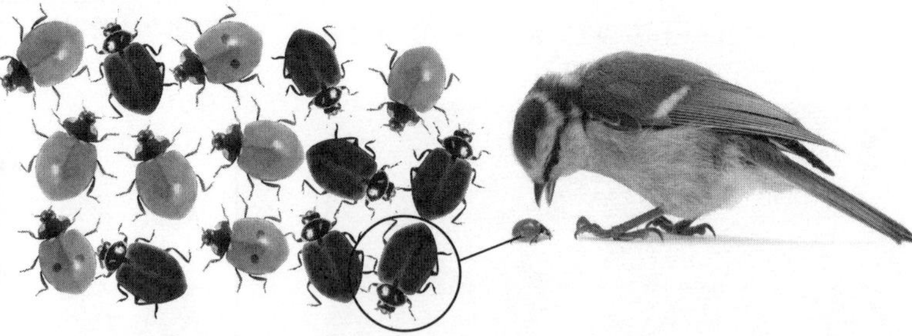

3．集団の遺伝的組成の変化：
赤色個体のほうが生存能力も適応度も高く，世代を追うにつれ赤色個体が増加する。褐色個体は適応度が低く，めったに見られなくなる。

2．集団に遺伝的変異をもたらすものは何か答えなさい。________________

3．進化とは何か説明しなさい。________________

4．集団の遺伝的組成が時間とともに変化することがあるのはどうしてか説明しなさい。________________

5．上の右図の例について，それぞれの特徴をもつ甲虫個体が集団に占める割合を計算し，下の表を完成しなさい。

甲虫集団	褐色個体の割合(%)	赤色個体の割合(%)	斑点がある赤色個体の割合(%)
1			
2			
3			

適　応

重要概念：適応的な形質は個体の適応度を高める。

適応（または適応的な形質）とは，ある生物がその環境で占めるべき機能的位置（すなわち，そのニッチ）でうまくやっていくのに役立つ，あらゆる遺伝性の特徴のことである。それらの形質には体の構造に関するものもあれば，生理や行動に関するものもある。また，その生物自身の適応の結果だけでなく，その生物の系統を反映していることもある。適応は進化を考えるうえで重要である。なぜなら，適応的な形質は個体の適応度を高めるからである。**適応度**は，繁殖齢に達するまで生き残る子の数を最大にする能力の尺度である。遺伝的適応を生理的順応（**順化**）と混同してはならない。生理的順応とは，生きている間に遭遇する環境の変化に応じて生理機能を調節する能力（たとえば，ヒトが高地に移動したときに起こる順化など）のことである。進化によって生じた適応的な形質の例には，以下のようなものがある。

ウサギの耳の長さ

多くの哺乳類の外耳は，（熱を発散して，体温上昇を抑えることによって）体温調節を助ける重要な器官として機能している。アメリカ南西部やメキシコ北部に生息しているオグロジャックウサギなど，暑くて乾燥した気候に特有のウサギの耳はとても大きい。一方，ホッキョクウサギはアラスカとカナダ北部，そしてグリーンランドのツンドラ地帯に棲み，比較的短い耳をもっている。このような体の末端部（耳や四肢，鼻など）の小型化は，低温に適応した種によく見られる。

体サイズと気候

体温調節には大量のエネルギーが必要なので，哺乳類にはその効率を高めるためのさまざまな構造的適応や生理的適応が見られる。どんな内温動物でも，発生する熱の量は体の体積（熱発生代謝）によって決まり，放熱速度は体の表面積によって決まる。体が大きくなると，体積に対する表面積の割合が減少するので，環境への放熱が最小限に抑えられる。そのため，寒冷地に生息する動物のほうが暑いところに棲む動物より体が大きい傾向がある。この体サイズと気候との関係は**ベルクマンの法則**として知られ，多くの哺乳類で立証されている。低温に適応した種はまた，高温に適応した近縁種よりも体ががっしりしていて，末端部が短い傾向がある。

サハラ砂漠の**フェネックギツネ**は，暑い地域に棲む哺乳類に特有の適応を示している。すなわち，体が小さく，毛皮は軽く，耳や四肢や鼻が長い。これらの特徴は放熱を助け，熱の発生を抑える。

ホッキョクギツネは，低温に適応した哺乳類に特有の形態的特徴，すなわち，ずんぐり太ってがっしりした体型，小さな耳，短い四肢や鼻，密に体毛の生えた毛皮などをもつ。これらの特徴は，環境への放熱を抑えるのに役立つ。

サイの角（つの）の数

種間の相違のすべてを，明確に特定の環境への適応として説明できるわけではない。サイが競争相手のオスや捕食者に突撃するとき，頭を下げた体勢で突撃すれば角は武器として役立つので，角をもつことはサイにとって明らかに適応的である。しかし，1本の角をもつ（インドサイのように）か，2本の角をもつ（クロサイのように）かがそれぞれの環境における機能性に関係しているか，あるいは，角の数の違いは単に角のない小型の祖先動物から進化してきた系統発生を反映したものなのかはよくわかっていない。

1. 適応的な形質（遺伝的）と順化の違いを述べなさい。＿＿＿＿＿＿＿＿

2. 体の末端部（四肢や耳など）の長さと気候の間にはどのような関係が見られるか説明しなさい。＿＿＿＿＿＿＿＿

3. 寒冷地で相対的に表面積が小さい，がっしりした体をもつことの適応的意義について解説しなさい。＿＿＿＿＿＿＿＿

昆虫の暗化

重要概念：産業革命期にオオシモフリエダシャクに働いた方向性選択によって，よく見られる色の表現型が灰色の明色型から黒色の暗色型へと変化した。

自然選択は集団の表現型（したがって，遺伝子型）の頻度に働いて，平均的な表現型をある特定の方向に変化させることがある。産業革命期に起きた**オオシモフリエダシャク**の色の変化は，多型集団（多型とは，形態や性質に2種類以上の型をもつこと）における**方向性選択**の例としてよく用いられる。産業革命期には大量の石炭が燃やされ，その煤で樹々が黒っぽくなり，オオシモフリエダシャクの暗色型が優占するようになった。

オオシモフリエダシャクの体色を支配する遺伝子は，単一の遺伝子座にある。暗色（黒色）型の対立遺伝子（M）は，明色（灰色）型の対立遺伝子（m）に対して優性である。

オオシモフリエダシャクには2つの色彩型がある：灰色で黒い斑紋をもつ明色型と，全体が黒っぽい暗色型である。産業革命期には2つの色彩型の相対存在量が変化し，暗色型のほうが多くなった。この変化は鳥による選択的捕食によってもたらされたと考えられている。すなわち，工業化が進んだ地域では樹々が黒く，明色型は鳥に見つかりやすい。その結果，鳥が明色型を食べることが多くなり，生き残る暗色型の数が増えたと考えられる。

過去150年にわたり採集されて博物館に収蔵されているオオシモフリエダシャクの標本を見ると，暗色型（上の写真：右）の出現頻度の著しい変化がわかる。イギリスで本格的な産業革命が始まる前の1850年に採集されたオオシモフリエダシャクはほとんどが明色型（上の写真：左）であった。その50年後には，すでに暗色型の頻度が増加している。

1940年代および1950年代にはマンチェスターやリバプールの工業中心地周辺ではまだ大量の石炭が燃やされていた。その間，その辺りでは暗色型のほうが非常に多かった。しかし，そのずっと南や西にある田園地帯では，明色型が劇的に増加した。その後，石炭を燃やす工場の数が減り，都市の大気浄化法が施行された結果，1960年から1985年の間には大気の質が改善され，二酸化硫黄や煙の濃度は，それまでの濃度と比べものにならないほど低くなった。この時期が，オオシモフリエダシャクの暗色型の相対的な数が急激に減った時期と一致している（右のグラフを参照）。

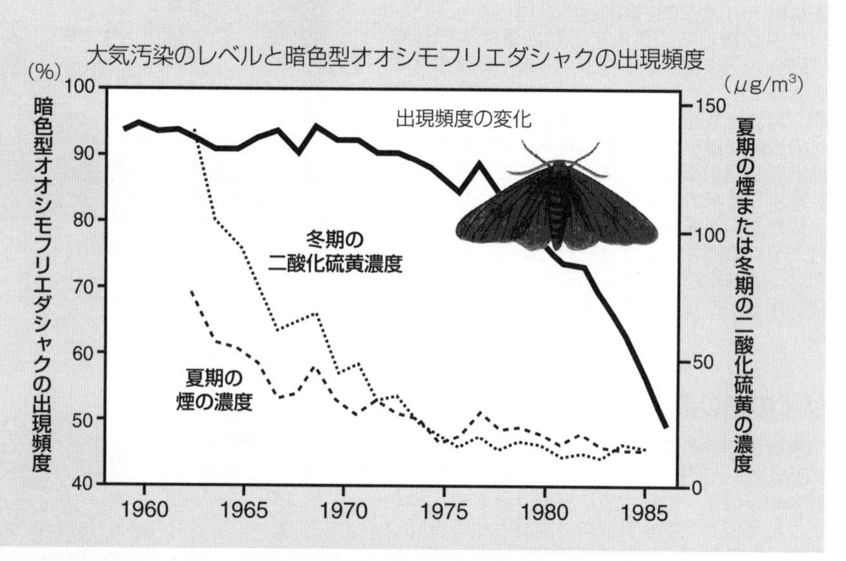

1. イギリスのオオシモフリエダシャク集団では，過去150年にわたって，ある明瞭な形質に関する表現型頻度に変化が見られた。その形質は何か答えなさい。

2. 過去150年にわたる環境の変化にともなって明色型にかかる選択圧がどのように変わったか述べなさい。

3. 対立遺伝子頻度と表現型頻度の関係を述べなさい。

4. マンチェスターやリバプール周辺では，1960年から1985年の間に大気汚染レベルが大きく下がった。この間に暗色型の出現頻度がどのように変化したか述べなさい。

ダーウィンフィンチ類の嘴サイズに働いた選択

重要概念：表現型について定量的な計測を行うと，集団への自然選択の影響を確かめられることがある。

自然選択は，集団の表現型に対して働く。適応度を高めるような表現型をもつ個体は，そうでない個体より多くの子を残すので，次世代には，その表現型をもたらす遺伝子の割合が増加する。集団に関する研究の多くが，自然選択が比較的早く集団の表現型変化を起こし得ることを示している。

ガラパゴス諸島のフィンチ類（ダーウィンフィンチ類）は，どのように進化によって新しい種が生み出されるかを示す例としてよく使われている。この課題では，その1種，中型の地上生活性のフィンチ，ガラパゴスフィンチの嘴（くちばし）の高さの計測データを解析する。計測はガラパゴス諸島の中ほどにある大ダフィネ島で1976年，この島を大干ばつが襲う前と干ばつ後の1978年（生き残ったガラパゴスフィンチとそれらの子について）に行われた。

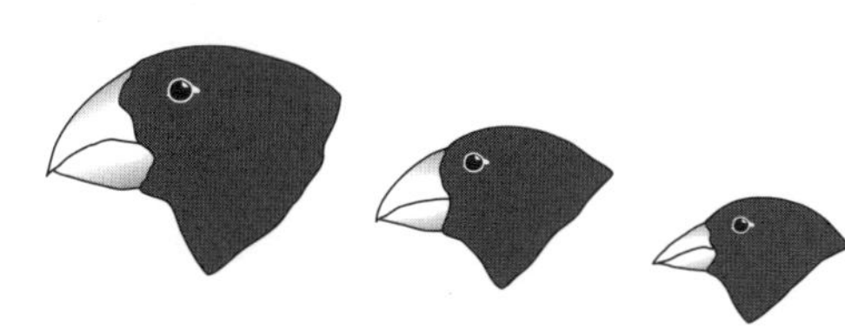

嘴の高さ(mm)	1976年の個体数	1978年の生残数
7.30〜7.79	1	0
7.80〜8.29	12	1
8.30〜8.79	30	3
8.80〜9.29	47	3
9.30〜9.79	45	6
9.80〜10.29	40	9
10.30〜10.79	25	10
10.80〜11.29	3	1
11.30+	0	0

子の嘴の高さ(mm)	個体数
7.30〜7.79	2
7.80〜8.29	2
8.30〜8.79	5
8.80〜9.29	21
9.30〜9.79	34
9.80〜10.29	37
10.30〜10.79	19
10-80〜11.29	15
11.30+	2

1．上のデータをもとに，以下の指示にしたがって下のグラフ用紙にヒストグラムを描きなさい。

(a) 横軸に嘴の高さの値域，縦軸にガラパゴスフィンチの個体数をとり，1976年と1978年（生残個体）のヒストグラムを各計測データの棒が相接して並ぶように，左のグラフ用紙に描きなさい。

(b) 右のグラフ用紙には，1978年の生残個体から生まれた子の嘴の高さのヒストグラムを描きなさい。

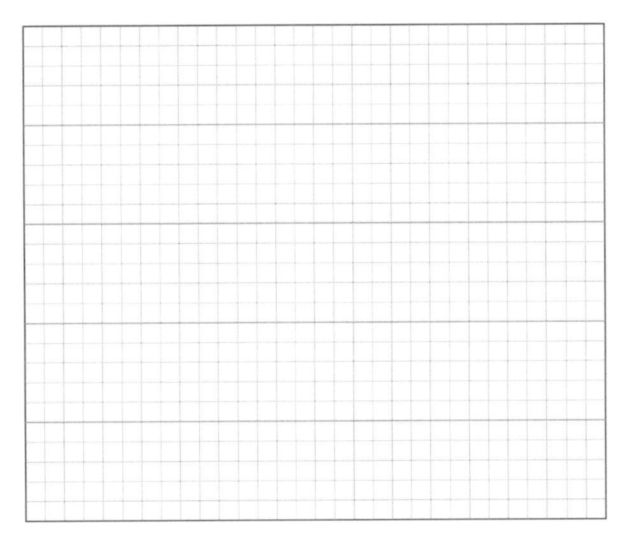

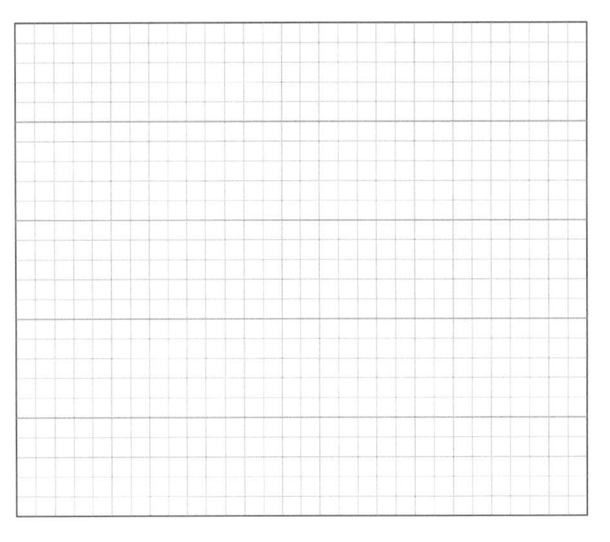

2．(a) 1976年のガラパゴスフィンチと1978年の生残個体の子のヒストグラムのそれぞれについて，嘴の高さのおよその平均値に印をつけなさい。

(b) 1976年から1978年の間に嘴の高さの平均がどのぐらい変化したか答えなさい。＿＿＿＿＿＿＿＿

(c) 嘴の高さは遺伝性の形質かどうか答えなさい。そして，そのことは，フィンチ類に働く自然選択にどういう意味をもつか述べなさい。

＿＿＿＿＿＿＿＿＿＿＿＿＿＿＿＿

＿＿＿＿＿＿＿＿＿＿＿＿＿＿＿＿

3．1976年の干ばつによって植物は枯れて種（タネ）をつくらなくなった。上のヒストグラムに基づいて，残っている種を巡ってガラパゴスフィンチの間にどのような競争が起こると予想されるか，言い換えれば，どんな種がどんな順番で食べつくされていくか，考えを述べなさい。

＿＿＿＿＿＿＿＿＿＿＿＿＿＿＿＿

＿＿＿＿＿＿＿＿＿＿＿＿＿＿＿＿

＿＿＿＿＿＿＿＿＿＿＿＿＿＿＿＿

抗生物質耐性の進化

重要概念：細菌類は抗生物質に対する耐性を発達させることがあり，この耐性は次世代および他集団に伝わることがある。

細菌類に遺伝的変化が起こって，普通は増殖が抑えられる抗生物質濃度でも細菌類が増殖できるようになったときに抗生物質耐性が生じる。この耐性は，突然変異すなわち遺伝子複製の誤りによって自然に生じることがある。また，細菌間の遺伝子の伝播によって獲得されることもある。3万年前の永久凍土中に含まれるDNAのゲノム解析によって，抗生物質耐性にかかわる遺伝子は，細菌類のゲノム中にずっと昔から存在していたことが示されている。近年の抗生物質の使用は，それらの遺伝子が選択されて急増するような環境を提供したに過ぎない。細菌類の多くの系統は，さらに複数の抗生物質に対する耐性をも獲得している。

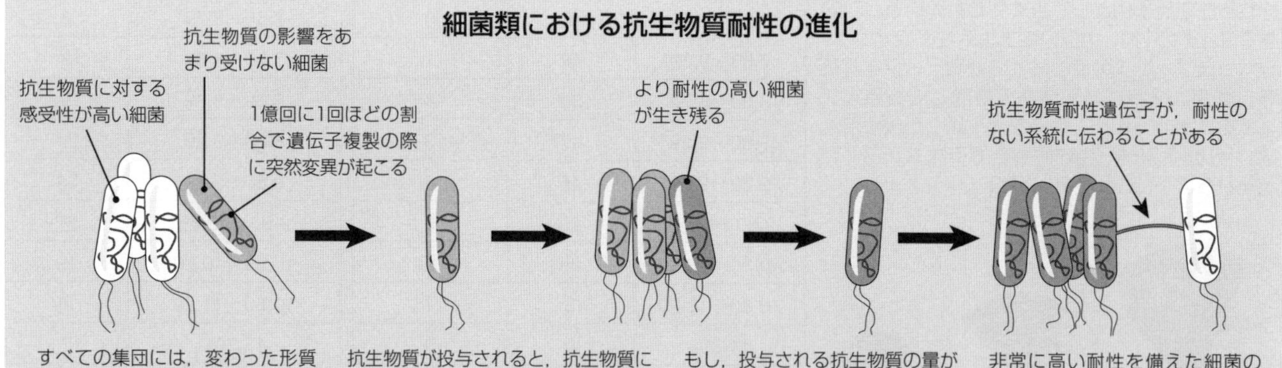

すべての集団には，変わった形質をもつ個体がいる。細菌類の集団も例外ではなく，中には抗生物質が効きにくいという性質をもつ細菌がいる。これらの個体は，DNAの突然変異によって生じたもので，そのような突然変異がたくさん知られている。中には，ずっと昔に起こった突然変異もある。

抗生物質が投与されると，抗生物質に対する感受性が非常に高い細菌だけが死滅する。それらより耐性の高い細菌は生き残り，分裂を続ける。覚えておかなければならないのは，抗生物質が細菌に直接作用して耐性を与えるわけではないことである。抗生物質は，耐性をもつ細菌だけが選択されるような環境を提供するだけである。

もし，投与される抗生物質の量があまりに少なかったり，抗生物質治療を中断したりすると，耐性をもつ細菌の集団が形成されてしまう。この集団内にも，抗生物質に対する感受性には変異が見られ，中には，さらに高い抗生物質濃度に耐えられるものがいる。

非常に高い耐性を備えた細菌の集団ができてしまう。耐性菌は他の細菌と（遺伝子の水平伝播によって）遺伝物質を交換し，耐性をもたらす遺伝子を他の細菌に渡すことができる。当初はこの系統の細菌に効果のあった抗生物質が，もう効かなくなる。

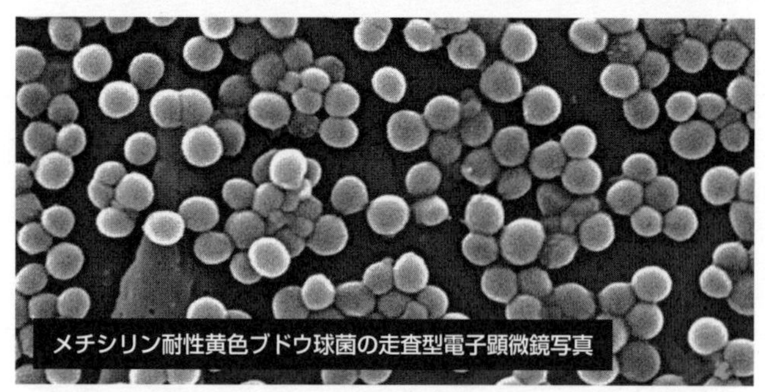
メチシリン耐性黄色ブドウ球菌の走査型電子顕微鏡写真

黄色ブドウ球菌はどこにでも存在する細菌で，ヒトにさまざまな軽い皮膚感染症を引き起こす。メチシリン耐性黄色ブドウ球菌は，ペニシリン系の抗生物質に対する耐性を獲得している。メチシリン耐性黄色ブドウ球菌の院内感染が起こると，厄介である。なぜなら，怪我をして傷口の開いている患者や体内に何らかの装置（たとえば，カテーテルなど）を入れている患者，あるいは免疫力が低下している患者では，健康な人よりも細菌に感染する危険性が高いからである。

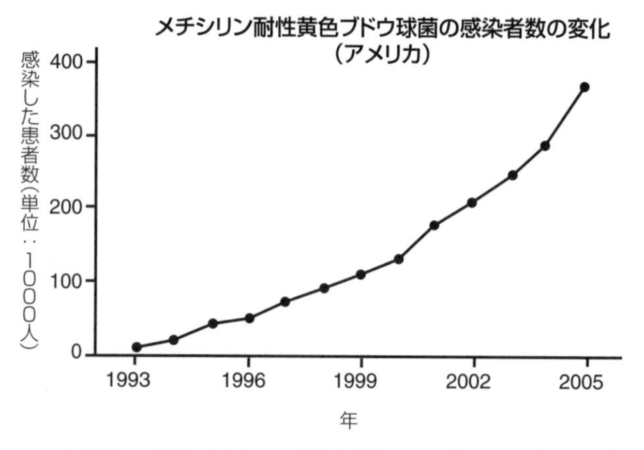

あまねく細菌の抗生物質耐性が増大しているため，メチシリン耐性黄色ブドウ球菌による感染は増加しつつある。

1. どのようにして抗生物質耐性が広まってしまうか，その機序を2つ述べなさい。

 (a) __________

 (b) __________

2. 細菌のゲノムを調べると，抗生物質耐性に関係する遺伝子は古くからあったことがわかる。このことについて，以下の問いに答えなさい。

 (a) これらの遺伝子は，最初どのようにして生じたと考えられるか述べなさい。

 (b) これらの遺伝子は，なぜ細菌類のゲノムから消滅しなかったか述べなさい。

 (c) 現在，これらの遺伝子が急増しているのはなぜか述べなさい。

進化を調べる

重要概念：大腸菌を用いて行われた長期間にわたる実験によって，突然変異の結果，適応度が増大したことが確かめられている。

1988年，リチャード・レンスキーらは大腸菌について長期間の**進化実験**を開始した。レンスキーらは，ブドウ糖が増殖の制限要因になるように，その濃度を低めに調整した培養液に入れた大腸菌を12集団，用意した。毎日，それぞれの集団の1%を新しい培養液の入ったフラスコに移し，また，各集団の一部を標本として凍結保存した。そのようにして植え継いだ大腸菌世代数は，今では5万世代を越えている。実験では，ときどき，採取した大腸菌標本にどのような突然変異が起こっているかが調べられた。この実験では，ブドウ糖濃度の低い培養液に入れられたということ以外には，特定の形質が選択されるような状況はつくられなかった。実験の結果，それらの大腸菌集団では，ブドウ糖濃度の低い培養液中での**適応度**(次世代への貢献度)がもとの大腸菌株に比べて増大したことがわかった。

大腸菌を用いた長期間の進化実験

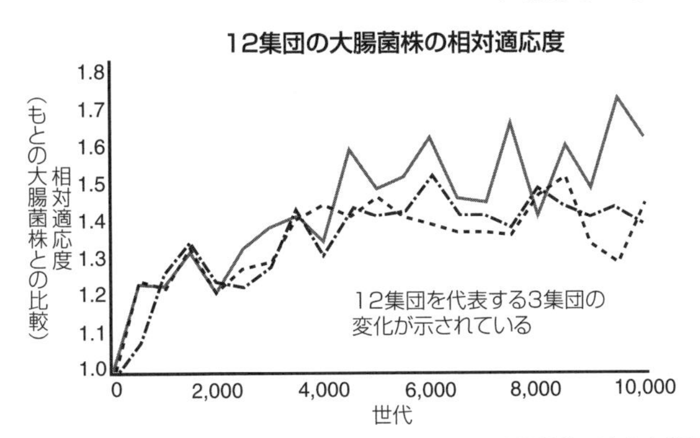

500世代ごとに，それぞれの集団の適応度を，もとの大腸菌株の適応度(それを1とする)と比較した。予想通り，ブドウ糖濃度の低い環境に適応した結果，長い間にはすべての大腸菌集団の相対適応度が増大した。しかしながら，この適応度の増大は，ブドウ糖濃度の低い環境に置かれた場合のみに見られ，別の環境に置かれたときには，もとの大腸菌株に比べて相対適応度が低かった。興味深いことに，12集団の相対適応度は似たような変化を示したものの，集団内にも集団間にも適応度の差異が見られた。

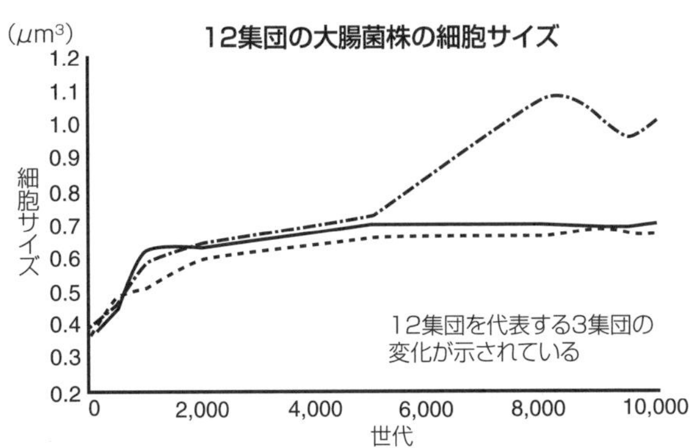

500世代ごとに大腸菌の細胞サイズも測定された。12集団すべてで，細胞サイズは増大し，細胞の形がより丸くなった。すべての集団で成長速度が平均で70%ほど増大した。大腸菌の密度は低くなった。細胞サイズと成長速度の増大は，おそらく，培養液中の限られた量のブドウ糖を効率よく得るための適応であると考えられる。この実験中にそれぞれの集団で何百万もの突然変異が起こったと推定されているが，そのごく一部のものだけが集団に定着している。

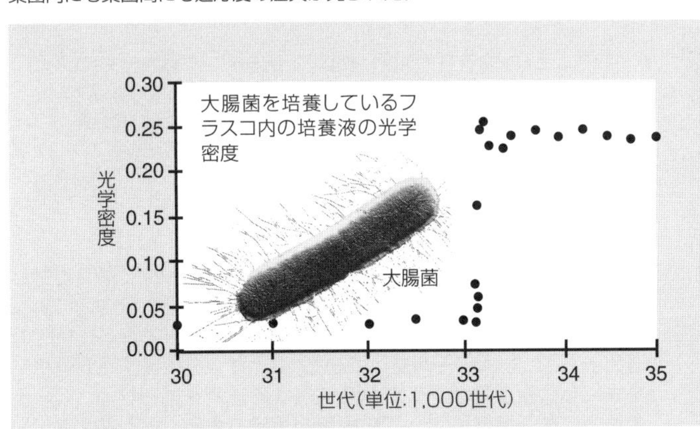

適応度を著しく高めた新しい突然変異

3万1,000世代を超えてから，1つの集団で，ある重要な突然変異が起こったことがわかった。その突然変異を起こした大腸菌集団は，培養液に含まれていたクエン酸塩を代謝できるようになったのである。この能力によって，この系統の適応度が他のすべての集団に比べて一段と高くなった。クエン酸塩代謝を可能にした，この突然変異は大腸菌を培養しているフラスコ内の培養液の光学密度(濁りの程度)が急に増大した(左のグラフ)ときにわかった。この光学密度の増大は，細菌集団の密度が増加したことを示している。

このクエン酸塩代謝にかかわる突然変異について調べたところ，この画期的な突然変異の前に起こった多くの別の突然変異があって初めて，この能力が発揮できるようになったことがわかった。1万5,000世代より前には，この系統でもクエン酸塩を代謝する能力を獲得する可能性はなかったと考えられる。1万5,000世代を超えてから，クエン酸塩を代謝する能力が進化する可能性が高まった。

1. (a) 実験期間中に大腸菌の適応度はどのように変化したか述べなさい。＿＿＿＿＿＿＿＿

(b) 実験に用いた大腸菌集団における適応度の増大が，ある環境に関連したものに限られているのはなぜか説明しなさい。

2. 成長速度の増大がなぜ大腸菌集団にとって有利なのか答えなさい。

3. 1万5,000世代を超えてから大腸菌集団に起こった多くの突然変異がクエン酸塩代謝能の進化においてどのように重要であったか，そして，そのような突然変異は進化的発展においてどのような意義をもっているか解説しなさい。

殺虫剤抵抗性の進化

重要概念：殺虫剤は，もっとも感受性の高い昆虫だけが死ぬような使い方をすると，より抵抗性の高い昆虫は生き残って繁殖してしまう。殺虫剤を最初に使うときに，十分な効果の得られない使い方をしているために，殺虫剤抵抗性をもつ昆虫が増加しつつある。

害虫の蔓延を防ぐために，さまざまな**殺虫剤**が使用されている。殺虫剤は何百年にもわたって使われているが，1940年代に初めて合成殺虫剤が開発されてからは，特によく使われるようになった。**殺虫剤抵抗性**が進化してしまうと，これまで効いていた殺虫剤がもはや，その昆虫に効かなくなる。殺虫剤に対する抵抗性が生じる機序には，行動学的，解剖学的，生化学的，生理学的なものなどさまざまなものがあるが，その基礎をなすのは一種の**自然選択**であり，非常に抵抗性の高いものが生き残って繁殖し，その遺伝子が子孫に受け継がれることによるものである。増大した抵抗性を打ち破るために，それまで使っていたものより効果の高い殺虫剤を，それまでの使用量より多く使用することがある。このことによって選択がさらに加速され，ますます増大する抵抗性に対処するために，ますます高用量で殺虫剤を使用せざるを得なくなる。このような状況が生じると，害虫の中には複数の殺虫剤に対する抵抗性を獲得するものもいて，事態はさらに悪化する。

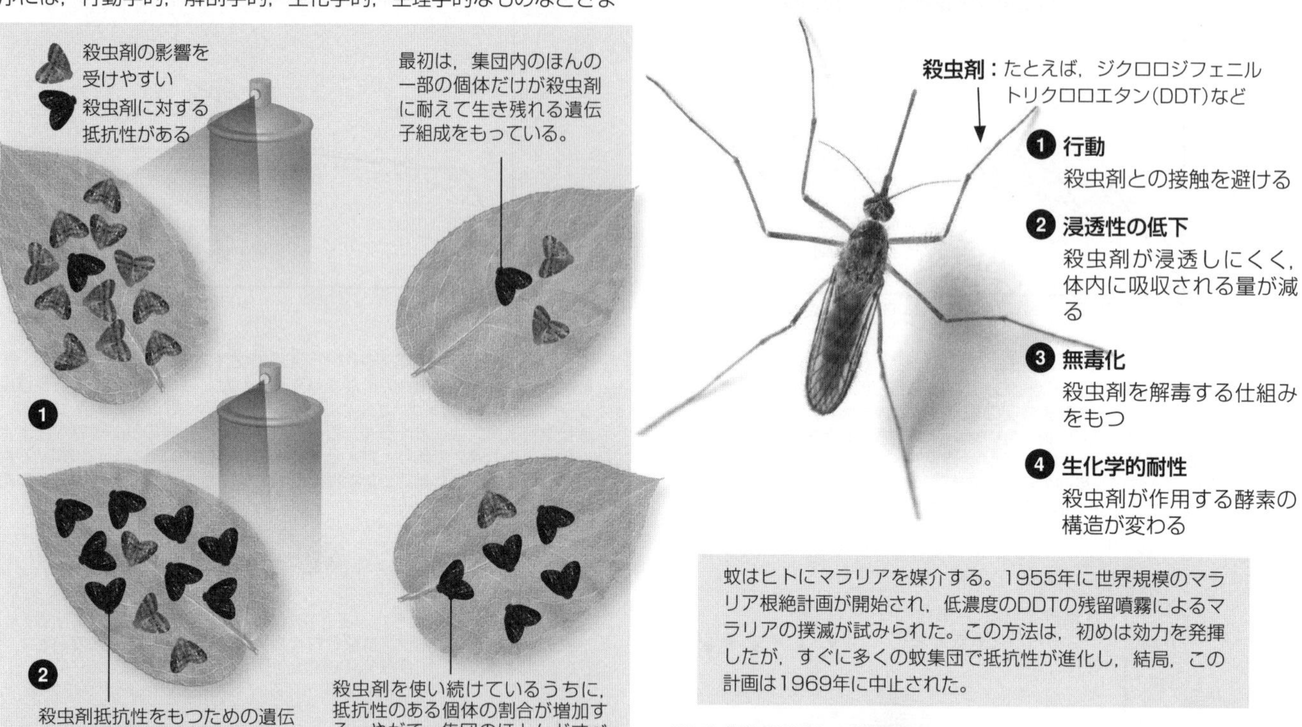

蚊はヒトにマラリアを媒介する。1955年に世界規模のマラリア根絶計画が開始され，低濃度のDDTの残留噴霧によるマラリアの撲滅が試みられた。この方法は，初めは効力を発揮したが，すぐに多くの蚊集団で抵抗性が進化し，結局，この計画は1969年に中止された。

抵抗性の進化

殺虫剤の使用は，害虫の抵抗性を進化させる強い選択圧として働く可能性がある。殺虫剤が選択の作用物質として働き，生まれつき高い抵抗性をもつ個体のみが殺虫剤に耐えて生き残り，次世代に遺伝子を残すことができる。これらの個体の遺伝子（あるいは遺伝子の組み合わせ）は，そのあともずっと集団内に広まり続けると考えられる。昆虫はたいてい非常に早く繁殖するので，抵抗性が急速に集団中に広がる。

殺虫剤抵抗性の機序

昆虫の殺虫剤抵抗性は，次の4つの機序が複合的に働いて生じる。(1)殺虫剤に対する感受性が増大した結果，その殺虫剤によって駆除を行っている場所を害虫が避けるようになる。(2)特定の遺伝子（たとえば，PEN遺伝子など）は，体表を保護する外骨格を丈夫にし，殺虫剤がクチクラを透過する速度を遅らせる。(3)昆虫体内にある酵素によって殺虫剤を解毒できる。(4)殺虫剤が作用する酵素に構造変化が起きて，殺虫剤が効かなくなる。これらの機序は，どれも単独では完全な抵抗性には至らない。しかし，これら4つが一緒に働くと，害虫を死に至らしめるはずの殺虫剤がほとんど効かなくなってしまう。

1. 昆虫の集団で殺虫剤抵抗性が非常に急速に発達し得るのはなぜか，考えられる理由を2つ挙げなさい。

 (a) ____________________

 (b) ____________________

2. 殺虫剤を繰り返し使用することが，害虫の集団にどのような選択をもたらし，集団の進化的変化を引き起こすか説明しなさい。

____

____

3. 合成殺虫剤に対する昆虫の抵抗性は，ヒトの集団にどのような影響を及ぼすか調べなさい。 ____________________

____

____

____

新しい生物系統樹

重要概念：生物をそれぞれの特徴によって固有のグループすなわち分類群に分類する体系は，研究によって得られる新情報に照らして絶えず改訂されている。

分類学は生物分類に関する科学の学問分野で，他の科学の分野と同じく，新しいことがわかるたびに絶えず新しいものに更新されている。DNAの塩基配列決定法が開発されて，多種の細菌のゲノムが調べられるようになった。DNAに刻まれた生物進化の証跡を調べた1つの共同研究の結果が1996年に発表された。その研究結果は，生物には当時の通説のように2つではなく，3つの主要な進化の系統があることを示すものであった。その3つの系統は，真正細菌（細菌あるいはバクテリアともいう）ドメイン，真核生物（ユーカリア）ドメイン，そして古細菌（アーキア）ドメインである。新しい分類体系は，古細菌類と細菌類の間には非常に大きな違いがあるという事実を反映したものである。3つのドメインはおそらく，はるか遠い昔に共通の祖先から分かれたと考えられる。

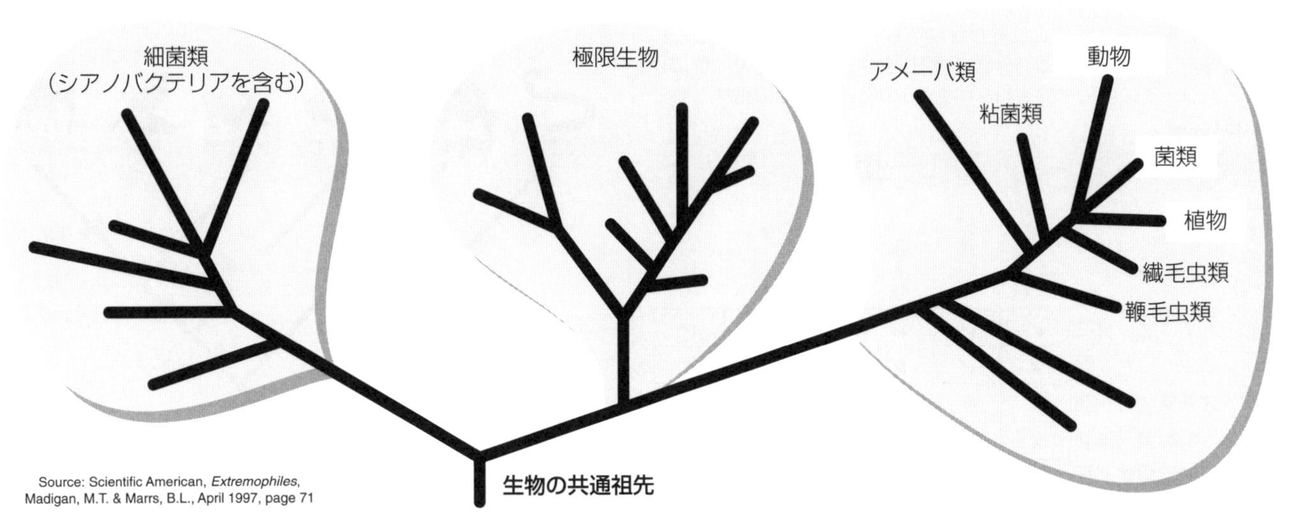

真正細菌ドメイン（細菌類）

核も細胞小器官ももたない。概して古細菌類よりも穏やかな環境を好む。よく知られた病原菌，多くの無害な細菌や有益な細菌，そしてシアノバクテリア（光合成色素のクロロフィルaとフィコシアニンをもち，光合成を行う細菌類）がこのドメインに含まれる。

古細菌ドメイン（古細菌類）

多くの点で細菌類によく似ているが，細胞壁の組成や代謝特性が細菌類と著しく異なる。原始地球の環境に似た極限的な環境に棲む。硫黄やメタン，あるいはハロゲン（塩素やフッ素など）を利用できるものがいる。また，多くの種が極限温度や非常に高い塩分濃度，あるいは強酸や強アルカリに耐えられる。

真核生物ドメイン

核と細胞小器官のある複雑な細胞構造をもつ。伝統的な分類体系のもとで界として識別されていた分類群のうちの4つが，このドメインに含まれる。注意すべきは，その中の1つ，原生生物界はいくつかの別々のグループ，たとえば，アメーバ類，繊毛虫類，鞭毛虫類などに分けられることである。

五界説

DNAの塩基配列決定法を用いた研究によって生物が3つの大きなドメインに分けられることが明らかになる前は，分類学者は主として目に見える形質に基づいて生物を5つの界に分けていた。この体系は，特に私たちの日常生活で馴染み深い多細胞生物を分類するには便利であるため，現在でもよく用いられている。この体系では，すべての原核生物が1つの界（6つの界に分けられることもあるが，その場合は2つ）にまとめられ，原生生物（多くが単細胞の真核生物），菌類，植物，動物のそれぞれが界として識別されている。この体系が生物間の進化的関係を正確に表したものではないことは明らかである。特に原生生物は，近縁とは限らない多様な系統の生物の寄せ集めとなっている。

生物を分類するときには，普通8つの分類階級が用いられる。それらは，**ドメイン**，**界**，**門**，**綱**，**目**，**科**，**属**，そして**種**である。ある生物の分類学的位置は必ずしも確定したものではなく，新しいことがわかると変わることがある。

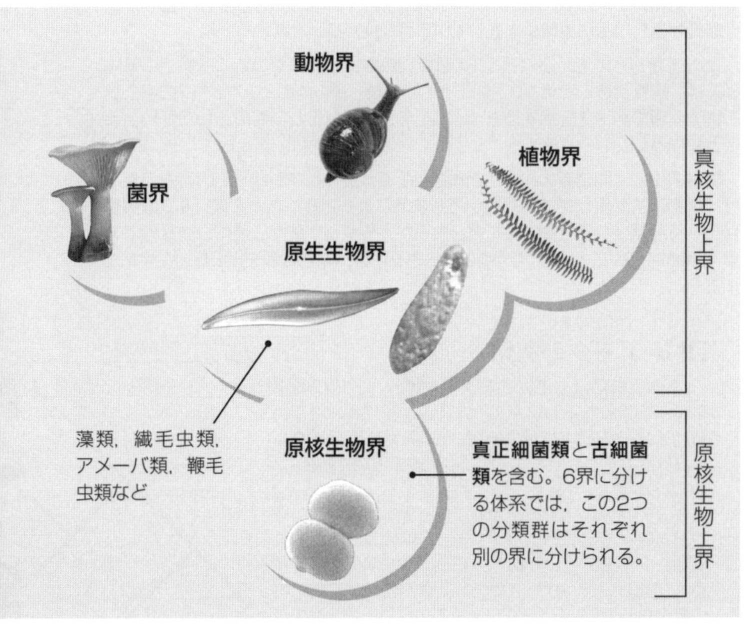

1．3つのドメインを識別する分類体系が五界説と大きく異なる点について述べなさい。

分岐図と系統樹

重要概念：系統樹（生物進化の歴史）を構築する方法はさまざまある。その1つ，分岐分類では，近縁なものが共通にもつ派生的な特徴に基づいて進化過程を推定する。

系統分類学は，分類学（生物に名前をつけて分類する）と系統学（進化の歴史を探究する）の両方に通じる学問分野である。**系統樹**を構築するための伝統的な方法では，種を属に，そしてさらに上の階級の分類群へとまとめていく際に，生物の体の特徴（形態）の類似性に重きが置かれていた。それに対して，**分岐分類**では，近縁なものが共通にもつ派生的な特徴（**共有派生形質**）を拠り所にする。したがって，分岐分類では，共通の祖先に由来するためにもつ形質以外は意味をもたない。分岐図とは，分岐分類の手法によって構築された系統樹である。分岐分類は伝統的には形態データに基づいて行われていたが，現在では，分岐図を構築するのに分子データ（たとえば，DNAの塩基配列など）が使われることがますます多くなっている。

簡単な分岐図を構築する

生物の特徴を表にすると比較が容易になり，**分岐図**の枝をどこにつくるべきかを判断できる。外群（比較しようとする生物の一群に近縁であるが，その中には含まれない生物）の特徴が比較の基準として用いられる。

比較する形質 ＼ 分類群	無顎類（外群）	硬骨魚類	両生類	トカゲ類	鳥類	哺乳類
脊柱	✔	✔	✔	✔	✔	✔
顎	✘	✔	✔	✔	✔	✔
体を支える四肢	✘	✘	✔	✔	✔	✔
胚を包む羊膜	✘	✘	✘	✔	✔	✔
2対の側頭窓を備えた頭蓋骨	✘	✘	✘	✔	✔	✘
羽毛	✘	✘	✘	✘	✔	✘
体毛	✘	✘	✘	✘	✘	✔

上の表には解析対象の分類群の全部または一部が共通にもつ形質がまとめてある。表に挙げた形質のうち，外群（無顎類）も共通にもっているのは，1つの形質（脊柱）だけである。したがって，外群の無顎類は他の分類群を比較するための基準になり，分岐図（系統樹）で最初に枝分かれする。

表の分類群の数が増えると，考えられる分岐図の数は幾何級数的に増加する。もっとも蓋然性の高い関係を推定するために，**最節約法**が使われる。最節約法では，進化的出来事（形態による解析の場合は，形質状態の変化）が一番少ない分岐図が正しい進化的関係を表している可能性が高いと考える。

上の表をもとに考えられる3つの分岐図が右に示されている。一番上の分岐図では，形質状態の変化が6回起こっているが，その他の2つでは，7回起こっている。最節約法を適用すると，一番上の分岐図を正しいものとして採用することになる。

形質の中には同じ進化的変化が複数回起こったことがわかっているものもあり，最節約法が誤った結論を導いてしまうこともある。たとえば，4つの部屋からなる心臓は鳥類と哺乳類に見られるが，それらは別々に進化したものである。最節約法のこのような問題を解決するには，化石の証拠やDNA解析が役に立つ。

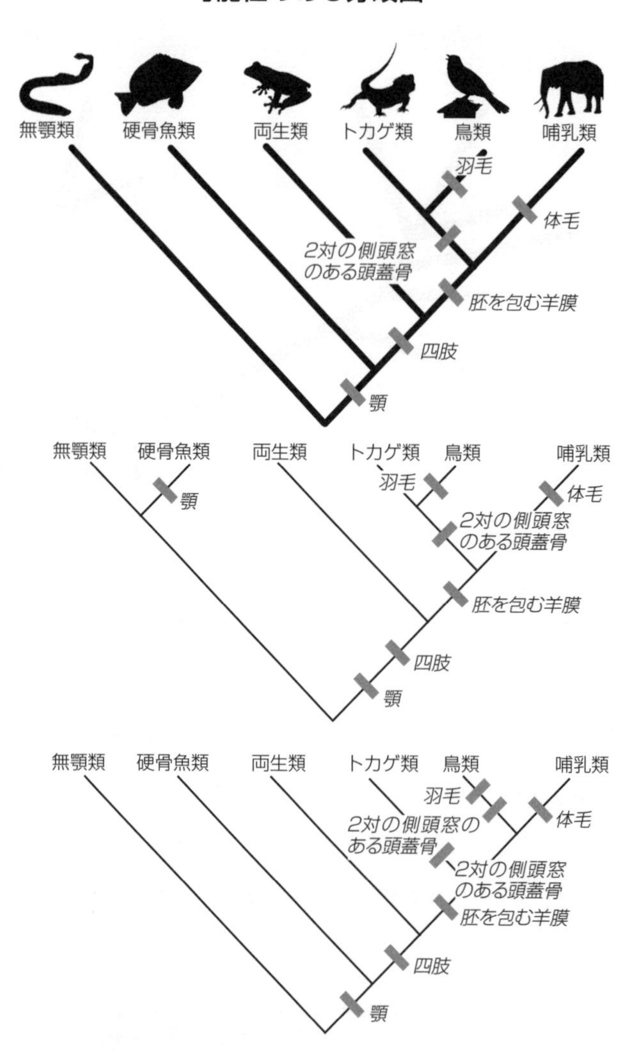

DNAデータの利用

DNA解析によって，これまでに推定されている系統関係の多くが正しいものであることが確認されている。その一方，中にはDNA解析によって否定されたり見直されたりしたものもある。形態の違いと同様に，DNAの塩基配列も表にして解析することができる。クジラの祖先が何であるかは，ダーウィンの時代からずっと論争の的であった。クジラと他の哺乳類の間には著しい形態の違いがあり，正しい系統関係を推定するのが難しい。しかしながら，最近，発見された足首の骨の化石とDNAの研究によって，クジラは，他のどの哺乳類よりもカバに近縁であることが示された。分子時計と合わせて考えると，DNAデータによって各系統が分岐した時間的な経過も推定することができる。

右図には，ある遺伝子の141番目から200番目までのヌクレオチド鎖の一部の塩基配列と，分岐図を描くために比較された塩基のいくつかが示されている。かつてクジラはブタにもっとも近縁であると考えられたこともあったが，DNA解析に基づいて描かれた最節約的な分岐図によって，これに疑義が唱えられた。

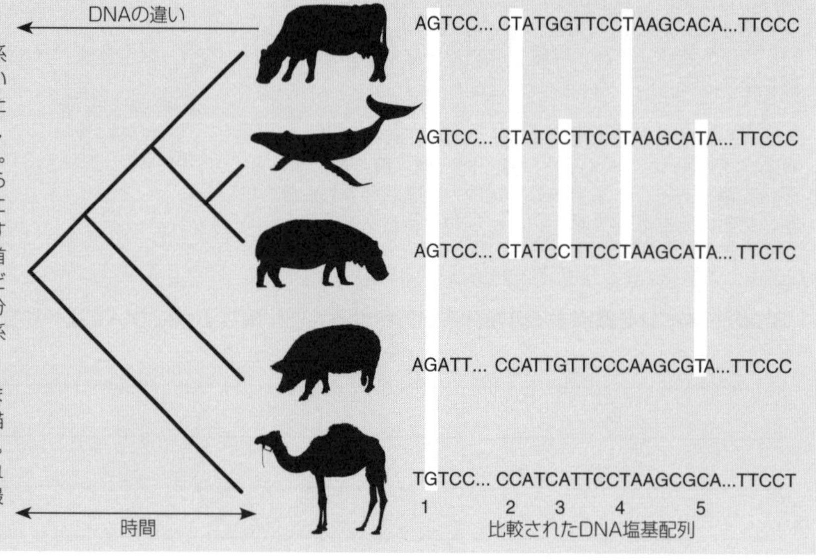

種	形質												
	1	2	3	4	5	6	7	8	9	10	11	12	13
ゼブラパーチ	0	0	0	0	0	0	0	0	0	0	0	0	0
バードサーフパーチ	1	0	0	0	0	0	0	0	0	1	1	0	0
ウォールアイサーフパーチ	1	0	0	0	0	1	0	1	0	1	1	0	0
ブラックパーチ	1	1	1	0	0	0	0	0	0	0	0	1	0
レインボーシーパーチ	1	1	1	0	0	0	0	0	0	0	0	1	0
ラバーリップシーパーチ	1	1	1	1	1	0	0	0	0	0	0	0	1
パイルパーチ	1	1	1	1	1	0	0	0	0	0	0	0	1
ホワイトシーパーチ	1	1	1	1	1	0	0	0	0	0	0	0	0
シャイナーパーチ	1	1	1	1	1	1	0	0	0	0	0	0	0
ピンクシーパーチ	1	1	1	1	1	1	1	1	0	0	0	0	0
ケルプパーチ	1	1	1	1	1	1	1	1	1	0	0	0	0
リーフパーチ	1	1	1	1	1	1	1	1	1	0	0	0	0

ウミタナゴ類は胎生で，雌は比較的よく発育した子を産む。下（左）に挙げた形質のいくつかは，体内受精に適応したために生じた雄の特徴である。他の形質は捕食者を探知したり捕食者の攻撃を阻止したりすることに関係するものである。左のマトリックス（行列表記）では，各形質状態が祖先的か派生的かによって，0（祖先的）か1（派生的）に分けられている。符号化することによってデータをコンピューターで解析することができるので，分岐分類では，このような符号化がよく行われる。

（データはCailliet et al. 1986から引用）

解析のために選ばれた形質

	形質	0	1
1.	胎生である	0 いいえ	1 はい
2.	オスにフラスコ様の器官がある	0 いいえ	1 はい
3.	眼窩は前側の骨を欠く	0 はい	1 いいえ
4.	尾の長さ	0 短い	1 長い
5.	体高	0 高い	1 低い
6.	体サイズ	0 大きい	1 小さい
7.	背びれの基部の長さ	0 長い	1 短い
8.	眼の直径	0 中ぐらい	1 大きい
9.	オスの肛門のところに三日月形のくぼみがある	0 いいえ	1 はい
10.	胸の骨に突起がある	0 いいえ	1 はい
11.	背びれの鱗鞘の長さ	0 長い	1 短い
12.	体の大部分が黒っぽい	0 いいえ	1 はい
13.	横腹に黒色の縞がある	0 いいえ	1 はい

1. この課題には，ウミタナゴ科の海産魚11種それぞれについての形質状態がマトリックスにして示されている。また，外群に選ばれたウミタナゴ科の姉妹群，イスズミ科の1種，ゼブラパーチの特徴も示されている。このイスズミ科の種は胎生ではない。マトリックスに示されている形質状態をもとに，最節約的な分岐図を描きなさい。わかりやすくするために，一番上に外群であるイスズミ科のゼブラパーチ，その下にウミタナゴ科の11種をだいたい派生的形質状態（1）がもっとも少ないものから順になるように並べてある。グラフ用紙を用意し，その上に，左から右に向かって順に祖先的なものからより派生的なものが並ぶように分岐図を描きなさい。そして，前ページに示した脊椎動物の進化に関する分岐図のように，それぞれの派生形質が出現したところに横棒を入れなさい。分岐図が完成したら，そのグラフ用紙をこのページにホッチキスで留めなさい。
   ヒント：全部で15回の形質状態の変化が起こっているはずである。
   また，2つの派生形質は独立に2回生じている。

2. 完成したウミタナゴ類の分岐図を見ると2つの形質は独立に2回，進化しているはずである。

   (a) その2つの形質は何か答えなさい。＿＿＿＿＿＿＿＿

   (b) どのような選択圧がそれら2つの派生的形質状態が進化するのに重要な働きをしたと思うか，考えを述べなさい。

   ＿＿＿＿＿＿＿＿

   ＿＿＿＿＿＿＿＿

3. 分岐図を構築するために最節約法を使うのは，どのような前提に基づいているか答えなさい。＿＿＿＿＿＿＿＿

   ＿＿＿＿＿＿＿＿

   ＿＿＿＿＿＿＿＿

4. 共有形質と共有派生形質の違いを述べなさい。＿＿＿＿＿＿＿＿

   ＿＿＿＿＿＿＿＿

   ＿＿＿＿＿＿＿＿

5. 前ページのクジラの進化に関する分岐図について，DNAデータで比較した5か所の塩基（1～5）のうち，クジラの進化過程で2回，突然変異が起こったと考えられるものはどれか答えなさい。

   ＿＿＿＿＿＿＿＿

6. 系統樹は，進化過程についての1つの仮説に過ぎない。どのようにして，その仮説を検証できると思うか，考えを述べなさい。

   ＿＿＿＿＿＿＿＿

   ＿＿＿＿＿＿＿＿

   ＿＿＿＿＿＿＿＿

   ＿＿＿＿＿＿＿＿

分岐分類学

重要概念：分岐分類学の手法を用いた系統解析によって，多くの生物の系統と分類が見直されてきた。

分岐分類学的解析は，ある分類群の進化過程を推定するための１つの方法である。伝統的な方法によって推定された系統関係と分岐分類学的方法によって推定された系統関係は必ずしも対立するものではないが，分子データに重きを置いた分岐分類学的解析によって，いくつもの分類群（霊長類や多くの植物など）において分類の見直しがなされている。**自然分類**では，各分類群のすべての構成員は1つの共通の祖先種から進化したもの（つまり，**単系統**）でなければならない。DNAなどの分子に刻まれた進化の証跡を調べることによって，伝統的方法で識別されていた分類群の多く（たとえば，爬虫類や下に示したゴマノハグサ類など）が単系統でなく，**側系統**あるいは**多系統**であることがわかってきた（下図参照）。しかし，今後も一般に広く行われる分類手法は進化の歴史を正確に反映したものというよりは，形態の類似や差異を反映したものであり続けるだろう。この点で，一般に用いられている分類体系は，種の多様性を整理して記録するための便利な方法の必要性と系統論との折衷案であるといえる。

系統関係の推定法

進化的関係を推定するための解析に分岐分類学的手法がますます用いられるようになってきた。分岐分類では，もっとも近い共通祖先に照らして，その子孫に共通に派生した形質をもとに種が分類整理されていく。したがって，分岐分類によって構築された系統樹には，**単系統群**，すなわち共通の祖先種とその種から派生したすべての子孫種を含むグループしか含まれない。つまり，その系統樹には側系統群や多系統群（右図参照）は存在しない。分岐図を構築するときには，これらの用語をよく理解しておくことが重要である。共有派生形質のみを使うという原則のおかげで，分岐分類では明快な系統樹を構築することができる。しかし，厳密に分岐分類の原理にしたがうと，分類体系にあまりに多くの分類階級が必要になり，実用的でなくなる可能性がある。また，（伝統的な）リンネの分類体系と相容れないものになる可能性もある。

分岐分類学では，伝統的には形態形質，すなわち派生的状態を示す形質の獲得（あるいは消失）が解析に用いられてきたが，だんだんと分子の比較，特にリボソームRNA遺伝子のように非常に保存性の高い遺伝子が解析に用いられるようになりつつある。原核生物の系統関係の推定では，これまでも分子系統学的手法が非常に重要な方法であり，伝統的手法による分類体系に大変革をもたらしている。

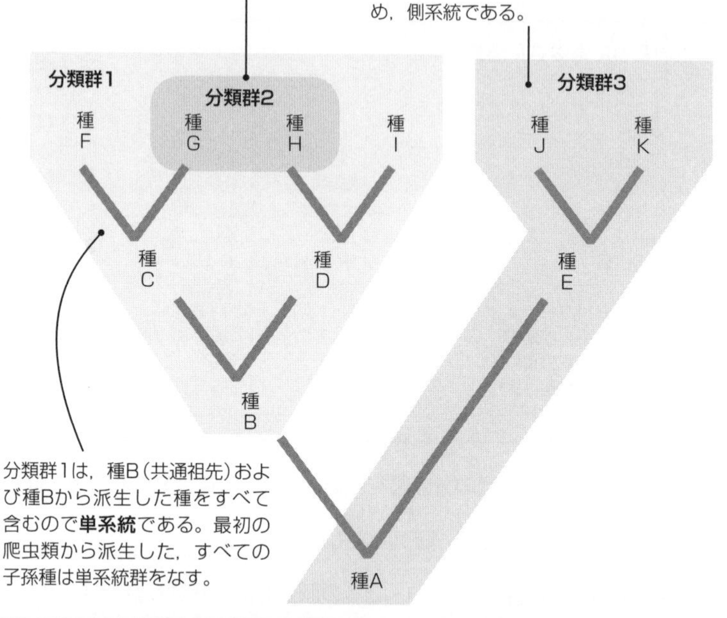

分岐分類学とゴマノハグサ類の再分類

被子植物門シソ目（ラベンダーやライラック，オリーブ，ジャスミン，キンギョソウなどを含む）には約2万4,000種が含まれる。シソ目はいくつもの科に分けられており，そのうちの1つがゴマノハグサ科である。かつては，キンギョソウ，ジギタリス，クワガタソウ，ミゾホオズキなどもゴマノハグサ科に含まれていたため，シソ目の中でもっとも種数の多い科の1つであった。シソ目の他の科は形態の特徴によって明確に定義されていたが，ゴマノハグサ科に含められていた種は，たいていは特徴的な形質がないことによってこの科に分類されていた。このことは，かつてのゴマノハグサ科は単系統でない可能性が高いことを示している。

葉緑体DNAの3つの遺伝子（*rbcL*，*ndhF*，*rps2*）を用いた研究によって，ゴマノハグサ科には，少なくとも5つ（おそらく，それ以上）の単系統群が含まれており，それぞれ科レベルの分化を遂げていることが明らかになった。

スクロフラリア・ノドサ（*Scrophularia nodosa*）
Luc Viatour cc 3.0

スクロフラリア・ウンブロサ（*Scrophularia umbrosa*）
Roger Griffith

1. (a) 自然分類とは，どのようなことを意味するか答えなさい。

(b) 自然分類の基本原理は何か（階層性のある分類体系はどのようにして構築されるか）答えなさい。

“大型類人猿”の分類

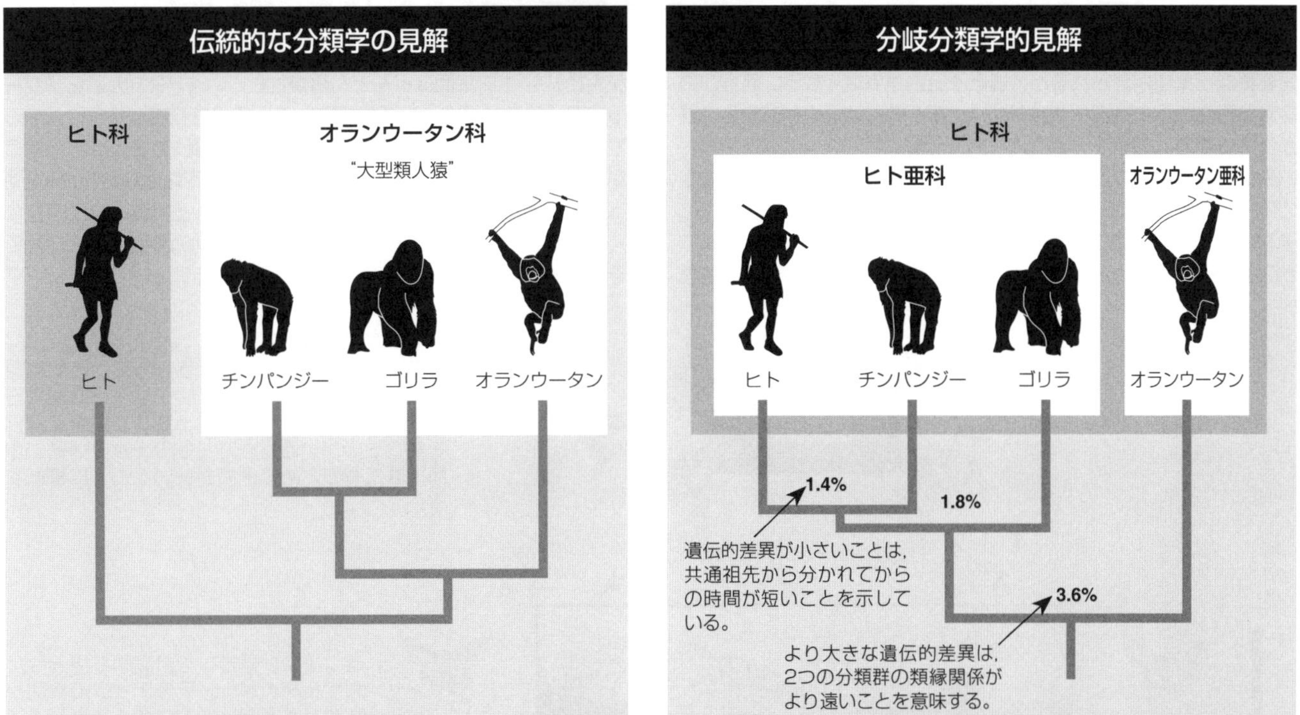

伝統的な分類学の見解

ヒト科

オランウータン科

“大型類人猿”

ヒト　チンパンジー　ゴリラ　オランウータン

解剖学的形質(たとえば，骨格や四肢の長さ，歯，筋肉など)の全体的な類似性に基づいて，類人猿は，オランウータン科(ショウジョウ科ともいう)と，ヒトならびにヒトの直接の祖先が属するヒト科に分類されていた。この分類体系では，オランウータン科(大型類人猿)は単系統(1つのまとまった進化的系統)ではない。なぜなら，この科には，別の科の種(すなわちヒト)の祖先ともなっている祖先種が含まれていないからである。この伝統的な分類体系は，遺伝子の類似性を考慮して構築された新しい体系と食い違っている。

分岐分類学的見解

ヒト科

ヒト亜科

オランウータン亜科

ヒト　チンパンジー　ゴリラ　オランウータン

1.4%

1.8%

3.6%

遺伝的差異が小さいことは，共通祖先から分かれてからの時間が短いことを示している。

より大きな遺伝的差異は，2つの分類群の類縁関係がより遠いことを意味する。

遺伝的差異(上図の百分率の値)に基づいて類縁関係を推定すると，チンパンジーとゴリラはオランウータンよりもヒトに近縁で，チンパンジーはゴリラよりもヒトに近縁であることが示唆される。この分類体系では，類人猿は真の科としてはまとまらない。一方，ヒト科は2つの亜科，すなわちオランウータン亜科とヒト亜科(ヒトだけでなく，チンパンジーとゴリラもヒト亜科に含まれる)に分けられる。この体系では，ヒト科が1つの共通祖先から生じた種のすべてを含んでおり，単系統となっている。

2. どのグループの生物においても，分岐分類のほうが伝統的分類よりも信ぴょう性の高い系統樹を構築できるのはなぜか説明しなさい。

3. (a) いくつかの系統関係を明らかにするうえで，DNAなどの生化学的根拠がどのように役立ったか述べなさい。

(b) 系統の推定を生化学的根拠のみに頼ることが望ましくないと思われるのは，どのような場合か考えなさい。

4. 上の分岐図に基づいて，それぞれの分類体系のもとでチンパンジーが含まれる科を答えなさい。

(a) 伝統的な分類体系：

(b) 分岐分類学による分類体系：

種はどのように形成されるか

重要概念：集団が分かれると，遺伝子流動が少なくなる。何らかの隔離機構によって遺伝子流動がない状態が続くと，やがて新しい種が形成される。

種は，生息環境の選択圧に反応して進化する。下の図には，架空の2種のチョウが，その共通の祖先集団から分かれて進化する際に予想される一連の進化過程が示されている。時間が経つにつれて（下図の上から下に向かって），2つに分かれた集団間の遺伝的差異が大きくなり，2集団はどんどん隔離されていく。2つの遺伝子プールの間の隔離は最初，地理的障壁によって起こることが多い。そして，地理的に隔離されたのち，**接合前隔離機構**（たとえば，行動の変化など）や**接合後隔離機構**（たとえば，雑種不妊性など）が発達することがある。2つの遺伝子プールがだんだんと隔離され，相互に大きく異なってくるにつれて順にそれぞれが別の集団，品種，亜種，そして最終的に種として区別されるようになる。

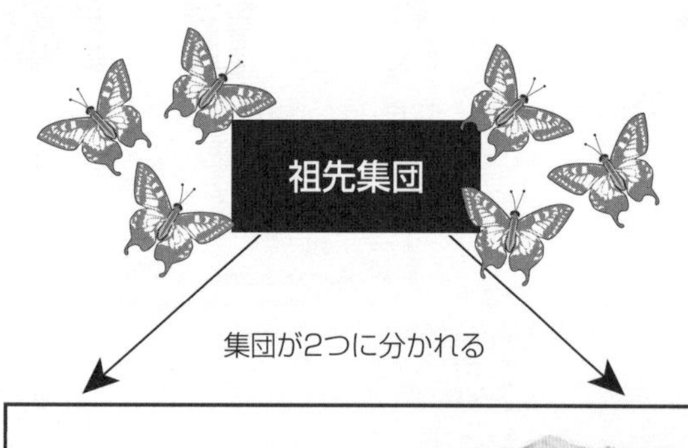

ある高原に，ある1種のチョウが棲んでいる。その高原には大きな石がごろごろ転がった草原が広がっている。チョウの中には寒い時期に日光で温まった石の上に止まって体を温める習性をもつものがいる。一方，他のチョウは寒い季節には避寒のために標高が低いところに移動する。

集団が2つに分かれる

進化の進行または時間経過

集団A

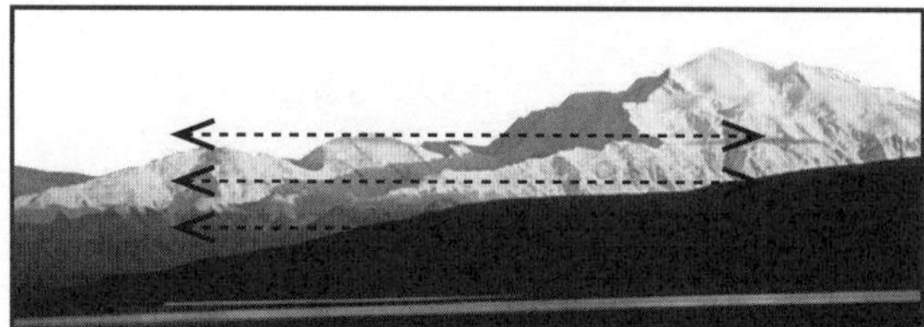

集団B

遺伝子流動は**よく起こる**

造山運動が続き，その高原の標高はだんだん高くなり，そのチョウの集団が高地と低地に分離される。

品種A

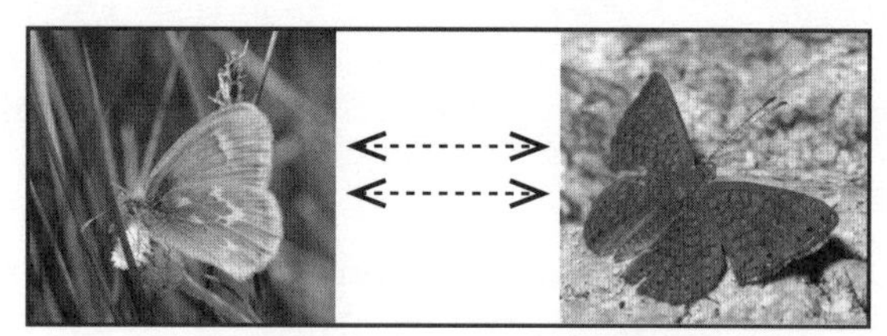

品種B

遺伝子流動は**稀にしか起こらない**

高地では，寒い季節に石の上に止まって体を温める習性をもつチョウ（BSB）のほうが草の上に止まる習性をもつもの（GSB）よりもうまくやっていける。低地では，その逆で，GSBのほうが有利である。BSBは，石の上でBSBとのみ交尾する。色が濃いほうが石から多くの熱を吸収することができるため，色の濃いBSB個体のほうが色の薄いものより適応度が高い。一方，低地では，色の薄いGSBのほうが色の濃いものよりも草の色にうまく紛れることができて有利である。

亜種A

亜種B

遺伝子流動は**非常に稀にしか起こらない**

時間が経つと高地では石に止まる習性をもつもの，低地では草の上に止まるものしか見られなくなる。ときどき，風に運ばれて高地と低地のチョウが出会うことがあるが，高地の個体と低地の個体が交尾したとしても，その子はたいてい生存能力がないか，生存能力があっても適応度が非常に低い。

種A

種B

それぞれが別の種になる

生息場所が分離された2つの集団の間で変異が増大すると，それらの集団間の遺伝子流動はやがてなくなる。そして，もはや互いを同種として認識することができなくなる。

1. (a) もとのチョウ集団では，どのような行動の変異が見られたか答えなさい。 ______________________

____

(b) 高地のBSB個体と低地のGSB個体にはそれぞれ，どのような選択圧が働いたか述べなさい。

____

____

生殖隔離

重要概念：生殖隔離は，別種集団間の遺伝子流動を妨げることによって，それぞれを別々の種のまま維持する。

隔離機構は，異種間交雑の成功を阻む障壁として働く。**生殖隔離**は，**生物学的種概念**にとって非常に重要である。なぜなら，生物学的種概念では，種を他種とは交雑できないか，交雑できたとしても繁殖力のある子を残すことができないものと定義するからである。**接合前隔離機構**は受精が起こる前に働いて交雑そのものを妨げ，**接合後隔離機構**は受精後に効力を発揮する。生殖隔離は，異種間の交雑（したがって，**遺伝子流動**）を妨げる。異なる2種の交雑によって生存能力と繁殖力をもつ子が生まれるのを妨げる要因はどのようなものであれ，生殖隔離に役立つ。単一の障壁だけでは完全には遺伝子流動を止められないことが多いので，大多数の種は隔離のための障壁をたいてい2つ以上もっている。まず何か1つの障壁（地理的障壁を含む）ができて，そのあとに一連の生殖隔離機構が発達する場合が多い。その多くは受精前に働くもの（接合前生殖隔離機構）で，接合後生殖隔離機構は近縁種間の交雑によって子ができるのを妨げるうえで重要である。

地理的隔離

地理的隔離とは，何らかの物理的障壁（たとえば，山脈，水域，地峡，砂漠，氷床など）によって，ある種の集団（遺伝子プール）が隔離されることをさす。地理的障壁はそれぞれの種の生物学的特性とは無関係なので，生殖隔離機構とはみなされない。しかし，有性生殖によって繁殖する集団では，地理的障壁があって初めて生殖隔離機構が発達することが多い。つまり，しばしば地理的隔離が生殖隔離の第一歩となる。たとえば，東アフリカ地溝帯の湖では，湖盆の地質学的変化が進むにしたがってカワスズメ類の種数が増加した（右の写真）。同様に，ガラパゴス諸島では，大陸から分離してからさまざまな種が独自の進化を遂げ，今では，それらの多く（たとえば，イグアナ類やフィンチ類など）が，そのもとになった中央アメリカや南アメリカの種とは大きく異なっている。

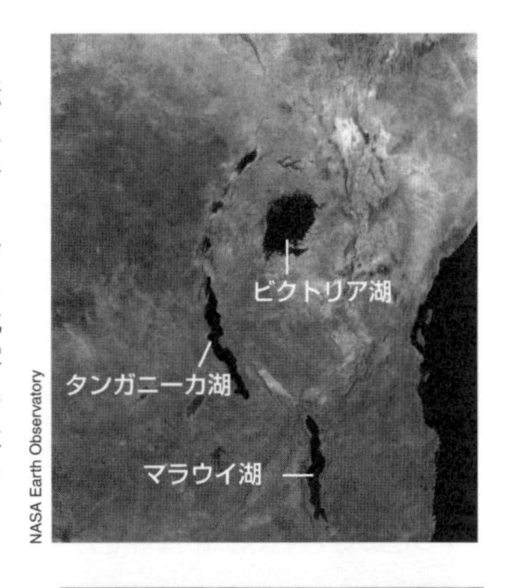

NASA Earth Observatory

マラウイ湖のカワスズメ類

生殖隔離機構

時間的隔離

活動時間帯や活動する季節が種間で異なっていると，異なる種間では交雑が起こらない。植物では，種が異なると開花時季が異なったり，同じ時季に開花しても開花時間帯が異なっていたりして（たとえば，同所的に生息するラン科のデンドロビウム属の種間では開花する日が異なる），雑種形成が起こらないようになっている。動物でも，近縁種間で繁殖期がまったく異なっていたり，近縁な昆虫間で羽化の時期が異なっていたりする。ある特定の地域に棲むマジシカダ属の周期ゼミ（右写真）では，非常に長い生活環にもかかわらず，「周期ゼミ」という名が示しているように，それぞれの種ごとに異なる周期で，発生が種内で同調して進む。そして，ひとたび地中での発育期間（種によって13年か17年）が終わると，同種集団の全個体がほぼ同時に羽化して繁殖する。

周期ゼミの1種
Bruce Marlin

周期ゼミの羽化
Lorax

行動的隔離

行動的隔離は，種間の求愛行動の違いによって起こる。多くの種で，交尾の前には求愛行動が必須で，この行動は種特異的である。同種であれば，その特徴的な，たいていは儀式的なダンスや鳴き声，身振りなどの求愛行動によって魅了される。求愛行動はめったに間違って解釈されることがないので，異種の個体には認識されず，異種間では交尾行動が起こらない。鳥類は驚くほど多様な求愛行動を発達させている。さえずりを求愛に使うものが多いが，巣づくりなどを求愛のための儀式的動作として利用する例もよく見られる。たとえば，ニワシドリ類が求愛のために東屋（あずまや）のような手の込んだ構造物をつくるのは有名である。また，ガラパゴスに棲むグンカンドリ類は鮮やかな赤色の喉袋を膨らませるという独特な求愛行動をする（右の写真）。

アホウドリの求愛行動

鳴いているオスのアマガエル

グンカンドリのオスの求愛行動

キジオライチョウのオスの羽ばたき

機械的隔離

種間で生殖器官の解剖学的な形態が異なる（不一致）場合，異種間では精子をうまく渡すことができない。このような隔離機構は節足動物の近縁種間の交雑を防ぐうえで重要なものとなっている。また，多くの顕花植物は授粉者の昆虫と共進化しており，それぞれ特定の昆虫のみが花粉に到達できるような花の構造を進化させている。異種の植物の間では，花の構造と花粉の形態の違いによって交雑が妨げられているが，それは，花粉の運搬が種ごとに異なる特定の授粉者のみに限られているうえに花粉そのものも種特異的であるからである。

イトトンボの交尾

ランの複雑な花の構造

接合後隔離機構

接合後隔離機構は受精後に働き，近縁種の交雑によって子ができるのを防ぐうえで重要である。接合後隔離機構には，受精卵における染色体の不一致が関係する。

雑種不妊性（または雑種不稔性）

雑種では，減数分裂がうまくいかず正常な卵や精子をつくることができないために繁殖力がなくなることがある。交雑した親の染色体数や染色体の構造が異なる（右図の"シマロバ"の核型を参照）と，このようなことが起こる。

雑種致死（雑種死滅）

異種個体間の交雑によっても受精が起こることがある。しかし，受精はしても遺伝的な不適合のために受精卵の発生が途中で止まってしまうことが多い。卵と精子の染色体数が異なると，受精卵はたいてい卵割できない。

雑種崩壊

ある種の植物では，雑種に雑種崩壊がよく見られる。そのような植物では，雑種第一代（F_1）は繁殖力をもつことがあるが，雑種第二代（F_2）は生殖不能または発育不能となる。ワタ属（右図左下の写真）やヤマナラシ属の異種間，また，イネ属では，栽培イネ（右図右下の写真）の異なる品種間などに雑種崩壊の例が知られている。

植物では，減数分裂のときに染色体の倍加が起こると交雑によって新しい種が生まれることがある。交雑で生じた新しい植物は，そのもとの親種とは染色体数が異なるために，ただちに生殖隔離が起こる。

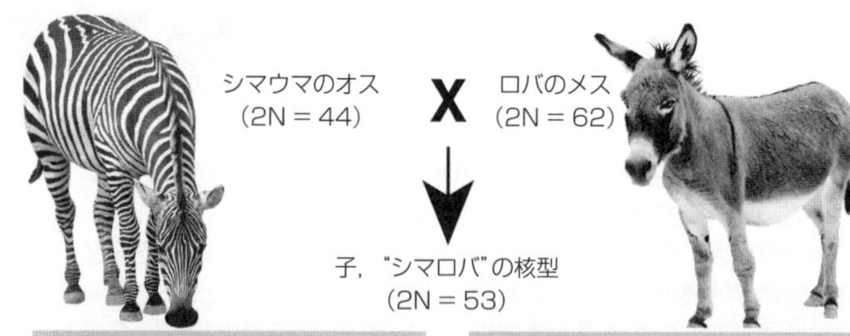

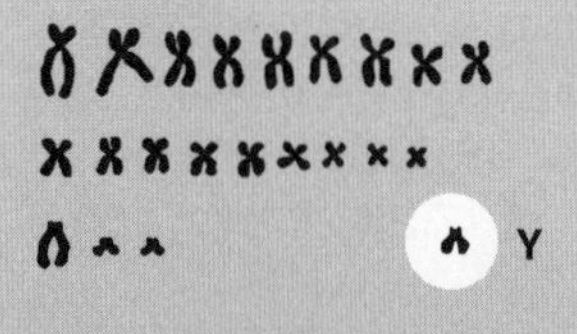

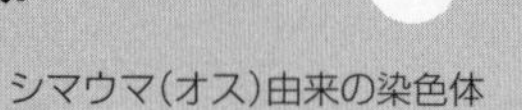

シマウマ（オス）由来の染色体

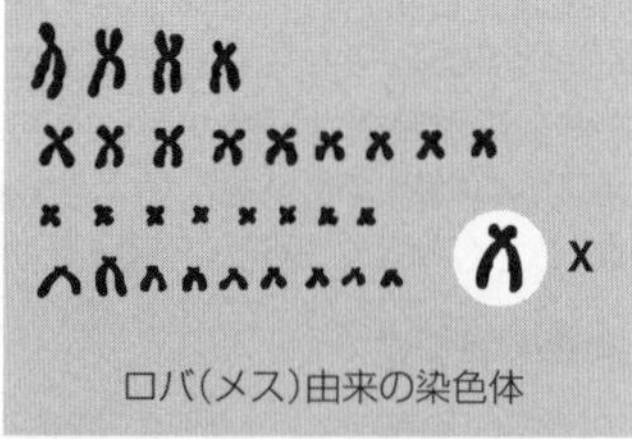

ロバ（メス）由来の染色体

1. (a) 地理的障壁が生殖隔離機構の1つとみなされないのはなぜか述べなさい。＿＿＿＿＿＿＿＿

   (b) 集団を分断する可能性がある地理的障壁の例をいくつか挙げなさい。＿＿＿＿＿＿＿＿

   (c) 地理的隔離はしばしば種形成の重要な第一段階となる。それはなぜか答えなさい。＿＿＿＿＿＿＿＿

2. 時間的隔離はどのように近縁種の交雑を阻止するか説明しなさい。＿＿＿＿＿＿＿＿

3. なぜ多くの動物が求愛行動を行うか，そして，このことによって種間交雑がどのように妨げられているか説明しなさい。

4. ラン科の植物の花の構造は，他種との生殖隔離にどのように役立っているか述べなさい。＿＿＿＿＿＿＿＿

5. 受精の前に働く生殖隔離機構は何と呼ばれるか答えなさい。＿＿＿＿＿＿＿＿

隔離された集団を比較する

重要概念：時間が経つと，地理的に隔離された集団の間では対立遺伝子頻度が異なってくる。

新しい種を生じる仕組みとしてもっともよく働いているのは，おそらく**地理的隔離**であろう。元来，生物はその種の分布域の中を自由に動き回ることができる。しかし，造山運動や河川の分流などの地質学的攪乱によって地理的障壁ができると，分布域の一部に棲むものが他の地域に棲むものから隔離されることがある。時間が経つと，それらの隔離された（異所的な）集団の遺伝子プールは互いに非常に異なったものになる（**異所的種分化**）。また，少数の個体が新天地に移住（意図的であろうと偶然であろうと）して地理的に隔離され，もとの集団と遺伝的に異なる新しい集団をつくる（**創始者効果**として知られる）こともある。

架空の甲虫集団に起こった隔離

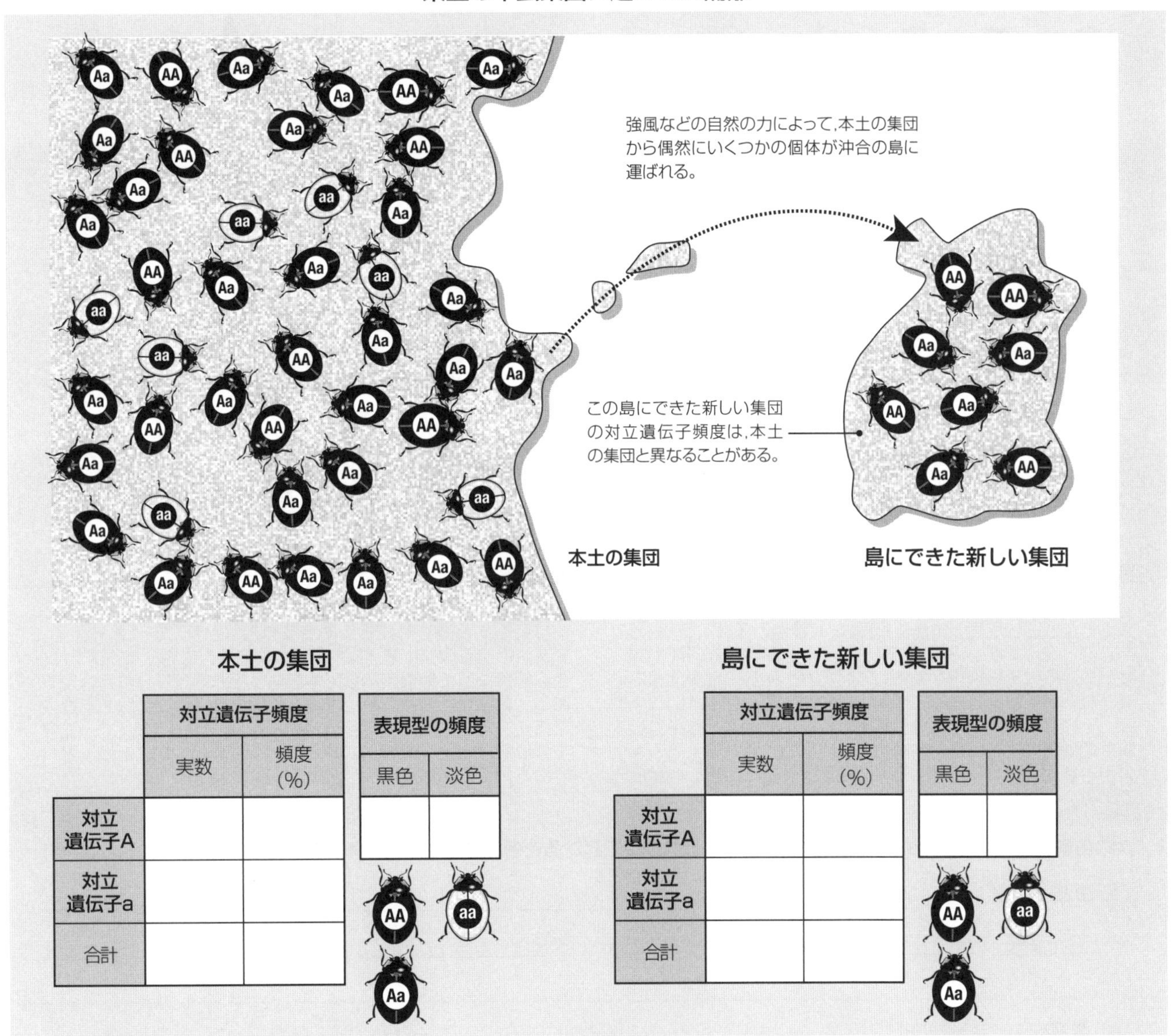

本土の集団

	対立遺伝子頻度	
	実数	頻度（%）
対立遺伝子A		
対立遺伝子a		
合計		

表現型の頻度	
黒色	淡色

島にできた新しい集団

	対立遺伝子頻度	
	実数	頻度（%）
対立遺伝子A		
対立遺伝子a		
合計		

表現型の頻度	
黒色	淡色

1. 下の指示にしたがって順に上の表の空欄を埋め，本土の甲虫の集団と島にできた新しい集団を比較しなさい。
   (a) それぞれの集団について，各表現型の数（黒色個体と淡色個体の数）を数えなさい。また，それぞれの表現型の頻度（百分率）を計算しなさい。
   (b) 2つの集団について，優性の対立遺伝子（A）と劣性の対立遺伝子（a）の数を数えなさい。それぞれの対立遺伝子の頻度（百分率）を計算しなさい。

2. 対立遺伝子頻度は2つの集団の間でどのように異なっているか述べなさい。

3. 時間が経つと，互いに隔離された集団の遺伝子プールが異なってくることがあるのはなぜか説明しなさい。

形態進化の速度

重要概念：長い間に少しずつ変化して新しい種が形成されるように見えることがある一方，変化の見られない停滞期のあとで突然に新しい種が出現するように見えることもある。

進化の速度に関しては，2つの主要な説，**漸進説**と**断続平衡説**が提唱されている。おそらく，どちらの進化も起こっており，どちらが起こるかは時や状況によって決まると思われる。化石記録の解釈というのは，変化を見る時間スケールによって変わってくる。ある種は，その形成期には長い時間かけて（たとえば，5万年以上にわたって）少しずつ変化を蓄積したかもしれない。もし，この種が500万年生き続ければ，その種を特徴づける形態の進化は，その種の全進化時間のほんの1%の間に起こったことになる。その化石記録を見ると，種というものはかなり突然に出現するもののように見えるだろう。

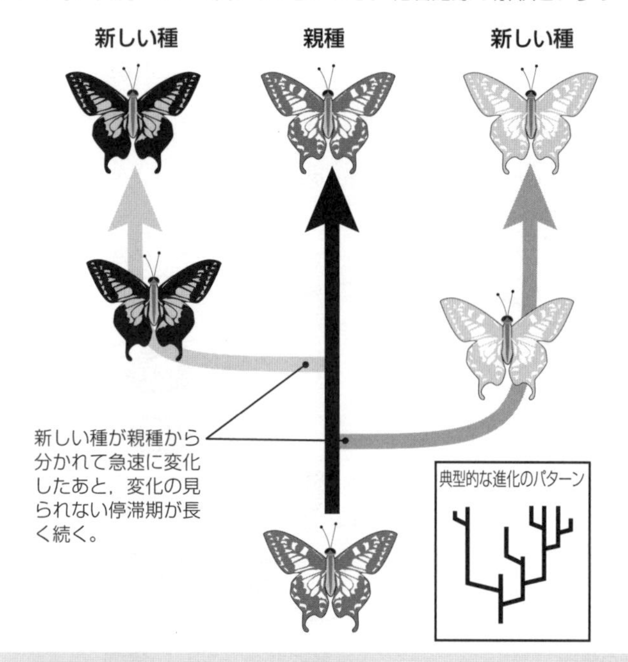

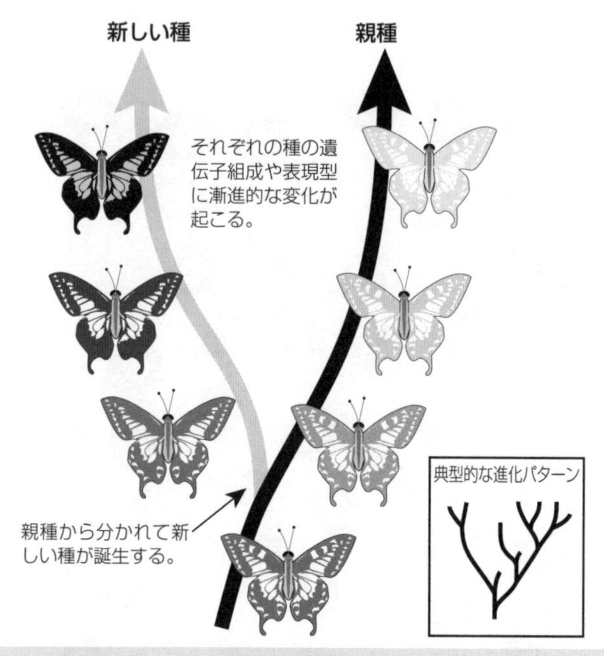

断続平衡説

化石記録には，種は徐々に変化しているものではなく，長い間ほとんど同じ形態のまま変わらない（**停滞**と呼ばれる）ものであることを示す多くの証拠が見られる。停滞期と停滞期の間には，短い間に形態進化が集中して起こり，新しい種が急速に形成される時期が見られる。断続平衡説によると，種というものは，その存続期間の大部分は停滞の状態にあって，ほんのわずかな期間だけ盛んに進化的変化を遂げるものである。その進化の引き金が引かれるのは，環境に決定的な変化が起こったときである。

系統漸進説

系統漸進説では，集団はそれぞれ異なる選択圧に応じて適応的な特徴を蓄積しながら，ゆっくりと分かれていくと考える。漸進説のような進化を遂げれば，ウマの進化に見られるように，化石記録に多くの過渡的な形態をもったものが見られるはずである。絶滅した海産の節足動物，三葉虫類の化石記録も漸進説を支持する。1987年に発表された1つの研究によって，三葉虫の形態は約300万年にわたって徐々に変化したことが示されている。

1．次の各説が提唱する進化的変化はそれぞれどのような環境で起こると考えられるか，考えを述べなさい。

(a) 断続平衡説：________________

____

____

(b) 漸進説：________________

____

____

2．初期のヒトの進化に関する化石記録を見ると，種は突然出現して，しばしば非常に長い間ほとんど何の変化も示さず，突然消滅するもののように思われる。ある1つの種から別の種へと緩やかに変わっていくことを示す例はほとんど見あたらない。上の2つの説のどちらがヒトの進化をうまく表しているか述べなさい。

____

3．中には，長い間（何億年も）ずっと形態がほとんど変化していないように見える種がいる。

(a) そのような種を2つ挙げなさい。________________

(b) 長い間ずっと進化的変化が見られないことを何というか答えなさい。________________

(c) そのような種はなぜ長い進化の時間を経ても形態がほとんど変化しなかったのか，考えを述べなさい。________________

____

第13章

ガス交換とは

重要概念：ガス交換とは，細胞と環境との間で行われる酸素と二酸化炭素のやりとりの過程である。

生きている細胞は，生命活動のためのエネルギーを必要とする。エネルギーは細胞呼吸という代謝過程で，糖や他の物質の分解により，細胞内に放出される。この代謝のために，細胞と環境の間でガス（二酸化炭素と酸素）を拡散によって交換することが必要となる。ガス交換は呼吸する細胞と血液の間，および肺と外界との間で起こる。拡散勾配はガスが交換される表面からガスが輸送されることで維持される。効果的にガス交換するためには，ガス交換の膜が血液に近接していなければならない。

ガス交換の必要性

ガス交換とは，酸素を取り入れ，二酸化炭素を排出する過程である。細胞呼吸は，持続的に酸素（O_2）を必要とし，二酸化炭素（CO_2）の排出をしなければならない。細胞呼吸におけるガスの入出を，動物細胞を例に下図に示す。

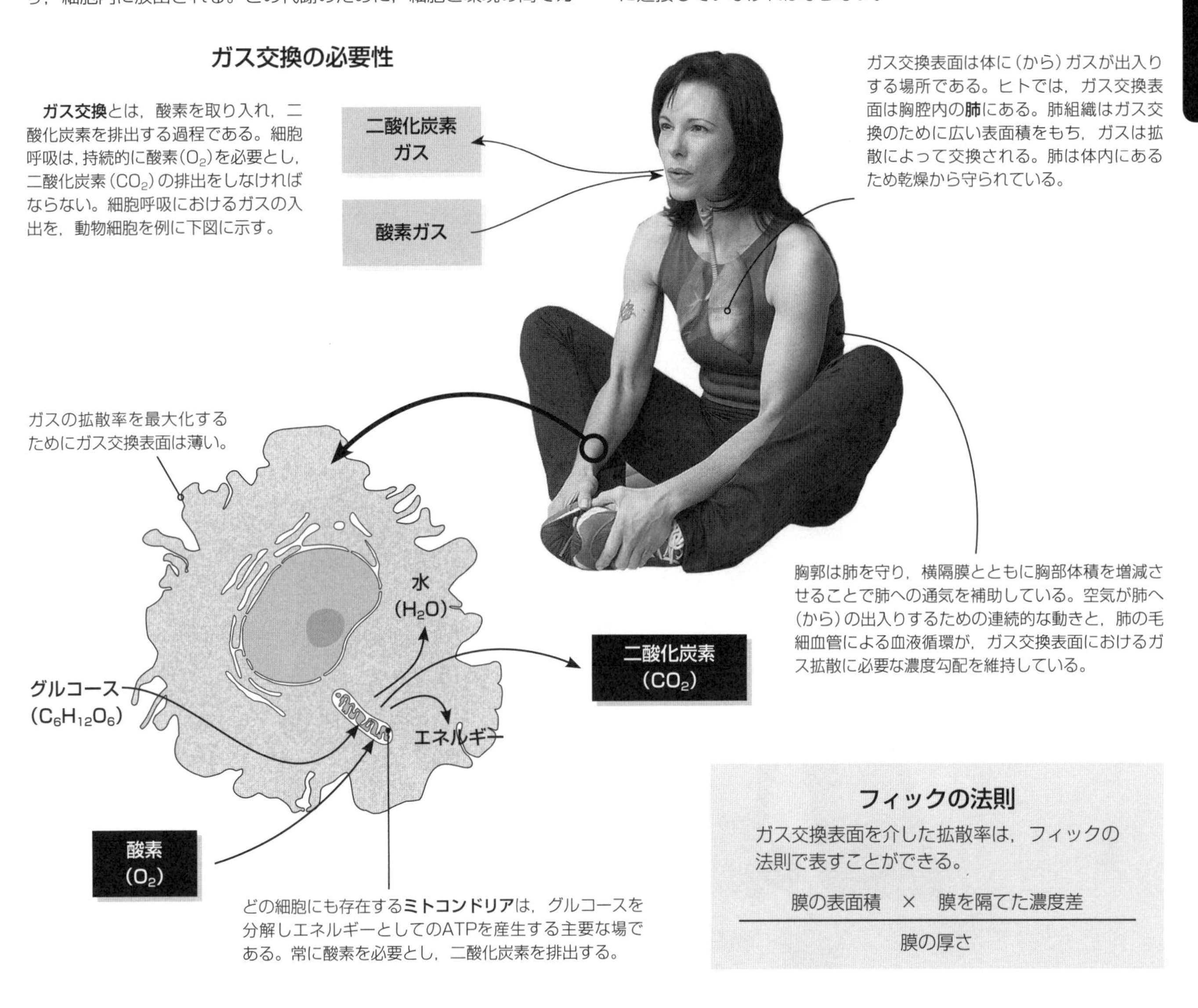

フィックの法則

ガス交換表面を介した拡散率は，フィックの法則で表すことができる。

$$\frac{\text{膜の表面積} \times \text{膜を隔てた濃度差}}{\text{膜の厚さ}}$$

1. ガス交換とは何か説明しなさい。＿＿＿＿＿＿＿＿＿＿

2. (a) ガス交換に関係しているガスは何か答えなさい。＿＿＿＿＿＿＿＿＿＿

   (b) どのような輸送過程によってガスが移動するか述べなさい。＿＿＿＿＿＿＿＿＿＿

3. ガス交換表面のおもな機能は何か述べなさい。＿＿＿＿＿＿＿＿＿＿

4. ガス交換を効果的にするための，ガス交換表面の特徴を3つ挙げなさい。

   (a) ＿＿＿＿＿＿＿＿＿＿

   (b) ＿＿＿＿＿＿＿＿＿＿

   (c) ＿＿＿＿＿＿＿＿＿＿

ガス交換システム

重要概念：肺は体内の袋状の器官で，気道系によって外界とつながっている。もっとも小さい気道の末端は薄い壁をもった肺胞であり，ここでガス交換が起こる。

ガス交換システム（または呼吸器系）は，環境と呼吸ガスを交換するために必要なすべての構造を含んでいる。ヒトの呼吸器系は1対の肺からなり，肺は管状の通路である気管，気管支，細気管支によって外界の空気とつながっている。膜を隔てたガス交換については次ページで詳述する。

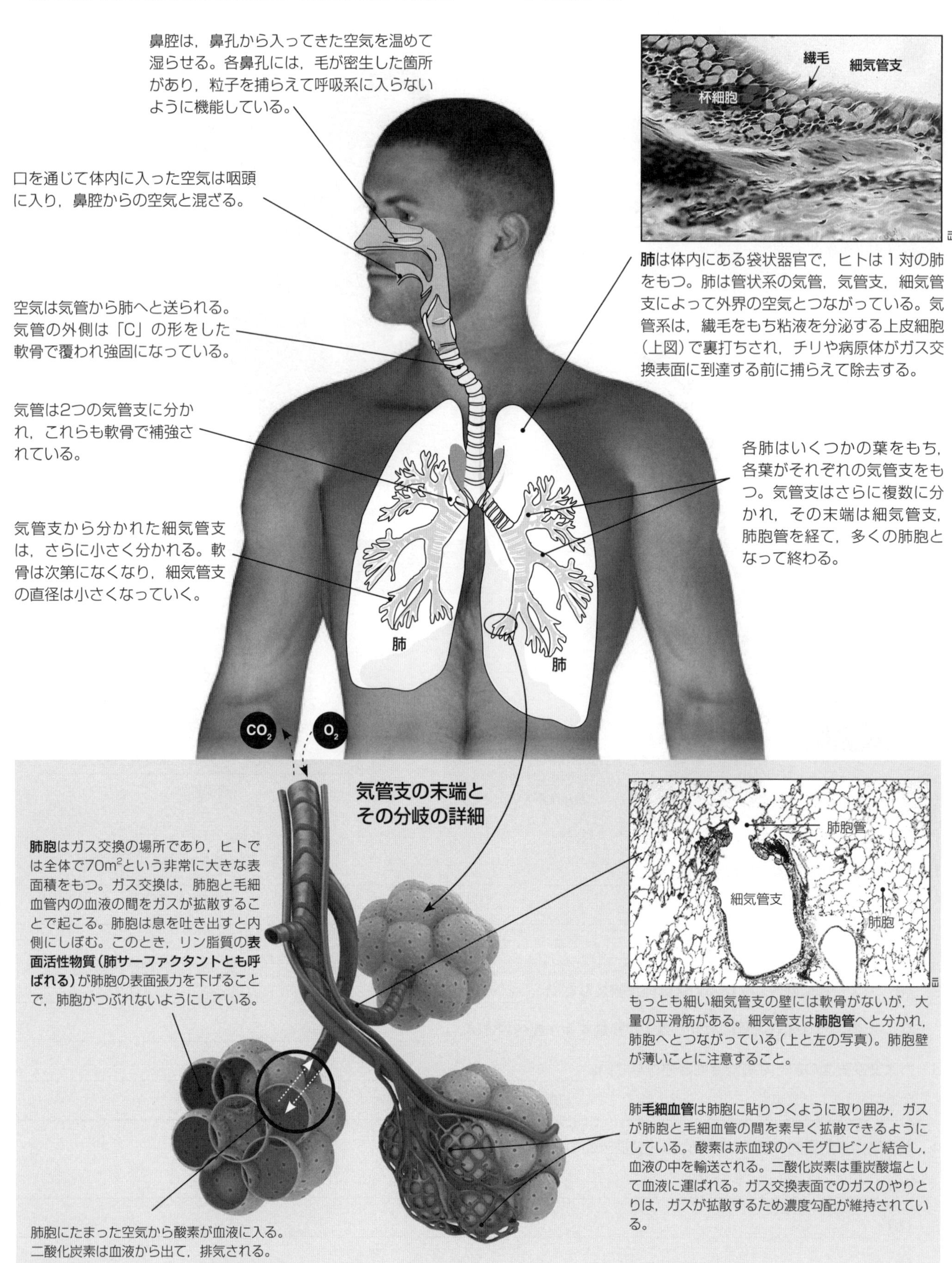

肺胞の横断面

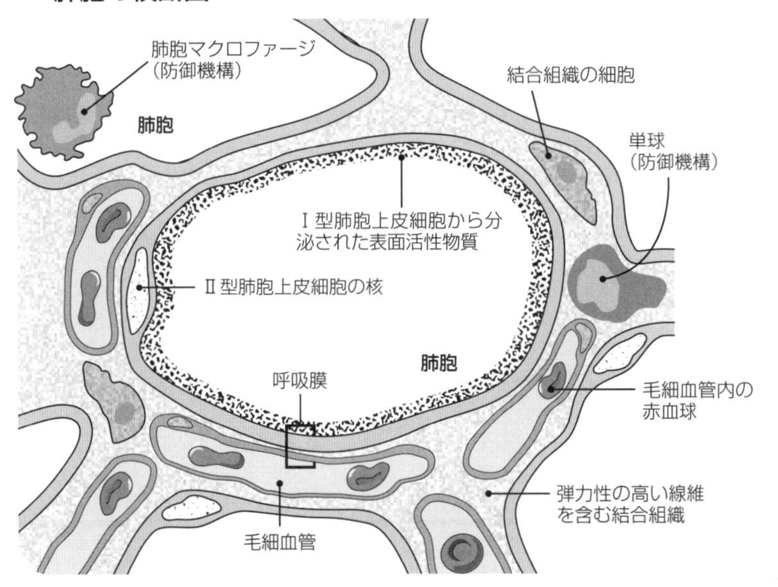

肺胞は血液で満たされた毛細血管に非常に近接しており，**肺胞上皮細胞**に裏打ちされている。Ⅰ型肺胞上皮細胞（肺胞を構成する細胞の90〜95%を占める）は呼吸膜（右図）に関係している。Ⅱ型肺胞上皮細胞は**表面活性物質（肺サーファクタント）**を分泌し，肺胞内の表面張力を下げて，肺胞がつぶれたり互いにくっついたりするのを防いでいる。マクロファージと単球は肺組織を病原体から守っている。弾力性のある結合組織は肺胞が広がったりもとに戻ったりできるようにしている。

呼吸膜

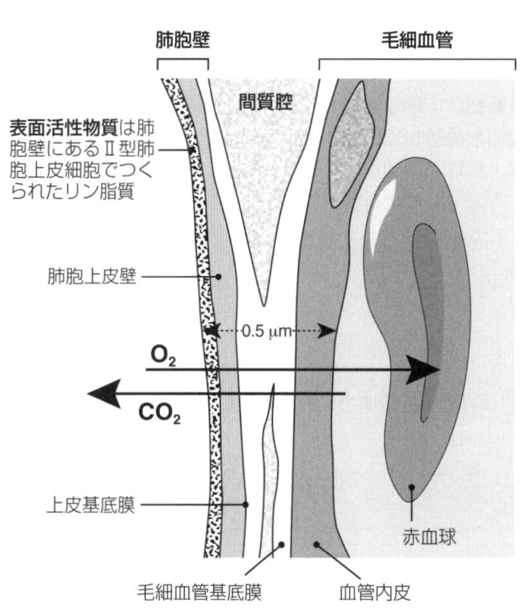

呼吸膜は，肺胞上皮細胞，毛細血管の内皮細胞と，それらに結合する基底膜（上皮組織の下にある薄いコラーゲン層）が層状に結合した部位の名称である。ガスはこの膜を自由に通過する。

1. (a) ガス交換のための広い面積を確保するのに，ヒトの呼吸系はどのような構造をしているか説明しなさい。

   ＿＿＿＿＿＿＿＿＿＿＿＿＿＿＿＿＿＿＿＿＿＿＿＿＿＿＿＿

   (b) ガス交換は肺のどの部位で起こっているか述べなさい。＿＿＿＿＿＿＿＿＿＿

2. 呼吸膜の構造と働きについて述べなさい。＿＿＿＿＿＿＿＿＿＿＿＿

3. 気道系において，大きな気管にある軟骨の役割を説明しなさい。＿＿＿＿＿＿＿＿＿＿

4. Ⅰ型とⅡ型の肺胞上皮細胞の違いを述べなさい。＿＿＿＿＿＿＿＿＿＿

5. 肺胞における表面活性物質の役割を述べなさい。＿＿＿＿＿＿＿＿＿＿

6. 早産児では，肺中の表面活性物質が欠乏していることがある。すると，呼吸窮迫症候群を引き起こし，呼吸ができなくなる。表面活性物質の役割から，この病気の症状を説明しなさい。

   ＿＿＿＿＿＿＿＿＿＿＿＿＿＿＿＿＿＿＿＿＿＿＿＿＿＿＿＿

重要概念：呼吸は絶えず肺に空気を供給し，ガス交換に必要な濃度勾配を維持している。肺(から)に空気を出し入れする呼気と吸気では，異なる筋肉が使われている。

呼吸は，酸素を豊富に含んだ空気を絶えず肺に供給し，二酸化炭素を多く含む空気を排出する。肺胞や体細胞へと呼吸ガスを輸送する心循環系とともに，呼吸はガス交換のための濃度勾配を維持している。呼吸は筋肉の活動によって維持されている。

1．呼吸を何のためにするのか説明しなさい。＿＿＿＿＿＿

＿＿＿＿＿＿＿＿＿＿＿＿＿＿＿＿＿＿＿＿＿＿＿＿＿＿＿＿

＿＿＿＿＿＿＿＿＿＿＿＿＿＿＿＿＿＿＿＿＿＿＿＿＿＿＿＿

2．呼吸はどのように成し遂げられるか説明しなさい。

＿＿＿＿＿＿＿＿＿＿＿＿＿＿＿＿＿＿＿＿＿＿＿＿＿＿＿＿

＿＿＿＿＿＿＿＿＿＿＿＿＿＿＿＿＿＿＿＿＿＿＿＿＿＿＿＿

＿＿＿＿＿＿＿＿＿＿＿＿＿＿＿＿＿＿＿＿＿＿＿＿＿＿＿＿

＿＿＿＿＿＿＿＿＿＿＿＿＿＿＿＿＿＿＿＿＿＿＿＿＿＿＿＿

3．(a) 安静呼吸で起こることを順に述べなさい。

＿＿＿＿＿＿＿＿＿＿＿＿＿＿＿＿＿＿＿＿＿＿＿＿＿

＿＿＿＿＿＿＿＿＿＿＿＿＿＿＿＿＿＿＿＿＿＿＿＿＿

＿＿＿＿＿＿＿＿＿＿＿＿＿＿＿＿＿＿＿＿＿＿＿＿＿

＿＿＿＿＿＿＿＿＿＿＿＿＿＿＿＿＿＿＿＿＿＿＿＿＿

＿＿＿＿＿＿＿＿＿＿＿＿＿＿＿＿＿＿＿＿＿＿＿＿＿

(b) 安静呼吸と努力呼吸の間の違いは何か述べなさい。

＿＿＿＿＿＿＿＿＿＿＿＿＿＿＿＿＿＿＿＿＿＿＿＿＿

＿＿＿＿＿＿＿＿＿＿＿＿＿＿＿＿＿＿＿＿＿＿＿＿＿

＿＿＿＿＿＿＿＿＿＿＿＿＿＿＿＿＿＿＿＿＿＿＿＿＿

4．吸気している間に，以下の働きをするのはどの筋肉か答えなさい。

(a) 収縮する：＿＿＿＿＿＿＿＿＿＿＿＿＿＿＿＿＿＿

＿＿＿＿＿＿＿＿＿＿＿＿＿＿＿＿＿＿＿＿＿＿＿＿＿

(b) 弛緩する：＿＿＿＿＿＿＿＿＿＿＿＿＿＿＿＿＿＿

＿＿＿＿＿＿＿＿＿＿＿＿＿＿＿＿＿＿＿＿＿＿＿＿＿

5．努力呼気をしている間に，以下の働きをするのはどの筋肉か答えなさい。

(a) 収縮する：＿＿＿＿＿＿＿＿＿＿＿＿＿＿＿＿＿＿

＿＿＿＿＿＿＿＿＿＿＿＿＿＿＿＿＿＿＿＿＿＿＿＿＿

(b) 弛緩する：＿＿＿＿＿＿＿＿＿＿＿＿＿＿＿＿＿＿

＿＿＿＿＿＿＿＿＿＿＿＿＿＿＿＿＿＿＿＿＿＿＿＿＿

6．呼吸における拮抗筋の役割について説明しなさい。

＿＿＿＿＿＿＿＿＿＿＿＿＿＿＿＿＿＿＿＿＿＿＿＿＿＿＿＿

＿＿＿＿＿＿＿＿＿＿＿＿＿＿＿＿＿＿＿＿＿＿＿＿＿＿＿＿

＿＿＿＿＿＿＿＿＿＿＿＿＿＿＿＿＿＿＿＿＿＿＿＿＿＿＿＿

呼吸と呼吸筋の活動

筋肉は収縮によってのみ働くため，一方向の動きだけに関与する。二方向の動きをするには，筋肉は拮抗したペアとして働く必要がある。拮抗するペアの筋肉は，一方が収縮すると他方は弛緩することで，反対方向の活動を可能とする。ヒトの呼吸には2セットの拮抗筋が関係している。胸郭にある外肋間筋と内肋間筋，および横隔膜と腹筋である。

吸気(息を吸い込む)

安静呼吸の間，吸気は胸部体積を増加させることで成し遂げられる(これにより肺内部の圧力が下がる)。空気は肺内部の下がった圧力に応じて肺の中に入る。吸気は筋収縮が関係した能動的な過程である。

❶ 外肋間筋が収縮して胸郭を広げるように上に移動する。横隔膜が収縮して胸郭の長さを伸ばすように下に移動する。

❷ 胸部体積が増加すると肺が広がり，肺の内部の圧力が下がる。

❸ 空気が圧力勾配にしたがって肺に流入する。

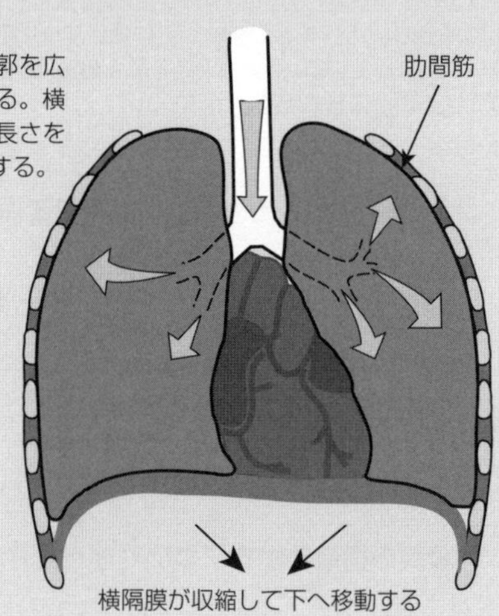

呼気(息を吐き出す)

安静呼吸では，呼気は受動的な過程であり，外肋間筋と横隔膜の弛緩し胸部体積が減少することで成し遂げられる。空気が肺から受動的に流れ，大気圧と同じになる。能動的な呼吸では，筋収縮が吸気と呼気の両方を起こすのに関係している。

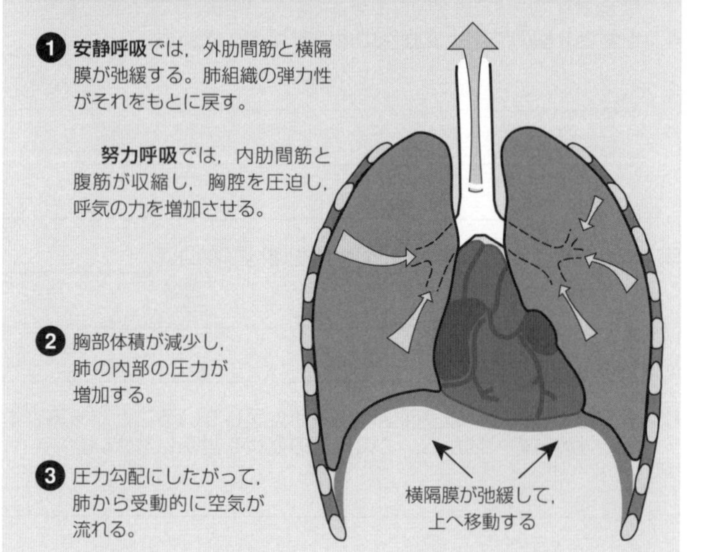

ヒトにおけるガス運搬

重要概念：体内に呼吸ガスを運搬するのは，血液と呼吸色素の役割である。

酸素は，赤血球細胞の内部の呼吸色素である**ヘモグロビン**に化学的に結合し，体の隅々まで運ばれる。筋肉では，酸素はヘモグロビンから**ミオグロビン**に移されて保持される。ミオグロビンとは，ヘムーグロビンユニットの単量体である点を除けば，ヘモグロビンと化学的に類似の分子である。ミオグロビンは酸素との親和性がヘモグロビンよりも非常に強く，筋肉における酸素貯蔵庫として働き，長時間にわたる筋肉の活動や激しい運動の際に酸素を放出する。ミオグロビンの貯蔵酸素が枯渇すると筋肉は酸素欠乏に陥り，嫌気的呼吸をせざるを得なくなる。この嫌気的呼吸による老廃物である乳酸は筋肉中に蓄積し，乳酸塩として肝臓に運ばれ，好気的条件下で代謝される。

ガスの交換と運搬

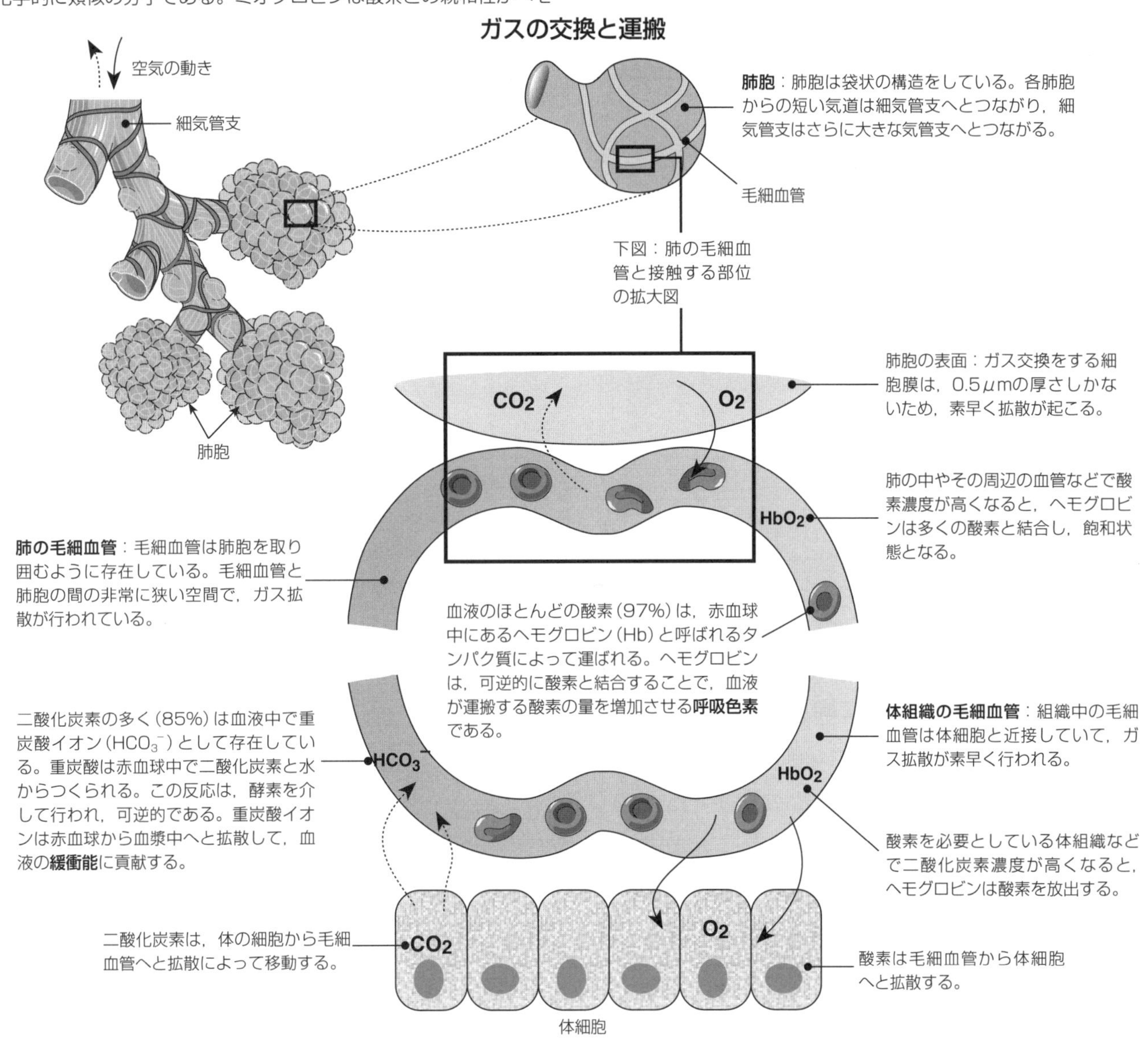

血液における二酸化炭素の運搬

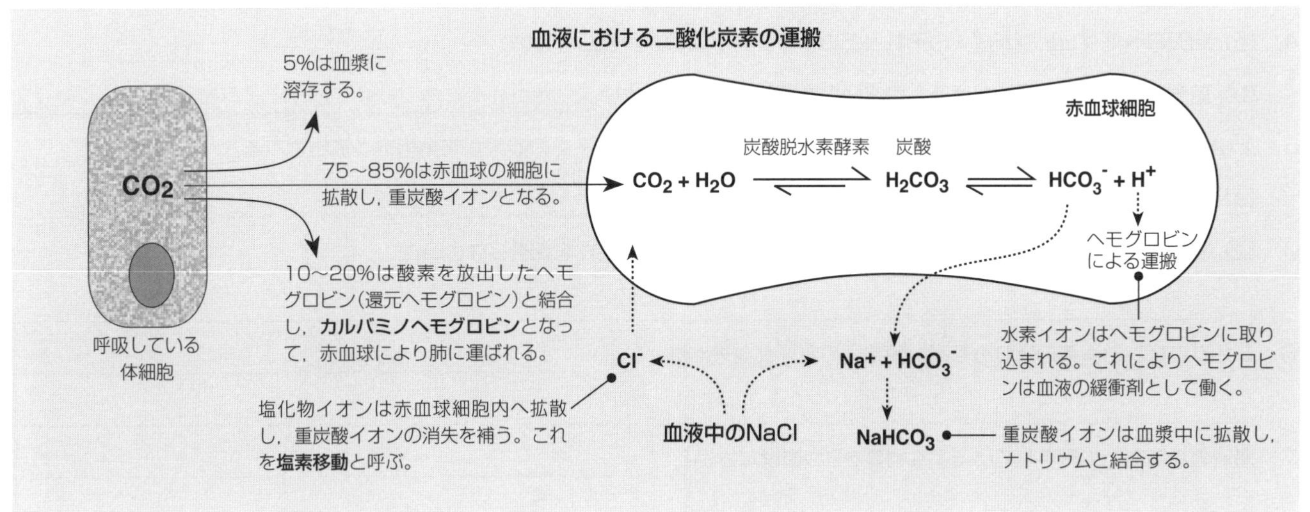

酸素は血液には溶けにくいものであるが，赤血球中のヘモグロビンと化学的に結合することで運搬される。ヘモグロビンによって運ばれる酸素の量を決める最大の要因は，血液中の酸素量である。酸素分圧が高いほど，より多くの酸素がヘモグロビンと結合する。この関係を表す酸素解離曲線を下図に示す（左下の図）。肺の毛細血管では酸素分圧が高いため，多量の酸素がヘモグロビンに結合する。末梢組織では酸素分圧が低いため，酸素はヘモグロビンから放出される。骨格筋では，ミオグロビンがヘモグロビンから酸素を受け取って貯蔵し，これにより酸素分圧が低下した際には酸素が供給される。この酸素放出は**ボーア効果**により増大する（右下の図）。

呼吸色素およびその酸素運搬

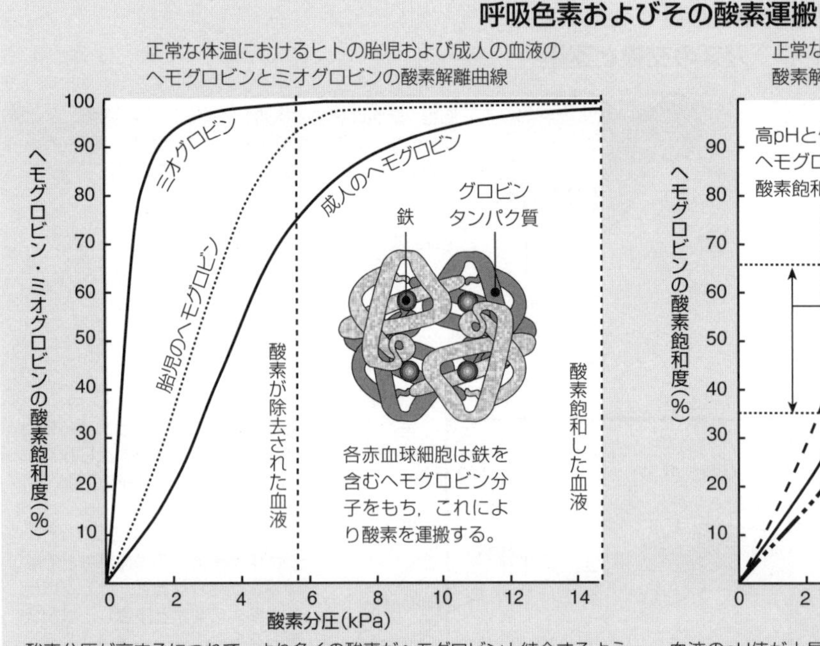

酸素分圧が高まるにつれて，より多くの酸素がヘモグロビンと結合するようになる。酸素分圧が低い場合であっても，ヘモグロビンの酸素飽和度は高い状態で維持される。胎児のヘモグロビンは酸素との親和性が高く，母親のヘモグロビンより20～30%多い酸素を運搬する。骨格筋のミオグロビンは酸素との親和性がきわめて高く，血液中のヘモグロビンから酸素を取り込む。

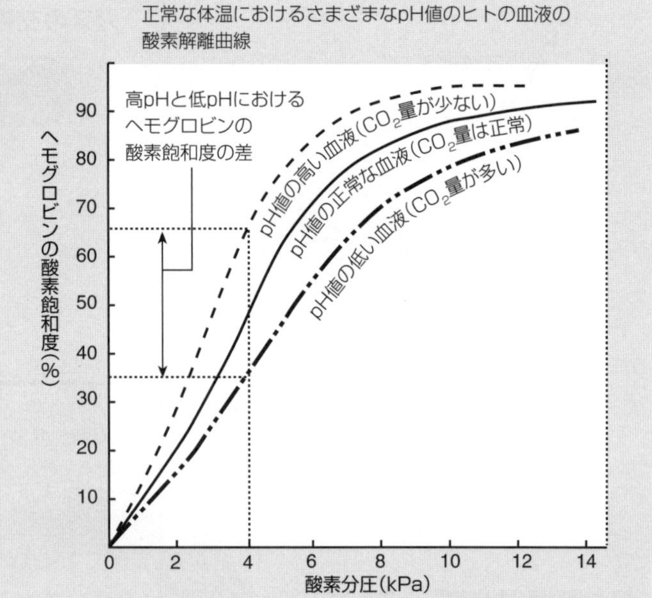

血液のpH値が上昇するにつれて，つまり二酸化炭素濃度が低下するにつれて，より多くの酸素がヘモグロビンと結合する。反対に，pH値が低下するにつれて，つまり二酸化炭素濃度が上昇するにつれて，ヘモグロビンは組織中により多くの酸素を放出する（**ボーア効果**）。高pHと低pHにおけるヘモグロビンの酸素飽和度の差は，放出される酸素の量を表している。

1．（a）体内で酸素濃度がきわめて高い領域を2つ挙げなさい。

（b）体内で二酸化炭素濃度がきわめて高い領域を2つ挙げなさい。

2．ヘモグロビンと酸素の可逆的結合反応の重要性を述べなさい。

3．（a）ヘモグロビンの酸素飽和度は血液中の酸素量の影響を受ける。この関係の特徴を述べなさい。

（b）末梢組織への酸素の運搬におけるこの関係の重要性を説明しなさい。

4．（a）胎児のヘモグロビンが成人のそれとどのように異なるのか説明しなさい。

（b）胎児への酸素の運搬におけるこの違いの重要性を説明しなさい。

5．血液のpH値が低いとヘモグロビンに結合する酸素量は低下し，より多くの酸素が末梢組織へ放出される。

（a）この効果を何と呼ぶか答えなさい。

（b）呼吸をしている末梢組織への酸素運搬におけるこの効果の重要性を説明しなさい。

6．ミオグロビンと酸素のきわめて高い親和性の重要性を述べなさい。

7．血液の緩衝能力に寄与している主な物質を2つ挙げなさい。

第14章

消化器官の役割

重要概念：消化管は，食物の物理的および化学的分解（消化），栄養吸収，未消化物の排泄の能力が最大となるように特殊化している。

栄養物は，エネルギー，代謝，成長，修復のために体に必要な物質である。食物中に存在する栄養物は，血流に入って体に吸収される前に，機械的・化学的過程によって分解されなければならない。ヒトの消化は細胞外で起こり，分解産物が細胞に吸収される。

消化の過程

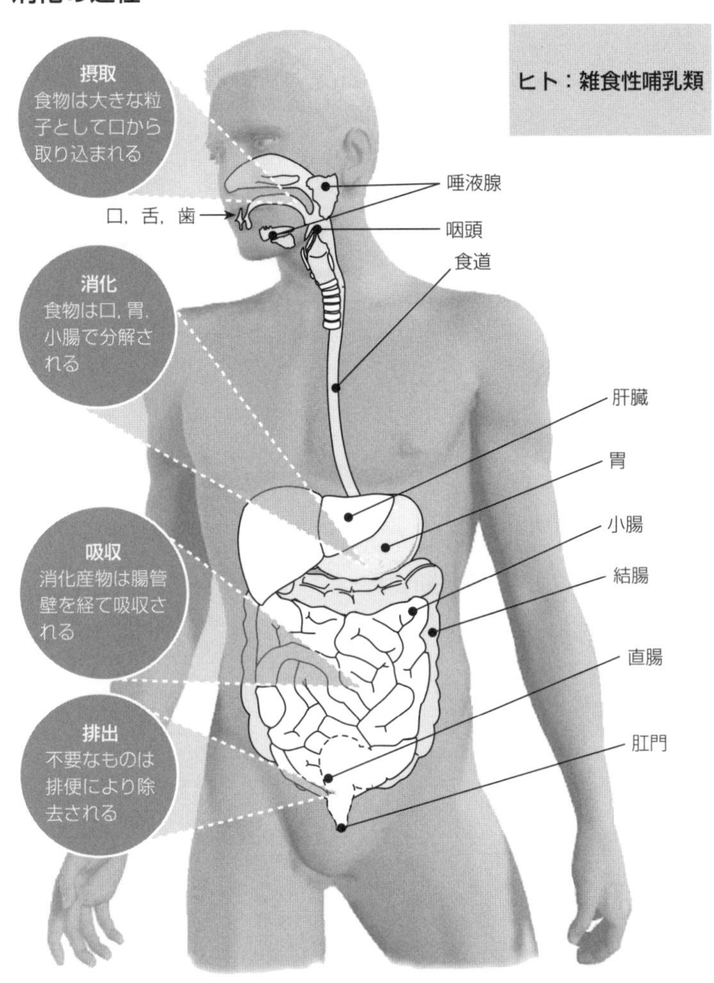

食物は，腸管壁を経て吸収されるような小さな要素に分解されなければ，組織に取り込む（吸収）ことはできない。タンパク質，脂質，炭水化物の分解は，酵素や機械的な過程（咀嚼など）でなされる。

ある食物は素早く吸収されるよう特別にデザインされている（たとえばスポーツゼリーやスポーツ飲料）。上写真のようなバランス栄養食品には，素早く吸収される単純なモノマー（たとえば単糖）と，ゆっくり吸収されて長くエネルギーを放出する大きなポリマー（たとえば多糖類）とが混合して含まれている。

消化系における酵素

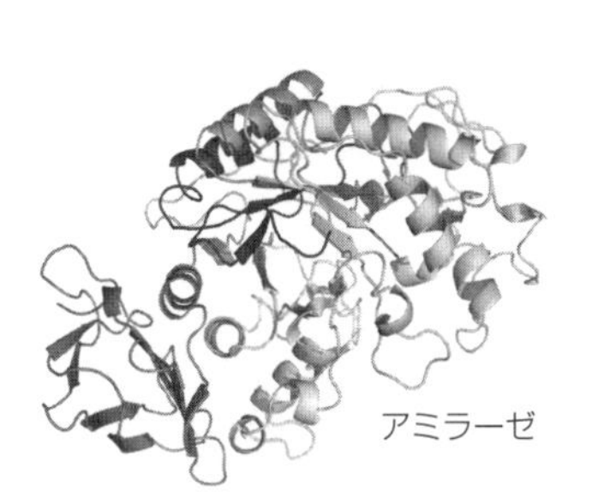
アミラーゼ

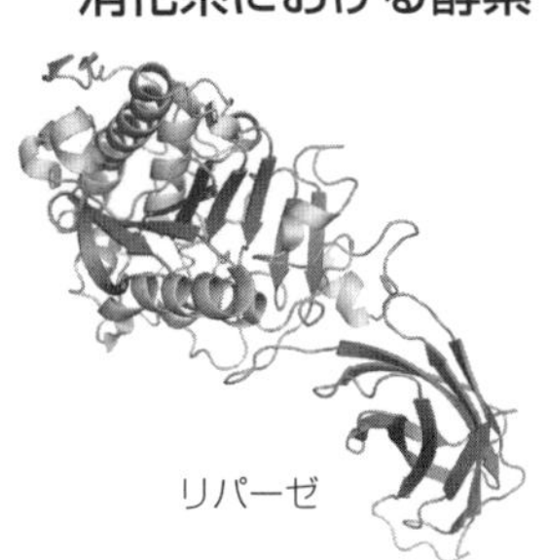
リパーゼ

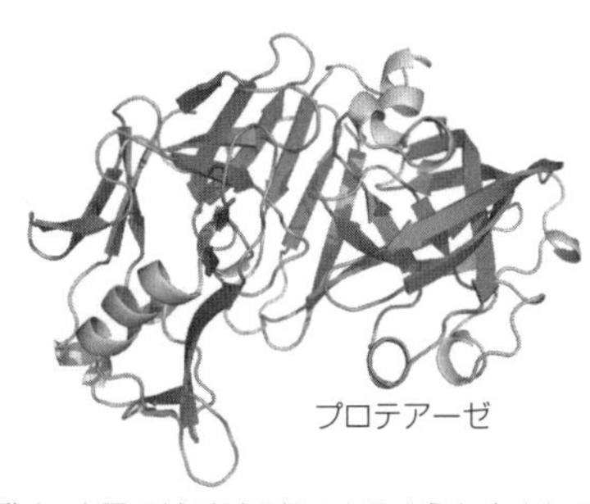
プロテアーゼ

酵素は食物の消化において重要な役割を担っている。酵素は，食物中の大きな分子（たとえばタンパク質）を，小腸の絨毛が吸収できるような小さなモノマー（たとえばアミノ酸）に分解するのを触媒することで，消化速度を増加させる。消化酵素には3つのおもなタイプがある。**アミラーゼ**（炭水化物の加水分解），**リパーゼ**（脂質の加水分解），**プロテアーゼ**（タンパク質やペプチドの加水分解）である。

1. (a) 消化の過程で食物はどのように分解されるか述べなさい。＿＿＿＿＿＿＿＿

   (b) なぜ大きな食物分子は小さな分子に分解されなければならないのか述べなさい。＿＿＿＿＿＿＿＿

2. 消化系における酵素の役割について述べなさい。＿＿＿＿＿＿＿＿

腸内での食物の移動

重要概念：固形の食物は，咀嚼されてボーラスと呼ばれる小さな塊となり，飲み込まれる。それがさらに消化されるとキームスとなる。食物はぜん動と呼ばれる筋肉の収縮波によって消化管を移動する。

取り込まれた食物は咀嚼されて唾液と混合され，ボーラスと呼ばれる小さな塊となる。食物は**ぜん動**と呼ばれる筋肉の収縮波によって移動し，ボーラスはやがて粥状のキームスとなり，以下に示す消化管を通って行く。

ぜん動

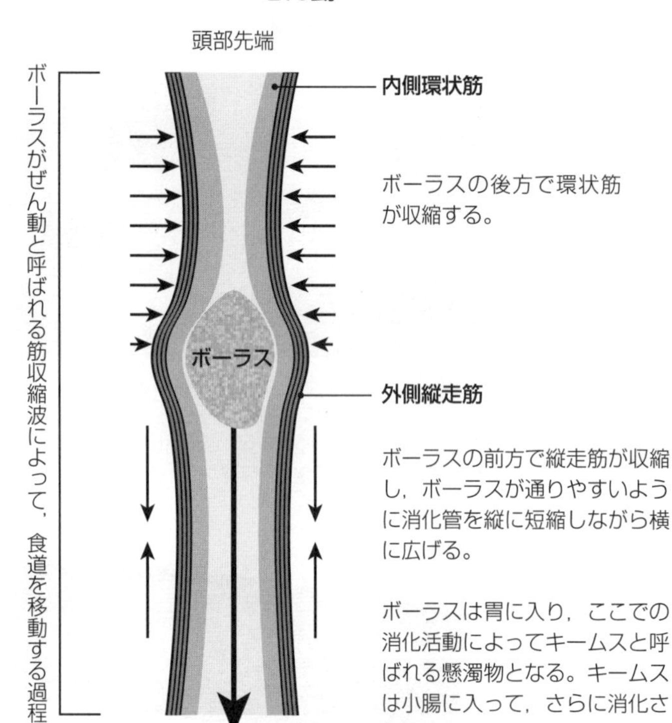

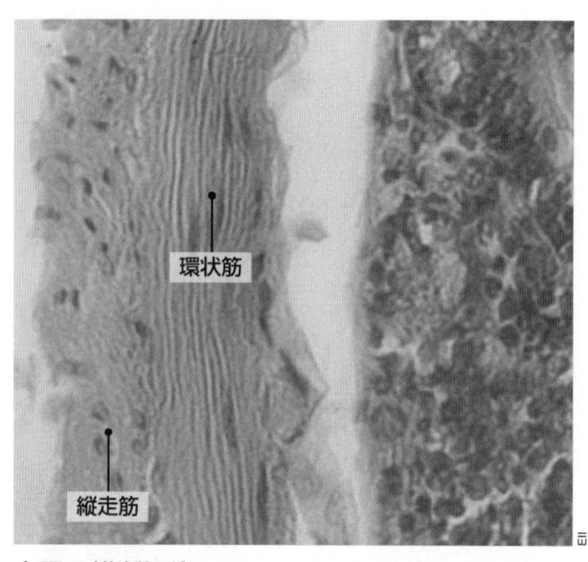

小腸の横断切片

ぜん動に関係する外側縦走筋と内側環状筋を示す小腸の横断切片。この切片では断面を前から観察しているため，縦走筋は円形に，環状筋は縦走して見えている。

結腸におけるぜん動運動

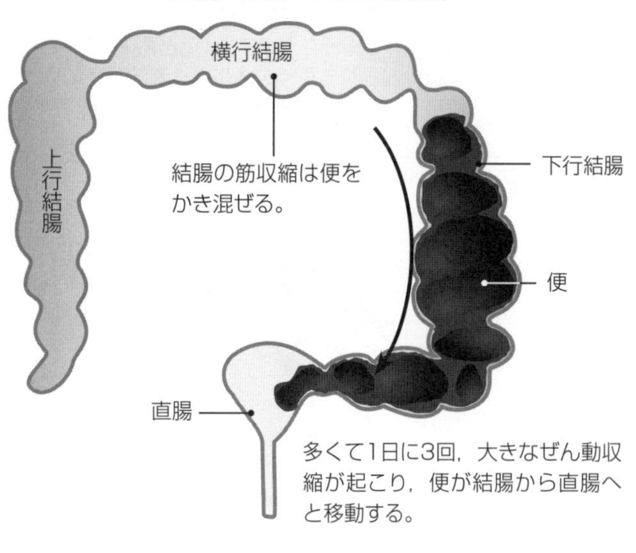

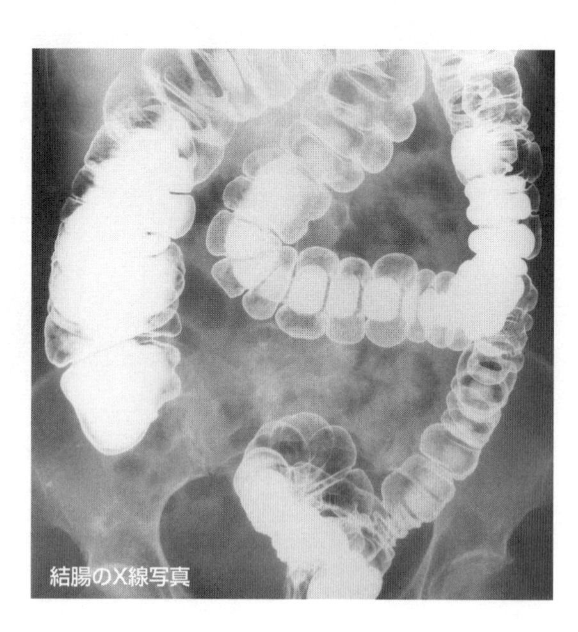
結腸のX線写真

1. ぜん動は腸内の食物をどのように移動させるか述べなさい。
2. ぜん動のおもな働きを2つ述べなさい。
3. 結腸のX線写真（右上）に，便の動く方向を書き入れなさい。便の場所を丸で囲みなさい。

重要概念：胃は酸とタンパク質消化酵素を産生し，食物を分解してキームスと呼ばれる懸濁物にする。

胃は食道と小腸の間にある中空で筋肉に富んだ器官である。胃では，食物が酸性環境で混合されて，キームスと呼ばれる粥状の混合物がつくり出される。胃の低pHは，微生物を殺したり，タンパク質を変性させたり，タンパク質消化酵素前駆体を活性化する。胃における吸収はわずかだが，小さな分子（グルコースやアルコール）は胃壁を通過してその周辺の血管に吸収される。

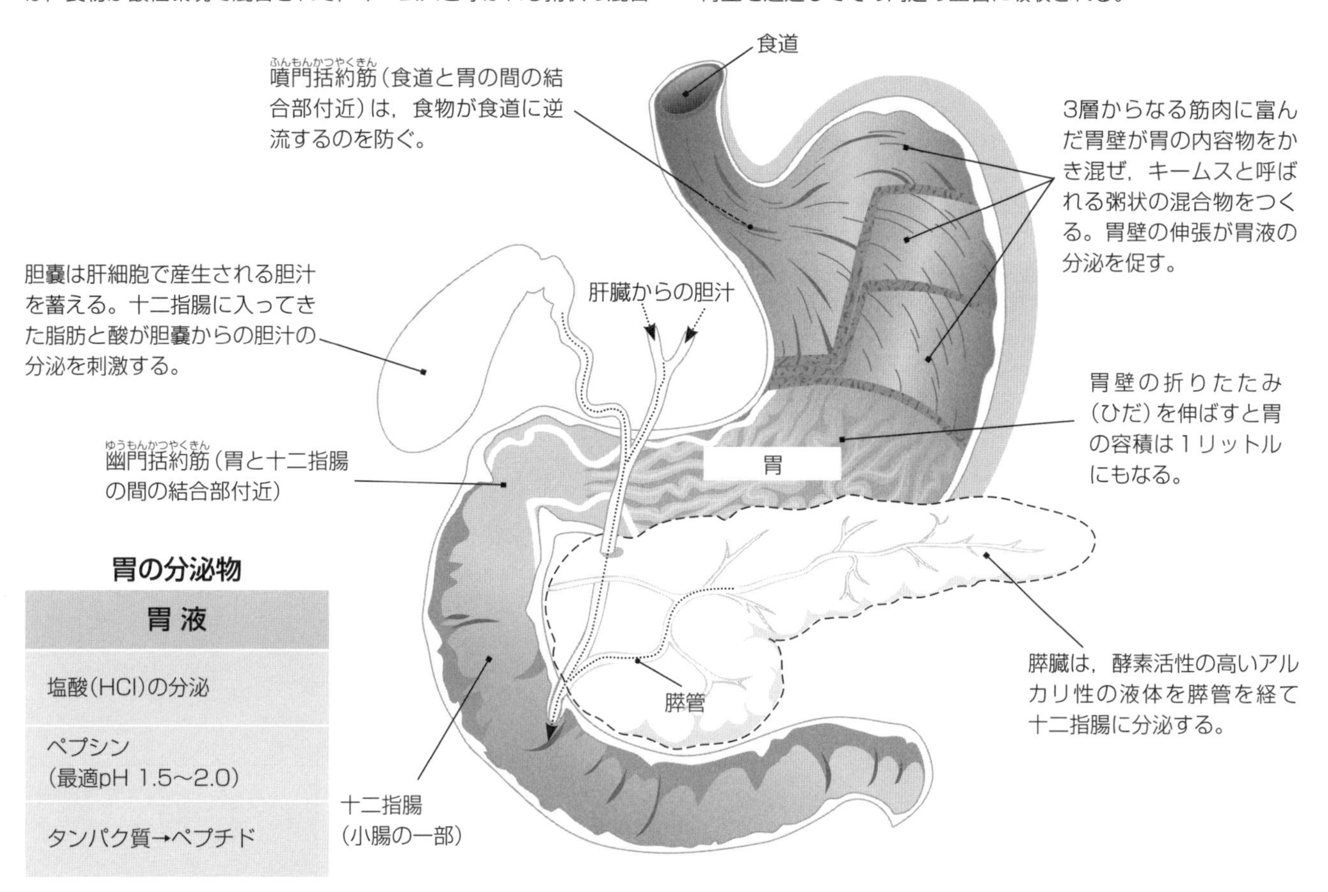

胃の分泌物

胃液
塩酸（HCl）の分泌
ペプシン （最適pH 1.5〜2.0）
タンパク質→ペプチド

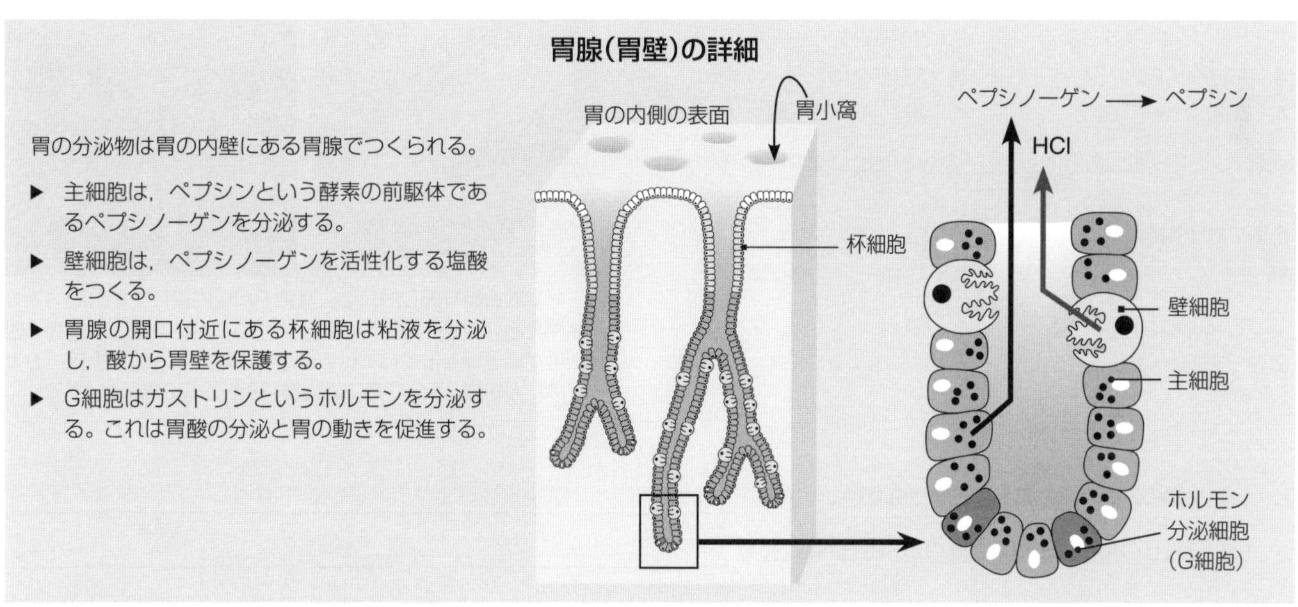

胃の分泌物は胃の内壁にある胃腺でつくられる。

- 主細胞は，ペプシンという酵素の前駆体であるペプシノーゲンを分泌する。
- 壁細胞は，ペプシノーゲンを活性化する塩酸をつくる。
- 胃腺の開口付近にある杯細胞は粘液を分泌し，酸から胃壁を保護する。
- G細胞はガストリンというホルモンを分泌する。これは胃酸の分泌と胃の動きを促進する。

1. 胃の役割は何か説明しなさい。 ____________________
2. 胃の壁細胞がつくる塩酸の役割は何か説明しなさい。 ____________________
3. 胃は酸や酵素をどのようにして食物と混合するのか述べなさい。 ____________________

小　腸

重要概念：小腸は食物を酵素によってさらに分解して栄養を吸収する部位で，腸の絨毛や微絨毛は栄養吸収のために表面積を大きくしている。

小腸は3つの部分に分けられる。多くの化学的消化が起こる**十二指腸**，多くの吸収が起こる**空腸**と**回腸**である。小腸のおもな役割は血液中に栄養分子を吸収することである。絨毛があることで栄養を吸収するための表面積が増大している。

- 小腸は胃と大腸の間にある管状構造で，胃からキームスを直接受け取る。
- 腸の内側はたくさんの**腸絨毛**に折りたたまれており，絨毛は腸管内腔に突出している。これは栄養吸収のための表面積を広げている。各絨毛の**上皮細胞**はたくさんの**微絨毛**からなる刷子縁をもち，これによりさらに表面積が広がっている。
- 膵液は膵臓から分泌され，膵臓アミラーゼ，トリプシン，キモトリプシン，膵臓リパーゼなど多くの酵素を含んでいる。
- 上皮細胞の表面に結合した酵素や，膵液や腸液に含まれる酵素が，ペプチドや炭水化物を分解する（下の表）。セルロースは消化されない。分解産物は下層にある血管やリンパ管に吸収される。管状外分泌腺（陰窩）と杯細胞はアルカリ性の液体や粘液を腸内に分泌する。

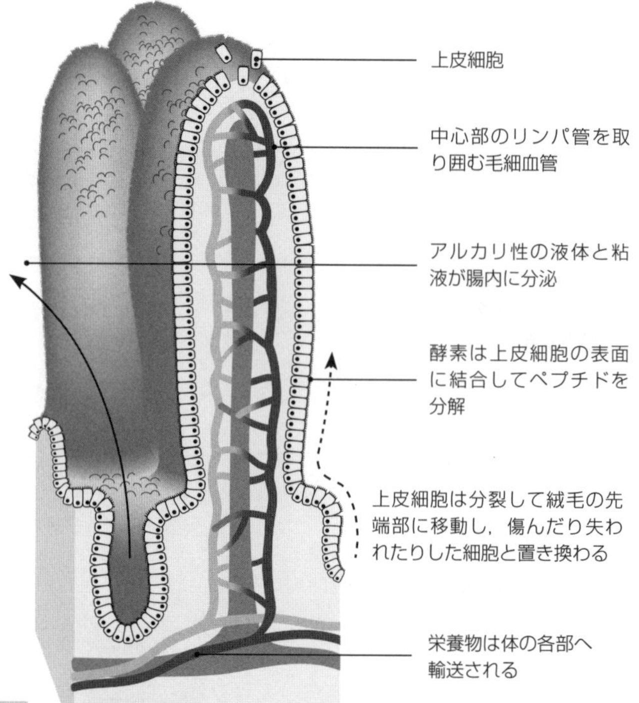

膵液に含まれる酵素	
十二指腸における酵素（最適pH）	**作 用**
1．膵臓アミラーゼ(6.7～7.0)	1．デンプン → マルトース
2．トリプシン(7.8～8.7)	2．タンパク質 → ペプチド
3．キモトリプシン(7.8)	3．タンパク質 → ペプチド
4．膵臓リパーゼ(8.0)	4．脂質 → 脂肪酸とグリセロール

腸液に含まれる酵素	
小腸における酵素（最適pH）	**作 用**
1．マルターゼ(6.0～6.5)	1．マルトース → グルコース
2．ペプチダーゼ(～8.0)	2．ポリペプチド → アミノ酸

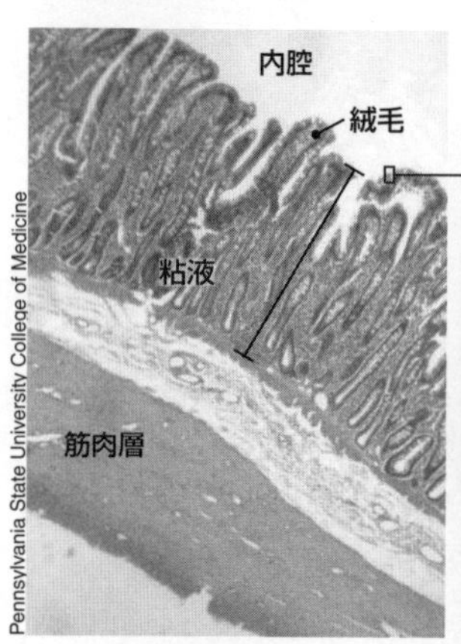

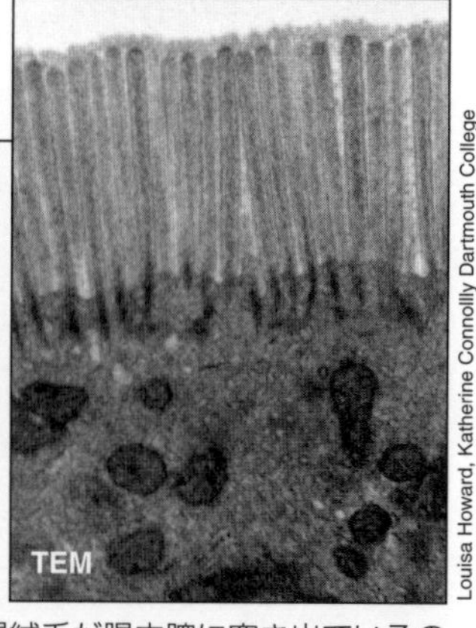

光学顕微鏡写真（左）では，腸絨毛が腸内腔に突き出ているのが見える。透過型電子顕微鏡写真（右）では，1個の腸細胞で微絨毛が刷子縁を形成しているのが見える。粘液は，上皮，その下の結合組織，そして薄い筋肉層（粘膜筋）の3層になっている。

1．(a) 小腸の3つの部位の名称を挙げなさい。＿＿＿＿＿＿＿＿＿＿

　(b) これらの部位における機能の違いを述べなさい。＿＿＿＿＿＿＿＿＿＿

2．腸絨毛の役割は何か述べなさい。＿＿＿＿＿＿＿＿＿＿

3．小腸において酵素はどこで見られるか述べなさい。＿＿＿＿＿＿＿＿＿＿

4．一般に，膵臓の酵素は酸性側とアルカリ性側のどちらの環境で働くか述べなさい。＿＿＿＿＿＿＿＿＿＿

大腸，直腸，肛門

重要概念：大腸は，未消化な物質の水分を吸収して凝固し，直腸に送る。消化されない老廃物は肛門から便として排泄される。

栄養物のほとんどが小腸で吸収された後，残った粥状の内容物は大腸（虫垂，盲腸，結腸）に進む。大腸のおもな役割は，水分と電解質の再吸収であり，不要な物質を便に固める。便は直腸に集められた後，肛門から排泄される。

- 栄養物のほとんどが吸収された後，残った半流動状の内容物は大腸（虫垂，盲腸，結腸）に進む。これには，未消化あるいは消化できない食物（たとえば**セルロース**），細菌，消化管壁から捨てられた死細胞，粘液，胆汁，イオン，水が含まれている。ヒトや他の雑食性動物では，水分と電解質の再吸収が大腸のおもな役割である。そして固形化した物質を直腸に送る。
- 直腸は肛門から排泄されるまで，不要な物質をためておく。直腸の充満が，排便を促す。もし水分があまり吸収されないと，便は水っぽくなり下痢となる。また，水分吸収が多いと，便は固く通りにくくなるために便秘になる。
- 排泄は肛門括約筋に調節され，通常は収縮している（開口部は閉じている）。排泄は神経で調節されている。

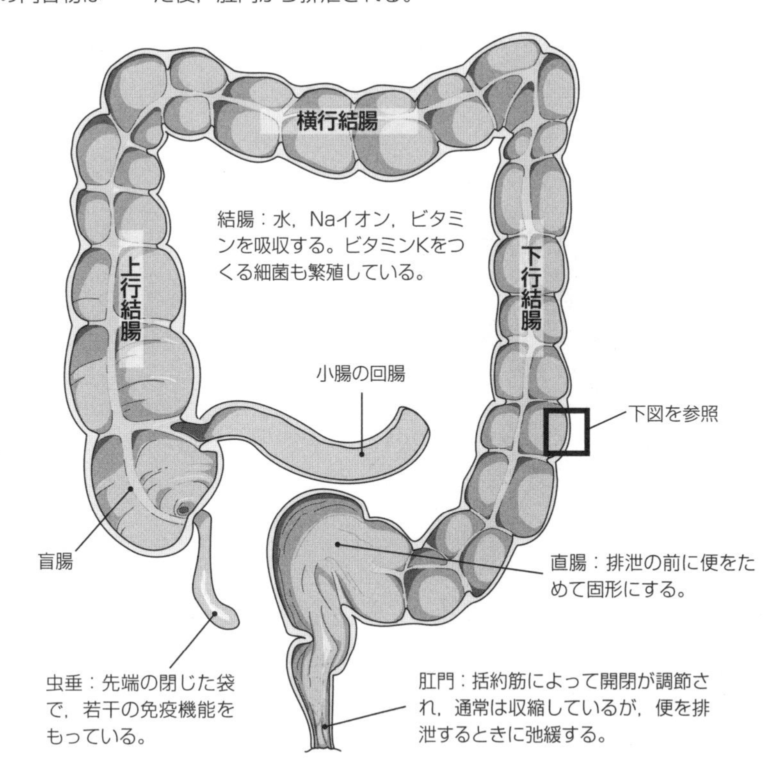

大腸の内壁

大腸の内壁は単純な上皮で，たくさんの粘液細胞をもつ管状腺（陰窩）がある。粘液は結腸壁を潤滑化し，便の形成と移動を補助する。写真（右下）にいくつかの陰窩の断面を示す。

粘液産生杯細胞
柱状細胞
陰窩
陰窩内の杯細胞
結合組織
リンパ小節
環状筋
内腔
EI

薄い色で示された多量の胚細胞に注意。

1. 大腸のおもな役割は何か説明しなさい。＿＿＿＿＿＿＿＿＿＿＿＿＿＿＿＿＿＿

2. 大腸において水分吸収が少ないときと，多いときの影響はどうなるか説明しなさい。＿＿＿＿＿＿＿＿＿＿

消化，吸収，輸送

重要概念：食物は体細胞が吸収できるように小さな構成成分に消化されて，同化されなければならない。栄養吸収には，能動輸送と受動輸送の両方が関与している。

消化によって，食物分子は腸の内壁を通過して血管やリンパ管へ入ることのできる形（単糖，アミノ酸，脂肪酸）へと分解される。たとえば，デンプンはグルコースに加水分解されるまでに，最初にマルトースと，デキストリンなどの短鎖炭水化物に分解される（下図）。他の食物の分解産物には，（タンパク質由来の）アミノ酸や，（脂肪由来の）脂肪酸，グリセロール，アシルグリセロールなどがある。腸から血液やリンパへのこれらの分子の通過は吸収と呼ばれる。栄養物質は，貯蔵や加工のために肝臓へ直接あるいは間接的に運ばれる。吸収された栄養物は，実際に体に取り込まれて同化される。

デンプンの消化

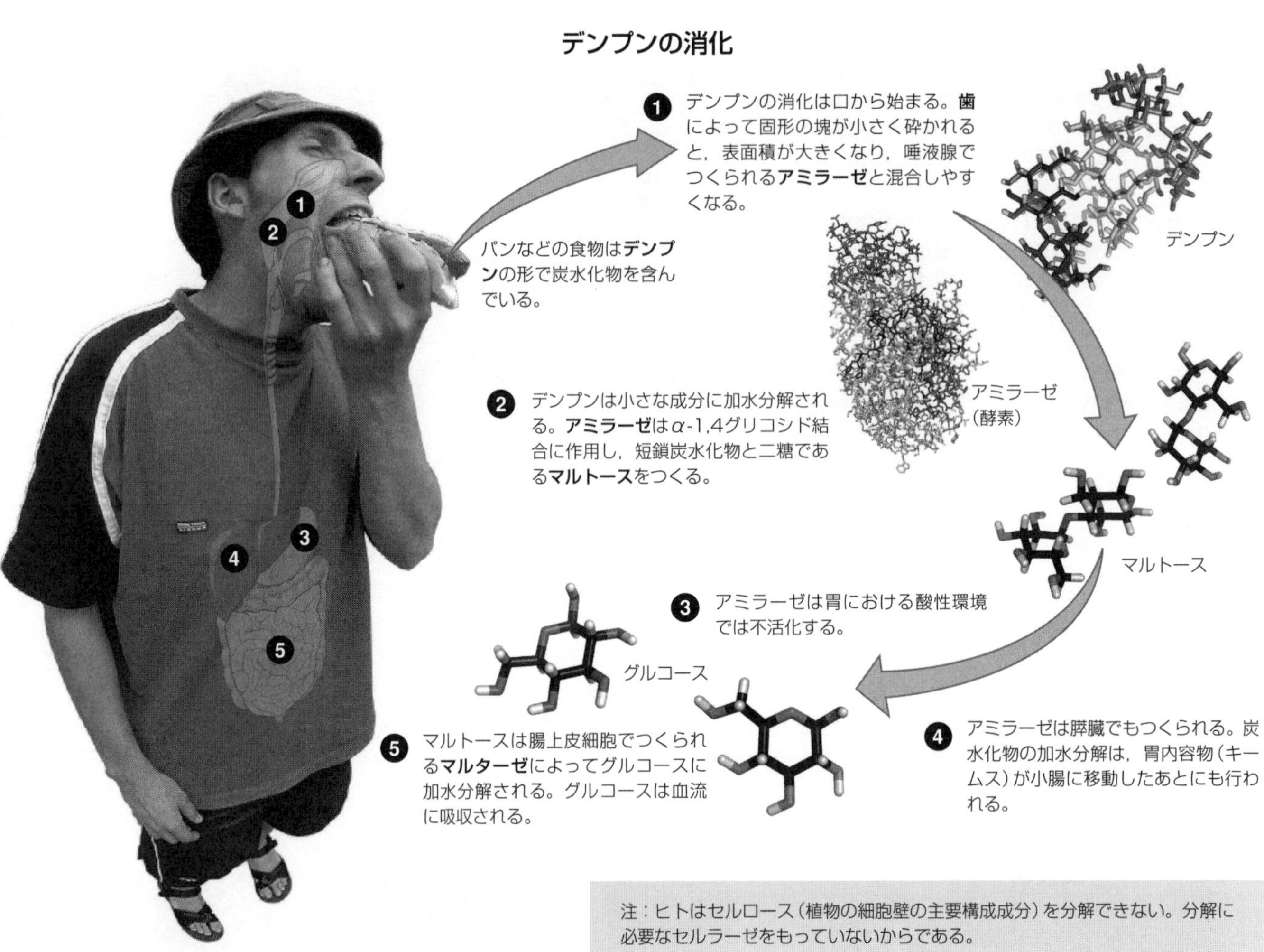

注：ヒトはセルロース（植物の細胞壁の主要構成成分）を分解できない。分解に必要なセルラーゼをもっていないからである。

1. デンプンの消化におけるアミラーゼとマルターゼの役割について説明しなさい。

2. ヒトの消化系で，なぜセルロースは未消化のままなのか述べなさい。

3. 唾液と膵液はアミラーゼを含んでいる。なぜ2つの消化器官が同じ酵素を産生するのか考えなさい。

4. 以下の栄養物質が腸絨毛でどのように吸収されるか述べなさい。

(a) グルコースとガラクトース：

(b) フルクトース：

(c) アミノ酸：

(d) ジペプチド：

(e) トリペプチド：

(f) 短鎖脂肪酸：

(g) モノグリセリド：

(h) 脂溶性ビタミン：

5. 拡散による栄養吸収において，濃度勾配の維持がどのように行われるか述べなさい。

6. 右の実験は，なぜ食物が吸収される前に消化されなければならないのかを示すものである。

(a) なぜデンプンは蒸留水中にないのか答えなさい。

(b) このモデルを使って，なぜ食物が吸収される前に消化されなければならないか説明しなさい。

腸絨毛による栄養吸収

腸内腔

グルコースとガラクトース　能動輸送

フルクトース　促進拡散

アミノ酸　能動輸送

ジペプチド，トリペプチド　能動輸送

短鎖脂肪酸　拡散

長鎖脂肪酸，モノグリセリド，脂溶性ビタミン　拡散

腸上皮細胞

輸送しやすようにタンパク質で覆われた脂肪の集合体が，上皮細胞のゴルジ体でつくられる。

乳び　動脈　静脈

絨毛の断面図。消化産物が腸上皮を通って毛細血管やリンパ系の乳びに入るのを示している。栄養物は肝臓に運ばれる。

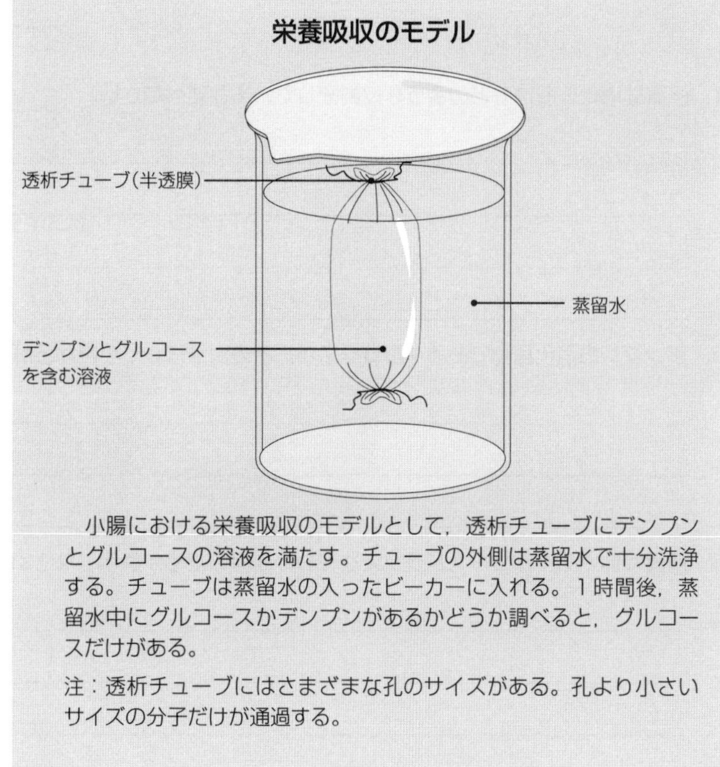

小腸における栄養吸収のモデルとして，透析チューブにデンプンとグルコースの溶液を満たす。チューブの外側は蒸留水で十分洗浄する。チューブは蒸留水の入ったビーカーに入れる。1時間後，蒸留水中にグルコースかデンプンがあるかどうか調べると，グルコースだけがある。

注：透析チューブにはさまざまな孔のサイズがある。孔より小さいサイズの分子だけが通過する。

肝臓の消化における役割

重要概念：小腸で消化吸収された栄養素は，肝臓に輸送され加工される。

肝臓は代謝の中心で，基本栄養素の加工と貯蔵，血液タンパク質の合成，毒素の代謝，胆汁の産生（胆嚢で貯蔵され放出される）など多くの機能をもつ。他の臓器と異なり，肝臓には2本の血管（肝動脈と肝門脈）が入り血液供給を行っている。肝臓は酸素に富んだ血液を肝動脈から受け取り，胃腸管からの静脈血を肝門脈系を経て受け取る。門脈血には消化管で吸収された栄養素が含まれている。栄養素が肝臓で加工されたあと，血液は肝静脈を経て体の循環系へと戻る。

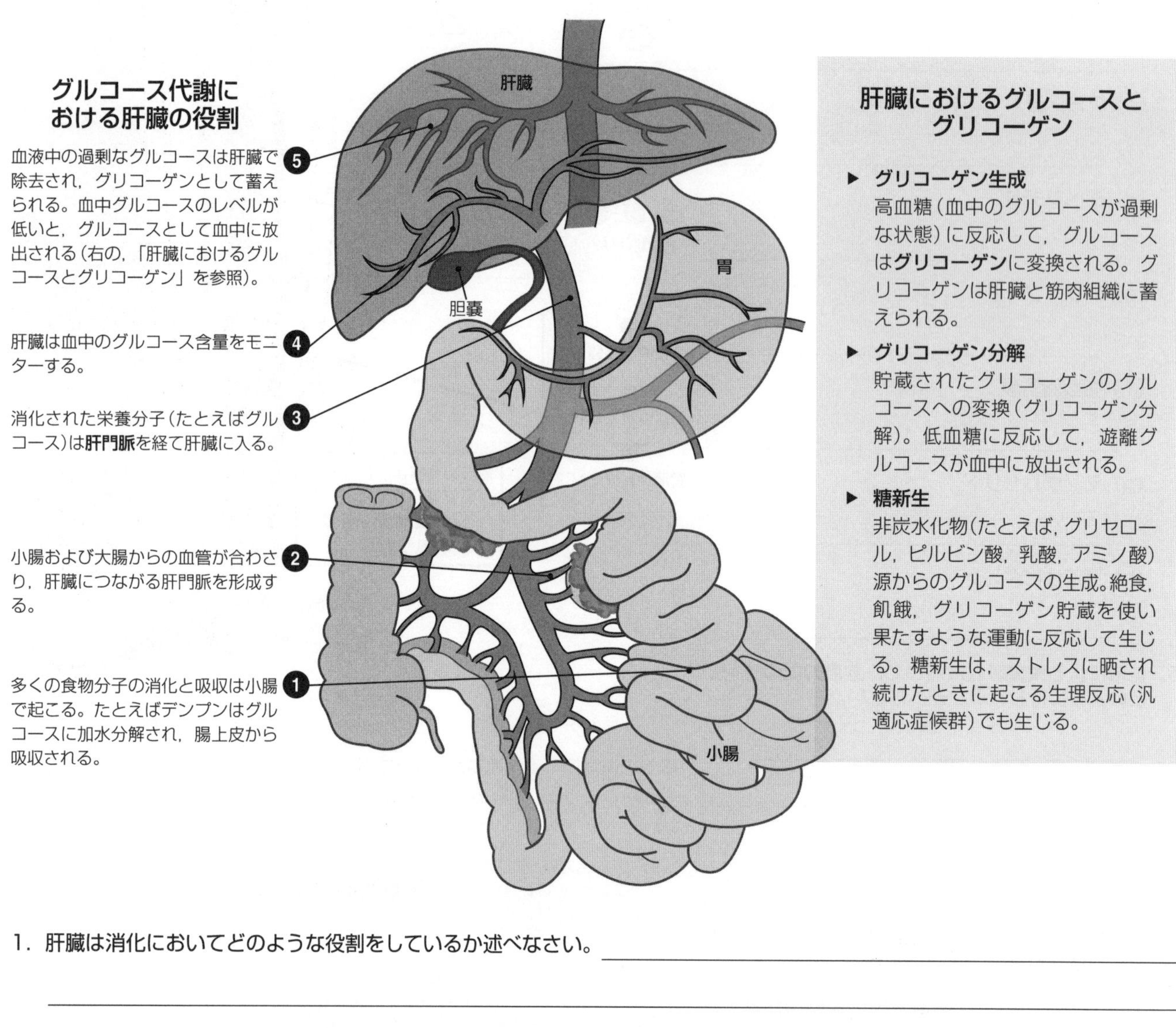

肝臓におけるグルコースとグリコーゲン

- **グリコーゲン生成**
  高血糖（血中のグルコースが過剰な状態）に反応して，グルコースは**グリコーゲン**に変換される。グリコーゲンは肝臓と筋肉組織に蓄えられる。
- **グリコーゲン分解**
  貯蔵されたグリコーゲンのグルコースへの変換（グリコーゲン分解）。低血糖に反応して，遊離グルコースが血中に放出される。
- **糖新生**
  非炭水化物（たとえば，グリセロール，ピルビン酸，乳酸，アミノ酸）源からのグルコースの生成。絶食，飢餓，グリコーゲン貯蔵を使い果たすような運動に反応して生じる。糖新生は，ストレスに晒され続けたときに起こる生理反応（汎適応症候群）でも生じる。

1. 肝臓は消化においてどのような役割をしているか述べなさい。______

2. デンプンの消化産物であるグルコースが，どのようにして小腸から肝臓に運ばれるか説明しなさい。______

3. 肝臓が血中のグルコースバランスを保つのは何のためか説明しなさい。______

第15章

循環系

重要概念：ヒトの循環系は，肺循環（心臓から肺）と体循環（心臓から全身）の2つの循環系列で構成されている。

循環系の血管は巨大なネットワークを構成し，心臓から送り出された血液は，全身の組織に輸送されて心臓に戻る。全身に血液を循環させるために，血管は特別な経路に組織化されている。ヒトは2つの循環系列をもつ。**肺循環**は心臓と肺の間で血液を輸送し，**体循環**は心臓と肺以外の全身の間で血液を輸送している。イギリスの生理学者である**ウィリアム・ハーベイ**は，動物を解剖して循環系を調べ，心臓から血液がどのよう全身へと送り出されているかを世界で初めて正確に記録した（1628年）。

ヒトの循環系の概要

酸素が除かれた血液（下図でグレーに色づけされている部分）は大静脈から心臓の右側に入る。心臓はその静脈血を肺に送り出し，そこで血液中に含まれる二酸化炭素を排出し，酸素を受け取る。酸素を含んだ血液（下図で白く表示されている部分）は肺静脈を経て心臓に戻り，そこから全身に送り出される。**静脈系**（下図の左側）は全身の毛細血管から血液を集め，心臓に運んでいる。**動脈系**（下図の右側）は心臓から毛細血管に血液を送り込む。**門脈系**は消化管の毛細血管から肝臓の毛細血管に血液を運ぶ。

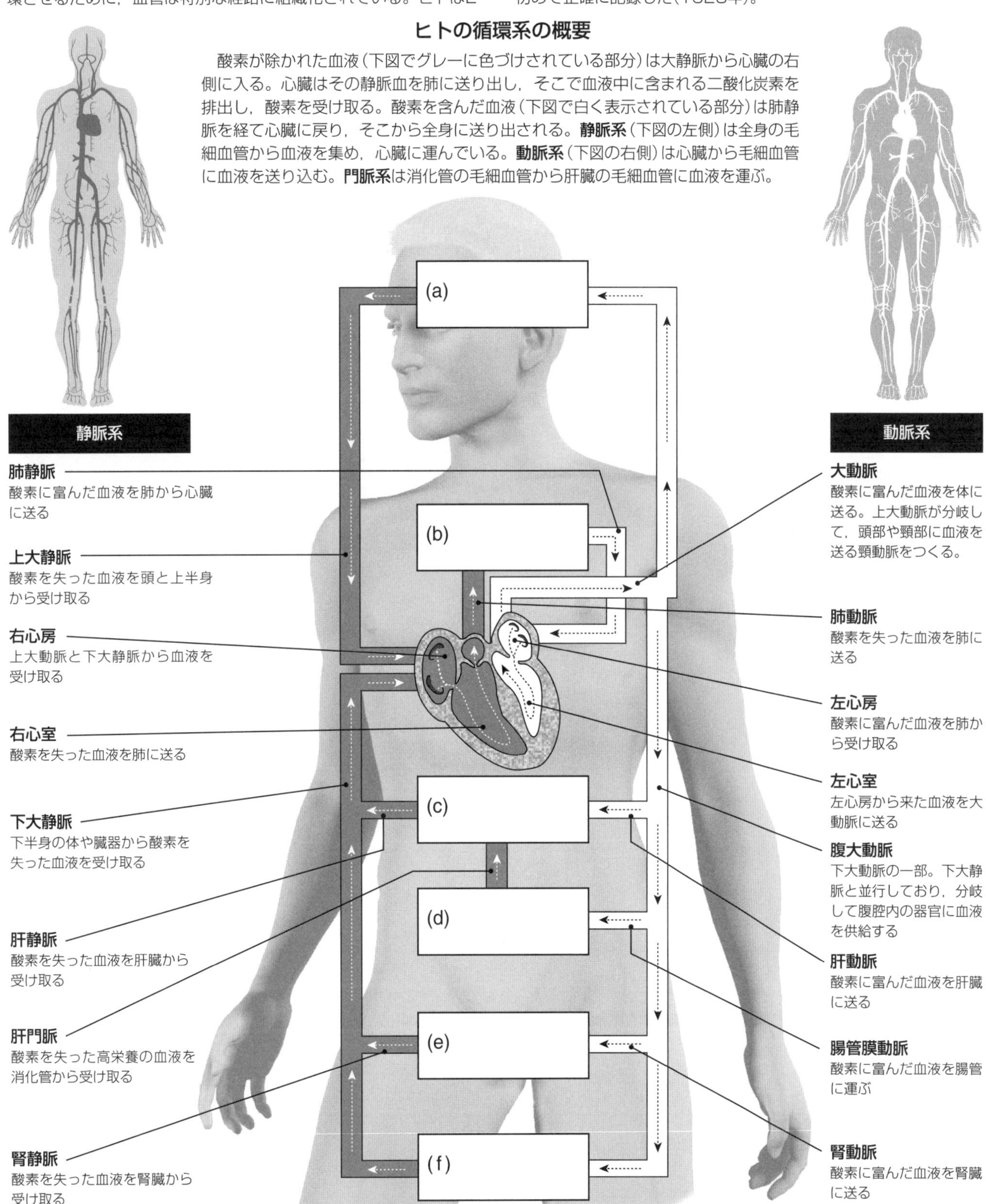

1. 上図の空欄(a)～(f)に，正しい臓器名を記入しなさい。
2. 肺循環系に関係している2つの血管に丸をつけなさい。

重要概念：動脈は心臓からの血液を運び，静脈は心臓に戻る血液を運ぶ。毛細血管は血液と組織の間で物質の交換をする。

循環系の血管は器官の体細胞とつながり，そこでガス交換，栄養吸収，老廃物の廃棄を行う。血管の構造的な違いは機能的役割に関係している。

毛細血管の機能的役割は物質交換であり，薄い内皮だけでできている。この小さな血管の直径は4〜10μmであり，赤血球(7〜8μm)がぎりぎり通り抜けられる。血流は毛細血管ではとても遅く(1mm/秒以下)，血液と組織の間で栄養物と老廃物の交換をする。特に代謝率の高い組織や器官では，毛細血管は巨大なネットワークを形成している。

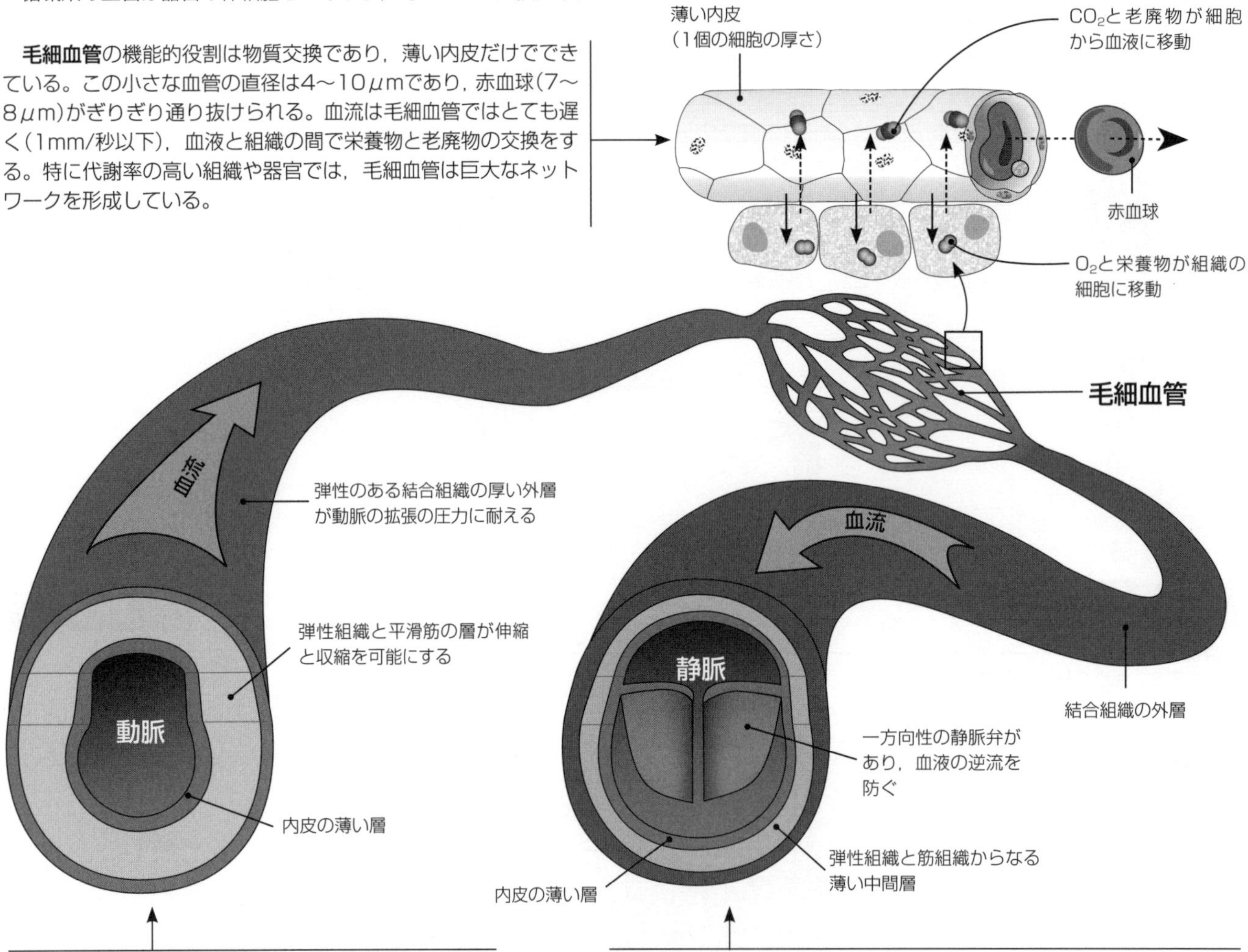

動脈は心臓から組織内の毛細血管に血液を運ぶ。動脈は心臓からの血液の高い圧力に耐え，その圧力を維持できる構造をもっている。

静脈は毛細血管からの血液を集めて心臓に戻す。静脈は動脈に似ているが，弾性組織を欠き，筋組織は少ない。静脈は動脈よりも弾性はないが，通過する血液の圧力や体積の変化に対応するのに十分な程度は拡張できる。

1．以下の機能について述べなさい。

(a) 動脈：＿＿＿＿＿＿＿＿＿＿

(b) 毛細血管：＿＿＿＿＿＿＿＿＿＿

(c) 静脈：＿＿＿＿＿＿＿＿＿＿

2．静脈弁は，心臓に血液を戻す静脈をどのように補助しているか述べなさい。＿＿＿＿＿＿＿＿＿＿

3．右の写真中のAとBの血管は何か，理由とともに答えなさい。

A：＿＿＿＿＿＿＿＿＿＿

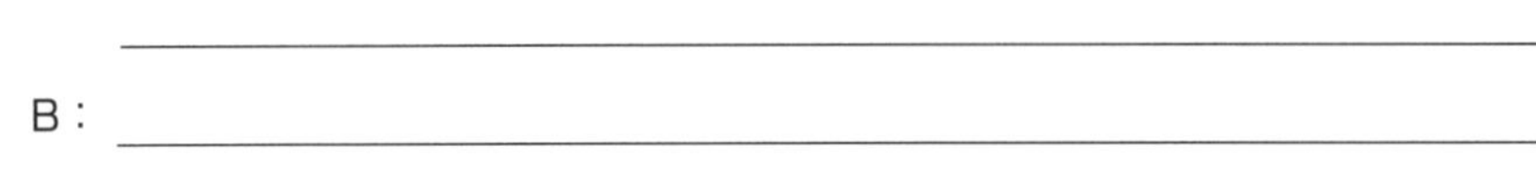

B：＿＿＿＿＿＿＿＿＿＿

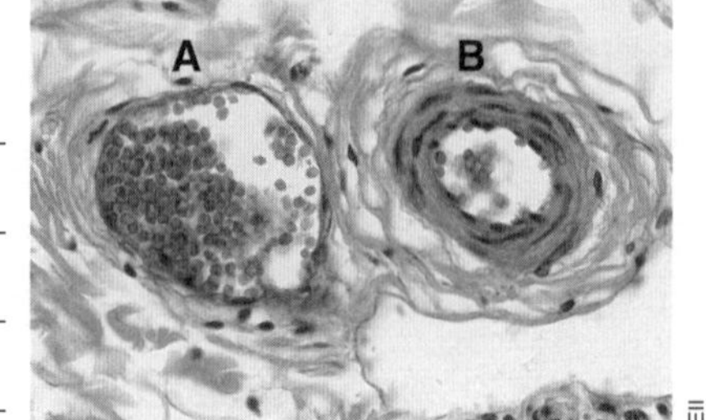

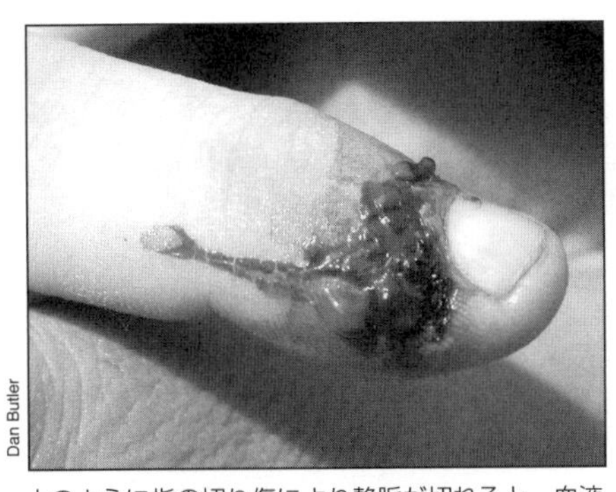

上のように指の切り傷により静脈が切れると，血液がにじみ出し流れるが，たいていは素早く凝固する。これに対して動脈が切れると動脈血が噴出し，止血するには圧迫しなければならない。

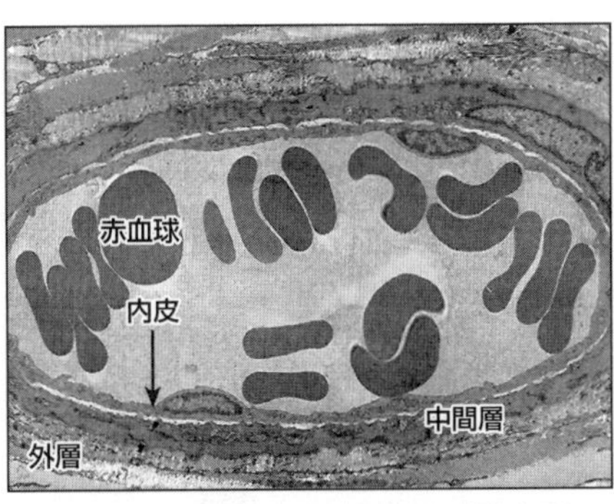

この電子顕微鏡写真は典型的な静脈の構造を示している。血管の内腔にある赤血球，上皮細胞からなる内層(内皮)，弾性のある筋組織の中間層，結合組織の外層が確認できる。

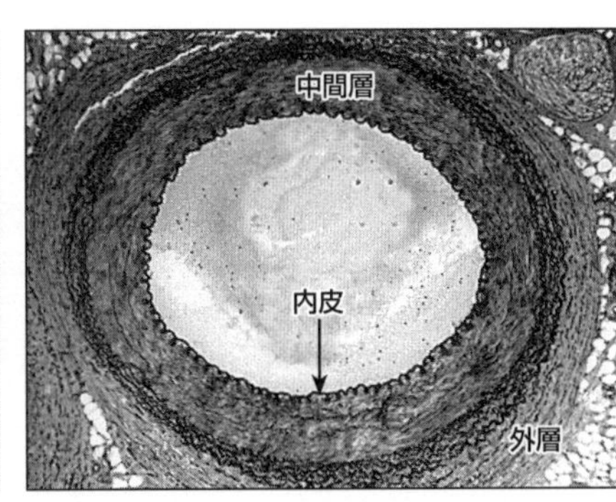

動脈には弾性組織と平滑筋組織からなる厚い中間層がある。心臓付近では動脈には弾性組織がより多く，これにより高い血圧に耐えることができる。心臓から遠いところでは平滑筋が多く，これにより血圧を維持している。

4. 次の性質に関して，動脈と静脈の構造を対比して記述しなさい。

(a) 筋肉と弾性組織の厚さ：

(b) 内腔(血管の内側)の大きさ：

5. 上で述べた違いがあるのはなぜか説明しなさい。

6. (a) 毛細血管の構造を述べ，動脈や静脈との違いを説明しなさい。

(b) これらの違いがあるのはなぜか説明しなさい。

7. 毛細血管を通る血流が遅いのはなぜか，構造的および機能的な理由を述べなさい。

8. 血液は静脈の傷からはしみ出るが，動脈の傷からは噴出するのはなぜか説明しなさい。

9. 高い代謝率をもつ組織では，毛細血管が密度の高い血管網をつくっているのはなぜか説明しなさい。

毛細血管網

重要概念：毛細血管は血液と組織の間で物質交換をするために，細かく枝分かれした血管網をつくっている。

毛細血管床を通る血液の流れを微小循環と呼ぶ。体のほとんどの部分で，毛細血管床には2つのタイプの血管がある。それは物質交換を行う真正毛細血管と，細動脈と細静脈を血管床の両端で結合する血管シャントと呼ばれる血管である。シャントは，代謝要求が低いとき，真正毛細血管の近くで血液の流れを変える（たとえば体温保持にかかわる皮膚の血管収縮）。組織の活動が高まると，すべての血管網は血液で満たされる。

1. 毛細血管網の構造について述べなさい。

2. 毛細血管網における平滑筋性括約筋と血管シャントの役割を述べなさい。

3. (a) 毛細血管床がAのような状況になるのはどんなときか述べなさい。

   (b) 毛細血管床がBのような状況になるのはどんなときか述べなさい。

4. 門脈系が他の毛細血管系とどのように違うか説明しなさい。

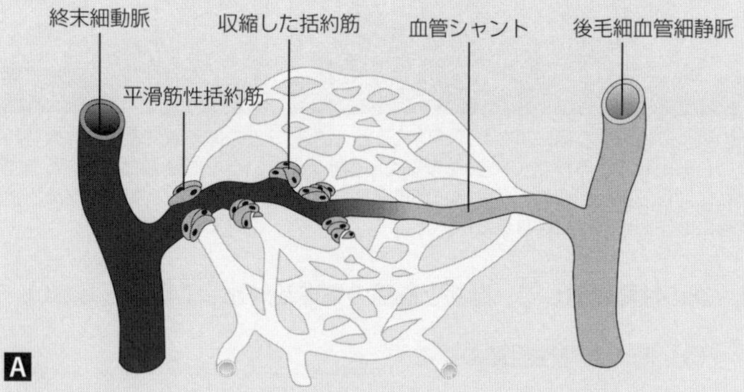

A 括約筋が収縮すると，血液は血管シャントにより後毛細血管細静脈に流れを変え，真正毛細血管に流入しない。

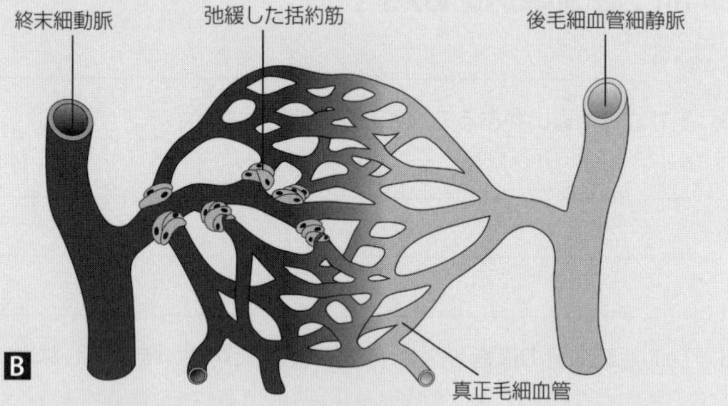

B 括約筋が弛緩すると，血液は毛細血管床全体を流れ，周囲の組織内の細胞と物質交換を行う。

毛細血管床の結合
門脈系の役割

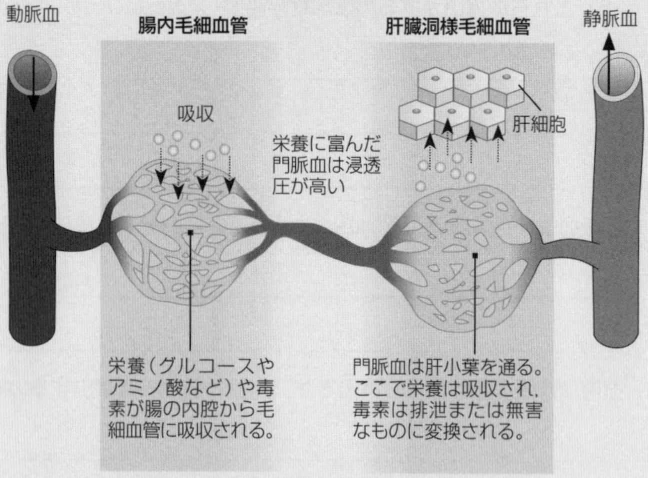

門脈系では，毛細血管床からの血液が静脈を通って心臓へ向かうのではなく，静脈から門脈，肝臓の毛細血管床へと流れる。これはあまり一般的ではなく，ほとんどの毛細血管床からの血液は静脈に入った後，そこから心臓に流れ，別の毛細血管床に直接入ることはない。上の図は，肝門脈の模式図であり，2つの毛細血管床とそれらをつなぐ血管を示している。

ヒトの心臓

重要概念：ヒトの心臓は4室からなり，左右2つのポンプとして働いている。

心臓はヒトの循環系の中心にあり，2つの**心房**と2つの**心室**，計4つの中空で筋肉質の部屋からなる。左側のポンプ（体循環系）は血液を全身の組織に送り，右側のポンプ（肺循環系）は血液を肺に送る。心臓は右左の肺の間，体の正中線の左側にある。丈夫な線維性結合組織からできた2層の心のうに包まれることで，心臓の膨張は防がれ，胸腔の中心に固定されている。

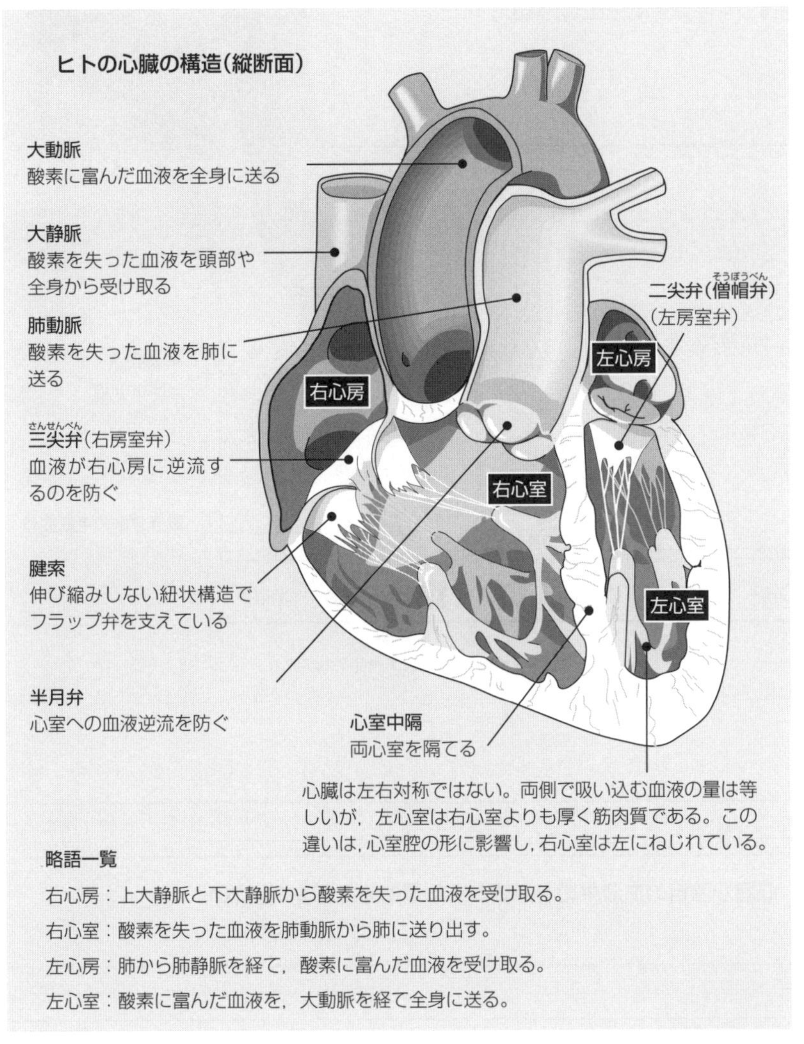

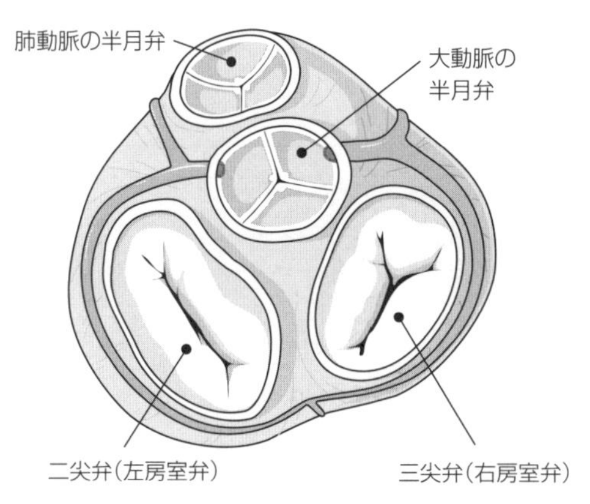

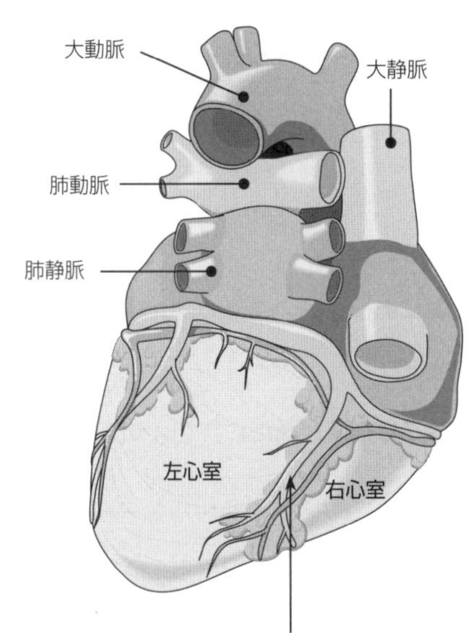

冠状動脈
心筋は，大量の酸素を必要とするため，密度の高い毛細血管網で覆われている。冠状動脈は大動脈から分枝して心臓の表面に広がり，酸素に富んだ血液を心筋に供給している。酸素を失った血液は心静脈に集められ，冠状静脈洞を通って右心房に送られる。多くの心臓病において閉塞するのはこれらの動脈である。

15 体内輸送

1. ヒトの心臓の模式図（下図）において，4つの部屋の名称を記し，それらに出入りするおもな血管の名称を記しなさい。矢印は血流の方向を示している。4つの弁それぞれの位置に大きな丸印をつけなさい。

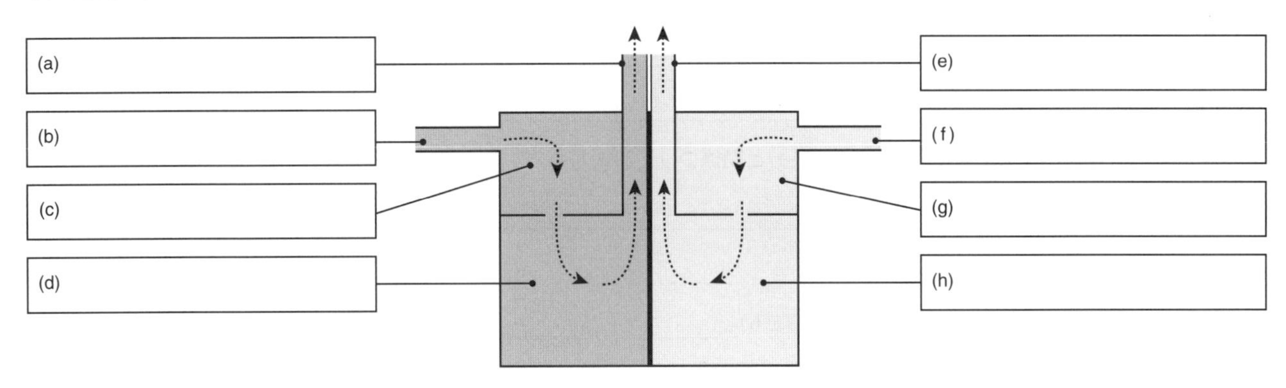

血圧変化と心臓の非対称性

心臓は左右対称な臓器ではない。左心室の筋壁と左心室に接続した大動脈は，右心室のそれらに相当する部位より分厚い。この非対称性は，肺に血液を送る肺動脈と全身に血液を送る大動脈に必要な血圧の差から生じる（この差は血液を送る距離の違いによるものではない）。下のグラフは肺循環と体循環における各大血管の血圧変化を示している。肺循環系は，肺胞を破壊させないためにも，体循環よりはるかに低い血圧でなければならない。左心室は，脳の血圧を低下させることなく，腎臓に十分なろ過機能を発揮させ，全身の筋肉に血液を送るなど，十分な血量を送り出す力をもっていなければならない。

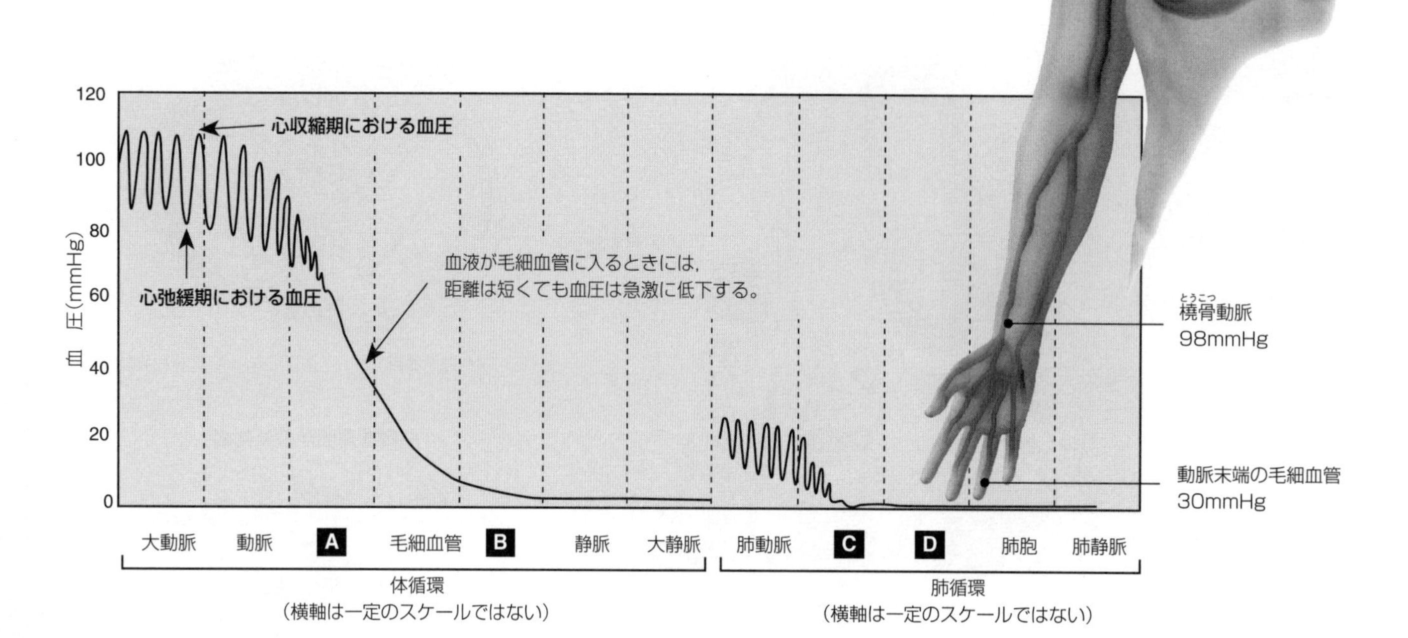

2. 心臓における弁の役割についてのべなさい。 ______________________________

____

3. 心臓には血液が満たされているにもかかわらず，心臓が独自の血液供給を必要とする理由を2つ述べなさい。

(a) ______________________________

(b) ______________________________

4. 冠状動脈の血流が制限されたり，阻害されたときの心臓への影響を考えなさい。 ______________________________

____

____

5. 上のグラフにおけるA～Dに相当する血管の名称を答えなさい。

A：__________ B：__________ C：__________ D：__________

6. (a) 肺循環系は，なぜ体循環系より低い血圧にしなければならないのか説明しなさい。 ______________________________

____

____

(b) 左右の心室における筋肉の厚さの違いを(a)と関係づけて説明しなさい。 ______________________________

____

____

7. 脈を測るとき，何を記録しているのか説明しなさい。 ______________________________

____

心臓の活動の調節

重要概念：洞房結節は心臓の拍動を決定するペースメーカーとして機能している。

心拍は，心筋が活動することで発生する。心臓の拍動を調節している刺激伝導系は，ペースメーカーである**洞房結節**と，洞房結節からの刺激を心臓全体に伝えるプルキンエ組織などで構成されている。心臓の基本的なリズムを決定するのは洞房結節であるが，心拍数はホルモンや脳幹にある心臓血管中枢からの影響を受ける。この影響は，交感神経や副交感神経を介して伝えられる。

心拍の発生

心拍のリズムは（神経性ではなく）**筋原性**である。結節細胞（洞房結節と房室結節）は，神経による刺激がなくても，自発的にリズミカルな活動電位を発生する。正常時における洞房結節の自動能（自発的な興奮）は1分間に50拍である。

1分間に左心室から吐出される血液の量は心拍出量と呼ばれる。心拍出量は1回の収縮で吐出される血液量と心拍数（1分間の拍動数）で決まる。心筋は伸展刺激に対して，より強い力で収縮するように反応する。血管に流入する血液が多くなるほど，収縮の力も大きくなる。このことは，体からの要求に対応して血液の吐出量を調節するのに重要である。

ホルモンであるエピネフリンも心拍に影響を与える。エピネフリンは，激しい運動時に心拍数を増加させる。

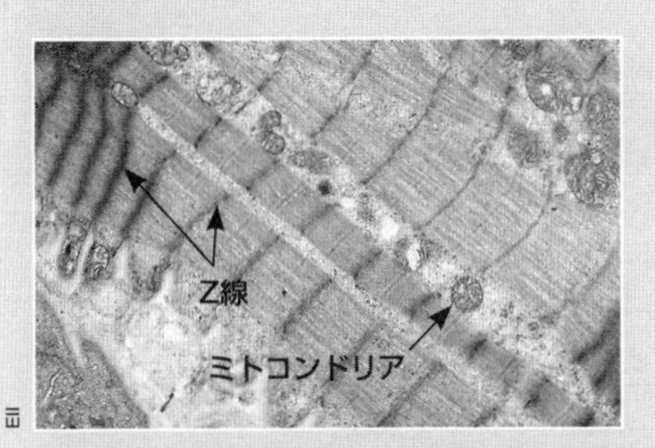

心筋の透過型電子顕微鏡像。筋線維（筋細胞）に縞模様が見られる。筋線維の収縮単位であるZ線が柱状に見える。筋線維は介在板と呼ばれる特殊な構造によって連結されて電気的に結合しており，心臓の筋肉全体に素早くインパルスが広がる。

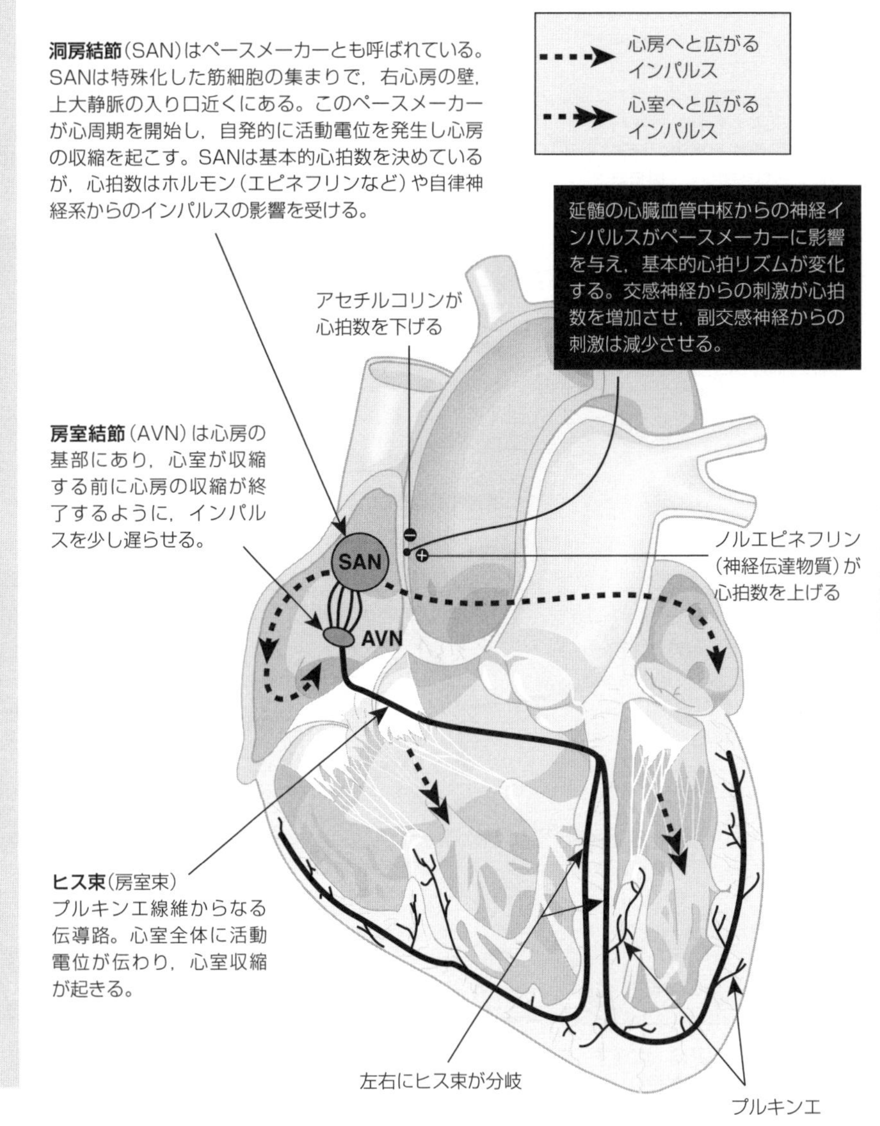

1．心臓の活動において，以下のそれぞれが果たしている役割について述べなさい。

（a）洞房結節：

（b）房室結節：

（c）ヒス束：

（d）境界板：

2．AVNによるインパルスの遅れの重要性について述べなさい。

3．心拍は自発的である。心拍の基本リズムが神経やホルモンに影響されることの重要性について述べなさい。

4．（a）エピネフリンが心拍数に与える影響について述べなさい。

（b）エピネフリンと同様の影響を与える交感神経系の神経伝達物質を挙げなさい。

心周期

重要概念：心周期とは心拍に関連する一連の動きであり，心房収縮期，心室収縮期，心臓拡張期の3つの段階で構成されている。

心臓は**収縮**と**弛緩**を交互にすることで血液を送りしている。心拍の1周期は，心房収縮期，心室収縮期，心臓拡張期の3つの段階で構成されている。収縮と弛緩の周期な変化によって心臓の4室の圧力に変化が生じ，血流が発生する。また，この圧力変化によって心臓弁が開閉して，血液が逆流しないようにしている。心拍は電気インパルスに応答して起こり，それは心電図（ECG）として記録することができる。

心周期

脈拍は，左心室から拍出された血液によってもたらされる動脈の周期的拡張の結果起こる。したがって，脈拍数は心拍数と同じである。

ステージ1：
心房の収縮と心室充満
心室が弛緩すると，血液が心房から流入してくる。70％の血液は心房から心室に受動的に流入し，残りの30％を心室に送り込むために心房が収縮する。

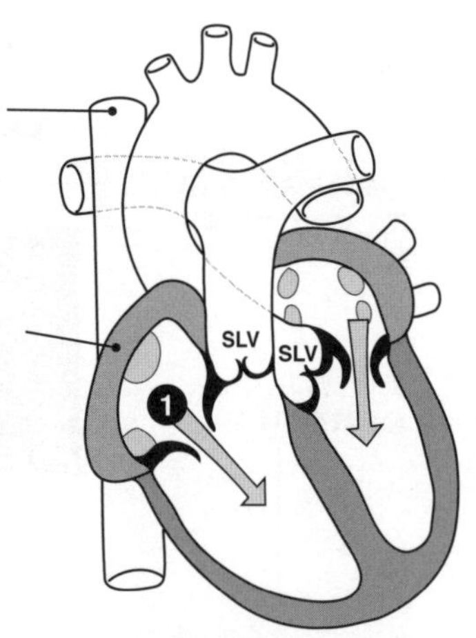

心室充満が起きている心臓

ステージ2：心室の収縮
心房は弛緩し，心室は収縮する。血液は心室から大動脈あるいは肺動脈に送られる。心室が収縮を開始したときが最初の心音と一致する。

ステージ3：
（ここには示さないが）心室と心房が同時に弛緩する短い時間がある（拡張期）。半月弁（SLV）は心室への血液の逆行を防ぐ（左図参照）。これを1周期として，心臓周期は繰り返される。心拍数が75回の場合，心周期は0.8秒となる。

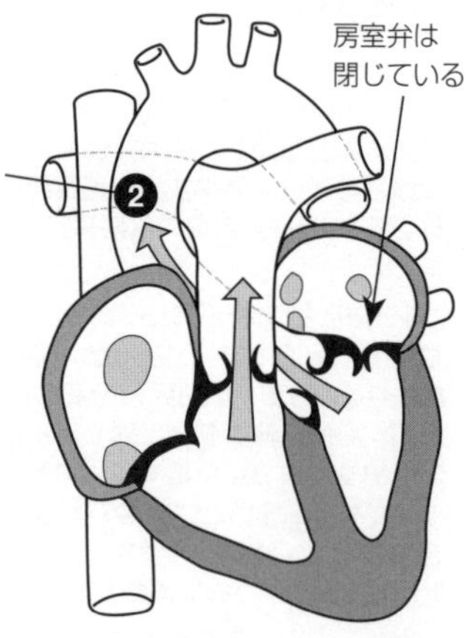

心室収縮が起きている心臓

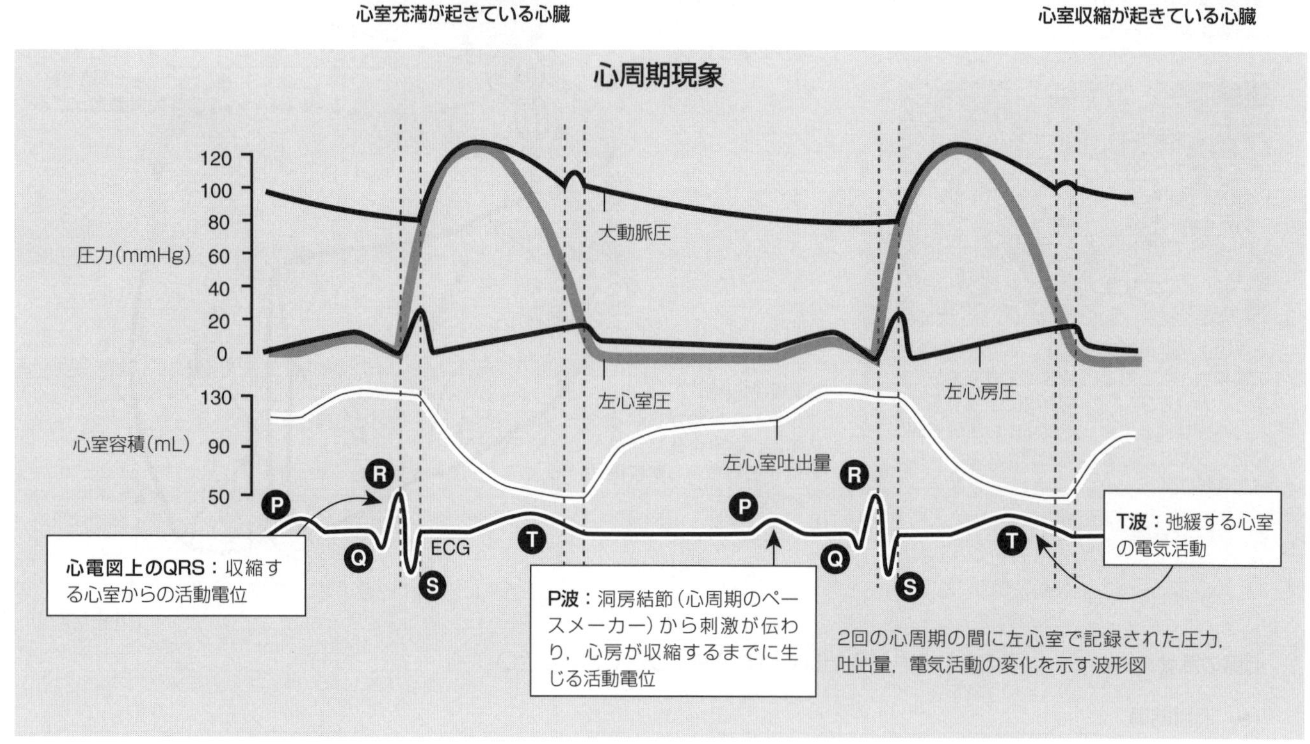

1．上の心周期のグラフを見て答えなさい。

（a）大動脈圧がもっとも高いのはいつか。＿＿＿＿＿＿＿＿

（b）心室圧が増加する直前に起こる電気活動はどれか。＿＿＿＿＿＿＿＿

（c）左心室圧がもっとも低いとき何が起きているのか。＿＿＿＿＿＿＿＿

2．心周期の１周期ごとに生じる電気的回復期（T波）の生理学的理由を述べなさい。＿＿＿＿＿＿＿＿

＿＿＿＿＿＿＿＿＿＿＿＿＿＿＿＿

3．次のことが起きているのはどこか，上の波形図に略号で示しなさい。

（a）E：心室からの血液の排出　　（b）BVC：房室弁を閉じる

（c）FV：心室への充満　　（d）BVO：房室弁を開く

生体防御

重要概念：ヒトの体は，階層性のある防御システムによって病原体から守られている。

病原性をもつ生物やウイルス(**病原体**)に対して，生体はいくつかの防御線をもっている。1つ目の防御線では，病原体が体に入るのを体外の障壁で防ぐ。もし，これに失敗したら，2番目の防御線が体に入った病原体などの異物すべてを攻撃する。そして，最後に免疫システムが病原体に対して特異的防御すなわち狙いを定めた防御を行う。さまざまな防御機構によって病気を防ぐ能力のことを**抵抗力**と呼ぶ。**非特異的抵抗力**は，生体を多様な病原体から守り，第1および第2の防御線として働く。**特異的抵抗力**(**免疫応答**)は防御の第3段階で，病原体の種それぞれに特異的に作用する。免疫応答では，**抗体**(異物を識別し，その効力をなくすタンパク質)がつくられる。抗体は，免疫応答を引き起こす異物や生体に危害を及ぼす物質，すなわち**抗原**を認識して，それに反応する。

第1の防御線

皮膚は物理的な障壁として，病原体が体内に侵入するのを防ぐ。健康な皮膚は，めったに微生物を通さない。皮膚のpHは低く，多くの細菌の増殖に不適である。また，皮膚からの分泌物(たとえば，皮脂や抗菌性ペプチドなど)は，細菌や菌類の増殖を抑える。涙や粘液，唾液も細菌を洗い流すのに役立っている。

第2の防御線

体内に侵入した病原体を破壊したり，その作用を抑えたりするために，いろいろな防御機構が働く。これらの機構では病原体の種に関係なく，病原体があれば反応が起こる。そして，大多数の反応に白血球がかかわっている。

第2の防御線には**補体系**と呼ばれる機構が含まれる。補体系では，一群の血漿タンパク質が働いて，病原体を破壊したり，白血球が病原体に結合するのを助けたり，炎症を引き起こしたりして感染と戦う。

第3の防御線

ひとたび免疫系によって病原体が認識されると，**リンパ球**(白血球の一種)がその病原体に対して，**抗体**の産生など，一連の特別な防御反応を開始する。各種の抗体はそれぞれ1つのB細胞のクローンによってつくられ，特定の抗原に特異的に反応する。

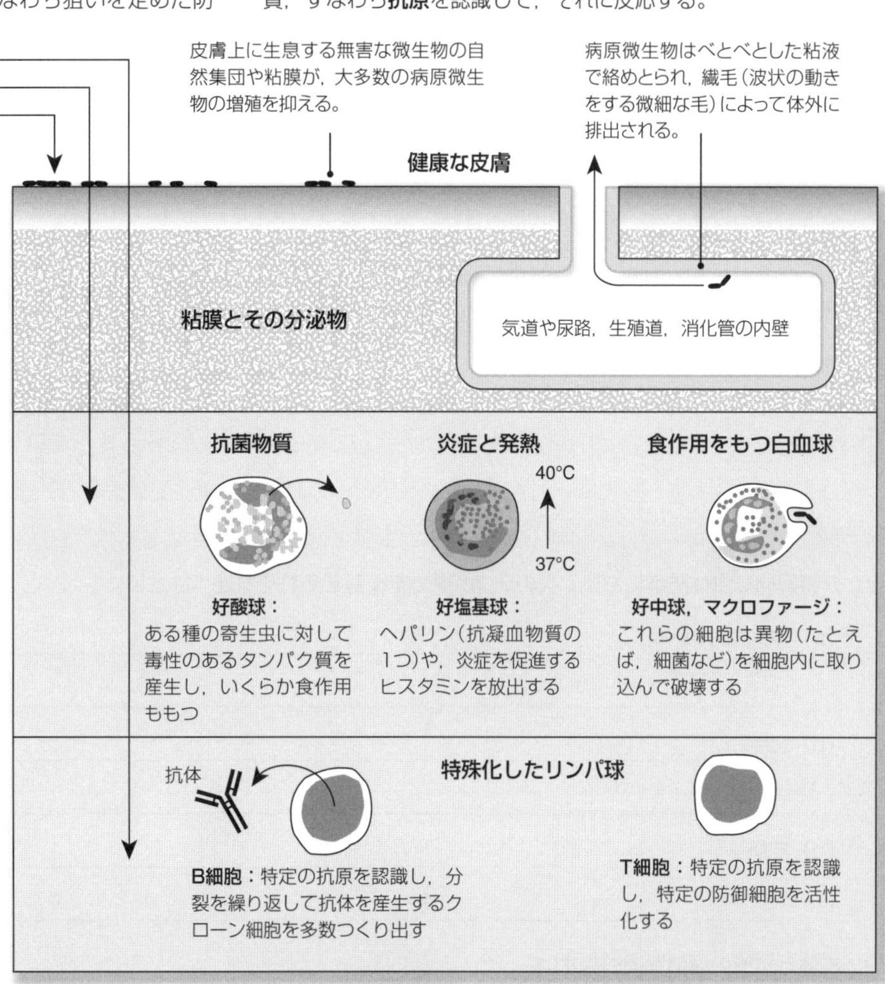

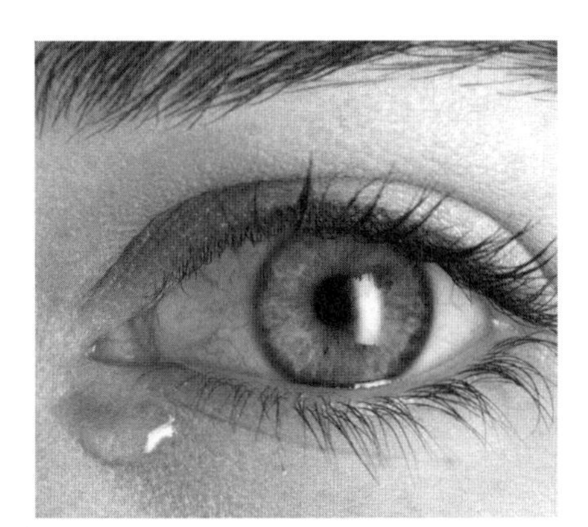
涙は目に入ったゴミを物理的に洗い流すだけでなく，抗微生物物質も含んでいる。

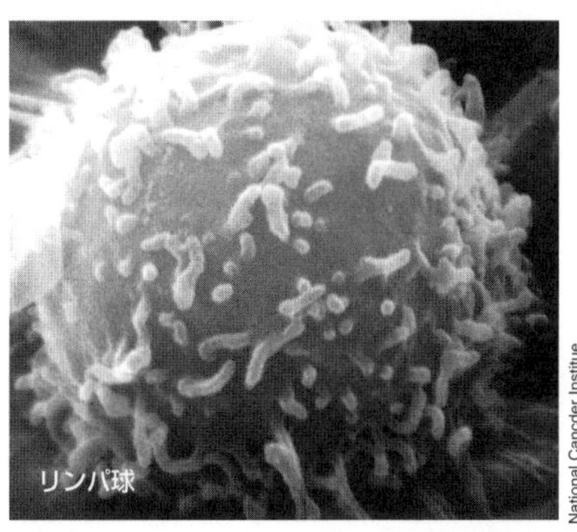

B細胞(リンパ球の一種)の中には**免疫記憶**をもち，再び同じ抗原に出会ったときに素早く対応できるものがある。

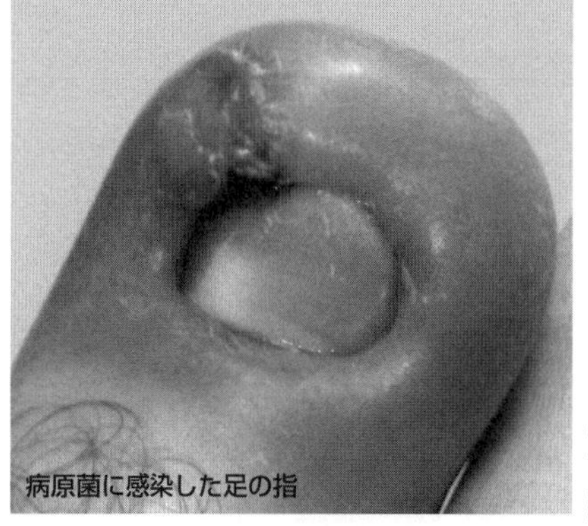

炎症は感染に対する局限的な反応で，腫れ，痛み，発赤などの特徴的な症状を示す。

1. 病原体が体内に侵入するのを防ぐ障壁として，皮膚がどのように働くか説明しなさい。________________

第1の防御線の重要性

皮膚は，病原体が生体内に侵入するのを防ぐ重要な物理的障壁となる。皮膚の上には無害な微生物の自然集団が生息しているが，その他の大多数の微生物にとっては，皮膚は棲みにくい場所である。古くなった皮膚の細胞（右上の写真の矢印）が次々に捨てられることによって，皮膚の表面からは細菌が物理的に除去される。皮膚の皮脂腺（右上の写真に示されている）から分泌される皮脂には抗微生物作用があり，弱酸性の汗にも微生物の増殖を抑える働きがある。

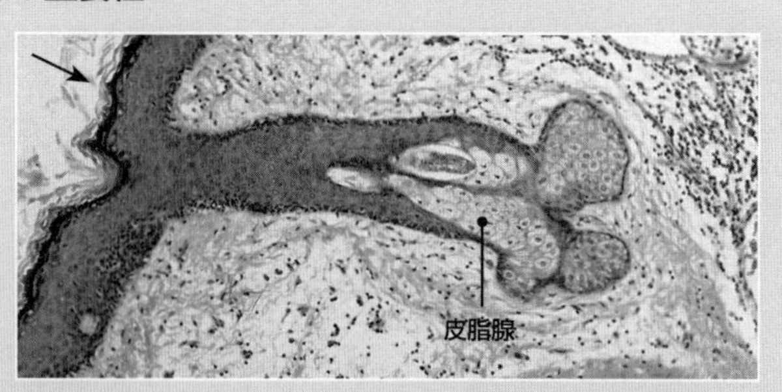

鼻孔の上皮には繊毛が並んでいる（右下の写真）。繊毛の波状運動は異物を掃き出して鼻孔を微生物のないきれいな状態に保ち，微生物が体に棲みつくのを防ぐ。

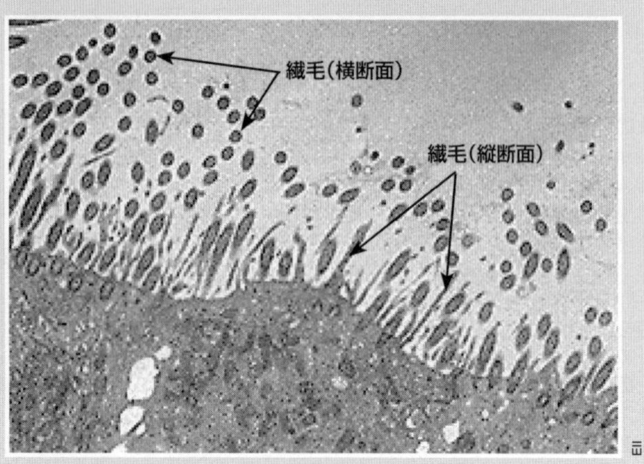

生体からの多くの分泌物の中に抗菌物質が存在する。涙，唾液，鼻汁，そして母乳はすべてリゾチームとホスホリパーゼを含んでいる。リゾチームは細菌の細胞壁に作用して，加水分解によってその結合を壊して細菌を殺し，ホスホリパーゼは細胞膜のリン脂質を加水分解することによって細菌を死に追いやる。また，胃液の低いpHは微生物の増殖を抑えて，消化管内に棲みつく病原体の数を減らす働きがある。

2. 非特異的な生体防御において次の3つが果たす役割をそれぞれ述べなさい。

(a) ホスホリパーゼ：

(b) 繊毛：

(c) 皮脂：

3. 抗体と抗原の違いを述べなさい。

4. 次の防御機構のそれぞれが生体防御において果たす役割を述べなさい。

(a) 白血球による食作用：

(b) 抗菌物質：

(c) 抗体の産生：

5. 生体への微生物の侵入を防ぐ，3段構えの防御システムの有用性について解説しなさい。

血液凝固と防御

重要概念：血液凝固は傷ついた血管からの失血を抑え，傷口に病原体が侵入するのを防ぐ。

血液は，病原体の感染に対する生体の防御にも関与している。血管が裂けたり，血管に穴があいたりすると，血小板と血液凝固因子，そして血漿タンパク質が関与するカスケード反応（下図）によって**血液凝固**が起こる。血液凝固によって素早く裂け目や穴が閉じられ，失血と細菌の侵入が食い止められる。傷口では，傷ついた細胞からの血液凝固因子の放出が引き金となって血餅形成が起こる。血餅は硬化して瘡蓋（かさぶた）になり，さらにしっかりと失血を抑えるとともに機械的な障壁として病原体の侵入を防ぐ。

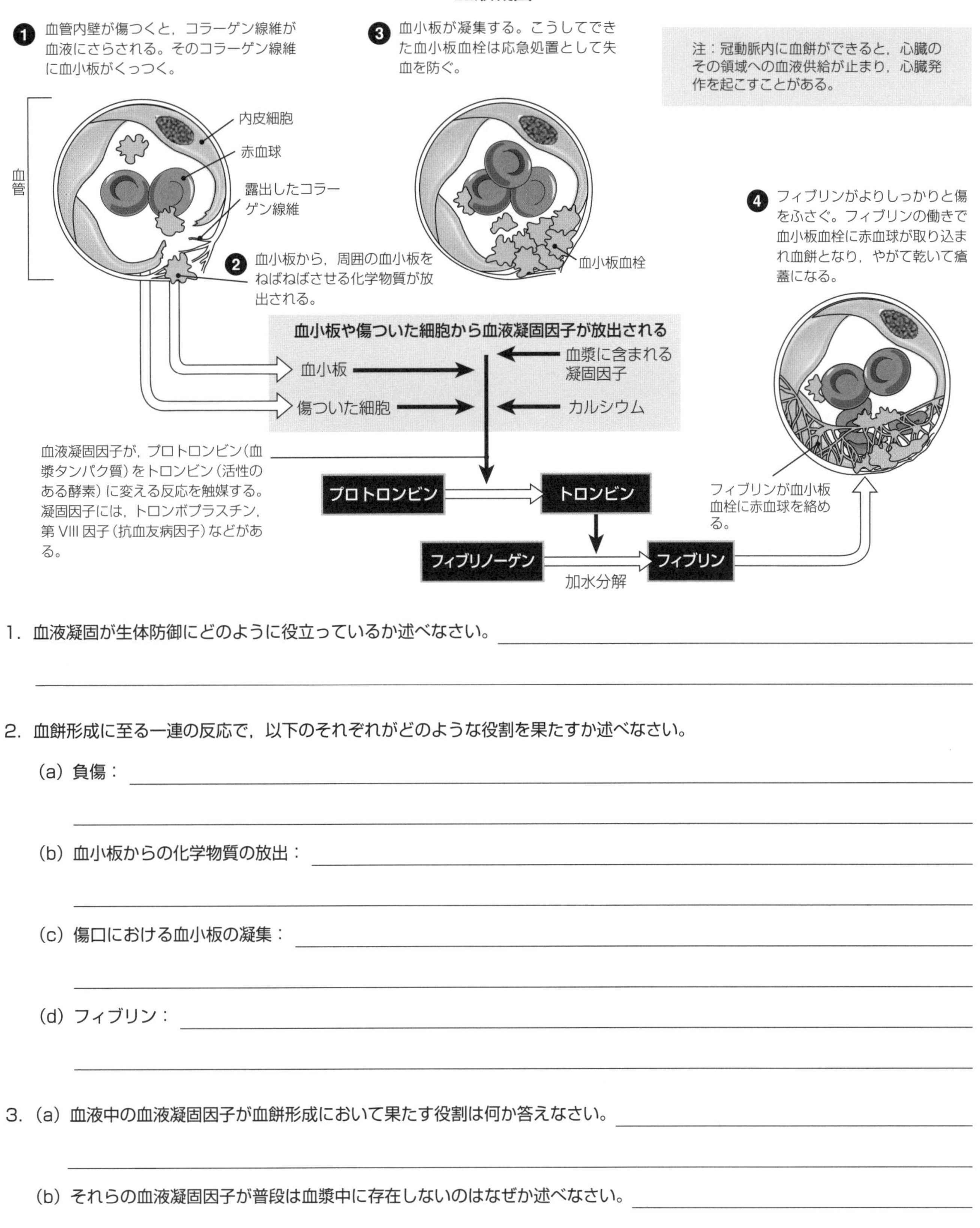

1. 血液凝固が生体防御にどのように役立っているか述べなさい。

2. 血餅形成に至る一連の反応で，以下のそれぞれがどのような役割を果たすか述べなさい。

   (a) 負傷：

   (b) 血小板からの化学物質の放出：

   (c) 傷口における血小板の凝集：

   (d) フィブリン：

3. (a) 血液中の血液凝固因子が血餅形成において果たす役割は何か答えなさい。

   (b) それらの血液凝固因子が普段は血漿中に存在しないのはなぜか述べなさい。

食細胞の働き

重要概念：ある種の白血球は食細胞として働き，食作用によって微生物を取り込み消化する。

白血球のうち**食細胞**として働く細胞は，生体に危害を及ぼす微生物を（食作用によって）取り込むことにより，生体の非特異的防御に寄与している。病原体，特に細菌に感染していると，白血球の数が増加し，平常時の4倍にも達することがある。また，感染後，時間経過とともに各種の白血球の割合が変化する。

食細胞はどのようにして微生物を破壊するか

❶ 探知
食細胞は微生物が出す化学物質を手掛かりに微生物を見つけ出し，細胞表面で微生物を捕捉する。

❷ 取り込み
食細胞は仮足を伸ばして微生物を取り囲み，小胞を形成しながら，その中に微生物を取り込んでいく。

❸ ファゴソーム形成
ファゴソーム（食作用胞）が形成され，微生物はその膜の中に閉じ込められる。

❹ リソソームとの融合
ファゴソームがリソソーム（微生物を消化できる強力な酵素を含む）と融合する。

❺ 消化
微生物は酵素によって化学物質へと分解される。

❻ 排出
消化できないものは食細胞から排出される。

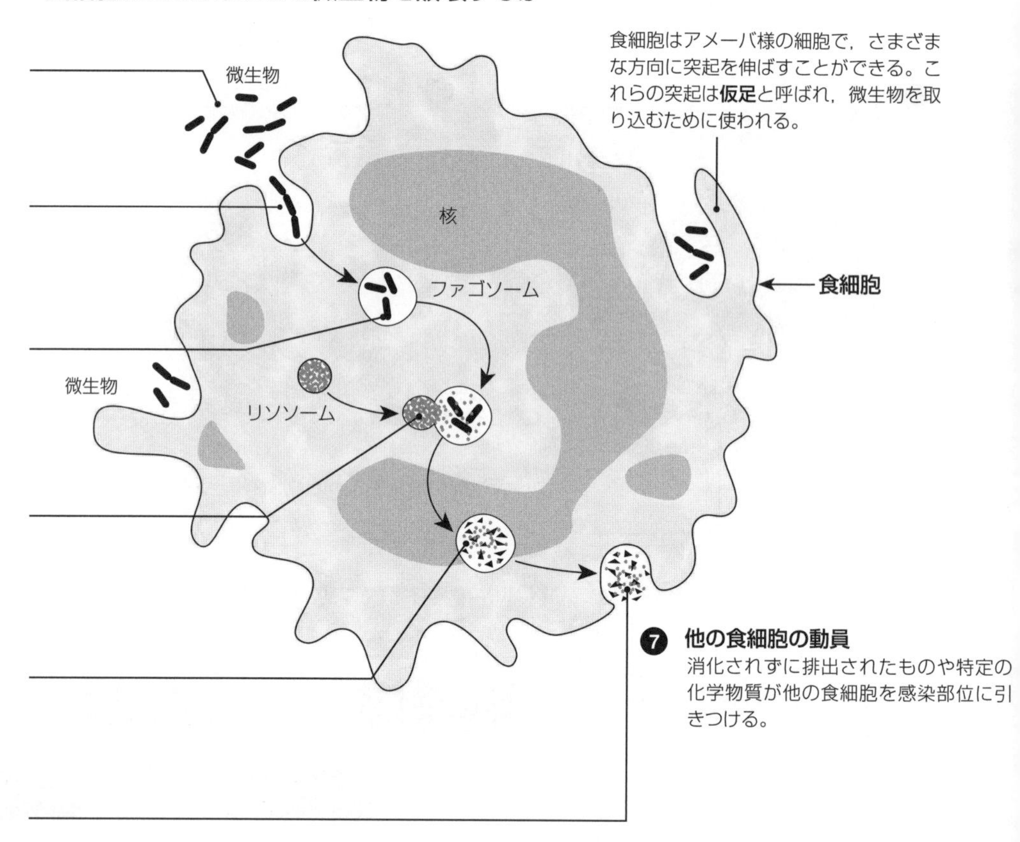

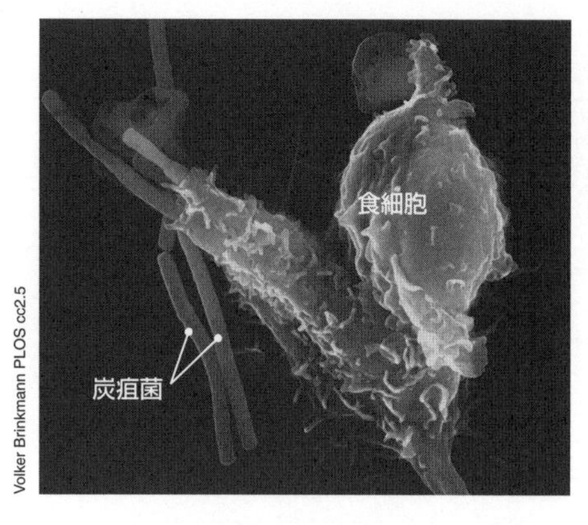

食作用の過程で，異物（たとえば，細菌など）は食細胞に取り込まれて破壊される。左の写真の例では，炭疽菌が取り込まれている。まず，炭疽菌は食細胞表面にある受容体に結合する。食細胞は炭疽菌のまわりに突起を伸ばし，それを取り込んで殺す。

微生物の中には，宿主細胞の中に入り込んで免疫系を回避するもの（たとえば，右の写真に示したマラリア原虫など）がいる。このようなことが食細胞に起こると，その微生物はリソソームにファゴソームが融合するのを妨げる。そして，食細胞内でどんどん増殖して細胞内をほとんど埋め尽くすまでになる。

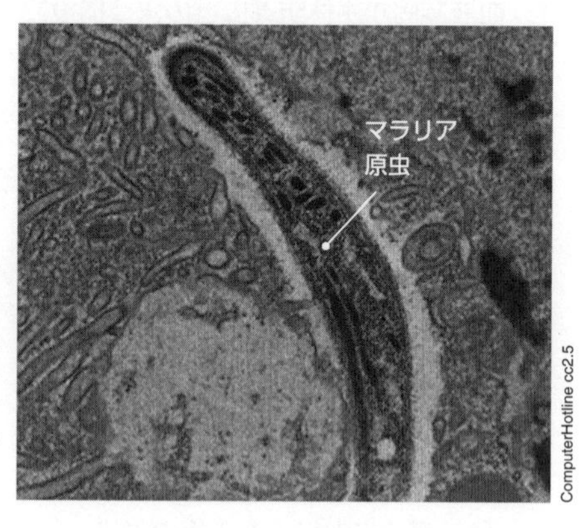

1. 食作用の過程を簡潔に概説しなさい。

2. 食作用はなぜ生体の非特異的防御の1つに数えられるのか，理由を述べなさい。

3. 血液検体中の白血球の数が，微生物感染の有無の指標となるのはどうしてか説明しなさい。

炎　症

重要概念：炎症は，病原体などの有害な刺激に対する生体の非特異的防御反応の1つである。

生体の組織が傷つくと（たとえば，尖ったものや，熱あるいは微生物感染によって），炎症と呼ばれる防御反応が起こる。炎症にはたいてい特徴的な4つの症状が見られる。痛み，発赤，発熱，腫れである。炎症反応は体にとって有益なもので，次の3つの機能をもつ。（1）感染のもとを破壊し，それが生産した有害物質とともにそれを生体から除去する。（2）もし，それに失敗したら，感染を局所に留め，生体への感染の影響を最小限に抑える。（3）感染によって損傷した組織を健康な組織で置換あるいは修復する。下図に示すように，炎症反応には明瞭に区別できる3つの段階がある。

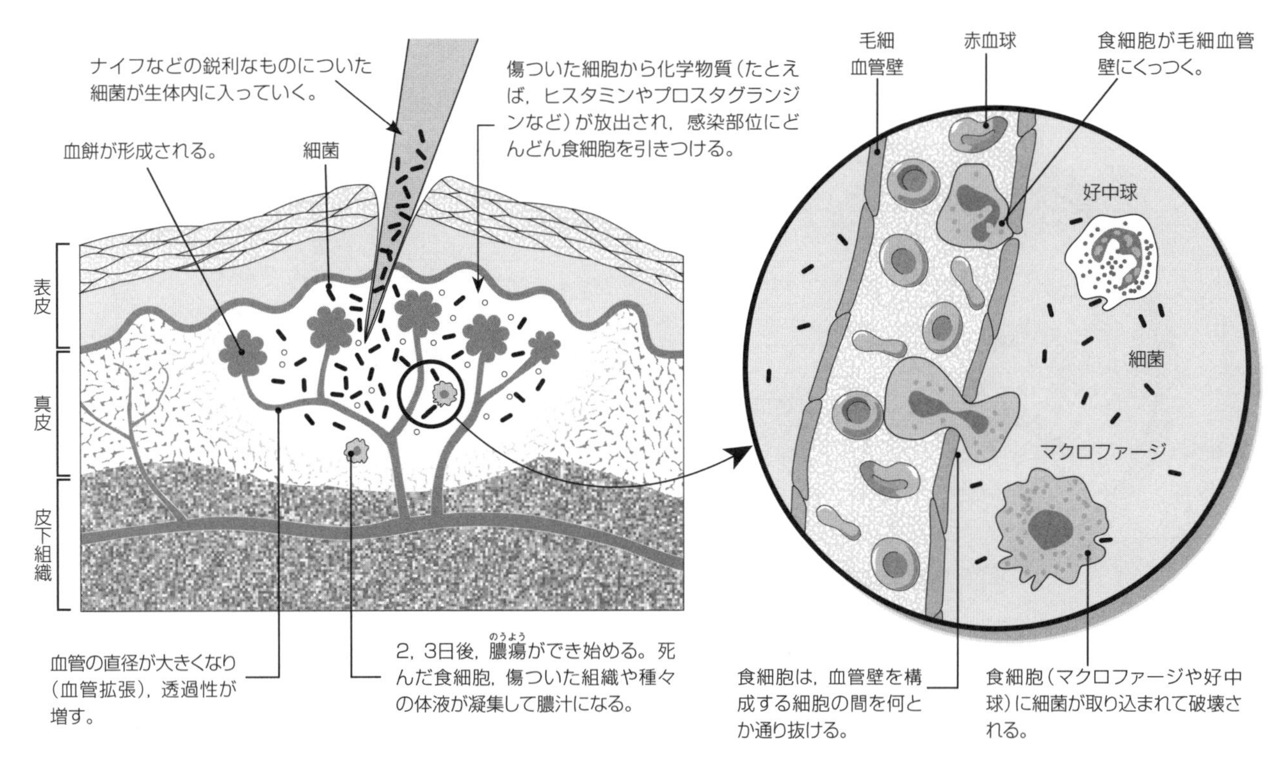

炎症の3段階

血管の拡張および透過性の増大

傷ついた部位では血管の直径が増大し，透過性が増す。その結果，傷ついた部位への血流が増加し，防御物質が組織間隙に滲出する。

→

食細胞の移動と食作用

損傷を受けて1時間以内には，食細胞が傷ついた部位に現れる。食細胞は血管壁の細胞の間をやっとのことで通り抜けて損傷を受けた部位に到達し，そこで傷口から侵入してくる微生物を破壊する。

→

組織の修復

正常な細胞や支持組織の線維芽細胞から新しい組織が形成され，死んだ細胞や傷ついた細胞が新しい組織に置き換わる。組織の中には簡単に再生できるもの（皮膚など）もあるが，まったく再生できないもの（心筋など）もある。

1. 炎症の3つの段階を概説し，それぞれがどのような役割を担っているか述べなさい。

 (a) ______________________________

 ____

 (b) ______________________________

 ____

 (c) ______________________________

 ____

2. 微生物の侵入に対処するうえで重要であると思われる食細胞の特徴を2つ述べなさい。______________________________

 ____

3. 炎症におけるヒスタミンとプロスタグランジンの働きを述べなさい。______________________________

4. 炎症が非特異的防御反応の1つに数えられるのはなぜか述べなさい。______________________________

 ____

抗生物質

重要概念：抗生物質は細菌を殺したり，細菌の増殖を抑えたりする化学物質である。抗生物質はウイルスには効かない。

抗生物質は細菌を殺す（**殺菌性**），または増殖を防ぐ（**静菌性**）ことによって，細菌の感染を抑える働きをもつ。真核生物の細胞は，細菌（原核生物）の細胞とは異なる構造や代謝経路をもつため，抗生物質の影響を受けない。また，抗生物質はウイルスには効果がない。抗生物質は自然界でも細菌や菌類によって産生されるが，中には人工的に合成される（製造される）ものもある。

抗生物質はどのように働くか

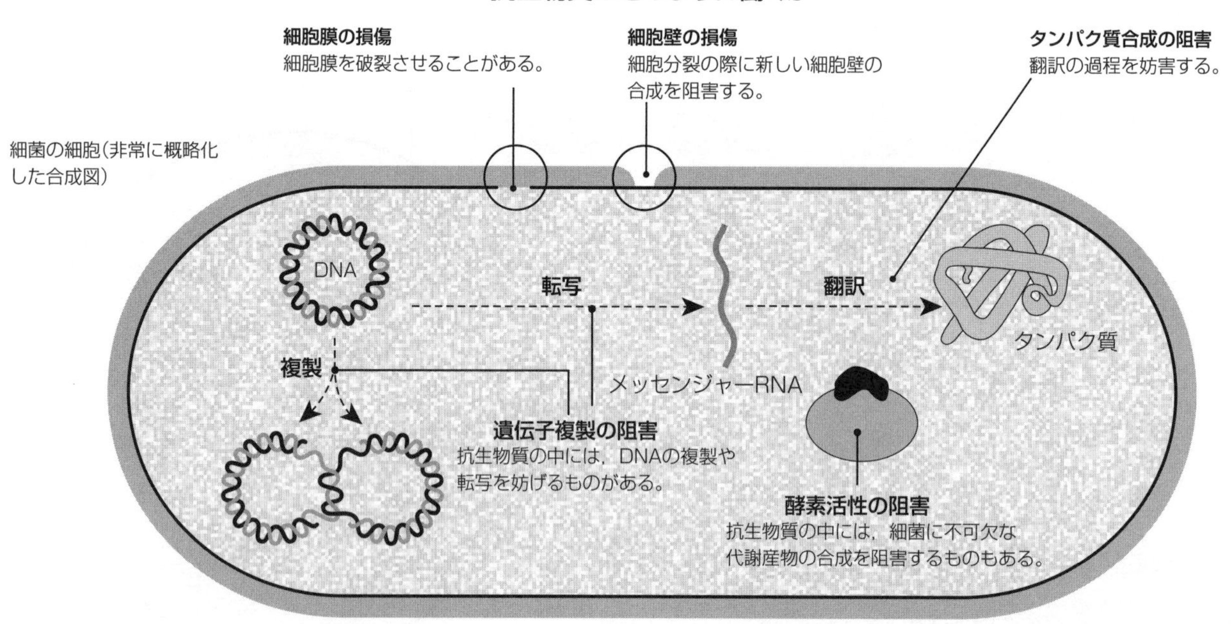

細菌は抗生物質に対して耐性を獲得することがある

細菌に遺伝的変化が起きて，普通なら細菌に悪影響を及ぼす量の抗生物質に耐えられるようになると，抗生物質に対する耐性が生じる。薬剤耐性によって治療や抑制が難しくなる病気がある。また，薬剤耐性菌に感染した患者では合併症を発症したり死亡したりする危険性が高まる。中には多くの抗生物質に耐性をもつ細菌もあり，そのような細菌はスーパーバグ（超細菌）と呼ばれる。たとえば，メチシリン耐性黄色ブドウ球菌（MRSA）と呼ばれる黄色ブドウ球菌（*Staphylococcus aureus*）の株は，すべてのペニシリン系抗生物質に対する耐性を獲得している，典型的なスーパーバグである。現在，スーパーバグはいたるところに広がっている。スーパーバグが引き起こす感染症は治療が非常に難しく，通常の細菌感染の場合よりずっと早く集団中に蔓延する。

結核菌（*Mycobacterium tuberculosis*）はヒトに結核を引き起こす。結核菌も多くの薬剤に対して耐性を発達させている。現在，新たに結核と診断される症例の7つに1つで，結核治療に非常によく使われる2つの薬剤に対する耐性が見られ，この耐性菌に感染した患者の5%は死に至る。

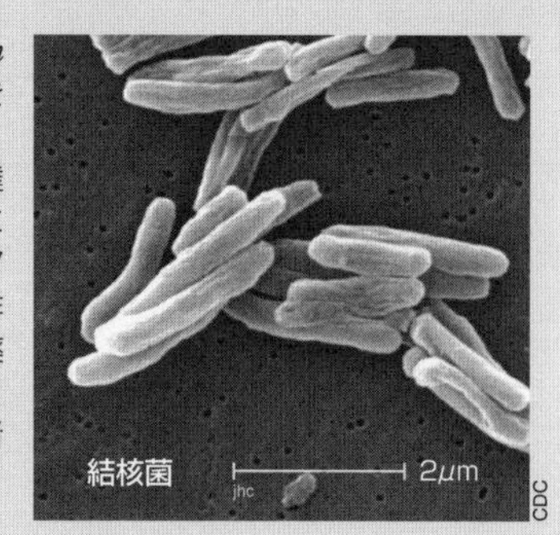

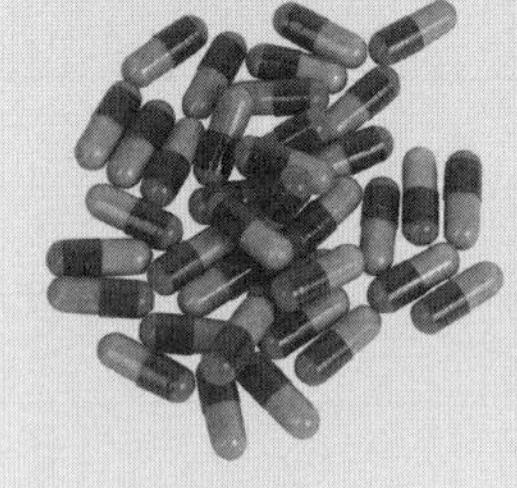

結核患者が抗生物質（左写真）の長期間治療を最後まで受けられなかったときや，処方された投薬量が少な過ぎたときに，結核菌の薬剤耐性株が生じてしまう。

実用化：フローリーとチェーンのペニシリン実験

ペニシリン類，すなわちアオカビ属の菌類がつくり出す一群の抗生物質がもつ抗細菌性は，1928年にアレクサンダー・フレミングによって発見された。しかし，実際にペニシリンを抽出して精製し，意味のある量を使ってその働きを調べたのは，1940年代になって**ハワード・フローリー**と**エルンスト・チェーン**らのチームが行った研究が初めてである。フローリーとチェーンはハツカネズミに連鎖球菌（*Streptococcus*）を感染させ，ペニシリンを投与する実験を行った（下図）。この実験は成功し，すぐにヒトに対する効果も確かめられた。やがてペニシリンは，第二次世界大戦で負傷して傷の感染で苦しんでいた多くの兵士の治療に使用され，大きな効果を上げた。ペニシリンによって何百万人もの命が救われ，それは最初の抗生物質治療の成功例として記録に残っている。

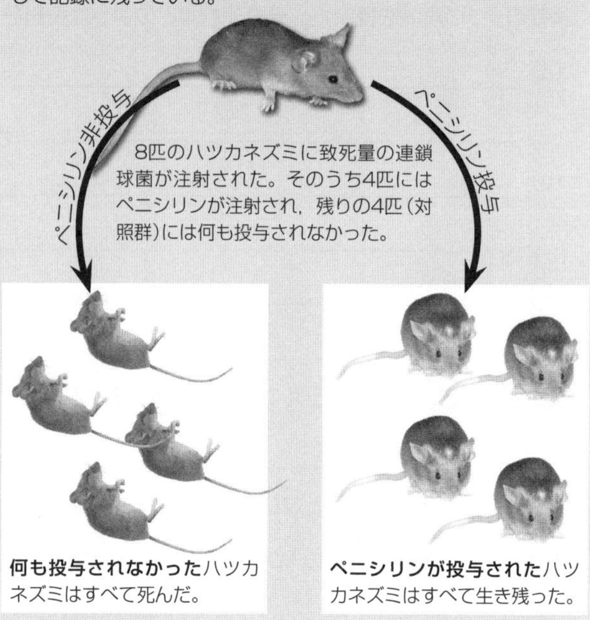

1．真核生物の細胞(たとえば，ヒトの細胞)が抗生物質の影響を受けないのはなぜか答えなさい。

2．右のグラフは静菌性抗生物質および殺菌性抗生物質の効果を示したものである。静菌性作用をもつ抗生物質と殺菌性作用をもつ抗生物質はそれぞれどれかを答え，なぜ，そう判断したか説明しなさい。

静菌性　：

殺菌性：

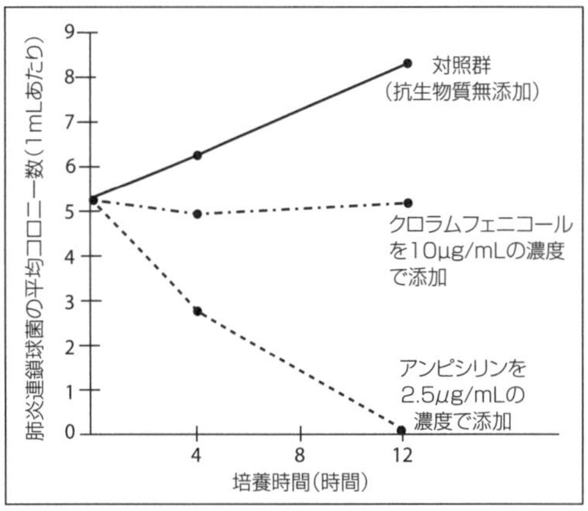

3．(a) 抗生物質耐性とは何か答えなさい。

(b) 複数の異なる抗生物質に対して耐性を獲得しつつある細菌は，ヒトにどのような影響を及ぼすと考えられるか述べなさい。

4．フローリーとチェーンのペニシリン実験が非常に重要な医学の突破口となったと評価されるのはなぜか述べなさい。

5．細菌に対する抗生物質の効果を確かめるために，2人の学生がある実験を行った。2人は細菌のコロニーでまんべんなく覆われたシャーレを用意し，その中に抗生物質をしみ込ませた円盤状の紙(ディスク)を置いた。シャーレ1には，4つの異なる抗生物質のうちのどれか1つをしみ込ませたディスク(A～D)と，何もしみ込ませていない対照ディスク(CL)，シャーレ2には，単一の抗生物質を異なる濃度でしみ込ませた4つのディスク(1～4)と対照ディスクが置かれた。

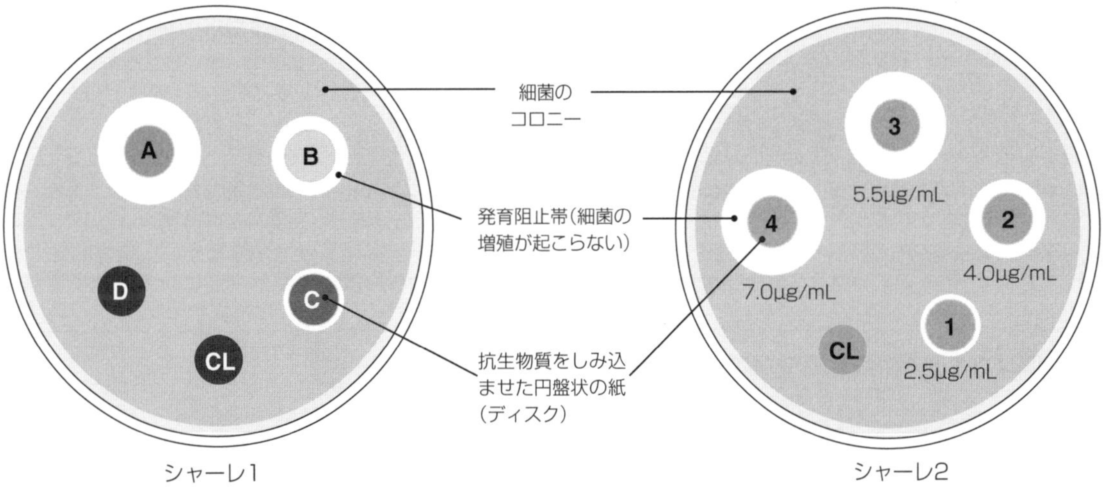

(a) シャーレ1の中でもっとも効果のある抗生物質はどれか，ディスクの記号で答えなさい。

(b) シャーレ2の中でもっとも効果が高い濃度はどれか答えなさい。

(c) (b)で，その濃度を選んだのはなぜか説明しなさい。

ウイルス性疾患

重要概念：ウイルスは感染性をもつ病原体で，多くの病気の原因となっている。抗生物質はウイルスには効き目がないので，ウイルス性疾患は治療が難しい。

ウイルスは，生物の生きている細胞の中でのみ自己複製する非常に感染力の強い病原体である。よくかかる種々の病気，たとえば，風邪やインフルエンザ，単純疱疹はウイルス感染によって起こる。また，ヒト免疫不全ウイルス感染症（エイズ）やエボラ出血熱などの生命にかかわる重大な病気の原因もウイルスである。ウイルス感染は急速に広がり，感染してしまうと治療が難しく，多くの場合，ウイルスが自然に消滅するのを待つしかない。ウイルス性疾患からの回復には，通常，感染と戦う宿主の免疫系が関与する。抗ウイルス薬は宿主細胞に影響を与えずにウイルスだけを攻撃できるものでなければならないので，有効な抗ウイルス薬を開発するのは容易ではない。抗生物質は細菌類の代謝の特定のものだけを標的にするので，ウイルスには効かない。現在のところ，免疫応答を誘起するために予防接種を行うのが，ウイルス性疾患から身を守る最良の方法である。しかしながら，ウイルスは急速に突然変異するので，予防接種によって獲得した免疫性は生涯にわたって持続するものではない。

ヒトに病気を起こすウイルスのいろいろ

糖タンパク質の突起（スパイク）に受容体結合領域があり，ウイルスを細胞の受容体に付着するのを助ける

エンベロープ糖タンパク質

核タンパク質に結合した1本鎖のRNA

核タンパク質

膜貫通型糖タンパク質

エンベロープ（外被：リポタンパク質の二重膜）

あるコロナウイルスの構造

キャプシド（タンパク質の外殻）

核酸

スパイク

エンベロープ

エンベロープをもつ動物ウイルス（たとえば，ヘルペスウイルス）の一般的な構造

ウイルスは生物ではない！

ウイルスは宿主細胞の中に入って初めて活性をもつことができ，宿主の代謝機構を乗っ取って新しいウイルス粒子を産生する。

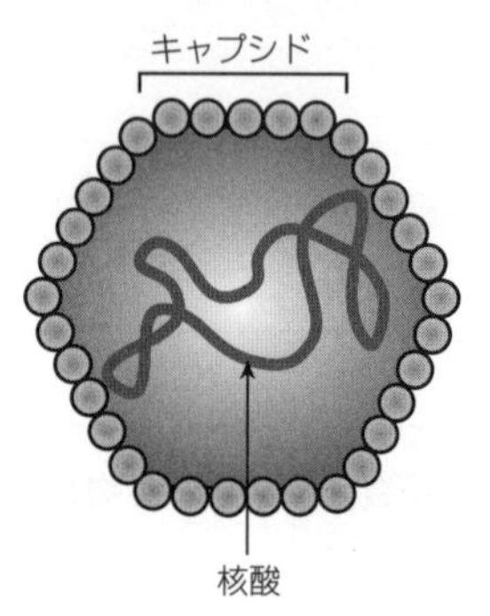

エンベロープをもたない動物ウイルス（たとえば，パピローマウイルス（乳頭腫ウイルス））の一般的な構造

CDC

アデノウイルス

ウイルスの中には，上の写真のアデノウイルスのように長期間，生体外で生きながらえることができるものがある。このようなウイルスが新しい宿主に感染するのを食い止め，集団に蔓延するのを防ぐのは非常に困難である。アデノウイルスは呼吸器疾患などを引き起こす。

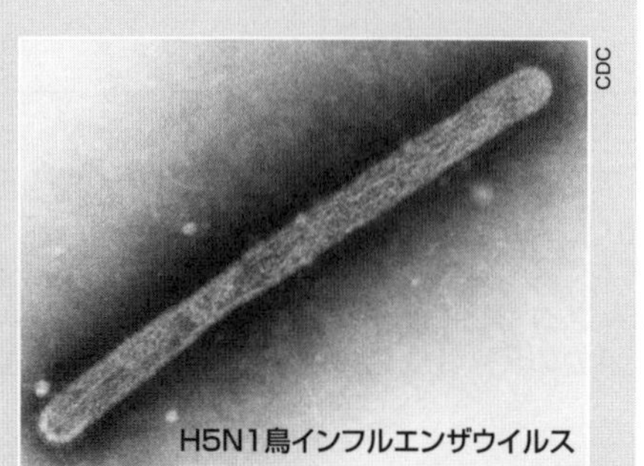

大多数のウイルスは感染する生物や組織に関して非常に特異的であるが，ときにウイルスが複数種の生物の間に感染を広げることがある。H5N1株の鳥インフルエンザウイルス（上の写真）は鳥に深刻な病気を引き起こすが，ヒトにも感染し，感染者を死に至らしめることがある。

国際協力：感染の封じ込め

鳥インフルエンザは感染力が非常に強い鳥類の感染症で，1997年に最初に報告されて以来，幾度となくヒトにも感染しており，ウイルスに何らかの変異が起こることで，ヒトからヒトへと感染が広がる可能性があると指摘されている。国際保健機構（WHO）や国連（UN）などの国際機関と主要国との国際協力によって，鳥インフルエンザは注意深く監視され，新しい病気の発生があればすぐに報告されるようになっている。そして，監視の強化や正確な報告，各機関間の迅速な連絡などによって，ヒトに感染が広がるリスクを最小限に抑える態勢が整っている。しかし，不幸にも感染を防げなかった場合には，病気の蔓延を阻止するために封じ込め対策がとられる。

1. ウイルスとは何か答えなさい。＿＿＿＿＿＿＿＿＿＿＿＿

2. なぜ抗生物質はウイルス性疾患には効かないか，理由を述べなさい。＿＿＿＿＿＿＿＿＿＿＿＿

3. 病気の感染拡大を防ぐために国際協力がどんな役割を果たすか述べなさい。＿＿＿＿＿＿＿＿＿＿＿＿

ヒト免疫不全ウイルス(HIV)とエイズ

重要概念：ヒト免疫不全ウイルスはリンパ球に感染して，やがて免疫系の働きが低下して死に至る病気，エイズを引き起こす。

HIV(ヒト免疫不全ウイルス)は，レトロウイルスの1種で，1本鎖のRNAをもち，ヘルパーT細胞と呼ばれるリンパ球に感染する。このウイルスに感染すると，やがて**エイズ(後天性免疫不全症候群)**を発症し，ヘルパーT細胞がどんどん破壊されて免疫系が病原体の感染を防ぐ能力を失ってしまう。HIVに対する治療薬やワクチンはないが，病気の進行を遅らせることができる薬がいくつか開発されている。

HIVはリンパ球に感染する

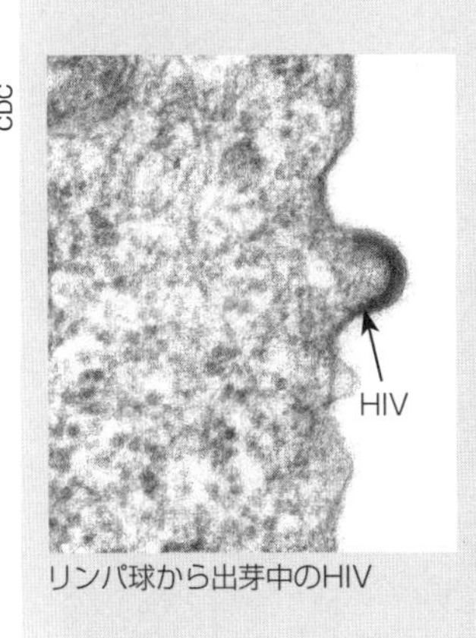

リンパ球から出芽中のHIV

HIVはリンパ球の一種のヘルパーT細胞に感染する。HIVはヘルパーT細胞を利用して自己複製を行い，おびただしい数に増える。やがて新しくできたウイルス粒子はその細胞を出て別のヘルパーT細胞に感染する。こうして，どんどんヘルパーT細胞の間に感染が広がり，HIVの複製が進むにつれ，多くのヘルパーT細胞が破壊される。

ヘルパーT細胞は生体の免疫系にかかわっているので，その数があまりに少なくなると，免疫系はもはや感染から生体を守ることができなくなる。

下のグラフは，あるヒトのHIV感染の程度とヘルパーT細胞の数との関係を表したものである。

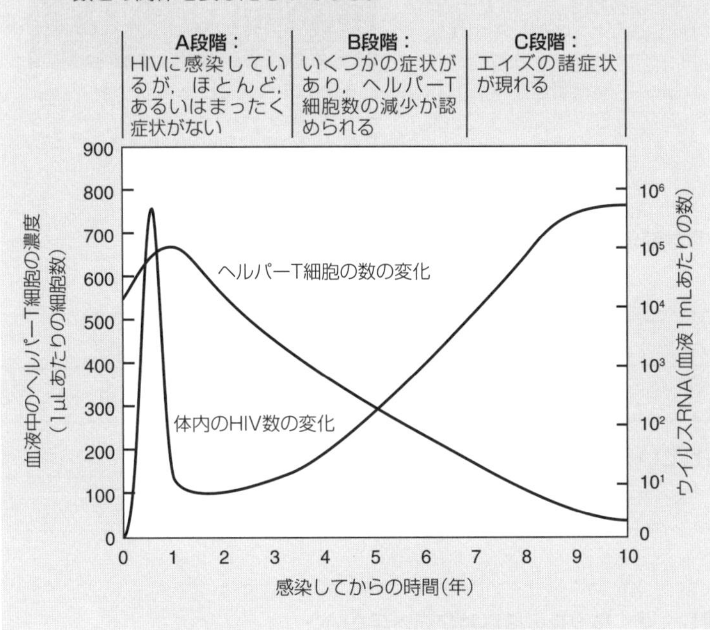

エイズ：HIV感染の最終段階

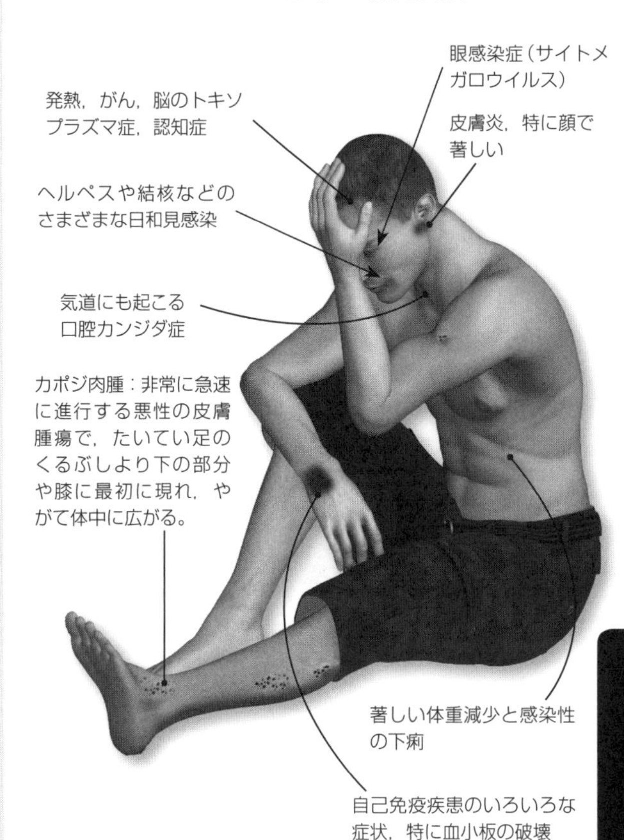

HIVに感染したために発症する症状は多岐にわたるが，それらの症状はHIV感染が直接に引き起こすわけでない。それらの症状は，HIV感染によって免疫系の働きが弱くなった(ヘルパーT細胞の数が減少したために)体に起こる二次感染に起因するものである。免疫系が健全なヒトは病原体にさらされても，免疫系が病原体を撃退してくれるので深刻な影響を受けることはない。しかし，HIVに感染して免疫系が非常に弱くなってしまったヒトは病原体を撃退することができず，あらゆる病原体に感染する。免疫系がどんどん弱くなるにつれて病状はますます深刻になる。

1. (a) ヒト免疫不全ウイルス(HIV)はどんな種類の細胞に感染するか答えなさい。＿＿＿＿＿＿＿＿

 (b) HIVは生体の免疫系にどんな影響を及ぼすか述べなさい。＿＿＿＿＿＿＿＿

2. HIVがヘルパーT細胞の数にどのように影響するかを示した上のグラフを見て，次の問いに答えなさい。

 (a) 病気の進行にともなって体内のHIVウイルス集団がどう変化するか答えなさい。＿＿＿＿＿＿＿＿

HIVの感染と診断，そして治療と予防

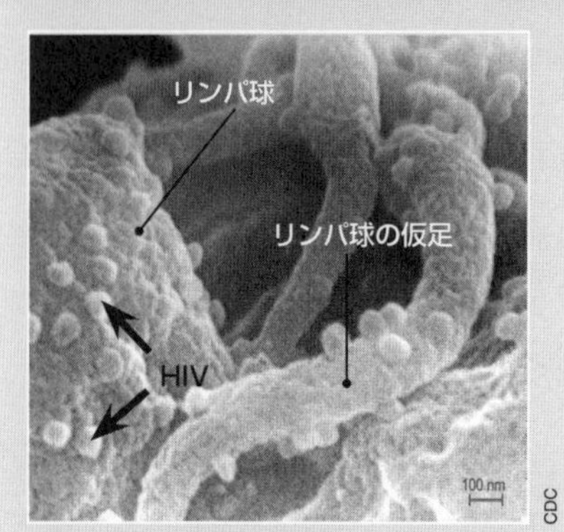

HIVに感染したヒトのリンパ球の走査型電子顕微鏡写真：リンパ球表面に丸いHIV(HIV-1型)ウイルス粒子がついている。

同じ注射器を使う静脈注射薬常用者の間にはすぐにHIV感染が広がる。

HIVの感染経路

1. HIVは血液や膣液，精液，母乳，胎盤などを通じて感染する。
2. 先進国では，輸血用血液のHIV抗体検査が行われているので，輸血によって感染することはもうほとんどない。
3. 歴史的に見ると，静脈注射による薬物使用や同性愛者の性行為が先進国におけるHIV感染の主要な原因であったが，現在は異性間性接触による感染が増えている。
4. アジアやアフリカ南部では，危険な性行為が蔓延していることもあって，異性間性行為による感染拡大が特に重大な問題となっている。

治療

今のところ，HIVに対する治療法やワクチンはまだないが，HIV感染による諸症状の発症や感染拡大を遅らせることができる薬がいくつかある。

HIVに効果のある薬は抗レトロウイルス薬(ARV)と呼ばれる。現在，大きく分けて5種類のARVがHIV感染に対して用いられており，それぞれ，HIVの生活環の異なる時期にこのウイルスを攻撃する。HIV感染者には，複数の治療薬を調合した混合薬が投与される。複数の治療薬を使うことでもっとも効果的にウイルスの増殖を抑え，感染拡大を遅らせることができる。さらに，ウイルスが薬剤耐性を獲得するのを防ぐこともできる。HIVの突然変異率は高く，世代時間も短いために簡単に薬剤耐性が生じてしまう。また，抗ウイルス薬の誤用によっても薬剤耐性が生じる。

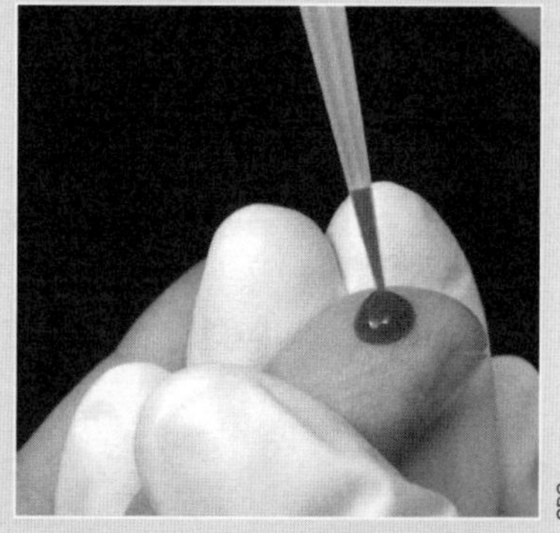

HIVに感染しているかどうかは，血液を採取して簡単な抗体検査を行うことで診断することができる。

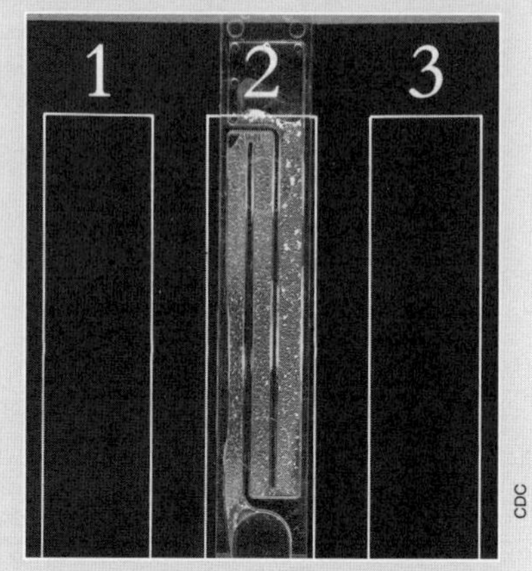

簡便検査でHIV陽性が示唆された例(写真の2)：HIVのタンパク質を塗布したラテックス粒子に反応してHIV抗体が凝集している。

(b) HIVに感染すると，体内のヘルパーT細胞はどのような変化を示すか述べなさい。

3. (a) ヒトからヒトにHIVが感染する経路としてよく知られているものを3つ挙げなさい。

(b) 先進国で血液製剤を介してHIV感染が広がる率が著しく低くなったのはなぜか述べなさい。

4. HIV感染者の治療に，複数の抗レトロウイルス薬を混ぜた混合薬が使われる理由を述べなさい。

5. HIVの薬剤耐性は増大しつつある。薬剤耐性はどのようにして生じるか，そして薬剤耐性がなぜ問題なのか述べなさい。

防御の標的

重要概念：生体は，細胞表面のMHC抗原によって自分自身の組織と異物とを区別することができる。

効果的に病原体から身を守るために，生体はまず自分自身の組織（自己）を認識し，自己と異物（たとえば，細菌）とを区別しなければならない。このことは，**抗原**（すべての細胞の表面にあるタンパク質）の存在によって可能になる。異物の表面には宿主の細胞のものとは異なる抗原があるため，免疫系によって識別されて破壊される。ヒトでは，**主要組織適合抗原遺伝子複合体（MHC）**を通じて自己認識が行われている。

自己と非自己の区別

ヒトの免疫系は，主要組織適合抗原遺伝子複合体（MHC）を通して自己認識を行っている。ヒトのMHCは，第6染色体上に隣接して存在する一群の遺伝子である。これらの遺伝子は，体細胞表面に付着しているタンパク質分子（MHC抗原）を合成するための遺伝情報をもつ。MHC抗原は，自己の細胞か異物かを免疫系が識別するのに使われる。MHC抗原はクラスI抗原とクラスII抗原に大別される。クラスI抗原はヒトのほとんどすべての細胞の表面にあり，クラスII抗原は免疫系のマクロファージおよびB細胞上にのみ見られる。

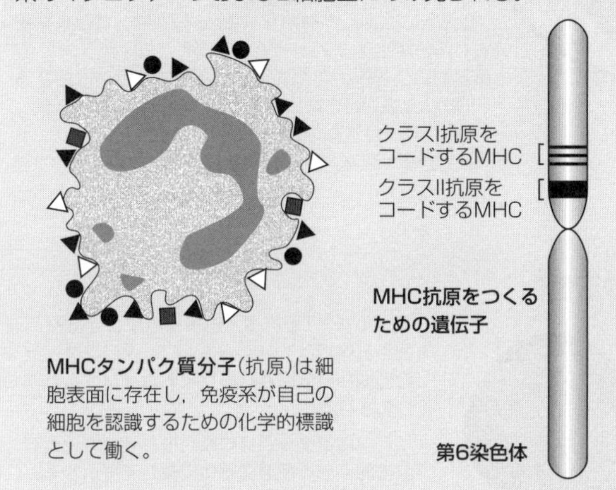

MHCタンパク質分子（抗原）は細胞表面に存在し，免疫系が自己の細胞を認識するための化学的標識として働く。

MHCと組織移植

MHCは，組織移植や臓器移植における拒絶反応の原因となる。提供者（ドナー）の組織の細胞は，たいてい受給者（レシピエント）の細胞とは異なるMHC抗原をもっているので，提供者の組織が受給者の免疫系によって異物と認識されて攻撃されてしまう。近年は移植成功例が増えつつあるが，それにはいくつもの要因が関係している。その中には組織型判定法の改良や，より効果的な免疫抑制剤の開発などが含まれ，ともに移植の際の拒絶反応を減らすことに役立っている。

病原体はどのようにしてMHCの攻撃を回避するか

病原体は病気の原因となる生物やウイルスで，それらは宿主の免疫系に探知されないための多くの方法を進化させてきた。たとえば，HIVでは突然変異によって表面の抗原が変化すると，免疫系の探知を回避できるようになる（下図）。

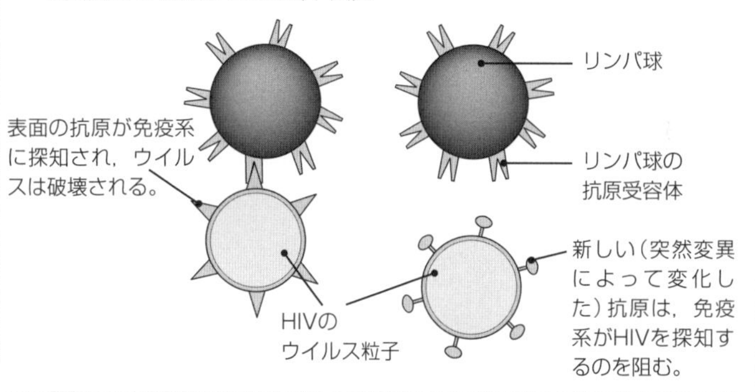

病原体の種類

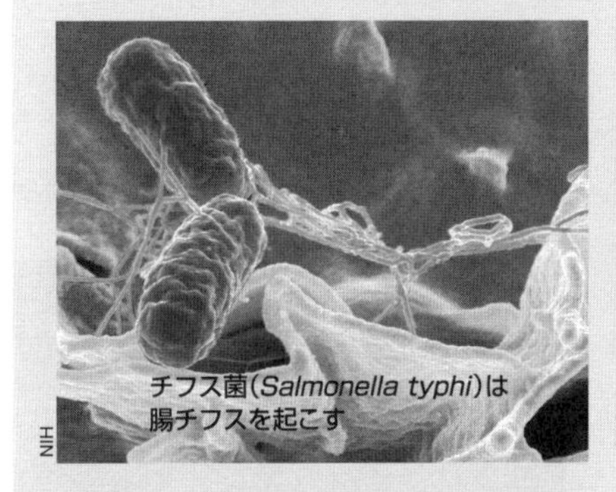

チフス菌（*Salmonella typhi*）は腸チフスを起こす

NIH

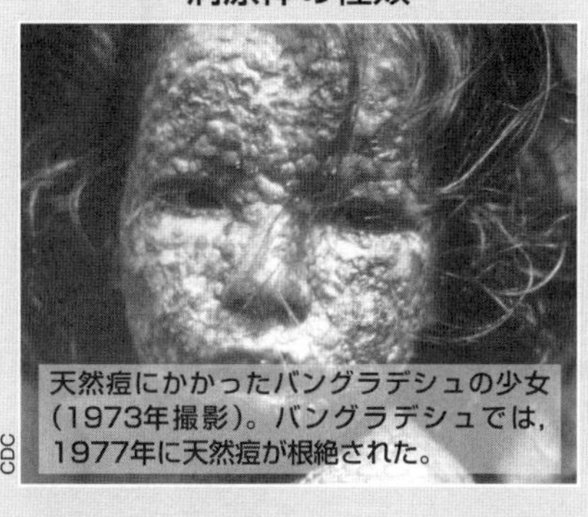

天然痘にかかったバングラデシュの少女（1973年撮影）。バングラデシュでは，1977年に天然痘が根絶された。

CDC

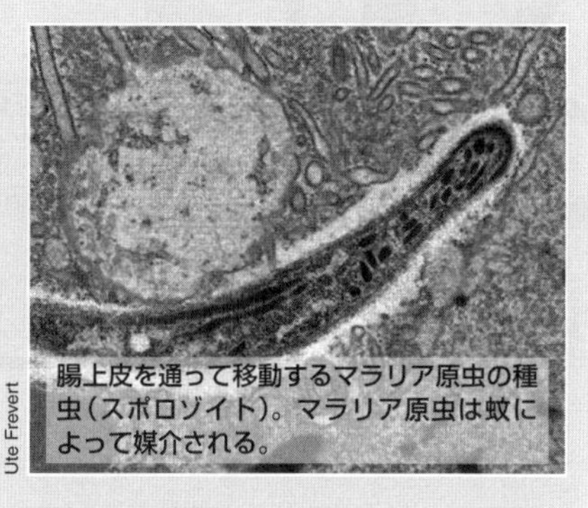

腸上皮を通って移動するマラリア原虫の種虫（スポロゾイト）。マラリア原虫は蚊によって媒介される。

Ute Frevert

病原体の多くは細菌（上の写真）やウイルスである。病原体の中には非常に宿主特異性が高く，単一種の宿主にしか感染しないものがある一方，多種の生物を攻撃する病原体もある。たとえば，大多数の鳥インフルエンザウイルスは鳥にしか感染しないが，中にはヒトにも感染するものがある。

ウイルスには多くの日常病（たとえば，風邪）の原因となるものだけでなく，非常に危険な病気（たとえば，エイズやエボラ出血熱）を引き起こすものもある。天然痘（上の写真）もウイルスによって起こる病気であるが，ワクチン接種による予防が普及したおかげで根絶に成功している。

真核生物の病原体には菌類，藻類，原生動物，そして回虫や条虫などの寄生虫が含まれ，マラリアなどの病気の原因となる。多くは宿主特異性が高く，いくつかの宿主にのみ感染する。たとえば，マラリア原虫（上の写真）はヒトと蚊にだけ感染する。

1．(a) 主要組織適合抗原遺伝子複合体（MHC）の特徴と働きを述べなさい。

(b) 生体における自己認識システムの重要性について解説しなさい。

免疫系

重要概念：免疫系には異物に対して特異的に反応し，その反応を記憶する能力があり，この能力が免疫系による生体防御の基盤となっている。

免疫系には，2つの主要な構成要素，すなわち体液性の反応と細胞性の反応がある。これら2種類の免疫反応はそれぞれ単独で働いたり，共同で働いたりして病気から生体を守っている。**体液性免疫反応**には血清（血液の非細胞成分）が関与し，**B細胞**と呼ばれるリンパ球から分泌される抗体の働きがかかわっている。抗体はリンパ液や血漿，そして粘液などの細胞外液に含まれ，ウイルスや，細菌および細菌が産生する毒素から生体を守る。**細胞性免疫反応**では，**T細胞**と呼ばれる特殊化したリンパ球がつくられる。

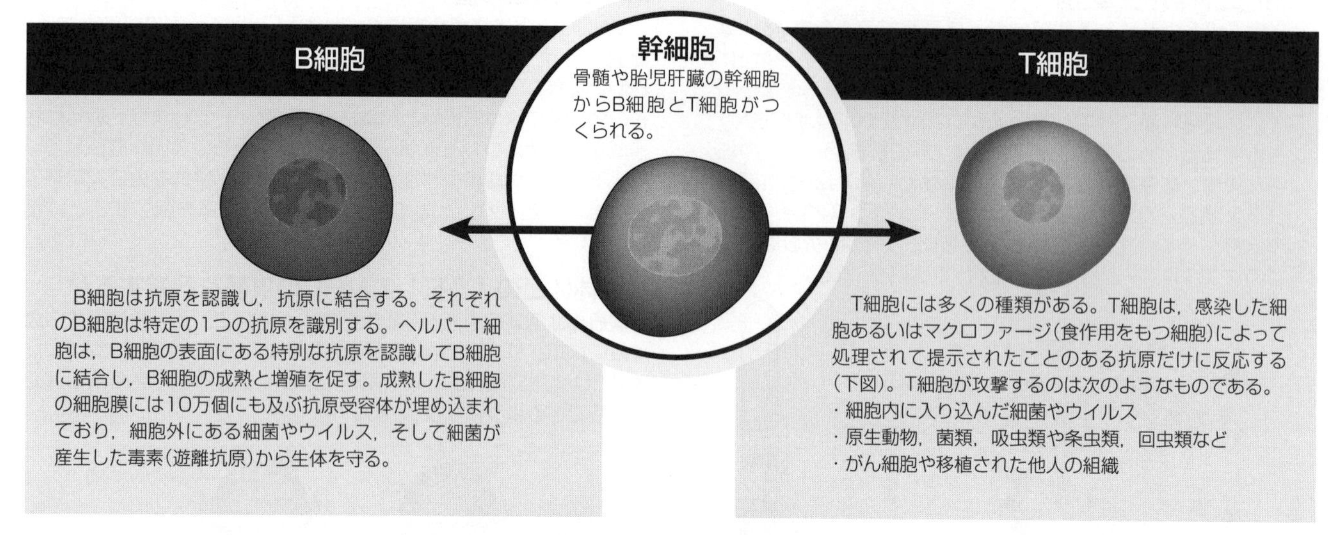

B細胞とT細胞の活性化

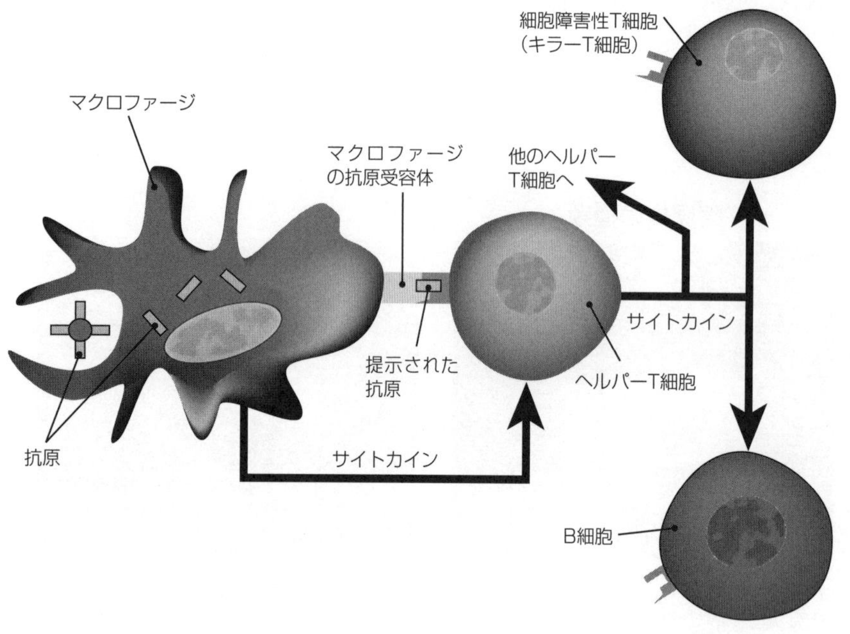

ヘルパーT細胞は，直接接触による細胞間シグナル伝達だけでなく，近くのマクロファージなどの細胞から分泌される**サイトカイン**によっても活性化される。

マクロファージは抗原を取り込んで分解し，細胞表面にある抗原受容体に載せて提示する。この提示された抗原を認識すると，ヘルパーT細胞は抗原および抗原を載せている受容体に結合し，その結果，そのヘルパーT細胞が活性化される。

マクロファージはサイトカインを産生して分泌し，T細胞の活性化を促す。さらに，活性化されたT細胞からもサイトカインが放出され，他のヘルパーT細胞の増殖を誘発する（正のフィードバック）とともに，細胞障害性T細胞と，抗体を産生するB細胞の活性化を促す。

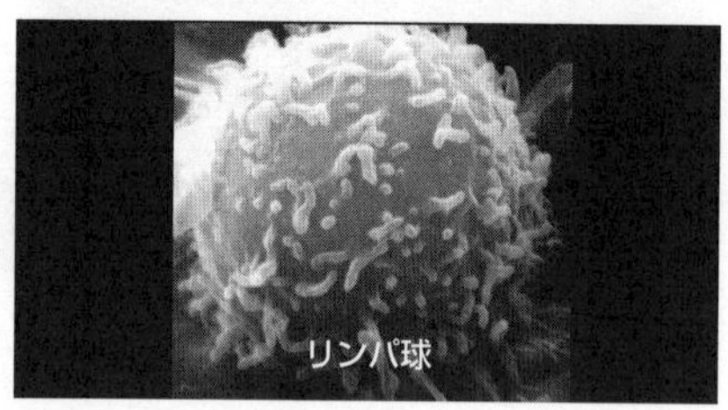

1. 免疫系を構成する2つの主要な反応系について，それぞれの一般的な働きを述べなさい。

 (a) 体液性免疫：

 (b) 細胞性免疫：

2. どのようにして抗原がT細胞やB細胞の活性化と増殖を引き起こすか説明しなさい。

クローン選択

重要概念：リンパ球がなぜ予測不能なさまざまな抗原に対応できるかは，クローン選択説によって説明することができる。

免疫系がなぜ環境中に潜む予測不能なさまざまな抗原に対応できるかは，**クローン選択説**によって説明することができる。下図は，B細胞が抗原にさらされた後に起こるクローン選択を概説するものである。同様に，特定の抗原に刺激されたT細胞も増殖して，いろいろな種類のT細胞に分化する。クローン選択とリンパ球の分化が免疫記憶の基礎となる。

発生の過程で生み出された多くのB細胞のうちの5つ。これらの a～e のB細胞は，それぞれ特定の1つの抗原のみを認識することができる。

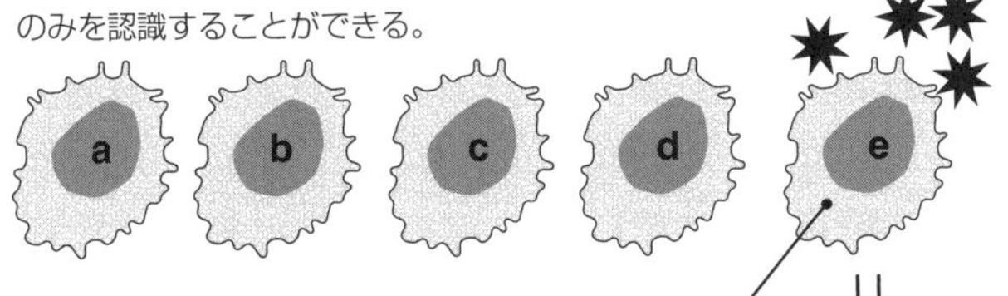

このB細胞は，その特定の抗原に出会ったので，抗原に結合する。そして，活性化されて増殖する。

クローン選択説

発生の過程で，何百万個ものB細胞が形成される。各細胞がどの抗原を認識するかはまったくの偶然で決まるが，細胞集団全体としては，これまで一度も遭遇したことがないものも含めて多くの抗原を認識できるようになる。それぞれのB細胞は1つの特定の抗原にのみ反応する受容体を表面にもち，その受容体に対応した抗体を産生する。反応することを運命づけられた特定の抗原に出会うと，それに反応してB細胞は増殖し，すべてが同じ種類の抗体をもつ多くのクローン細胞をつくり出す。つまり，特定の抗原が多くのB細胞の中から特定のB細胞を選んで増殖させせることになるので，この仕組みはクローン選択と呼ばれる。

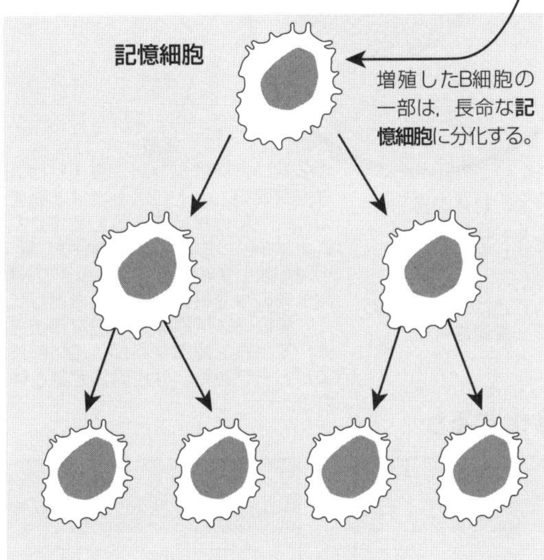

B細胞の中には，長命な**記憶細胞**に分化するものがある。記憶細胞はリンパ節に保持され，将来に備えて待機する（**免疫記憶**）。2度目の感染では，これらの記憶細胞（メモリーB細胞）が，最初の感染のときのB細胞の反応よりも素早く，また強く病原体に反応する。

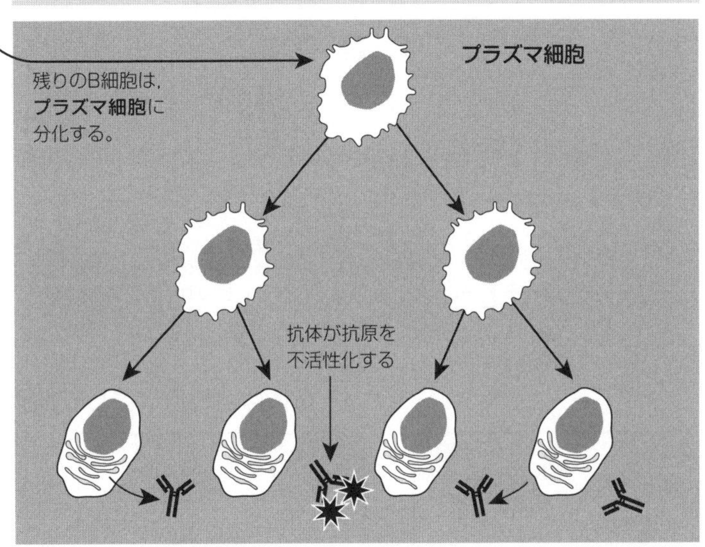

プラズマ細胞（形質細胞）は，その分化を促した抗原にのみ特異的に働く抗体を分泌する。それぞれのプラズマ細胞はわずか数日しか生きられないが，1秒間に約2000個もの抗体を産生することができる。特筆すべきは，発生の過程で生体がつくり出す多くのB細胞のうち，その生体自身がもつ抗原に反応するものはすべて選択的に破壊され，**自己寛容**（自己の組織に対しては免疫反応が起こらないこと）が可能になるということである。

1. どのようにしてクローン選択によって特定の1つのB細胞だけが増えるか説明しなさい。__________

2. 次の細胞のそれぞれが免疫系の反応において担っている機能を述べなさい。

   (a) 記憶細胞：__________

   (b) プラズマ細胞：__________

3. 免疫記憶の基礎となるのは何か説明しなさい。__________

抗　体

重要概念：抗体は，プラズマ細胞（形質細胞）によってつくられるY字型をした大きなタンパク質で，それぞれ特定の抗原を破壊する。

抗体と抗原は，免疫系の反応において重要な役割を担っている。**抗原**は，特異的な免疫反応を起こす外来の分子である。花粉粒子や，輸血された血液細胞の表面にある分子や移植組織の細胞表面の分子などの物質だけでなく，病原微生物および病原微生物が産生する毒素も抗原に含まれる。**抗体**（あるいは免疫グロブリン）は，抗原に反応して産生されるタンパク質である。抗体は血漿中に分泌され，そこで抗原を識別してそれに結合し，抗原を破壊するのに役立つ。抗体は，大きく5種類（クラスとかアイソタイプと呼ばれる）に分類され，それぞれが生体の免疫反応において異なる役割を果たす。生体では，おびただしい種類の抗体がつくられ，それぞれ特定の1つの抗原にのみ特異的に働く。

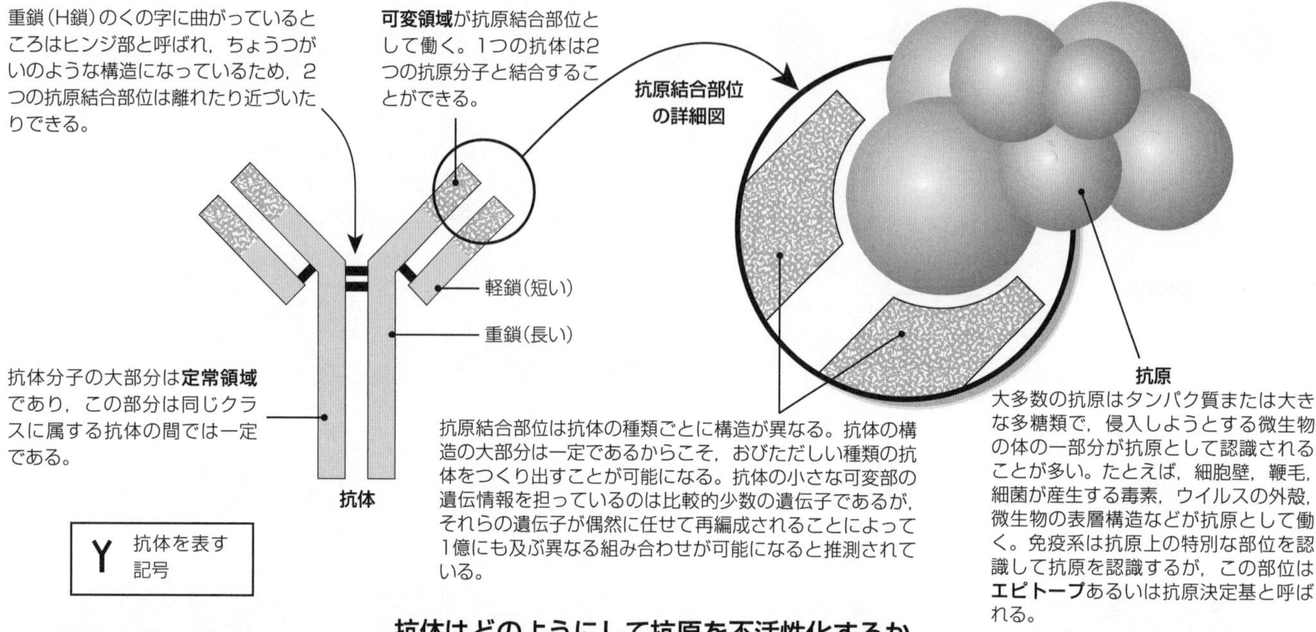

1．抗体の構造を，その機能に関係する特徴がよくわかるように解説しなさい。

2．抗体が抗原を不活性化する種々の方法について論じなさい。

血液型抗原

重要概念：ヒトの血液のABO式分類法は，赤血球表面にある遺伝性の抗原の有無や種類に基づいている。

血液は，赤血球表面の抗原によって分類できる。あるヒトの血液型は，そのヒトの赤血球表面にある抗原の種類によって決まる。**ABO式血液型**抗原（下図）とRh型抗原は強い免疫反応を引き起こすので，この2つは血液型判定においてもっとも重要である。輸血の前には，輸血用血液が患者の血液に適合しているかどうかを検査する必要がある。血液型の合わない血液を輸血すると，輸血された血液中の赤血球に患者の血漿中にある抗体が結合して致命的な反応が起こってしまうことがある。このような反応が起こると，赤血球は凝集し，毛細血管を詰まらせ，そして破裂（溶血）する。そのような事態を防ぐために，輸血の前に患者の血液に適合した輸血用血液が選ばれる。

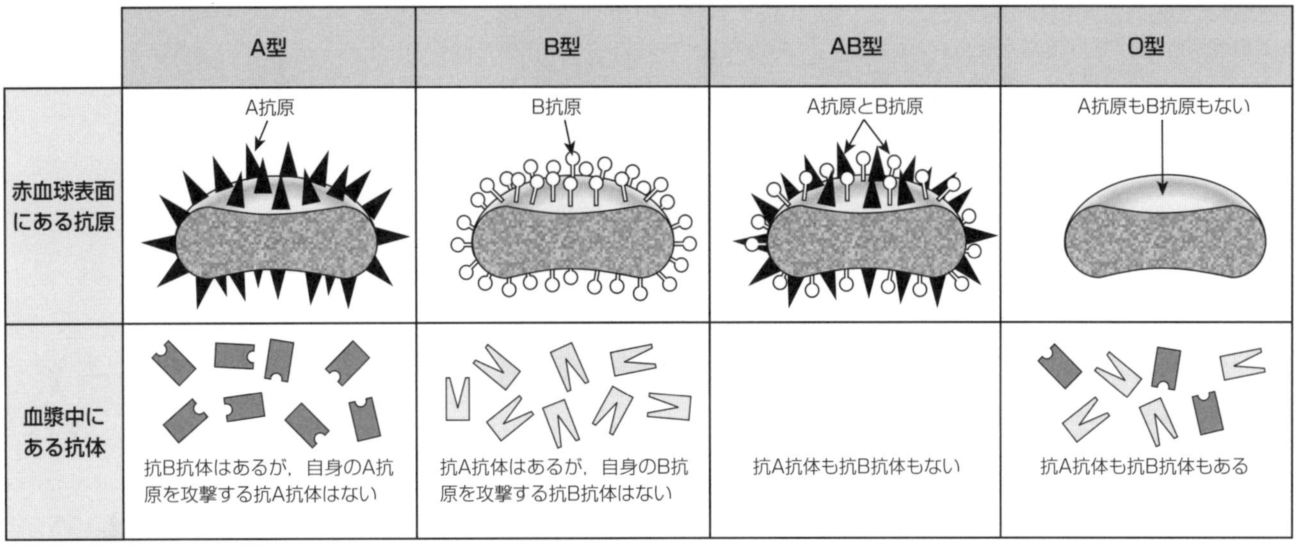

	A型	B型	AB型	O型
赤血球表面にある抗原	A抗原	B抗原	A抗原とB抗原	A抗原もB抗原もない
血漿中にある抗体	抗B抗体はあるが，自身のA抗原を攻撃する抗A抗体はない	抗A抗体はあるが，自身のB抗原を攻撃する抗B抗体はない	抗A抗体も抗B抗体もない	抗A抗体も抗B抗体もある

1. 下の表のそれぞれの血液型のヒトがもつ抗原と抗体，そして供血者および受血者として適合性をもつ血液型を空欄に記入し，表を完成しなさい。

血液型	出現頻度（アメリカ）		抗原	抗体	供血する場合，それが可能な相手の血液型	受血する場合，それが可能な相手の血液型
	Rh^+	Rh^-				
A	34%	6%	A	抗B	A型，AB型	A型，O型
B	9%	2%				
AB	3%	1%				
O	38%	7%				

2. 血液型が適合しない人の血液を輸血されると輸血反応が起こるのはなぜか説明しなさい。

3. O型Rh^-の人が万能供血者と呼ばれることがあるのはなぜか答えなさい。

4. AB型Rh^+の人が万能受血者と呼ばれることがあるのはなぜか答えなさい。

5. ABO式血液型の発見が非常に重要な医学の発展の1つに数えられるのはなぜか述べなさい。

アレルギーと過敏性反応

重要概念：免疫系が抗原に過剰に反応したり，本来なら反応しない物質に反応したりすると過敏性反応が起こる。この反応にはヒスタミンが重要な役割を果している。

免疫系は，ときに適切な反応でなく過剰な反応を起こしたり，本来なら反応しない物質に反応したりすることがある。これは**過敏性反応**と呼ばれ，免疫反応が生体を防御するどころか，組織の損傷を引き起こしてしまう。過敏性反応は，ヒトが何らかの抗原に感作されたあとに起こる。もしも反応が非常に激しいと，死に至ることさえある。

過敏性反応

環境中にある花粉や菌類の胞子などのほとんど無害な物質に対して抗体を産生してしまう（右図の1～2の段階）と，**感作**された状態になる。これらの物質すなわち**アレルゲン**はヒトの体内に入って**抗原**として働き，抗体の産生を誘発する。ひとたび感作状態になると，そのアレルゲンに再び遭遇したときに体内の抗体が反応して，マスト細胞（肥満細胞）と呼ばれる特別な種類の白血球から**ヒスタミン**を放出させる（右図の4～5の段階）。ヒスタミンは花粉症や喘息などで見られる過敏性反応の原因となる。ヒスタミンによって引き起こされる過敏性反応には喘鳴，気道狭窄，炎症，かゆみ，涙や鼻水の分泌，くしゃみなどがある。

Eyewire

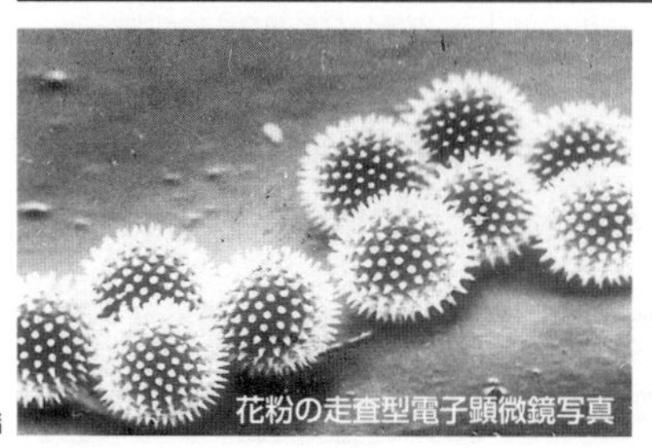

花粉の走査型電子顕微鏡写真

Eli

ブタクサ

花粉症は植物の花粉に対するアレルギーで，花粉のように風に乗って運ばれる物質でアレルギー反応を起こすものには他にほこりやカビ，動物の毛などがある。中でも風媒性の花粉に対するアレルギーがもっとも多く，ある種の植物（ブタクサやイボタノキなど）は特にアレルギー反応を誘発しやすい。花粉症になりやすいかどうかには遺伝的素因が関係しているようで，アトピー性皮膚炎や喘息などの家族歴がある人に花粉症がよく見られる。抗ヒスタミン薬や充血緩和薬，ステロイド点鼻薬によって症状を緩和できるが，花粉症の最良の治療法は抗原となる花粉を避けることである。

喘息は発生頻度の高い病気の1つで，世界には約3億人の患者がいる。イエダニの糞や植物の花粉，動物の鱗屑（りんせつ）などのアレルゲンに対してアレルギー反応を起こして発症することが多い。他の過敏性反応と同様，喘息にもマスト細胞によるヒスタミンの産生と放出が関係している。喘息のアレルギー反応は呼吸細気管支で起こるが，ヒスタミンはこの部位の気道を収縮させ，さらに体液や粘液を凝集させて呼吸困難を引き起こす。喘息の発作では，胸腔の過膨張をともなう努力呼吸（右写真）が見られる。

喘息の発作はしばしば，冷たい空気，運動，大気汚染物質，そしてウイルス感染などの環境要因がきっかけとなって起こる。また，最近の研究によって，肺炎クラミジア菌に感染しやすい成人では，喘息の約半数の症例でこの菌が関与していることも示唆されている。

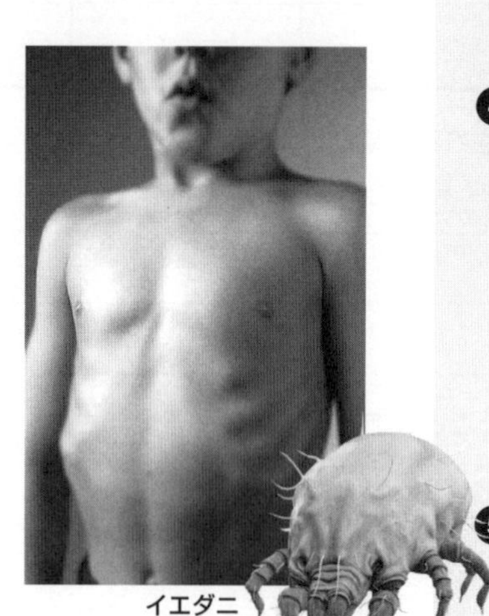

イエダニ

過敏性反応の発生機序

B細胞

❶ B細胞がアレルゲンに遭遇し，プラズマ細胞になる。

プラズマ細胞

抗体

❷ プラズマ細胞が抗体を産生する。

マスト細胞

❸ 抗体が，マスト細胞の表面にある特異的受容体に結合する。

ヒスタミンを含んだ顆粒

❹ 抗体をつけたマスト細胞がアレルゲンに再遭遇すると，アレルゲンがマスト細胞の抗体に結合する。

❺ そして，マスト細胞からヒスタミンなどの化学物質が放出され，これらの化学物質によってアレルギー症状が起こる。

1．過敏性反応においてヒスタミンがどのような働きをするか説明しなさい。

2．アレルゲンに感作されるとは，どういうことを意味するか説明しなさい。

3．過敏性反応が免疫系の機能不全の1つに数えられるのはどうしてか説明しなさい。

神経調節系

重要概念：神経系と内分泌系が協調することで，ホメオスタシスが維持されている。神経系のニューロンは情報を電気信号として中枢神経系へ伝達し，中枢神経はその信号に対する適切な反応を行う。

ヒトでは，神経系と内分泌（ホルモン）系が協調することで，変動する環境において体内環境を制御し，ホメオスタシスを維持している。神経系にはニューロン（または神経細胞）と呼ばれる細胞がある。ニューロンは，電気化学的な活動電位（インパルス）の形で情報を伝達するよう特殊化している。神経系とは，特定の標的組織へ，また，特定の標的組織から直接的に情報を運ぶ枝分かれ構造をもった信号伝達ネットワークである。神経系は電気信号を非常に長い距離にわたり伝えることができ，その応答は非常に速くて正確である。

神経系による調節

脊椎動物の神経系は，**中枢神経系**（脳および脊髄）およびその他の神経と受容器（**末梢神経系**）からなる。受容器への感覚入力は刺激によって起こる。応答の効果はフィードバック機構により中枢に伝達されるため，神経系は再調節が可能である。神経系の基本的な構成はいくつかの要素からなる単純なもので，感覚受容器，調節部である中枢神経系，そして応答を起こす効果器である（下図）。

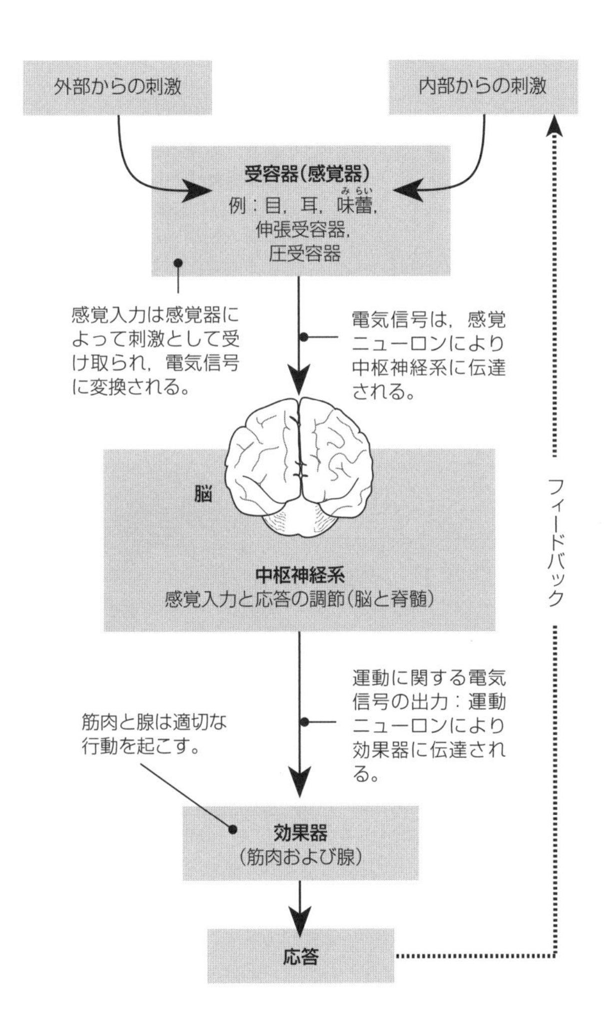

上の例のように，フリスビーの接近は目によって知覚される。脳の運動野は感覚器からの情報を統合する。手および体の位置の調節の指令が，運動ニューロンを通して筋肉にもたらされる。

神経による調節とホルモンによる調節の比較

	神経による調節	ホルモンによる調節
情報伝達	シナプスを介した電気信号	血液中のホルモン
速さ	非常に速い（数ミリ秒以内）	比較的遅い（数分，数時間，それ以上）
持続時間	短時間，可逆的	長時間
標的への経路	特定の細胞に特異的（神経を介して）	どの部位の標的細胞にも広く作用
活動	腺からの分泌や筋肉の収縮を起こす	代謝活性の変化を起こす

1．神経系の基本的な構成要素を3つ挙げ，それらがホメオスタシスの維持にどのように機能しているのか説明しなさい。

(a) ____________________

(b) ____________________

(c) ____________________

2．神経系による調節とホルモンによる調節では，調節を行う速さと調節が継続する期間に違いがある。その違いが何を意味するか説明しなさい。

____

____

神経細胞の構造と機能

重要概念：神経細胞は電気的興奮をする細胞であり，電気的および化学的信号を介して情報を処理し，伝達するために特殊化した細胞である。軸索の直径が大きく，ミエリン鞘(髄鞘)で覆われると，神経の伝導速度は速くなる。

神経細胞(ニューロン)は，電気化学的な信号を介して，情報を受容器から効果器へと伝達する。神経細胞は，細胞体と長い突起(樹状突起と軸索)からなる。軸索の直径が大きく，ミエリン鞘で覆われると，神経の伝導速度は速くなる。伝導速度が速くなると，刺激に対してより速い反応ができる。

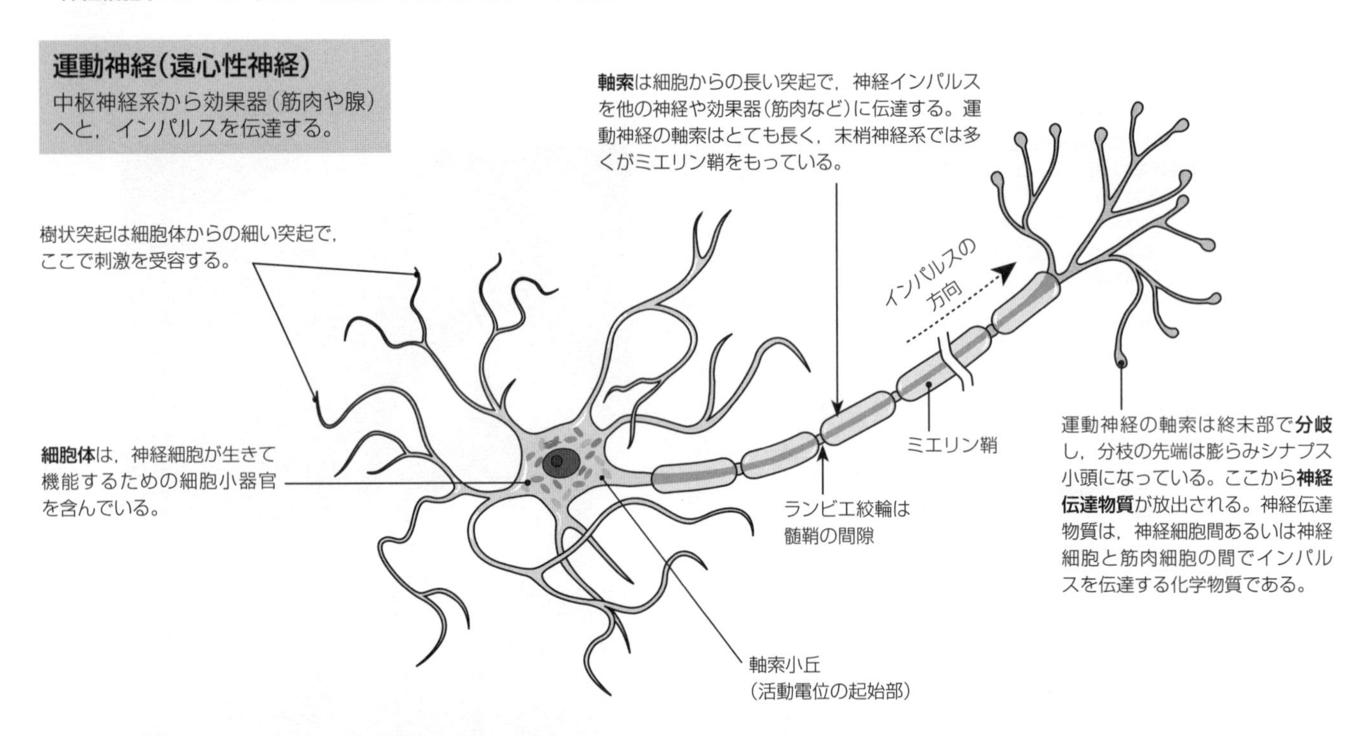

伝導速度が重要となる場所では，神経軸索は**ミエリン**と呼ばれる脂質とタンパク質に富んだ物質で覆われている。ミエリンは，中枢神経系のオリゴデンドロサイトと末梢神経系のシュワン細胞でつくられている。有髄神経の軸索を覆っているミエリン鞘には，規則的に間隙があり，その間隙を**ランビエ絞輪**と呼ぶ。ミエリン鞘は絶縁体として機能し，神経インパルスが軸索の細胞膜上を次々と伝搬するのを阻止する。すると，神経インパルスはランビエ絞輪から次のランビエ絞輪へと跳躍的に伝わるため，神経インパルスの伝導速度が増加する。

有髄神経

直径1～25 μm
伝導速度は6～120m/s

ランビエ絞輪

軸索

ミエリン層は軸索の周りを包む。

シュワン細胞は1つの軸索だけを包み，ミエリン鞘を形成する。

ミエリン

Roadnottaken

ミエリン鞘で包まれた軸索の横断切片(透過型電子顕微鏡像)

1. 神経細胞の機能とは何か述べなさい。 ______________________________

2. 神経の伝導速度が速くなるための要因は何か，述べなさい。 ______________________________

3. ミエリン鞘は，どのようにして神経インパルスの伝導速度を速くするのか述べなさい。 ______________________________

4. 神経インパルスが速く伝導することの利点を述べなさい。 ______________________________

神経インパルス

重要概念：神経インパルスは，神経に沿って伝達される活動電位であり，刺激に反応して生じる一連の電気的脱分極である。

神経細胞などの生体膜は**ナトリウム―カリウムポンプ**をもっている。このポンプは，能動的にナトリウムイオン（Na^+）を細胞外に汲み出し，カリウムイオン（K^+）を細胞内に汲み入れる。神経におけるイオンポンプの活動は，膜の両側に電荷の分離（電位差）を生じ，細胞を**電気的に興奮可能**な状態にする。神経細胞は**静止状態**では細胞内が負（K^+が多い状態）であり，この状態がナトリウム―カリウムポンプによって維持されている。このポンプによって，3個のNa^+が細胞外に移動すると2個のK^+が細胞内に入る（下図）。神経が刺激されると，ナトリウムの透過性が一時的に上昇し，膜の極性が反転する（**脱分極**）。神経インパルスが通過すると，ナトリウム―カリウムポンプがはたらき静止状態に戻る。

静止状態の神経細胞

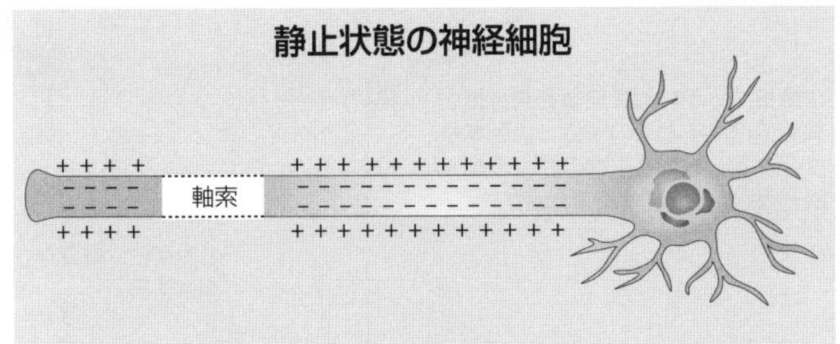

神経細胞が信号を伝達していないとき，細胞の内側は外側に比べて電気的に負である。この細胞の状態を電気的に分極しているという。なぜなら，細胞の内側と外側は反対に荷電しているからである。膜を介した電気的な差（電圧）は**静止電位**と呼ばれ，ほとんどの神経細胞で約－70mVである。神経伝達はこの電位が存在するため可能となる。

神経インパルス

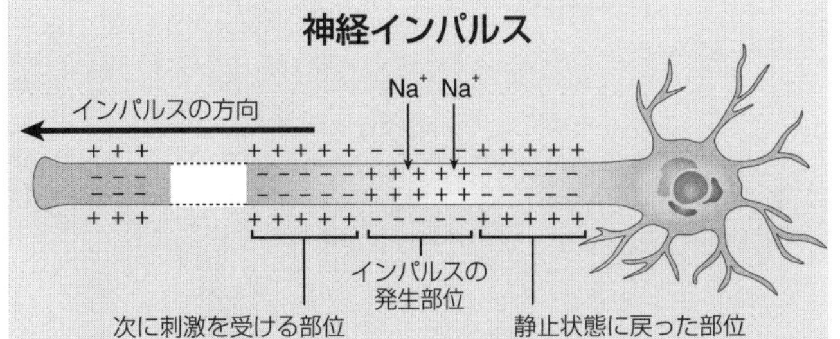

神経を刺激すると，その膜の両側の電位が逆転する。これを**脱分極**という。この脱分極を引き金として，電気的活動が神経の軸索に沿って連続的に発火し，**活動電位**が生じる。逆転した電位が次の部位に到達すると，その部位の電位が逆転し脱分極する。このようにしてインパルスが軸索上で伝達される。

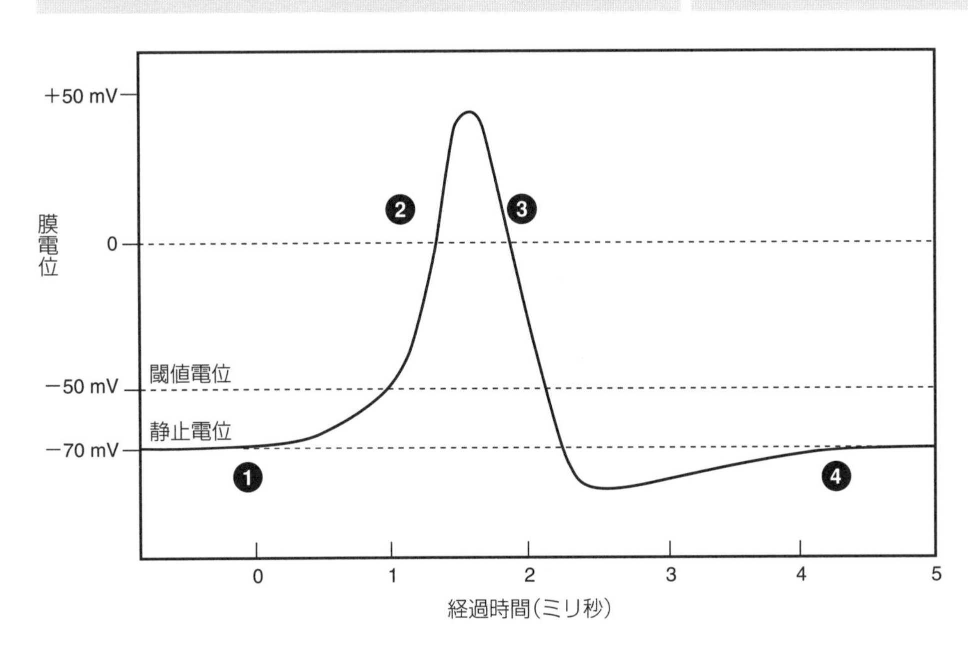

軸索の脱分極は膜電位の電荷として示される（mV）。活動電位が発生するためには，刺激が**閾値電位**に十分に達する必要がある。この電位に達すると，膜の脱分極が止まらず，活動電位が発生する。

活動電位の発生は**全か無か**である。一度発生したインパルスは，常に閾値を超え，減衰することなく軸索上を伝搬する。膜電位は，細胞内のK^+が細胞外に出されることで，静止電位に戻る。この間を**不応期**といい，神経はインパルスに反応しない。

電位依存性イオンチャネルと活動電位

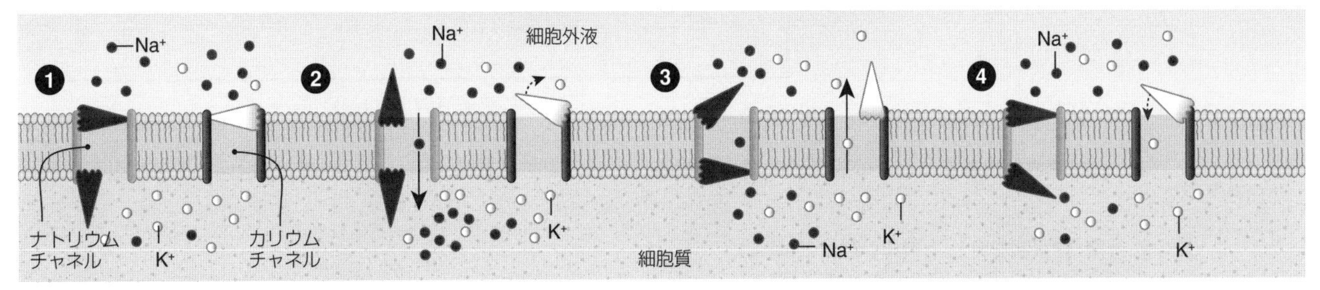

静止状態

電位依存性Na^+チャネルとK^+チャネルはともに閉じている。

脱分極

電位依存性Na^+チャネルが開き，ナトリウムイオンが急速に流入する。神経細胞の内側は外側に対して正となる。

再分極

電位依存型Na^+チャネルは閉じてK^+チャネルが開く。カリウムイオンが細胞の外へと移動し，細胞内の負の電位が回復する。

静止状態の回復

電位依存型Na^+チャネルとK^+チャネルが閉じて，神経細胞は静止状態に戻る。

軸索のミエリン鞘は，脊椎動物の神経系に特徴的なもので，高速での神経伝導を可能にしている。有髄神経では，軸索に沿ってインパルスが**跳躍伝導**する。活動電位はランビエ絞輪だけに発生し，ここに電位依存型チャネルがある。軸索は絶縁されているため，ランビエ絞輪で生じた活動電位は次のランビエ絞輪に活動電位を引き起こす。そのため，インパルスは軸索に沿って跳躍するように伝導する。無髄神経には，軸索全体に電位依存型チャネルが存在するため，インパルスは有髄神経とは異なった伝導のしかたをする。

ミエリン鞘があることで，伝導速度が速くなり，脱分極する部位が少なくて済むようになると，Na^{+}とK^{+}が静止レベルに戻るのに必要なエネルギー消費を減少させることができる。

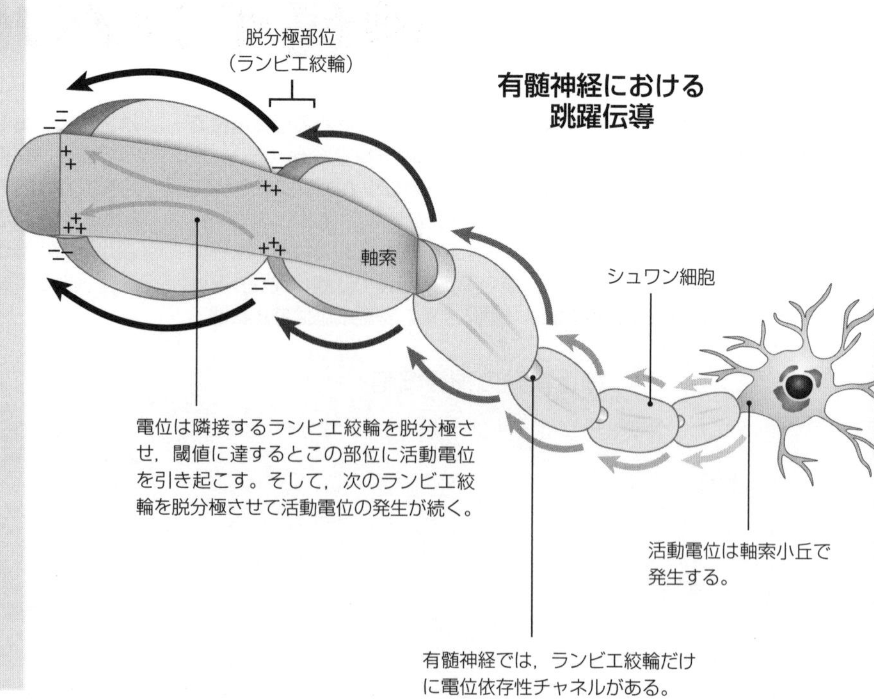

1．活動電位とは何か説明しなさい。

2．(a) 跳躍伝導では何が起こっているか述べなさい。

(b) これは伝導速度にどのような影響があるか述べなさい。

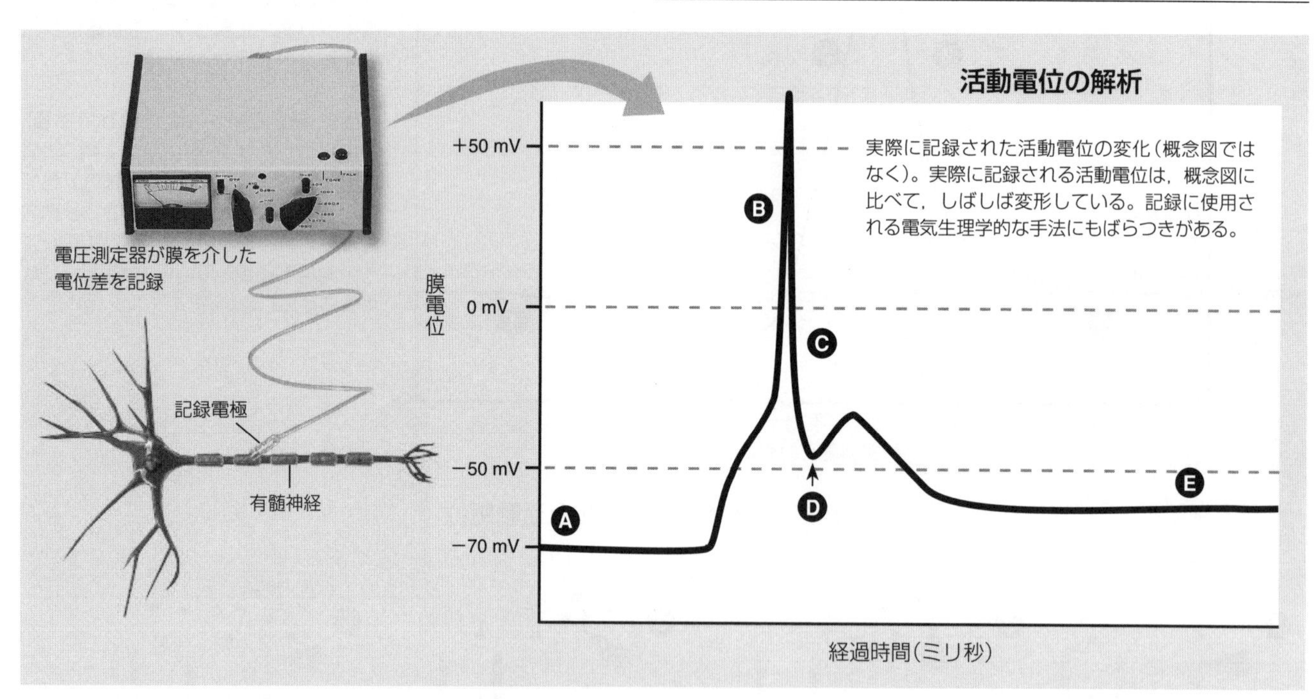

3．上のグラフは，活動電位が伝搬するときの膜電位の変化を記録したものである。各ステージ（A〜E）に相当するのは以下のどれか答えなさい。

- [ ] 膜の脱分極（軸索膜を介した素早いNa^{+}の流入）
- [ ] 過分極（K^{+}チャネルが閉じるのが遅れるために生じるオーバーシュート）
- [ ] 刺激が広がったあとの静止電位への回復
- [ ] Na^{+}チャネルが閉じて，ゆっくりとK^{+}チャネルが開き始める再分極
- [ ] 膜の静止電位

神経伝達物質

重要概念：神経伝達物質は，神経細胞間で信号を伝達するための化学物質である。

神経伝達物質は，神経細胞間で信号を伝達するための化学物質である。これは神経の軸索終末で見られ，神経終末が脱分極または過分極になると，神経終末と次の神経細胞の間（シナプス間隙）に放出される。さまざまな神経伝達物質が，体の部位によって異なる反応を起こすこともある。活性化する受容体によって，神経伝達物質は興奮性（活動電位を引き起こす），または抑制性（過分極を引き起こす）となる。

神経細胞間での信号を伝える神経伝達物質

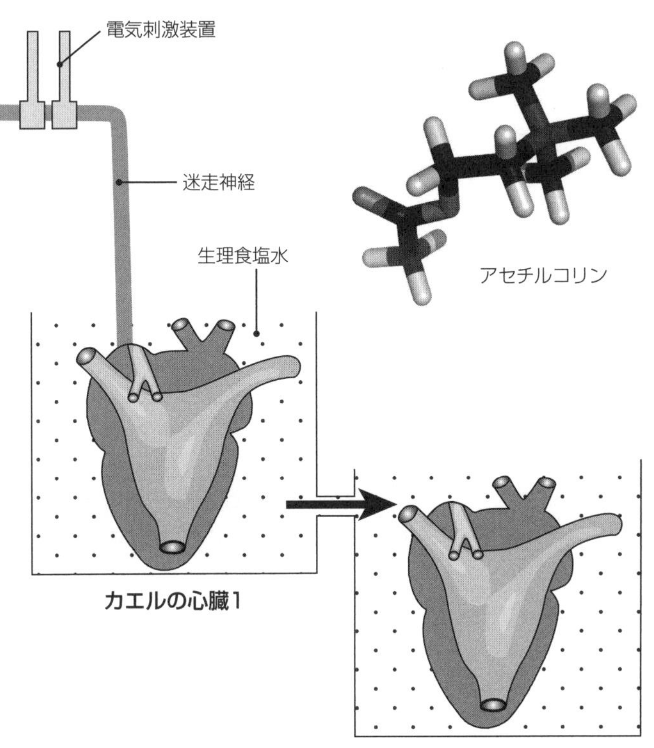

神経細胞間で化学的な信号のやりとりがあることが，1921年にオットー・レーヴィによって初めて証明された。彼の実験では，拍動する2つのカエルの心臓を，それぞれ生理食塩水を満たした容器に入れ，2つの容器を管でつなげておいた。第1の心臓の迷走神経を電気刺激して拍動を弱めると，少し遅れて，第2の心臓の拍動もゆっくりとなった。第1の心臓の拍動を速めると，第2の心臓の拍動も速まった。第1の心臓を電気刺激したことで生理食塩水中に化学物質が放出され，第2の心臓に作用した。この化学物質は，今では神経伝達物質としてよく知られている**アセチルコリン**であることがわかった。

神経伝達物質に対する殺虫剤の影響

神経伝達物質が次々と発見され，それらの働きがわかるようになると，科学者たちはそれらの性質を研究し，殺虫剤をはじめ有益な応用方法を開発するようになった。殺虫剤は，害虫の数を抑えるのに用いられる化学物質で，その多くは，神経細胞の情報伝達に影響を与えることで作用する。殺虫剤は，伝達物質の取り込みを阻害したり，取り込む量を通常よりずっと多くしたりする。

ネオニコチノイド系殺虫剤は，後シナプスのニコチン性アセチルコリン受容体に不可逆的に結合し，神経を興奮させ続けることで昆虫に死をもたらす。効果は長い間蓄積するため，少量でも致死的になる。

マメ科植物から吸汁するエンドウヒゲナガアブラムシ

ネオニコチノイド系殺虫剤は，特にアブラムシ（上写真）のような吸汁性昆虫に効果がある。アブラムシは多くの穀物に多大な被害を与えている。

1. 神経伝達物質の働きについて述べなさい。

2. (a) レーヴィがカエルの心臓を用いた実験で発見した神経伝達物質は何か，答えなさい。

   (b) 実験における第2の心臓の拍動が減少する前に遅れがあったのはなぜか，述べなさい。

3. ネオニコチノイド系殺虫剤は化学シナプスにどのような影響を与えるか，述べなさい。

化学シナプス

重要概念：化学シナプスは神経細胞の間か，神経細胞と受容器あるいは効果器の細胞との結合部である。

活動電位が伝達される細胞間の結合部を**シナプス**という。シナプスは，神経細胞の間や，神経細胞と効果器の細胞（筋肉や腺）の間にある。軸索終末は膨らんでシナプス小頭となり，受容側の神経細胞とわずかな隙間（シナプス間隙）で隔てられている。シナプス小頭には，**神経伝達物質**を内包した小胞が詰まっている。シナプス小頭から放出された神経伝達物質は間隙を拡散し，受容膜（後シナプス）と相互作用して電気的応答を起こす。下の例のように，神経伝達物質は膜の脱分極を起こし，活動電位を発生する。ある神経伝達物質は反対の作用をして神経活動を抑制する（たとえば，心拍数の低下）。化学シナプスは神経系でも広くみられるタイプのシナプスである。

化学シナプスの構造

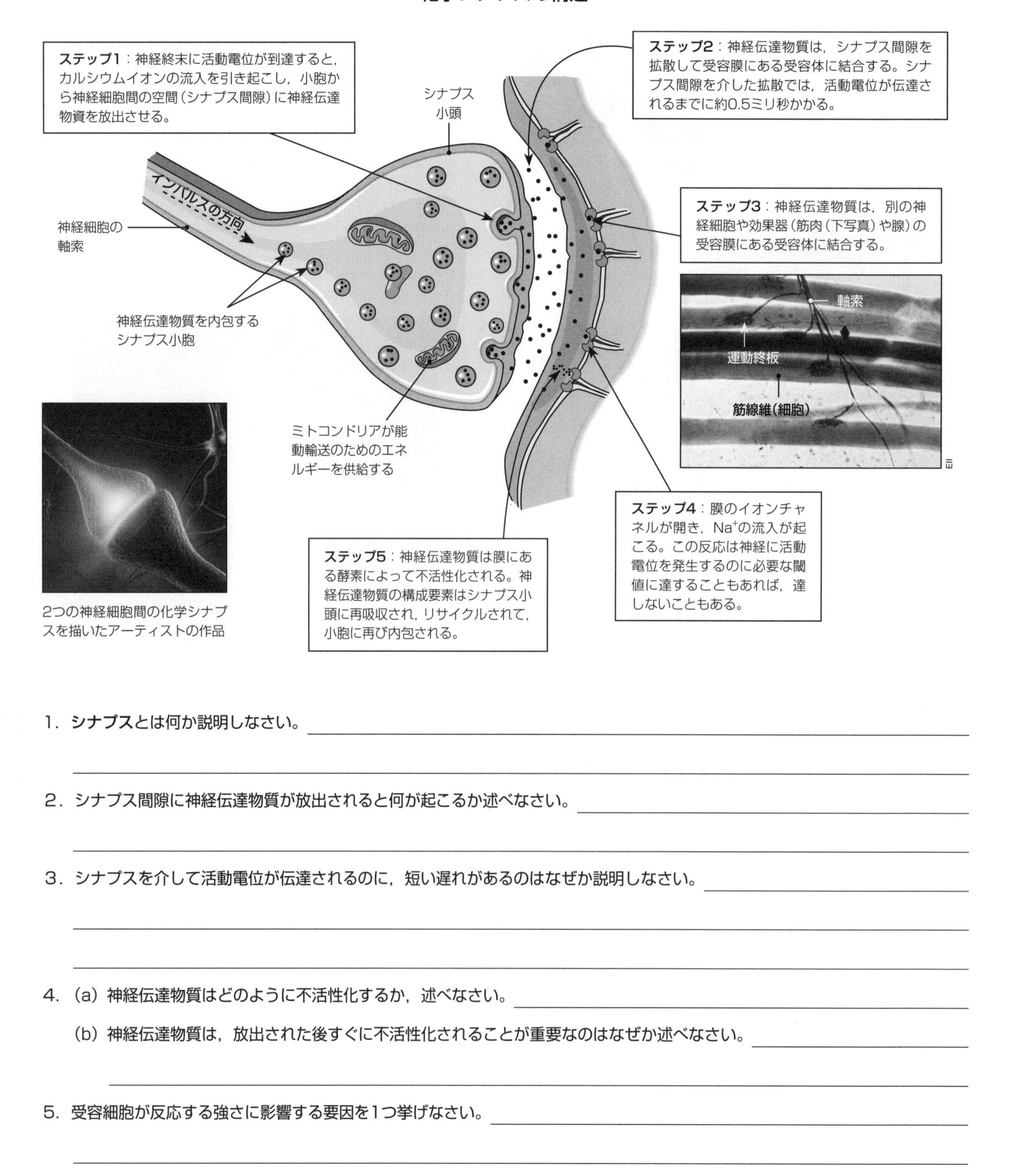

2つの神経細胞間の化学シナプスを描いたアーティストの作品

1. **シナプス**とは何か説明しなさい。

2. シナプス間隙に神経伝達物質が放出されると何が起こるか述べなさい。

3. シナプスを介して活動電位が伝達されるのに，短い遅れがあるのはなぜか説明しなさい。

4. (a) 神経伝達物質はどのように不活性化するか，述べなさい。

   (b) 神経伝達物質は，放出された後すぐに不活性化されることが重要なのはなぜか述べなさい。

5. 受容細胞が反応する強さに影響する要因を1つ挙げなさい。

脳における神経伝達物質の化学的不均衡

重要概念：いくつかの精神障害は，脳におけるシナプスに作用する薬で治療することができる。

特定の神経伝達物質のレベルが乱れて，特定の神経経路に機能不全が起こることで発症する精神疾患は多い。研究者たちは，神経伝達物質と化学シナプスに関する知見をもとに，特定の神経伝達物質を代替したり，レベルを上昇させたりする薬を開発し，特定の脳障害の治療に役立てている。

パーキンソン病

パーキンソン病の患者では，脳の運動皮質での刺激が少なくなっている。ドーパミンの産生を司る黒質（右図）で，ドーパミン産生量が減少するためである。これは，多くの場合，神経細胞が死んだ結果である。患者ではゆっくりとした動きや，痙攣性の震えといった症状が見られる。しかし，それらの症状は70%のドーパミン産生細胞を失うまでは見られない。

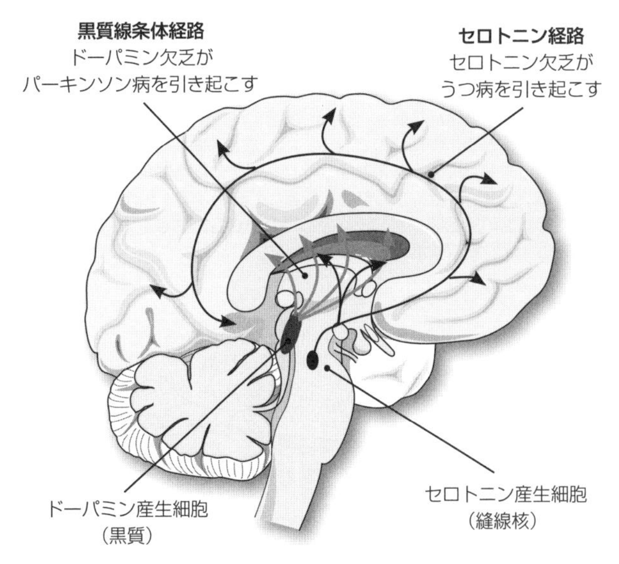

パーキンソン病の治療

パーキンソン病は，脳の運動に関係する経路で，ドーパミン産生の減少やドーパミンレベルの低下によって起こる。したがって，パーキンソン病の治療では体内のドーパミンレベルを上げることが中心となる。**L-ドーパ**はドーパミン前駆体で，血液脳関門を通過して脳に入ることができ，脳でドーパミンに変換される。L-ドーパによる治療によって，パーキンソン病のいくつかの症状が緩和することが示されている。

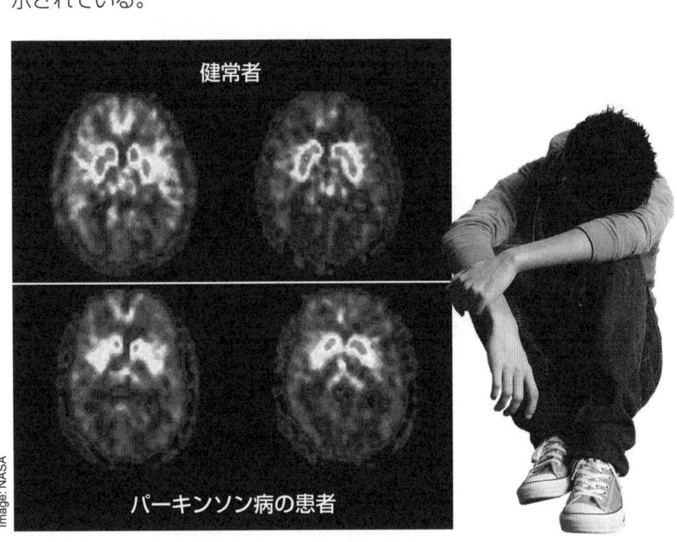

PET（陽電子放出断層撮影）によって，脳の運動皮質におけるドーパミン産生細胞の活動状態を計測することができる。パーキンソン病の患者（写真下）では，健常者に比べドーパミン産生細胞の活動が低いことがわかる。

うつ病

うつ病の人（左写真）は，長期間にわたり，気分の低下，自尊心の低下，後悔，罪の意識，絶望感を経験する。うつ病は，環境要因（ストレスなど）と生物学的要因（脳の縫線核における低い**セロトニン**産生）の両方が相まって起こることが多い。

うつ病の治療

セロトニンと**うつ病**の関係から，セロトニンレベルを変える**抗うつ剤**が開発された。抗うつ剤として一般的に使用されるモノアミン酸化酵素阻害剤（MAOI）は，脳におけるセロトニンの分解を妨げることで，セロトニンレベルを上げる。選択的セロトニン再吸収阻害剤（SSRI）と呼ばれる新しい薬は，後シナプス細胞によるセロトニン再吸収を阻害する。細胞外のセロトニンのレベルが増加すると，後シナプス細胞に結合しやすくなり，脳のセロトニンレベルを安定させる。SSRIは他の抗うつ剤よりも副作用が少ない。それは，特異的な標的はセロトニンだけであり，他の神経伝達物質には作用しないからである。

1．神経伝達物質は精神障害にどのように関与しているか述べなさい。＿＿＿＿＿＿＿＿＿＿

2．次の精神障害の原因を述べ，薬物を使ってどのような治療ができるか述べなさい。

(a) パーキンソン病：＿＿＿＿＿＿＿＿＿＿

(b) うつ病：＿＿＿＿＿＿＿＿＿＿

ホルモン調節系

重要概念：内分泌系は，血中に化学伝達物質（ホルモン）を放出し，標的細胞に作用することで体内の諸過程を調節する。

内分泌系は，**内分泌細胞**（内分泌腺を構成する）と，それらが生産する**ホルモン**からなる。ホルモンは化学的な調節物質として非常に効果的であり，ごく微量で代謝に大きな影響を及ぼす。内分泌腺は管をもたない腺であり，輸送管などを介さずに血流中に直接ホルモンを分泌する。ホルモン調節の基礎と，ホルモン量の調節における負のフィードバック機構の役割を以下に述べる。

ホルモンの作用機構

内分泌細胞はホルモン（化学伝達物質）をつくり，それらを血中に分泌することで体中に分散させる。ホルモンは体中に行きわたるが，特定の標的細胞にのみ作用する。これらの標的細胞は細胞膜上に受容体をもつ。受容体は，ホルモンを認識して結合する（下図）。ホルモンと受容体との結合は，標的細胞の応答の引き金となる。対応する受容体をもたない細胞はホルモンに反応しない。

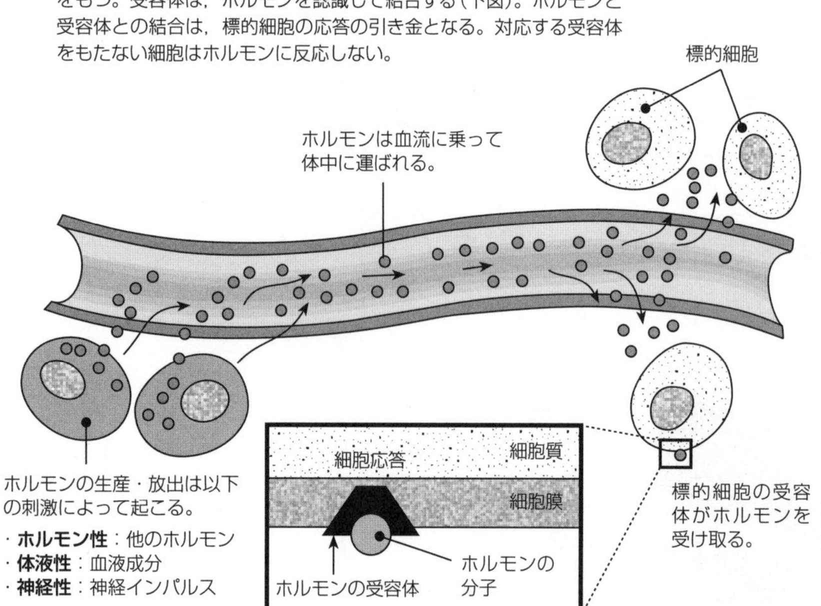

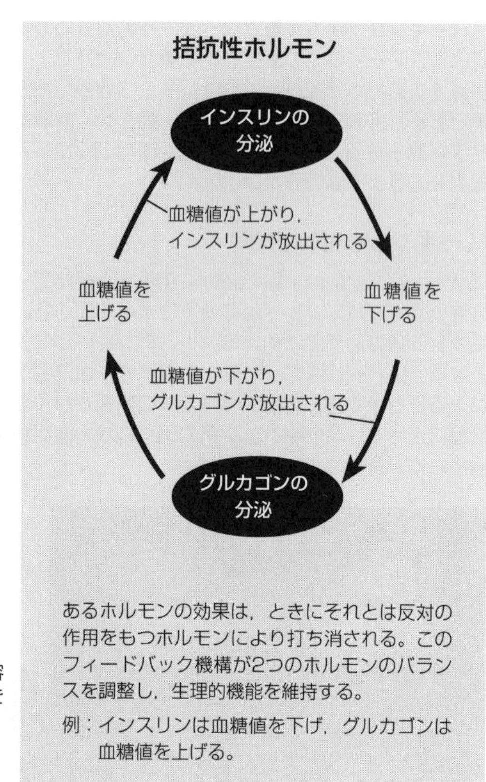

あるホルモンの効果は，ときにそれとは反対の作用をもつホルモンにより打ち消される。このフィードバック機構が2つのホルモンのバランスを調整し，生理的機能を維持する。

例：インスリンは血糖値を下げ，グルカゴンは血糖値を上げる。

1. (a) **拮抗性ホルモン**とは何か説明し，その2つのホルモンがどのように作用するか，例を挙げて説明しなさい。

____

____

例：______________________________

____

(b) ホルモン量の調節においてフィードバック機構がどのように働いているか，例を挙げて説明しなさい。

____

____

2. すべての細胞にホルモンは届くが，どのようにして標的細胞にだけ応答を引き起こすのか説明しなさい。

____

____

3. 次の点について，ホルモンによる調節が神経系の調節と異なるのはなぜか説明しなさい。

(a) ホルモンへの応答はゆっくりしている：______________________________

____

(b) ホルモンへの応答は通常，長く持続する：______________________________

____

ホメオスタシスの原理

重要概念：ホメオスタシスとは，体の外部環境が変動しても内部環境が比較的一定に保たれる性質をいう。

ホメオスタシス（内部環境の恒常性）は，体内器官の相互作用によって維持されている。ホメオスタシスを調節する仕組みには，環境の変化を感知する受容器，調節を行う中枢，適切な応答を行う効果器の3つの機能的な要素がある。これは，理想的な状態から遠ざかるような変化が生じるとそれが引き金となり，さらなる変化を抑えるメカニズムである。このフィードバック機構により，生体は攪乱をやわらげ，安定した状態を回復する。身体の調節機構のほとんどは，**負のフィードバック**によってホメオスタシスを維持している。

器官系は生体内のすべての細胞に必要な安定した内部環境を維持し，さまざまな外部環境，ときには著しく変動する外部環境の中で動物が生活できるようにする。ここに挙げた哺乳類の例は，器官系がどのようにして環境との物質交換を行っているのかを示している。物質交換を行う器官系の表面は通常，生体の内部にあるが，体表の開口部を通じて外部環境とつながっていることもある。

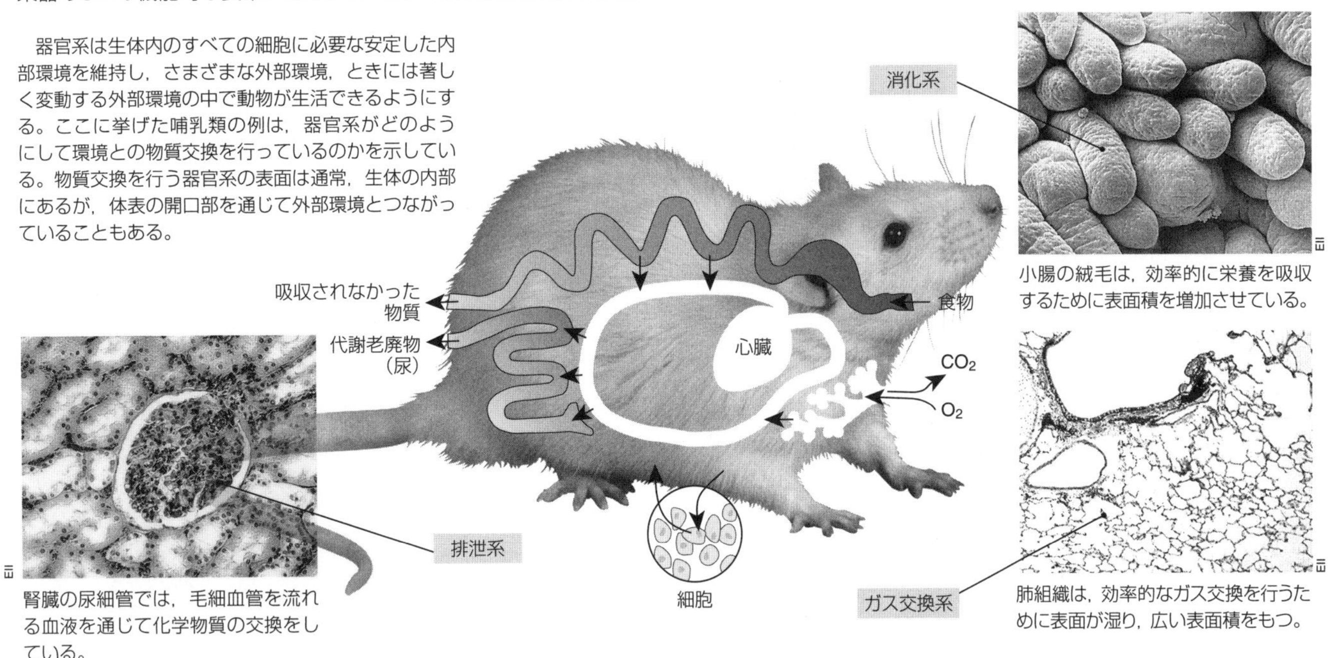

小腸の絨毛は，効率的に栄養を吸収するために表面積を増加させている。

腎臓の尿細管では，毛細血管を流れる血液を通じて化学物質の交換をしている。

肺組織は，効率的なガス交換を行うために表面が湿り，広い表面積をもつ。

負のフィードバックと調節系

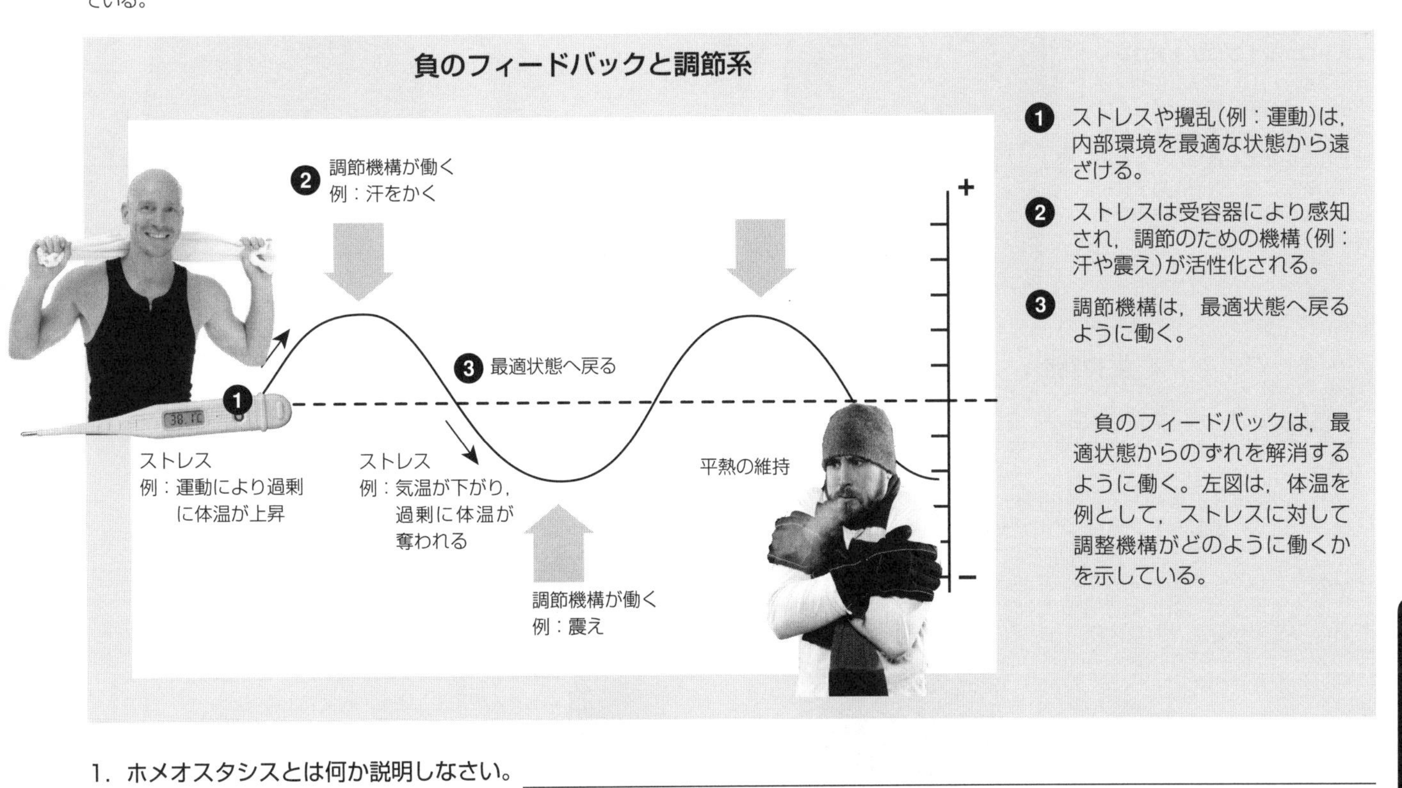

❶ ストレスや攪乱（例：運動）は，内部環境を最適な状態から遠ざける。

❷ ストレスは受容器により感知され，調節のための機構（例：汗や震え）が活性化される。

❸ 調節機構は，最適状態へ戻るように働く。

負のフィードバックは，最適状態からのずれを解消するように働く。左図は，体温を例として，ストレスに対して調整機構がどのように働くかを示している。

1. ホメオスタシスとは何か説明しなさい。 ______________________________

2. 変動する環境の中で，どのようにして負のフィードバック機構がホメオスタシスを維持するのか説明しなさい。

内分泌系

需要概念：**内分泌系は，内分秘腺から分泌されるホルモンを通じて特定の代謝を調節する。**

内分秘腺は管をもたない腺であり，体中に分布している。分泌された**ホルモン**（情報伝達のための化学物質）は血流で運ばれ，標的細胞に特異的効果を及ぼす。ホルモはその後，分解されて排出される。視床下部は脳の一部で，厳密には内分秘腺ではないが，神経と内分泌系をつなげており，体の活動の調節を行っている。

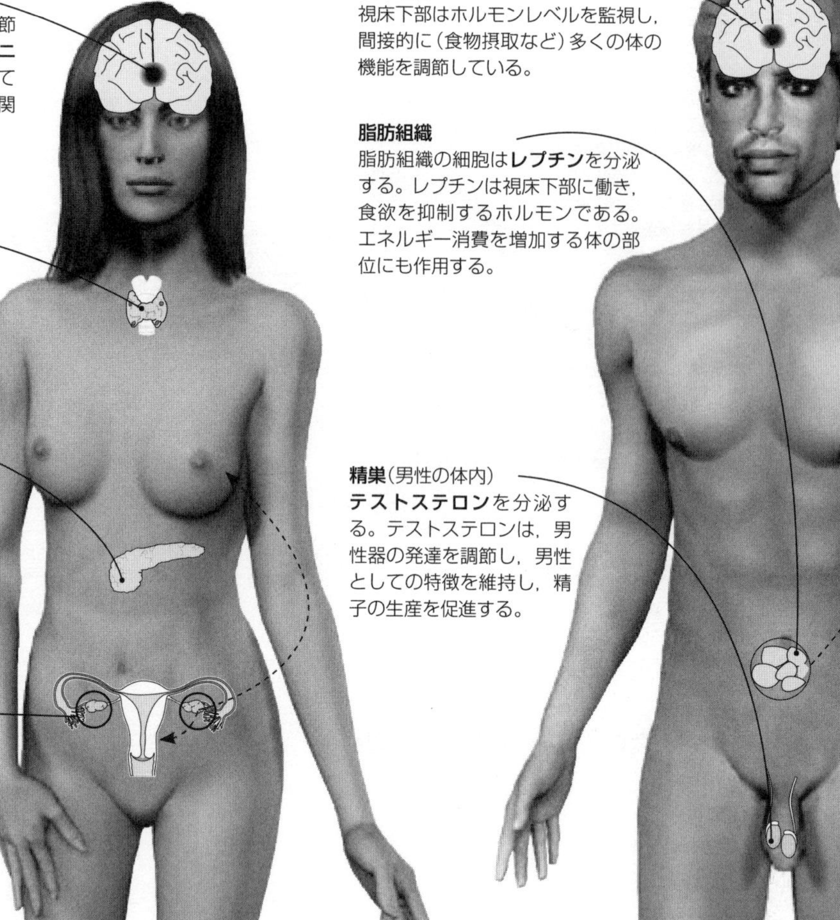

松果体
脳にある小さな腺で，睡眠周期を調節するメラトニンを分泌する。**メラトニン**は概日リズム（24時間）にしたがって分泌され，生殖ホルモンの調節にも関与している。

甲状腺
ヨウ素を含むホルモンであるチロキシンを分泌する。**チロキシン**は，代謝や成長を促し，体温調節にも関与している。

膵臓
特殊化した内分泌細胞であるα細胞は**グルカゴン**を分泌する。グルカゴンは血糖値を上げる働きをする。β細胞は**インスリン**を分泌する。インスリンは血糖値を下げる働きをする。これら2つのホルモンが協調して血糖値を調節する。

卵巣（女性の体内）
エストロゲンと**プロゲステロン**を分泌する。これらの性ホルモンは第一次および第二次性成長における体の発達を調節する。また，女性としての特徴を維持し，生理周期を引き起こし，妊娠能力を維持し，授乳のための乳腺の準備をする。

視床下部
視床下部はホルモンレベルを監視し，間接的に（食物摂取など）多くの体の機能を調節している。

脂肪組織
脂肪組織の細胞は**レプチン**を分泌する。レプチンは視床下部に働き，食欲を抑制するホルモンである。エネルギー消費を増加する体の部位にも作用する。

精巣（男性の体内）
テストステロンを分泌する。テストステロンは，男性器の発達を調節し，男性としての特徴を維持し，精子の生産を促進する。

生物時計，メラトニン分泌，時差ぼけ

長距離を速く旅する航空旅行は，正常な睡眠周期に混乱を引き起こす（**時差ぼけ**）。複数の時間帯を横切る旅行では，体内時計が目的地の時間帯にすぐには同調できないため，体内時計を調節する必要がある。時差ぼけの症状としては，疲労感，不眠症，短気など。時差ぼけの治療薬は多くあり，メラトニンが含まれていて，体内時計を新しい時間帯に合わせてリセットしてくれる。体内時計が出発地の古い時間帯のままにある旅行者が，新しい時間帯の夜間にメラトニンを服用すれば，睡眠が促進され体内時計がリセットされる。

時差ぼけの激しさは，飛行時間よりも東西に移動した距離と関連している。

松果体は，睡眠誘発ホルモンである**メラトニン**を，まわりが暗いときに分泌する。メラトニン生産は強い光で抑制される。

メラトニン

目

いったん光に当たると，視交叉上核（SCN）が一連の作用を開始し覚醒を促進する（体温上昇，刺激ホルモンの分泌など）。SCNは松果体と情報交換を行い，暗くなるまでメラトニン産生を抑制する。

生物時計は，昼に覚醒して活動し，暗くなると眠るといった，自然な睡眠周期を調節している。生物時計は，視床下部の中の目のすぐ後ろにある，視交叉上核（**SCN**）と呼ばれる一群の細胞によって構成されている。光が目に入ると，SCNが活性化する。常に24時間周期に同調するためには，生物時計は日ごとリセットされる必要がある。

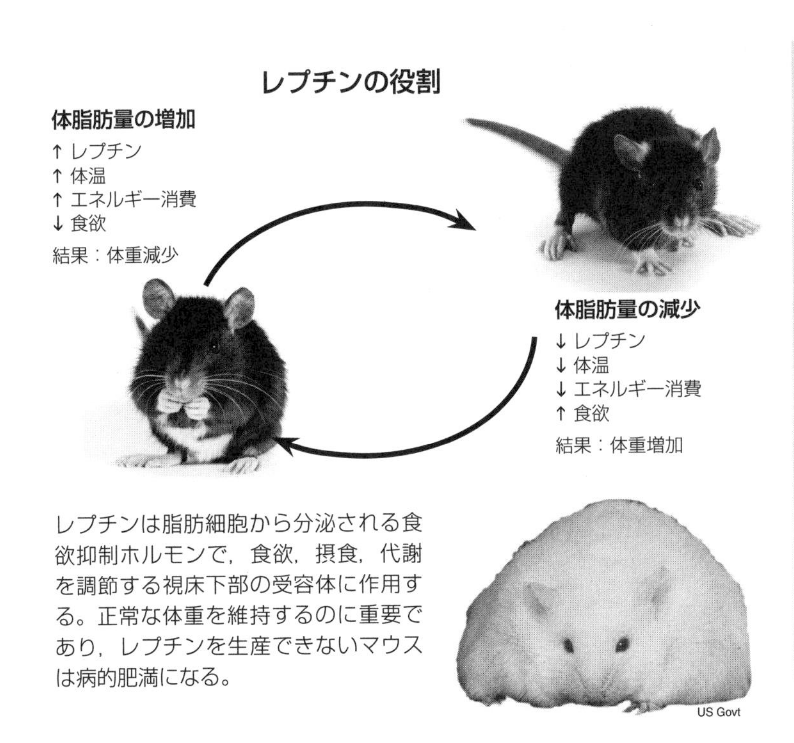

レプチンは脂肪細胞から分泌される食欲抑制ホルモンで，食欲，摂食，代謝を調節する視床下部の受容体に作用する。正常な体重を維持するのに重要であり，レプチンを生産できないマウスは病的肥満になる。

US Govt

レプチンと肥満

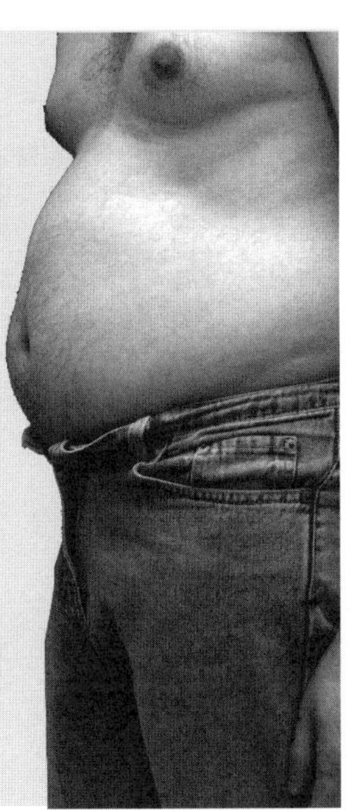

レプチンの作用が最初に発見されたとき，レプチン補助薬が肥満治療に利用できると期待された。しかし，肥満した人たちにレプチンを投与しても，期待以上には体重が減らなかった。

さらに，肥満した人のレプチン分泌量はすでに十分高く，レプチン耐性になっていることがわかった。長い間に，脳のレプチンに対して応答する能力が減少したため，レプチンはもはや食欲を抑制しなくなってしまった。

1. 前のページを参考に，次の表を完成させなさい。

ホルモン	分泌する組織	役割
インスリン		
	脂肪組織	
	卵巣	
メラトニン		
テストステロン		
		血糖値上昇
チロキシン		

2. (a) 長距離旅行がヒトの正常な睡眠周期をどのように混乱させるか述べなさい。

(b) **メラトニン**補助薬を服用することが時差ぼけの影響を減らすのに役立つのはなぜか述べなさい。

3. 体重を維持するための**レプチン**の役割を説明しなさい。

4. 肥満の人たちのレプチンレベルはとても高いが，食欲を減らすことができない。なぜこのようなことが起こるのか説明しなさい。

血糖値の調節

重要概念：膵臓の内分泌組織は，インスリンとグルカゴンを産生し，これらは負のフィードバックにより血糖を一定状態に維持する。

血糖値は，インスリンとグルカゴンという2種類のホルモンが互いに**負のフィードバック**をすることで調節されている。これらのホルモンは膵臓のランゲルハンス島細胞で生産され，血糖値の調節において反対の働きをする。**インスリン**はβ細胞から分泌され，血液から体細胞へのグルコースの取り込みを促進して血糖値を下げ，肝臓でグルコースが貯蔵分子であるグリコーゲンに変換するのを促進する。**グルカゴン**はα細胞から分泌され，貯蔵グリコーゲンの分解や，アミノ酸からのグルコース合成を刺激して，血糖値を上げる。血糖値が正常なレベルに回復すると，負のフィードバックはホルモンの分泌を停止させる。

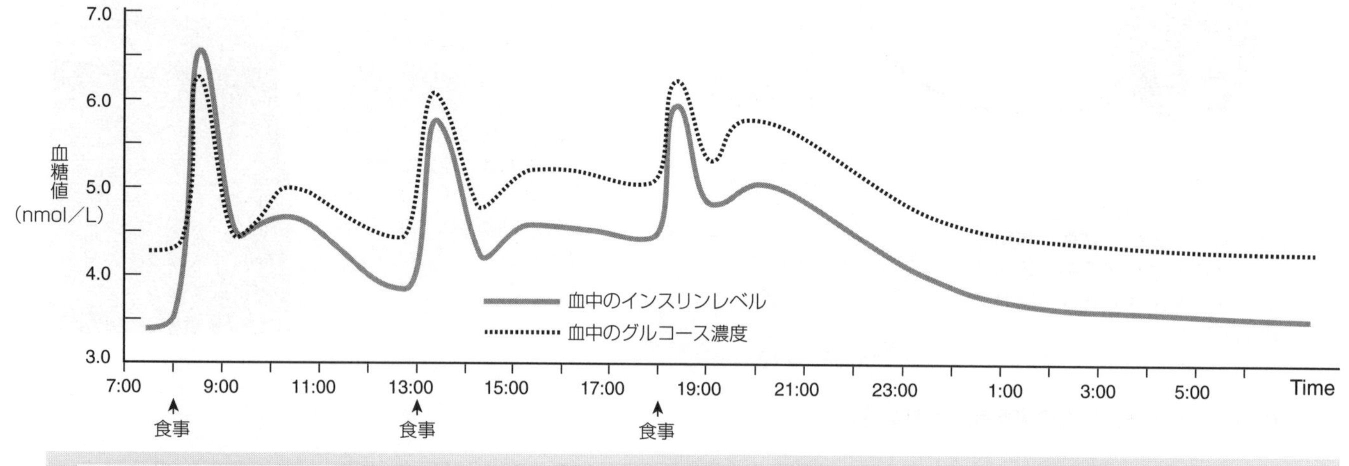

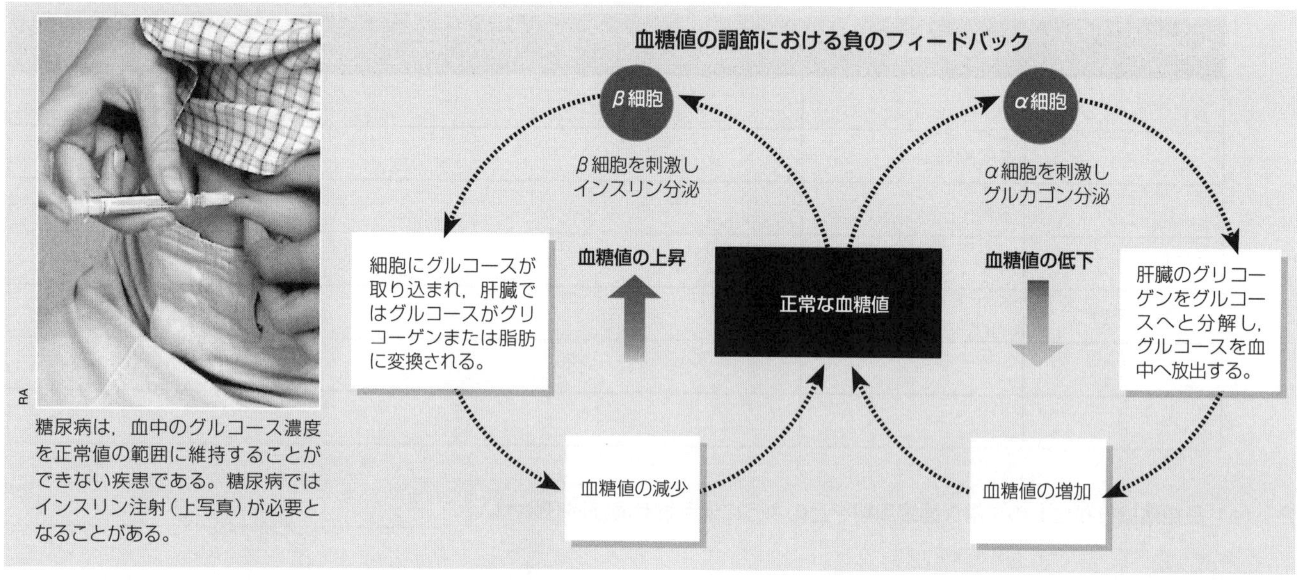

糖尿病は，血中のグルコース濃度を正常値の範囲に維持することができない疾患である。糖尿病ではインスリン注射（上写真）が必要となることがある。

1. (a) インスリンの分泌に必要な刺激は何か答えなさい。
   (b) グルカゴンの分泌に必要な刺激は何か答えなさい。
   (c) グルカゴンがどのようにして血糖値を上げるか説明しなさい。
   (d) インスリンがどのようにして血糖値を下げるか説明しなさい。

2. 上のグラフで，グルコースとインスリンの血中濃度が示す変動パターンについて説明しなさい。

3. インスリンとグルカゴンの分泌を調節しているのは，次に示すどの機構か答えなさい。（体液系，ホルモン系，神経系）

糖尿病

重要概念：糖尿病は，インスリンが欠乏するか(Ⅰ型)，インスリンの効果に対して抵抗性を示す(Ⅱ型)ために血糖値が上昇する疾病である。

糖尿病は，通常の方法では体細胞がグルコースを取り込むことができなくなり，血糖値が高くなる疾病である。糖尿病は一般に，尿中にグルコースが検出されることで発見される(健常者では，グルコースは再吸収されるため尿中に現れることはない)。Ⅰ型とⅡ型の2種類の糖尿病があり，それぞれ異なる原因と治療法がある。どちらも，治療しないと生命にかかわる。

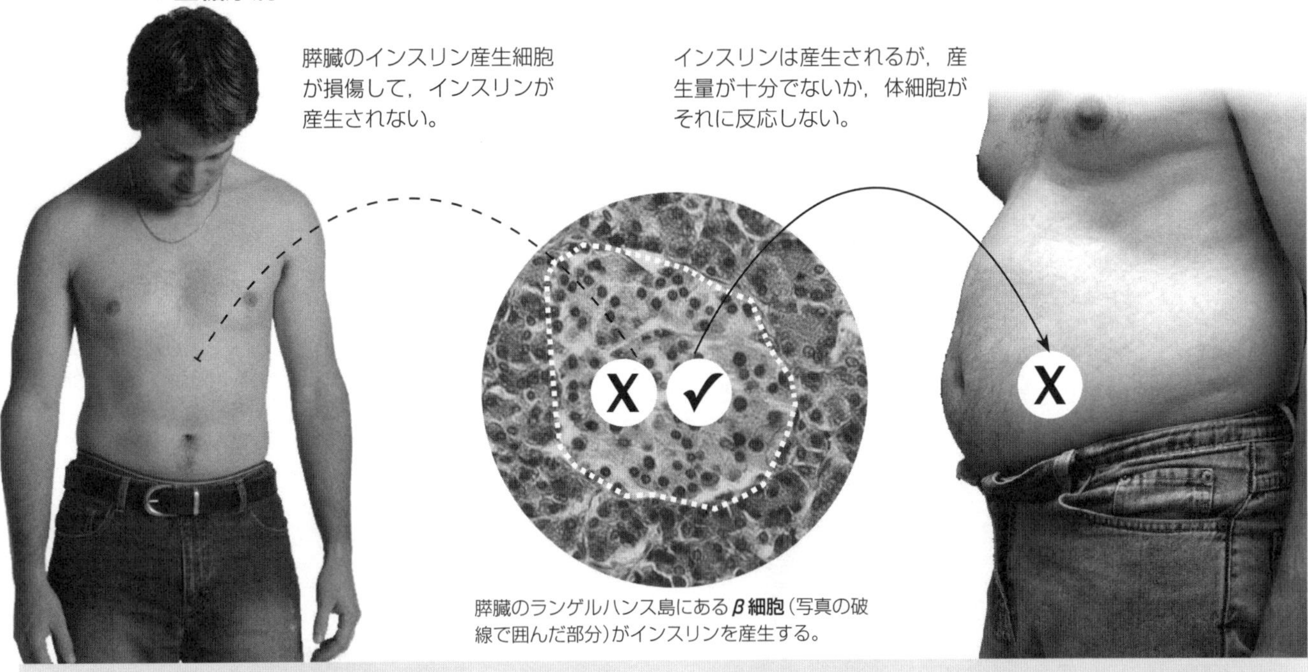

膵臓のランゲルハンス島にある**β細胞**(写真の破線で囲んだ部分)がインスリンを産生する。

Ⅰ型糖尿病(インスリン依存性)

発症年齢：若い時期で，子どもでも見られる。若年性糖尿病と呼ばれることもある。

原因：インスリン産生の欠損による，完全なインスリン欠乏(膵臓のβ細胞が自己免疫反応で破壊される)。遺伝的要素もあるが，たいていは子どものころのウイルス感染(おたふくかぜや風疹)がⅠ型糖尿病を引き起こす。

治療：血糖値を規則的に測定し，インスリン注射と食事療法を行い，血糖値が安定するようにする。

膵臓移植やインスリン産生細胞の移植，幹細胞の移植の研究が進みつつある。

Ⅱ型糖尿病(インスリン抵抗性)

発症年齢：たいていは40歳以上だが，若い人や肥満の子どもにも増えている。

原因：Ⅱ型糖尿病は，通常はライフスタイルの結果として起こる。肥満(BMI≧25)や運動不足，高血圧，高脂血症，偏食など，多くのことがⅡ型糖尿病に発展させる。民族性や遺伝要因が関係することもある。

治療：運動，体重の減少(特に腹部脂肪)，食事の改善をすることが，Ⅱ型糖尿病の管理として十分機能する。

生活習慣を改善しても効果が十分でないときは，抗糖尿病薬やインスリン療法(注射)が必要な場合もある。

1. なぜ糖尿病は血糖値が高くなるのか説明しなさい。＿＿＿＿＿＿＿＿

2. Ⅰ型糖尿病とⅡ型糖尿病の違いについて，原因や治療法を含めて述べなさい。＿＿＿＿＿＿＿＿

ヒトにおける水収支

重要概念：個体の生理機能を維持するためには，失われた分と同量の水分が補給されないとならない。水分は多過ぎても少な過ぎても健康問題を生じる可能性がある。

水分は生理的機能や健康維持にとって必須の存在である。ヒトは水分補給なしでは100時間以上生きることができない。失われた分と同量の水分が補給されなければならず，この水分バランスを**水分収支**と呼ぶ。個体の水分バランスを維持するのに必要な水の量は年齢，健康，性，体力レベル，環境（気温や湿度）など多くの要因によって異なる。水分バランスが維持されず，**脱水**（過剰な水分の損失）または**水分過剰**（過剰な水分の摂取）になると，生命にかかわる健康問題が生じる。

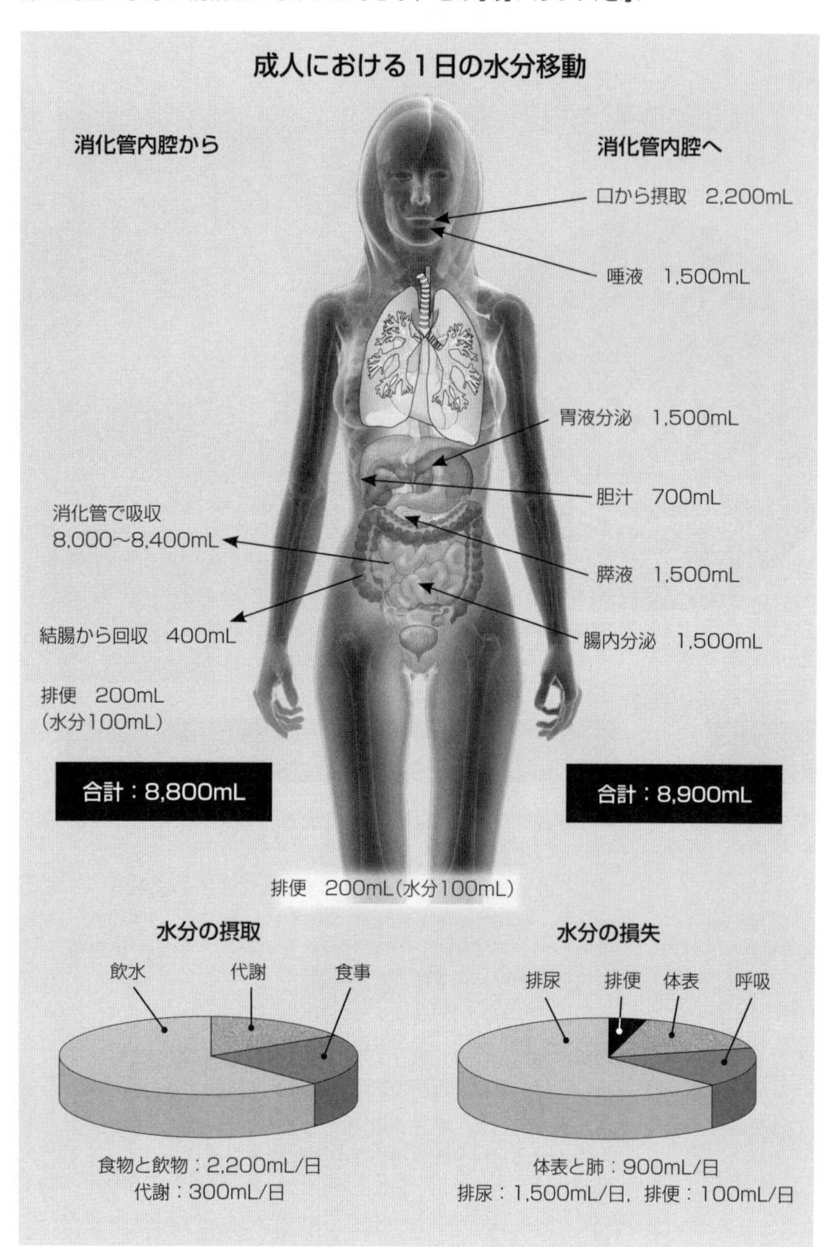

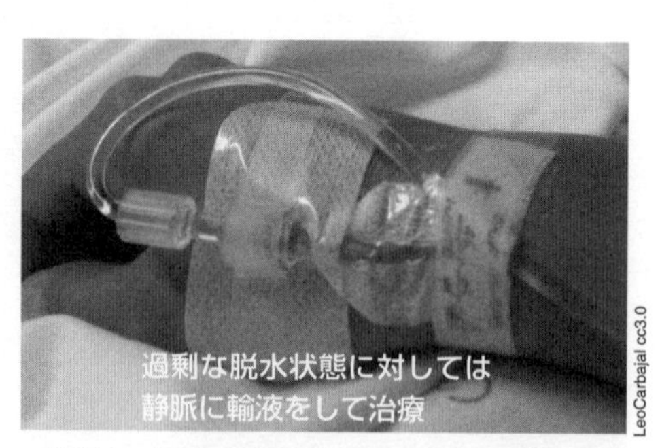

脱水は，体からの水分損失が水分摂取を超えたときに生じる。たとえば，過剰な運動，熱，嘔吐や下痢など）。多くの代謝過程が乱れるが，脱水の生理的影響は水分損失の大きさに依存する。

- ▶ 3〜4%損失：特に問題ない
- ▶ 5〜8%損失：疲労やめまい
- ▶ >10%損失：深刻な渇きをともない，生理的，精神的な変調をきたす
- ▶ >25%損失：たいていは致命的

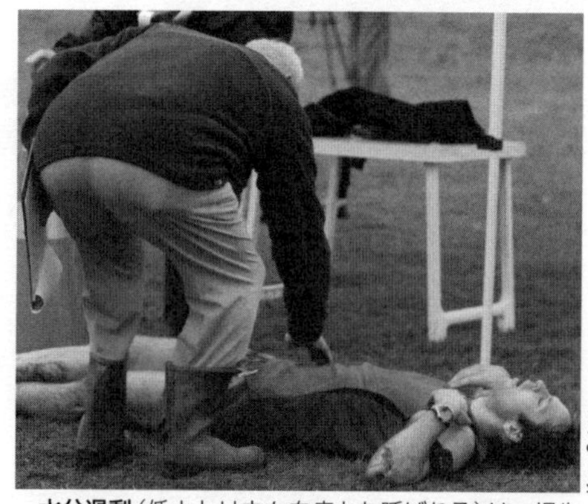

水分過剰（低ナトリウム血症とも呼ばれる）は，損失よりも過剰に水分を摂取したときに生じる。過剰な水分はナトリウムレベルを希釈し，消化障害，行動変調，脳損傷，発作，昏睡などを起こす。何時間もかかる長距離走をするスポーツ選手にもっともよく起こる。（上図）。

1. 代謝は体の活動のための水分をどのように供給するか述べなさい。

2. (a) **脱水**と**水分過剰**の違いについて説明しなさい。

   (b) それぞれの場合，生理的にどのようなことが起こるか述べなさい。

動物における窒素老廃物

重要概念：窒素老廃物は，窒素化合物を分解したときに発生する。窒素老廃物は有害となる程度まで蓄積する前に排泄されなければならない。

老廃物は蓄積すると有害な濃度となるため，絶えず(**排泄**)取り除かなければならない。**窒素老廃物**は，アミノ酸や核酸の分解によって生じる。窒素を含む分解物のうち，もっとも単純なものはアンモニアと呼ばれる低分子である。アンモニアは毒性が高いため，体内に長く留めておくことはできない。多くの水生動物は，体内にアンモニアが生じるとすぐに水中に排泄する。他の動物は，アンモニアを毒性の低い物質に変換する(**尿素**または**尿酸**)。そのため，特殊な排泄器官から排泄するまでの短い時間であれば，体内に老廃物をためておくことができる。陸生動物の排泄物の種類は，生物およびその生活史によってさまざまである。卵を産む陸生動物は尿素ではなく尿酸を生成する。尿酸は毒性をもたず，また水に非常に溶けにくいため，孵化までの間，卵の中に無害な固形物として留めておくことができる。

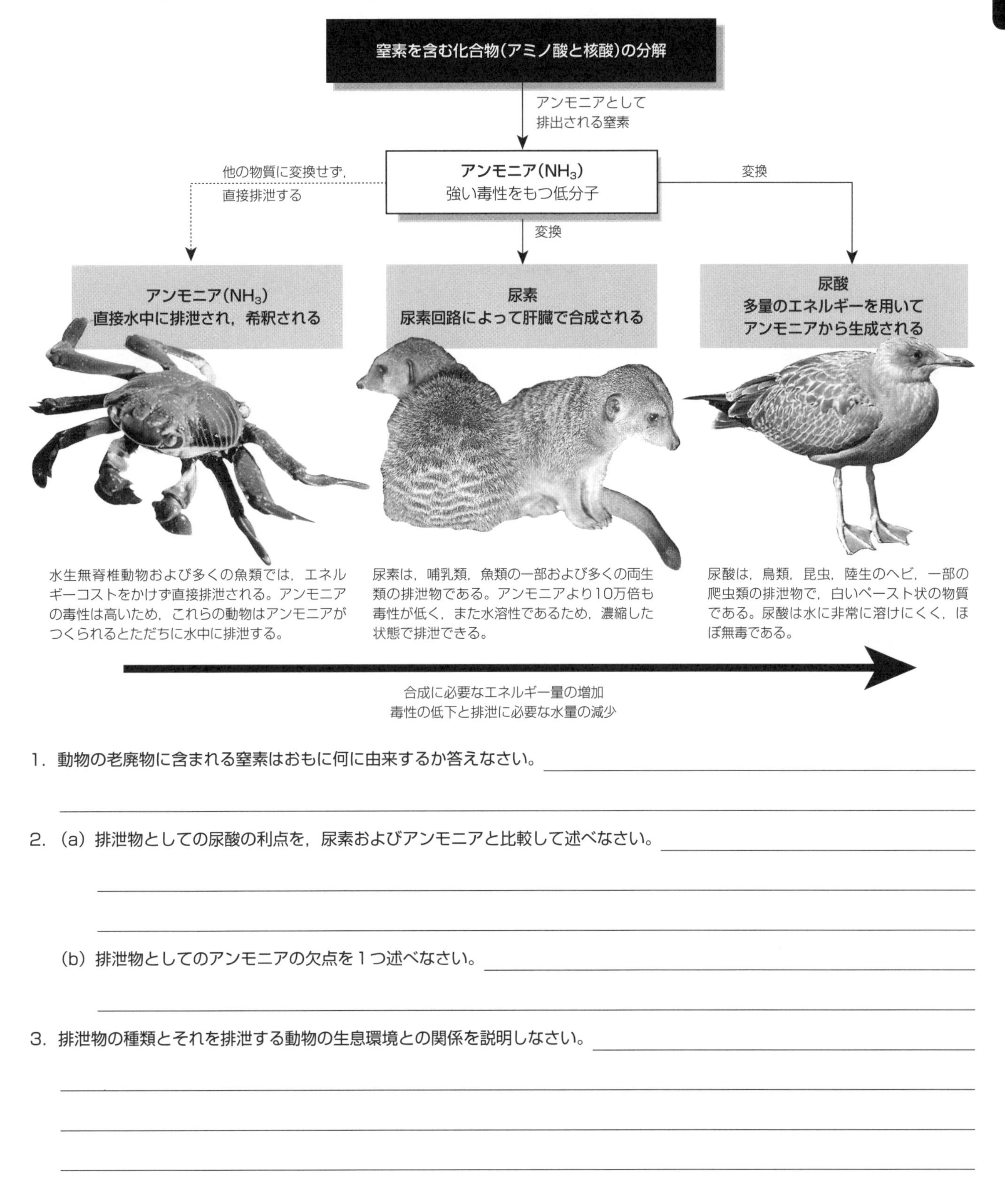

1. 動物の老廃物に含まれる窒素はおもに何に由来するか答えなさい。＿＿＿＿＿＿＿＿＿＿

2. (a) 排泄物としての尿酸の利点を，尿素およびアンモニアと比較して述べなさい。＿＿＿＿＿＿＿＿＿＿

   (b) 排泄物としてのアンモニアの欠点を１つ述べなさい。＿＿＿＿＿＿＿＿＿＿

3. 排泄物の種類とそれを排泄する動物の生息環境との関係を説明しなさい。＿＿＿＿＿＿＿＿＿＿

排 泄 系

重要概念：マルピーギ管は昆虫の排泄器官である。腎臓は脊椎動物の排泄器官である。

排泄系は成体から老廃物を除去する。昆虫の排泄器官である**マルピーギ管**は血液から窒素老廃物を尿酸として除去し，浸透圧調節の機能もする。脊椎動物では，排泄器官は腎臓である。すべての脊椎動物は尿をつくる。哺乳類と鳥類は効率のよい腎臓をもち，濃縮した尿をつくり，水やイオンを保存しながら窒素老廃物を排泄する。

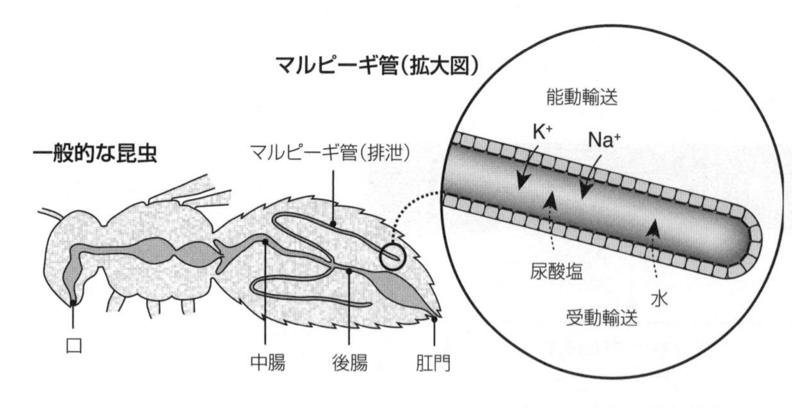

昆虫の排泄系

昆虫は2つから数百のマルピーギ管をもっている。これは中腸と後腸の結合部から突出している。マルピーギ管は昆虫の体腔にある透明な血リンパ液に浸かっていて，ここから管内にK^+とNa^+を能動的に取り込む。それに続くように水，尿酸塩，その他の物質が受動輸送によって取り込まれる。水やイオンは後腸に再吸収されるが，**尿酸**はペーストとして沈殿し，糞便物質と一緒に肛門から出る。固体の尿酸を排泄することで水を保存する能力によって，昆虫は乾燥した環境で生活することが可能である。

脊椎動物の排泄系

水分損失は，ほとんどの哺乳類にとって大きな問題である。尿を濃縮できる（水分を保持する）程度は，ネフロンの数とヘンレループの長さに依存する。もっとも高濃度の尿は，砂漠に適応した哺乳類で見られる。

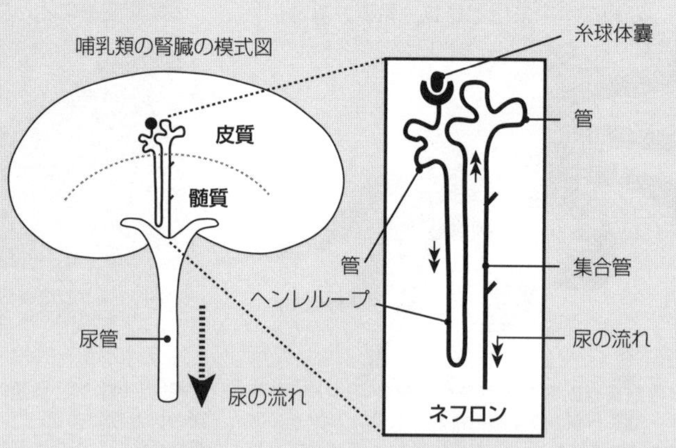

哺乳類の**腎臓**は100万個以上のネフロンを含んでいる。ネフロンは選択的なフィルターで，血液の組成を調節し，老廃物を排泄する。ネフロンでは，初期尿が糸球体とボーマン嚢でのろ過によってつくられる。ろ液はイオンや水の分泌と**再吸収**によって変わっていく。この過程はネフロン周囲の液体に塩類の濃度勾配を形成する。これによって，集合管で尿から水が取り除かれる。

1. 昆虫はどのようにして窒素酸化物をペースト状に濃縮するか述べなさい。＿＿＿＿＿＿＿＿

2. 脊椎動物の尿路系における以下の構成部分の機能を述べなさい。

   (a) 腎臓：＿＿＿＿＿＿＿＿

   (b) 尿管：＿＿＿＿＿＿＿＿

   (c) 膀胱：＿＿＿＿＿＿＿＿

   (d) 尿道：＿＿＿＿＿＿＿＿

腎臓の構造

重要概念：陸上の脊椎動物では，腎臓が窒素老廃物を排泄し，水分と溶質のバランスを維持している。

哺乳類の排尿系は腎臓と膀胱，そしてそれらと関係する血管や管からなる。腎臓には腎動脈から大量の血液が供給される。血症は腎臓でろ過されて尿をつくる。尿は絶えずつくられ，尿管を通って膀胱へと運ばれる。尿の組成を調節することによって，腎臓は体内の化学的なバランスを維持するように働いている。哺乳類の腎臓は非常に効率がよく，必要に応じてさまざまな濃度の尿をつくることができる。

排尿系

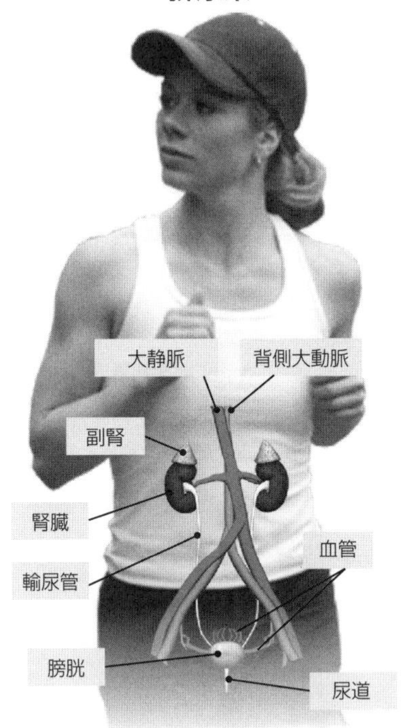

ラットの腎臓

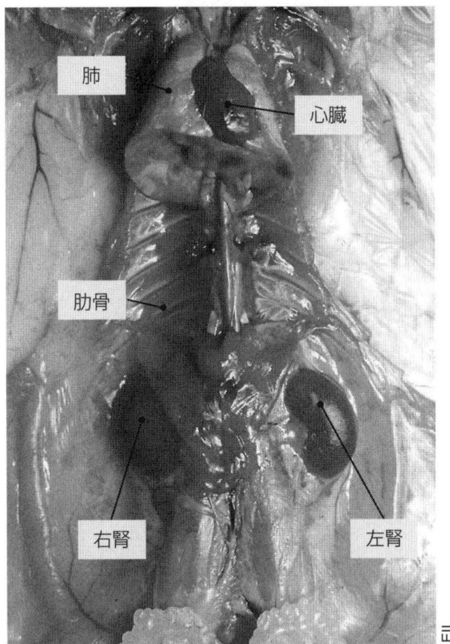

EII

ヒトの腎臓の内部構造

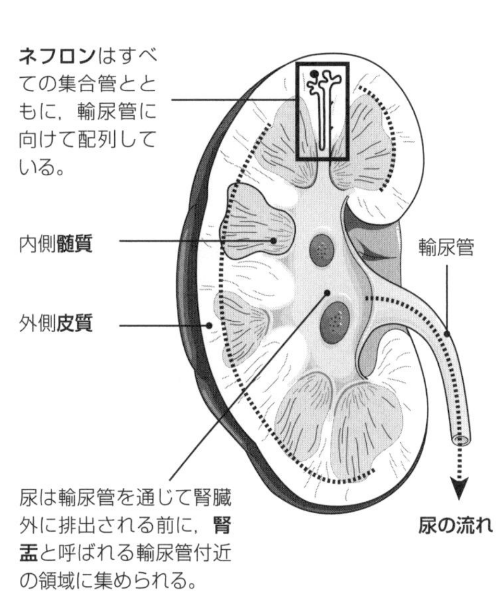

ほとんどの哺乳類の腎臓は，独特の豆形をした器官であり，腹腔の背後，脊椎の左右に位置する（上図の左と中央）。

ヒトの腎臓（上図と右図）は，長さ100～120mm，厚さ25mmほどの大きさである。ネフロン（腎臓のろ過単位）の正確な配置と関係する血管によって腎臓組織は縞模様を呈する。1つの腎臓には100万以上のネフロンがある。ネフロンは選択的なろ過材で血液組成とpHを調節し，老廃物や有害物質を排泄する。

腎臓と血液供給

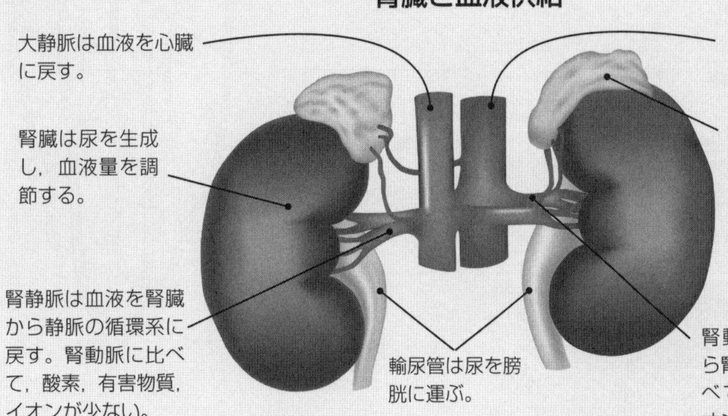

1. 腎臓の役割を述べなさい ______

2. 右のスペースに腎臓の横断切片を描き，名称を記入しなさい

腎臓の機能

重要概念：ネフロンは腎臓の機能的単位である。ネフロンは，選択性のあるろ過組織であり，尿細管とそれに付随した血管で構成される。

限外ろ過，すなわち圧力をかけて体液とその溶存物質に膜を通過させる働きは，ネフロンの始まりの部位である毛細血管膜と糸球体嚢で生じる。ネフロンへの水と溶質の通過，および原尿の生成は，輸入細動脈（下図）に入る血液の圧力による。血圧が上昇するとろ過速度は増加し，血圧が下降するとろ過速度も減少する。ただし，この過程は非常に精密に調節されており，輸入細動脈の血圧の変動にかかわらず１日あたりの糸球体のろ過速度は一定である。生成されたろ液（原尿）は，そのときどきの生理的必要性に応じ，分泌や細尿管での再吸収の過程を経たあとに**尿**となる。

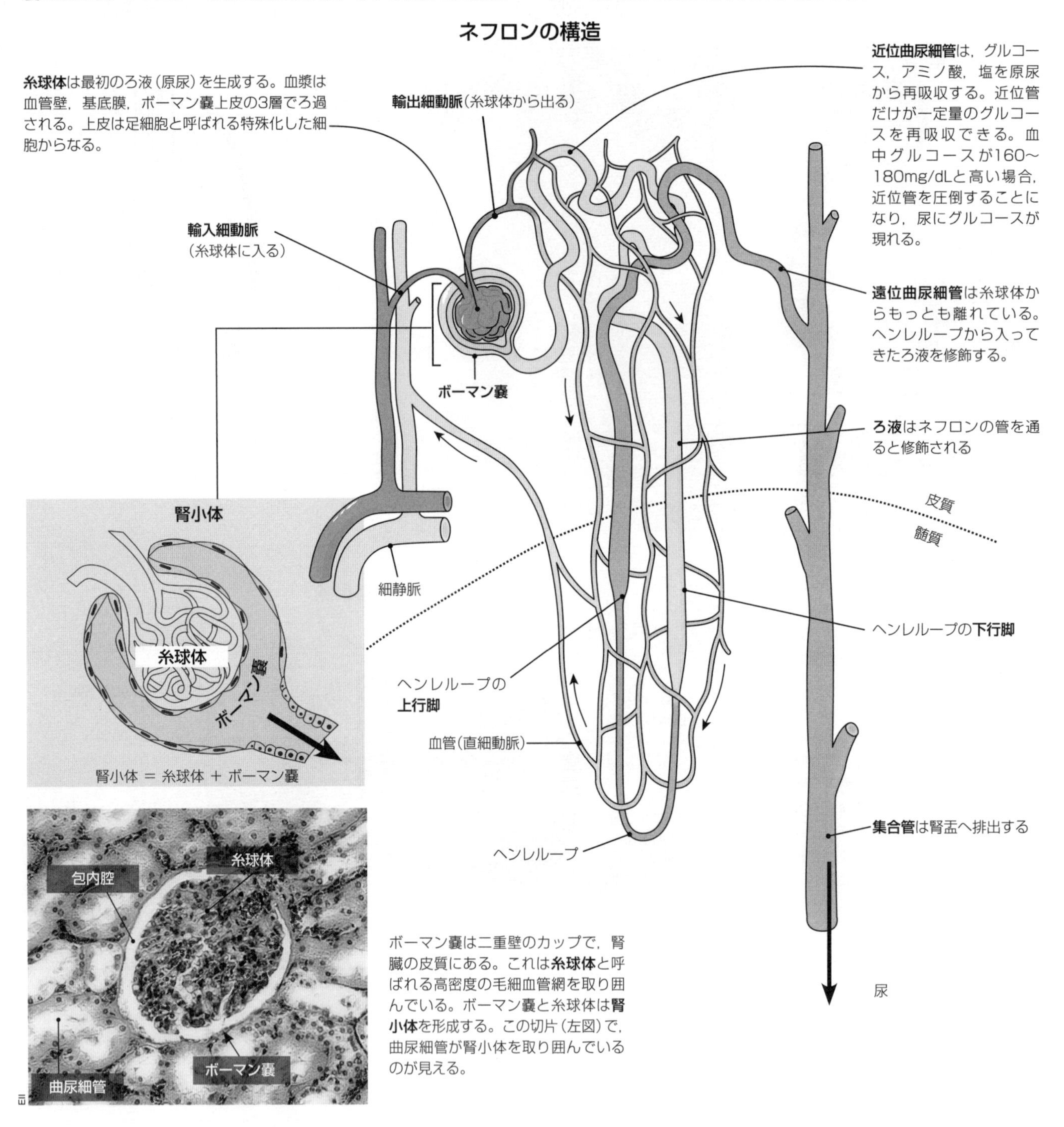

ボーマン嚢は二重壁のカップで，腎臓の皮質にある。これは**糸球体**と呼ばれる高密度の毛細血管網を取り囲んでいる。ボーマン嚢と糸球体は**腎小体**を形成する。この切片（左図）で，曲尿細管が腎小体を取り囲んでいるのが見える。

1. (a) ネフロンとは何か説明しなさい。＿＿＿＿＿＿＿＿＿＿

 (b) 排泄の役割について述べなさい。＿＿＿＿＿＿＿＿＿＿

ネフロンにおける活動のまとめ

尿の生成は血液の**限外ろ過**から始まる。血漿が糸球体の毛細血管から押し出され，血球とタンパク質が除かれたろ液が生成される。ろ液は排出されたり**再吸収**されたり，イオンなどの物質を添加したり取り除いたりしながら修飾され，尿となる。尿の生成に関する過程を以下にまとめ，ネフロン，糸球体，近位曲細尿管，ヘンレループ，遠位曲細尿管，集合管のそれぞれについて記載する。

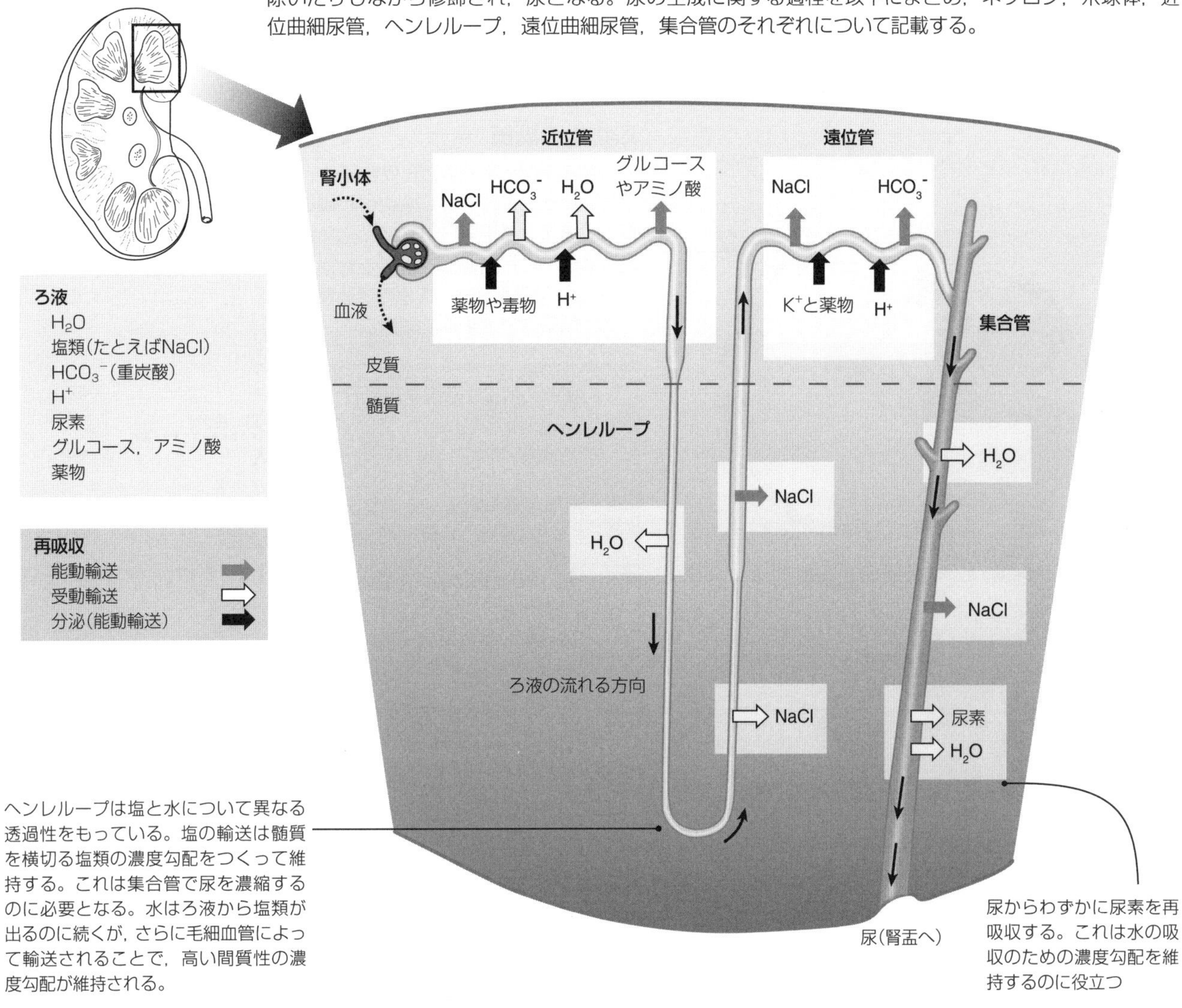

2. ネフロンにおける尿の産生における以下の重要性を説明しなさい。

(a) 糸球体での血液のろ過：

(b) 能動的分泌：

(c) 再吸収：

(d) 浸透：

3. (a) 腎臓における塩濃度勾配の目的は何か述べなさい。

(b) 塩濃度勾配はどのようにしてつくられるか述べなさい。

尿排出の調節

重要概念：2種類のホルモン，抗利尿ホルモン（ADH）とアルドステロンが尿排出の制御に関与している。

塩類および水の摂取量の変動や，私たちを取り巻く環境条件の変動によって，血液の量および組成は変化する。腎臓のもっとも重要な役割は，窒素老廃物の排出も含めて血液の量と組成を調節することであり，これによって恒常性が維持される。この調節は尿の量と組成を変化させることで達成されている。また，このプロセスには抗利尿ホルモンとアルドステロンという2種類のホルモンが関与している。

尿排出の調節

脳の**視床下部**にある**浸透圧受容器**は，血液中の水分量の減少を感知する。浸透圧受容器は視床下部の**神経分泌細胞**を刺激し，ADH（抗利尿ホルモン）の合成と分泌を促進する。

ADHは，視床下部から脳下垂体後葉へと移動し，血液中に放出される。ADHは，腎臓集合管への水の透過性を高め，これによって多くの水が再吸収され，尿量は減少する。

ADHの放出を阻害する要因

- 血液溶質濃度の低下
  - ・血液量の増加
  - ・血中ナトリウム濃度の低下
- 水分摂取量の増加
- アルコール摂取（飲酒）

ADH濃度の減少 → 水の再吸収量の減少，尿量の増加

ADHの放出を起こす要因

- 血液溶質濃度の上昇
  - ・血液量の減少
  - ・血中ナトリウム濃度の上昇
- 水分摂取量の減少
- ニコチン（喫煙）とモルヒネ（麻酔・鎮痛剤）

ADH濃度の増加 → 水の再吸収量の増加，尿量の減少

アルドステロンの放出を起こす要因

血液量の減少は，副腎皮質からのアルドステロンの分泌も促進する。アルドステロンの分泌は，腎臓から分泌されるレニンというホルモンの関与する複雑な経路によって調整されている。

アルドステロン → ナトリウムの再吸収が促進され，水の再吸収がこれに続くことで血液量が回復する。

1. (a) 尿崩症は糖尿病の一種で，ADHの欠損によって生じる。腎臓の働きとADHの役割について学んだことをもとに，この病気の症状を説明しなさい。

   (b) どのようにして治療されるか考え，説明しなさい。

2. 飲酒，特に飲みすぎによって，なぜ脱水症状や喉の渇きが起こるのか説明しなさい。

3. (a) アルドステロンが腎臓のネフロンに及ぼす影響を説明しなさい。

   (b) この影響によって生じる結果を説明しなさい。

4. 血液量と尿量を調節するためにどのような負のフィードバック機構が働くのか説明しなさい。

透析

重要概念：透析器は，腎機能が低下したときに人工の腎臓として機能し，血液から老廃物を除去する。

腎臓が適切に機能しなくなると老廃物が体に蓄積してしまうため，適切な医療行為によって問題を解決することが必要となる。透析器は血液から老廃物を除去する機械である。腎臓の機能が低下した場合や，血液の酸性度，尿素量，カリウム量が正常値を著しく上まわる場合に用いられる。透析の際には，半透膜でできたチューブの中に血液を通す。透析液の組成は，老廃物の濃度が低いという点を除き，血液とよく似ている。透析液は，透析チューブの外側を血液の流れとは反対方向に流れる。その結果，尿素などの老廃物は血液の側から透析液のほうへ拡散し，血液から除去されていく。人によっては生きるために透析が欠かせない。また，腎臓を休ませたり，腎臓の損傷や薬物による影響から回復させたりするために用いることもある。

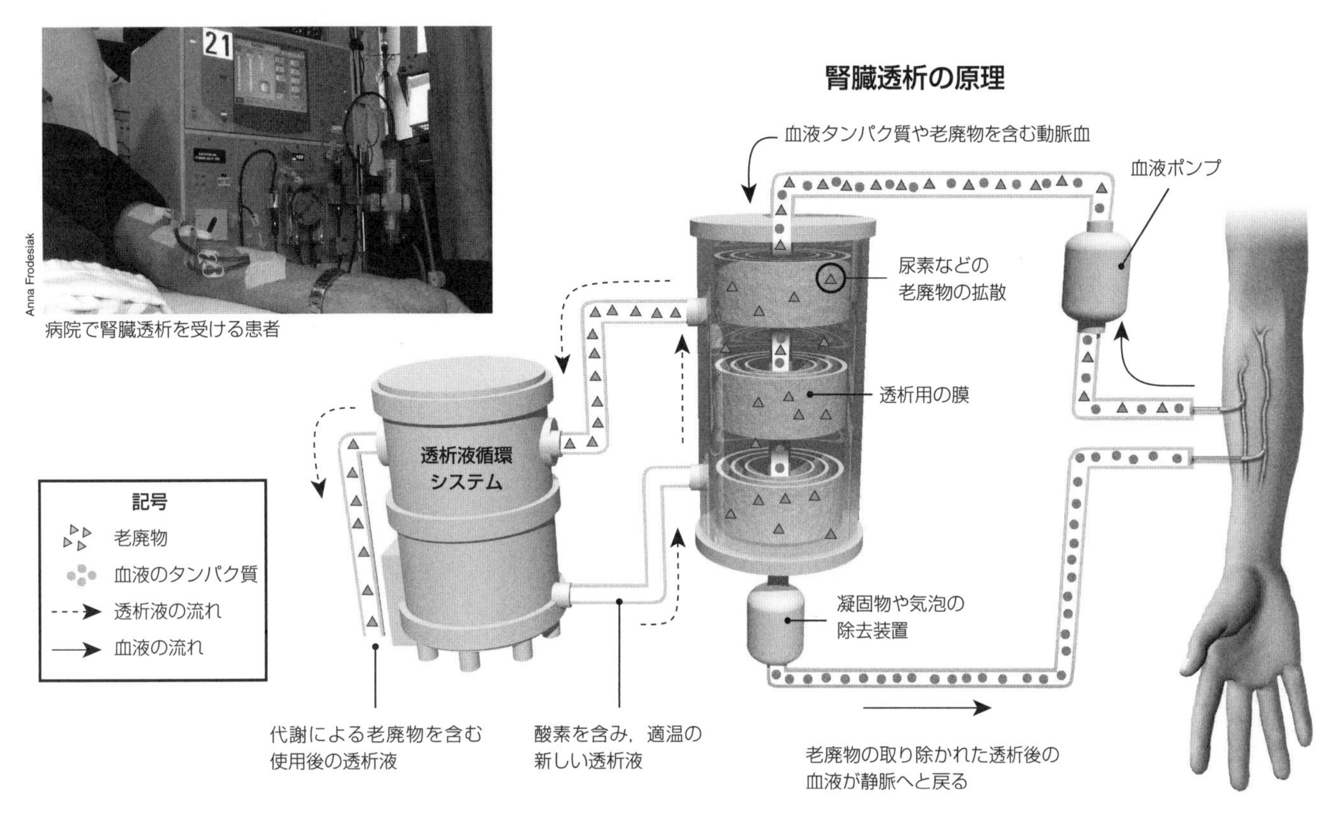

病院で腎臓透析を受ける患者

1．腎臓透析において，透析液を再循環させず，常に新しいものに取り替えるのはなぜか説明しなさい。

____

____

2．カリウムイオンやナトリウムイオン，グルコースのような低分子が，尿素とともに血液から透析液中に急速に拡散しないのはなぜか説明しなさい。

____

____

3．尿素はなぜ血液中から透析液のほうへ移動するのか説明しなさい。______________________________

____

4．透析における通常の輸送のプロセスについて述べなさい。______________________________

____

5．透析液を血液と反対方向に流すのはなぜか，理由を述べなさい。______________________________

____

6．透析後，血液を体内に戻す際に，凝固物や気泡を取り除かなければならないのはなぜか説明しなさい。______________________________

____

____

____

骨格と運動

重要概念：骨格は生体の構造を支持し，筋肉の付着点となり運動を可能としている。

骨格は強固な構造物であり，生物の構造を支持したり運動を可能にするなど多くの機能をもっている。骨格に付着した筋肉（骨格筋）が収縮し，骨格を引っ張ることで運動が発生する。骨格と筋肉はテコの原理を使って働いている。テコの固定点（支点）として関節が働き，筋肉が作用点となり，荷重を動かしている。骨格には節足動物のように体壁の外側にある**外骨格**や，脊椎動物のように体壁の内側にある**内骨格**がある。

外骨格

外骨格は，節足動物，サンゴ，軟体動物など多くの無脊椎動物に見られる。外骨格の組成は分類群によって異なる。
外骨格をもつ動物では，骨格筋は外骨格の内側表面に付着している。

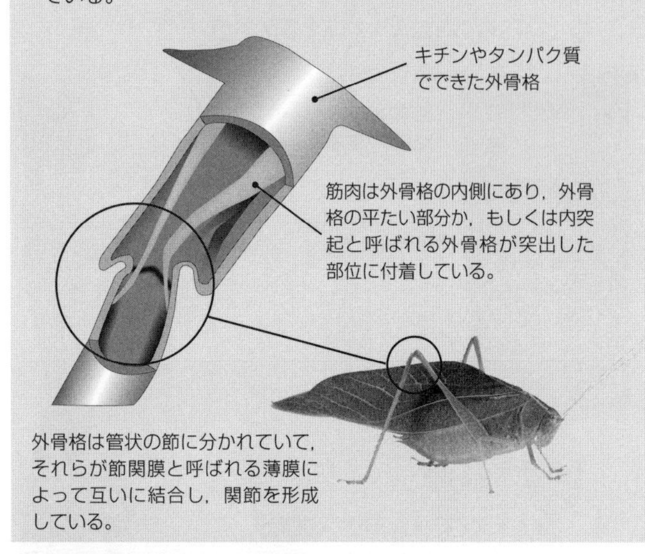

内骨格

内骨格は脊椎動物，海綿，棘皮動物などの脊椎動物の内部支持構造である。脊椎動物では，内骨格はおもにリン酸カルシウムでできている。内骨格は筋肉の付着点となり，筋肉の力を伝える働きをしている。関節を支点として筋肉が骨格を引っ張り，骨格の動きがつくり出される。骨格筋では，反対の動きをつくり出す筋肉がペアとして存在している。

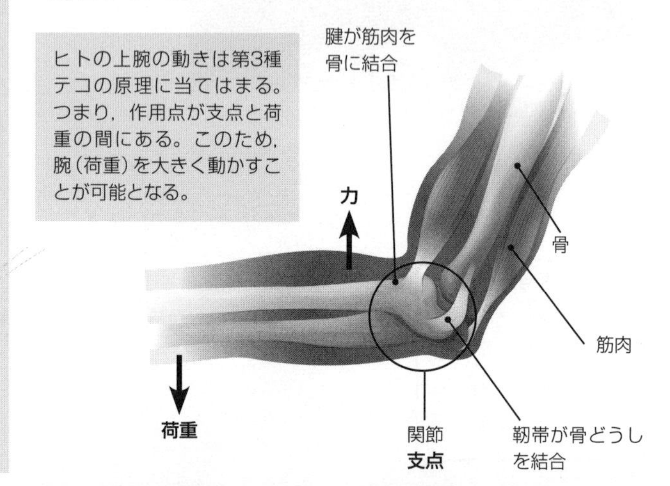

昆虫の飛翔

昆虫の脱皮

節足動物は，飛翔，歩行，土に穴を掘るなど，さまざまな種類の運動をする。すべての動きは筋肉が収縮し，節でつながった外骨格を動かすことによって成し遂げられる。外骨格は固いので，成長するためには周期的な脱皮が必要なる。新しく大きくなった外骨格は，脱皮直後は柔らかく，次第に固くなっていく。

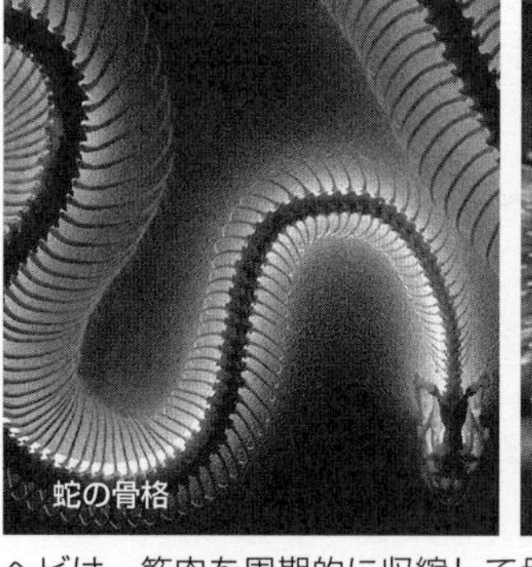
蛇の骨格

ウニ

ヘビは，筋肉を周期的に収縮して骨格を動かし，地面を移動する。ウニは外骨格をもっているように見えるが，ウニの棘は内骨格から突き出た突起である。内骨格は皮膚と筋肉のすぐ下の層にある。内骨格は，生物の成長とともに大きくなる。

1．外骨格と内骨格のおもな違いはなにか，述べなさい。 ________________

____

____

____

2．動物の運動における骨格の重要性を説明しなさい。 ________________

____

____

____

関節の動き方

重要概念：関節は2つ以上の骨が結合する部位であり，骨格のすべての動きは関節で起こる。

骨は自体は固くて曲がらない。ヒトの骨格系が動くのは，**靭帯**と呼ばれる柔軟性のある結合組織によって、関節の部分で骨が結合しているからである。**関節**は骨と骨や，骨と軟骨の接触点であり，関節は構造的に，線維性，軟骨性，滑膜性に分けられる(下図)。それぞれの関節の種類は特定の動きを可能としている。骨は，関節のまわりを筋肉の力で動くようにつくられている，

軟骨性の関節

骨の末端が軟骨によって結合している。ほとんどの場合は動きが限られていて，第一肋骨と胸骨のように動かないものある。

動かない線維性の関節

骨どうしが線維性の組織で結合している。たとえは頭蓋の縫合線では，骨どうしは結合組織によってしっかりと結合していて，動かない。

滑膜性の関節

骨は，1つ以上の平面を動くことができる。関節でつながれた骨どうしの末端部は，潤滑液を含んだ関節腔によって隔てられている。

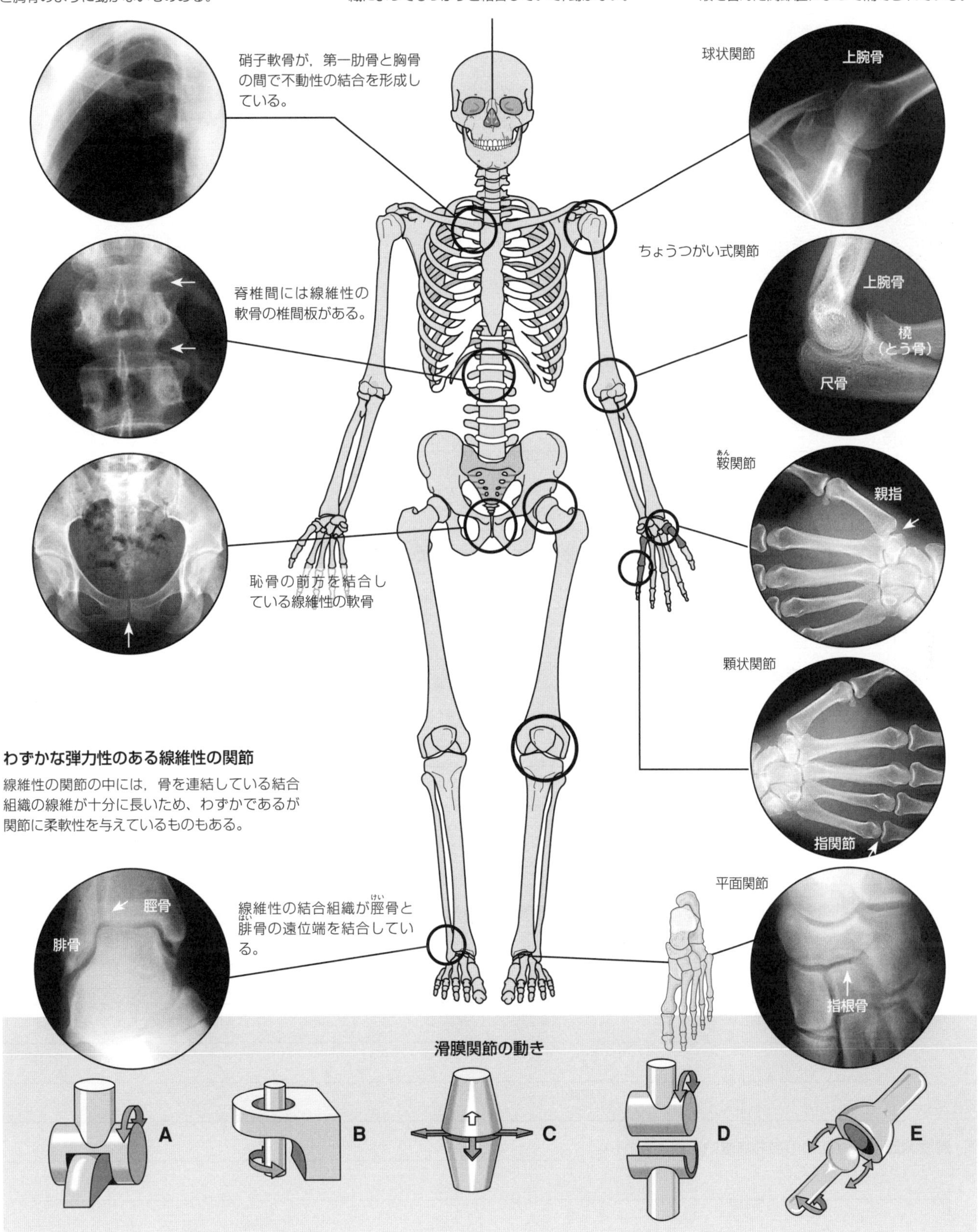

滑膜関節の構造

滑膜関節(右図と下図)によって，体の各部があらゆる方向に自在に動かせる。肘関節はちょうつがい状の関節で，典型的な滑膜関節である。多くの滑膜関節と同様に，肘関節は靭帯によって補強されている(ここには示していない)。関節包が関節膜液を包み，摩擦を軽減し，衝撃を吸収する。上腕筋は，尺骨に付着し肘の屈曲の原動力となっている。模式図では，関節構造を示すために、上腕筋を省略している。

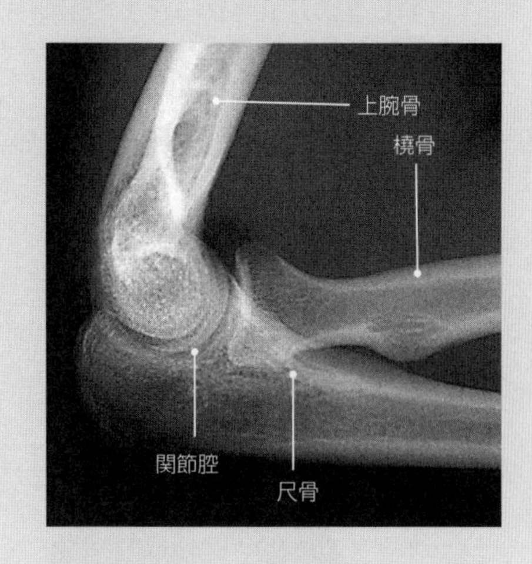

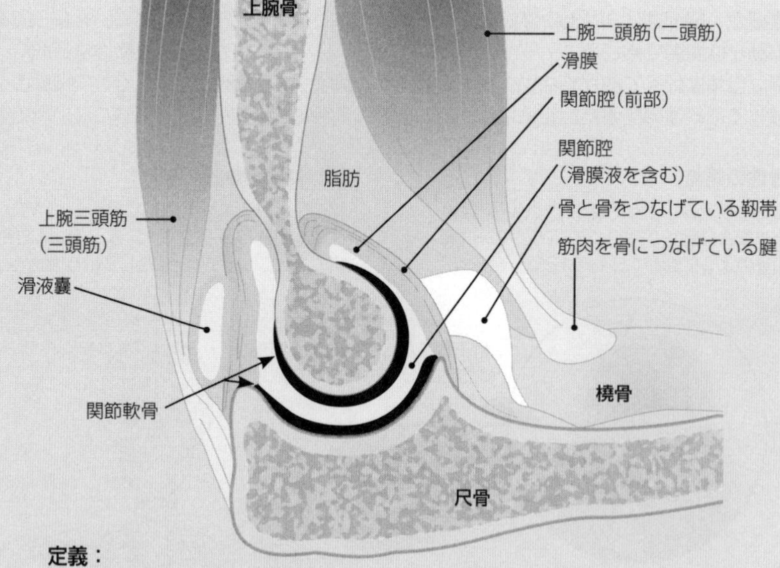

定義：
滑液嚢は滑膜で仕切られて液で満たされた腔所で，腱と骨の間や，骨の間のクッションとして働いている。
軟骨は，柔軟な結合組織で，関節表面を摩滅から防いでいる。

1. 次の用語を定義し，動きにおける役割を述べなさい。
   (a) 関節：
   (b) 靭帯：
   (c) 筋肉：
   (d) 腱：
2. 前ページの下に挙げた滑膜性の関節モデル(A〜E)を，以下の記述にしたがって分類しなさい。
   (a) 回転軸：　(b) ちょうつがい：　(c) ボールとソケット：
   (d) サドル：　(e) 滑り：
3. 股関節と肘関節の動きを比較しなさい。
4. (a) 多くの滑膜関節に共通する特徴を述べなさい。
   (b) 滑膜液と軟骨が滑膜関節の構造と機能に果たす役割を述べなさい。
5. 滑膜関節と軟骨関節のおもな違いを述べなさい。

拮 抗 筋

重要概念：拮抗筋は互いに反対の作用をする筋肉のペアで，この反対の作用が体の可動部に動きをもたらす。

脊椎動物と無脊椎動物の双方において，体の動きは筋肉の収縮力を介してつくり出されている。筋肉は関節を介して収縮し，体の可動部に動きをもたらす。筋肉は引っ張るだけであり，押すことはできないため，ほとんどの筋運動は**拮抗筋**と呼ばれる相対する筋肉のセットの働きによって起こる。拮抗筋は反対の動きすることによって機能し，ある筋肉が収縮する（短くなる）と別の筋肉は弛緩する（長くなる）。骨格筋は丈夫な結合組織（脊椎動物では**腱**，昆虫ではクチクラ質器官）で骨格に付着している。筋肉は少なくとも2つの接着点（起始点と停止点）をもっている。体の可動部は，筋肉が関節を介して収縮したときに動く。動きの種類や程度は関節の動きがどのくらいか，筋肉が関節のどこに位置しているかによる。

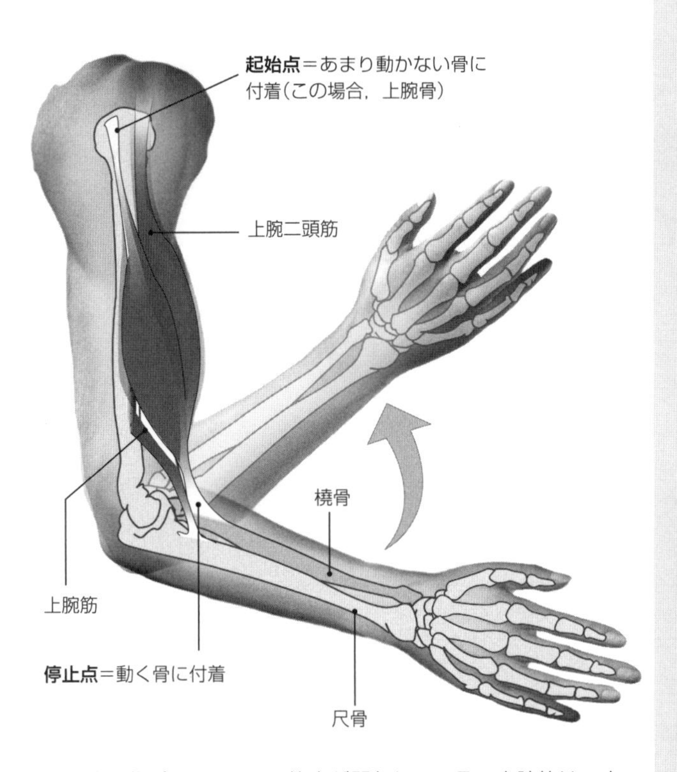

前腕を曲げるのに2つの筋肉が関与している。上腕筋は，上腕二頭筋の下側にあり，上腕骨の半ばに起始点をもつ。上腕筋は前腕を曲げるための原動力となっている。上腕二頭筋は，2つの起始部と，肘関節の近くに上腕筋と共通した停止点をもつ筋肉で，上腕筋と相乗して働く。筋収縮時には，付着点が起始点に向かって動く。

対立する動きをするには拮抗筋が必要となる

骨格はレバーのような仕組みで動いている。関節は**支点**（あるいは旋回軸）として働き，筋肉は**力**を与え，動く骨の重さが**負荷**となる。肢の屈曲と伸張は拮抗筋の働きによって起こる。拮抗筋はペアで働き互いに反対の作用をする。肢が動いているとき，主要な動きに関与している筋肉以外にも，動きの細かい調整にその他の筋肉がかかわっている。

体の調和のとれた動きは，主動筋，拮抗筋，および協調筋の働きによって成し遂げられる。主動筋と拮抗筋の相反する動き（弱いレベルで絶えず働いている）は筋緊張も生じる。拮抗筋ペアの筋肉は，動きによって（たとえば，屈曲や伸展），主動筋あるいは拮抗筋として働く。

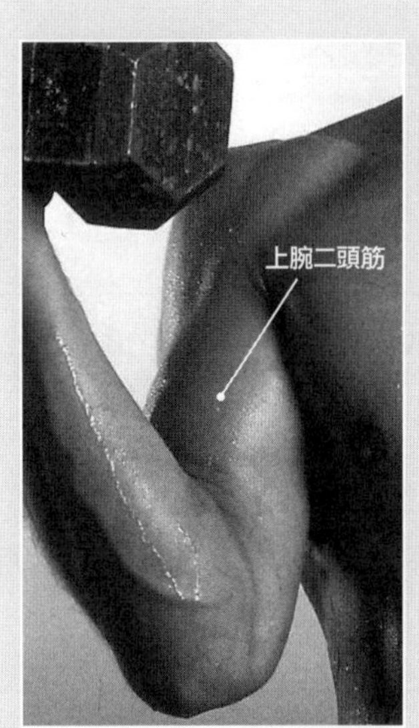

主動筋：動きの主力として働き，必要な力のほとんどをつくり出す筋肉。

拮抗筋：主動筋に相対する筋肉。主動筋の過伸展を防ぐ働きもする。

協調筋：主動筋を補助する筋肉で，動きの方向を微調整するのに関与している。

前腕の屈曲（左図）では，**上腕筋**が主動筋で，**上腕二頭筋**が協調筋として働いている。腕の後ろ側にある**上腕三頭筋**が拮抗筋で，これが弛緩する。伸展の間は，これらの役割は逆転する。

上脚部の動きは，**四頭筋**や**大腿屈筋群**といった大きな筋肉のグループの働きで成し遂げられる。

大腿屈筋群は3つの筋肉が集まったもので，足を曲げるのに働く。

四頭筋は大腿の前側にあり（4つの大きな筋肉の集まり），大腿屈筋群の動きに相反して足を伸ばす。

主動筋が力強く収縮すると，拮抗筋もわずかに収縮する。これは過伸展を止めるためであり，大腿の動きをさらに制御している。

関節の動き

滑膜性の関節は，自由度の高い骨の動きをつくり出している。関節でつながれた骨どうしの末端部は，潤滑液を含んだ関節腔で仕切られている。2つのタイプの滑膜関節があり，1つはボールとソケット状の肩の関節で，もう1つはヒンジ（ちょうつがい）状の肘の関節である。両者を下図に示す。

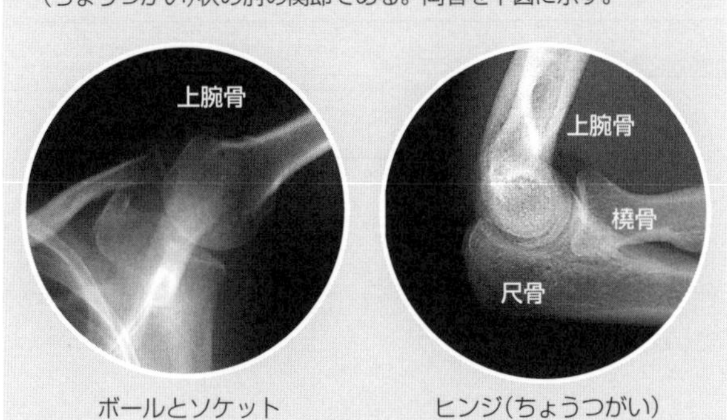

ボールとソケット　　ヒンジ（ちょうつがい）

昆虫の脚における拮抗筋

昆虫の脚は拮抗筋が協動して動く。2つのおもな筋肉は，足を伸ばすのに働く脛節伸展筋（単に伸展筋とも呼ばれる）と，足を曲げるのに働く脛節屈曲筋（屈曲筋）である。

関節の両横のクチクラに付着した線維を介して，筋肉が脛節に付着している。筋肉の一方が収縮すると，付着部を引っ張り，一方に脛節を動かす。ペアの他方の筋肉が収縮すると反対側に脛節が動く（下図）。

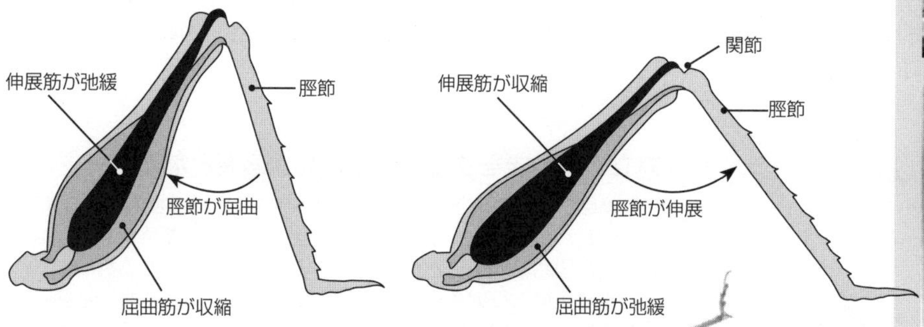

伸展筋が弛緩
脛節
脛節が屈曲
屈曲筋が収縮

関節
伸展筋が収縮
脛節
脛節が伸展
屈曲筋が弛緩

伸展筋の収縮が，このバッタを空中へと押し出す

歩行は脚の筋肉の収縮によってなされている（最上図）。昆虫の脚と筋肉の形が変わると，ジャンプ（左図）や遊泳（上図）といった別の動きになる。

1. ヒトの足を動かす次の筋肉の役割を述べなさい。

   (a) 主動筋：

   (b) 拮抗筋：

   (c) 協調筋：

2. 体の可動部を動かすとき，筋肉は拮抗するペアとして働くことが多いのはなぜか説明しなさい。

3. ヒトにおける筋肉と関節の関係を述べなさい。また，適当な用語を用いて，足を上げたり下げたりするために拮抗筋がどのよう働くか説明しなさい。

4. (a) 上腕の屈曲における上腕二頭筋の停止点を述べなさい。

   (b) 上腕の伸展における上腕筋の停止点を述べなさい。

   (c) 上腕の屈曲における拮抗筋を述べなさい。

   (d) 上腕二頭筋の停止点を挙げ，上腕二頭筋が原動力となる上腕の動きを述べなさい。

5. (a) ヒトにおける前腕の動きの支点を述べなさい。

   (b) 負荷を現す構造を述べなさい。

   (c) 力を現す構造を述べなさい。

6. 昆虫における拮抗筋のペアはどのように脚の動きをつくるか説明しなさい。

骨格筋の構造と機能

重要概念：骨格筋は筋細胞や筋線維の束で形成されている。筋線維はサルコメアという収縮単位が連なってできている。

骨格筋は筋線維の束で形成されている。**筋線維**は多数の核をもつ単一の細胞（筋細胞）である。筋線維の中には、さらに細い**筋原線維**の束が筋肉の長方向に並んで詰まっている。筋原線維は2種の**ミオフィラメント**（太いものと細いもの）で構成され，これらは重なりながら暗帯と明帯の帯を形成している。暗帯と明帯の帯が交互に並んで見えるため，骨格筋は縞模様を呈している。暗いZ線によって仕切られた**サルコメア**は，1つの収縮単位を構成している。

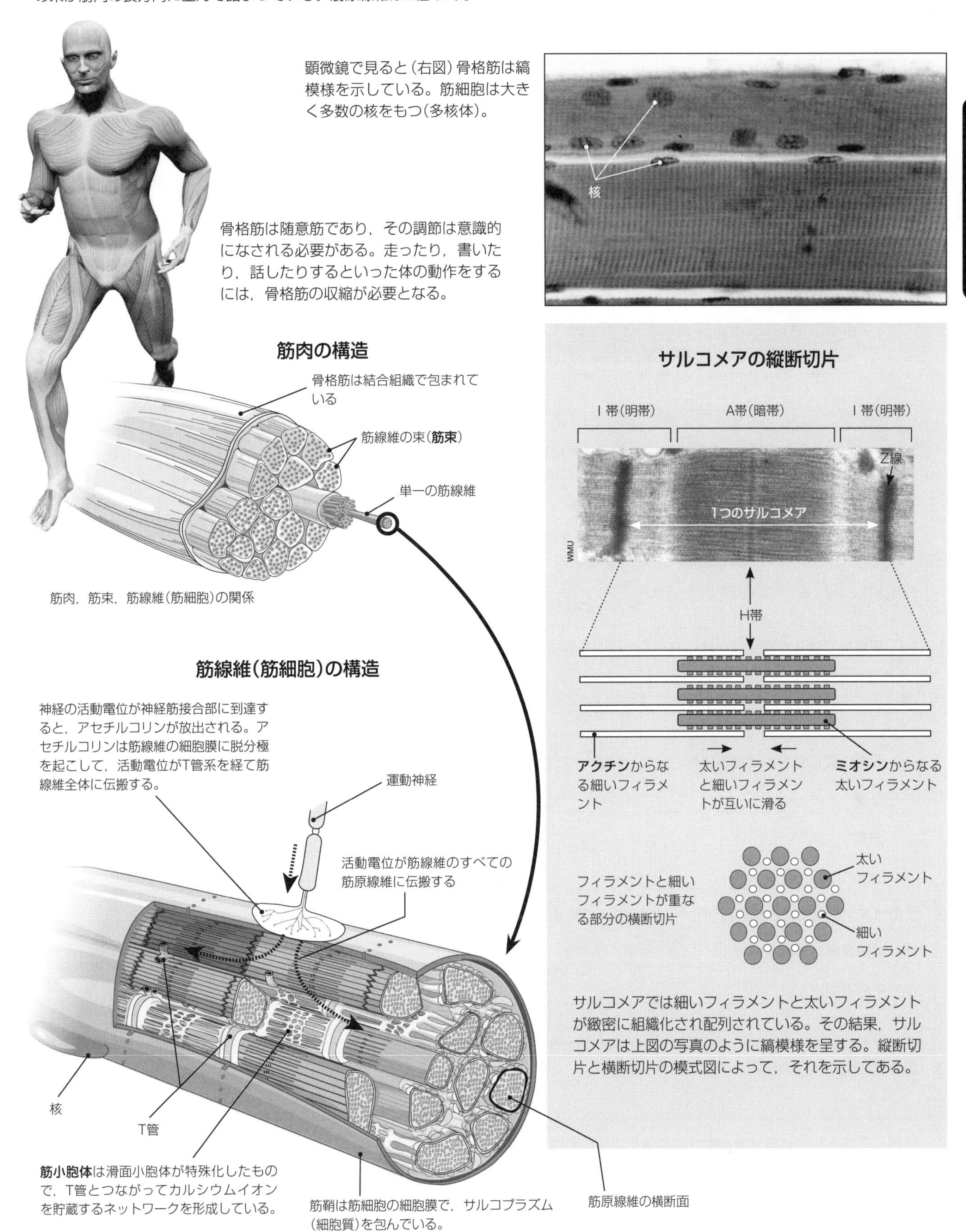

筋原線維の縞模様

筋原線維では，Z線に接続した細いフィラメントが両方向に伸びている。活動電位が到達すると，太いフィラメントと細いフィラメントが互いに滑り合うことで，筋原線維の**収縮**が起こる。収縮によって筋線維は短くなり，筋原線維には目に見える変化が起こる。I帯とサルコメアは短くなり，H帯は短くなるか見えなくなる（下図）。

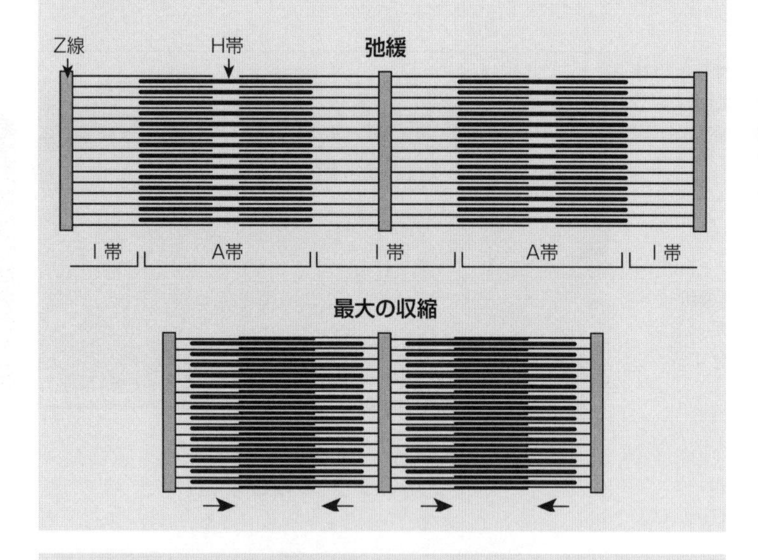

単一の筋線維が刺激に対して示す反応は，最大に収縮するか，またはまったく収縮しないかのどちらかである。これは筋収縮の**全か無かの法則**と呼ばれる。刺激が活動電位を生じさせるのに十分なほど大きくなければ，筋線維は反応しない。とはいえ骨格筋の全体としては，さまざまなレベルの収縮力をつくり出すことができる。これは**漸次的反応**と呼ばれる（右図）。

筋肉は漸次的反応をする

筋線維は、活動電位に反応すると最大に収縮するが，骨格筋全体としてはさまざまな程度の収縮力を示す。これは，刺激頻度が変化したり，一度に活動する筋線維の数が変化することによるものである。強い筋収縮は多くの筋線維がかかわったときに起こり（左下の写真），ペンを持つといったあまり強くない筋収縮では、必要とされる筋線維の活動はわずかである（右下の写真）。

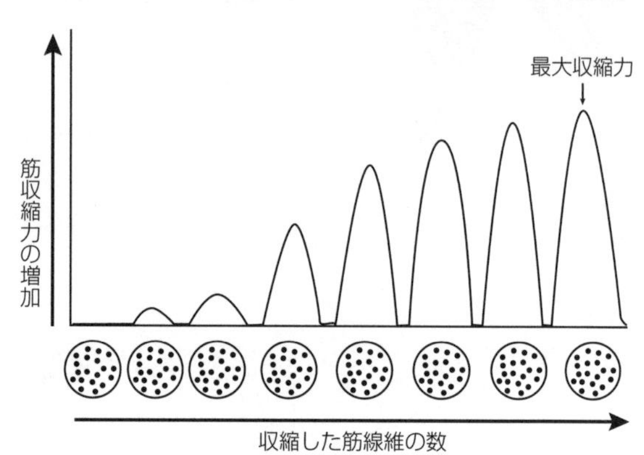

1. (a) 横紋筋ではなぜ縞模様が見られるのか説明しなさい。

   (b) 収縮の間に見られる筋原線維の変化と関連して，以下について説明しなさい。

   I帯：

   H帯：

   サルコメア：

2. サルコメアの電子顕微鏡写真（前ページ）について答えなさい。

   (a) 収縮状態か弛緩状態か：

   (b) その理由は：

3. 筋線維の全か無かの法則とは何か説明しなさい。

4. 筋肉が全体としてさまざまな強さの収縮をするための2つ要因を述べなさい。

滑り説

重要概念：滑り説は，筋原線維において，太いフィラメントと細いフィラメントがどのように互いに滑り合うことによって筋収縮が起こるかを示している。ここではカルシウムイオンとATPが必要とされる。

筋線維の太いフィラメントと細いフィラメントの構造と配列が，互いに滑り合うことを可能にし，筋肉の短縮（収縮）を引き起こす。太いミオシンフィラメントの末端には、隣接する細いアクチンフィラメントと連結するための架橋部がある。太いフィラメントの架橋部が細いフィラメントに結合すると，形が変化して細いフィラメントを動かす。架橋の形成には，カルシウムイオンとAPTが必要となる。カルシウムイオンは，筋肉が活動電位を受けたときに筋小胞体から放出される。ATPは，筋線維に存在し，ミオシンのATPアーゼによって加水分解される。架橋が筋細胞のサルコメアで結合して離れたときに，筋細胞は収縮する。

滑り説

筋収縮では，太いフィラメントと細いフィラメントが互いに滑り合うために，カルシウムイオンとエネルギー（ATP）が必要となる。そのステップは以下の通りである。

1. アクチン分子上のミオシン「頭部」が結合する部位は、2つのタンパク質分子（**トロポミオシン**と**トロポニン**）の複合体によって阻害されている。
2. 筋収縮に先立って，ATPがミオシン分子の頭部に結合し，ミオシン頭部は高エネルギー状態になる。活動電位がT管に沿って伝達し，筋小胞体から筋形質にCa^{2+}が放出される。Ca^{2+}がトロポニンに結合すると阻害複合体が動き，ミオシン結合部位が露出する。
3. ミオシン分子の架橋部である頭部がアクチン分子の結合部位に付着する。ATPの加水分解によってエネルギーが放出され架橋が形成される。
4. **架橋**が形成されると，ミオシン架橋部の構造が変化（屈曲）し，パワーストロークが発生する。これによってアクチンフィラメントはミオシンフィラメントと滑りを起こし，サルコメアの中心部へと向かう。
5. （図はない）新しいATPがミオシン分子頭部に結合すると，ミオシンはアクチンの結合部位から離れてもとの構造に戻る。ATPとCa^{2+}が供給される限り，アクチンフィラメントとの結合と分離が繰り返され，滑りが継続する。

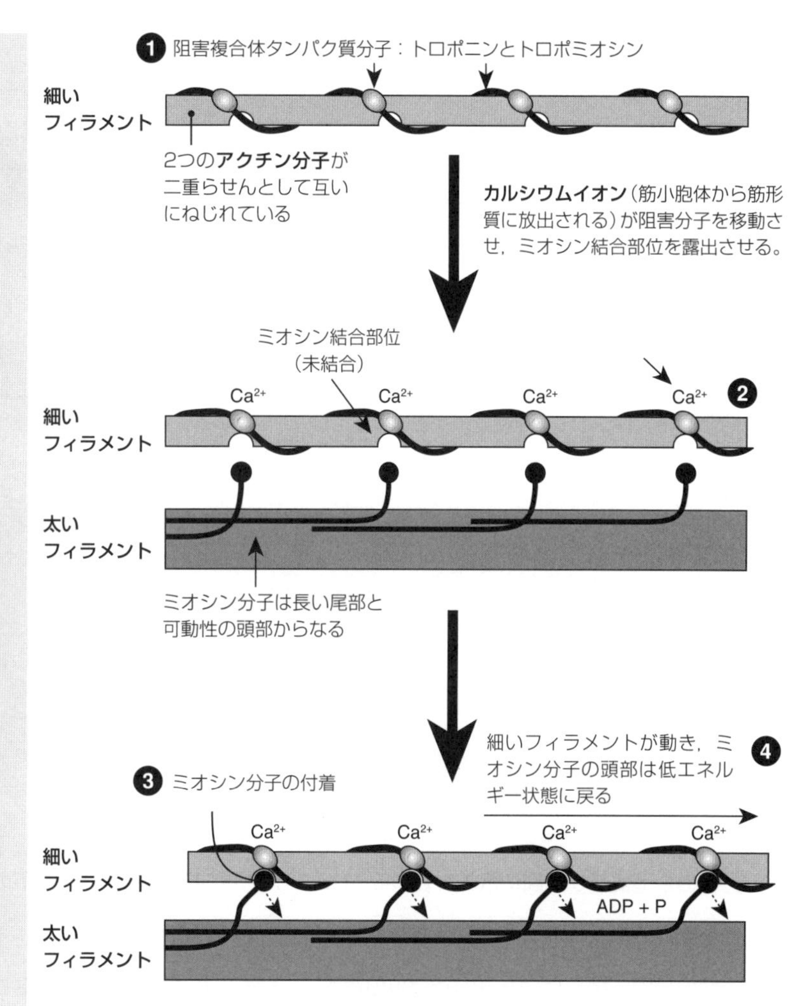

1．次の化学物質と，筋運動における機能的役割を一致させなさい（合うペアを線で結びなさい）

（a）ミオシン	・アクチン分子に結合し，ミオシン頭部が架橋を形成するのを妨げている
（b）アクチン	・ミオシン頭部の屈曲（パワーストローク）のためのエネルギー供給
（c）カルシウムイオン	・活性化されたときにパワーストロークを提供する可動性の頭部をもつ
（d）トロポニンートロポミオシン	・2つのタンパク質分子がらせん状にねじれ，細いフィラメントを形成する
（e）ATP	・阻害分子に結合し，移動させ，ミオシン結合部を露出させる

2．（a）架橋形成に必要な2つのことを述べなさい ＿＿＿＿＿＿＿＿＿＿

（b）それら2つはどこから来るのか説明しなさい ＿＿＿＿＿＿＿＿＿＿

＿＿＿＿＿＿＿＿＿＿

＿＿＿＿＿＿＿＿＿＿

3．筋線維にミトコンドリアが豊富なのはなぜか述べなさい。＿＿＿＿＿＿＿＿＿＿

＿＿＿＿＿＿＿＿＿＿

ヒトの雄性生殖器官

重要概念：男性の生殖における役割は，精子を生産して女性に渡すことである。

精子は，卵と結合することで，子の遺伝物質の半分に寄与し，ヒトや他の哺乳類においては，子の性の決定に関与する。下図にヒト男性の生殖器官を示す。

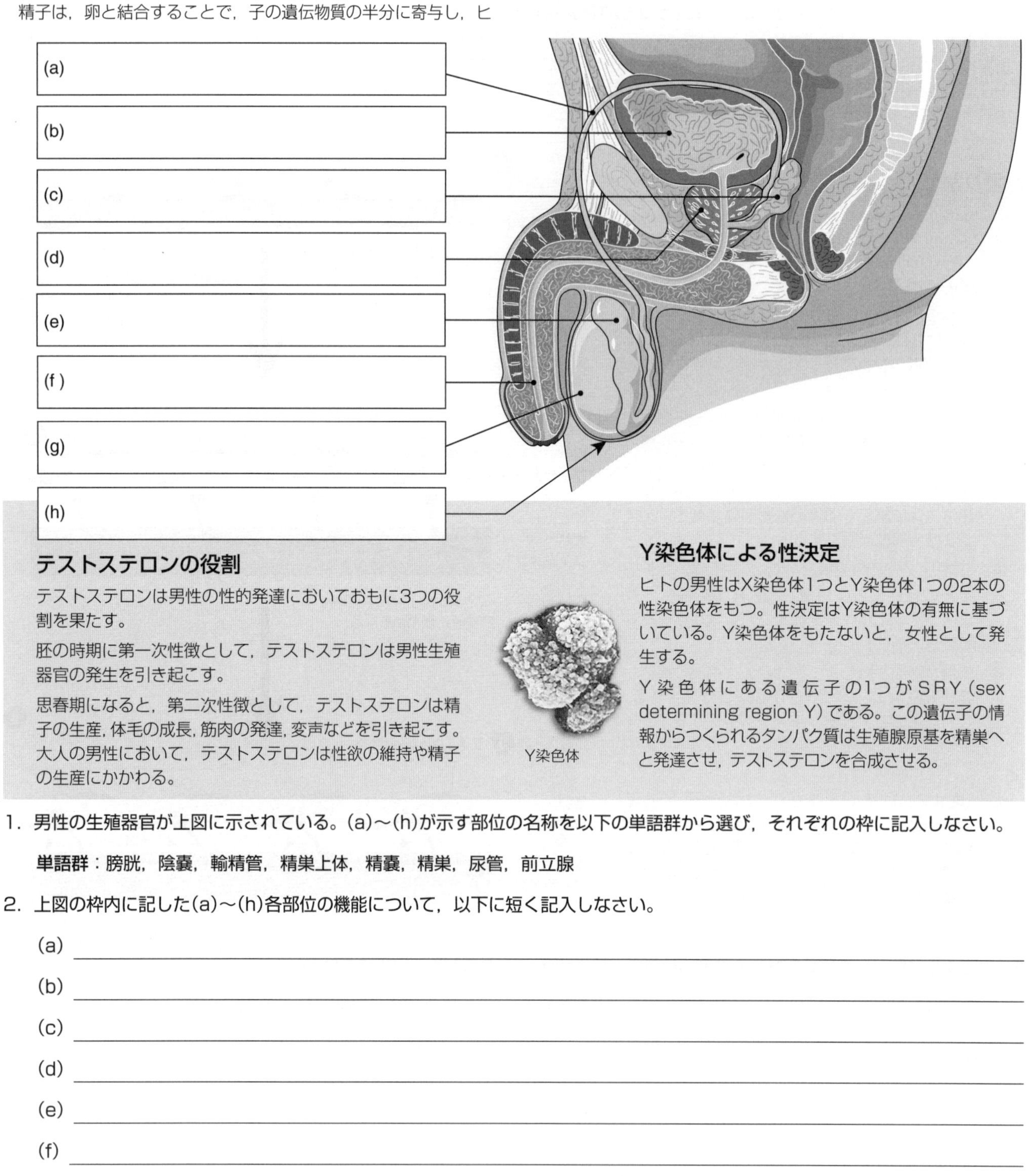

テストステロンの役割

テストステロンは男性の性的発達においておもに3つの役割を果たす。

胚の時期に第一次性徴として，テストステロンは男性生殖器官の発生を引き起こす。

思春期になると，第二次性徴として，テストステロンは精子の生産，体毛の成長，筋肉の発達，変声などを引き起こす。大人の男性において，テストステロンは性欲の維持や精子の生産にかかわる。

Y染色体

Y染色体による性決定

ヒトの男性はX染色体1つとY染色体1つの2本の性染色体をもつ。性決定はY染色体の有無に基づいている。Y染色体をもたないと，女性として発生する。

Y染色体にある遺伝子の1つがSRY (sex determining region Y)である。この遺伝子の情報からつくられるタンパク質は生殖腺原基を精巣へと発達させ，テストステロンを合成させる。

1. 男性の生殖器官が上図に示されている。(a)～(h)が示す部位の名称を以下の単語群から選び，それぞれの枠に記入しなさい。

   単語群：膀胱，陰嚢，輸精管，精巣上体，精嚢，精巣，尿管，前立腺

2. 上図の枠内に記した(a)～(h)各部位の機能について，以下に短く記入しなさい。

   (a) __________

   (b) __________

   (c) __________

   (d) __________

   (e) __________

   (f) __________

   (g) __________

   (h) __________

3. 男性の性的発達と男性の生殖器官において，テストステロンが果たす役割を説明しなさい。

4. ヒトの性決定はどのようになされるか説明しなさい。

ヒトの雌性生殖器官

重要概念：女性の生殖器官は卵をつくり，性交によって精子を受け，発生中の胚を守り育み，出生後の幼子を養うために乳汁をつくりだす。

女性の生殖器官は，卵巣，卵管，子宮，腟と外部生殖器，乳房から構成される。

排卵と着床

受精は輸卵管内で起こり，受精卵は子宮に下る。

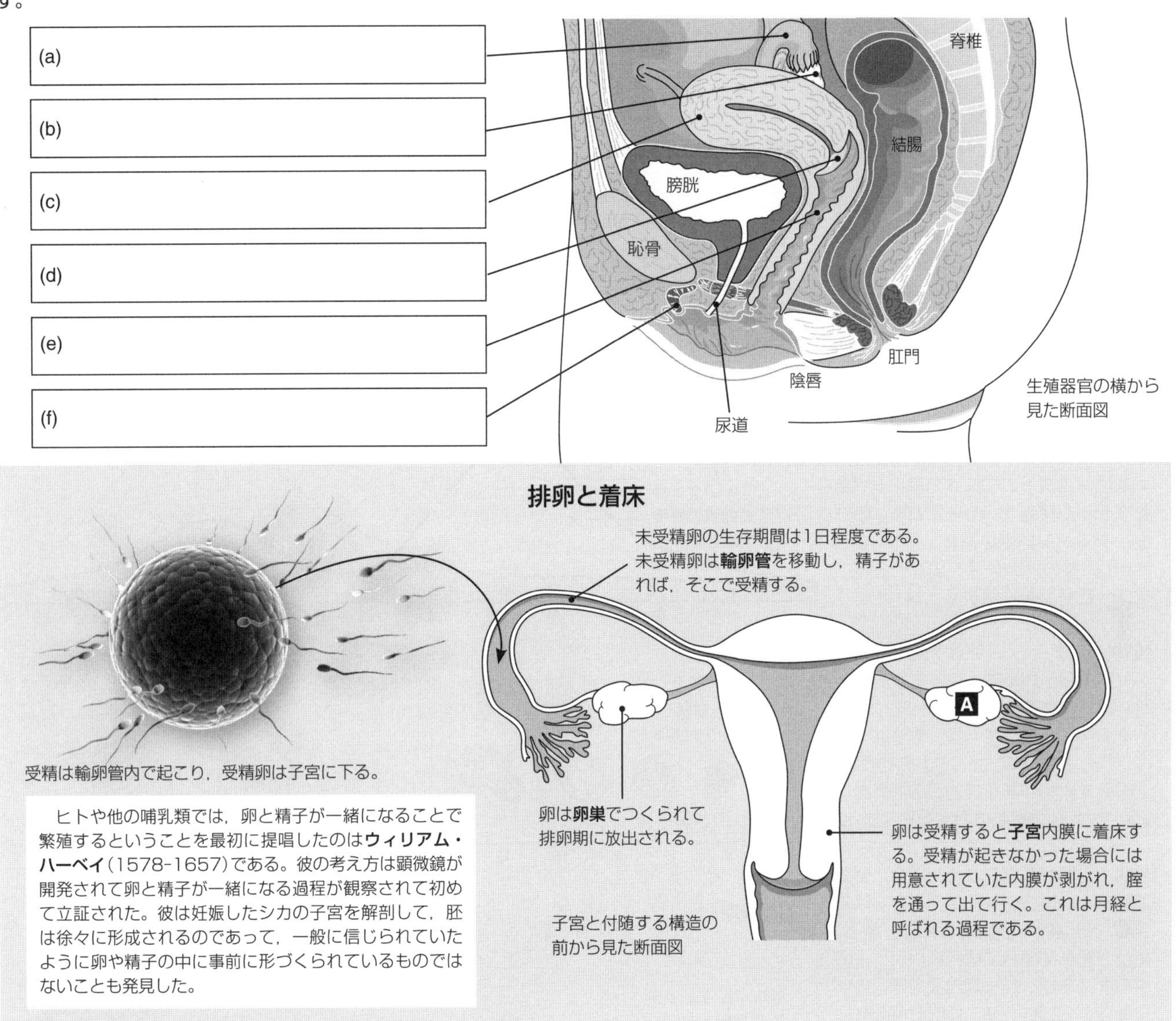

ヒトや他の哺乳類では，卵と精子が一緒になることで繁殖するということを最初に提唱したのは**ウィリアム・ハーベイ**（1578-1657）である。彼の考え方は顕微鏡が開発されて卵と精子が一緒になる過程が観察されて初めて立証された。彼は妊娠したシカの子宮を解剖して，胚は徐々に形成されるのであって，一般に信じられていたように卵や精子の中に事前に形づくられているものではないことも発見した。

未受精卵の生存期間は1日程度である。未受精卵は**輸卵管**を移動し，精子があれば，そこで受精する。

卵は**卵巣**でつくられて排卵期に放出される。

卵は受精すると**子宮**内膜に着床する。受精が起きなかった場合には用意されていた内膜が剥がれ，腟を通って出て行く。これは月経と呼ばれる過程である。

子宮と付随する構造の前から見た断面図

1. 女性の生殖器官とそれに付随する構造が上図に示されている。図中の（a）～（f）が示す部位の名称を以下の単語群から選び，それぞれの枠に記入しなさい。

   単語群：卵巣，子宮，腟，輸卵管，子宮頸部，陰核

2. 上図の枠内に記した（a）～（e）各部位の機能について，以下に短く説明しなさい。

   （a）__________

   （b）__________

   （c）__________

   （d）__________

   （e）__________

   （f）__________

3. （a）下図中のAの名称を書きなさい。__________

   （b）Aにおいて毎月起きる出来事の名称を書きなさい。__________

   （c）成熟した卵が形成される過程の名称を書きなさい。__________

4. 受精が起きる場所はどこか書きなさい。__________

月経周期

重要概念：月経周期は，卵の受精に備えて，卵巣と子宮に周期的な変化をもたらす。

ヒトにおいては，卵の受精は排卵期前後にもっとも起こりやすい。子宮内膜は妊娠に備えて肥厚するが，受精が起こらなかったときには，血清帯下として膣から流れ出る。この現象は**月経**と呼ばれ，ヒトの繁殖，**月経周期**を特徴づけている。月経周期は出血初日から始まり，およそ28日間続く。月経周期は，脳下垂体ホルモンと卵巣ホルモンに反応して変化し，卵胞期，排卵期，黄体期の3段階に分けられる。

月経周期

黄体形成ホルモン（LH）と卵胞刺激ホルモン（FSH）：脳下垂体前葉から分泌されるこれらのホルモンは多様な効果をもっている。FSHは卵胞の発育を刺激し，エストロゲンを放出させる。エストロゲンのレベルがピークに達すると黄体形成ホルモンが一挙に放出され，排卵が誘起される。

ホルモンレベル：FSHに反応して，通常1つの卵胞（グラーフ卵胞）だけが優先的に発育し始める。月経周期の前半では，エストロゲンは発育しつつあるグラーフ卵胞から分泌される。のちに，グラーフ卵胞は黄体になり（右図参照）大量のプロゲステロンと少量のエストロゲンを分泌する。

黄体：グラーフ卵胞は発育を続け，14日目くらいに裂けて卵を放出する（排卵）。黄体形成ホルモンは裂けた卵胞を黄体へと変化させる。黄体はプロゲステロンを分泌し，妊娠初期の12週間胚を維持する子宮内膜の肥厚を促進しつつ，他の卵胞の発育を抑制する。

月経：受精が起きなかった場合，黄体は壊れる。プロゲステロンの分泌は減少し，子宮内膜は剥離し月経となる。受精が起きた場合には，高いレベルのプロゲステロンが子宮内膜を厚いままに保つ。12週までには胎盤が発達し，胚を養うようになる。

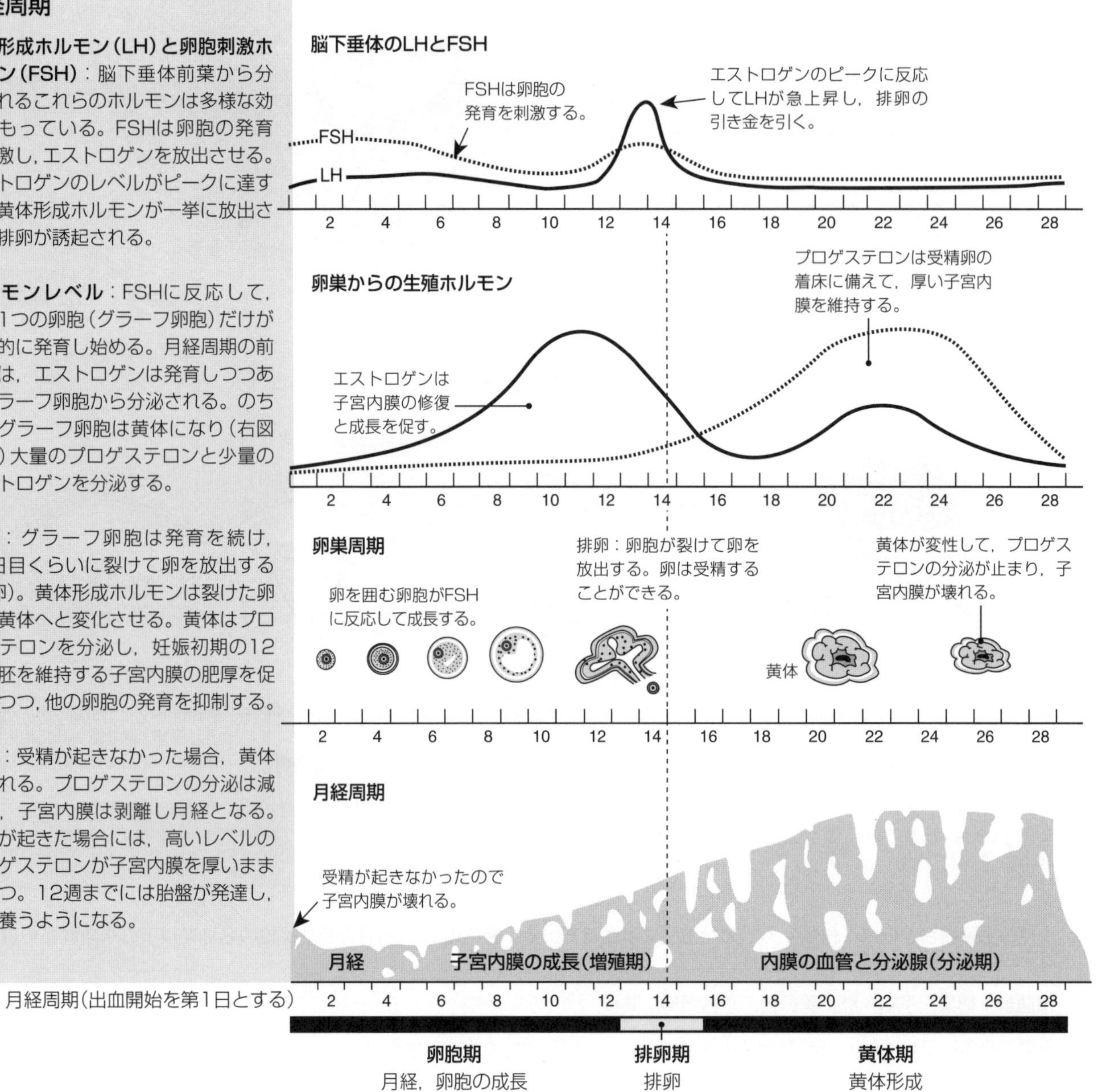

1．次の現象の原因となるホルモンは何か答えなさい。

（a）卵胞の発育：＿＿＿＿＿＿＿＿　（b）排卵：＿＿＿＿＿＿＿＿

2．毎月，いくつかの卵胞が発育を始めるが，グラーフ卵胞だけが完全に育つ。

（a）成長中の卵胞から分泌されるホルモンは何か書きなさい。＿＿＿＿＿＿＿＿

（b）卵胞期における，このホルモンの役割を述べなさい。＿＿＿＿＿＿＿＿

（c）発育を止めた卵胞に起きることは何か答えなさい。＿＿＿＿＿＿＿＿

3．（a）黄体から分泌されるおもなホルモンは何か書きなさい。＿＿＿＿＿＿＿＿

（b）そのホルモンの働きについて述べなさい。＿＿＿＿＿＿＿＿

4．月経の引き金を引くホルモンについて述べなさい。＿＿＿＿＿＿＿＿

不妊治療のためのホルモン利用

重要概念：体外受精では，実験室内で卵と精子を受精させ，胚発生のために受精卵を子宮内に移植する。この過程においては，受胎にかかわるホルモンを利用する。

体外受精は，不妊に関するいくつかの問題に対応することができる。体外受精において，卵は卵巣から採取され，実験室内で精子との受精が行われる。そして，受精卵は発生のために母親の子宮に移植される。女性不妊へのほとんどの処置において，排卵の刺激，卵形成の促進などに人工合成した女性ホルモンが使用されている。

1．体外受精の過程を簡単に説明しなさい。＿＿＿＿＿＿＿＿＿＿

2．体外受精に用いる次のホルモンの役割を述べなさい。

(a) LH：＿＿＿＿＿＿＿＿＿＿

(b) FSH：＿＿＿＿＿＿＿＿＿＿

(c) hCG：＿＿＿＿＿＿＿＿＿＿

(d) プロゲステロン：＿＿＿＿＿＿＿＿＿＿

3．体外受精の最初の手順として，排卵を抑制することがなぜ重要なのか説明しなさい。＿＿＿＿＿＿＿＿＿＿

動物の有性生殖

重要概念：雌雄の配偶子が一緒になることで受精が起き，接合子ができる。動物の受精は体内で起こる場合と体外で起こる場合とがある。

有性生殖では，まず生殖巣で生殖細胞（**配偶子**）が形成される。雌の配偶子は**卵**，雄の配偶子は**精子**と呼ばれる。動物の有性生殖は，受精と胚発生の場所によって，下記の主要な3パターンのうちの1つをたどる。多くの水生の無脊椎動物や魚類は，両親が配偶子を同時に水中に放出して**体外受精**を行う。他の無脊椎動物，爬虫類，サメ，鳥類や哺乳類は**体内受精**を行う。これらの生物では，受精の成功率を高めるために精子が雌の体内に直接放たれる。鳥類やほとんどの爬虫類が陸上生活に適応できたのは，**有羊膜卵**の出現に依っている。有羊膜卵は，胚が親の体外で発生することができるように保護する殻と，胚を育む卵黄嚢を備えている。哺乳類の胎生は発生を通じて胚を守り育てる点で，もっとも有利なものである。

受精と発生における戦略

1．体外受精と体外発生
多くの海洋性の無脊椎動物はたくさんの配偶子を生産して海中に放出する。例：大型のシャコガイ（左上の図）。両生類では配偶子の放出，体外受精や発生に先行して抱接（雌雄の個体が体を近づけ，メスの産卵後にすぐにオスが精液を放出する受精方法）がある。例：カエル（右上の図）。

2．体内受精と体外発生
昆虫には複雑な求愛行動をとるものが多い。受精は体内で起きるが，卵は体外に産み出されて発生する。例：双翅目のハエ（左上の図）。
鳥類や爬虫類では，受精は体内で起きるが，卵は通常巣に産み出されて発生する。例：ウズラ（右上の図）。

3．体内受精と胎生
哺乳類では受精は体内で起き，体内での発生の期間は長い。例：ライオン（上の図）。

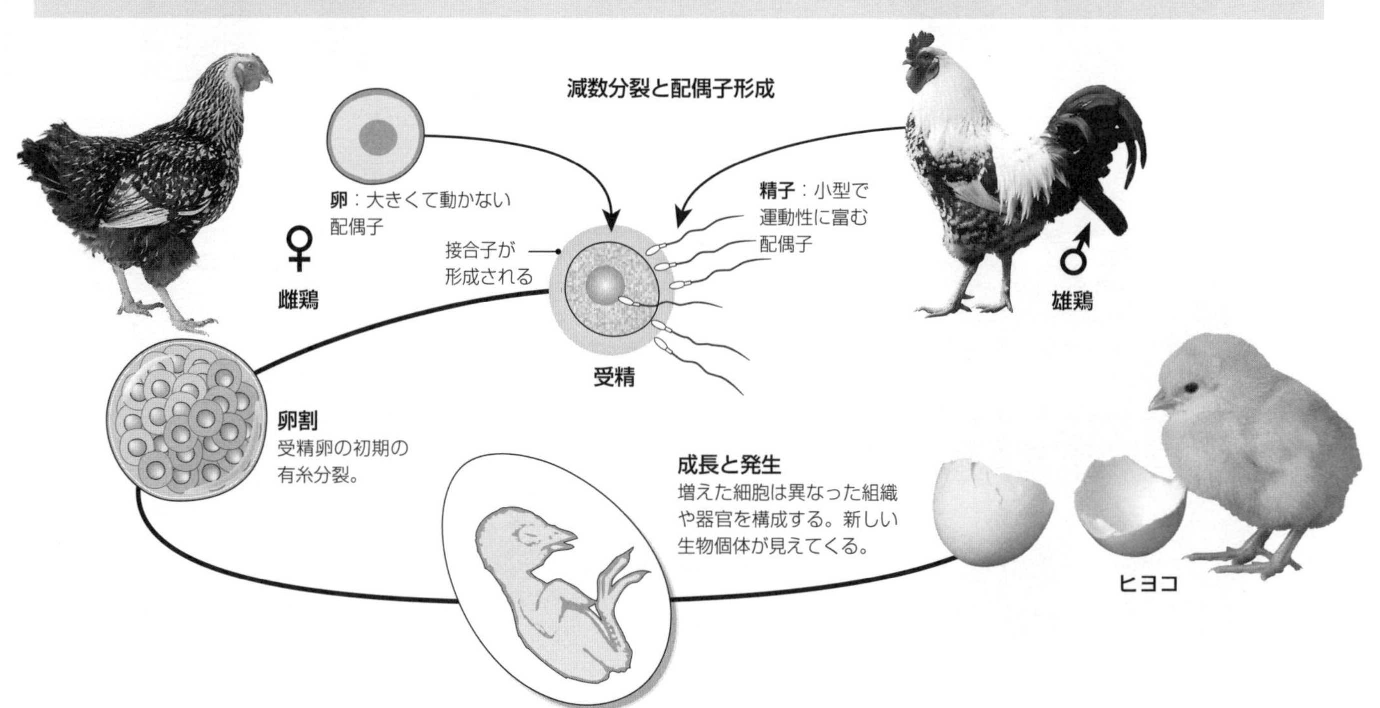

1．**体内受精**と**体外受精**，それぞれの戦略の優れたところを示しつつ，両者の違いについて述べなさい。

2．(a) 体内で受精し体外で発生する動物のグループを挙げなさい。

(b) 受精も発生も体内で進む動物のグループを挙げなさい。

(c) 胚が体内で発生することによる利点と代償を述べなさい。

利点：

代償：

配偶子

重要概念：配偶子とは生物の生殖細胞のことである。オスとメスの配偶子は大きさ，形，数において異なる。

配偶子（生殖細胞）は有性生殖のためにつくられる。哺乳類のオスとメスの配偶子は大きさ，形，数が大きく異なる。これらの違いは受精と生殖におけるそれぞれの役割の違いを反映している。オスの配偶子（**精子**）は運動性に富み，たくさんつくられる。メスの配偶子（**卵**）は大きくて，数が少なく，運動性をもたない。卵は，卵管の内側を覆う繊毛細胞がつくり出す波状の動きに乗って動く。卵は胚の発生を支える栄養源を含んでいる。哺乳類の卵にはこの栄養源が少ないが，子宮内膜に着床した胚は母親の血液から必要な栄養が供給される。

卵の構造と機能

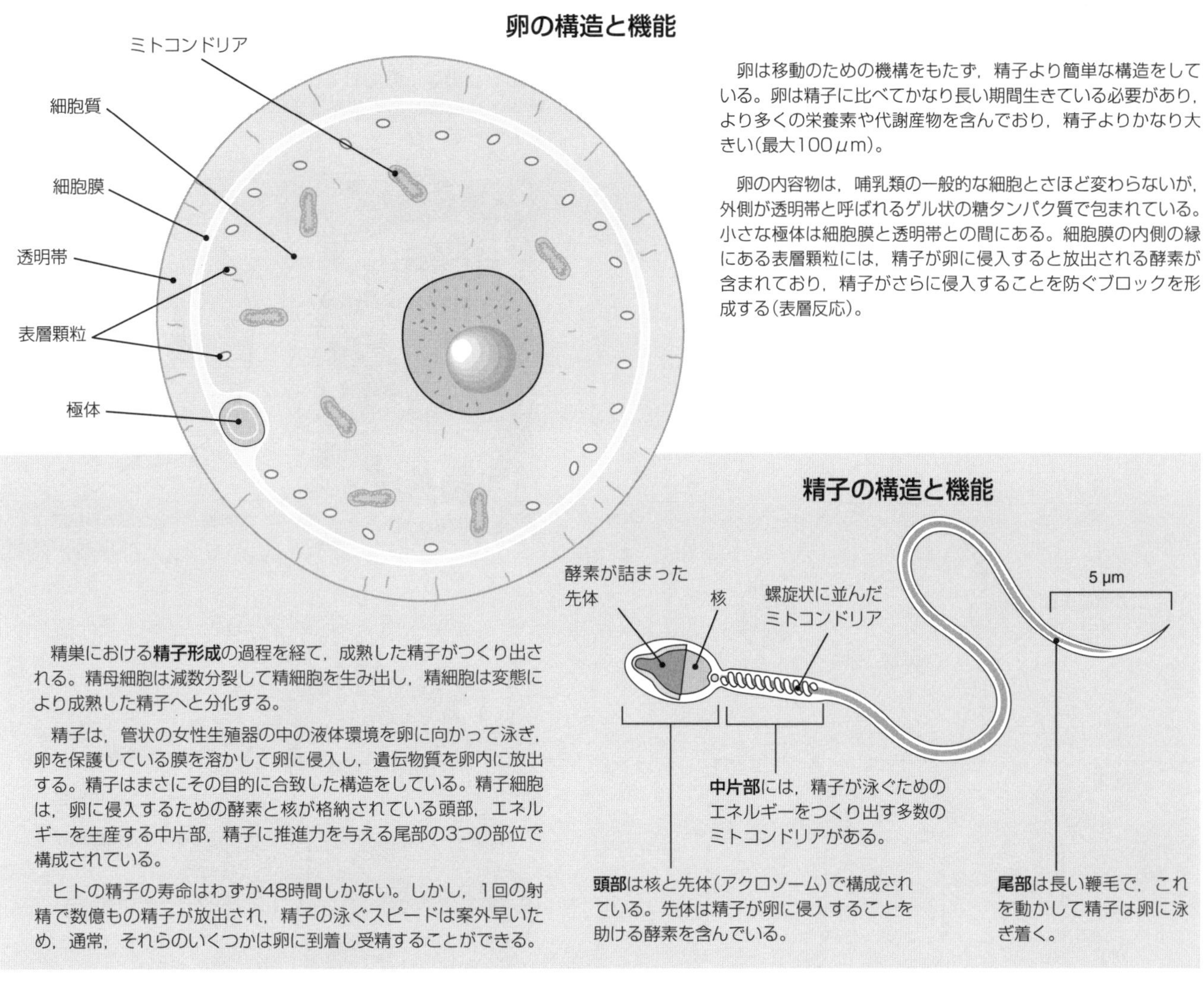

卵は移動のための機構をもたず，精子より簡単な構造をしている。卵は精子に比べてかなり長い期間生きている必要があり，より多くの栄養素や代謝産物を含んでおり，精子よりかなり大きい（最大100 μm）。

卵の内容物は，哺乳類の一般的な細胞とさほど変わらないが，外側が透明帯と呼ばれるゲル状の糖タンパク質で包まれている。小さな極体は細胞膜と透明帯との間にある。細胞膜の内側の縁にある表層顆粒には，精子が卵に侵入すると放出される酵素が含まれており，精子がさらに侵入することを防ぐブロックを形成する（表層反応）。

精子の構造と機能

精巣における**精子形成**の過程を経て，成熟した精子がつくり出される。精母細胞は減数分裂して精細胞を生み出し，精細胞は変態により成熟した精子へと分化する。

精子は，管状の女性生殖器の中の液体環境を卵に向かって泳ぎ，卵を保護している膜を溶かして卵に侵入し，遺伝物質を卵内に放出する。精子はまさにその目的に合致した構造をしている。精子細胞は，卵に侵入するための酵素と核が格納されている頭部，エネルギーを生産する中片部，精子に推進力を与える尾部の3つの部位で構成されている。

ヒトの精子の寿命はわずか48時間しかない。しかし，1回の射精で数億もの精子が放出され，精子の泳ぐスピードは案外早いため，通常，それらのいくつかは卵に到着し受精することができる。

中片部には，精子が泳ぐためのエネルギーをつくり出す多数のミトコンドリアがある。

頭部は核と先体（アクロソーム）で構成されている。先体は精子が卵に侵入することを助ける酵素を含んでいる。

尾部は長い鞭毛で，これを動かして精子は卵に泳ぎ着く。

1. なぜ精子に運動性が必要なのか説明しなさい。________

2. (a) 卵は卵管の中を，どのように移動するのか説明しなさい。________

   (b) 成熟した卵が精子の何倍も大きいのはなぜか説明しなさい。________

3. 精子が多数のミトコンドリアをもっているのはなぜか説明しなさい。________

精子形成

重要概念：精子は雄性の配偶子であり，精巣内での精子形成によってつくられる。

精子は**精子形成**と呼ばれるプロセスによって精巣内でつくられる。哺乳類の精子は運動性に優れており，大量につくられる。ヒトの男性において精子の形成は思春期に始まり，加齢とともに数が減るものの生涯にわたって生産が続く。精子は毎秒数千個も生産されているが，成熟するまでに2か月を要する。

精子形成

精子形成とは精巣の中で，成熟した精子が形成される過程のことである。ヒトにおいては，1日で1億2000万個ほどの精子がつくられる。精子形成は，脳下垂体前葉から分泌される**卵胞刺激ホルモン**（FSH）と，脳下垂体前葉から分泌される**黄体形成ホルモン**（LH）に反応して精巣から分泌されるテストステロンによって調節されている。精細管の外周に分布する精原細胞は，生殖可能な期間を通じて増殖する。精原細胞から生じた精母細胞は減数分裂し精細胞となる。精細胞は，精細管内での精子変態によって成熟した精子となる。精子の運動性は精巣上体において付与される。

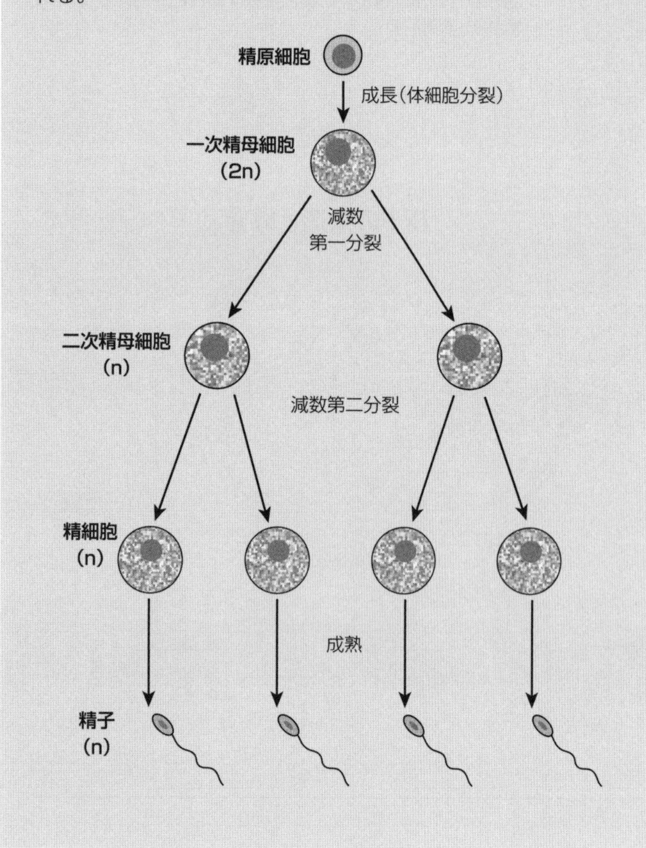

精細管の横断面

左下の写真では，精細管の内腔に伸びた尾部をもち成熟しつつある精子（矢印を付した）が見える。精子の頭部は管壁のセルトリ細胞に埋もれている。精子は間もなく解き放たれ，精巣上体に移動して成熟する。右下図は，写真にある横断面を図解している。

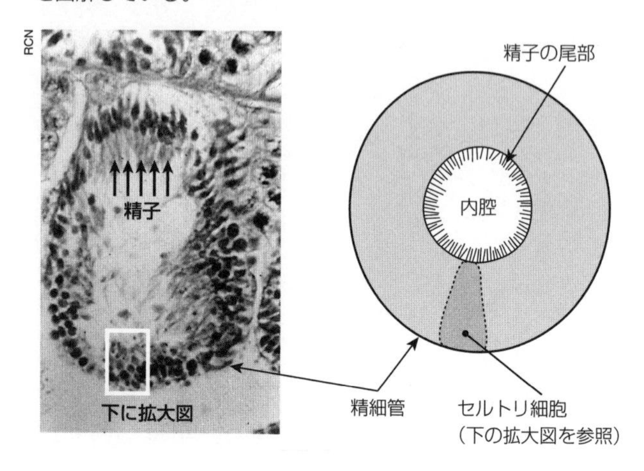

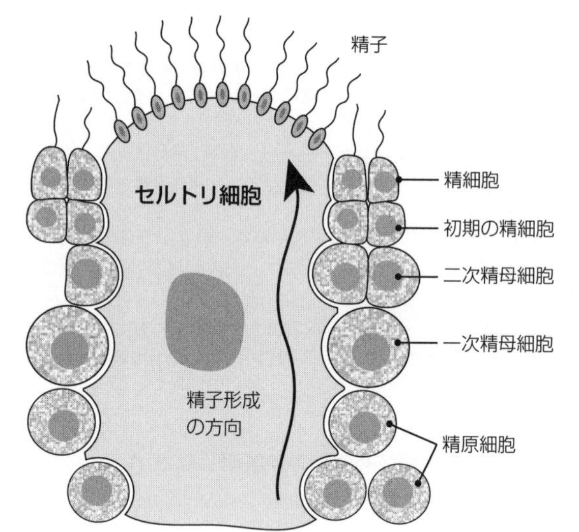

1. (a) 成熟した精子が形成される過程を何というか書きなさい。__________

   (b) その過程はどこで起きるか答えなさい。__________

   (c) 1つの一次精母細胞からいくつの成熟した精子が形成されるか答えなさい。__________

   (d) 成熟した精子をつくり出す細胞分裂方法を何というか書きなさい。__________

2. 精子の生産におけるFSHとLHの役割を述べなさい。__________

3. 健康で生殖能力のある男性の1回の射精には1～4億個の精子が含まれる。このように多くの精子が必要である理由を述べなさい。

卵形成

重要概念：卵は女性の配偶子である。卵は卵巣で起きる卵形成によってつくられる。

女性において，卵は**卵形成**と呼ばれるプロセスによってつくられる。精子形成とは異なり，出生後に新たにつくられる卵はない。それどころか，ヒトの女性は未成熟な卵の一生分すべてを備えて生まれる。これら未成熟な卵は子どもの期間を通して減数第一分裂の前期にとどまっている。思春期以降は月経周期にしたがって，卵巣から通常1か月に1つの卵が放出される。放出された卵は減数第二分裂の中期で止まっており，受精が完了したあとに初めて減数分裂の2回目の分裂を終える。卵巣からの卵の放出は，思春期の開始から閉経まで続く。閉経を迎えると月経が止まり，妊娠することができなくなる。

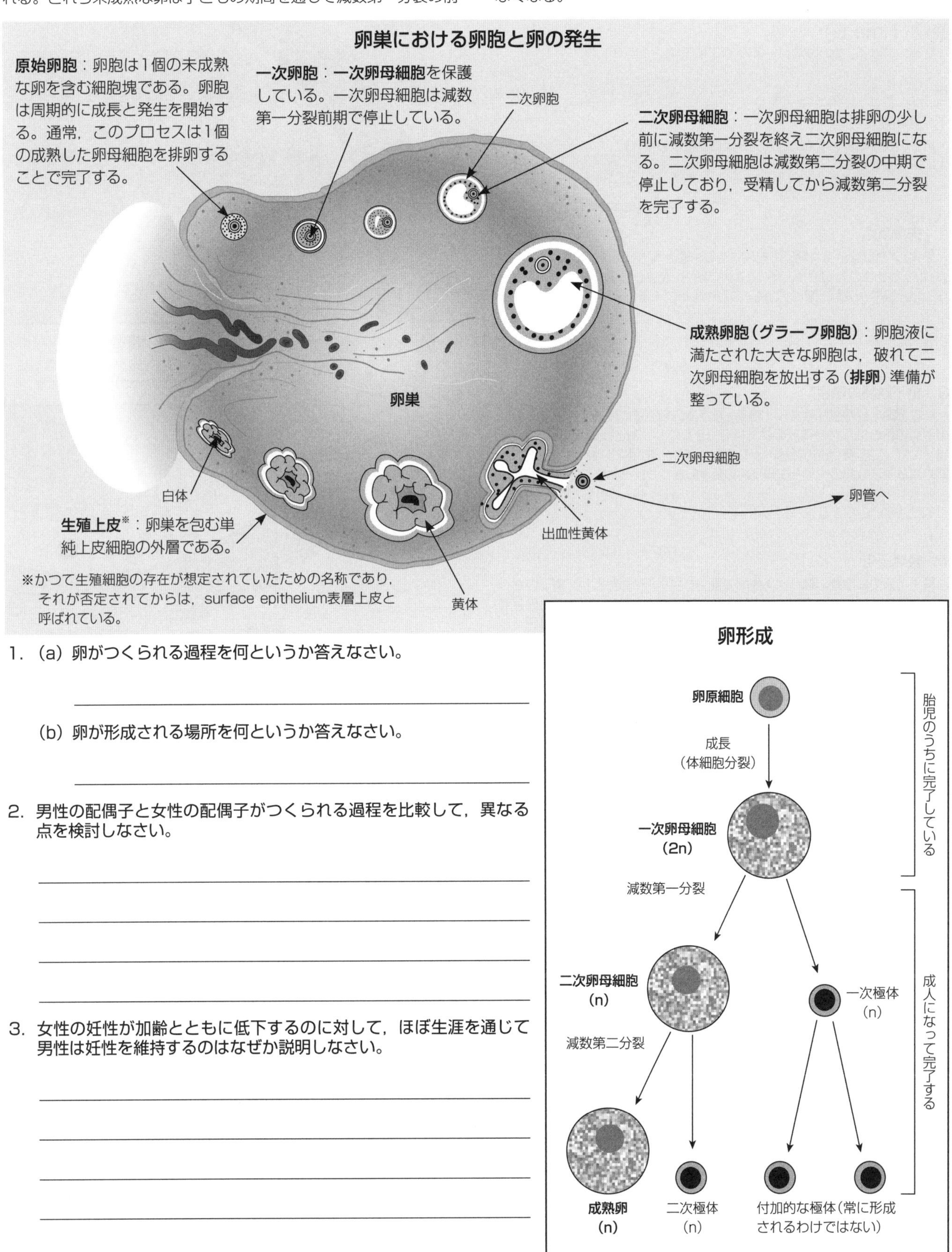

1. (a) 卵がつくられる過程を何というか答えなさい。

   ____

   (b) 卵が形成される場所を何というか答えなさい。

   ____

2. 男性の配偶子と女性の配偶子がつくられる過程を比較して，異なる点を検討しなさい。

   ____

   ____

   ____

   ____

3. 女性の妊性が加齢とともに低下するのに対して，ほぼ生涯を通じて男性は妊性を維持するのはなぜか説明しなさい。

   ____

   ____

   ____

   ____

   ____

受精と初期発生

重要概念：受精はオスとメスの配偶子が融合して接合子となるときに起きる。

受精は，精子が二次卵母細胞の段階にある卵に侵入して，精子と卵の核が合体して接合子となるときに起きる。哺乳類では受精に際して多精（複数の精子による受精）を防ぐための特別な仕組みが働く。この仕組みには膜電位の変化と表層反応が含まれる。多精によって生じた接合子は多過ぎる染色体を含み発生できない。受精は妊娠期間の開始と見なされ，下記の5つの段階からなる。受精後，接合子は多細胞生物への成長と分化，すなわち発生を開始する。

受精（Time 0）

受精における5つの段階（1～5）を以下に示す。

1．受精能の獲得

精子の表面が変化することが先体反応と精子の侵入に不可欠である。

2．先体反応

先体（アクロソーム：精子の先端にある酵素を満たした袋状の構造）から放出された酵素が，卵（二次卵母細胞）を包む卵胞（図にはない）や透明帯の層を消化して精子の通り道をつくる。

3．精子頭部の融合

精子と卵の細胞膜が融合し，精子の核が卵の細胞質に侵入する。細胞膜の融合はただちに膜の脱分極を引き起こし，あとから来る精子に対して多精拒否の仕組みとして働く。他方，細胞膜の融合は，卵の減数第二分裂の完了と表層反応の誘導のきっかけともなる。

4．表層反応

精子と卵の細胞膜の融合は卵表面の恒久的な変化をもたらし，精子のさらなる侵入を妨げる。卵の細胞質中にある表層顆粒の内容物が細胞膜と卵黄層との間のスペース（囲卵腔）に放出される。放出された物質は卵黄層を硬くして，恒久的な多精拒否の仕組みを構築する。

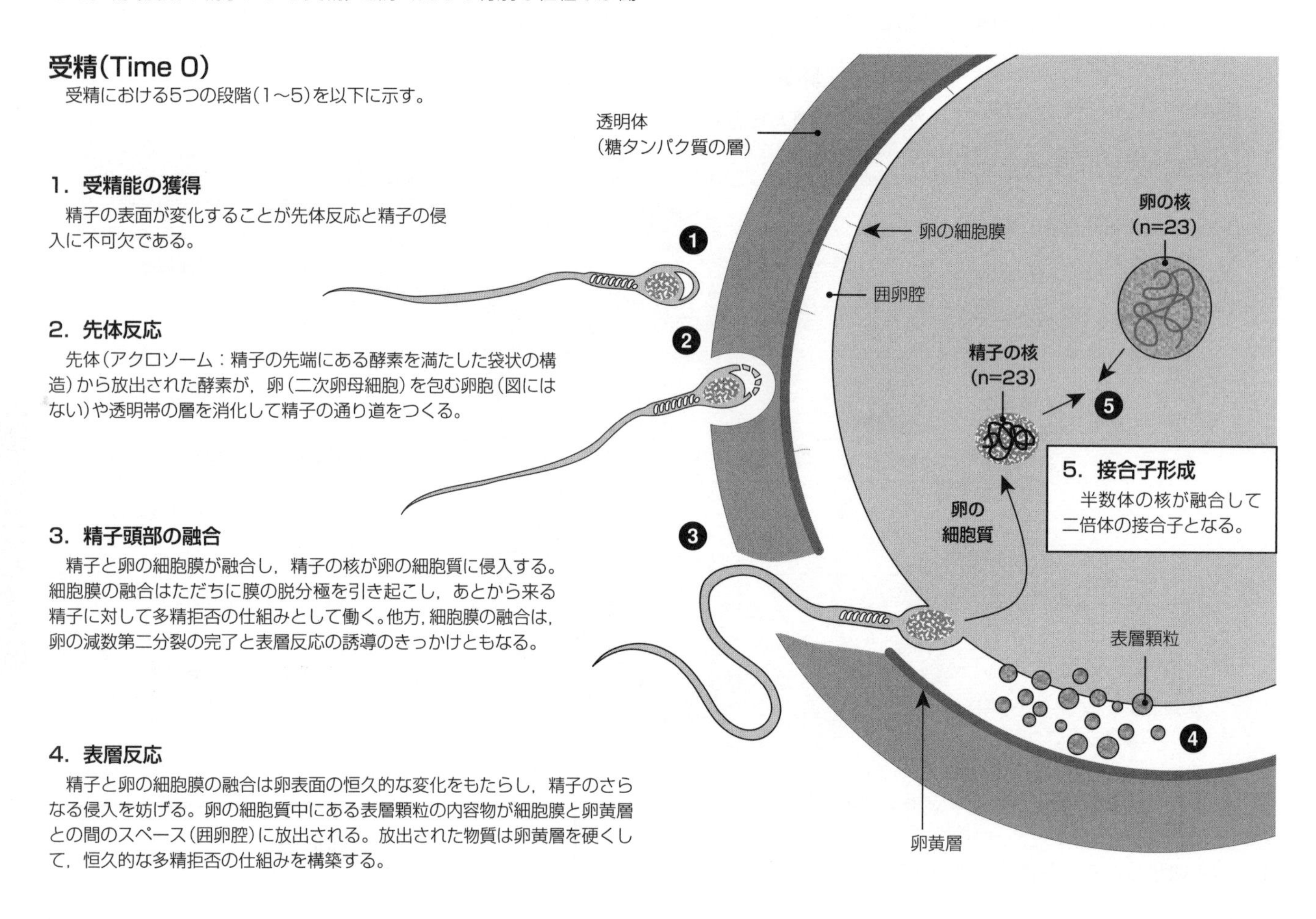

1．受精における以下の各段階で起きる特徴的な出来事，その重要性について簡単に述べなさい。

(a) 受精能の獲得：

(b) 先体反応：

(c) 卵と精子の細胞膜の融合：

(d) 表層反応：

(e) 卵と精子の核の融合：

2．複数の精子による受精（多精）が起きないことが重要なのはなぜか説明しなさい。

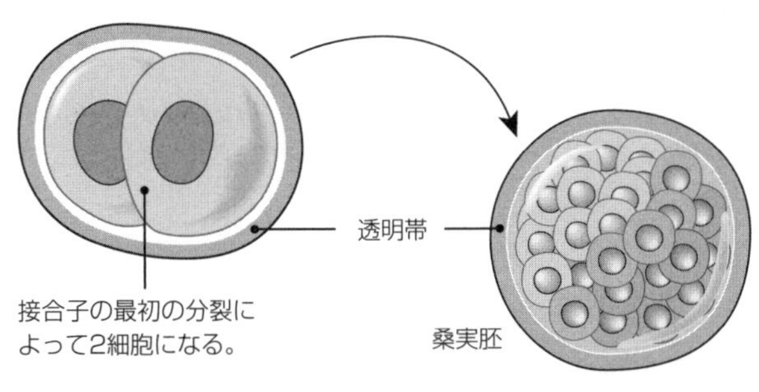

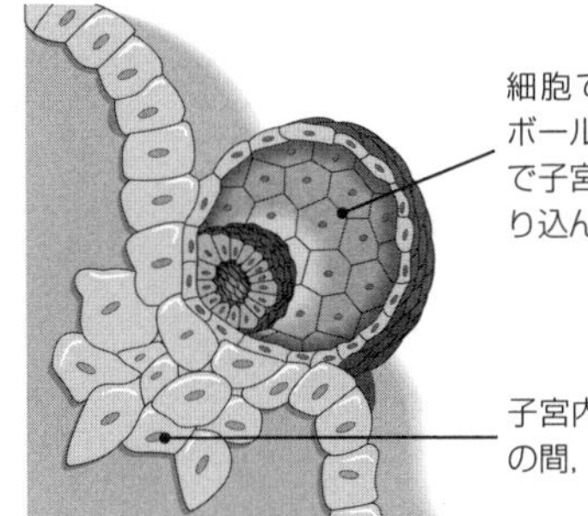

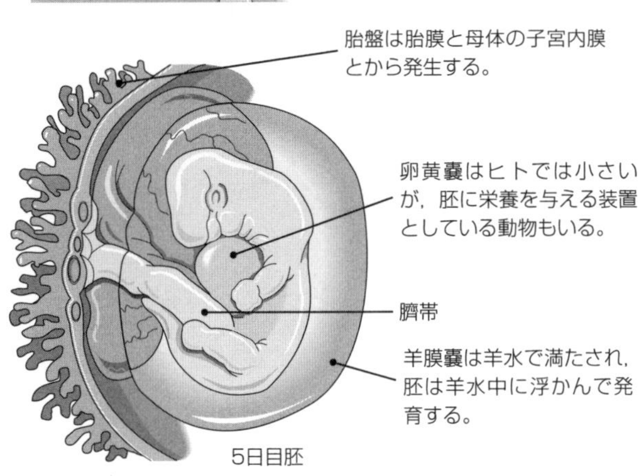

受精卵の卵割から胚発生

卵割と桑実胚形成

受精直後に急激に細胞分裂が進行する。この初期の細胞分裂は**卵割**と呼ばれ，細胞の数は増えるが接合子の大きさ自体は変わらない。最初の卵割は36時間後に完了し，それ以降の分裂はもっと短時間で進む。卵割によって3日後には**桑実胚**と呼ばれる細胞の塊ができる。(左)桑実胚の大きさは最初の接合子とほとんど同じである。

胚盤胞の着床(6～8日後)

子宮内で数日経つと，桑実胚は**胚盤胞**になる。胚盤胞は子宮内膜に接触して入り込み，母体と胚が密着するようになる。胚盤胞から分泌される酵素によって血管に穴が開き，胚盤胞に栄養を与えるようになる。胚は**hCG**(ヒト絨毛性ゴナドトロピン)を産生し，黄体の退縮を阻害する。hCGは女性が妊娠した兆候となる。

5～8週の胚

受精後5週間を経ても，胚の大きさは4～5mmほどであるが，すでに中枢神経系はできており，心臓は拍動している。羊膜は液体で満たされ，胚はその中に浮かんでいる。尿膜と絨毛膜は胎盤の胚側部分をつくる。胚が胎児と呼ばれるのは2か月目からである。この時期，胎児はいまだ30～40mmと小さいが，四肢が備わり，骨が固くなり始めている。顔は平らで眼の間が広く離れた特徴のない様子をしている。胎動が始まり，脳の発生が急速に進行する。胎盤はよく発達しているが，12週までは十分に機能しない。臍動脈と臍静脈を含む臍帯(さいたい)が胎児と母体をつないでいる。

3. (a) 卵巣から放出された卵が二次卵母細胞とされる理由を説明しなさい。＿＿＿＿＿＿＿＿

   (b) 減数分裂が完了するのは，どの発生段階か述べなさい。＿＿＿＿＿＿＿＿

4. 以下のそれぞれの形成について，精子と卵がどの程度寄与しているか述べなさい。

   (a) 接合子の核　精子の寄与：＿＿＿＿　卵の寄与：＿＿＿＿

   (b) 接合子の細胞質　精子の寄与：＿＿＿＿　卵の寄与：＿＿＿＿

5. 卵割とは何か，胚の初期発生における重要性を説明しなさい。＿＿＿＿＿＿＿＿

6. (a) 初期胚への栄養供給における着床の重要性について述べなさい。＿＿＿＿＿＿＿＿

   (b) 胚によるhCG産生の意味について述べなさい。＿＿＿＿＿＿＿＿

7. 妊娠第1期(2～3か月)の終わりごろにある胎児が，特に薬物によって障害を受けやすい理由を述べなさい。＿＿＿＿＿＿＿＿

胎　盤

重要概念：胎盤は胎児と母体の間での物質交換を可能にする器官である。胎盤は一時的な内分泌器官でもあり，妊娠を維持するためのホルモンを分泌する。

ヒトの胎児は栄養補給，酸素補給，老廃物の除去を，完全に母体に依存している。**胎盤**はこうした役割を担う特殊な器官であり，胎児と母体の組織間での物質交換を可能にし，子宮内で胎児が成長に長い期間を費やすことを可能にしている。胎盤は内分泌器官としての役割も果たし，妊娠を維持するためにプロゲステロンとエストロゲンを産生する。

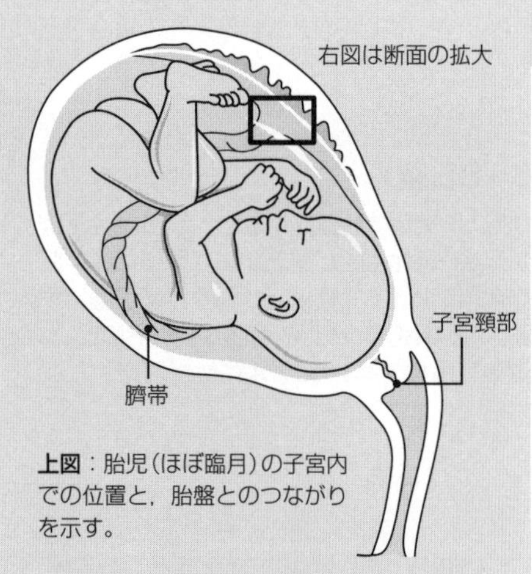

上図：胎児（ほぼ臨月）の子宮内での位置と，胎盤とのつながりを示す。

下図：分娩直後のヒト胎盤の写真。

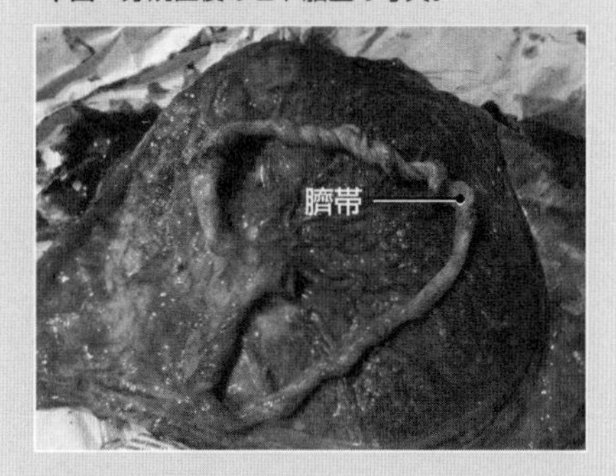

胎盤の断面の一部を示す概略図

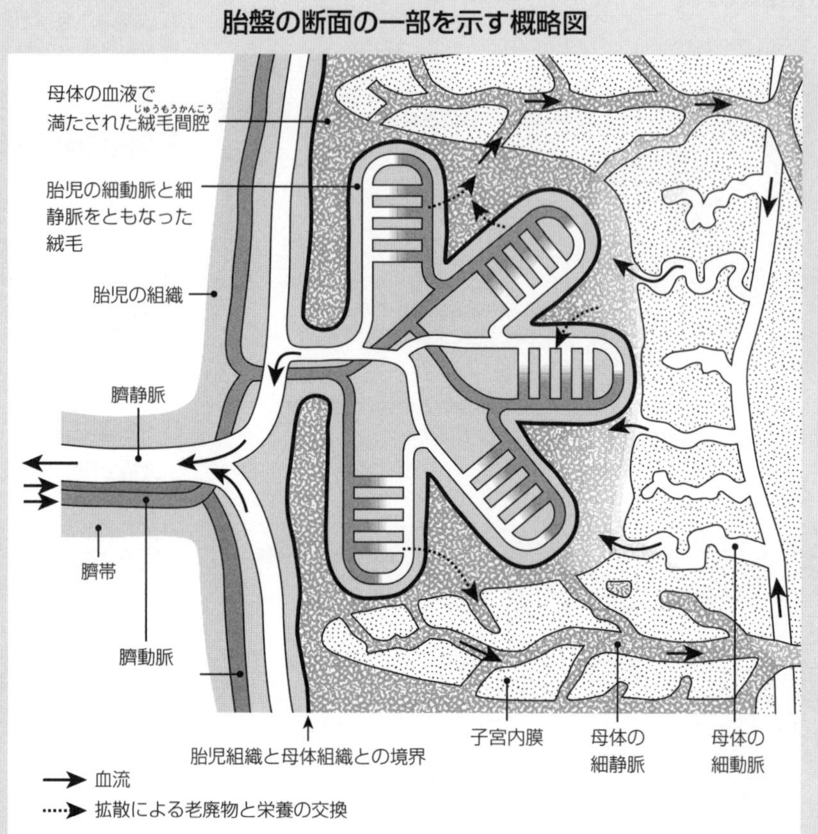

胎盤は円盤状の器官で，大きさは直径25cm程度で重さは1kgほどである。胚膜から指のような形の突起（絨毛）が子宮内膜に伸びて，胎盤が発達する。絨毛は胎児の動脈や静脈につながる多くの毛細血管を含んでいる。絨毛は母体の血液に満たされた絨毛間腔に達するまで，母体組織に侵入を続ける。結果，母体と胎児の血管が近接するため，酸素や栄養は母体の血液から絨毛の毛細血管に拡散することができる。栄養を含んだ胎児の血液は絨毛から臍帯静脈に移り，胎児の心臓に戻る。二酸化炭素やその他の老廃物は胎児を離れて，臍帯動脈を経て絨毛の毛細血管に移され，母体の血液中に拡散する。胎児の血液と母体の血液が混じらないことに留意すること。物質交換は管壁の薄い毛細血管を通る拡散によって起きる。

1. ヒトの胎盤の構造と機能を述べなさい。＿＿＿＿＿＿＿＿＿＿＿＿＿＿＿＿＿＿＿＿

2. 臍帯は胎児の動脈と静脈を含んでいる。それぞれの血管内の血液の状態として適切な文を下から選びなさい。

　(a) 胎児の動脈：　血液は酸素に富み，栄養を含んでいる　／　血液から酸素が減っており，窒素性の老廃物を含んでいる

　(b) 胎児の静脈：　血液は酸素に富み，栄養を含んでいる　／　血液から酸素が減っており，窒素性の老廃物を含んでいる

3. 母体と胎児の間でどのように物質が交換されるのか述べなさい。＿＿＿＿＿＿＿＿＿＿＿＿＿＿＿＿＿＿＿＿

妊娠にかかわるホルモン

重要概念：妊娠期間中に分泌されるホルモンは妊娠を維持し，出産に向けて体を整える。

妊娠していない成人女性において，卵巣周期はいくつかの脳下垂体ホルモンによって調節され，それらの脳下垂体ホルモンの分泌は，エストロゲンとプロゲステロンの分泌によって制御されている。妊娠はこの卵巣周期を止めて，胎児の発生を維持するという特別な内分泌器官としての役割をもつ黄体と胎盤を維持する。出産の時期を迎えると，オキシトシンというホルモンが子宮収縮を誘導して，子宮から赤ん坊が出てくる。

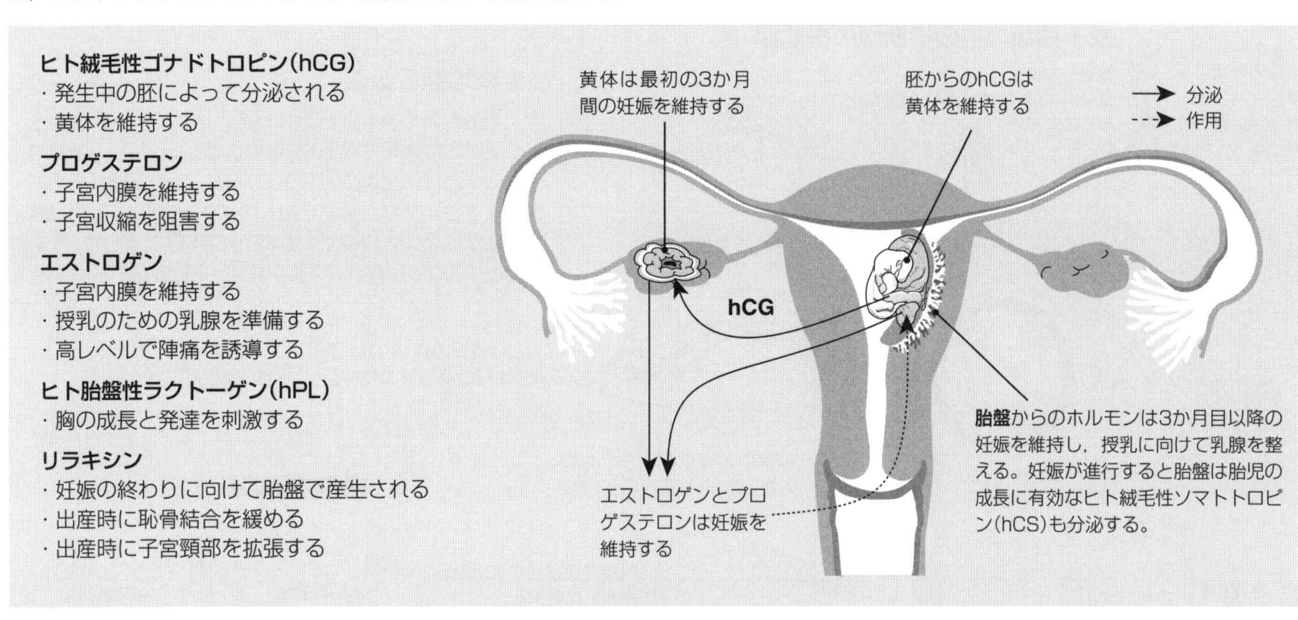

妊娠，出産，授乳期間中のホルモンの変化

妊娠12〜16週の間，**黄体**は十分な量のプロゲステロンを分泌し子宮内膜を維持し，胚発生を支える。そのあとは，胎盤が妊娠にかかわる第一の内分泌器官となる。胎盤から分泌される**プロゲステロン**と**エストロゲン**は子宮内膜を維持し，新たな卵の発達を抑制して，授乳のための乳汁生産に向けて胸の組織を発達させる。妊娠の終わりには胎盤は能力を失い，プロゲステロンの分泌が低下することでエストロゲンの分泌が高まり，陣痛開始の引き金が引かれる。

エストロゲンが増加するとオキシトシンの分泌量が増加し，オキシトンは正のフィードバックによって子宮の収縮を刺激する。つまり，子宮の収縮と胎児による子宮頸部の圧力の上昇がさらなるオキシトシンの分泌を刺激する。そして収縮が強くなり，さらにオキシトシンが分泌される。それは胎児が産道から出るまで続く。出生後には，プロラクチンの分泌が増える。プロラクチンは赤ん坊の養育期間中の授乳を維持する。

1. (a) 妊娠初期ではプロゲステロンのおもな供給源が黄体であるのはなぜか説明しなさい。＿＿＿＿＿＿＿＿

   (b) 妊娠を維持するのに役立っているホルモンは何か答えなさい。＿＿＿＿＿＿＿＿

2. (a) 出産のはじまりである陣痛にかかわっている2つのホルモンの名前を挙げなさい。＿＿＿＿＿＿＿＿

   (b) 陣痛を開始させる2つの生理的要因を記述しなさい。＿＿＿＿＿＿＿＿

根における吸収

重要概念：水の吸収は受動的である。無機塩類の吸収には能動的なものもある。

植物は水と無機塩類を常に吸収する必要がある。植物は，葉から絶えず失っている水を補給し，有機物の生産に必要な材料を取り入れなければならない。水と無機塩類を吸収できるのは，新しく形成された若い根の細胞と根毛に限られている。細胞の中を**原形質連絡**（細胞どうしの原形質の連結：**シンプラスト**）により移動する水もあるが，ほとんどの水は，細胞膜の外側の隙間を通って移動する（**アポプラスト**）。水の吸収は受動輸送（浸透）であるが，無機塩類の中には能動輸送されるものもある。

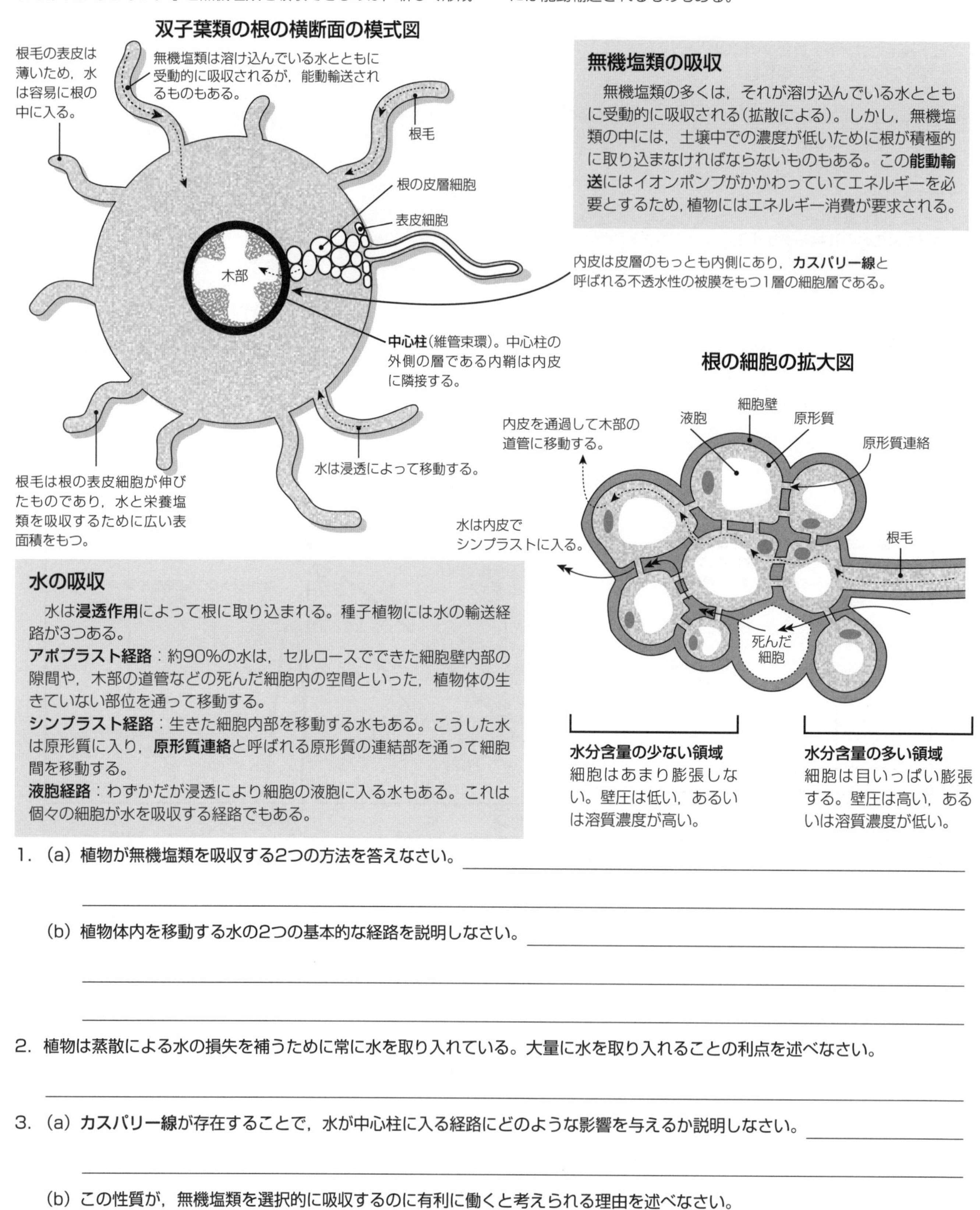

無機塩類の吸収

無機塩類の多くは，それが溶け込んでいる水とともに受動的に吸収される（拡散による）。しかし，無機塩類の中には，土壌中での濃度が低いために根が積極的に取り込まなければならないものもある。この**能動輸送**にはイオンポンプがかかわっていてエネルギーを必要とするため，植物にはエネルギー消費が要求される。

水の吸収

水は**浸透作用**によって根に取り込まれる。種子植物には水の輸送経路が3つある。

アポプラスト経路：約90%の水は，セルロースでできた細胞壁内部の隙間や，木部の道管などの死んだ細胞内の空間といった，植物体の生きていない部位を通って移動する。

シンプラスト経路：生きた細胞内部を移動する水もある。こうした水は原形質に入り，**原形質連絡**と呼ばれる原形質の連結部を通って細胞間を移動する。

液胞経路：わずかだが浸透により細胞の液胞に入る水もある。これは個々の細胞が水を吸収する経路でもある。

1. (a) 植物が無機塩類を吸収する2つの方法を答えなさい。

   (b) 植物体内を移動する水の2つの基本的な経路を説明しなさい。

2. 植物は蒸散による水の損失を補うために常に水を取り入れている。大量に水を取り入れることの利点を述べなさい。

3. (a) **カスパリー線**が存在することで，水が中心柱に入る経路にどのような影響を与えるか説明しなさい。

   (b) この性質が，無機塩類を選択的に吸収するのに有利に働くと考えられる理由を述べなさい。

蒸　散

重要概念：葉からの蒸散と，高い凝集性・粘性という水の特性があって，水は木部を移動する。

植物は常に水を失っている。土から吸い上げた水のおよそ99%が，葉や茎からの蒸発によって失われている。そのほとんどが気孔を通じて起こっており，**蒸散**と呼ばれる。また，植物体内の水の流れを**蒸散流**という。水は植物体内を，溶質濃度の勾配に沿って移動する。つまり，根から大気に向かって増加する溶質濃度の勾配に沿って，水は受動的に流れていく。溶質濃度の勾配が，植物体内を水が上昇する駆動力となる。蒸散は植物にとって有益である。蒸発は植物を冷やし，また，蒸散流は無機塩類の取り込みを助けるからである。

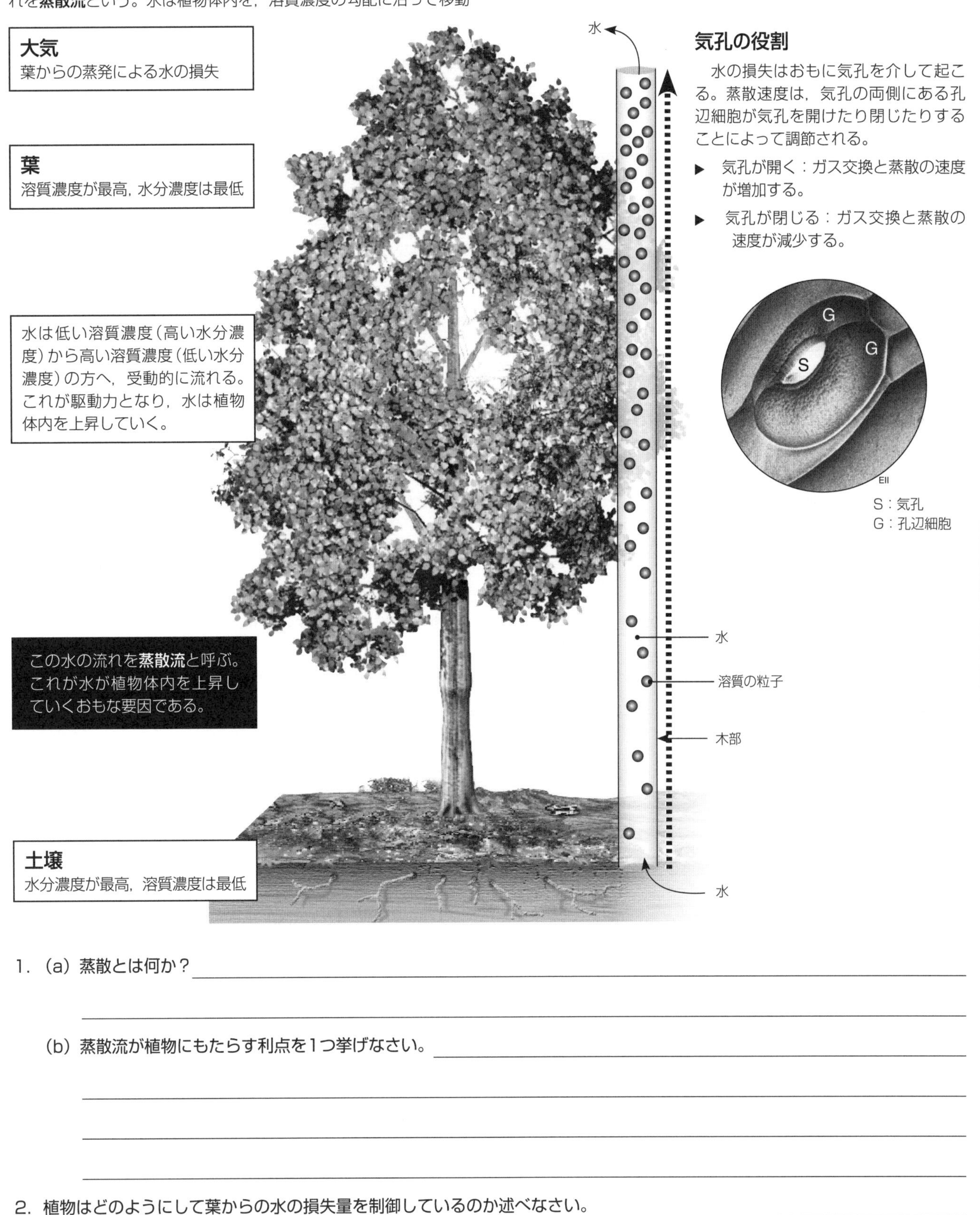

気孔の役割

水の損失はおもに気孔を介して起こる。蒸散速度は，気孔の両側にある孔辺細胞が気孔を開けたり閉じたりすることによって調節される。

- 気孔が開く：ガス交換と蒸散の速度が増加する。
- 気孔が閉じる：ガス交換と蒸散の速度が減少する。

S：気孔
G：孔辺細胞

1. (a) 蒸散とは何か？＿＿＿＿＿＿＿＿

(b) 蒸散流が植物にもたらす利点を1つ挙げなさい。＿＿＿＿＿＿＿＿

2. 植物はどのようにして葉からの水の損失量を制御しているのか述べなさい。＿＿＿＿＿＿＿＿

木部における水の輸送の3つの要因

❶ 蒸散による水の引き上げ

葉の空隙にある水が蒸散によって気孔から失われる。失われた水は葉肉細胞からの水で補われる。水が絶え間なく大気中に出て行く（そして糖類が生産される）ことで，葉における溶質濃度は植物体の他のどの部位よりも高くなる。この**増加していく溶質濃度の勾配**に沿って，水は引き上げられていく。

❷ 水の凝集力

蒸散によって水を引き上げる力に，水の**凝集力**が加わる。水分子は互いにくっつき合って植物体内を引き上げられる。水は道管の内壁にも**吸着**する。凝集力により，植物の中に**切れることのない水の柱**ができることになる。植物体液が引っ張り上げられるため，張力（負の圧力）が生じる。これにより水の取り込みと輸送が円滑に起こる。

❸ 根圧

土壌から中心柱に入ってくる水は，**根圧**を生じる。根圧はわずかだが，水を上方へ押し上げる効果をもつ。小さな植物では，ある条件のもとで，根圧により葉に水滴がつくられる（**排水作用**）。しかし一般には，水の上昇に果たす役割はわずかである。

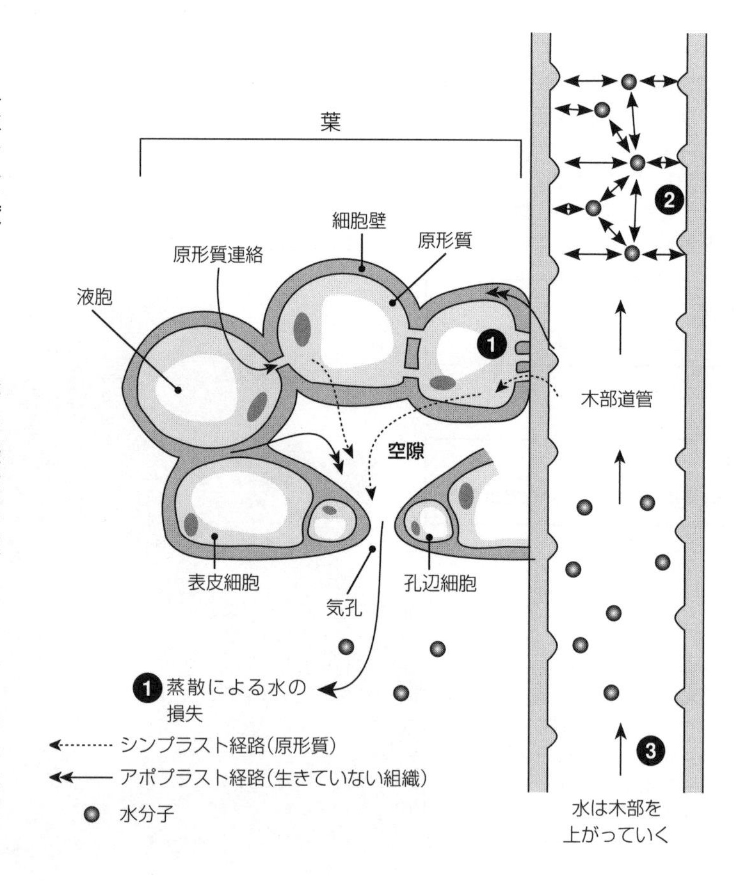

3. (a) あまりに多量の水が葉から失われてしまうと何が起こるか述べなさい。

(b) そのような事態はどんなときに生じるか答えなさい。

4. 根から入った水が葉へ輸送されるのにかかわっている3つの過程について，簡単にまとめなさい。

(a)

(b)

(c)

5. 凝集力のみで水が木部を上昇することができるのは最大で約10mである。それでは，樹高40mの樹木ではどのようにして水はその高さまで上昇することができるのか説明しなさい。

水を保つための適応

重要概念：乾生植物は水を保持できるよう乾燥に適応している。

乾燥地に生育する植物は**乾生植物**と呼ばれ，構造的にも生理的にも水分保持に適応している。小さくて硬い葉，厚いクチクラで覆われた表皮，くぼんだ気孔，水を蓄えることのできる多肉の組織といった特徴をもち，葉がないこともある。一方，耐塩性の高い植物（塩生植物）や高山植物にも，水の欠乏や蒸散を通じた水の損失により，乾生形態の特徴が認められる。

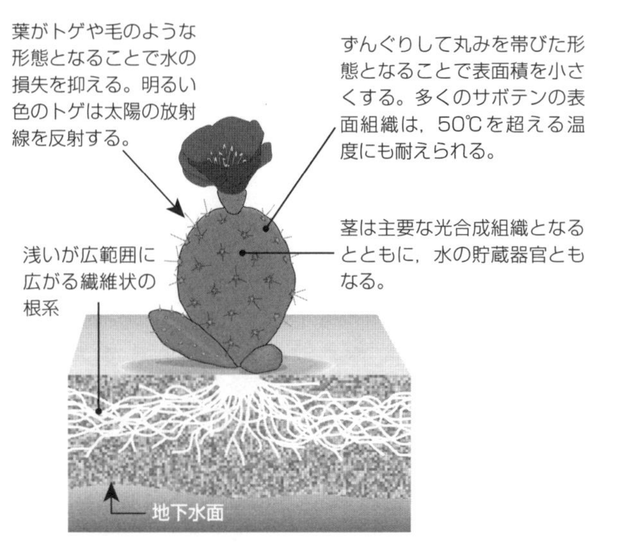

砂漠の植物

サボテンのように砂漠に生育する植物は，雨がまれにしか降らず，蒸散速度が速いという環境に対処しなければならない。いくつもの構造上の適応が，水分の損失を抑え，水の獲得や貯蔵を可能にしている。ロウ質の葉も水分の損失を抑える。多くの砂漠の植物において，発芽は一定量の降雨が生じたときにのみ引き起こされる。

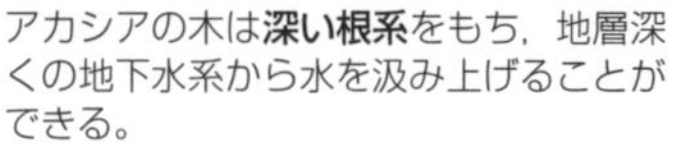
アカシアの木は**深い根系**をもち，地層深くの地下水系から水を汲み上げることができる。

多くの多肉植物の外表面は細かい毛で覆われており，体表付近の空気を停滞させることで蒸散速度を抑えている。

原生生物である海藻（植物ではない）は，乾生形態の特徴を備えていないにもかかわらず潮間の乾燥に耐えことができる。

マングローブは，根を覆うロウ質の**スベリン**によって，海水から97%の塩分を除去して水を吸収している。

海岸部の植物

海岸に生育する陸上植物は，体内の浸透バランスを維持しつつ，塩分濃度の高い環境から水を獲得するように適応している。さらに，海岸は風の強い場所であることが多いため，水分の損失を抑えるための構造上の適応が見られることが多い。

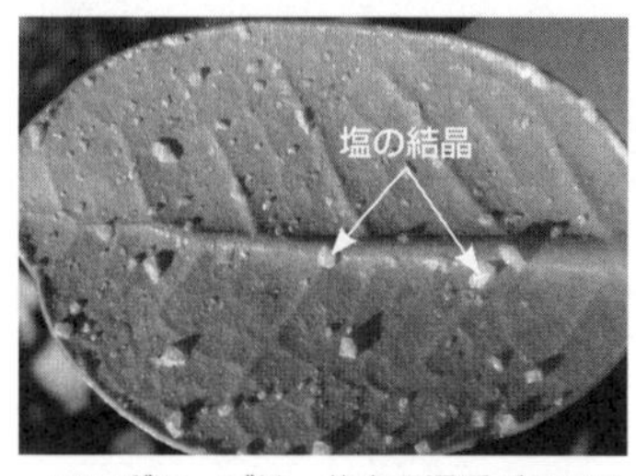

マングローブは，体内の浸透バランスを維持するために，吸収した塩を結晶（上図）として排出したり，古い葉の内部に蓄積しその葉を落としたりすることができる。

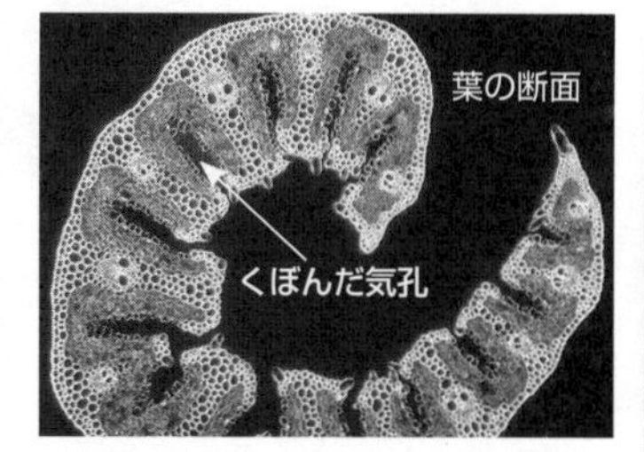

強風にさらされることの多い海岸では，蒸散にともなう水の損失を抑えるために，丸く巻いた形態の葉をもつ草本や，葉の内側がくぼみそこに気孔をもつ草本が見られる。

22 植物

水を蓄える方法

水の保持に関する適応	適応がもたらす効果	例
茎や葉における厚くてロウ質のクチクラ層	クチクラ層により水の損失を抑える。	マツ属の種，ツタ（キヅタ属），エリンギウム（エリンギウム属），ウチワサボテン（ウチワサボテン属）
気孔の数の減少	水の損失につながる開口部の数を減らす。	ウチワサボテン（ウチワサボテン属），キョウチクトウ属の種
葉の内側にくぼんだ気孔，細毛で覆われた葉，地表に貼りつくように広がるロゼット葉の形成	水分を含んだ空気を葉の表面に留めることで，葉からの蒸散を緩やかにし水の損失速度を抑える。	**くぼんだ気孔**：マツ属の種，ハケア属の種。細毛のある葉：ラムズイヤー。**ロゼット葉**：タンポポ（タンポポ属），ヒナギク
昼間に閉じて夜間に開く気孔	CAM代謝：CO_2は夜間に固定され，昼間の水の損失を最小限に抑える。	**CAM植物**，例：リュウゼツラン，パイナップル，カランコエ属，ユッカ属
小さなサイズの葉，光合成を行う茎，やわらかい時期には丸く巻いたり折り畳まれたりする葉	蒸散が起こる部分の表面積を減少させる。	**小さな葉**：エニシダ（エニシダ属）。**丸く巻いた葉**：オオハマガヤ（オオハマガヤ属），エリカ属の種
多肉質の茎，多肉質の葉	入手可能なときに水を多肉組織内に蓄えておき，水の入手できない時期に備える。	**多肉質の茎**：ウチワサボテン属，シッポウジュ（シッポウジュ属）。**多肉質の葉**：カランコエ属
地下水面に届く深い根系	より地下深い層の地下水面に根を届かせる。	アカシア，キョウチクトウ
地表の水分を吸収する浅い根系	夜間に生じる水滴を根が吸収する。	大半のサボテン

塩生植物と乾生植物の適応

アイスプラント（ハマミズナ科の植物）：砂漠や海岸に生息する多くの植物の葉は多肉質である。葉の横断面は三角形をしていて，貯水細胞が詰め込まれている。降雨の際に蓄えられた水が，乾燥した時期に用いられる。浅い根系は土壌表面からの水の取り込みを可能にしており，夜間に生じる水滴の吸収に適している。

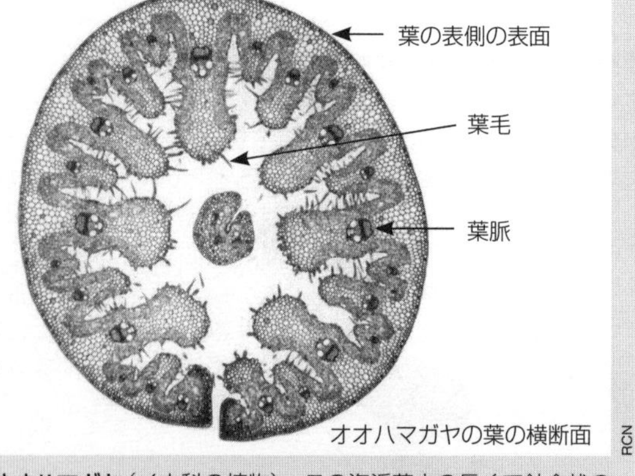

オオハマガヤ（イネ科の植物）：この海浜草本の長くて針金状の葉身は，気孔が内側になるように巻いている。これにより気孔の周囲に湿度の高い微気象を生み出し，乾燥から身を守る。標高の高い場所に適応した植物では同様の特徴が見られることが多い。

タマサボテン（＝キンシャチ）：多くのサボテンでは，葉は長くて細い針状に変化していて，厚くて多肉状の茎から突き出している。これにより，水の損失が生じる葉の表面積を減らしている。茎は水を蓄えるとともに光合成組織としても働く。多肉植物に見られるような浅い根系は，土壌表面の水を素早く吸収することを可能にしている。

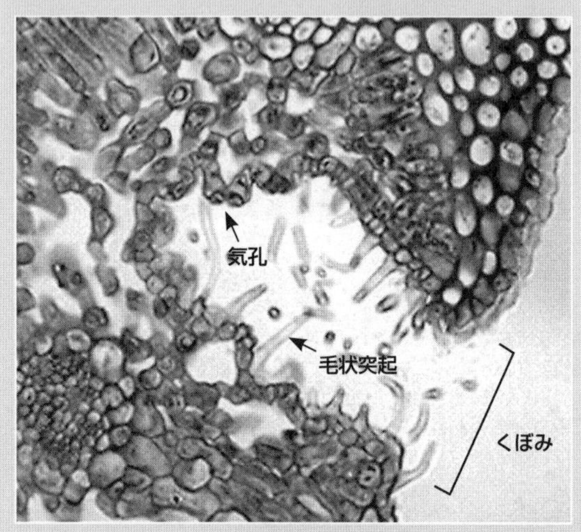

キョウチクトウは地中海地域原産の乾生植物であり，水を保持するための多くの特徴を有している。厚くて多くの層からなる表皮をもち，気孔は，葉の下側の，多くの毛状突起を有するくぼみの中にある。このくぼみの構造は，気孔からの二酸化炭素の取り込みを減らしてしまうが，蒸散による水の損失を抑制することのほうがキョウチクトウにとって利益が大きい。

1．**乾生形態**は何に対する適応なのか説明しなさい。

2．植物に見られる乾生形態の特徴を3つ述べなさい。

3．昼間に水の損失を抑える，植物の生理学的メカニズムを説明しなさい。

4．葉の表面の微気象を高湿度にすることにより，どのように蒸散速度が低下するのか述べなさい。

5．海岸の植物（塩生植物）はなぜ乾生形態の特徴を多く有するのか述べなさい。

転　流

重要概念：師部は，光合成生産した有機物（糖）を転流と呼ばれる働きにより植物体全体に運んでいる。

被子植物では，穴のあいた師板で師管細胞の端と端がつながり，そこを通って糖類が動いていく。水以外では，師管液はおもにスクロース（ショ糖）でできている（30%に達する）。植物体を巡っている師管液は，無機塩類やホルモン，アミノ酸なども含んでいる。師部の液汁は，**ソース**（糖がつくられる器官，葉など）から**シンク**（糖が使われる，または貯蔵される器官）へと移動する。ソース器官からスクロースを師管に移動させる際には，エネルギーが消費される（高温や呼吸阻害によってその働きは低下あるいは停止する）。師部からシンク器官の細胞にスクロースを取り込むのにエネルギーを必要とする植物もあるが，拡散作用だけで十分にスクロースが移動するものもある。

師管内の移動

師管液は，原形質流動よりもずっと速い速度，100 m/時の速さで，ソースからシンクへと移動している。師部輸送のモデルとしてもっとも有力なのは**圧流説**（体積流）である。師管液は，圧力が生じると体積流となって移動する。このモデルのポイントを段階（右図1～4）ごとに以下に述べる。単純化するために，シンク（またはソース）と師部の師管との間に存在する細胞は省略してある。

1. 師部へ糖が移動すると，師管細胞内の溶質濃度が増加する。師管は浸透作用によって水を取り込む。
2. 水の取り込みは静水圧を増加させ，管内の液汁を移動させる。ホース内の水が圧力を受けて流れるのと同じである。
3. シンク（根など）で糖が積み下ろされ，その結果，浸透によって水も出ていくことで，師管内部の圧力の勾配はより強められる。
4. 木部では，シンクからソースに向かって水が戻っていく。

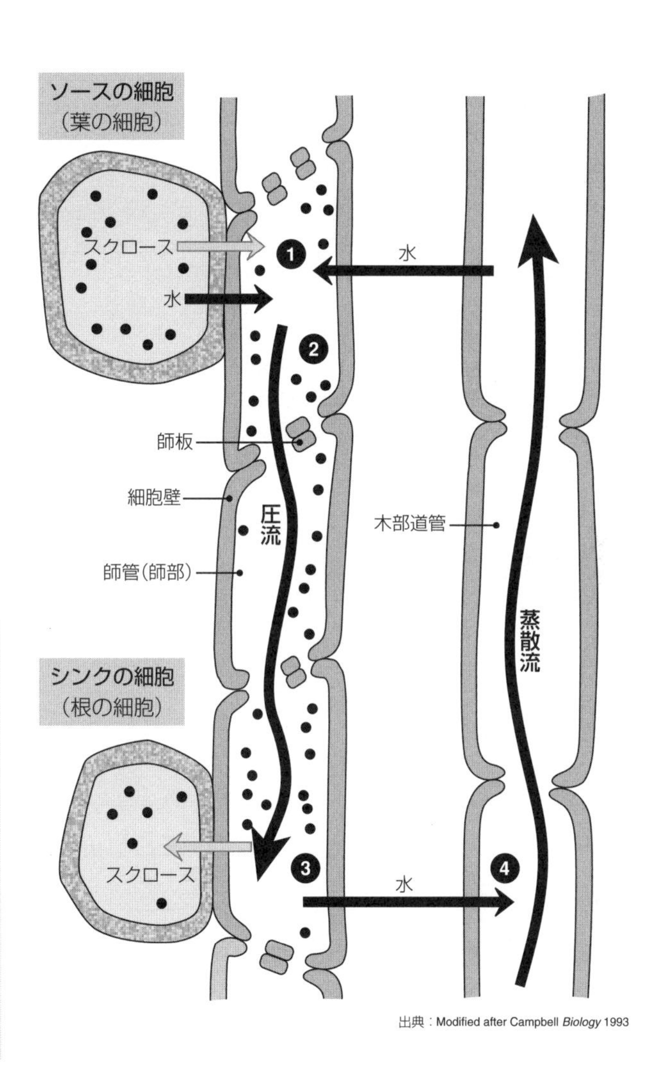

出典：Modified after Campbell *Biology* 1993

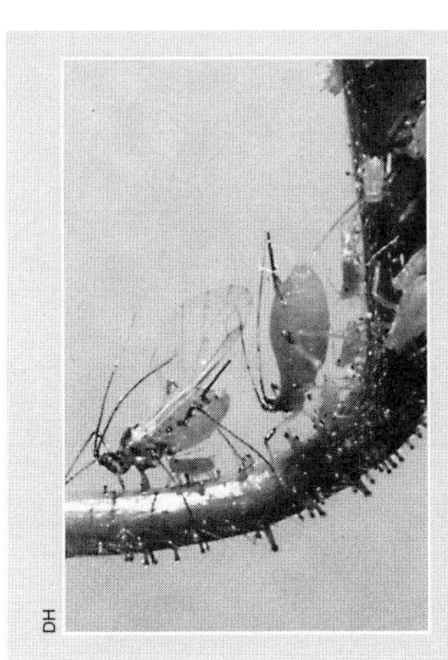

師管流の測定

部の流れを調べる実験では，アブラムシがよく用いられる。アブラムシは師管液を吸うので，自然がつくった**師管の探針**となる。アブラムシの口器（吻針）が師管細胞に突き刺さると，師管内の圧力で，師管液は吻針に押し込まれる。吸っているときにアブラムシの吻針を切り離し，吻針だけを師部に残すようにする。吻針は，液汁を取り出すためのごく小さい蛇口になる。別のアブラムシを用いて，同じ植物の別の箇所で計測することで，液汁の流速比を計測することができる。

1. (a) 浸透について学んだことをもとに，糖が師部を移動するのにともなって水が移動するのはなぜか説明しなさい。

(b) 師管内の輸送における「**ソースからシンクへ**」の流れとはどういうものか説明しなさい。

2. 植物は光合成産物をなぜ葉から他の領域へ移動させなければならないのか答えなさい。

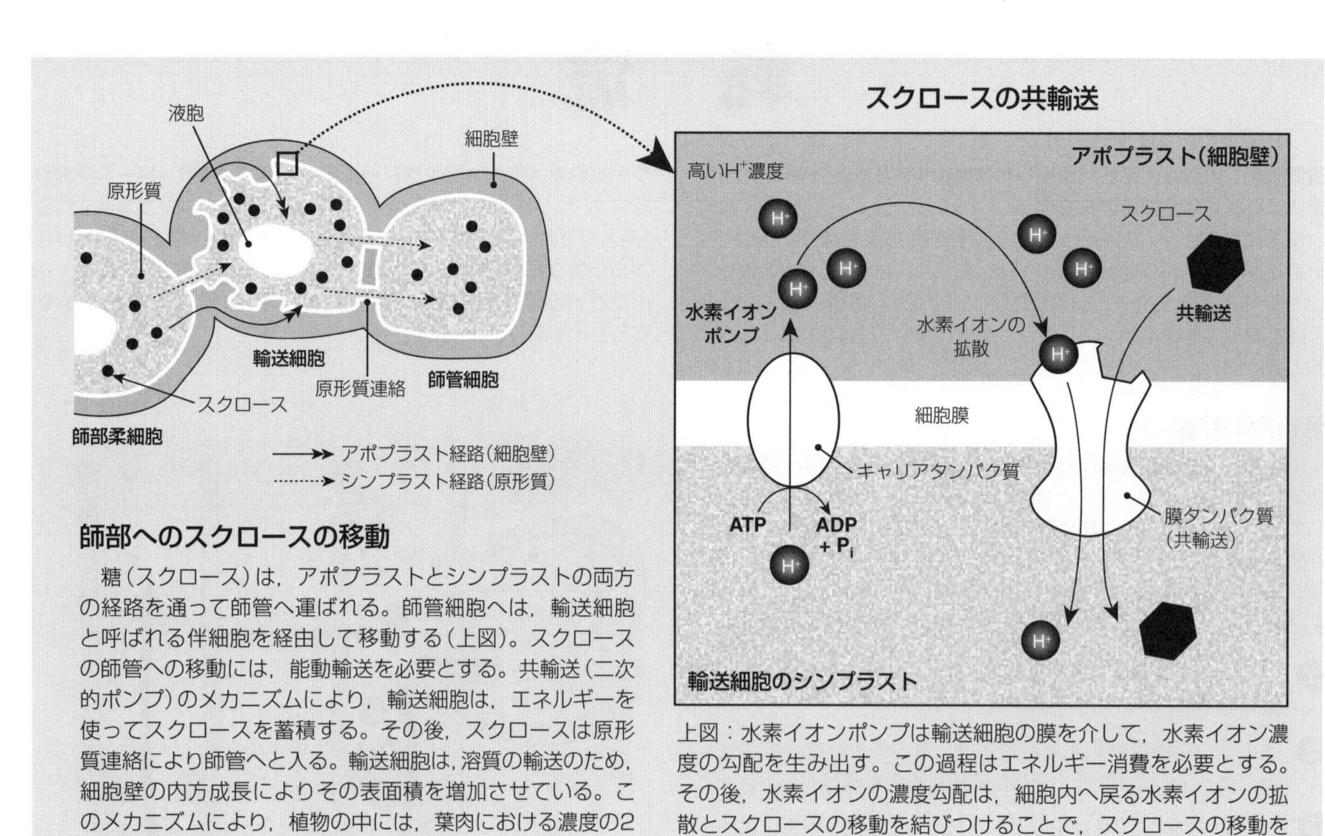

師部へのスクロースの移動

糖（スクロース）は，アポプラストとシンプラストの両方の経路を通って師管へ運ばれる。師管細胞へは，輸送細胞と呼ばれる伴細胞を経由して移動する（上図）。スクロースの師管への移動には，能動輸送を必要とする。共輸送（二次的ポンプ）のメカニズムにより，輸送細胞は，エネルギーを使ってスクロースを蓄積する。その後，スクロースは原形質連絡により師管へと入る。輸送細胞は，溶質の輸送のため，細胞壁の内方成長によりその表面積を増加させている。このメカニズムにより，植物の中には，葉肉における濃度の2～3倍ものスクロースを師部に蓄積するものもある。

上図：水素イオンポンプは輸送細胞の膜を介して，水素イオン濃度の勾配を生み出す。この過程はエネルギー消費を必要とする。その後，水素イオンの濃度勾配は，細胞内へ戻る水素イオンの拡散とスクロースの移動を結びつけることで，スクロースの移動を引き起こすのに使われる。

3. 以下の項目について説明しなさい。

(a) 転流：

(b) 圧流による師部輸送：

(c) スクロースの共輸送：

4. スクロースが師部内にどのように輸送されるのか簡単に説明しなさい。

5. スクロースの師部への輸送における伴細胞（輸送細胞）の役割を説明しなさい。

6. 師板は，師管液の効率的な移動の大きな障壁となっている。師部輸送の圧流説を否定する根拠として師板の存在が挙げられるのはなぜか述べなさい。

植物の分裂組織

重要概念：植物細胞の分化は，分裂組織と呼ばれる特定の領域でのみ生じる。

植物のサイズの増大には，2種類の成長が関与している。芽や根冠の**頂端分裂組織**で生じる**一次成長**は，植物の長さ（高さ）を増大させる。分裂組織の細胞には全能性があり，成体のあらゆる細胞に分化することができる。**二次成長**は植物の周囲長を増大させるものであり，茎の側生の分裂組織で生じる。一次成長はすべての植物で見られるが，木材組織を生じる成長である二次成長は，わずかな植物でしか見られない。

一次成長

3種類の**一次分裂組織**（前形成層，前表皮，および基本分裂組織）が頂端分裂組織でつくられる。双子葉類では，**前形成層**は維管束を生じる。維管束は表皮付近に環状に見られ，皮層に囲まれている。前形成層の細胞は分裂して，茎の内側に一次**木部**を，外側に一次**師部**を生じる。

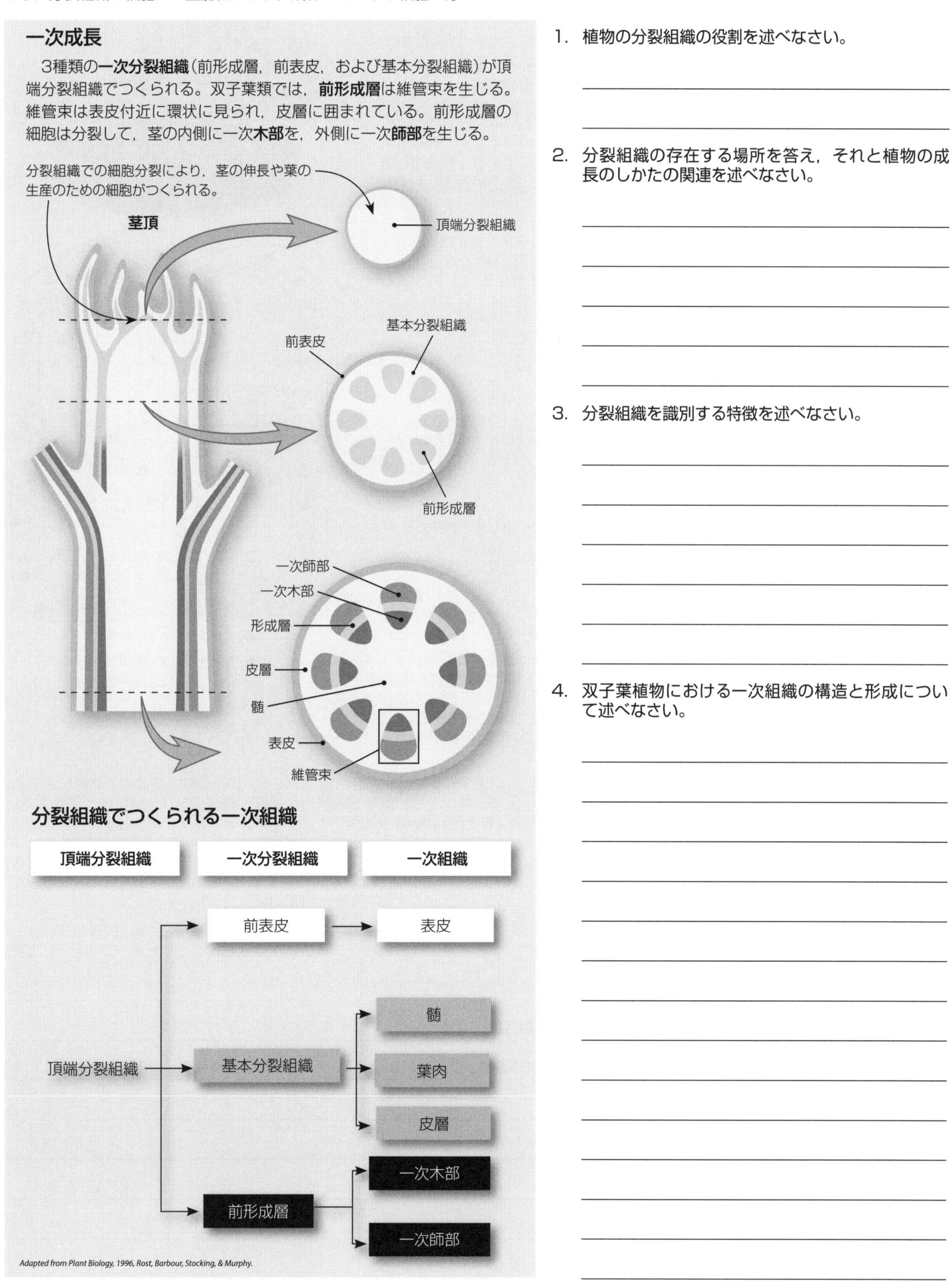

1. 植物の分裂組織の役割を述べなさい。

2. 分裂組織の存在する場所を答え，それと植物の成長のしかたの関連を述べなさい。

3. 分裂組織を識別する特徴を述べなさい。

4. 双子葉植物における一次組織の構造と形成について述べなさい。

オーキシンと茎の成長

重要概念：オーキシンは植物ホルモンの1つであり，植物の環境への応答や分化成長に関与している。

オーキシン類は**植物ホルモン**であり，維管束植物の成長や発生において中心的な役割を果たしている。インドール-3-酢酸（IAA）は通常の植物に存在するもっとも強力な天然のオーキシンである。どのような植物組織においても，IAAへの応答は，その組織自体，IAAの濃度，分泌のタイミング，および他の植物ホルモンの存在によって決まる。オーキシン濃度の勾配が特定の組織における特異的反応を生じ，ある方向への伸長を引き起こす。

光はすべての植物の成長にとって重要である。大半の植物は，光の方向に向かって伸長するという適応応答を示す。この応答は屈光性と呼ばれる。**屈性**は外的刺激に対する植物の成長応答であり，刺激の方向が成長応答の方向を決める。

屈性は，光や重力などの刺激の種類で分類され，植物が刺激の方向に向かうのか，あるいは遠のくのかによって，正の屈性，または負の屈性とみなされる。右の写真に示す植物の屈曲は，左からの光の照射に対する屈光性を示しており，植物ホルモンである**オーキシン**によって引き起こされる。オーキシンは，茎の影側の細胞を伸長させることにより，茎を屈曲させる。

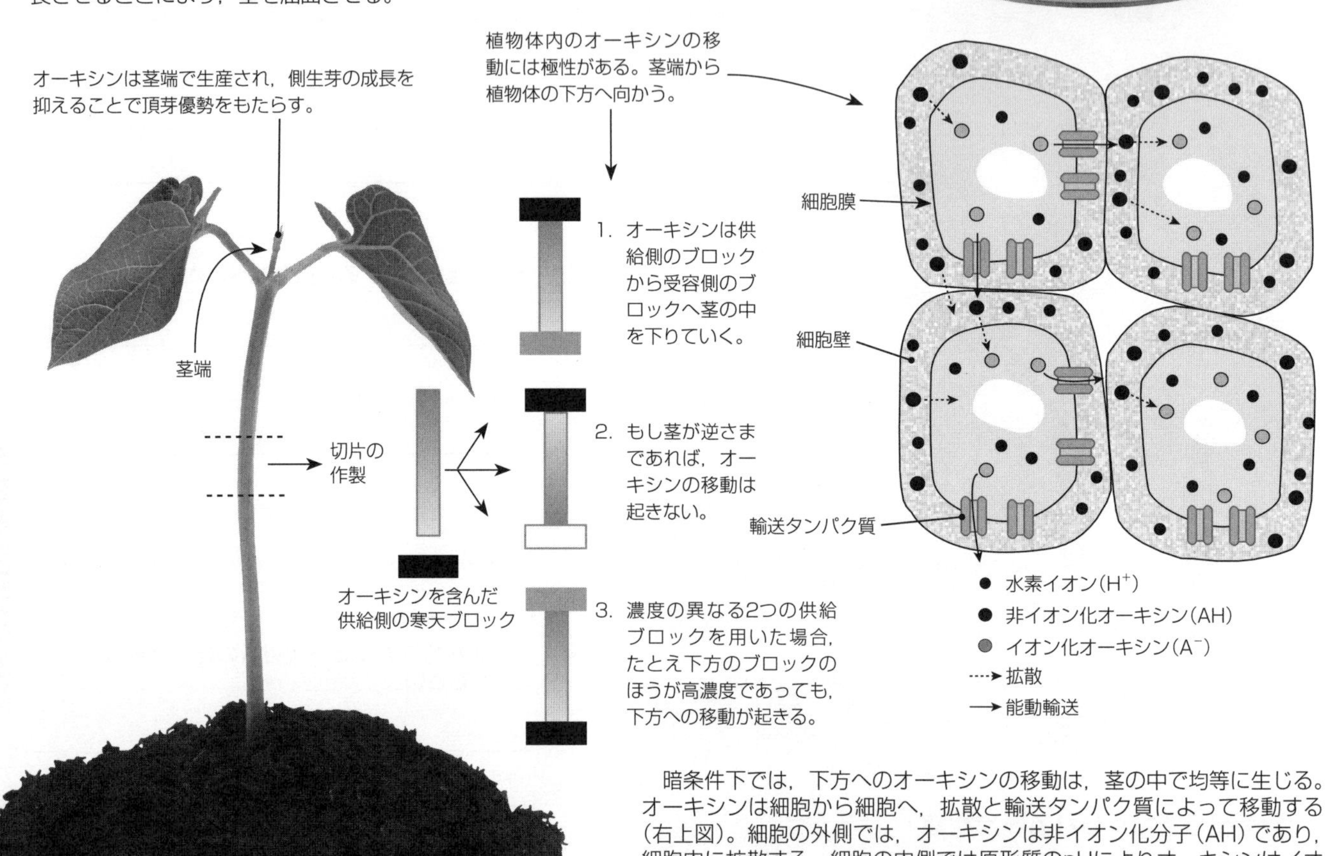

暗条件下では，下方へのオーキシンの移動は，茎の中で均等に生じる。オーキシンは細胞から細胞へ，拡散と輸送タンパク質によって移動する（右上図）。細胞の外側では，オーキシンは非イオン化分子（AH）であり，細胞内に拡散する。細胞の内側では原形質のpHによりオーキシンはイオン化し，A^-とH^+となる。その後，細胞の基底部の輸送タンパク質がA^-を細胞外に排出し，そこでH^+と結合して再びAHとなる。このようにして，オーキシンは植物体内を一方向に輸送される。

ある方向から植物細胞が光の照射を受けた場合，細胞の影になっている側の細胞膜の輸送タンパク質が活性化され，オーキシンは影側に輸送される。

1. 光によって示される屈性（右最上図）を何と呼ぶか答えなさい。 __________

2. オーキシンの移動に極性があることを示す根拠を1つ述べなさい。 __________

3. 細胞の成長に及ぼすオーキシンの効果を述べなさい。 __________

植物の組織培養

重要概念：組織培養により，遺伝的に同一な植物細胞を短時間で多数得ることができる。

組織培養（微細繁殖ともいう）は植物のクローニングに用いられる方法である。商業的に重要な，優れた遺伝子型をもつ植物種の急速な増殖や，絶滅の危機に瀕する植物種の再生事業などに，幅広く用いられている。しかしごく限られた数のクローン変異体を継続的に培養することは，遺伝的多様性の低下をもたらす。これを防ぐために，クローン系統に新しい遺伝株が導入されることもある。分化した細胞であっても植物には分化全能性があるため組織培養は可能である。組織培養は，従来の植物の増殖方法と比べてはるかに大きな利点を有するが，多大な労力を要する。組織培養の成功は，移植片の選別，植物ホルモン濃度や照度，温度設定など，さまざまな要因に左右される。

組織培養の利点

- 単一の種子や移植片から大量のクローンをつくることができる。
- 試験管内で培養している段階から望ましい形質を選別することが可能であり，野外での選別の場合に必要となる膨大なスペースが不要である。
- 種子生産の開始を待つことなく，植物の増殖が可能となる。
- 長い世代時間をもつ植物種，種子生産が少ない植物種，種子発芽が容易ではない植物種の急速な増殖が可能となる。
- 増殖させる植物から選別した花粉や細胞を保存することができる（種子バンクのように）。
- 国際的に，滅菌した植物試料のやりとりができる（検疫の必要がなくなる）。
- 増殖における注意深い株の選別と滅菌技術により，植物の病気をなくすことに役立つ。
- 発芽における季節的な制約を除くことができる。
- 小さなスペースで，生きた植物の大量の低温保存が可能となる。

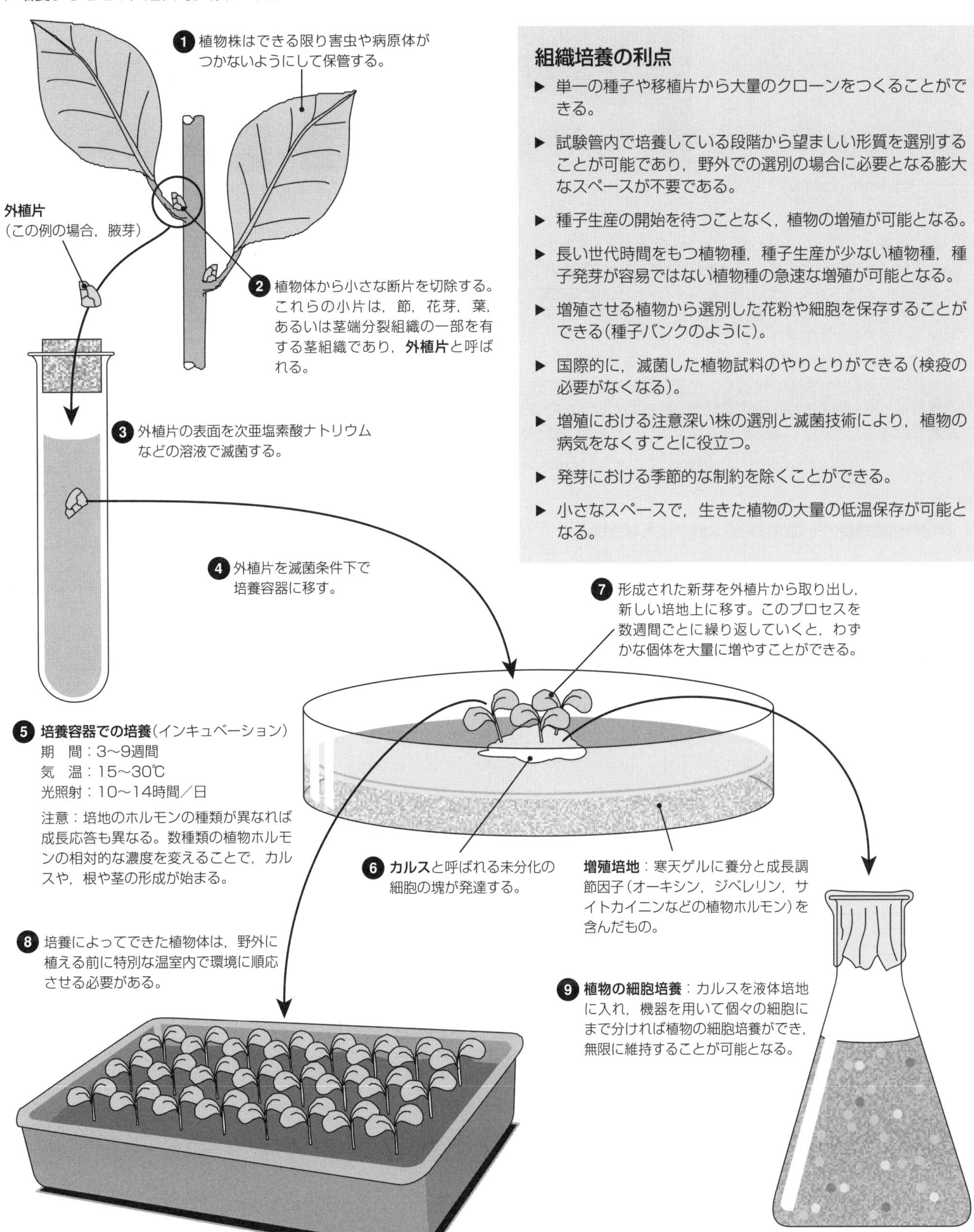

タスマニアブラックウッドの組織培養

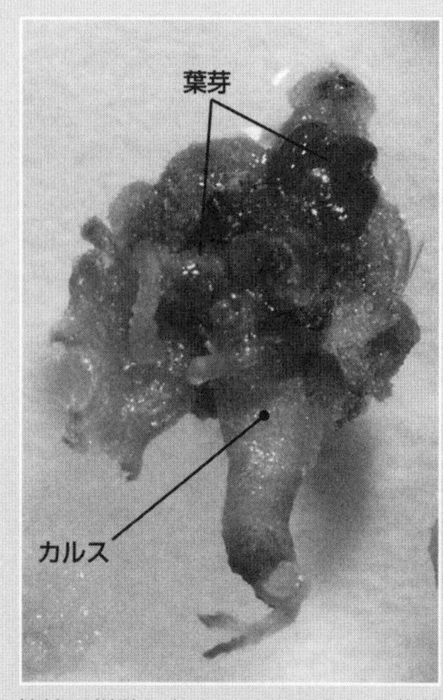

培地で増殖したカルスに見られる葉芽の形成

培地上のカルスから伸長している幼葉をもつ茎。種子から育ったものと同じに見える。

温室に移してから6カ月経過した苗木。

組織培養は，トランスジェニック（遺伝子組換え）植物を生み出す遺伝子工学の分野において頻繁に用いられている技術である。遺伝子工学と組織培養法がもたらすものは伝統的な選抜育種と同様であるが，より正確に，より速く，成長シーズンとは無関係に使える技術である。**タスマニアブラックウッド**（上図）は，この組織培養法によく適している。タスマニアブラックウッドからは用途の広い硬材が得られ，熱帯性の堅木にとって代わる木材として，いくつかの国で積極的に試されている。材は高品質であるが，木ごとの遺伝的な違いによって材の質や色が異なってしまう。組織培養により，望ましい形質（たとえば均一な材質や色をもつ）の木の大量生産が可能になる。また，森林管理だけでは対処することが難しい問題の解決策を見出すのにも役立つ。新しい遺伝子を植物に導入する遺伝子工学との連携により，害虫や除草剤感受性の問題についても解決できるかもしれない。遺伝子工学の技術は，雄株の不妊，つまり花粉生産の抑制を目的とした遺伝子導入にも利用できるだろう。これにより，花の自殖を防ぐために手でおしべを取り除いていた従来の方法に比べ，高効率に交配を制御できる。

（この情報はニュージーランドのワイカト大学のRaewyn Poole の修士論文からの情報である。）

1．**植物の組織培養**の一般的な目的は何か答えなさい。

2．（a）**カルス**とは何か答えなさい。

（b）どのように刺激すれば，カルスから根や茎の形成が開始するのか述べなさい。

3．環境変化に対する長期的な適応能力という点において，組織培養のもつ潜在的な問題点を述べなさい。

4．接ぎ木などの従来の繁殖方法と比較して，組織培養のもつ**利点**と**欠点**を述べなさい。

開　花

重要概念：明期と暗期の長さが植物の開花に影響する。

光周性とは，明期と暗期の相対的な長さに対する植物の応答である。開花は，光周性による活動であり，同じ種の個体は，たとえ発芽日や成熟した日が異なっていても，同じ時期に開花する。開花の開始は，それが短日植物か長日植物かによって異なる。

長日植物

右図のような光条件に置かれたとき，長日植物は下図のような開花パターンを示す。

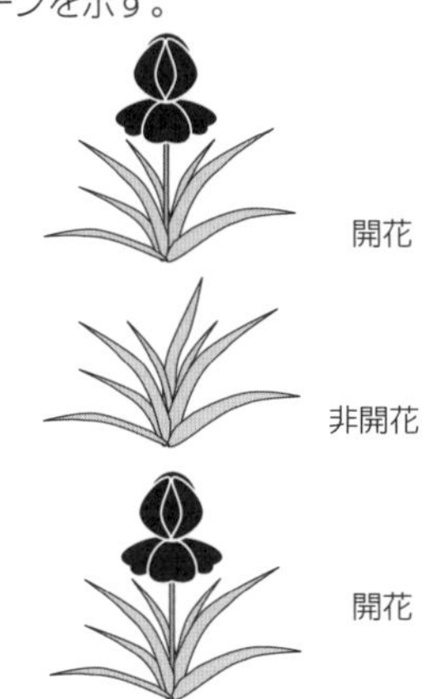

例：レタス，クローバー，デルフィニウム，グラジオラス，トウモロコシ，ハルシャギク。

植物の光周性

長日植物と短日植物で，開花を引き起こす環境要因を明らかにする実験を行った。下図は，さまざまな長日植物と短日植物に施した3つの異なる光条件を示している。

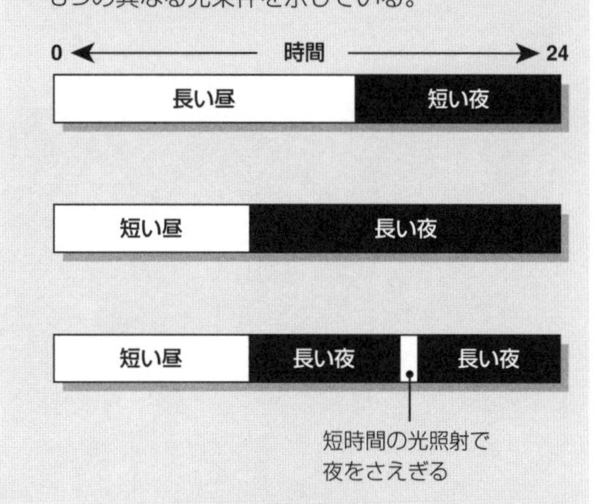

短日植物

左図のような光条件に置かれたとき，短日植物は下図のような開花パターンを示す。

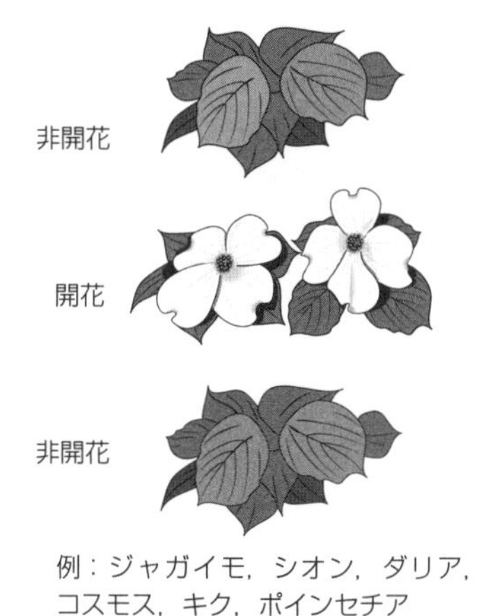

例：ジャガイモ，シオン，ダリア，コスモス，キク，ポインセチア

植物における開花の操作

花栽培農家や造園業者は，明暗期の長さを調節することで，オフシーズンに花を生産したり，特定の日に合わせて開花させたりということができるようになった。

温室内では，人工的な光を照射したり覆いをかけたりすることで，植物が受ける光量を調節することができる。開花をより効果的に調節するためには，重要な環境要因の1つである気温も調節しなければならない。

短日植物のキクでは，開花を次のような条件で調節する。気温は，16～25℃に維持する。明暗条件は，植え付けから4～5週間は十分に栄養成長させるため，明期13時間，暗期11時間に維持する。その後，開花を誘導するために条件を変更し，明期10時間，暗期14時間とする。

Chrysanthemum

長日植物と短日植物の違い

1. 短日植物は日長が限界日長よりも短くなると開花する。長日植物は日長が限界日長よりも長くなると開花する。
2. 明期の遮断は，短日植物の開花は妨げないが長日植物の開花を妨げる。
3. 長い暗期の遮断は，短日植物の開花を妨げるが，長日植物の開花は促進する。
4. 短日植物では暗期は連続的でないといけないが，長日植物ではそのようなことはない。
5. 短い明期と短い暗期を交互に繰り返すと短日植物の開花は妨げられる。

1. (a) 植物の開花を同調させる環境要因は何か答えなさい。＿＿＿＿＿＿＿＿＿＿

   (b) このような開花の同調の生物学的意義は何か答えなさい。＿＿＿＿＿＿＿＿＿＿

2. 上記3つの光条件と短日植物・長日植物の応答を参考に，開花の開始を調節するもっとも重要な要因を答えなさい。

   (a) 短日植物：＿＿＿＿＿＿＿＿＿＿

   (b) 長日植物：＿＿＿＿＿＿＿＿＿＿

3. 短日植物は「長夜」植物と呼ぶのがふさわしいとする考え方があるが，それを支持する根拠は何か答えなさい。

開花の調節

重要概念：光周性はフィトクロムと呼ばれる色素により調節される。フィトクロムにはPrとPfrの2つの型がある。

光周性は，**フィトクロム**と呼ばれる色素の働きにより調節される。植物において，フィトクロムはいくつかの生物時計を作動させるシグナルとして作用する。フィトクロムにはPr型とPfr型の2つの型がある。植物の開花応答において重要であるだけでなく，発芽や茎の成長といった，光が引き起こす他の応答にも深く関与している。

フィトクロム

フィトクロムは青緑の色素であり，植物において夜と昼を検知する光受容体として働き，維管束植物に広く見られる。フィトクロムには2つの型がある。**Pr型**（不活性型）と**Pfr型**（活性型）である。Pr型は自然光下でPfr型に変換される。Pfr型は暗所においてPr型に戻るが，その速さは比較的ゆっくりとしている。Pfr型は昼間に多い。植物はフィトクロムの2つの型の量により，昼間の長さ（というよりむしろ夜間の長さ）を測っている。

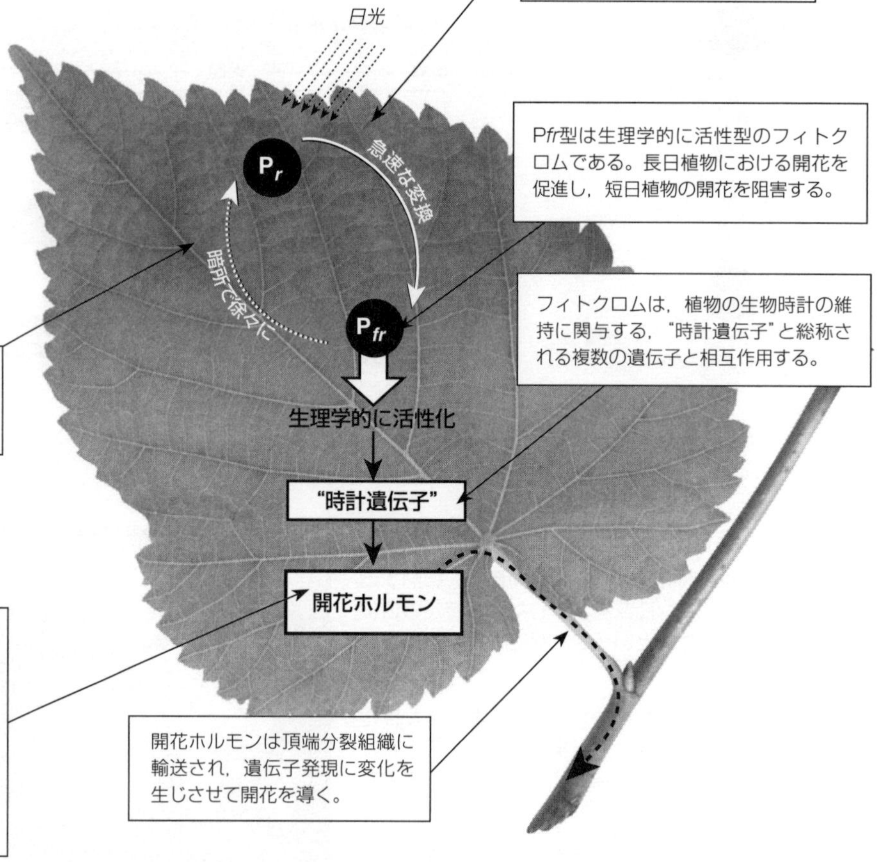

明所または**赤色光**（660 nm）のもとでは，Pr型は急速に，ただし可逆的にPfr型に変換される。

日光

P_r

急速な変換

暗所で徐々に

P_{fr}

Pfr型は生理学的に活性型のフィトクロムである。長日植物における開花を促進し，短日植物の開花を阻害する。

フィトクロムは，植物の生物時計の維持に関与する，"時計遺伝子"と総称される複数の遺伝子と相互作用する。

暗所または**遠赤色光**（730 nm）のもとでは，Pfr型はゆっくりと自然に不活性型のPr型に戻っていく。

生理学的に活性化

"時計遺伝子"

開花ホルモン

開花ホルモン（一般に**フロリゲン**と呼ばれる）が何であるのかは依然としてよくわかっていない。最近の研究では，少なくとも長日植物では，*FLOWERING LOCUS T*（*FT*）という遺伝子の生産するタンパク質である可能性が示唆されている。このタンパク質は，頂端分裂組織での*LEAFY*（*LFY*）遺伝子などの発現に影響を及ぼし，開花を引き起こすらしい。

開花ホルモンは頂端分裂組織に輸送され，遺伝子発現に変化を生じさせて開花を導く。

1. (a) フィトクロムの2つの型とそれぞれが吸収する光の波長を答えなさい。

   (b) フィトクロムの活性型を答え，それが長日植物と短日植物の開花に関してどのように作用するのか述べなさい。

2. (a) 植物の日長を測る能力におけるフィトクロムの役割について述べなさい。

   (b) このことが植物における花の生産にどのように役立つのか述べなさい。

受粉と受精

重要概念：植物では，確実な受精と種子生産のために受粉が重要である。

受粉とは，植物のオスの繁殖器官からメスの繁殖器官へと花粉が移動することである。受粉があって初めて**受精**(精子と卵の融合)が起きる。植物は他家受粉(異なる個体間での受粉)を確実に行うために，花や球花の構造や生理学的な機能を変化させたり，風や動物を花粉の媒介手段として利用するなどの適応をしている。植物は，受粉効率を高めるために多くの機能を発達させている。

受粉の成功率を高める仕組み

顕花植物の多くは動物を介して受粉を行う。もっともよく見られる花粉媒介者は昆虫である。植物は，報酬となる食物(蜜や花粉)，花の色，香りなどを用いて昆虫や他の動物を花に惹きつける。

多くの植物では，同じ個体のめしべの柱頭に付着した花粉は発芽しない。つまり，同じ個体の精子と卵は受精しない。そのため，花粉媒介者による確実な他家受粉が不可欠である。

裸子植物の花粉媒介様式はすべて風媒である。針葉樹では，オスの球花は低い位置の枝に生じることが多い。他個体の高い枝上にあるメスの球花まで飛ばされるよう，大量の花粉を生産する。

花粉管の伸長と受精

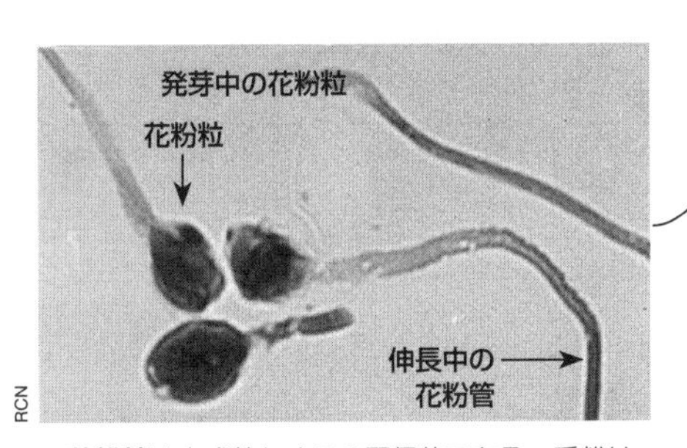

花粉粒は未成熟なオスの配偶体である。受粉は，おしべからめしべへの花粉の移動である。粘着性のめしべに付着した後，花粉粒は発達を完了し，発芽し，子房のある下方に向かって花粉管を伸長させることができるようになる。花粉管は，胚珠に開いた細い穴である**珠孔**を通って胚珠に入る。そして，**重複受精**が生じる。1つの精核が卵と受精して，接合子を形成する。2つ目の精核は，胚嚢の内部の2つの極核と受精し，胚乳(3n)を形成する。1つの子房内には多くの胚珠が存在することが普通であり，そのため子房全体の発達には多くの花粉粒(およびそれらの受精)が必要となる。

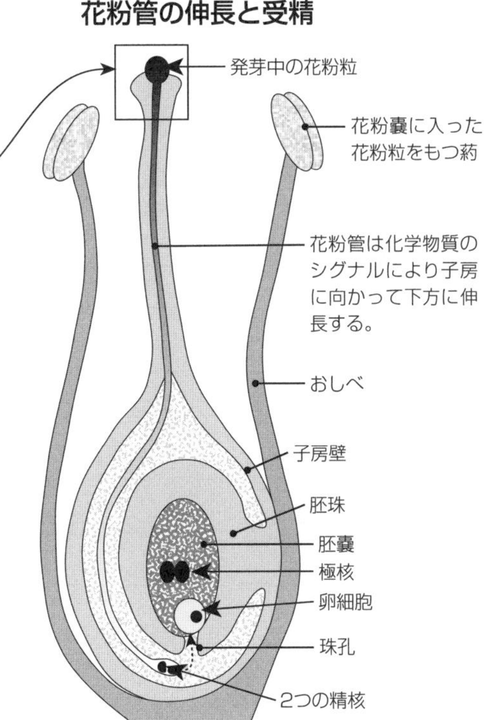

さまざまな形状の花粉が存在する。それらの特徴をもとにして属レベルの分類は容易になされる。花粉の種特異的な特性は，遺伝的に対応する植物のみとの受精を確かなものとしている。

1. 受粉と受精の違いを述べなさい。 ____________________

____

____

2. 受粉の機会を増加させる植物の戦略を2つ述べなさい。 ____________________

____

3. 受精のメカニズムを説明しなさい。 ____________________

____

____

種子散布

重要概念：種子は，光や養分を巡る競争を減らすため，親個体から離れた場所に散布される必要がある。種子は，風，水，動物によって散布される。

植物は，種子散布のための多くの仕組みを進化させ，分布域を広げてきた。種子自体が散布体であることもあるが，多くの場合，種子は果実や他の付随した構造により散布される。種子散布のおもな媒体は，風と水と動物である。風散布種子は，羽のような，あるいは綿毛のような構造を有し，空気の流れに乗って長距離移動する。動物を媒体とする植物では，鉤や棘によって動物の羽毛に付着したり，粘性のある分泌液により動物の皮膚や毛に付着したり，果肉ごと動物に食べられ，糞とともに排出されることで，親個体からある程度離れた場所に散布される。ほかの仕組みには，はじけ飛んだり，莢からこぼれおちるものなどがある（たとえば，マメ科植物やポピーなど）。

以下のそれぞれの例について，種子散布の様式を答え，その適応的な特徴を述べなさい。

1. **タンポポの種子は綿毛のような構造をもつ。**

   (a) 種子散布様式：________________

   (b) 適応的特徴：________________

2. **どんぐりは堅い殻に覆われた肉質で重量のある果実である。**

   (a) 種子散布様式：________________

   (b) 適応的特徴：________________

3. **ココナッツは厚い殻に覆われた浮力のある果実である。**

   (a) 種子散布様式：________________

   (b) 適応的特徴：________________

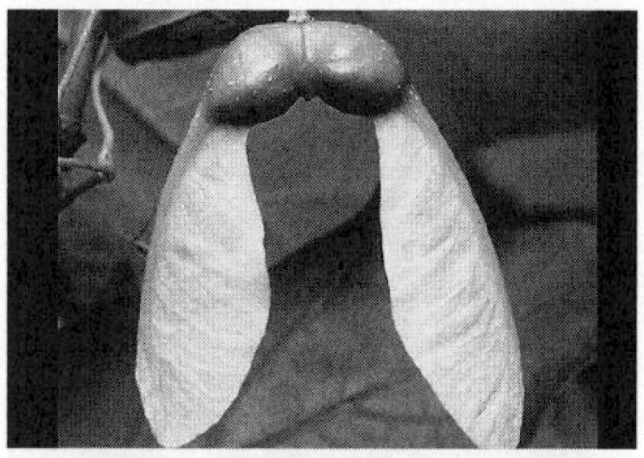

4. **カエデ類の果実には2つの種子と翼がある。**

   (a) 種子散布様式：________________

   (b) 適応的特徴：________________

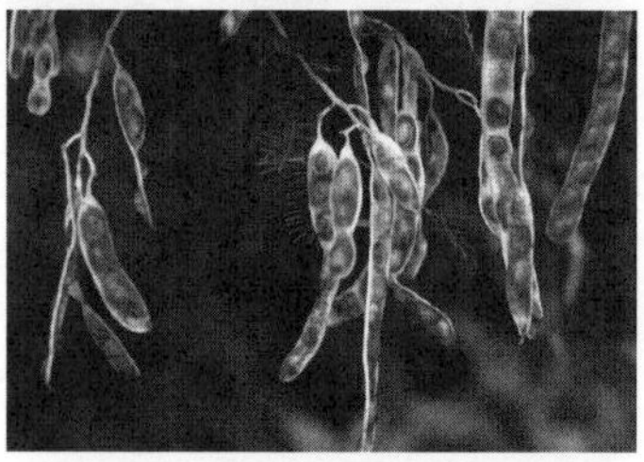

5. **ワットル（アカシア属の植物）の種子はさやに閉じ込められている。それぞれの種子は肉質の皮に取り囲まれている。**

   (a) 種子散布様式：________________

   (b) 適応的特徴：________________

6. **マオラン（リュウゼツラン科の植物）はさやに入った種子をつくる。**

   (a) 種子散布様式：________________

   (b) 適応的特徴：________________

種子の構造と発芽

重要概念：種子は，発芽に適した条件に出合うまでは，休眠状態の胚を宿している。また，単子葉植物と双子葉植物の種子には重要な違いがある。

受精の後，子房は果実へと成熟し，子房内部の胚珠は**種子**となる。植物には重複受精の仕組みがあることを思い出してほしい。1つの精核が卵と受精して胚を形成する一方で，もう1つの精核は二倍体の胚乳の核と受精して3倍体の胚乳となる。胚乳の発達は重要であり，実生の成長に用いられる栄養を蓄積するために，胚の発達の前に始まる。種子は1つの繁殖単位であり，休眠状態の幼体を宿している。成熟の最終段階において，種子はその重さのわずか5～15%の含水率となるまで脱水する。胚は成長をやめ，発芽するまで休眠状態を維持する。発芽時には，種子は水を吸収し，蓄積した資源を植物体の成長や発生に利用する。

種子の構造

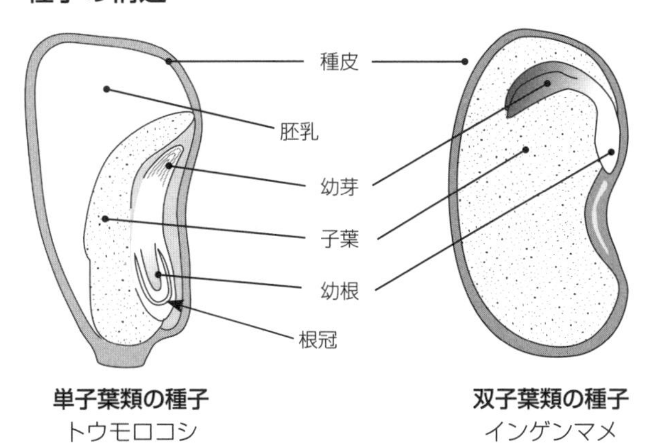

どの種子も胚をもち，未発達の茎(幼芽)，根(幼根)，そして1枚(単子葉類)または2枚(双子葉類)の子葉をもつ。胚およびその栄養源は，**種皮**に保護され包まれている。単子葉植物では胚乳が栄養を供給するが，大半の双子葉植物では，栄養分は，胚乳から大きくて肉質の子葉に移されており，子葉が栄養を供給する。

双子葉類の種子の発芽(インゲンマメ)

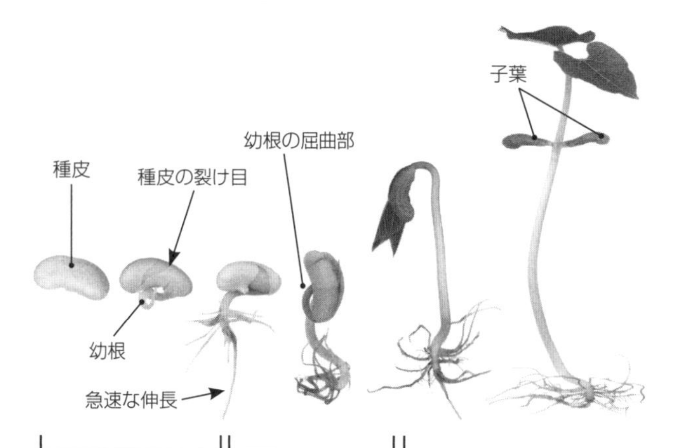

1. 下に示す種子の各構造の名称を答えなさい。

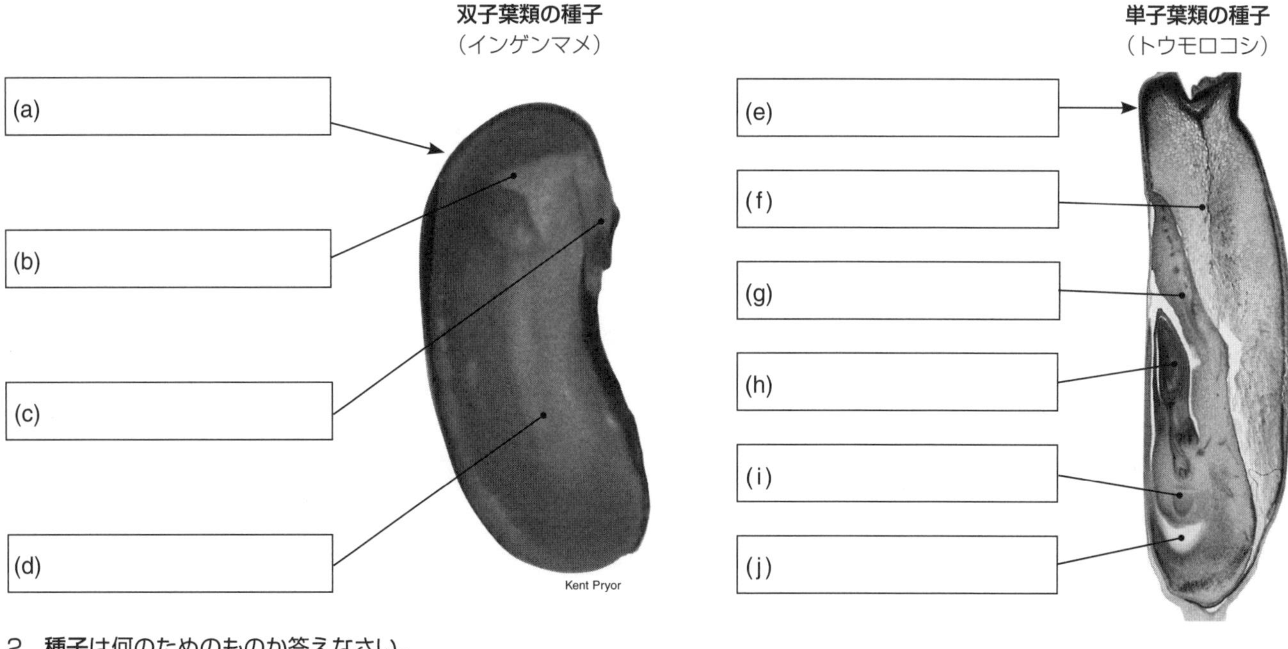

2. **種子**は何のためのものか答えなさい。

3. (a) 被子植物における胚乳の機能を答えなさい。

   (b) 胚乳はどのようにして生じるか答えなさい。

4. 種皮の役割を答えなさい。

5. 種子を貯蔵する際に乾燥を保たなければならないのはなぜか答えなさい。

バイオーム(生物群系)

重要概念：バイオーム(生物群系)は，地理的に分類されたもっとも大きな生物群集であり，物理的環境条件によって決まる。

バイオームは広大な地域にまたがって認められる。それぞれのバイオームには特定の物理的環境条件から発達した特有の植生が見られる。それぞれ際立った特徴をもっているが，バイオーム間の境界は明瞭ではない。気候と土壌条件が似ていれば，地球上の遠く離れた別々の地域に同じバイオームが生じ得る。陸生のバイオームは世界のすべての主要な気候帯に認められ，それぞれのバイオームで優占する植生型に基づいて分類される。

気候とバイオーム

バイオームは地球上を循環する大気の流れと密接に関連し，赤道を境に北半球と南半球で対称的に分布する。

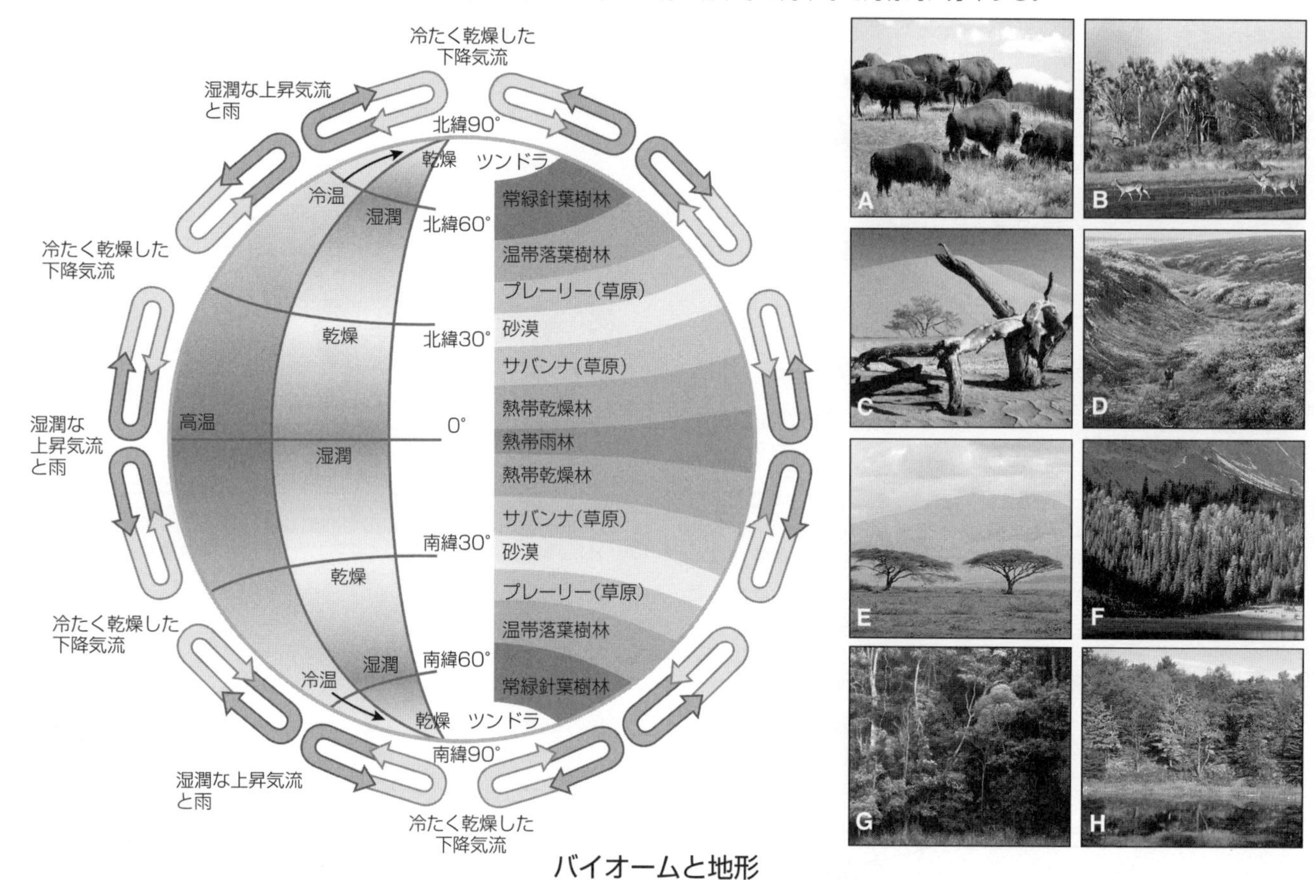

バイオームと地形

気候条件は地形によって大きく変化する。大規模な山岳地帯では，風は山の斜面に沿って上昇し，風上側に雨をもたらし，風下側には**雨陰**をもたらす。その結果，バイオームは風の影響がない場合とは著しく異なったものになる。海洋の大きな広がりや平坦な陸地もまた，気温と降水量に影響を及ぼし，気候条件を変化させる。

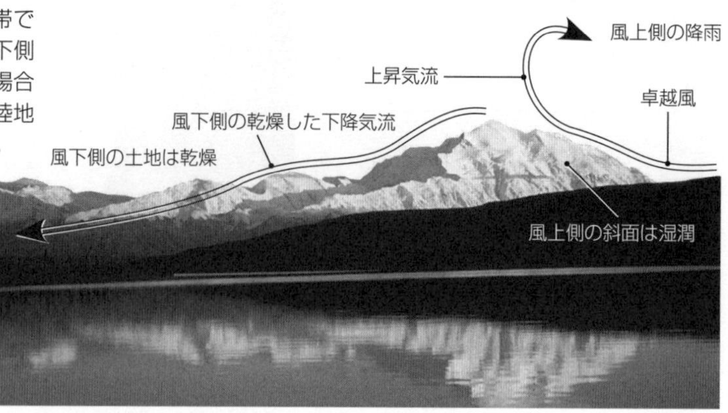

1．下記のそれぞれのバイオームに対応する写真を右上のA～Hの写真から選びなさい。

(a) ツンドラ：＿＿＿＿＿＿

(b) 温帯落葉樹林：＿＿＿＿＿＿

(c) 砂漠：＿＿＿＿＿＿

(d) 熱帯乾燥林：＿＿＿＿＿＿

(e) 常緑針葉樹林：＿＿＿＿＿＿

(f) プレーリー(草原)：＿＿＿＿＿＿

(g) サバンナ(草原)：＿＿＿＿＿＿

(h) 熱帯雨林：＿＿＿＿＿＿

2．温帯落葉樹林の分布の拡大を制限する非生物的要因を挙げなさい。＿＿＿＿＿＿

生態系の構成要素

重要概念：生態系は，ある場所に生きているすべての生物と，それらを取り巻く物理的環境で構成されている。

生態系は，生物群集とその物理的（非生物的）環境要素からなる。群集（生態系の生物的要素）はいくつかの**個体群**からなる。個体群は，同じ地理的領域に生息している同種の個体の集まりである。生態系の構造と機能は，物理的（非生物的）要素と生物的要素によって決まり，種の分布と生残に影響を及ぼす。

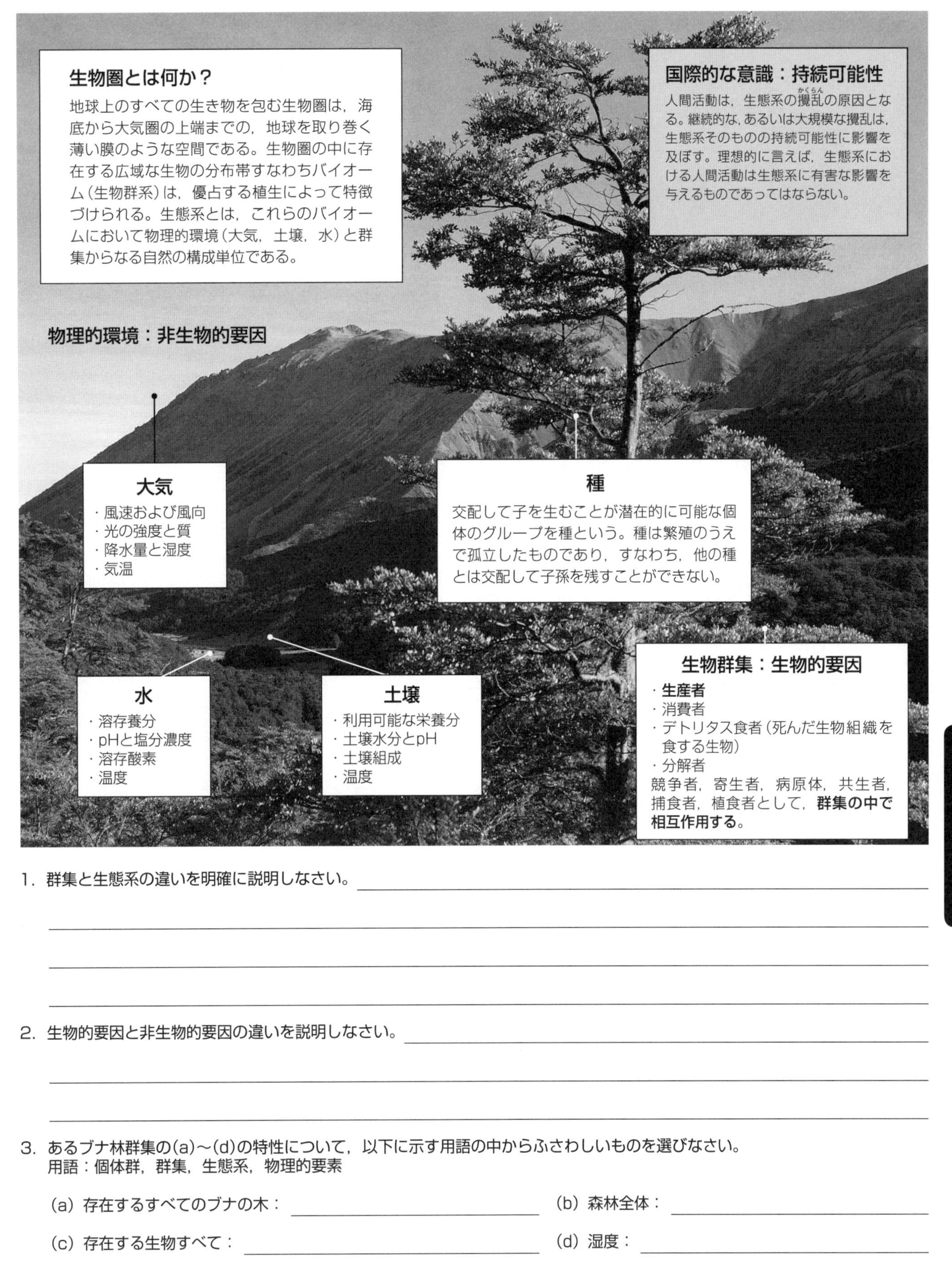

1．群集と生態系の違いを明確に説明しなさい。

2．生物的要因と非生物的要因の違いを説明しなさい。

3．あるブナ林群集の(a)～(d)の特性について，以下に示す用語の中からふさわしいものを選びなさい。
用語：個体群，群集，生態系，物理的要素

(a) 存在するすべてのブナの木：
(b) 森林全体：
(c) 存在する生物すべて：
(d) 湿度：

生態系の多様性を測る

生態学的研究ではたいていの場合，個体群の構成員すべてを数えたり測定したりすることは不可能である。したがって，サンプリング（標本抽出）を行って個体群に関する情報を得ることになる。サンプリングの際には，そこに生息する生物とその分布の特徴をよく表した，偏りのない標本を抽出する必要がある。そのために通常，**無作為抽出（ランダムサンプリング）**が行われる。無作為抽出によって，与えられた母集団の中から標本として抽出される可能性があるものをすべて，同じ確率で選ぶことができる。

潮間帯の生物群集のサンプリングを行う学生たち

群集やそれを構成している個体群をサンプリングするために使う方法は，調査しようとしている生態系に適したものでなければならない。また，使える時間や器具，サンプリングの対象とする生物，そしてサンプリングが環境に及ぼす影響も考慮する必要がある。個体群の密度が低く各個体群がランダム分布または集中分布を示す群集と，個体群の密度が高く各個体群が一様分布を示す群集とでは，異なるサンプリング計画が必要になる。サンプリングにはいろいろな方法があり，それぞれが特定の群集をサンプリングするのに利点と欠点をもつ。植物や無脊椎動物の群集のサンプリングにはコドラート（サンプリング区画（枠））が用いられることが多い。コドラートは，調査区域内に無作為にあるいは碁盤目模様をなすように置かれる（下図）。

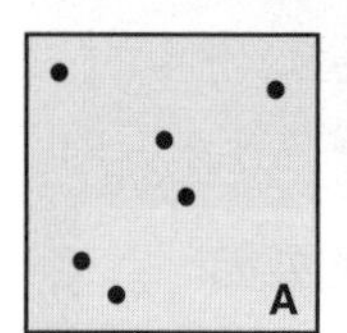

無作為ポイントサンプリング法

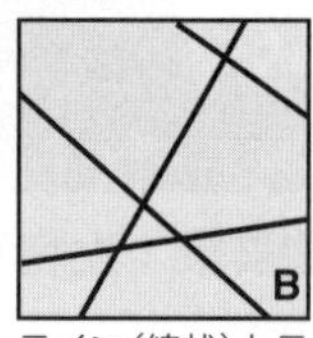

ライン（線状）トランセクト法およびベルト（帯状）トランセクト法

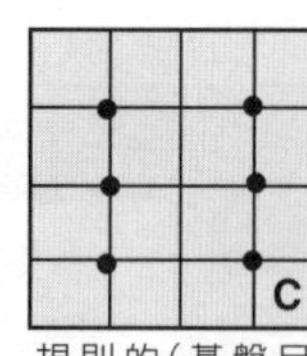

規則的（碁盤目状）ポイントサンプリング法

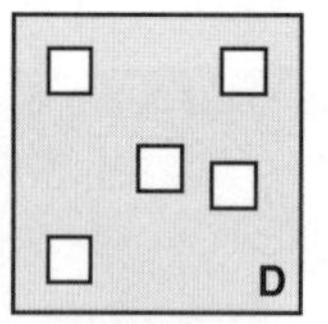

無作為コドラート法

無作為抽出は乱数表を使って行われ，1つの区画内で複数の地点を選んだり（A），あるいは，複数の座標の組み合わせを選び，線を引いたりする（B）。無作為抽出は，偏りのない結果をもたらし，大きな個体群のサンプリングに適用できるが，サンプル数が十分でない場合はその場所をよく表現したものとはならない。規則的ポイントサンプリング法（C）は，無作為抽出より偏りはあるが調査地全体を覆うようにサンプリングできる。コドラート法（D）はポイントサンプリング法やトランセクト法で用いられる。

生態系の種類

生態系の特徴は，乾燥して植生のほとんど見られない荒原の環境から，さまざまな種類の植生をもった熱帯雨林まで，非常に大きく異なる。それぞれの生態系は特有の非生物学的要因の組み合わせをもっていて，それらはみな群集構造に影響を及ぼしている。

砂漠

熱帯雨林

高山

温帯林

地理的障壁が種を隔離する

世界中のほとんどすべての大陸で見られる種は普遍種と呼ばれる。その例としては，野生ハト，イエスズメ，ドブネズミ，イエバエなどがある。同種であっても，個体群が大きな障壁（山や海など）によって分断されたり，別々の大陸に分かれたりした場合，交配が不可能になるだろう。長期にわたる隔離は，結果的に個体群間に違いをもたらす。場合によってはこれらの違いは生殖隔離をもたらし，新しい種の形成につながる。ドブネズミの分布を下図に濃灰色で示す。

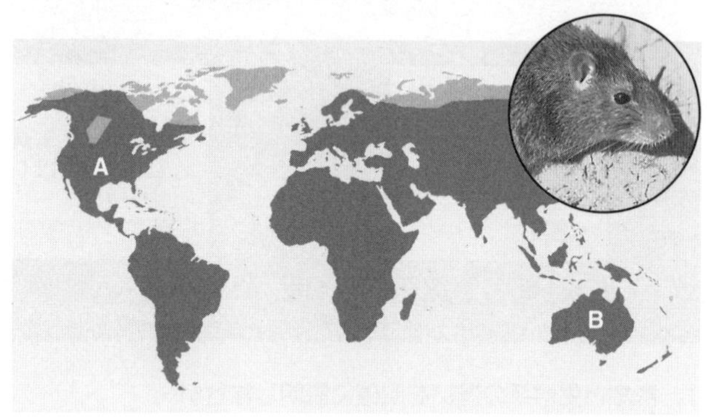

4. (a) 生物種とは何か，説明しなさい。

 (b) 2つのドブネズミ個体群（AとB）が，依然として同種だとみなされるのはなぜか，述べなさい。

5. (a) 無作為抽出（ランダムサンプリング）とは何か，説明しなさい。

 (b) 通常，個体群の調査を無作為抽出で行うことが勧められるのはなぜか述べなさい。

生態系の安定性

重要概念：生態系には，長期にわたり安定性を維持する，つまり，比較的不変の状態を維持する能力がある。

生態系の生物的および非生物的構成要素は，絶えず環境変動に応答しているが，生態系全体としては長期にわたって安定である（変化しない）。生態系の長期的な安定性は，部分的にはその変化に抵抗する力と，攪乱からの回復能力に依存する。栄養循環などの生態系機能の重要な側面を妨害することで，人間活動はこの生態系の長期的安定性を変化させ得る。これらの影響は，メソコスムと呼ばれる実験系を用いて微小スケールで調査することができる。

生態系の中で相互作用する生物的および非生物的要素が安定した状態を保つことで，生態系は何百年あるいは何千年にもわたって安定して存続できる。

小規模の攪乱が生態系に及ぼす影響は通常小さい。火災や洪水は部分的な破壊をもたらすが，残りが十分であれば生態系は元通りに回復する。

火山の噴火や海面上昇などの大規模な攪乱，大規模な露天採掘などは，生態系のすべての要素を奪い去り，生態系を永遠に変えてしまう。

生態系機能のモデルとなる実験系

実験室に設置されたメソコスム

NOAA

メソコスムと呼ばれる模擬生態系を用いることで，変化への応答や長期安定性などの生態系機能のいくつもの側面を調べることができる。その例としては，人工の池や川，囲い込んだ土地，湿地，海洋などがある。メソコスムの研究のあるものは，自然の群集を本来の場所で（＝インサイチュで）調べることを可能にするだけでなく，環境条件を制御して調べることさえ可能にする。他のものは，特別に設計されたコンテナ内の実験設備で実施される。

メソコスムは開放系とも閉鎖系ともなり得る。閉鎖メソコスムでは，物質の出入りなどの環境条件を完全に調節することができる。特に小さな閉鎖メソコスムでは，一般的に，長期間安定を保つことはなく，規模の小ささと隔離の結果として時間とともに変化する。

メソコスムを用いた研究

小規模で閉鎖的な生態系チャンバーがワシントン大学の研究者たちによって用いられ，環境の変化や入力の変化に対する応答が調べられた。その研究の一部をここに記載する。

研究者は，メソコスムに加える藻類の栄養の水準を変化させ，海産のカイアシ類の個体群成長に対する藻類の応答の影響を測定した。

藻類の成長促進剤を海水に2，10，20％添加し，0.1 mLの藻類混合物に加えた。成長促進剤と藻類を添加して2日後，6個体のカイアシ類を各チャンバーに加えた。チャンバーを閉鎖し，各メソコスムの個体群サイズを時間とともに計測した。結果は以下の通り。

カイアシ類の成長に及ぼす藻類栄養物の影響

1. グラフ（右上）のデータを分析しなさい。結果を記述し，各チャンバーの安定性について述べなさい。

2. この実験はどのような仮定のもとになされているか述べなさい。

物理的環境要因とその勾配

重要概念：非生物的要因の勾配は，ほぼすべての環境で認められ，生物の生息場所や微気候に影響を及ぼし，種の分布パターンを決定する。

ここから4ページにわたる学習では，4つの大きく異なる環境で認められる典型的な環境要因の勾配と**微気候**について理解する。右の写真に示す**データロガー**という機器が，物理的環境要因に関するデータを収集するのによく用いられるようになってきた。

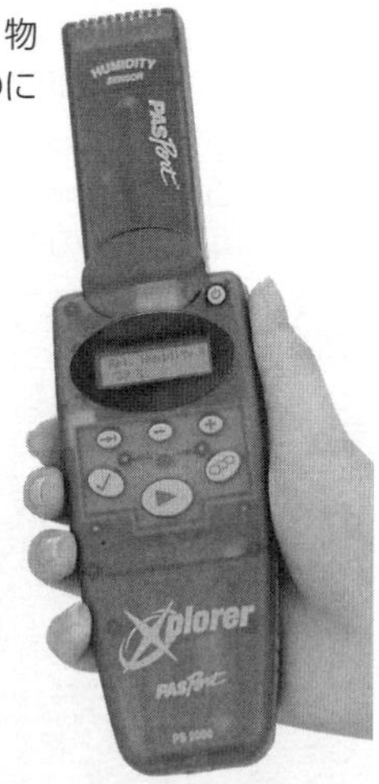

砂漠の環境

砂漠は，気温と湿度が極端な環境だが，どちらの環境要因も一様ではない。この図は，昼間の砂漠の微気候に関して，気温と湿度の仮想的な値を示している。

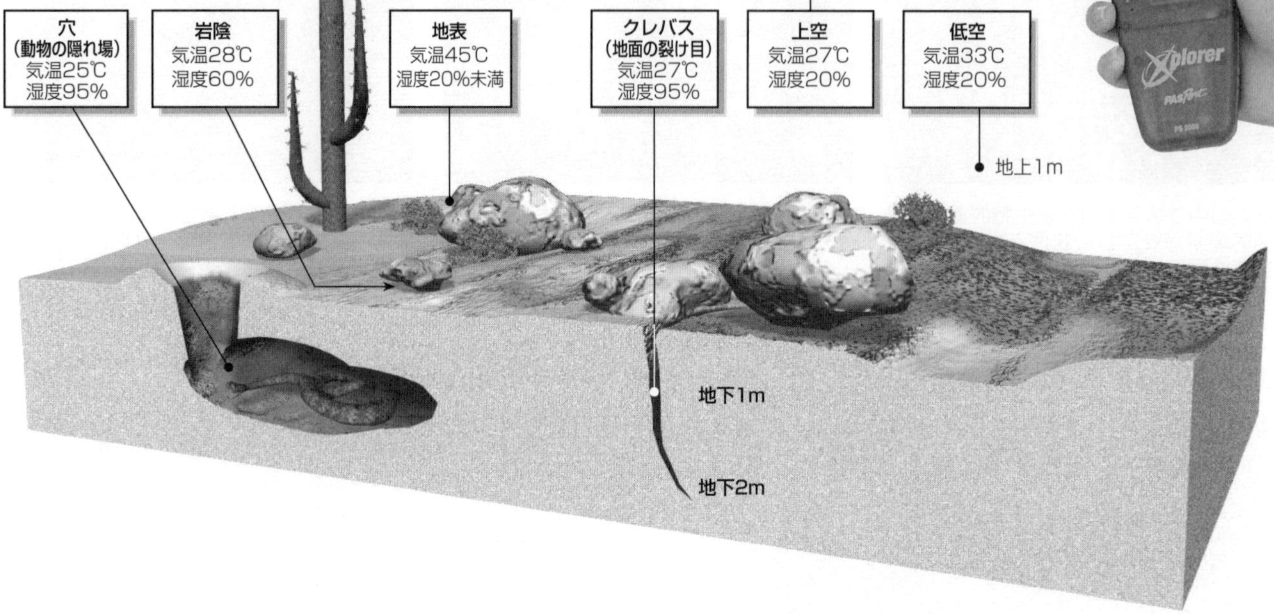

穴（動物の隠れ場）気温25℃ 湿度95%

岩陰 気温28℃ 湿度60%

地表 気温45℃ 湿度20%未満

クレバス（地面の裂け目）気温27℃ 湿度95%

上空 気温27℃ 湿度20%

低空 気温33℃ 湿度20%

高度300m

地上1m

地下1m

地下2m

1．気候と微気候の違いを説明しなさい。

2．上の砂漠の図をよく見て，高い湿度が認められる一般的な条件を述べなさい。

3．陸生の動物が昼間の極端に高い気温を避けるために利用する微気候を3つ挙げなさい。

4．昼間の日射を避けるのに適した微気候を見つけることができなかった動物に起こり得る結果を述べなさい。

5．多くの陸生動物の生存にとって，高い湿度のもつ利点を述べなさい。

6．夜間に起こり得る気温と湿度の変化について説明しなさい。

熱帯雨林の環境要因

調査に適した探針を取りつけた**データロガー**を用いて，データを収集した。森林の各階層（左図）での**風速**，**湿度**，**照度**（光の強度）を測定。照度は直射日光の百分率(%)で表される。

熱帯雨林は，その植生をいくつもの層に分ける垂直構造をもった複雑な群集である。この垂直の層状パターンは，**階層構造**と呼ばれる。

7．樹冠から林床までの環境要因の勾配の一般的な傾向について述べなさい。

(a) 照度(光の強度)：________

(b) 風速：________

(c) 湿度：________

8．樹冠からの距離が増加するにつれて，これらの各環境要因が変化するのはなぜか説明しなさい。

(a) 照度(光の強度)：________

(b) 風速：________

(c) 湿度：________

9．照度(光の強度)のほかに，樹冠からの距離とともに変化する光の特性について述べなさい。

10．林床に生育する植物は，環境要因に関していくつかの利点と不利な点をもっている。

(a) 利点を1つ述べなさい。________

(b) 不利な点を1つ述べなさい。________

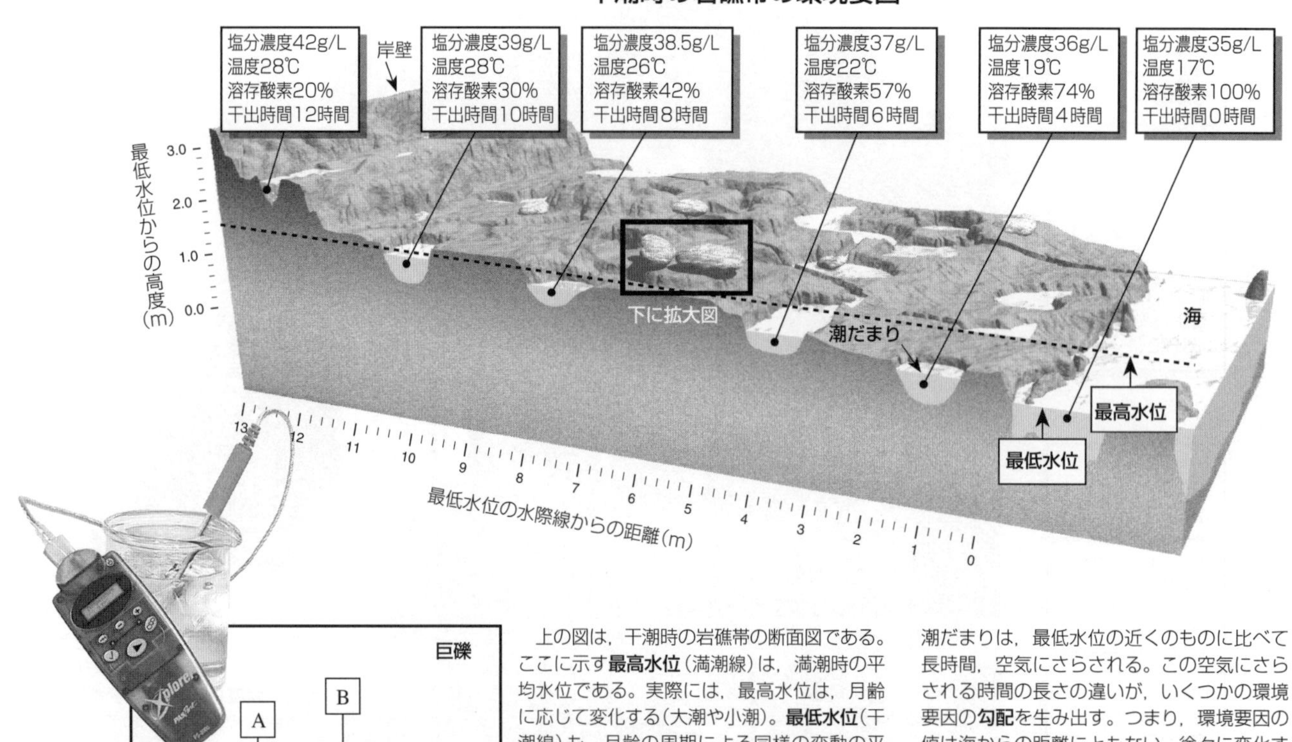

上の図は，干潮時の岩礁帯の断面図である。ここに示す**最高水位**(満潮線)は，満潮時の平均水位である。実際には，最高水位は，月齢に応じて変化する(大潮や小潮)。**最低水位**(干潮線)も，月齢の周期による同様の変動の平均値である。岩礁帯の潮だまりの大きさや深さ，位置は変化する。潮だまりは，高さの異なるさまざまな場所で，ほんの少しの間，長くても10時間から12時間までの間，海の水をとらえて孤立している。最高水位のそばの潮だまりは，最低水位の近くのものに比べて長時間，空気にさらされる。この空気にさらされる時間の長さの違いが，いくつかの環境要因の**勾配**を生み出す。つまり，環境要因の値は海からの距離にともない，徐々に変化することとなる。潮だまりに関係する物理的環境要因には，次のものがある。塩分濃度(1リットルあたりの水に溶存する塩の量(g/L))，温度，岩礁帯の外の海水と比較した溶存酸素量，干出時間(海から孤立していた時間の長さ)。

11．最低水位から最高水位に至るまでの，下記の環境要因の勾配の一般的傾向を述べなさい。

(a) 塩分濃度：＿＿＿＿＿＿＿＿＿＿

(b) 温度：＿＿＿＿＿＿＿＿＿＿

(c) 溶存酸素量：＿＿＿＿＿＿＿＿＿＿

(d) 干出時間：＿＿＿＿＿＿＿＿＿＿

12．上の岩礁帯の図に示す一番上の潮だまりのような，通常の最高水位よりも上に位置する潮だまりは，極端に幅広い塩分濃度の値を取り得る。これらの潮だまりが次の(a)(b)それぞれの状態となる条件を説明しなさい。

(a) 非常に低い塩分濃度：＿＿＿＿＿＿＿＿＿＿

(b) 非常に高い塩分濃度：＿＿＿＿＿＿＿＿＿＿

13．(a) 図の左下の2つの巨礫の写真は，上図の四角で囲った部分の拡大図である。下記の環境要因が，A，B，Cの印をつけた場所の間でどのように異なるのか説明しなさい。

波当たりの強さ：＿＿＿＿＿＿＿＿＿＿

干出したときの表面の温度：＿＿＿＿＿＿＿＿＿＿

(b) このような環境条件の局所的変動を表す用語を答えなさい。＿＿＿＿＿＿＿＿＿＿

夏季の三日月湖の環境要因

三日月湖は，川の流れる経路が変化し，古い川の蛇行部分が川の主流から切り離され，孤立することにより形成される。それらは一般に水深約２メートルから４メートルと浅い。しかし，一時的ではあるが，湖底から湖面まで比較的安定した温度勾配を生み出す十分な深さをもっていることがある(下図)。小さな湖は相対的に閉鎖した系であり，そこでの現象は，近くの他の湖での現象とは独立している。他の湖では，まったく異なる水質が認められる可能性がある。三日月湖の環境要因は，湖水全体で一定ではない。湖面の水と湖底近くの水では，水温，溶存酸素量(mg/L)，湖面に注ぐ光の百分率(%)で示す光の透過度のような要因の値がまったく異なる可能性がある。

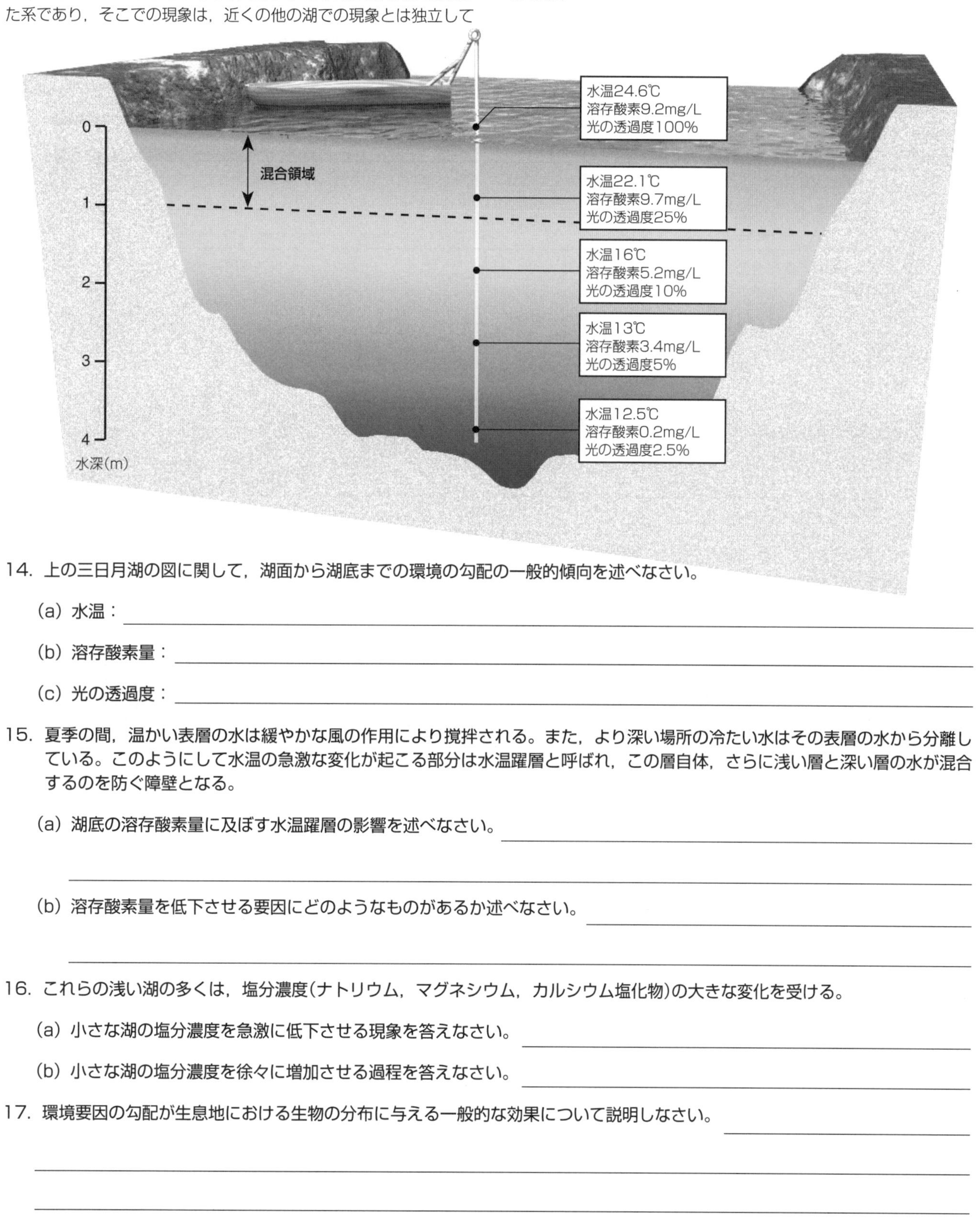

14. 上の三日月湖の図に関して，湖面から湖底までの環境の勾配の一般的傾向を述べなさい。

　(a) 水温：＿＿＿＿＿＿＿＿＿＿

　(b) 溶存酸素量：＿＿＿＿＿＿＿＿＿＿

　(c) 光の透過度：＿＿＿＿＿＿＿＿＿＿

15. 夏季の間，温かい表層の水は緩やかな風の作用により撹拌される。また，より深い場所の冷たい水はその表層の水から分離している。このようにして水温の急激な変化が起こる部分は水温躍層と呼ばれ，この層自体，さらに浅い層と深い層の水が混合するのを防ぐ障壁となる。

　(a) 湖底の溶存酸素量に及ぼす水温躍層の影響を述べなさい。＿＿＿＿＿＿＿＿＿＿

　(b) 溶存酸素量を低下させる要因にどのようなものがあるか述べなさい。＿＿＿＿＿＿＿＿＿＿

16. これらの浅い湖の多くは，塩分濃度(ナトリウム，マグネシウム，カルシウム塩化物)の大きな変化を受ける。

　(a) 小さな湖の塩分濃度を急激に低下させる現象を答えなさい。＿＿＿＿＿＿＿＿＿＿

　(b) 小さな湖の塩分濃度を徐々に増加させる過程を答えなさい。＿＿＿＿＿＿＿＿＿＿

17. 環境要因の勾配が生息地における生物の分布に与える一般的な効果について説明しなさい。＿＿＿＿＿＿＿＿＿＿

ハビタット(生息場所)

重要概念：ある種の個体群（または個体）の生きる環境（すべての物理的および生物的要因を含む）は，ハビタット（生息場所）と呼ばれる。

ある特定のハビタットの中で個々の種個体群は，物理的および化学的環境の変動に対して，ある範囲の耐性をもっている。同一の個体群の中でも，各個体のもつ耐性の範囲は，遺伝子組成，齢，そして健康状態などにおける小さな違いにより，わずかに異なっている。非生物的要因（気温や塩分濃度など）に対する耐性の範囲が広くなるほど，生物はその要因の変動に対して生き残りやすくなる。種の**分散**も**耐性範囲**に強く影響を受ける。耐性範囲が広くなるほど，その生物はより広く分散することが予想される。耐性範囲に加えて，生物にはその機能がもっともよく働く，耐性範囲より狭い**最適範囲**がある。最適範囲は，ある生育段階から次の生育段階への移行や季節の変化などにともなって変化する可能性が高い。それぞれの生物種は独自の最適範囲をもつ。生物は普通，非生物的要因が最適範囲にもっとも近いところでもっとも個体数が多い。

ハビタットの占有と耐性範囲

ニッチの大きさに影響を及ぼす非生物的要因の例

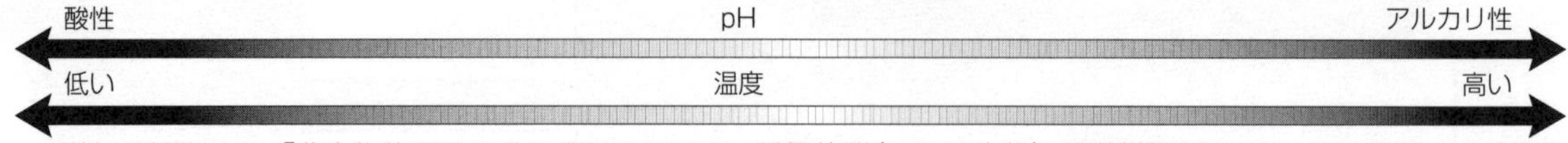

耐性の法則とは，「非生物的要因のそれぞれについて，種個体群（または生物）は耐性範囲をもち，その範囲内でのみ生存できる。耐性範囲の両端に近づくほど，非生物的要因はその生物の生存能力を制限するようになる」というものである。

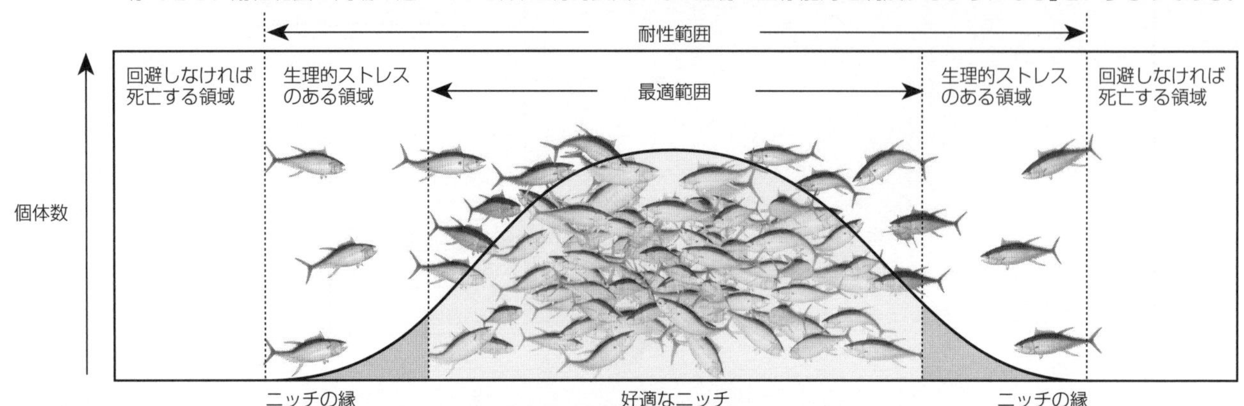

利用可能なハビタットのスケール

外洋のハビタットは広大で比較的均質であるが，沿岸のハビタットは変化に富んでいることが多い。カマス（上図）は岩礁域や沿岸域に生息する，攻撃的な捕食者である。

この朽ちた木に生育する菌類のように，非移動性の生物では，比較的限られた空間の特定の環境が好適なハビタットとなる。

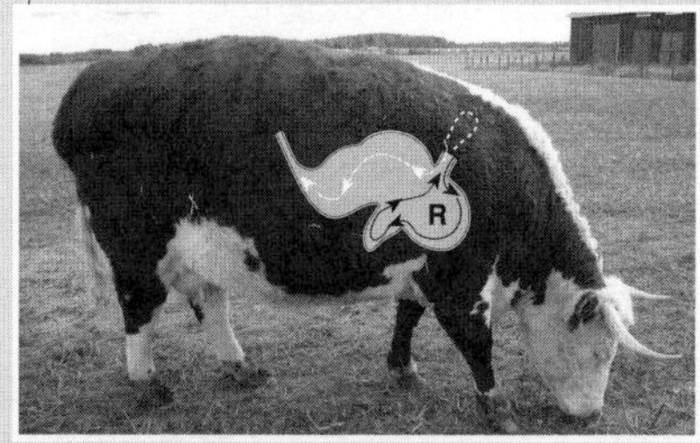

ウシなどの反芻動物の消化管内に生息する細菌や原生動物の場合，宿主動物のルーメン（R）内の化学的環境がハビタットとしての条件となる。

1．ある生物がハビタットを占有する能力とその耐性範囲はどのように関連しているのか説明しなさい。

2．(a) 上図で個体群の大部分が存在する範囲を示しなさい。また，なぜ大部分がそこに集まるのか述べなさい。

(b) この範囲における生物の成長と繁殖を制限するものとしてもっとも重要なものは何か述べなさい。

3．ニッチの縁付近に追いやられた個体にかかる生理的ストレスとして考えられるものを述べなさい。

ニッチ(生態的地位)

重要概念：ニッチとは，生物の生息環境における機能的な位置のことである。

ニッチは，ある生物が資源の分布の状態にどう反応するかを示し，ひいては他種の資源をどう変化させるのかに関連する。ある生物が生存できる生物的・物理的環境条件の範囲全体を，その生物の**基本ニッチ**という。他の生物との直接的・間接的相互作用の結果，たいていの場合，生物は基本ニッチよりも狭い範囲のニッチを占めることになり，その狭い範囲のニッチに非常によく適応している。こうして実際に占めるニッチを**実現ニッチ**という。実現ニッチの概念から，同じニッチをもつ2種は同じ資源を巡って競争し，一方が他方を排除するため共存できないという仮説が生まれた。これは，ガウゼの**競争排除則**として知られている。ニッチは動的なものである。資源が豊富または種内競争が強い場合，ニッチ幅は広くなる。資源が限られているか種間に強い競争がある場合には，ニッチ幅は狭くなる。

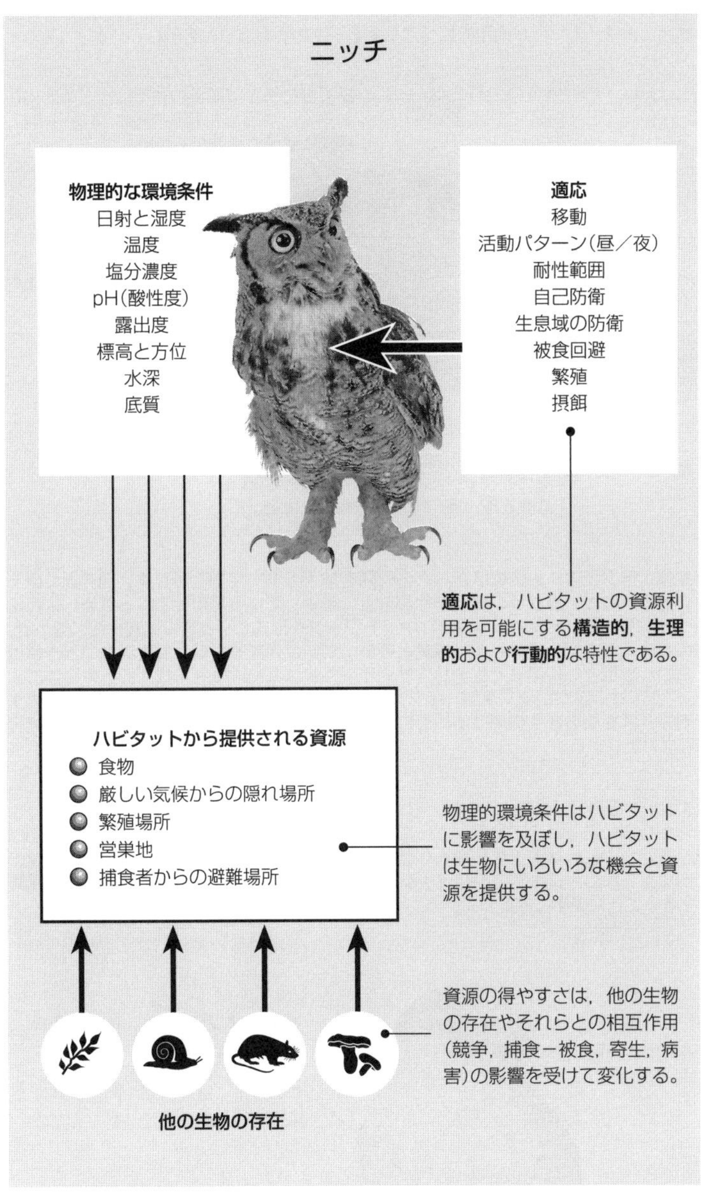

競争とニッチの大きさ

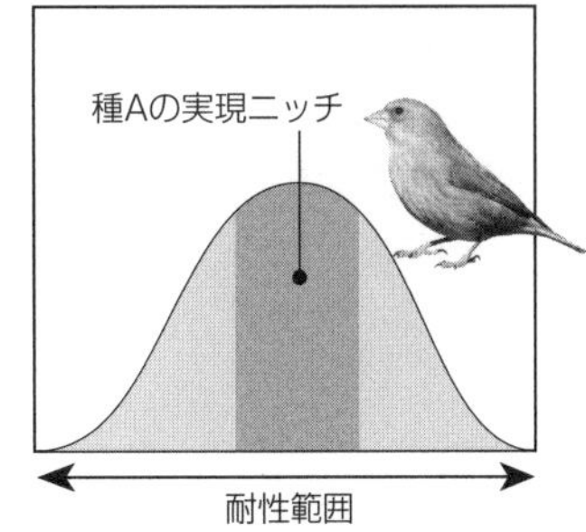

実現ニッチ
耐性範囲は，その種が占めることのできる潜在的なニッチ(**基本ニッチ**)を表す。実際のニッチ(**実現ニッチ**)は他種との競争のために基本ニッチよりも狭くなる。

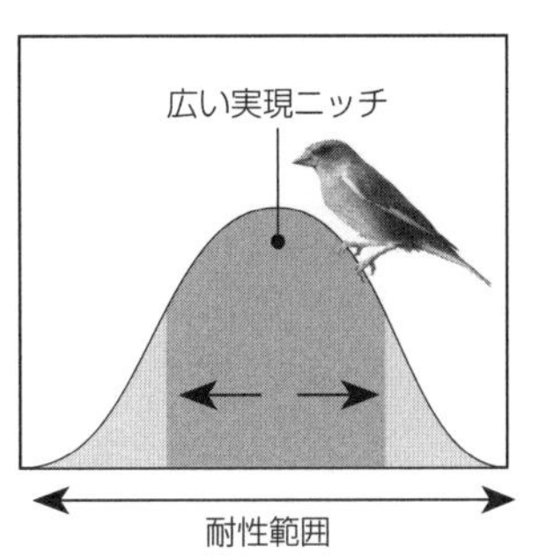

種内競争
競争の程度は，同種の個体間においてもっとも強い。なぜなら通常，同種の個体が要求する資源はまったく同じだからである。種内競争が強い場合，個体は，耐性範囲の両端に近い，好適でない資源も利用せざるを得ない。この結果，実現ニッチの幅は広がることになる。

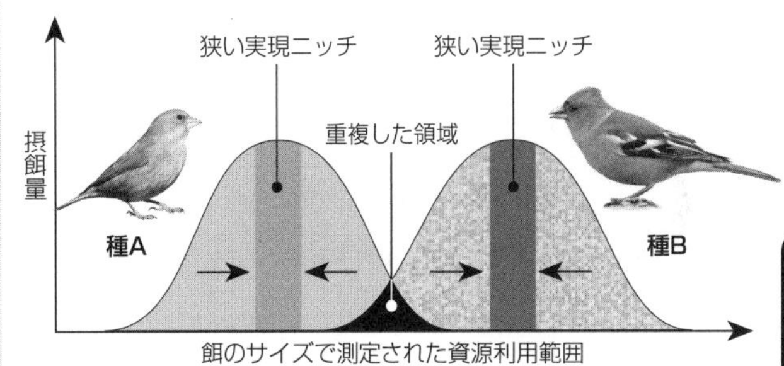

種間競争
もし2種(またはそれ以上)が同じ資源を巡って競争するなら，それらの種の資源利用曲線は重複する。重複している領域では資源を巡る競争が強く，ニッチ分化への選択が生じ，片方または両方の種の占有するニッチ幅が狭くなる。

1．(a) 実現ニッチが変化しやすいものであると考えられる理由を説明しなさい。

(b) 実現ニッチの広がりを制限すると考えられる要因を挙げなさい。

2．種間競争および種内競争がニッチ幅に及ぼす対照的な影響について説明しなさい。

ニッチへの適応

重要概念：生物の適応的な特性は，進化の過程を通して生物にかかった選択圧の結果，獲得されたものである。

生物の適応的な特性は，生物がそのニッチにおいて，もっとも効率的に機能することを可能にし，環境の利用能力を高め，生存力を高める。下の例は2種の生物，イギリスの有胎盤哺乳類と北極地方の渡り鳥に見られる適応について図示したものである。ただし，適応は，その動物の構造（形態），生理，あるいは行動と関連していることに注意すること。

ヨーロッパモグラ

体長：113〜159mm，尾の長さ：25〜40mm，体重：70〜130g

モグラ（上の写真）は，ほとんどの時間を地下で過ごし，地表で見られることはまれである。モグラ塚とは，トンネルから掘り返した土が地表に堆積したものをいう。上のモグラ塚内部の図は，トンネルと巣の区画を示している。巣は，睡眠と子育てに用いられる。巣はトンネルの中につくられた空間であり，乾燥した植物を用いて裏打ちされている。

ヨーロッパモグラは，アイルランドを除き，イギリスとヨーロッパのほぼ全域に認められる昆虫食の動物である。モグラはいろいろな場所で見られるが，針葉樹林，湿原，砂丘といった餌（ミミズや昆虫の幼虫）の少ない場所では，あまり見られない。モグラは，地下で生活し，巨大化した前足を用いて穴を掘り，トンネルを張り巡らすことによく適応している。小さな体，筒状の体型，非常に頑丈な頭部と首は，モグラが典型的な「穴を掘る」生物であることを示している。

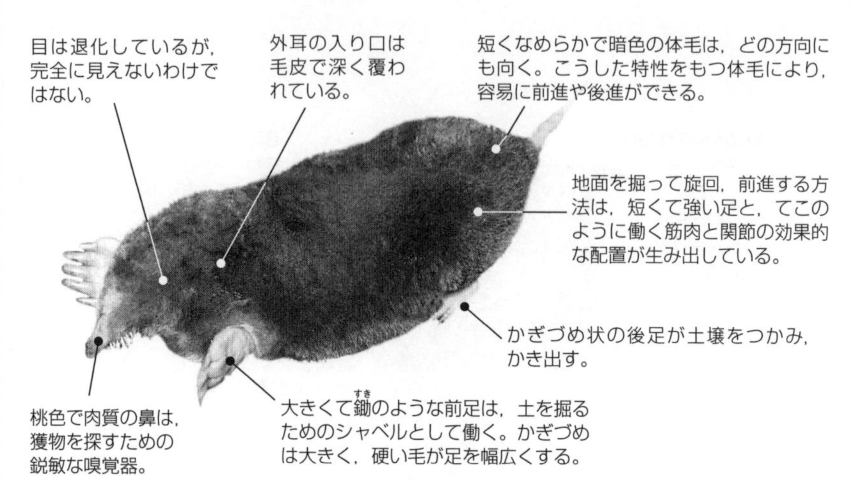

ハビタットと生態：モグラは，生活のほとんどの時間を地下のトンネルで過ごす。地表近くのトンネルは，耕作地の下など，モグラの獲物が地表付近に集中している場所でつくられる。より深い場所につくられる永続的なトンネルは複雑なネットワークを形成し，ときには数世代に渡って，子育てや営巣のために繰り返し使われる。**感覚と行動**：匂いに対する鋭敏な感覚をもつが，目はほとんど見えない。雌雄ともに単独で生活し，繁殖期以外にはなわばりを形成する。寿命はおよそ3年である。モグラは，フクロウ，タカ，イタチ，ネコ，イヌに捕食される。モグラの活動は土壌に酸素を供給し，病害虫の数を抑制する。それにもかかわらず，モグラは常に害獣として捕獲されたり，毒殺されたりする。

ユキホオジロ

ユキホオジロは，地面で子育てをする小型の鳥類であり，北極もしくは北極周辺の島で生活し繁殖を行う。冬には，より暖かい地域に渡りを行うが，ユキホオジロは，他の渡り鳥でよく知られているような大規模な移動は行わず，イギリス北部やアメリカ東部の寒冷な海岸や開放耕地など，北極地方の子育て場所によく似たところで越冬する。ユキホオジロは，繁殖の後，急速に換羽するという独特の能力をもっている。暖かい時期の間は，ユキホオジロは茶色であるが，冬季には白色に変化する（右図）。冬が始まり渡りを行う前に新しい羽毛をまとうために，この体色の変化を急速に終えなければならない。そのためにユキホオジロは，他の多くの鳥類が一度に1枚か2枚の羽を落とすのに対し，一度に主翼の羽を4枚あるいは5枚も落とす。

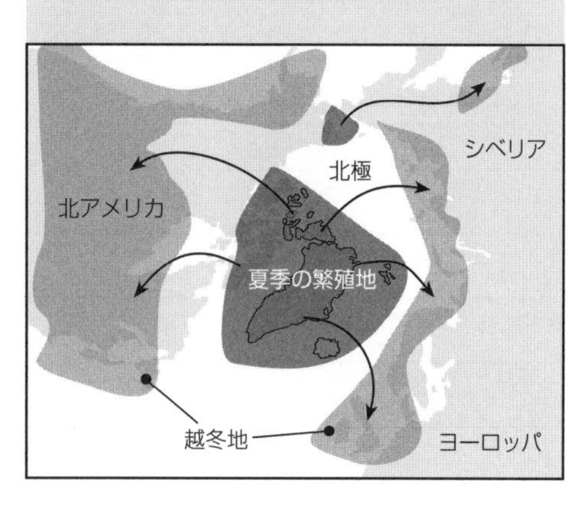

北極で繁殖する小型の鳥類は非常に少ない。なぜなら，通常，小型鳥類は大型のものに比べ，より多くの熱を体から奪われるからである。さらに，北極の短い夏に繁殖を行ったとしても，冬の開始までに渡りを始め，広大な海上を移動しなければならない。これには大型で翼の長い鳥類のほうが適している。しかし，ユキホオジロは小型の鳥類であるにもかかわらず，北極地方の極端な寒さの中で生きることに見事に適応している。

ハビタットと生態：北極とその周囲の島々に広く生息する。昼も夜も活動的で，1日にたった2〜3時間ほど休息するのみである。ユキホオジロは，6,000kmの範囲まで渡りを行うが，たいていは高緯度地域にいる。**繁殖と行動**：巣は枯れ草やコケ類や地衣類でつくられ，石の間に隠されている。抱卵期間には，オスはメスに餌を運び，子育てを助ける。

1．モグラの体の構造，生理，行動に見られる適応について述べ，それぞれの適応がどのように生存を支えているのか説明しなさい。

(a) 構造上の適応：

(b) 生理学的適応：

(c) 行動上の適応：

2．ユキホオジロの体の構造，生理，行動に見られる適応について記し，それぞれの適応がどのように生存を支えているのか説明しなさい。

(a) 構造上の適応：

(b) 生理学的適応：

(c) 行動上の適応：

3．ウサギは群れをつくる哺乳類である。地下に巣をつくって生活し，草，穀物，根，稚樹を食べる。ウサギは世界中で大きく成功した種であり，異常発生することも多い。議論をしたり，自分で調べたりするなどして，ウサギに見られる適応を6つ述べなさい。また，それぞれを，構造上(S)，生理学的(P)，行動上(B)の適応に分類しなさい。典型的な例を下に示す。

構造上：両目の間隔が広がることで視野が広くなり，見張りや危険の察知に有利になる。

生理学的：高い繁殖率。食物が十分にあれば，妊娠期間の短さと多産性が急速な個体群の増加を助ける。

行動上：驚いたときに動かなくなる行動は，捕食者に探知される確率を低くする。

(a)

(b)

(c)

(d)

(e)

(f)

4．以下に示すさまざまな適応の例が，おもに構造上，生理学的，行動上のどの適応に相当するか答えなさい(2つ以上でもよい)。

(a) 体の大きさ・形態と緯度(熱帯あるいは極地)の関係：

(b) 砂漠に生息する哺乳類に見られる濃縮された尿の生産：

(c) 鳥類と哺乳類に見られる夏季および冬季の渡り：

(d) 砂漠の植物に見られる厚い葉とくぼんだ気孔：

(e) 冬季の小型哺乳類の冬眠または活動量の低下：

(f) トカゲやヘビの日光浴：

食物連鎖

重要概念：食物連鎖は生物間の捕食－被食関係を表すモデルである。

生態系では生物は捕食－被食（食う－食われる）関係により相互作用している。これらの相互作用は**食物連鎖**として示される。食物連鎖は，ある生物から次の生物へと，食物の形でどのようにエネルギーが通過していくかを示す簡単なモデルである。食物連鎖においてそれぞれの生物は次の栄養段階の生物のための食物となる。食物連鎖における階層は**栄養段階**と呼ばれる。生物は食物連鎖における位置に基づき，それぞれの栄養段階に割り当てられる。生物は，食物連鎖が異なったり生育段階が異なったりすると，異なる栄養段階を占めることもある。食物連鎖を表す際，矢印で生物をつなぐ。矢印の方向は栄養段階を通過するエネルギー流の方向を示す。ほとんどの食物連鎖は生産者から始まり，生産者は一次消費者（**植食者**）に食われる。より高次の消費者（**肉食者**と**雑食者**）は他の消費者を食う。

生産者（独立栄養生物）例：植物。太陽からのエネルギーをもとに，多くは光合成によって単純な無機物から自身の食物を生産する。無機栄養分は土壌や大気などの非生物的環境から獲得する。

消費者（従属栄養生物）例：動物。ほかの生物を食べることによりエネルギーを獲得する。消費者はそれらの占める栄養段階に応じて，一次消費者，二次消費者などと順位付けされ，食性によって分類される（肉食者は動物組織を食い，雑食者は植物と動物組織を食う）。

デトリタス食者と**分解者**は，どちらもデトリタス（死んだ生物組織）を消化することで栄養を得る。デトリタス食者はデトリタスを体内に取り込んで（食べて）消化する。分解者は，体から外部に酵素を分泌してデトリタスを分解し，養分を吸収する。

下の図は食物連鎖の基本的な要素を示している。以下の問いでは，この生物群集を通過するエネルギー流の特徴を図に加えることが求められる。

1. (a) この食物連鎖のエネルギーの源は何か答えなさい。＿＿＿＿＿＿＿＿＿＿

   (b) 食物連鎖において生物間をエネルギーがどのように流れるかを示すように，図に矢印を描きなさい。それぞれの矢印に，そのエネルギーの移動に関する過程を書き入れなさい。また，エネルギーが呼吸によってどのように失われるかを示す矢印を描きなさい。

2. 以下の生物がどのようにエネルギーを獲得するのかを述べ，それぞれ例となる生物種を挙げなさい。

   (a) 生産者：＿＿＿＿＿＿＿＿＿＿

   (b) 消費者：＿＿＿＿＿＿＿＿＿＿

   (c) デトリタス食者：＿＿＿＿＿＿＿＿＿＿

   (d) 分解者：＿＿＿＿＿＿＿＿＿＿

食物網

重要概念：食物網は，生態系において相互につながっているすべての食物連鎖を表す。日光は，ほとんどすべての生態系にとってのエネルギー源である。各栄養段階でエネルギーは部分的に失われる。

生態系におけるさまざまな食物連鎖は互いにつながり，**食物網**と呼ばれる，捕食—被食の相互作用が複雑な網目を形成している。日光はほぼすべての生態系のエネルギー源である。日光は，連続的な，ただし，変動のあるエネルギー供給源であり，光合成により炭素化合物に固定される。エネルギーは，有機物(食物)内の化学結合の形で生態系を流れる。また，エネルギーは熱力学の第二法則にしたがい，栄養段階を通過するごとに熱として消失する。生物は熱をほかの形のエネルギーに変換できないため，生態系からの熱エネルギーの消失が，それぞれの食物連鎖における鎖の数を制限する。2つの単純化した食物網におけるエネルギーの流れを以下に示す。

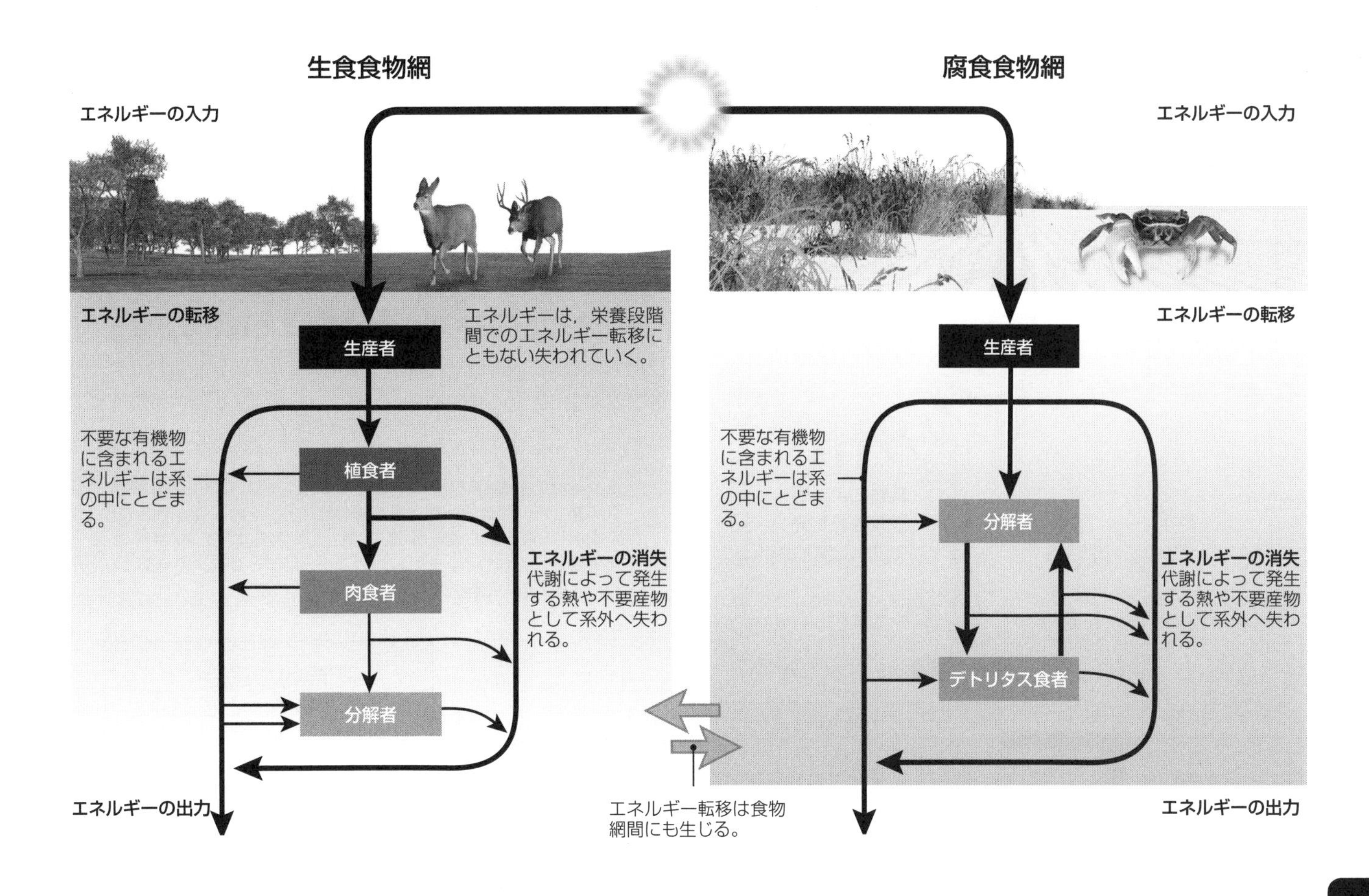

1. エネルギーはどのように生態系の中を転移していくのか述べなさい。

2. (a) 食物連鎖において栄養段階が高くなるにつれて，利用可能なエネルギーの量がどう変わるか述べなさい。

   (b) なぜそのような現象が生じるのか説明しなさい。

3. エネルギー流からみた，生食食物網と腐食食物網の大きな違いを述べなさい。

生態系におけるエネルギー流

重要概念：エネルギーは生態系の栄養段階間を流れる。１つの栄養段階から次の栄養段階に転換されるのはわずか5〜20%のエネルギーである。

エネルギーは無から生じたり，消えたりはしない。ある形（たとえば光エネルギー）から別の形（たとえば分子の結合における化学エネルギー）に転換されるだけである。つまりこれは，生態系におけるエネルギー流は測定し得ることを意味する。エネルギーは常に1つの栄養段階から次の栄養段階へと転換され（捕食や排泄などによる），エネルギーの一部は，通常は細胞呼吸によって，熱として環境中に放出される。生物は熱をほかの形のエネルギーに変換することはできない。そのため，ある栄養段階で利用可能なエネルギー量は，その1つ前の栄養段階でのエネルギー量よりも常に少なくなる。エネルギーは保存されるため，その入力（太陽放射）から熱としての放出までの流れは追跡可能である。ある栄養段階から次の栄養段階へとエネルギーが転換される割合を，**生態転換効率**と呼ぶ。これはエネルギー利用効率の指標であり，5%から20%の間にある。生態転換効率の平均値は約10%といわれている。これを**10パーセントの法則**と呼ぶ（下図）。

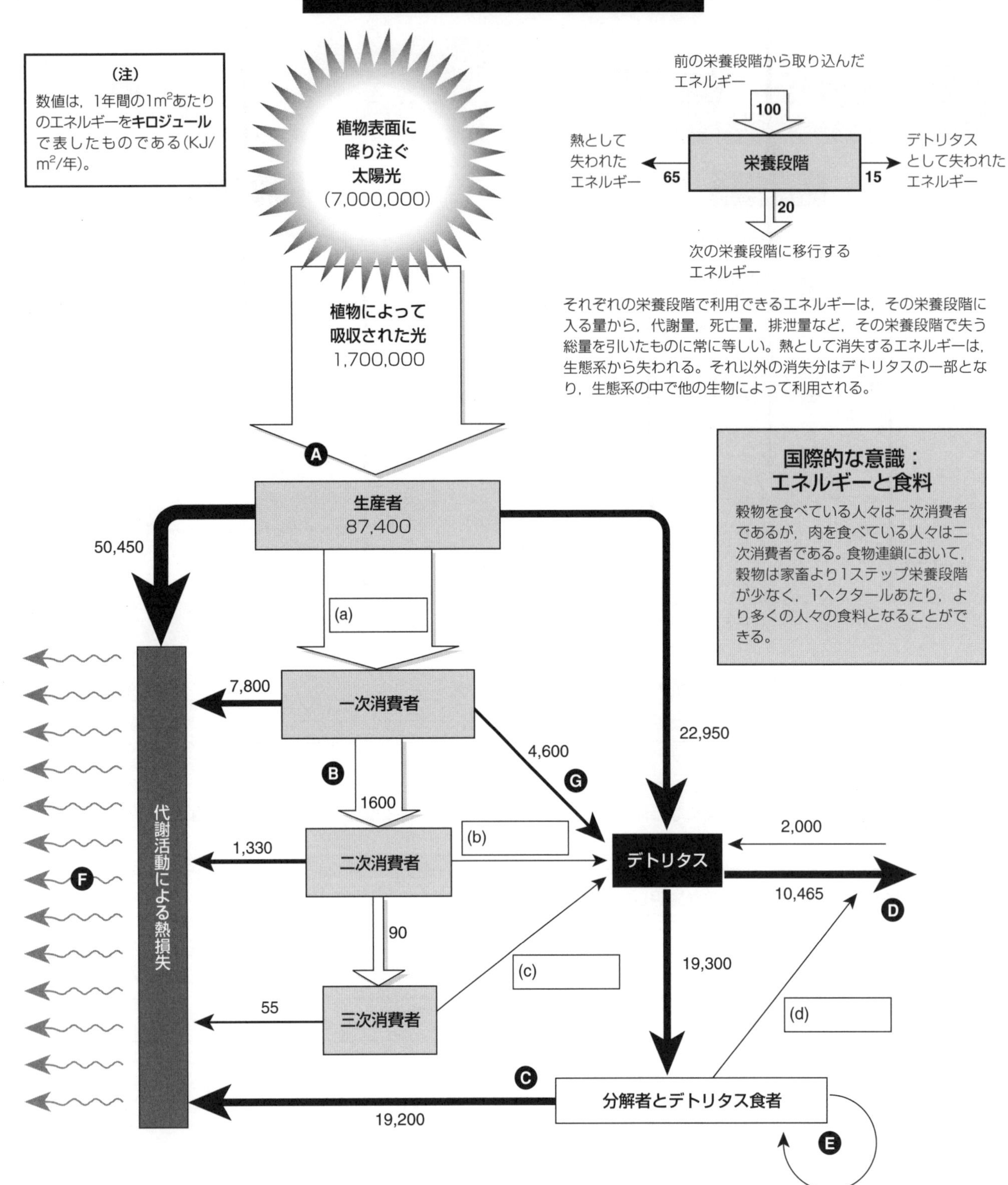

1. 前ページの図は，ある生態系を通過するエネルギー流を表している。図中の例にならって，空欄a～dに入る数値を計算しなさい。エネルギーの入力量の和は，常に出力量の和に等しいことに注意し，解答を図中の空欄に記入しなさい。

2. 図中のA～Gの矢印の表す過程を答えなさい。

A. ______________________　E. ______________________

B. ______________________　F. ______________________

C. ______________________　G. ______________________

D. ______________________

3. (a) 図中のAで，降り注いだ光エネルギーが植物によって吸収される割合(%)を計算しなさい。

植物に吸収される光 ÷ 植物表面に降り注ぐ太陽光 × 100 = ______________________

(b) 植物に吸収されない光エネルギーはどうなるのか述べなさい。 ______________________

4. (a) 吸収された光エネルギー量のうち，実際に生産者のエネルギーに転換(固定)される量の割合(%)を計算しなさい。

生産者のエネルギー量 ÷ 植物に吸収された光 × 100 = ______________________

(b) 吸収された光エネルギーのうち，生産者に固定されない量を求めなさい。 ______________________

(c) 生産者に吸収されるエネルギー量と実際に生産者に固定される量の差について説明しなさい。

____

____

5. この生態系で生産者に**固定**されたエネルギーの総量(図中のA)のうち，以下のものを計算しなさい。

(a) 代謝による熱損失の総量(単位：kJ)： ______________________

(b) 固定されたエネルギーに占める熱損失量の割合(%)： ______________________

6. (a) デトリタスをエネルギー源とするグループは何か答えなさい。 ______________________

(b) デトリタスはどのようにして生態系から除かれたり生態系に加えられたりするのか述べなさい。 ______________________

____

7. ある条件下では，分解速度はきわめて低く，ときにはほとんどゼロとなり，これによりデトリタスが蓄積されていく。

(a) 生物学的過程の知識をもとに，どのような条件が分解速度を低下させると考えられるか述べなさい。

____

(b) このように分解者の活動がない場合，エネルギー流はどうなるのか答えなさい。 ______________________

____

(c) その解答の説明となるように，前ページの図に矢印を書き加えなさい。 ______________________

(d) デトリタスに対する分解者の活動がない場合に生じる物質の例を3つ挙げなさい。

____

____

8. **「10パーセントの法則」**とは，生態系におけるある栄養段階の総エネルギー量は，その1つ前の栄養段階の約10%しかないというものである。前ページの図の各栄養段階について，次の栄養段階へ移行するエネルギーの割合を百分率(%)で求めなさい。

(a) 生産者から一次消費者へ： ______________________

(b) 一次消費者から二次消費者へ： ______________________

(c) 二次消費者から三次消費者へ： ______________________

生態ピラミッド

重要概念：生態ピラミッドは，生態系の各栄養段階のエネルギー量を表すのに用いられる。

生態系の各栄養段階のエネルギー量，バイオマス（重量），または生物の数の変化は，生態ピラミッドにより表すことができる。最初の栄養段階が底辺に位置し，それに続く栄養段階が「摂食の順番」に積み重なっていく。生態ピラミッドは，生態系における異なる栄養段階間の関係を表す簡便なモデルとなる。エネルギー量で表すピラミッドは，各栄養段階が保有するエネルギー量を示す。

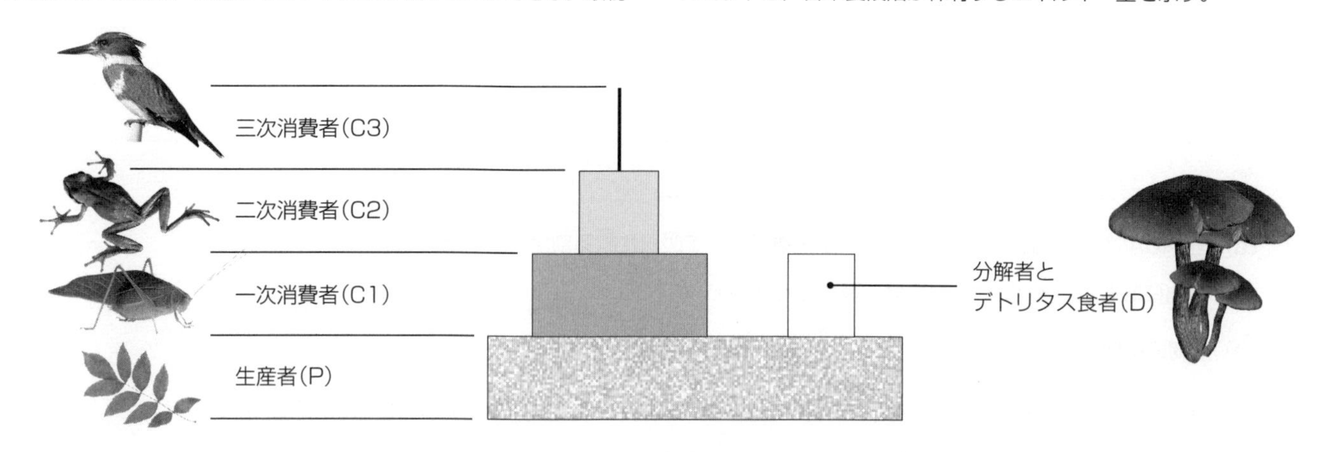

上図の生態ピラミッドは，生産者を最初の大きな土台として，その上に消費者のブロックが次第に小さくなりながら重なっていくという，一般的なピラミッドの形を示している。すべてのピラミッドがこのような外見とはならない。分解者は一次消費者の段階に，一次消費者とは離して配置している。分解者はさまざまな栄養段階からエネルギーを得ているため，型通りのピラミッド構造に組み込むことができない。バイオマスピラミッドは，各栄養段階における生物体の重量を表す。バイオマスピラミッドはエネルギーピラミッドとよく似た形となることが多い（食物連鎖の進行にともない保有されるエネルギー量が減少するため，バイオマスも減少する）。

プランクトン群集のエネルギーピラミッド

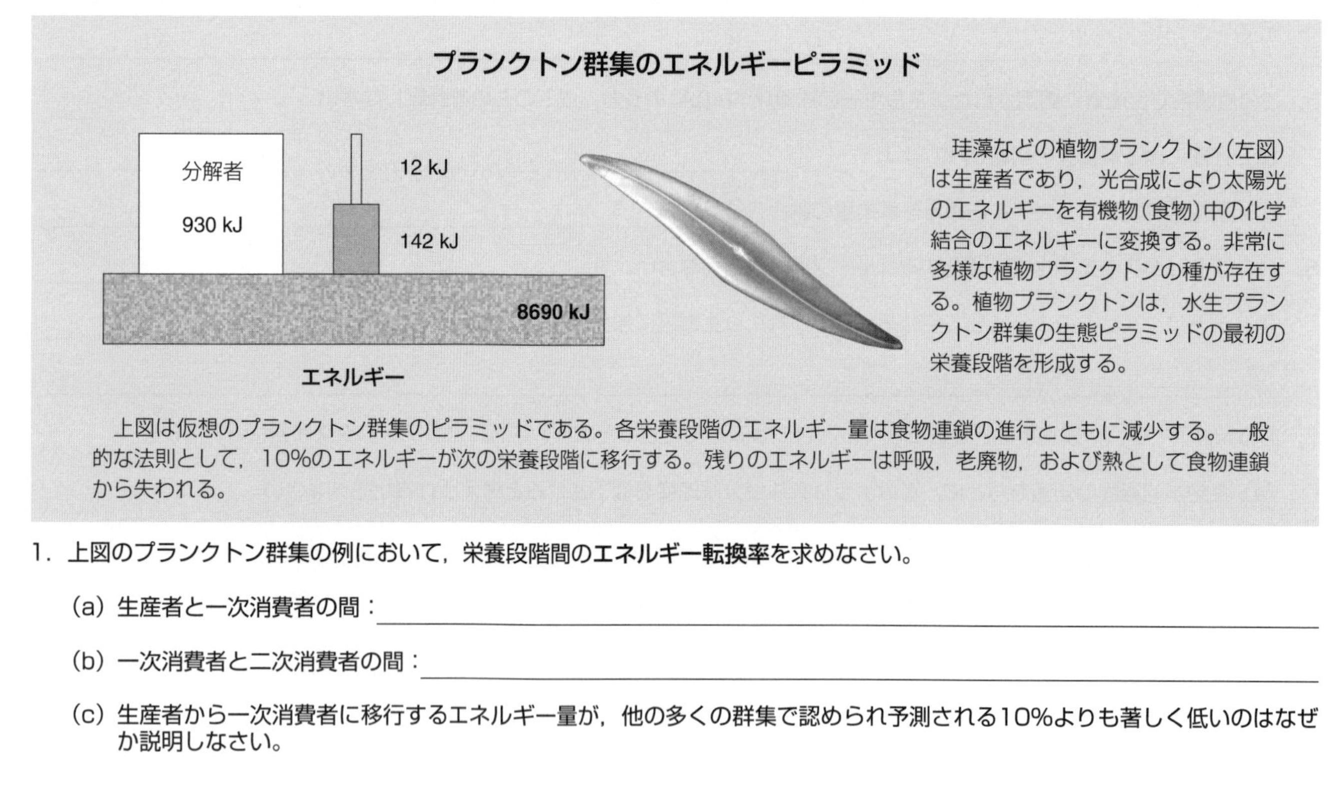

珪藻などの植物プランクトン（左図）は生産者であり，光合成により太陽光のエネルギーを有機物（食物）中の化学結合のエネルギーに変換する。非常に多様な植物プランクトンの種が存在する。植物プランクトンは，水生プランクトン群集の生態ピラミッドの最初の栄養段階を形成する。

上図は仮想のプランクトン群集のピラミッドである。各栄養段階のエネルギー量は食物連鎖の進行とともに減少する。一般的な法則として，10%のエネルギーが次の栄養段階に移行する。残りのエネルギーは呼吸，老廃物，および熱として食物連鎖から失われる。

1. 上図のプランクトン群集の例において，栄養段階間の**エネルギー転換率**を求めなさい。

(a) 生産者と一次消費者の間：

(b) 一次消費者と二次消費者の間：

(c) 生産者から一次消費者に移行するエネルギー量が，他の多くの群集で認められ予測される10%よりも著しく低いのはなぜか説明しなさい。

(d) 生産者以降では，どの栄養段階のグループがもっとも多くのエネルギーを保有しているか答えなさい。

(e) その理由を説明しなさい。

栄養循環

重要概念：栄養循環において，物質は地球の生態系の生物的および非生物的要素を通じて循環する。

栄養循環によって，化学元素（炭素，水素，窒素，酸素など）は生態系の生物的および非生物的要素を通じて移動し，転移する。普通，植物および動物が利用するには，栄養は元素の状態ではなくイオンの状態となっていなければならない。生態系における栄養の供給は有限である。

重要な栄養

多量栄養素	一般的な形態	機能
炭素（C）	CO_2	有機分子
酸素（O）	O_2	呼吸
水素（H）	H_2O	細胞内の水分
窒素（N）	N_2, NO_3^-, NH_4^+	タンパク質，核酸
カリウム（K）	K^+	細胞内の主要なイオン
リン（P）	$H_2PO_4^-$, HPO_4^{2-}	核酸，脂質
カルシウム（Ca）	Ca^{2+}	膜透過性
マグネシウム（Mg）	Mg^{2+}	クロロフィル
硫黄（S）	SO_4^{2-}	タンパク質
鉄（Fe）	Fe^{2+}, Fe^{3+}	クロロフィル，血液
マンガン（Mn）	Mn^{2+}	酵素活性
モリブデン（Mo）	MoO_4^-	窒素代謝
銅（Cu）	Cu^{2+}	酵素活性
ナトリウム（Na）	Na^+	細胞内のイオン
ケイ素（Si）	$Si(OH)_4$	支持組織

熱帯雨林

温帯林

栄養循環の速度は大きく異なる。栄養素の中にはゆっくり循環するものも，速く循環するものもある。生態系の環境や多様性も栄養循環の速度に大きな影響を及ぼす。

栄養循環における生物の役割

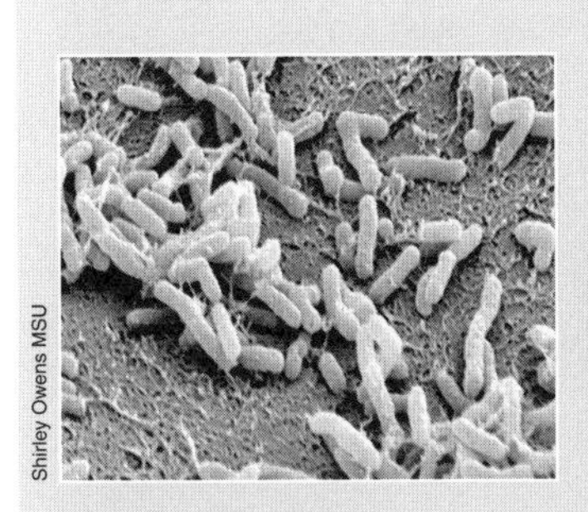

バクテリア
バクテリアは栄養循環において重要な役割を担う。分解者として働くだけでなく，栄養素を植物や動物が利用しやすい形態に変換する。

菌類
菌類は腐食者であり，重要な分解者である。栄養を土壌に戻したり，植物や動物にとって利用しやすい形態に変換したりする。

植物
植物は土壌から栄養を吸収し，植食動物が直接的に利用できる形態に変える役割を担う。また，自身の枯死体を土壌に戻す。

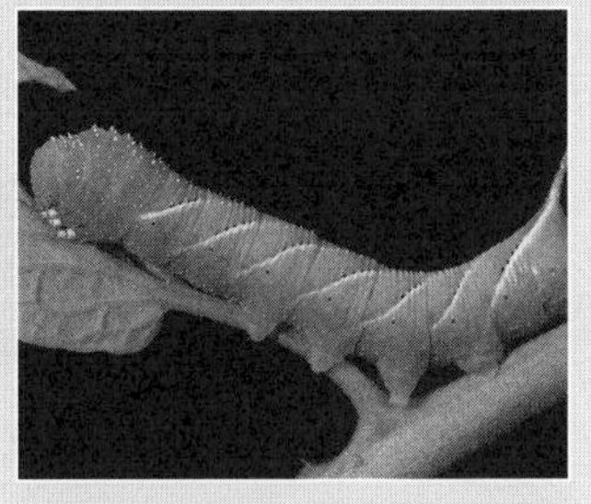

動物
動物はバクテリアや植物や菌類のもつ栄養を利用および消化し，老廃物や自らの死体として，栄養を土壌や水に戻す。

1．生態系におけるエネルギーの移動と栄養の移動はどのように異なるか説明しなさい。＿＿＿＿＿＿＿＿＿＿

＿＿＿＿＿＿＿＿＿＿＿＿＿＿＿＿＿＿＿＿

＿＿＿＿＿＿＿＿＿＿＿＿＿＿＿＿＿＿＿＿

＿＿＿＿＿＿＿＿＿＿＿＿＿＿＿＿＿＿＿＿

2．栄養循環における以下のそれぞれの役割を述べなさい。

(a) バクテリア：＿＿＿＿＿＿＿＿＿＿＿＿＿＿＿＿

(b) 菌類：＿＿＿＿＿＿＿＿＿＿＿＿＿＿＿＿

(c) 植物：＿＿＿＿＿＿＿＿＿＿＿＿＿＿＿＿

(d) 動物：＿＿＿＿＿＿＿＿＿＿＿＿＿＿＿＿

炭素循環

重要概念：生態系における炭素の持続的な利用可能性は，生態系の生物的および非生物的要素を通じた炭素循環に依存している。

炭素は生命に不可欠な元素であり，生物を構成する有機分子に組み込まれている。炭素の大部分は，**炭素シンク**（吸収源）に蓄えられており，二酸化炭素（CO_2）として大気に，炭酸塩や重炭酸塩として海洋に，石炭や石灰岩などとして岩石に含まれる。炭素は，生物的環境と非生物的環境の間を循環する。二酸化炭素は独立栄養生物（植物）により光合成を通して炭水化物に変換され，呼吸を通して二酸化炭素として大気中に戻る（**炭素フラックス**，炭素流）。炭素フラックスは測定することができる。炭素循環のシンクと過程の一部を，炭素フラックスとともに下図に示す。

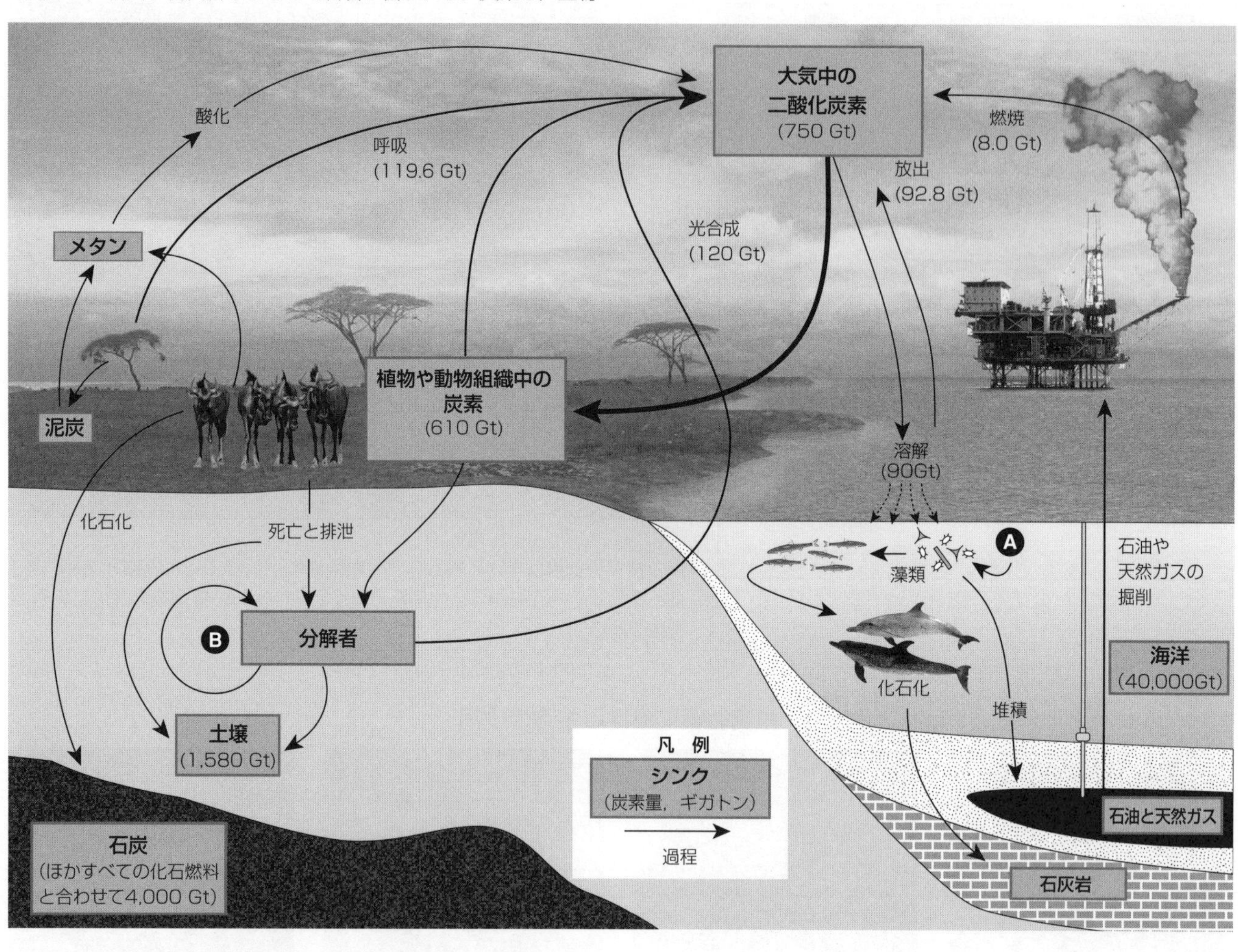

1. 上図に矢印と記号を加えて，以下の現象を示しなさい。

 (a) 酸性雨による石灰岩の溶解：__________ (c) 石炭の採掘と燃焼：__________

 (b) 海中の食物連鎖からの炭素の放出：__________ (d) 植物体の燃焼：__________

2. (a) 大気中に炭素が放出される過程を挙げなさい。

 (b) その際どのような形態で炭素が放出されるか答えなさい。

3. 上図で，炭素源として働く4つの地質学的貯蔵資源を挙げなさい。

 (a) (c)

 (b) (d)

4. (a) 点Aで，藻類によってなされる過程を答えなさい。

 (b) 点Bで，分解者によってなされる過程を答えなさい。

5. もし生態系にまったく分解者がいなければ，炭素循環に何が生じるか説明しなさい。

炭素は，樹木の材組織や石炭・石油といった化石燃料など，生物的あるいは非生物的な系の中に長期間にわたってとどめられる。化石燃料の掘削や燃焼などの人間活動は炭素循環のバランスを攪乱する。

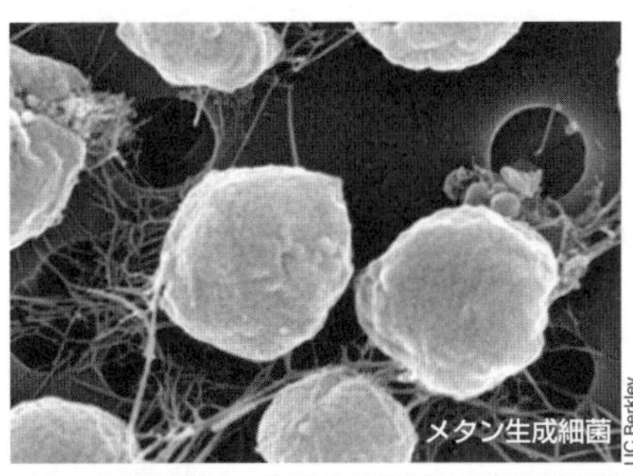

メタン生成細菌は，有機物が嫌気的な条件下で代謝される際に，メタンを生成する。メタンの中には大気中に拡散しCO_2とH_2Oに変換されるものと，地面に蓄積するものがある。

石炭は，浅い沼地に埋もれた陸上植物体の遺物がその後沈殿物のもとで圧縮され，堅くて黒い物質となったもの。

石油と天然ガスは，死んだ藻類や動物プランクトンが浅い海や湖の底に堆積して形成される。これらの遺物は，通気性のない堆積物の地層の下に埋没し，圧縮される。

石灰岩は堆積岩の一種であり，大部分が炭酸カルシウムでできている。軟体動物の殻や$CaCO_3$の骨格をもつ他の海産生物が化石となる際に形成される。

泥炭（部分的に腐敗した植物体）は，酸性もしくは嫌気的な条件下で植物体が完全には分解されなかったときに形成される。泥炭地は非常に有効な炭素吸収源となる。

6．次の堆積物の**生物学的起源**を述べなさい。

(a) 石炭：

(b) 石油：

(c) 石灰岩：

(d) 泥炭：

7．(a) 炭素循環におけるメタン生成細菌の役割を説明しなさい。

(b) メタン生成細菌とは異なるメタンの生物学的発生源を挙げなさい。

8．自然環境においては，泥炭，石炭，石油など炭素が蓄積してできた埋蔵物は，炭素の吸収源すなわち炭素循環から外れたものとなる。最終的にこれら吸収源の中の炭素は，堆積物が酸化作用のある地表へと現れることで地質学的過程を通して炭素循環に戻る。

(a) 吸収源に蓄積された炭素量に人間活動がどのような影響を与えているか述べなさい。

(b) この人間活動によってもたらされる**地球規模の影響**を2つ挙げなさい。

(c) どういったことをすれば，これらの影響を防止または緩和することができるか述べなさい。

窒素循環

重要概念：窒素は生態系において不足しがちな元素であり，その循環には窒素固定細菌などの働きや雷の放電が大きな役割を果たしている。

窒素は生物にとって必須の元素であり，タンパク質や核酸の重要な構成要素である。地球の大気の約80%は窒素ガス（N_2）である。しかし，窒素分子は化学的に非常に安定であるため，生物は直接的にはほとんど利用できず，生物システムの中で窒素は不足しがちである。細菌は，生物的環境と非生物的環境の間の窒素のやりとりに重要な役割を果たしている。細菌の中には，大気中の窒素を固定するものや，アンモニアから硝酸塩への変換を行うものがあり，植物および動物組織への窒素の取り込みを可能にするものが存在する。窒素固定細菌には，土壌中で遊離して生きているもの（**アゾトバクター属**）や，ある植物と**根粒**を形成し，共生して生きているもの（**リゾビウム属**）がある。雷の放電にも窒素ガスを酸化して硝酸塩に変える働きがあり，これにより硝酸塩は土壌中に流入する。**脱窒素細菌**はこれと逆の反応を行い，固定された窒素を大気中に戻す。人間は，窒素肥料をつくり，それを使用することで窒素循環に介入している。窒素肥料の一部は生物に由来する（野菜や堆肥など）。しかし，多くは無機物由来であり，エネルギーを大量に使用して工業的に製造される。窒素肥料の過剰な使用は水系の汚染を招く。特に土地の開墾がなされる場所では，土壌からの窒素の浸出と流出が増加し，水系の汚染が顕著になる。

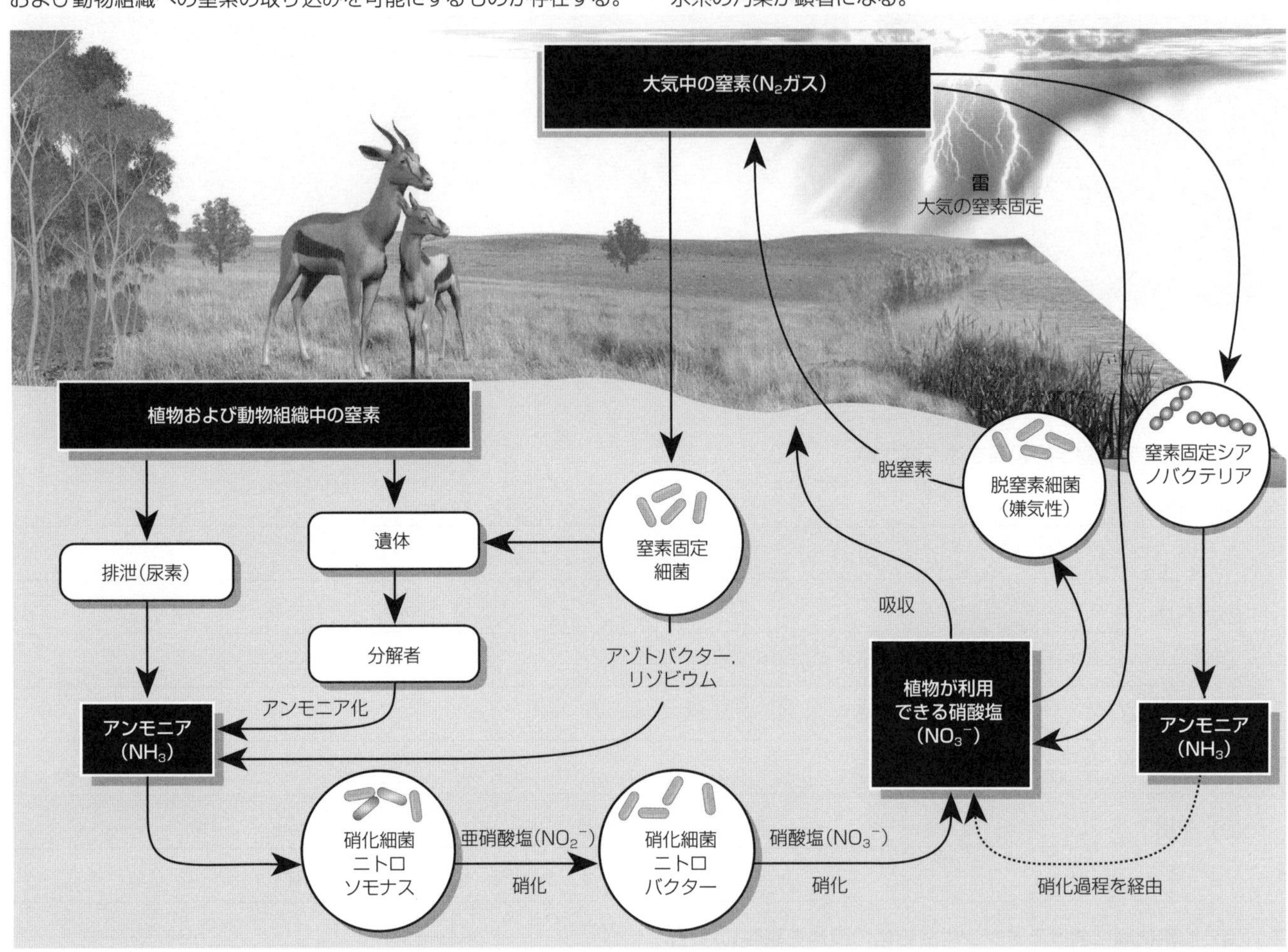

1．窒素循環において，細菌の活動が重要な役割を果たす過程の例を5つ挙げなさい。

(a) ______

(b) ______

(c) ______

(d) ______

(e) ______

2．大気中の窒素を固定する3つの過程を挙げなさい。

(a) ______ (b) ______ (c) ______

3．窒素の供給源となる主要な地質学的貯蔵物を挙げなさい。 ______

4．多くの植物にとって利用可能な窒素の形態を答えなさい。 ______

5．人間が窒素循環に介入する方法を1つ挙げなさい。 ______

リン循環

重要概念：リンは大気中には存在せず，水域および陸上生態系では生物的および非生物的要素を通じて循環する。

リンは，核酸およびATPの重要な構成要素である。炭素と異なり，リンは大気中には存在しない。リン循環は非常にゆっくりと進行し，また，局所的なものとなる傾向がある。浸出により土壌から少しずつ失われるリンは，一般に，山や岩石の風化により補われることでバランスが保たれている。水域および陸上生態系では，リンは食物網を通して循環する。細菌は，生物の遺体や排泄物の残骸を分解する。**リン酸化細菌**はそれをさらに分解し，リン酸塩を土壌に戻す。リンは流出，析出，沈降により生態系から失われる。沈降によってリンは循環から隔離されるが，長期的に見れば，地質の隆起などの過程を経て，再び生物が利用できるようになる。リンの一部は，**グアノ**として陸地に戻る。グアノとは，リンを豊富に含む糞（主に魚を餌とする鳥類の糞）であり，植物の肥料となる。ただし，グアノとして陸地に戻る量は，毎年自然および人間活動により海洋へ流出する量に比べればわずかである。水域への過剰なリンの流出は，**富栄養化**の主な原因となり，藻類や海草の過剰な成長を引き起こす。通常は，水域の生態系ではリンが成長の制限要因となっている。

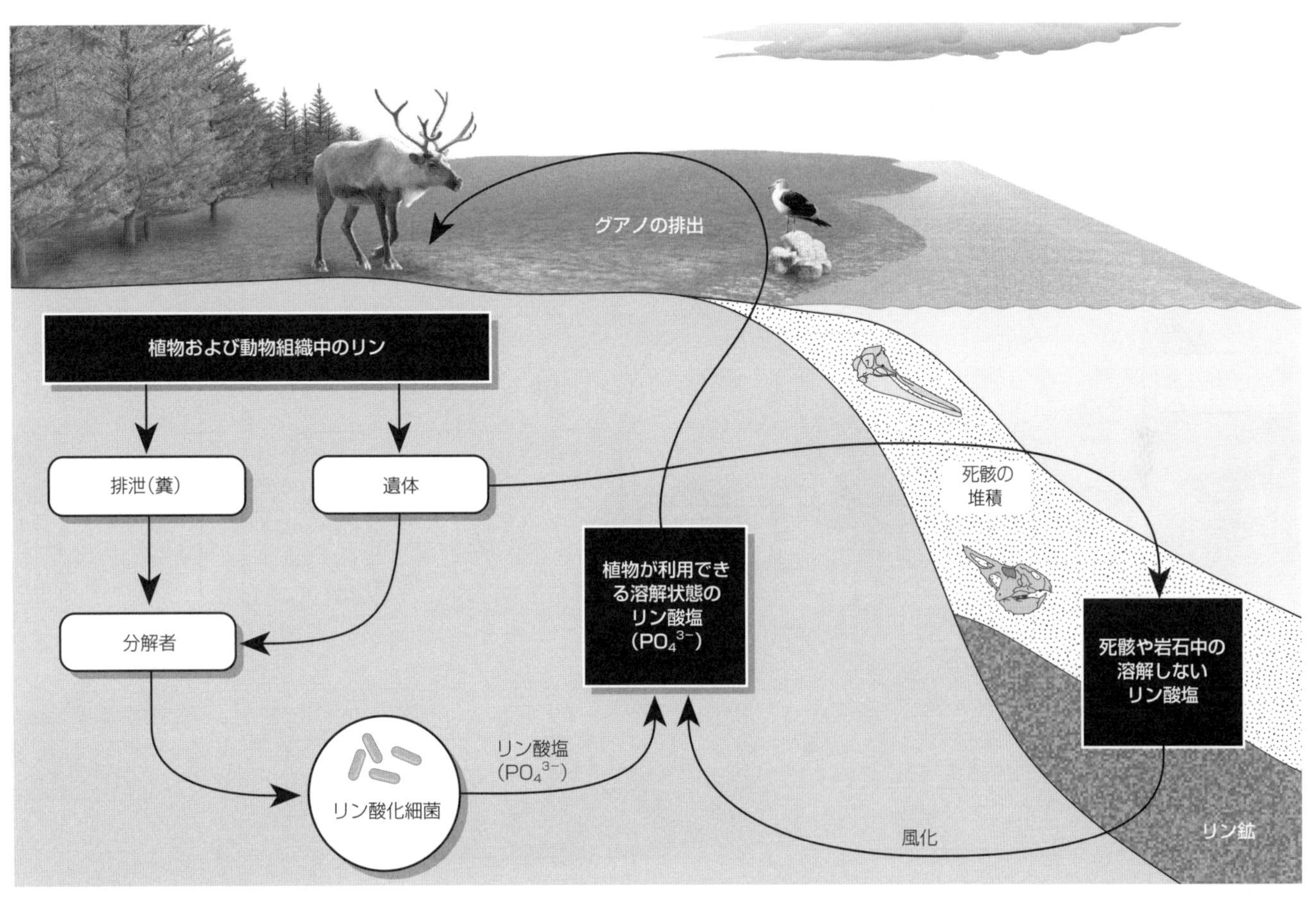

1．人間活動がリン循環のどこに介入するのかを示す矢印と説明を図中に書きなさい。

2．リン循環において重要な細菌の活動の例を2つ挙げなさい。

(a) ＿＿＿＿＿＿＿＿＿＿　(b) ＿＿＿＿＿＿＿＿＿＿

3．リンを構成要素とする生体分子を2種類挙げなさい。

(a) ＿＿＿＿＿＿＿＿＿＿　(b) ＿＿＿＿＿＿＿＿＿＿

4．地質学的貯留層を形成する3種類の無機リンの起源を述べなさい。

(a) ＿＿＿＿＿＿＿＿＿＿

(b) ＿＿＿＿＿＿＿＿＿＿

(c) ＿＿＿＿＿＿＿＿＿＿

5．リン鉱が植物に再び利用できるようになるために必要な過程を述べなさい。＿＿＿＿＿＿＿＿＿＿

6．リン循環と炭素循環の大きな違いを説明しなさい。＿＿＿＿＿＿＿＿＿＿

水循環

重要概念：地球規模での水循環の大部分は非生物的要素を通じたものである。生物的要素では植物による蒸散が多くを占めるが，人間活動も影響を及ぼしている。

水循環により，水は集積され，浄化され，地球上の限られた水供給源に分配される。この水循環のおもなプロセスを以下に示す。雨水は，内陸の水源に水を補給するだけでなく，土地の浸食を引き起こし，溶存した栄養分が生態系内および生態系間を運ばれる際のおもな媒体となる。地球規模で見れば，海からの蒸発（水から水蒸気への変換）の量は海上への降水量（雨や雪など）を上回る。これは，海からの水蒸気が陸上へと移動する（風で運ばれる）ためである。陸地では，降水量が蒸発量を上回る。降水量の一部は雪や氷の中に閉じ込められ，その期間はさまざまである。ほとんどの水は地表水および地下水となり，海へ流れ出る。こうして水循環の主要部分が完結する。生物，特に植物は，多かれ少なかれ水循環に関与している。海上では，水蒸気のほとんどは蒸発によるものだけであるが，陸上では，水蒸気の約90%は植物の蒸散によるものである。動物，特に人間は，水資源を利用することでこの水循環に介入している。

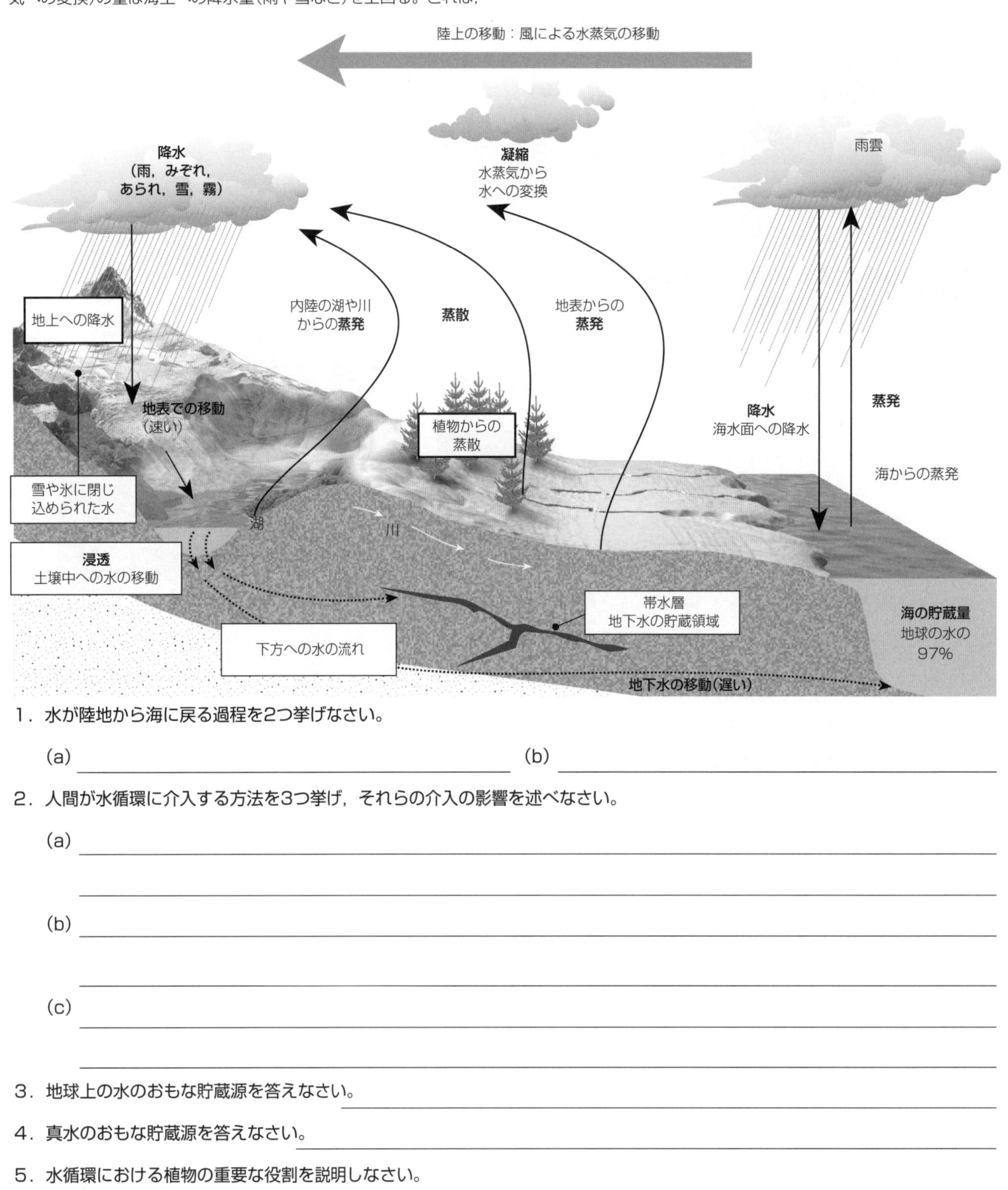

1．水が陸地から海に戻る過程を2つ挙げなさい。

(a) ______________________ (b) ______________________

2．人間が水循環に介入する方法を3つ挙げ，それらの介入の影響を述べなさい。

(a) ______________________

____

(b) ______________________

____

(c) ______________________

____

3．地球上の水のおもな貯蔵源を答えなさい。______________________

4．真水のおもな貯蔵源を答えなさい。______________________

5．水循環における植物の重要な役割を説明しなさい。______________________

____

第25章

個体群の成長曲線

重要概念：自然の個体群では個体数の増加にともなって増加率は低下し，個体数はある水準で頭打ちとなる。

新しい場所に初めて定着しつつある個体群は，**新規個体群**（左下図）と呼ばれる。低い死亡率と高い出生率を可能にする豊かな資源の存在下では，そのような個体群の個体数は，急速に，**指数関数的**に増加する。この指数関数的成長は，個体数の増加にともない急激に立ち上がるJ字型の成長曲線となる。もし新しい生息地の資源量に限りがなければ，個体群はその成長率を保ったまま，指数関数的増加を続けることになる。しかし，そのようなことは自然の個体群では起こらない。初期の成長は指数関数的であっても，個体群が成長するにつれ増加は緩やかになり，その環境によって維持できる水準（環境収容力，Kで表す）で頭打ちとなる。こうしたタイプの成長曲線はS字型となり，**ロジスティック成長曲線**（右下図）と呼ばれる。**定着した個体群**は，ある決まった範囲で，Kの近くを変動することが多い（右下図の灰色の領域）。環境収容力の安定した状態からほとんど変化しない種もいるが，一方で，大きく変動する種もいる。

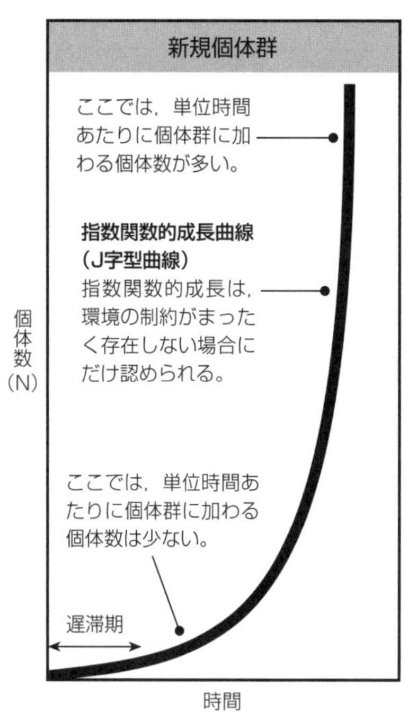

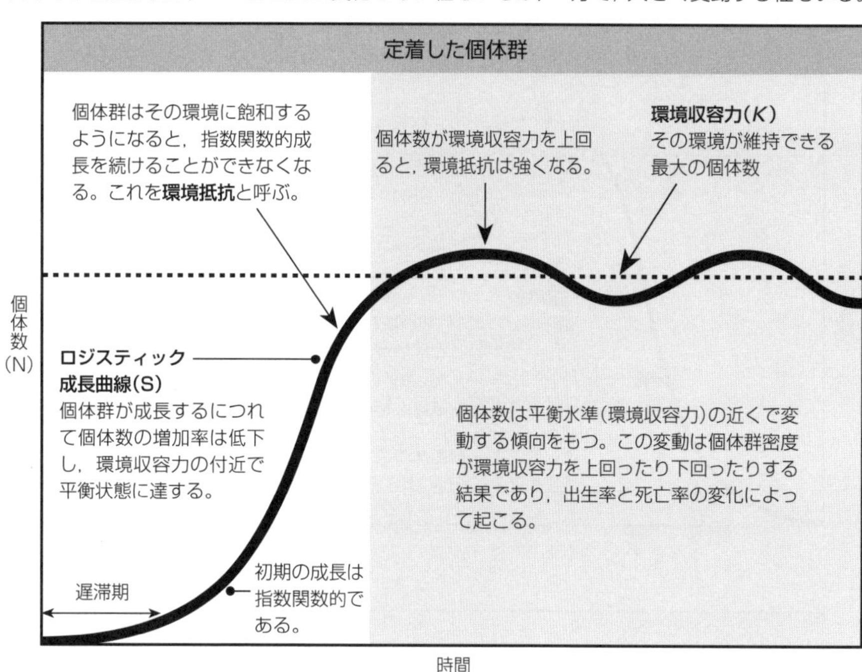

1．なぜ個体群はある環境の中で指数関数的な増加を続けることができないのか，説明しなさい。

2．環境抵抗とは何か述べなさい。

3．(a) 環境収容力とは何か述べなさい。

(b) 個体数の増加と維持における**環境収容力**の重要性を説明しなさい。

4．かつてウサギがオーストラリアに持ち込まれたときのように，新しい場所に分布を拡大する種では，急速な個体群成長を示す期間の後，密度依存的な要因の影響が高まり，環境収容力で規定される水準で個体群密度が安定するという典型的なパターンを示す。

(a) 新しく導入された消費者（たとえばウサギ）がはじめに指数関数的成長を示すのはなぜか説明しなさい。

(b) 最初の急激な成長が緩やかになった後，ウサギの個体群はどうなると考えられるか述べなさい。

5．ある環境に導入された植食性動物がその環境の環境収容力に与える影響を述べなさい。

r選択とK選択

重要概念：個体群のロジスティック成長パターンは，2つの係数で決まる。1つは，内的自然増加率（これは生物の潜在的な最大の繁殖力であり，*r* で表される）であり，もう1つは，環境収容力もしくは飽和密度（*K*で表される）である。

個々の生物種は，その生活環における *r* と*K*の相対的な重要性によって特徴づけられる。高い内的自然増加率をもつ種は ***r* 選択種**と呼ばれ，これには藻類，細菌，げっ歯類，多くの昆虫，ほとんどの一年生草本が含まれる。これらの種は，攪乱された環境で急速な個体群成長を示す生活史特性をもっている。*r* 選択種は常に新しい場所に侵入し続け，より競争力の強い種に取って代わられた分の埋め合わせをしながら生き残っていく。対照的に，多くの大型哺乳類，肉食性の鳥類，大型で寿命の長い植物などの***K* 選択種**は，環境収容力に近い個体数をもち，より効率的に環境資源を利用するための競争にさらされている。これらの種は比較的わずかの子を生み，長い寿命をもつ。また，子が繁殖齢に達するまで子育てにエネルギーを投資する。ほとんどの生物は，これら両極端なタイプの中間的な繁殖パターンをもつ。*r* 選択種（穀物），*K* 選択種（家畜）のどちらのタイプも農業に関連している。

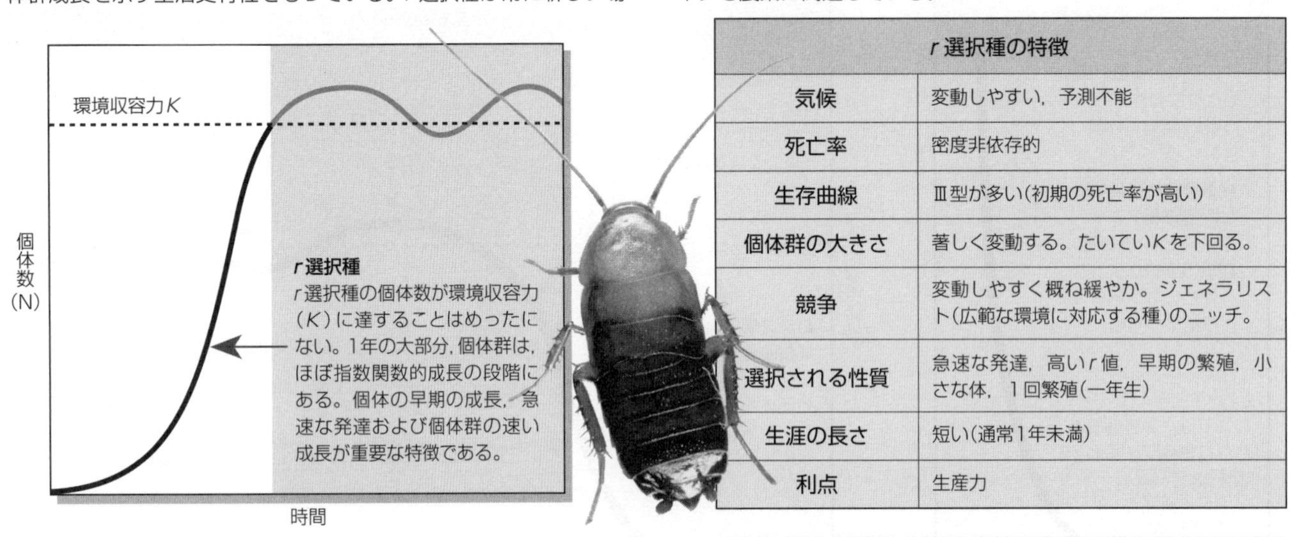

r 選択種の特徴	
気候	変動しやすい，予測不能
死亡率	密度非依存的
生存曲線	Ⅲ型が多い（初期の死亡率が高い）
個体群の大きさ	著しく変動する。たいてい*K*を下回る。
競争	変動しやすく概ね緩やか。ジェネラリスト（広範な環境に対応する種）のニッチ。
選択される性質	急速な発達，高い *r* 値，早期の繁殖，小さな体，1回繁殖（一年生）
生涯の長さ	短い（通常1年未満）
利点	生産力

K 選択種の特徴	
気候	ほぼ一定，予測可能
死亡率	密度依存的
生存曲線	Ⅰ型もしくはⅡ型（老齢期の死亡率が高いか，死亡率一定）
個体群の大きさ	時間に関してほぼ一定，環境に関してほぼ平衡。
競争	厳しい。スペシャリスト（特定の環境に適応した種）のニッチ。
選択される性質	遅い発達，大きな体，高い競争能力，遅い繁殖，繰り返される繁殖
生涯の長さ	長い（1年より長い）
利点	効率

1．***r* 選択，*K* 選択**における *r*，*K*の意味を説明しなさい。______

2．*r* 選択種が，**日和見主義者**（オポチュニスト，その時々に利用できる資源を利用する）である傾向が強いのはなぜか，例を挙げて説明しなさい。______

3．*K* 選択種が**競合種**と呼ばれるのはなぜか説明しなさい。______

4．多くの*K* 選択種が絶滅しやすいのはなぜか説明しなさい。______

個体群の齢構造

重要概念：個体群の齢構造とは，個体群における齢クラスごとの個体数の相対的な比率をさす。

個体群の**齢クラス**は，年や月といった特定の時間単位で区分される。または，**生育段階**(卵，幼虫，サナギ，成虫など)や**サイズクラス**(植物の樹高や直径など)のような，別の指標で分けられることもある。個体群の成長は，**齢構造**に強く影響を受ける。繁殖期や繁殖期前の個体の比率が高い個体群では，老齢の個体が優占する個体群よりも，個体群成長の潜在能力は高い。多くの哺乳類や鳥類の比較的安定した個体群では，若い個体と成熟した個体の比率は，およそ2：1である(左下の図)。一般に，成長している個体群の特徴は，若い個体の数が多く増え続けていることである。一方，一般に，衰退している個体群では，若い個体の数が減り続けている。個体群の齢構造は，通常，もっとも若い齢(サイズ)クラスを一番下にして，各齢(サイズ)クラスの個体の比率を順に配置したピラミッド型で表される。ある齢クラスから次の齢クラスに移行する個体の数は，個体群の齢構造に年々影響を与える。たとえば過剰な狩猟などによる，ある齢クラスの消失は，個体群の存続に重大な影響を与え，ときには個体群の崩壊を導くことすらある。

動物個体群の齢構造

齢ピラミッドの考え方は，特に哺乳類や鳥類によく当てはまる。これらの生物が成長している個体群では，若い個体の比率が高いという特徴がある。下記の架空の例では，若い個体を白色のバー，成熟した個体を灰色のバーで図示している。生産力の低い，年数を経た個体群は，主として老齢の個体によって占められている。

4 / 8 / 12 / 76

若い個体：成熟個体＝76：24，急速に成長している個体群

キタオポッサム：成長している個体群

4 / 8 / 24 / 64

64：36，通常の個体群

オジロジカ：通常の個体群

4 / 8 / 12 / 24 / 48

48：48，低い生産力(老齢)

サーバル：局所的に危険な個体群

4 / 6 / 12 / 14 / 16 / 20 / 24

24：72，極端に低い生産力

フクロウオウム：絶滅の危機にある個体群

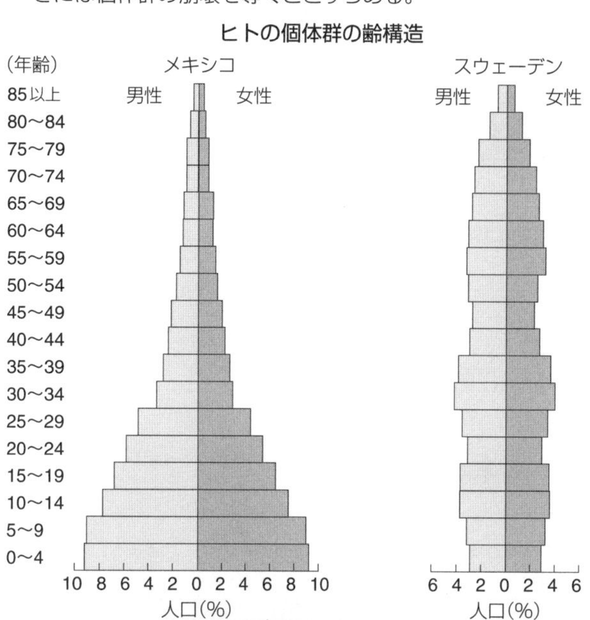

近年，人口増加のほとんどは，アフリカ，アジア，中央アメリカ，南アメリカの途上国で起きている。このことはそれらの国の齢構造に反映されており，人口の大半を15歳以下の若年層が占めている(左上の齢構造図)。たとえ出生する子どもの数を減らしたとしても，長年にわたり人口の増加は続くだろう。比較のため，スウェーデンの人口に見られる安定した齢構造を示す(右上の図)。

1．左上の架空の齢ピラミッドについて：

(a) 急速に成長している個体群での成熟個体数に対する若い個体数のおよその比率を答えなさい。

(b) 個体群の齢構造の変化だけでは，必ずしも個体群の動向を知るよき指標にはならないのはなぜか述べなさい。

2．出生率が低下したとしても，メキシコの人口が急速な増加を続けると考えられるのはなぜか説明しなさい。

個体群の齢構造の解析は，その個体群の管理に役立つ。なぜなら，個体群の齢構造を解析することで，もっとも高い死亡率を示すのはどの齢クラスか，繁殖個体の後継が育っているかどうかが示されるからである。さまざまな植物および動物個体群の齢構造が調べられており，そのために個体サイズの分析がよく用いられている。多くの場合，個体サイズと齢には密接な関連があり，個体サイズから齢を予測することができる。

魚の管理捕獲

下のグラフは，漁獲の程度の異なる個体群の齢構造の架空例である。個体群の齢構造は，捕獲された魚の解析によってそれぞれのサイズ(齢)クラスの魚の頻度を調べることで明らかにされる。

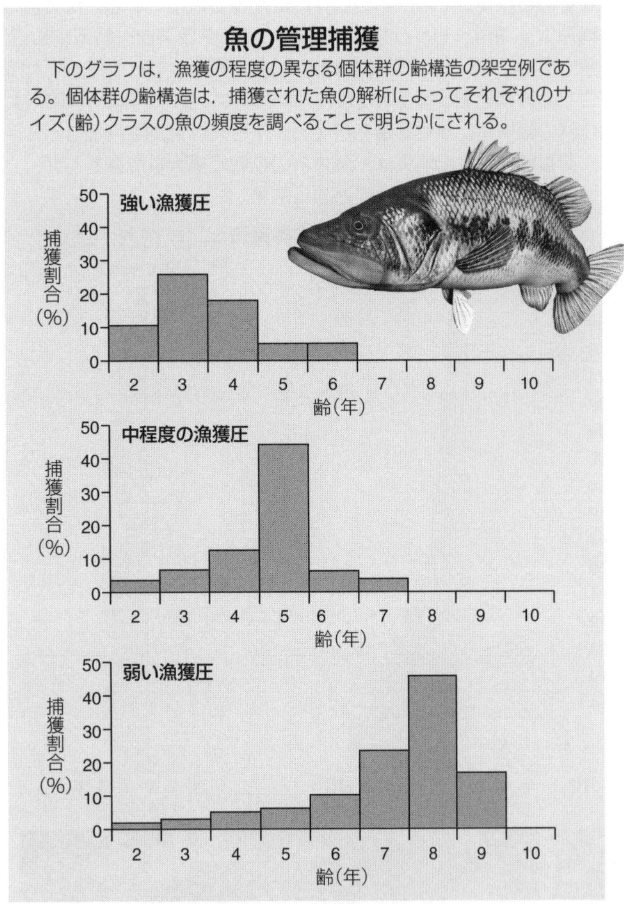

ロードハウ島のヒロハケンチャヤシ個体群

ロードハウ島は，オーストラリア・シドニーの北東約770kmに位置する狭く細長い島である。ヒロハケンチャヤシの個体群の齢構造が，島の3つの場所，ゴルフコース，ファーフラッツ，グレイフェイスで調べられた。齢の指標には樹高(幹の高さ)が用いられた。3つの場所の間の齢構造の違いは，主に放牧による食害の程度によるものである。

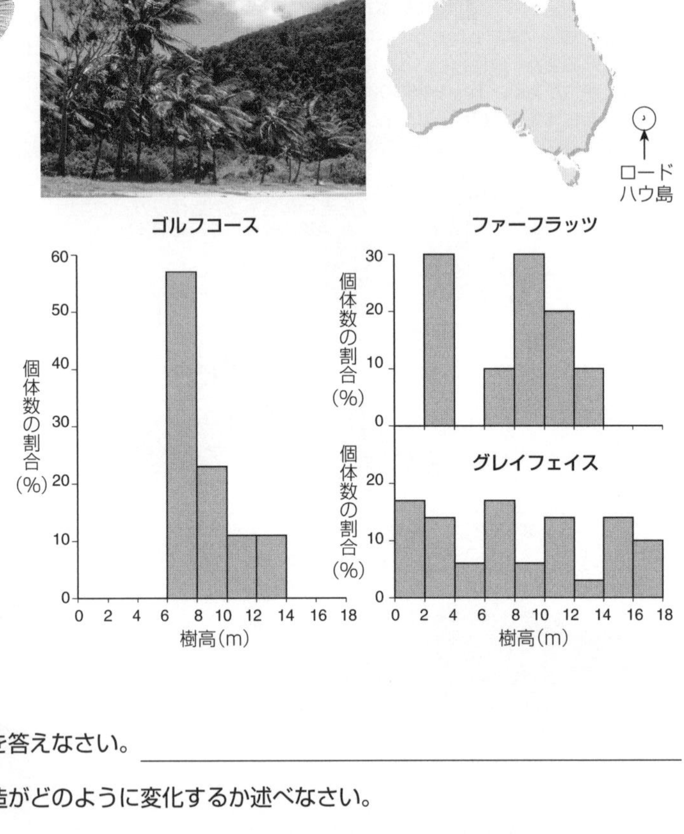

3．左上の図の魚の個体群について：

(a) この魚の個体群の齢構造を変化させる一般的な要因を答えなさい。

(b) 漁獲の程度が弱い水準から強くなった場合に，齢構造がどのように変化するか述べなさい。

4．漁獲の程度の異なる上図の個体群のそれぞれについて，もっとも個体数の多い齢クラスを答えなさい。

(a) 強い： (b) 中程度： (c) 弱い：

5．ロードハウ島で選ばれた3つの調査地（右上の図）のうち，どれが次の個体群の齢構造をもっともよく表しているか述べなさい。

(a) 放牧による食害の影響を受けない個体群：

理由：

(b) 放牧により強い食害を受けた個体群：

理由：

6．ゴルフコースの個体群が長期的にどう変化すると考えられるか述べなさい。

7．齢を推定するためにサイズを用いることに潜む問題を述べなさい。

8．齢構造の知見が資源の管理に重要なのはなぜか説明しなさい。

種間相互作用

重要概念：どのような生物も，単独では生きていけない。すべての生物は，他の生物や，環境の非生物的要素と相互作用でつながっている。

種間相互作用には，捕食－被食や競争など生物どうしの一時的な接触もあれば，緊密なつながり，すなわち**共生**もある。共生とは，生物どうしの緊密な相互作用をさす用語である。共生には3つのタイプがある。**寄生**，**片利共生**および**相利共生**である。種間相互作用は個体群密度に影響を及ぼし，群集の構造と組成を決める重要な要素である。相互作用の中には，**アレロパシー**（他感作用：ある植物が発する化学物質が他の植物の成長を抑制するなどの作用）のように，他の生物がその場所に存在できるかどうかを左右するものもある。

種間相互作用の例

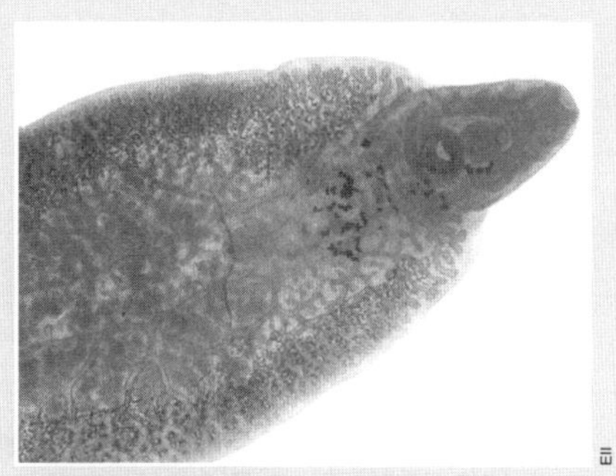
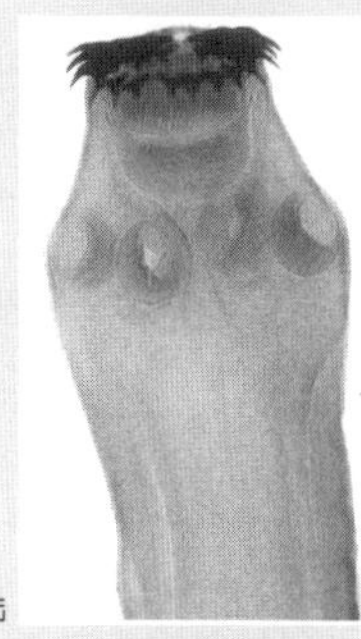
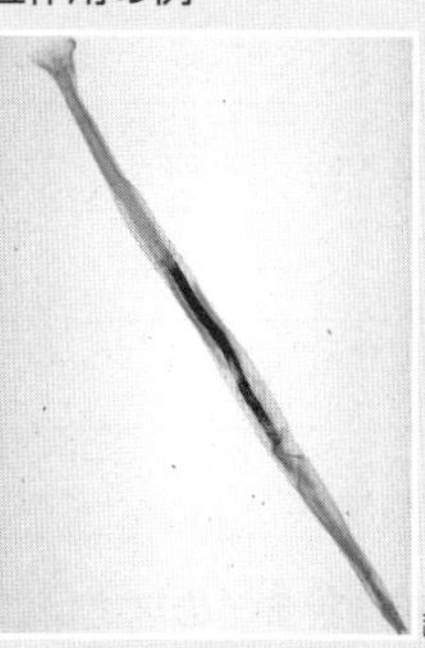

寄生とは，植物でも動物でもよく見られる搾取の関係である。寄生者は，自らの利益（たとえば，食料，隠れ場，保温）のために，宿主の資源を奪い取る。宿主は損害を被るが，通常は死ぬことはない。肝吸虫（左図），サナダムシ（中央），線虫（右図）のような**内部寄生者**は，カギ型の器官や吸盤で宿主の組織に取りつき，宿主の体内で生活できるよう特殊化している。

マダニ（上図），ダニ，ノミのような**外部寄生者**は，宿主の体表面に取りつき，体液を吸い，炎症を起こし，微生物による病気の運び屋となる。

相利共生は，互いに利益を得る2種の緊密な関係である。**地衣類**（上図）は，菌類と藻類（あるいは，シアノバクテリア）の相利共生によってできたものである。

シロアリは，消化器官の中で，セルロース分解細菌と相利共生的な関係をもっている。同様の相利共生は，反芻動物とその消化器官内の細菌や繊毛虫などの細菌叢の間に認められる。

大型のハタとコバンザメ。**片利共生**とは，片方が利益を得て，もう一方は利益を得ることも損害を被ることもないという2種の関係である。

エビ目の甲殻類の多くの種は，イソギンチャクに対して片利共生をしている。この図のエビは，イソギンチャクの触手で捕食者から身を守っている。

同じ食物資源を巡る**競争**という相互作用においては，もっとも大きく，もっとも攻撃的な種が優勢である。この図では，動物の死骸を巡って，ハイエナとハゲワシ，アフリカハゲコウが争っている。

捕食は，ある種が他の種を殺して食べるという，もっともよく見られる関係である（上図）。植食も捕食と同様の資源搾取形態であるが，通常，植物は植食動物によって殺されることはない。

1．次のそれぞれの種間関係について，その相互作用におけるそれぞれの生物の役割や，その関係の特徴を説明しなさい。

(a) 反芻動物とその消化器官内の細菌叢との間の**相利共生**：＿＿＿＿＿＿＿＿＿＿＿＿＿＿＿＿＿＿＿＿

＿＿

＿＿

＿＿

＿＿

(b) ハタとコバンザメとの間の片利共生：

(c) 寄生虫，サナダムシとその宿主のヒトとの関係：

(d) 寄生虫，ネコノミとその宿主との関係：

2．下の表の空欄を埋めて，種間相互作用の知見をまとめなさい。種Bの欄には，＋，－，または0の記号を記入し，その隣の欄にそれぞれの相互作用の簡潔な説明を記入しなさい。＋はその種が利益を得ること，－は損失を被ること，0はその種にとって何の影響もないことを表す。※微生物が生産する抗生物質の作用

相互作用	種		関係の説明
	A	B	
(a) 相利共生	+		
(b) 片利共生	+		
(c) 寄生	−		
(d) 片害作用	0		
(e) 捕食	−		
(f) 競争	−		
(g) 食害	+		
(h) 抗生作用(※)	+ / 0		

3．下記のそれぞれの種間相互作用について，その相互作用を表す適切な用語を答え，関係するそれぞれの種に，＋，－，または0の記号をつけなさい。上で完成させた表を参考にしなさい。

説明	用語	種A	種B
(a) 小さな掃除屋の魚がハタなどの大型魚の歯から腐敗した食物を取り除く。	相利共生	掃除屋の魚　＋	ハタ　＋
(b) 白癬(はくせん)菌が幼い子どもの皮膚で生育する。		白癬菌	子ども
(c) 人間活動からの排水に含まれる有害物質が川の下流で魚を殺す。		ヒト	魚
(d) ヒトが食べるために植えたキャベツがナメクジに食べられる。		ヒト	ナメクジ
(e) エビはイソギンチャクから食物の残りと捕食者に対する防御を得る。イソギンチャクは何の影響も受けていないように見える。		エビ	イソギンチャク
(f) 鳥はアンテロープの群れについて移動し，這い出した昆虫を食物とする。アンテロープは，鳥の行動によって危険を察知する。		鳥	アンテロープ

捕食者と被食者の戦略

重要概念：捕食－被食はもっとも顕著な種間相互作用の１つであり，ほとんどの場合，捕食者と被食者は異なる種である。

捕食者は**被食者**を探索し，発見し，倒すことに著しく適応している。被食者は身を隠すなど受身の防御や，逃げる，捕食者に立ち向かって身を守るといった積極的な防衛をすることで，食べられることを回避する。

捕食回避戦略

ベイツ型擬態
有害な動物の形に擬態することで，捕食を回避する。これをベイツ型擬態（標識的擬態）と呼ぶ。

毒
毒をもつ動物は鮮明な色や派手な模様を用いて，自分たちが捕食者の好みに合わないということを宣伝することが多い。

視覚的な欺き
大きな偽りの目などの模様によって捕食者を欺くことができ，被食者は逃げることができる。

化学的防衛
動物の中には，いやなにおいをもつ化学物質をつくるものがいる。スカンクは攻撃者に対し，不快なにおいのする体液を噴出する。

攻撃的な武器
捕食者による攻撃を被食者が積極的に防ぐ場合，攻撃的な武器は有効である。

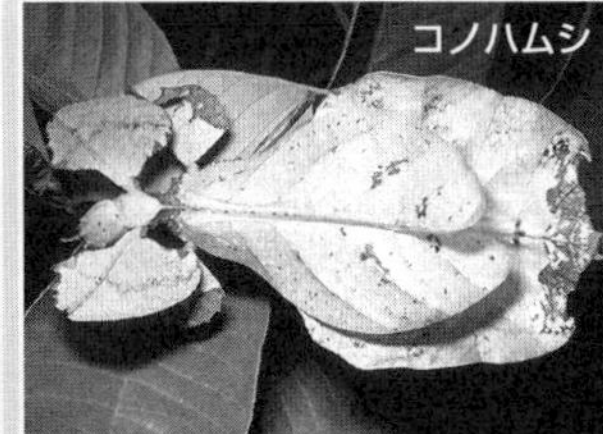

隠ぺい的擬態（カモフラージュ）
上図の昆虫のように，隠ぺい的な形態と色により背景にとけ込む動物もいる。

被食者をとらえる戦略

攻撃的擬態
隠ぺい的な形態や色で周囲にとけ込み，被食者が手の届く範囲内に入ると攻撃する動物がいる。

ろ過摂食
多くの海産動物（例：フジツボ類，ヒゲクジラ，イトマキエイ類）は，海水をろ過して小さなプランクトンを捕獲する。

道具の使用
動物の中には，道具を使う知能をもつものがいる。チンパンジーは，塚からシロアリを取り出すために，注意深く小枝を使用する。

隠密行動
毒ヘビの夜間の狩猟能力は，赤外線探知能力に大きく支えられている。

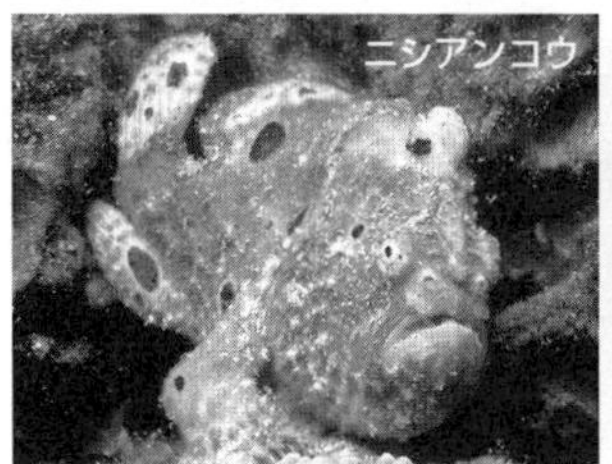

おとり（疑似餌）
ニシアンコウ，ヒカリキノコバエの幼虫，そしてある種のクモは，おとりを用いて，捕獲できる範囲まで被食者をおびき寄せる。

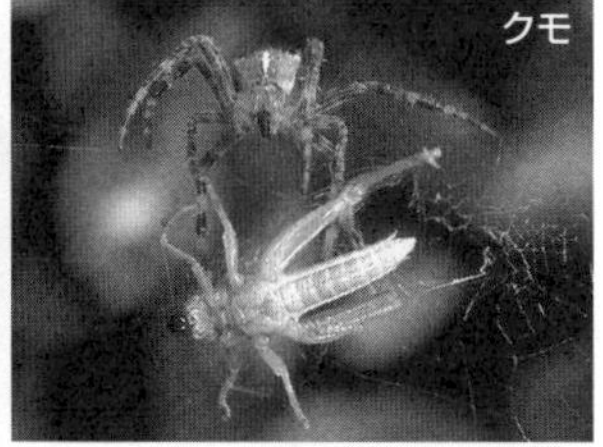

トラップ
クモは，被食者をとらえるための独特の方法を発達させている。強くて粘り気のある絹糸状のトラップで，飛んでいる昆虫を捕獲する。

1．被食者の積極的な防衛行動とはどのようなものか説明しなさい。

2．捕食者を1種挙げ，その捕食者が餌の捕獲を容易にするためにとる行動を説明しなさい。

3．毒をもつ動物は，捕食者に目立つように鮮明な色をしていることが多い。それはなぜか説明しなさい。

4．ある種のチョウや魚が体表に大きな偽りの目をもつ理由を説明しなさい。

5．ベイツ型擬態はどのように擬態者に利益をもたらすのか述べなさい。

6．捕食者に見つかりにくくする被食者の典型的な行動を述べなさい。

捕食者と被食者の相互作用

重要概念：多くの捕食者－被食者系では，捕食者の個体数は被食者の個体数に依存して変動する。

特に季節的変化の大きい環境に生息する哺乳類の中には，**個体数の変動**に規則的な周期をもつものがいる。カナダのカンジキウサギは，9年から11年の間隔でそのような周期的な個体群の変動を示す。また，その地域に生息するオオヤマネコの個体群も同様の周期をもつ。オオヤマネコがカンジキウサギの個体数を制御しているとするこれまでの考えに対して，今日では，カンジキウサギ個体数の変動は，おそらくは食料となる草本の利用可能性という他の要因に支配されていることが知られている。さらに，オオヤマネコ個体数の変動は，その重要な餌であるカンジキウサギの個体数の変動によってもたらされているように見える。この現象は，多くの脊椎動物の**捕食者－被食者**系に認められる。つまり，捕食者が被食者の数を制御しているのではなく，被食者の数は食物や気候といった他の要因によって規定されているのである。捕食者の多くは，1種以上の被食者をもつが，よく好まれるのは1種である。特徴的なことに，ある被食者の個体数が不足すると，捕食者はたくさんいる別の被食者へと食物を転換する。ある1種の被食者が大事な食物源で，被食者の転換の機会が限られている場合，被食者の個体群の変動は，捕食者の変動の周期を強く支配すると考えられる。

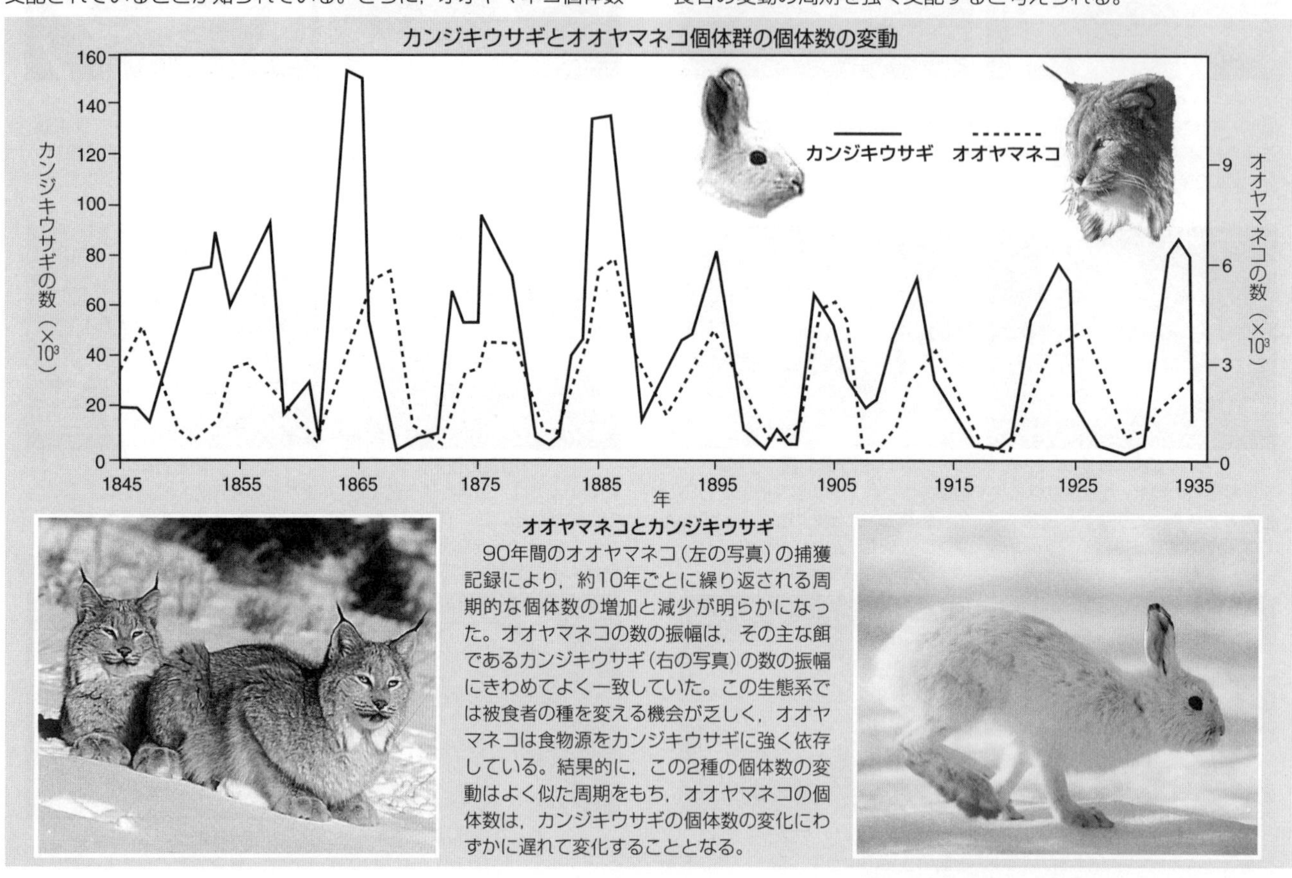

オオヤマネコとカンジキウサギ

90年間のオオヤマネコ（左の写真）の捕獲記録により，約10年ごとに繰り返される周期的な個体数の増加と減少が明らかになった。オオヤマネコの数の振幅は，その主な餌であるカンジキウサギ（右の写真）の数の振幅にきわめてよく一致していた。この生態系では被食者の種を変える機会が乏しく，オオヤマネコは食物源をカンジキウサギに強く依存している。結果的に，この2種の個体数の変動はよく似た周期をもち，オオヤマネコの個体数は，カンジキウサギの個体数の変化にわずかに遅れて変化することとなる。

1．(a) 上のグラフから，カンジキウサギとオオヤマネコの個体数のピークが表れる時間のずれを求めなさい。

(b) カンジキウサギの個体数の増加とオオヤマネコの個体数の増加に，このような時間のずれがあるのはなぜか説明しなさい。

2．オオヤマネコの個体数は，なぜカンジキウサギ個体数の変動に依存して変動しているのか説明しなさい。

3．(a) 食べることのできる餌の利用可能性が，どのようにカンジキウサギの個体数を制御しているのかを，出生率と死亡率の観点から説明しなさい。

(b) 食べることのできる餌の減少は，カンジキウサギが捕食圧に耐える能力にどのように影響を与えるのか説明しなさい。

ニッチ分化

重要概念：よく似た生態学的要求をもちながら共存している種は，ニッチをずらすことで競争を緩和している。

競争の程度は，同種の個体間でもっとも強い。なぜなら，生息地や資源要求が同種個体間では同一だからである。自然界の個体群では，共存する種は進化を通して実現ニッチ（他種との相互作用のもとで占められるニッチ）をわずかにずらしているため，**種間競争**（異なる種間の競争）は種内競争よりも弱いのが普通である。実際に野外で共存する種のニッチを調べると，ニッチが大きく重複することはめったにない。よく似た生態学的要求をもつ種は，それぞれが生態系の中で**微生息場所**（**マイクロハビタット**）を利用することで競争の程度を低下させると考えられる。下図のユーカリ林では，異なる種の鳥類が，マイクロハビタットとして樹木の幹，落葉落枝，樹冠のさまざまな階層，そして空間を利用する。また，同じ資源を利用する場合は，別の日や別の年など，利用する時間を変えることでも競争は緩和され得る。

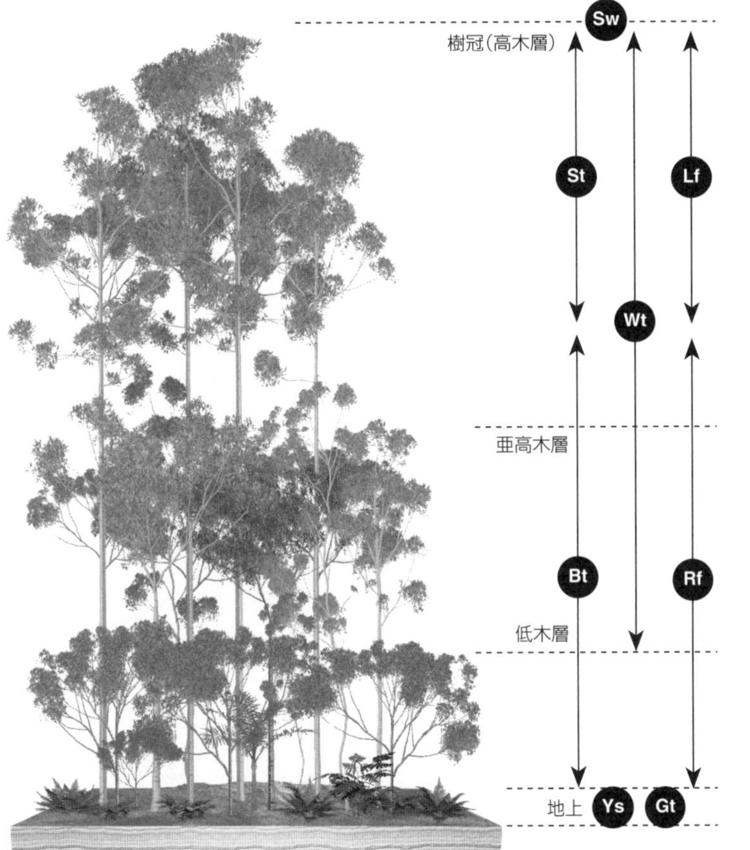

ユーカリ林における競争の緩和

左の図は，オーストラリア東部のユーカリ林での鳥の採餌場所の高さを示したものである。森林の構造によってさまざまな食物資源が生み出される。この森林の階層構造が，鳥をさまざまな高さでの採餌に特化させている。地上で生活をするシロマユムシクイやジツグミは頑丈な脚をもつが，ノドジロキノボリは長いつま先と大きく曲がったかぎづめをもつ。また，ハリオアマツバメはきわめて素早く飛び，飛行中に昆虫を捕獲する能力が高い。

鳥類の種

Ys	シロマユムシクイ	Lf	ナマリイロヒラハシ
Bt	チャイロトゲハシムシクイ	Gt	ジツグミ
Sw	ハリオアマツバメ	Rf	オウギビタキ
St	ムナフトゲハシムシクイ	Wt	ノドジロキノボリ

Recher, Lunney & Dunn (1986): A Natural Legacy. Ecology in Australia. Maxwell Macmillan Publishing Australiaより改変

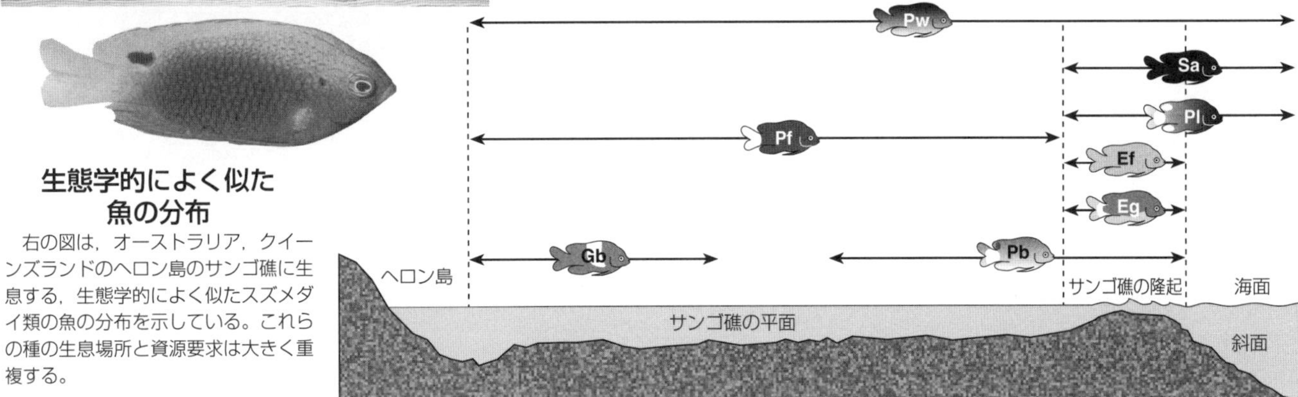

生態学的によく似た魚の分布

右の図は，オーストラリア，クイーンズランドのヘロン島のサンゴ礁に生息する，生態学的によく似たスズメダイ類の魚の分布を示している。これらの種の生息場所と資源要求は大きく重複する。

1．種がそれらの生息場所で，同じ資源を巡る競争を直接的に避ける2つの方法を述べなさい。

(a) ______

(b) ______

2．**種内競争**の程度が**種間競争**に比べて強いのはなぜか説明しなさい。______

3．ヘロン島のサンゴ礁のスズメダイ類（上図）は，どのようにして競争を緩和させていると考えられるか述べなさい。

______

種間競争

重要概念：自然に成立している群集では，異なる種間の直接的な競争(種間競争)の程度は，種内競争よりも強くないのが普通である。

共存している種は，たとえ基本ニッチが重複する場合であっても，進化により実現ニッチにわずかな差異をもっている。この現象を**ニッチ分化**と呼ぶ。しかし，外来種の移入などによって，非常によく似たニッチ要求をもつ2種が**種間競争**関係にさらされた場合，通常，一方が他方を犠牲にすることで利益を得る。同一のニッチをもつ2種は共存できないという原理は，**競争排除則**と呼ばれる。イギリスでは，比較的大きくて攻撃的なハイイロリスが1876年に移入したことで，在来種であるヨーロッパアカリスの生息域の縮小をもたらした(下図)。また，同じような現象が，スコットランドの海岸に生息するフジツボ類で詳しく記録されている(次ページ参照)。複数の要因が関係するものの，生態学的に攻撃的な種の移入は，在来種の減少や絶滅をもたらすことが多いと考えられている。競争者である移入種が在来種より適応的で耐性が高い場合，移入種による在来種の駆逐が生じやすい。ある種における個体数の減少を，競争による直接的な結果として証明するのは難しい。しかし，在来種の生息域が減少し，移入した競争種の生息域がそれに対応して増加している場合には，競争の結果と判断されることが多い。

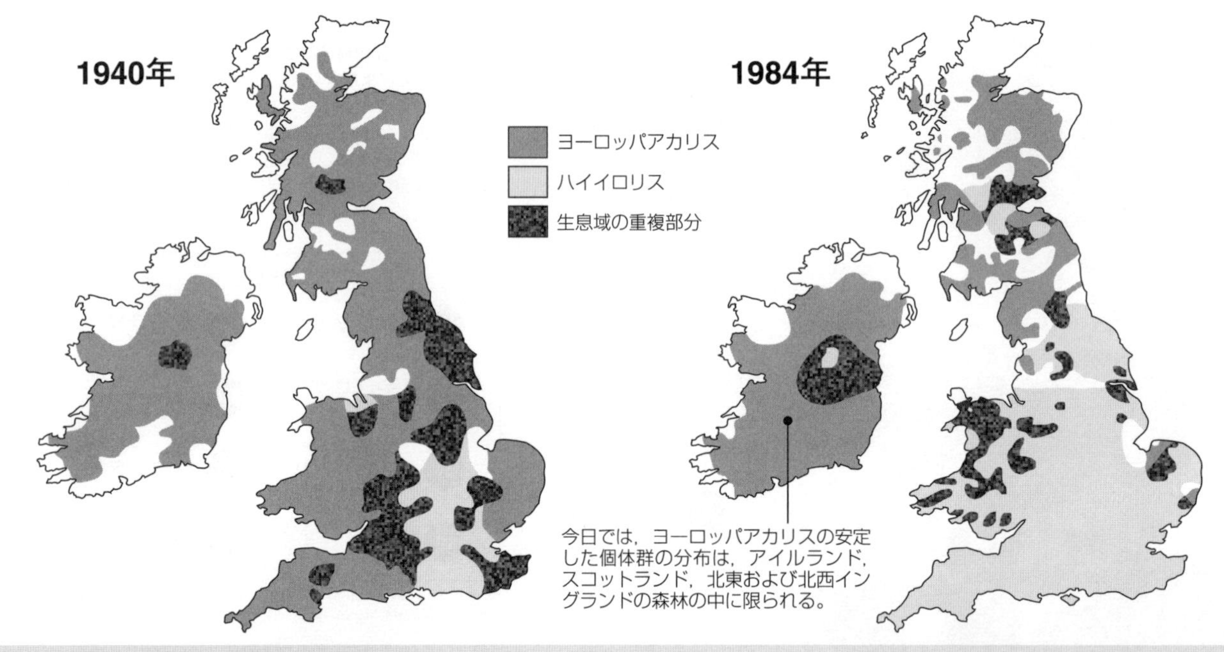

ヨーロッパアカリスは，1876年に**ハイイロリス**(北アメリカ原産)が移入されるまで，イギリスにおける唯一のリスであった。1940年の分布調査(左上の図)以来44年の間に，イギリス諸島の大部分，特に南部で，より適応的なハイイロリス個体群の分布が在来種のヨーロッパアカリスの分布にとって代わった(右上の図)。ヨーロッパアカリスはかつて針葉樹林と広葉樹林の両方を占有していたが，現在では，その分布はほとんど針葉樹林だけに限られていて，これまでの分布域の大半から完全に姿を消してしまった。

1．イギリスにおけるヨーロッパアカリスとハイイロリスの分布が，競争排除則を説明する例と考えられる根拠を説明しなさい。

2．ハイイロリスとの競争は，イギリスのヨーロッパアカリスの個体数減少をもたらした要因の１つに過ぎないと考えている生物学者たちもいる。1984年の分布図から，この見方を支持する根拠を説明しなさい。

フジツボ類に見られる競争排除

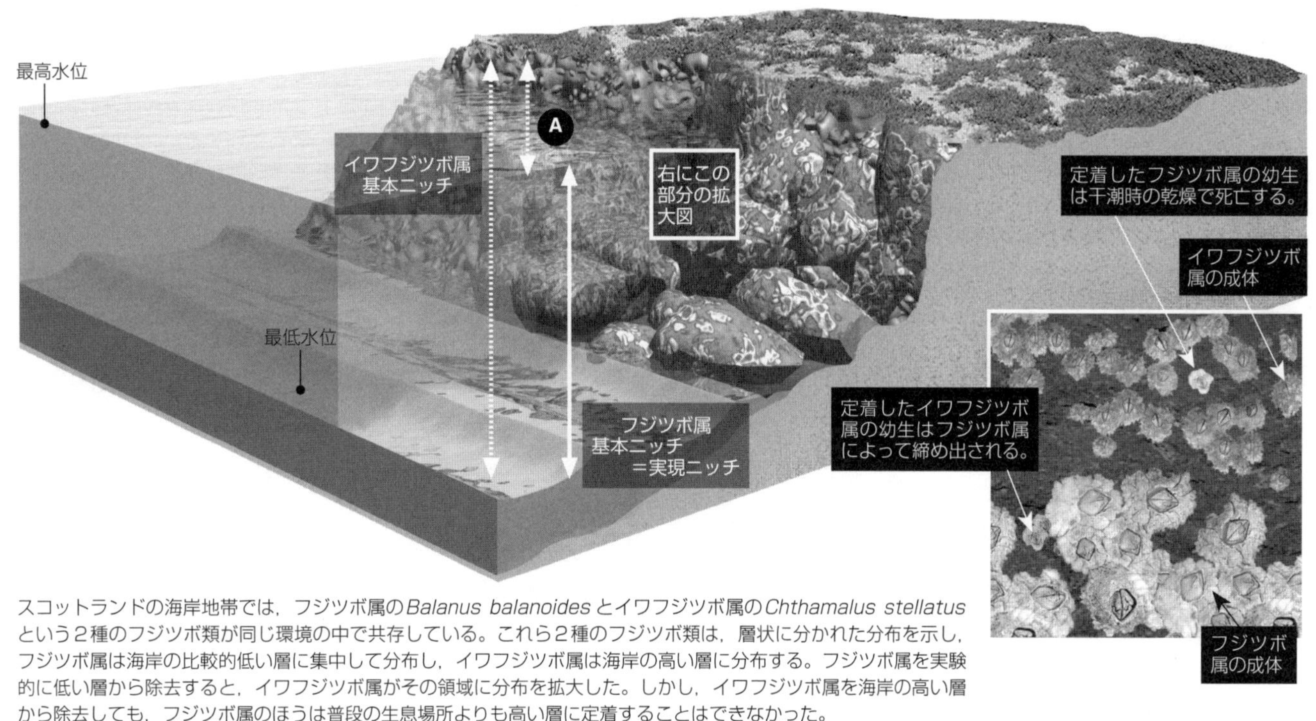

スコットランドの海岸地帯では，フジツボ属の*Balanus balanoides*とイワフジツボ属の*Chthamalus stellatus*という２種のフジツボ類が同じ環境の中で共存している。これら２種のフジツボ類は，層状に分かれた分布を示し，フジツボ属は海岸の比較的低い層に集中して分布し，イワフジツボ属は海岸の高い層に分布する。フジツボ属を実験的に低い層から除去すると，イワフジツボ属がその領域に分布を拡大した。しかし，イワフジツボ属を海岸の高い層から除去しても，フジツボ属のほうは普段の生息場所よりも高い層に定着することはできなかった。

3．ヨーロッパアカリスとハイイロリスの共存能力は，生息地の種類と食物資源の多様性に依存していると考えられる(ヨーロッパアカリスは針葉樹林の地域でより生存しやすいと思われる)。イギリスのヨーロッパアカリス個体群の長期的な存続のためには，注意深く生息地を管理することがもっとも望ましいと考えられるのはなぜか述べなさい。

4．ヨーロッパアカリス個体群の存続を助ける可能性のある他の保全方法を述べなさい。

5．(a) 上図のフジツボ類の例において，矢印Ａで示す層は何を表しているのか述べなさい。

(b) フジツボ類の分布が競争排除の結果であることの根拠を述べなさい。

6．移入種の名前を１つ挙げ，その種が侵入し競争者として成功するうえで有利となる生物学的特徴を2つ述べなさい。

種名：

(a)

(b)

種内競争

重要概念：一般に，もっとも強い競争は同種の個体間で生じる（種内競争）。

多くの個体群は急速に成長する能力をもつが，環境資源には限りがあるため，個体数がいつまでも増加し続けることはできない。生態系はそれぞれ，**環境収容力**をもつ。これは，その環境が維持することのできる個体数の上限と定義される。資源を巡る**種内競争**は，個体数が増加するにつれて強くなる。また，個体数が増加するにつれて個体あたりの増加率は減少し，個体数が環境収容力に達するとゼロになる。特定の資源（例：食物，水，営巣地，栄養分，光など）に対する需要が供給を上回る場合，その資源が**制限要因**となる。資源の制約を受けた個体群は，出生率の低下や死亡率の上昇を通して，その増加率を減少させる。資源制約に対する個体の反応は，生物によって異なる。多くの無脊椎動物とカエルなど少数の脊椎動物では，個体の成長速度が低下し，比較的小さな体で成体となる。脊椎動物の中には，なわばりをもつものも存在する。なわばりをもつことで個体は離れて存在し，そのため十分な資源量をもつ個体だけが繁殖できる。資源が極端に限られた場合には，利用できるなわばりの数も減少する。

種内競争

イモムシに見られる共倒れ型競争

同種個体間の食物を巡る直接的な競争は，共倒れ型競争と呼ばれる。共倒れ型競争の強い状況では，どの競争者も生きていくのに十分な食物を得ることができない。

オオカミに見られる勝ち抜き型競争

社会的な群れの中に存在する順位によって，競争が制限される場合がある。上位の個体は十分な食物を得るが，順位の低い個体たちは残りの食物を巡って勝ち抜き型競争を行い，食物を得られないこともある。

オスのカロライナカメレオンに見られる誇示行動（ディスプレイ）

食物だけでなく，交配相手や繁殖地を巡っても種内競争は生じる。上図のカロライナカメレオンでは，オス個体は鮮やかな赤色の喉袋をもち，交配相手を巡る他のオス個体との競争のために，多大なエネルギーを誇示行動に用いる。

トラフガエルのオタマジャクシ個体間の競争

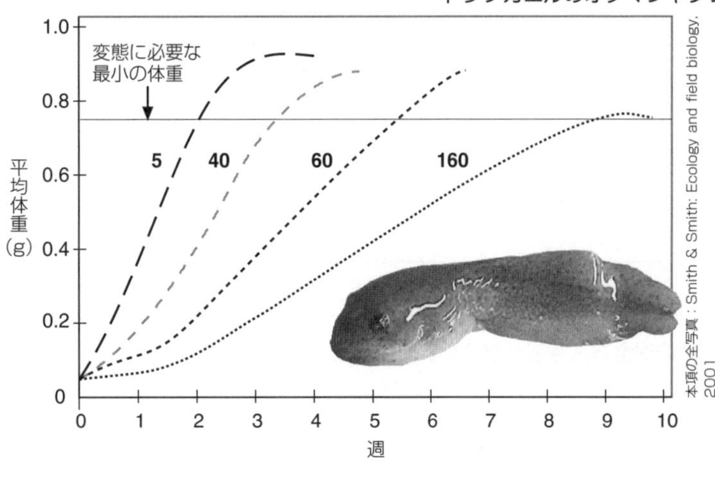

本項の全写真：Smith & Smith: Ecology and field biology. 2001

食物の欠乏は，個体の成長速度と生存率，そして個体群の増加率を低下させる。成体になる過程で変態や一連の脱皮を経験する生物（例：カエル，甲殻類，チョウ）では，食物の欠乏した個体は成体になる前に死亡する可能性がある。

左のグラフは，トラフガエルのオタマジャクシの成長速度が，5個体から160個体（同じ大きさの空間で）へと密度が増加するにつれて，どのように減少するのかを示したものである。

- 高密度では，オタマジャクシは比較的ゆっくりと成長し，変態に必要な最小の体重（0.75g）に到達するまでの時間も長く，オタマジャクシからカエルへと無事に変態する割合が減少した。
- 低密度に維持されたオタマジャクシの成長はより速く，より大きなサイズになり，平均体重が0.889gで変態した。
- カエルやチョウなどの生物では，成体と幼生は異なる食物源を利用することで，種内競争を緩和させている。

1．**種内競争**が下記のそれぞれに及ぼす影響を，例を用いて説明しなさい。

(a) 個体の成長速度：

(b) 個体群の増加率：

(c) 最終的な個体群の大きさ：

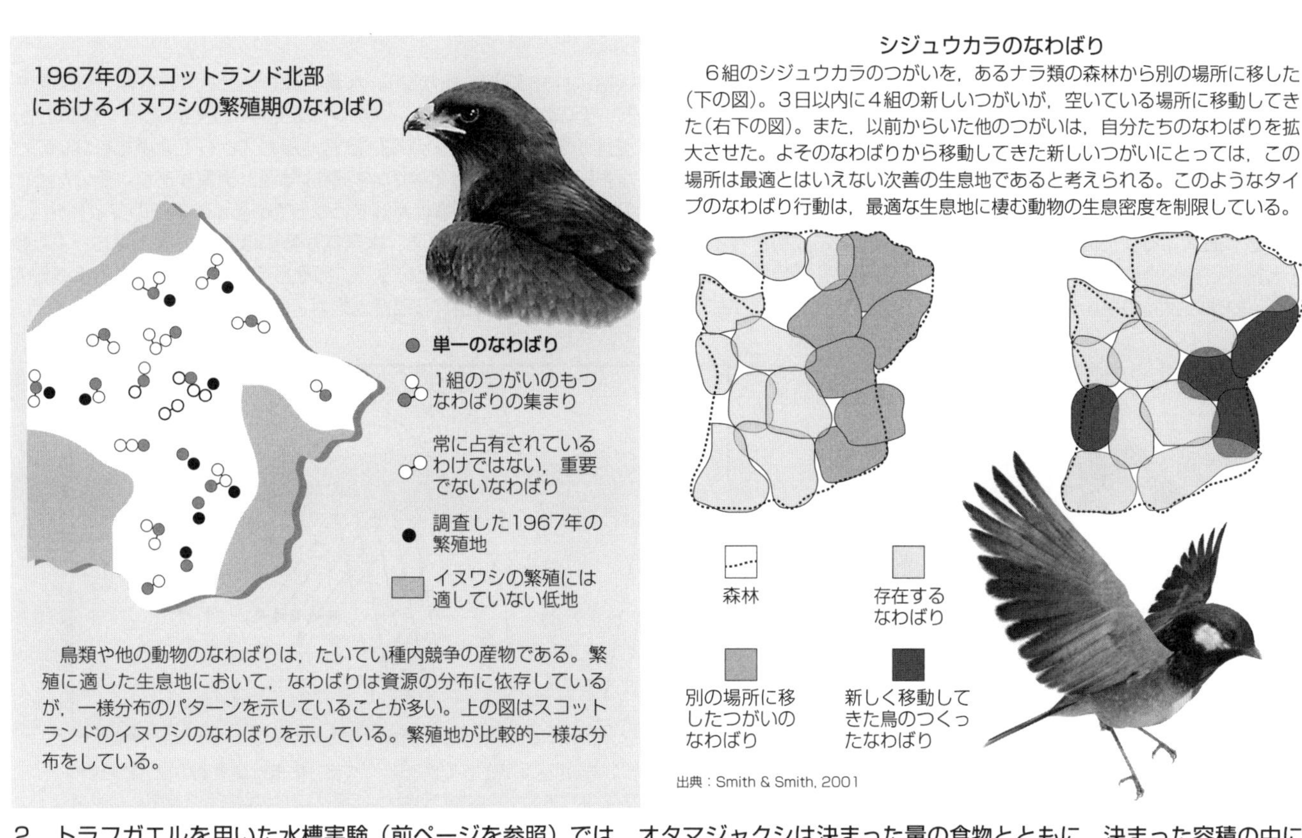

鳥類や他の動物のなわばりは，たいてい種内競争の産物である。繁殖に適した生息地において，なわばりは資源の分布に依存しているが，一様分布のパターンを示していることが多い。上の図はスコットランドのイヌワシのなわばりを示している。繁殖地が比較的一様な分布をしている。

シジュウカラのなわばり

6組のシジュウカラのつがいを，あるナラ類の森林から別の場所に移した（下の図）。3日以内に4組の新しいつがいが，空いている場所に移動してきた（右下の図）。また，以前からいた他のつがいは，自分たちのなわばりを拡大させた。よそのなわばりから移動してきた新しいつがいにとっては，この場所は最適とはいえない次善の生息地であると考えられる。このようなタイプのなわばり行動は，最適な生息地に棲む動物の生息密度を制限している。

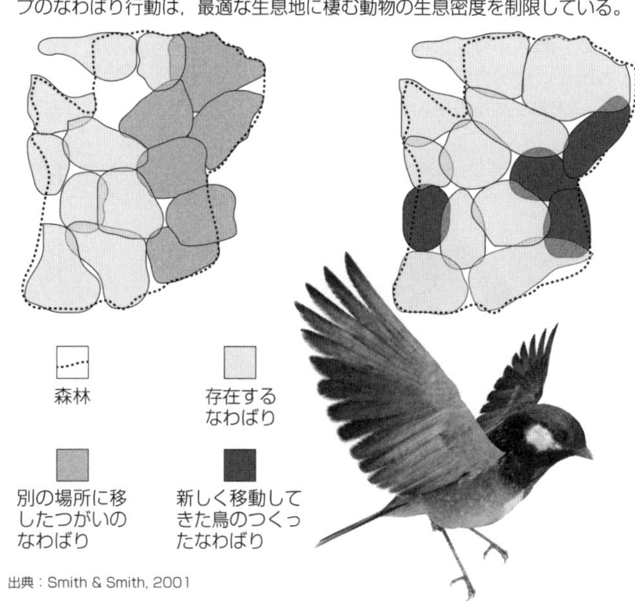

出典：Smith & Smith, 2001

2．トラフガエルを用いた水槽実験（前ページを参照）では，オタマジャクシは決まった量の食物とともに，決まった容積の中に入れられた。

(a) トラフガエルのオタマジャクシは，資源制約にどのように反応するか述べなさい。＿＿＿＿＿＿＿＿

(b) オタマジャクシが受ける影響は密度依存的か，それとも密度非依存的か，答えなさい。＿＿＿＿＿＿＿＿

(c) この実験結果が，どの程度野外の個体群での現象を表していると考えられるか述べなさい。

3．動物が種内競争を緩和させる方法を2つ挙げなさい。

(a) ＿＿＿＿＿＿＿＿

(b) ＿＿＿＿＿＿＿＿

4．(a) 生態系の環境収容力が低下することがあるのはなぜか説明しなさい。＿＿＿＿＿＿＿＿

(b) 環境収容力の低下が，最終的な個体群の大きさにどのように影響するのか説明しなさい。＿＿＿＿＿＿＿＿

5．適当な例を挙げて，種内競争の緩和におけるなわばりの役割を述べなさい。＿＿＿＿＿＿＿＿

温室効果

重要概念：温室効果は，太陽からの熱を保持するという大気がもっている自然の効果である。

地球の大気は，窒素，酸素，水蒸気などからなる混合気体である。ほかに少量の二酸化炭素やメタンが存在する。これらの気体は**温室効果ガス**と呼ばれる。**温室効果**と呼ばれる自然現象は，太陽光が大気をどう通過するかだけでなく，通常なら宇宙空間に放射される熱を大気がどのように捕らえるかを表すものである。この自然現象により，地球の表面の平均気温は約15℃に保たれている（大気がない状態よりも33℃も暖かい）。水蒸気はもっとも大きな温室効果をもち，その次がCO_2である。メタンは大気中にそれほど多くないため，温室効果は小さい。水蒸気は温室効果ガスとして考慮されないことが多い。なぜなら大気中の水の量は気温と関連があり，そのため他の温室効果ガスの影響と関連するからである。また正のフィードバックループにも左右される。水蒸気が多いほど気温は上昇し，より多くの水蒸気を生じることになる。おそらく，人工的に生じる水蒸気の量は他の人工的に生じる温室効果ガスほど増えていないと思われる。

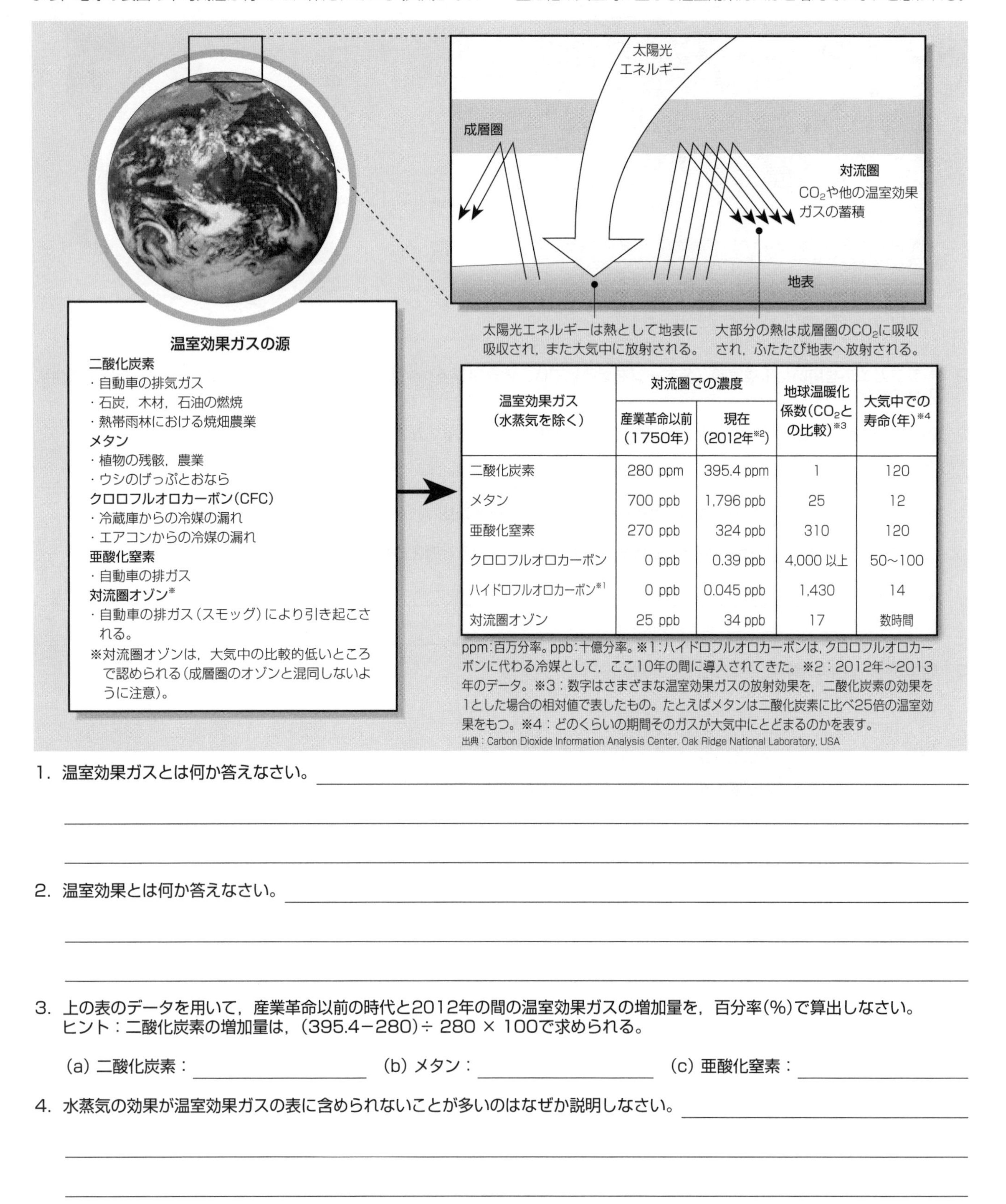

温室効果ガス（水蒸気を除く）	対流圏での濃度		地球温暖化係数（CO_2との比較）※3	大気中での寿命（年）※4
	産業革命以前（1750年）	現在（2012年※2）		
二酸化炭素	280 ppm	395.4 ppm	1	120
メタン	700 ppb	1,796 ppb	25	12
亜酸化窒素	270 ppb	324 ppb	310	120
クロロフルオロカーボン	0 ppb	0.39 ppb	4,000 以上	50〜100
ハイドロフルオロカーボン※1	0 ppb	0.045 ppb	1,430	14
対流圏オゾン	25 ppb	34 ppb	17	数時間

ppm：百万分率。ppb：十億分率。※1：ハイドロフルオロカーボンは，クロロフルオロカーボンに代わる冷媒として，ここ10年の間に導入されてきた。※2：2012年〜2013年のデータ。※3：数字はさまざまな温室効果ガスの放射効果を，二酸化炭素の効果を1とした場合の相対値で表したもの。たとえばメタンは二酸化炭素に比べ25倍の温室効果をもつ。※4：どのくらいの期間そのガスが大気中にとどまるのかを表す。

出典：Carbon Dioxide Information Analysis Center, Oak Ridge National Laboratory, USA

1. 温室効果ガスとは何か答えなさい。＿＿＿＿＿＿＿＿

2. 温室効果とは何か答えなさい。＿＿＿＿＿＿＿＿

3. 上の表のデータを用いて，産業革命以前の時代と2012年の間の温室効果ガスの増加量を，百分率(%)で算出しなさい。
   ヒント：二酸化炭素の増加量は，(395.4−280)÷ 280 × 100で求められる。

   (a) 二酸化炭素：＿＿＿＿＿＿　(b) メタン：＿＿＿＿＿＿　(c) 亜酸化窒素：＿＿＿＿＿＿

4. 水蒸気の効果が温室効果ガスの表に含められないことが多いのはなぜか説明しなさい。＿＿＿＿＿＿＿＿

地球温暖化

重要概念：地球温暖化とは，地表の平均気温が継続的に上昇していることをさす。

20世紀半ば以降，地表の気温は増加し続けている。科学界の総意（97%の気候科学者）は，**地球温暖化**と呼ばれるこの現象は，人間活動の結果，排出されたCO_2および他の温室効果ガスの大気中濃度の増加に起因するものとしている。

地表付近の気温の変化

右の図は，1860年から2010年までの毎年の平均気温を，1961年から1990年のすべての年の平均気温を標準気温として比較したものである。黒色の曲線は数学的に平準化した回帰曲線で，毎年のデータから示される一般的な傾向を表している。1977年以降の偏差のほとんどが平均よりも上にあり，長期的な平均気温よりも暖かくなっている。これは地球温暖化が進行していることを示している。2001年から2010年までの10年間は，記録上もっとも暖かい期間である。

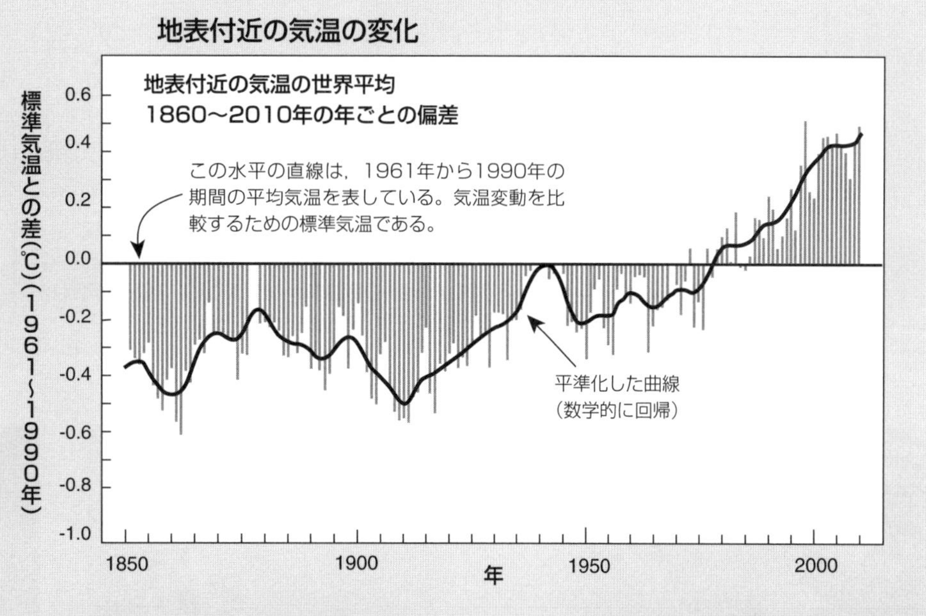

大気中のCO_2濃度の変化

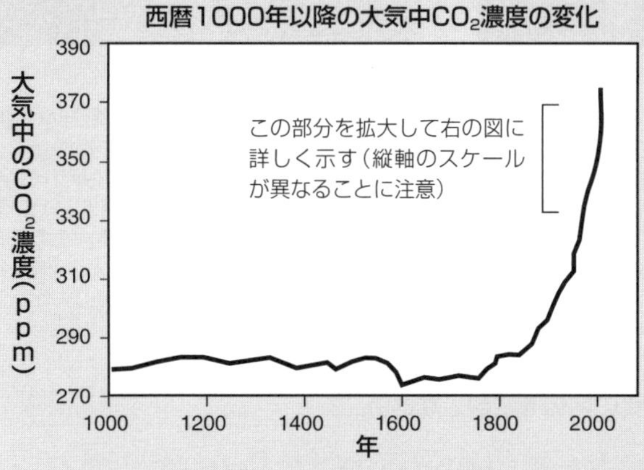

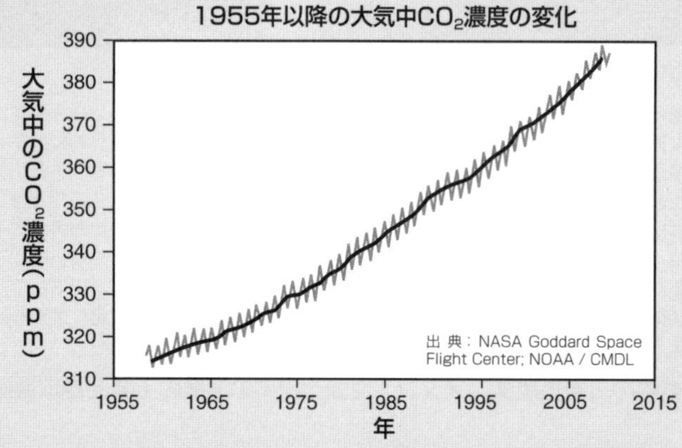

1800年代以降，大気中のCO_2濃度は急速な増加を続けている。2012年には，世界は化石燃料から，それまでの最多記録である345億トンのCO_2を排出した。総計として，人類は5,450億トンのCO_2を排出している。特に北半球では，陸地および森林面積が大きいためCO_2濃度は季節的に変動する。

産業革命の間（1760〜1840年），動力機関を動かすために石炭が大量に燃やされた。CO_2排出量の増加は，地球の平均気温の増加に寄与した。化石燃料（石炭，石油，天然ガス）の燃焼により，大気中へのCO_2の供給が続き，現在の地球温暖化につながっている。

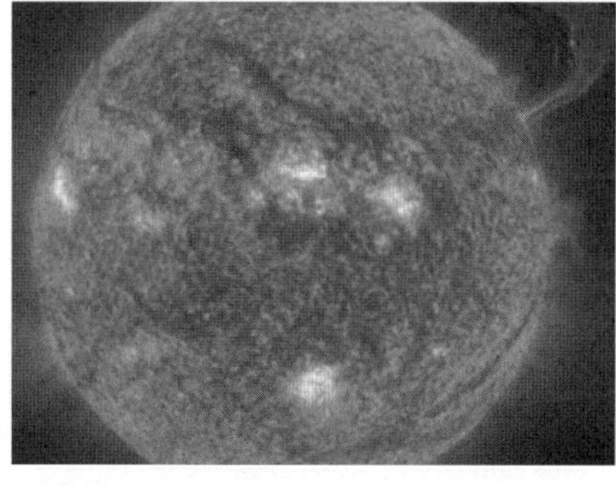

NASA

地球は太陽（上の写真）から，紫外線（UV），可視光，近赤外光としてエネルギーを受ける。地表で吸収されるものもあるが，残りは長波長の熱放射（熱）として反射される。このうち大部分は温室効果ガスに捕えられ，地表に向けて反射される。そのため地表の平均気温はさらに高くなる。

海は炭素の吸収源として働き，化石燃料の燃焼で生じたCO_2を吸収する。CO_2は水中で反応して炭酸を形成し，海洋のpHを低下させ，炭酸イオンの利用可能性を低下させる。このことは，サンゴが炭酸カルシウムの骨格を形成するのを困難にし，サンゴ礁の荒廃のおもな原因となる。

気候のモデリング

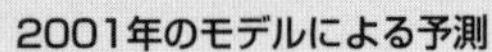

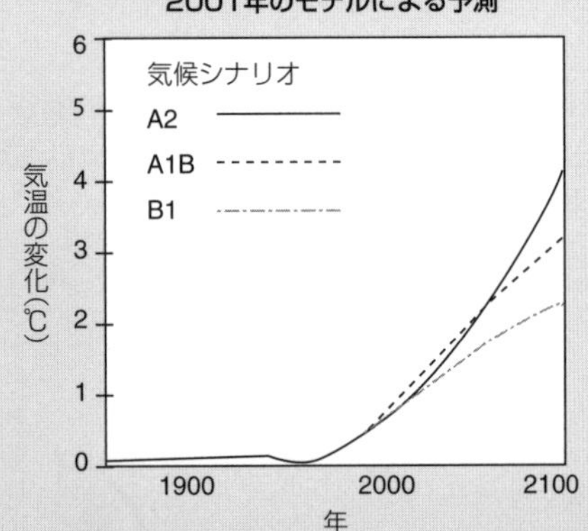

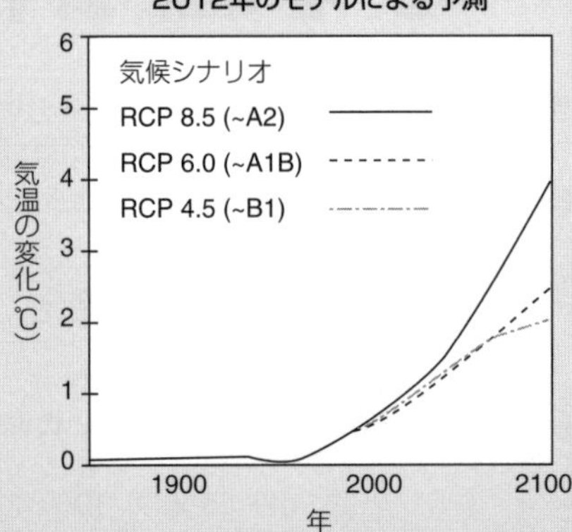

Data: IPCC assessment reports 2001/2012

コンピュータによるモデリングは気候変動予測の手段であるが，いくつもの要因が関与しているため困難である。データは複雑で，ときにデータどうしが競合することもある。多くの場合，科学者は一連の気候モデルをさまざまなシナリオに基づいてつくり，新しい情報が利用可能になるとそれらを改良する。そして新旧のモデルを比較する（上図）。

気候モデルに影響している要因

- 多くの変数が関与する複雑な自然の系
- 長期間にわたる正確なデータの不足
- 人と自然のふるまいが気候に影響を与える仕組みがはっきりしていないこと
- 気候モデルを機能させるためには，単純化しなければならないことが多いこと

国際的な意識：地球規模の影響

温室効果ガス排出の影響は，どこで排出量が増加しているかによらず地球規模のものとなる。排出量の減少には国際間の協力が必要である。

議論の混乱

メディアによる報道

地球温暖化は複雑な問題であり，大半の人々は情報を大衆向けのメディアから得る。人間活動が地球温暖化に寄与していることには科学的なコンセンサスがあるにもかかわらず，一部のメディアはいまだに偏った，もしくは不正確な情報を提供している。十分な情報を得たうえで判断をするためには，広範なメディアを見聞きしたり科学誌を読むなどして自分で意思決定しなければならない。

圧力団体

特定の関心をもった圧力団体は，政策担当者に影響を与えられるよう常に闘争している。石炭や石油の利用制限によるCO_2排出量の減少は，地球温暖化の抑制に貢献するだろう。しかし，化石燃料の消費は何十億ドルもの収入を石炭・石油企業にもたらす。そのため彼らは化石燃料の利用に不利となる法令の制定等に対して圧力をかける。もし成功すれば気候変動に関する政策の効果は小さくなるだろう。

論争

すべての国際的な学術団体は，人間活動が地球温暖化に対して不釣り合いなほどに寄与していることに同意している。しかし，政治的，科学的，商業的団体の中には地球温暖化は生じていないと主張するものも今なお存在する。そのような人々はメディアの注目を集め，十分な情報を得ておらず学術団体を疑っている一般の人々を話に引き込むことが多い。

1．大気中の二酸化炭素，メタン，亜酸化窒素の濃度の上昇と地球温暖化の関係を説明しなさい。

2．(a) 産業革命が大気中のCO_2濃度に与えた影響は何か答えなさい。

(b) なぜこのようなことが生じたのか述べなさい。

3．気候変動のモデルはなぜ常に見直さなければならないのか説明しなさい。

4．人間活動が気候変動を引き起こしているのではないとする気候変動懐疑論者による主張を評価しなさい。あなたの主張をまとめ，ワークブックにホチキスで留めなさい。

地球温暖化の生物多様性への影響

重要概念：地球温暖化は，植物や動物の分布および行動を変化させ，ときには生存能力にさえ影響している。

地球温暖化は生物の生息場所を変化させている。このことは特定の地域だけでなく，地球全体の生物多様性に重大な影響を与えている。気温が上昇すると，生物は自身の気温耐性に合う場所に移動しなければならなくなる。移動できず，気温の変化に耐えられない種は絶滅に直面する。気候変動にともなう降水量の変化も生物の生息できる場所に影響を与える。気候の長期的変化は最終的に植生帯に変化をもたらし，生育場所が縮小するものや拡大するものが生じるだろう。

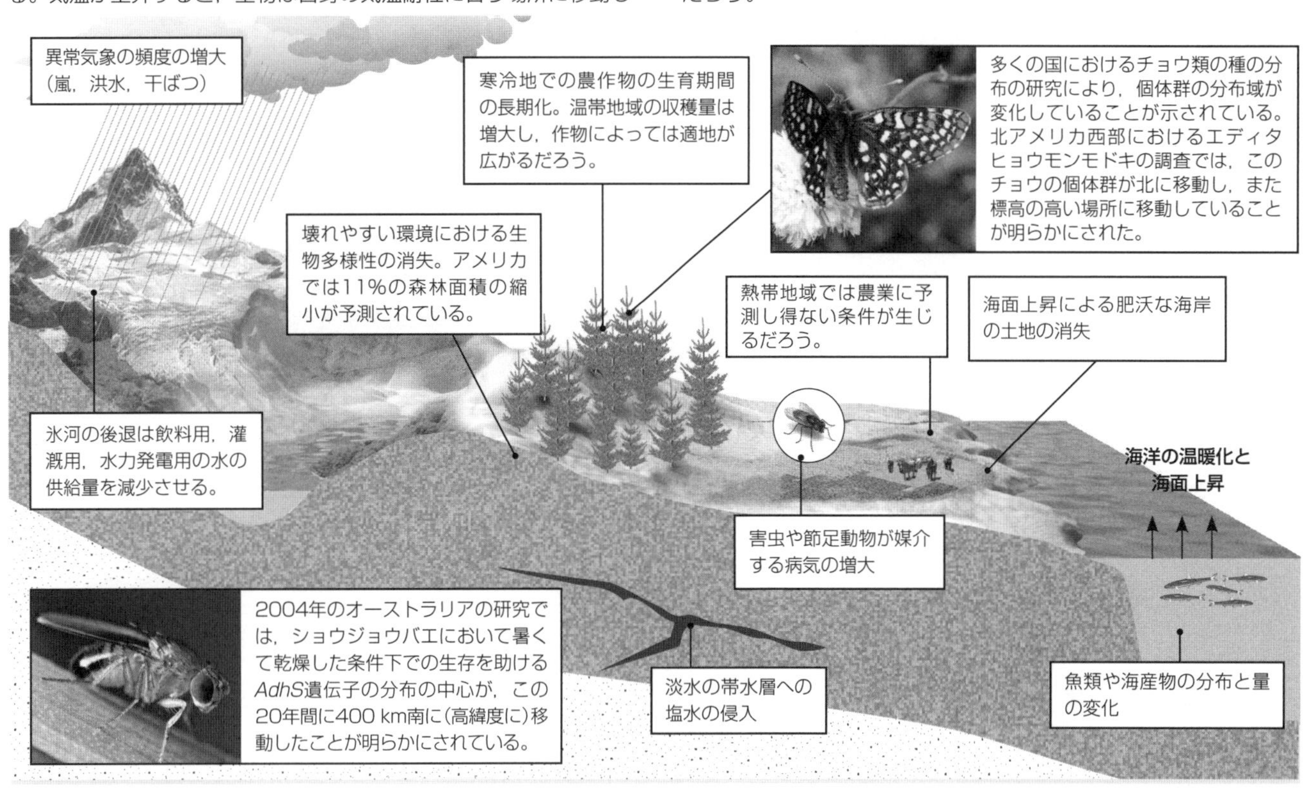

気温上昇が農作物の収量に及ぼす影響

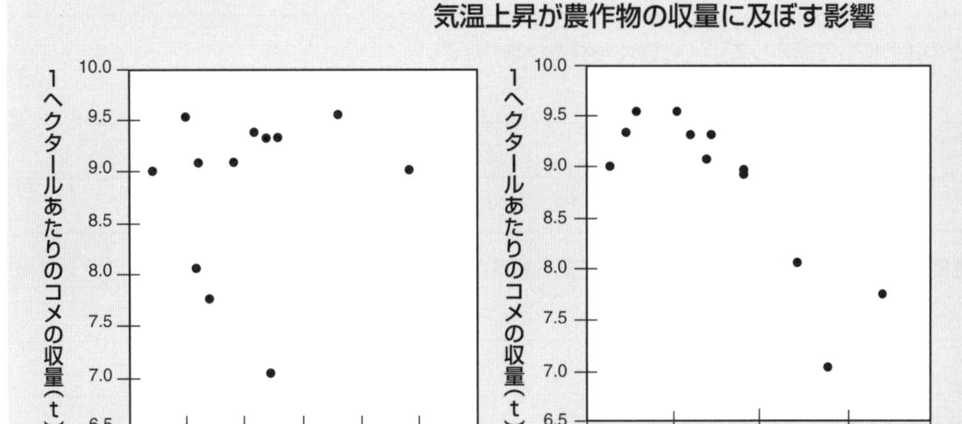

コメの生産量に関する研究で，左図の左側のグラフは日中の最高気温が収量に及ぼす影響がほとんどないことを示している。しかし，右側のグラフに見る夜間の最低気温については，0.5℃上昇するごとに収量が5％減少している。

出典：Peng S. et al. PNAS 2004

気温上昇が農作物に損害を与える可能性

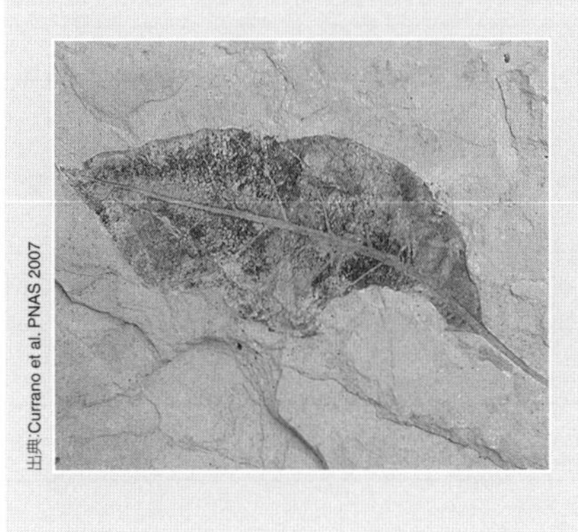
出典：Currano et al. PNAS 2007

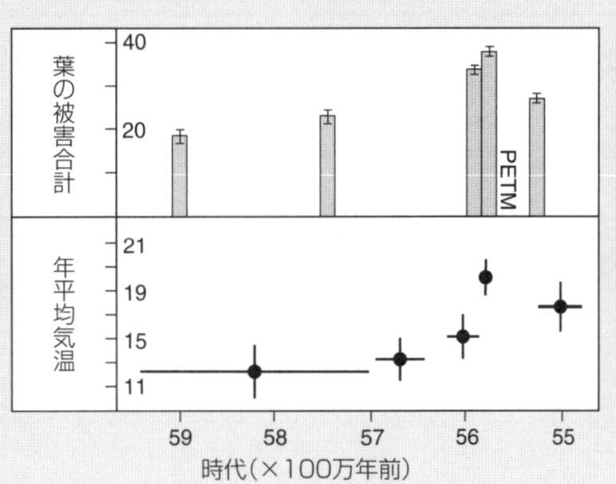

化石記録は，地球の気温が約5,600万年前に急激に上昇したことを示している。昆虫による食害痕跡のある葉の化石の研究により，葉の被害は，約5,600万年前の暁新世・始新世境界温暖化極大イベント（PETM）と同時期にもっとも多かったことが示された。これは気温上昇にともない，昆虫による食害が増加することを示す歴史的な証拠であり，農作物への温暖化の影響を暗示している。

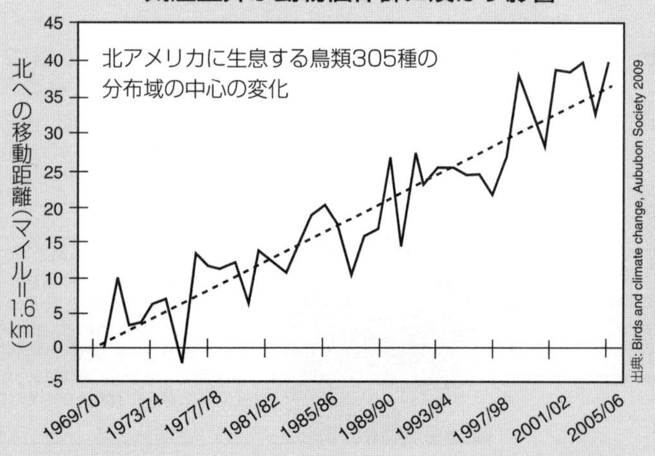

動物への地球温暖化の影響が現れ始めていることを，多くの研究が示している。世界規模のデータが，鳥類の夏の餌場への渡りが2週間早くなっていること，また，冬にはこれまでほど南には移動しないことが多いことを明らかにしている。

動物も温暖化の影響を受け，本来の生息地を変えざるを得なくなっている。気温の上昇にともない，雪線の標高は上昇し，高山性の動物をより高い標高に押しやっている。北アメリカの一部の地域では，ナキウサギの局所的な絶滅をもたらしている。

1．地球温暖化が環境の物理的側面にもたらす影響について述べなさい。

2．(a) 地球温暖化が農作物の収量に及ぼす影響について述べなさい。

(b) 農家はこのような変化にどのようにして順応していくと考えられるか述べなさい。

3．昆虫の個体群が地球規模の気温変化に影響を受けていることを示す証拠を述べなさい。

4．(a) 地球温暖化が鳥の渡りにどう影響を及ぼしているか述べなさい。

(b) そのような渡りのパターンの変化が，これらの鳥類個体群の食物の利用可能性にどう影響すると考えられるか述べなさい。

5．地球温暖化が高山性生物の局所的な絶滅にどうつながるのか説明しなさい。

熱帯の森林破壊

重要概念：熱帯雨林の破壊は，生物多様性の消失だけでなく，地球温暖化の促進をももたらす。

熱帯雨林は，1年を通して非常に湿潤な気候の地域に存在する（年降水量2,000～4,500mm）。世界の熱帯雨林の約半分は，わずか3つの国に分布している。南アメリカの**ブラジル**，アフリカの**ザイール**，そして東南アジアの**インドネシア**である。世界の生物多様性の多くは，熱帯雨林に支えられている。熱帯雨林の破壊は，光合成量の大幅な減少につながり，地球温暖化を促進する。アマゾンでは，森林破壊の75%は，ブラジルにある道路の50km圏内で起こっている。熱帯雨林の植物からは，医薬となる可能性を秘めた物質がまだまだ発見され得る。森林破壊による種の消失は，それらが将来発見される可能性を失うことを意味する。熱帯雨林は，地域住民に，経済的に持続可能な生産物（ゴム，コーヒー，ナッツ，果実，油など）を提供している。

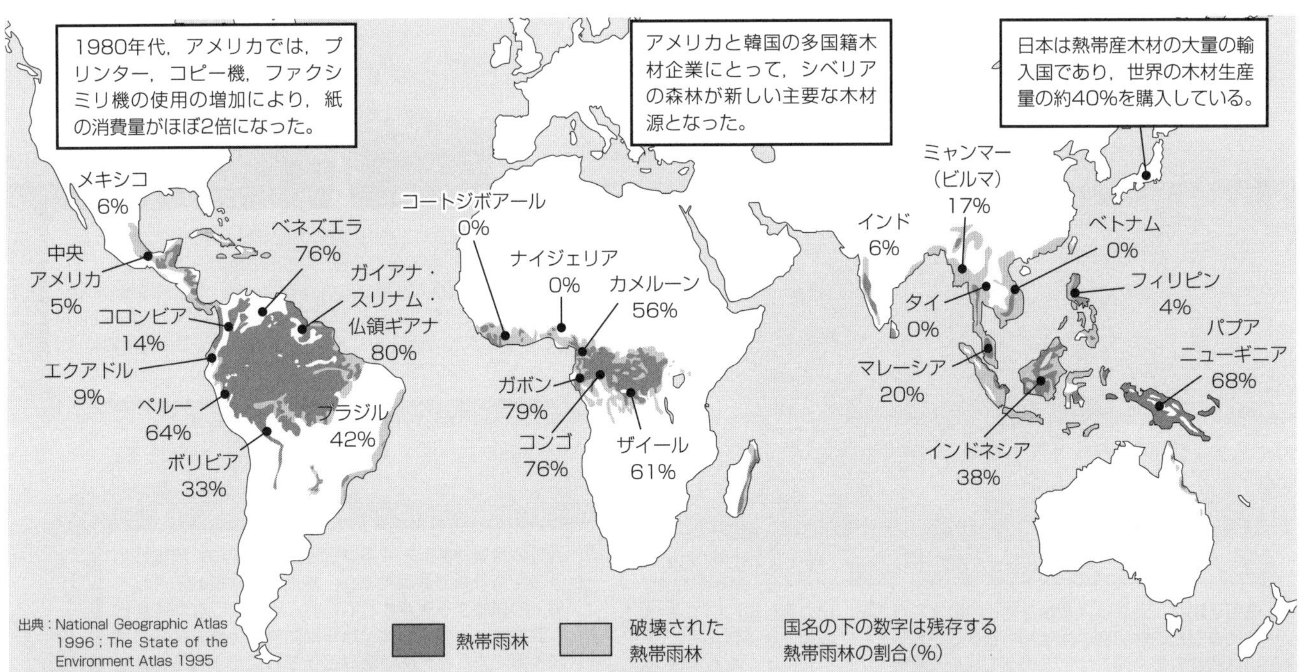

熱帯雨林の伐採は，熱帯の木材の需要が世界的に高まるにつれて，驚くほどの速度で進行している。伐採された跡地は，そこで農業を始めるために裸地にされる。しかし，そうしてつくられた農地やプランテーションの生産性は，たいていの場合長続きしない。

インドネシアおよびブラジルで，1997年と1998年に起こった大きな森林火災は，広大な面積の熱帯雨林を荒廃させた。インドネシアの火災は，きわめて降水量が少なかった年に，住民が森林を農地に変えるために裸地にしようと試みたことが発端であった。

熱帯雨林の存在する場所への新しい道路網の建設は，著しく環境を破壊する。降水量の非常に多い場所では，表土の浸食と消失の危険性が高まることになる。

1．なぜ熱帯雨林の保全が必要なのか，理由を3つ述べなさい。

(a) ______________________________

(b) ______________________________

(c) ______________________________

2．熱帯の森林破壊を引き起こすおもな人間活動を3つ挙げ，それらがもたらす悪影響について述べなさい。______________

____

____

漁業の生態学的影響

重要概念：過剰な漁獲によって世界的な漁業資源の荒廃がもたらされている。

漁業は人間の伝統的な営みであり，食料の確保という意味だけでなく，経済的，社会的，そして文化的にも重要なものである。今日では，漁業は世界規模で資源を採集する産業となっている。長年にわたる世界中の海での過剰な漁獲によって，タラなど商業上重要な種が急激に減少した。国連食糧農業機関（FAO）の報告によると，よく商業利用されている海産魚類10種のうち7種が，十分多く捕獲されている（44%），乱獲されている（16%），壊滅状態にある（6%），以前の乱獲からほとんど回復していない（3%）のどれかに相当する。ときに漁業資源の荒廃をもたらすような破壊的な方法を用いて，あまりにもたくさんの漁船が過剰な漁獲を行ってきたことで，**持続可能最大収量**を超えてしまっている。

置き去りにされた漁具（特に流し網）は，海産動物の脅威となる。これらの影響に関する包括的なデータはないものの，漁業から出たゴミが魚にもつれたり，魚が食べてしまったりする事故（**ゴーストフィッシング**）が，250種以上の魚類で報告されている。

漁業資本の拡大は，漁船，特に大型漁船の建造につながった。そして漁業の歴史の浅い，たくさんの魚のいる場所で，これまでにない規模で乱獲が広まっていった。漁業資源量の観点から，これら大型漁船の活動は生態学的に持続不可能なものである。また，漁獲量1カロリーあたりの漁船の使用燃料は15カロリーにのぼる。

底引き網は，海底に大規模な物理的損害を与える。網の通り道にいる商業的に利益のない底生生物種も根こそぎ捕獲され，痛めつけられ，あるいは殺される。海底は不毛の地になり，生産力のない荒地は，生命を維持することができなくなる。現在，世界の大陸棚の半分に等しい面積が，毎年，底引き網の漁場となっている。世界の海底は，世界の森林が皆伐されるよりも150倍も速く荒廃させられている。

漁具の漁獲対象に対する選択性が低いため，捕獲したうち何百万もの海産動物が，経済的，法律的，そして個人的理由から廃棄されている。そのような海産動物は**混獲物**とされ，魚類，無脊椎動物，保護対象の海産哺乳類，ウミガメ，海鳥などがこれに含まれる。漁具やその使用方法のために，混獲物の一部または全部が死ぬことになる。世界全体での混獲物の最近の推定値は，年あたり約3,000万トンである。これは，毎年の推定漁獲量8,500万トンの約3分の1である。

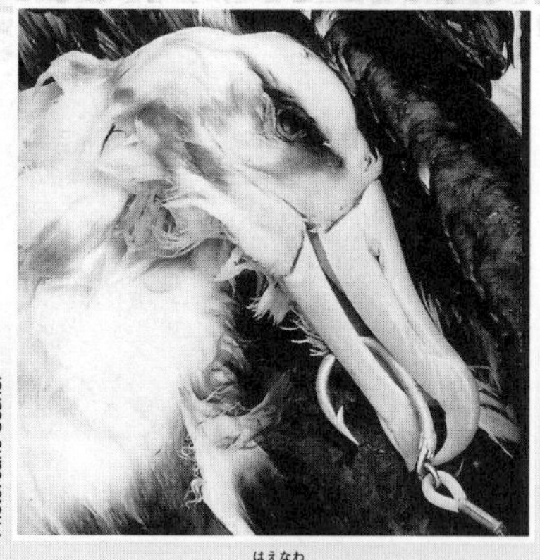

南太平洋だけでも，延縄漁（おもにマグロを捕獲するための）により，毎年10万羽のアホウドリやミズナギドリが死亡している。世界に生息する20種のアホウドリ類のうち6種は深刻なほど個体数を減少させており，延縄漁が6種すべての個体数減少に関係している。

多くの種の乱獲や個体群からの繁殖個体の過剰な除去は，甚大な生態学的影響をもつ。精巧な魚群探知機を備えた現在の船は，魚の群れ全体を捕獲する能力をもっている。

かつて世界の過剰漁獲問題の解決策になり得ると考えられた魚の養殖は，実際には野生の魚の数の減少を加速させた。多くの養殖魚は野生の魚からつくられた餌を食べるが，養殖魚が300g育つのに約1kgの野生の魚が必要である。養殖場の中には天然の魚のハビタットを破壊するものや，大規模な排棄物を生じるものもある。

1．商業目的の漁獲の管理との関連で，乱獲という用語について説明しなさい。

2．混獲物とは何を意味するのか説明しなさい。

ペルーのカタクチイワシ類（アンチョビ）の漁業：乱獲の例

1950年以前，ペルーの魚はおもに住民の消費分のみ捕獲されており，年間漁獲量は8万6,000トンだった。1953年に最初の魚肉食品工場が建造され，それから9年以内にペルーは漁獲量（体積）で世界1位の漁業国となった。1,700隻のきんちゃく網漁船が漁業シーズンの7か月間漁獲を行い，ペルー経済は発展した。

1970年，一部の科学者グループは，漁業崩壊のおそれがあるとペルー政府に対して警告を発した。彼らは持続可能な漁獲量は950万トンだと推定したが，実際の漁獲量はこれを超えるものだった。しかし，ペルー政府はこれを無視した。前年にノルウェーとアイスランドのニシン漁が崩壊したため，利益の大きいアンチョビ市場でペルーは優勢に立っていたのだ。1970年，政府は1,240万トンの漁獲を許可した。1971年には1,050万トンの漁獲量をあげた。そして1972年，環境変動（エルニーニョ）と長期にわたる過剰な漁獲の影響が合わさり，ペルーの漁業は崩壊し，回復することはなかった。

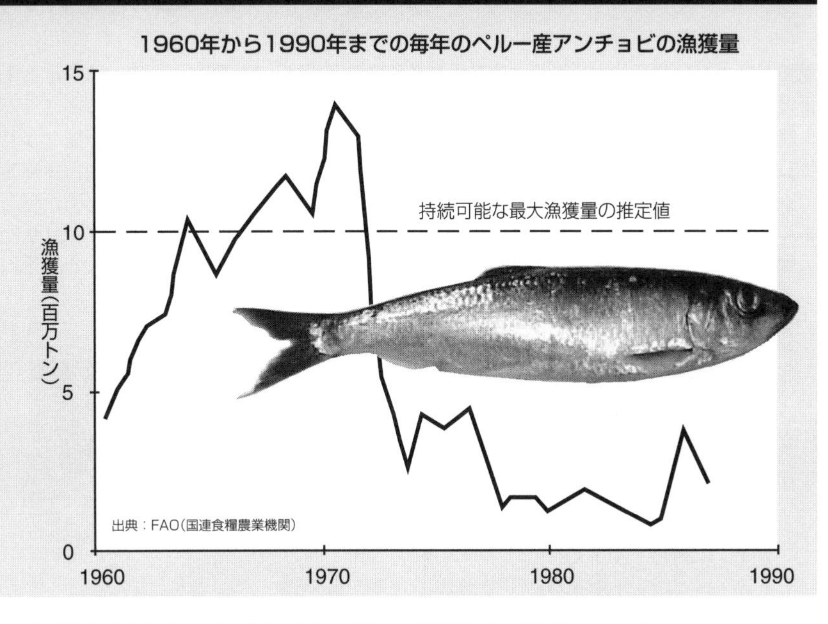

3．持続可能な最大収量を上回って捕獲することが，漁業の崩壊につながるのはなぜか。例を用いて説明しなさい。

4．商業目的で捕獲される魚類の個体群における齢，バイオマス，個体数の関係を示したグラフ（右下）を用いて，以下の質問に答えなさい。

(a) 捕獲にもっとも適していると考えられる齢を答えなさい。

(b) バイオマスの増加量が最大となる齢の範囲を答えなさい。

(c) この魚類個体群の管理計画を決める際に，漁業の研究者にとって，生活史に関する他のどのようなデータが必要となるか述べなさい。

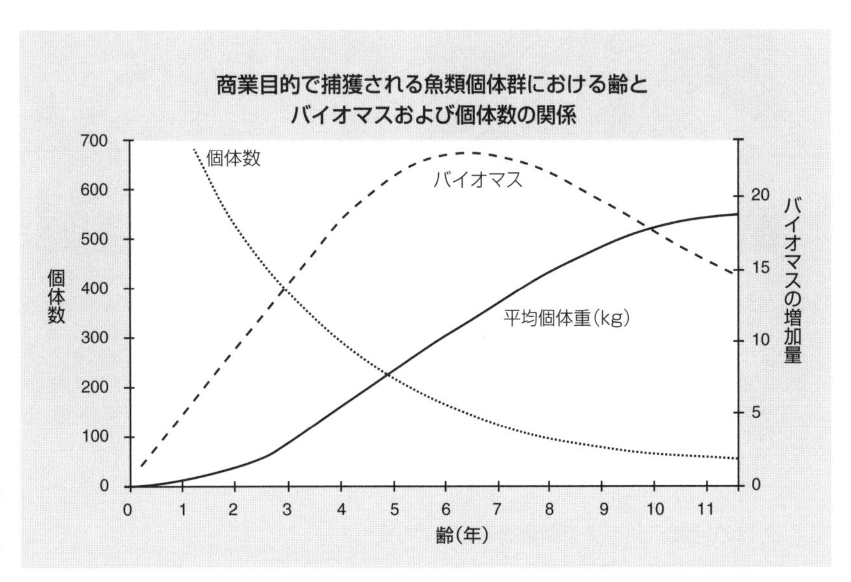

5．魚類の個体群の保全方法を3つ述べなさい。

(a) 海産魚類の養殖の利点を2つ述べなさい。

(b) 海産魚類の養殖の欠点を2つ述べなさい。

絶滅危惧種

重要概念：深刻な個体群の減少や絶滅のおそれのある種は，絶滅危惧種，あるいは危急種に分類される。

絶滅危惧種とは，個体数がきわめて少なく，局所的な絶滅に見舞われる危険性の高い種のことである。一方，危急種とは，近い将来に絶滅危惧種になる可能性の高い種である。**絶滅**は自然現象だが，多くの種が急速に絶滅していくことが重大な関心事となっている。人間活動のために，毎日200種の生物が絶滅していると推定されている。たとえ絶滅から保護されたとしても，残存する個体群があまりに小さくては遺伝的に存続できない可能性もある。人口増加，持続不能なほどの資源利用の急増，貧困，環境に対する責任の欠如などが，生物を早急な絶滅へと追い込んでいる主要な原因である。絶滅を引き起こすもっとも大きな2つの直接的原因は，ハビタットの消失，分断化，劣化と，生態系への非在来種の偶然あるいは故意の移入である。

種の減少の要因

盗んだ卵をもつイタチ

移入された外来種

たとえばネズミ，イタチ，ネコなど外部から移入された捕食者は，絶滅危惧種の鳥類や無脊椎動物を食べる。移入された植食動物（シカやヤギなど）は，変化の影響を受けやすい植物を傷つけ，植生を踏み荒らす。雑草は競争の末に固有種を駆逐するだろう。

天然の雨林の皆伐

ハビタットの破壊

農業のための皆伐，都市開発，土地の開墾，あるいは植物および動物の侵入種による植生の破壊などを通して，野生生物のハビタットは消失する。危急種が生息するハビタットがあまりに小さくなり孤立すると，その個体群は存続できなくなる。

商業・調査捕鯨

狩猟と採集

多くの場合，狩猟の頻度や規模に対する規制がゆるいために，狩猟・採集が合法的に行われている。中には，人間の土地利用の邪魔になるという理由から狩猟の対象となっている種もある。また，違法な貿易や標本採集により，個体群の存続が脅かされている種も存在する。

汚染された排出物の水路への混入

汚染

たとえば産業廃棄物など，人間によって環境に放出された毒性物質は，直接的な危害となったり，食物連鎖の中に蓄積されたりする。都市近郊の河口，湿地，川，沿岸部の生態系は，特に被害を受けやすい。

ケーススタディ：クロサイ

クロサイは，かつてアフリカのいたるところに多数生息していた。現在では，わずかな個体群が残るのみである。ケニアでは，たった17年間で98%の個体群が消失した。

1991年にザンビアで実行されたツノを取り去る計画（上図）は，クロサイの殺戮（りく）を止められなかった。ツノを取り去られたクロサイの大多数は，依然として撃ち殺されている。クロサイの保護に携わる人々は，大量のツノを貯蔵する密貿易者がツノの価値を高める目的でクロサイを絶滅させようとしているのではないかと疑っている。

1．動物の絶滅に関与する要因を挙げなさい。＿＿＿＿＿＿＿＿

2．どのような種であろうと，絶滅しないよう保護されるべきなのはなぜか。理由を2つ述べなさい。

(a) ＿＿＿＿＿＿＿＿

(b) ＿＿＿＿＿＿＿＿

3．(a) 日本における絶滅危惧種の名前を1つ挙げなさい。＿＿＿＿＿＿＿＿

(b) その生物の減少の理由として考えられる要因を述べなさい。＿＿＿＿＿＿＿＿

生物多様性の消失

重要概念：生物多様性が高い生物多様性ホットスポットは，地球の陸地のごくわずかの場所に集中している。

私たちが**生物多様性**を調べるときの基本単位は，種である。生物多様性は，地球上に均等に分布しているわけではない。熱帯では多様性が高いように，集中的に生物が存在する場所がある。NGO（非政府組織）のコンサベーション・インターナショナルは，35箇所の**生物多様性ホットスポット**を挙げている。生物多様性ホットスポットとは，生物多様性が高く，生態学的に固有の地域でありながら，著しい破壊の脅威にさらされている場所のことである。それは，現存する種数，**固有種**の多さ，そして種が瀕している危機の程度に基づいて決定される。現在知られている陸上植物と動物種の3分の1以上が下図の25箇所の地域で認められているが，これらの地域の面積を合わせても地球の陸地面積のたった1.4%に過ぎない。不幸なことに，生物多様性ホットスポットは，人間の居住地が混み合い，人口増加の著しい場所のすぐそばにあることが多い。ほとんどは熱帯に位置する森林である。生物多様性の消失は，生態系の安定性と，攪乱（かくらん）からの回復力を減少させ，生物群集が変動する環境条件に適応していく能力を低下させる。都市化，道路建設，そして人間活動による自然に対する侵食の圧力が高まるにともない，種多様性の維持は今日の私たちにとって最重要課題となっている。

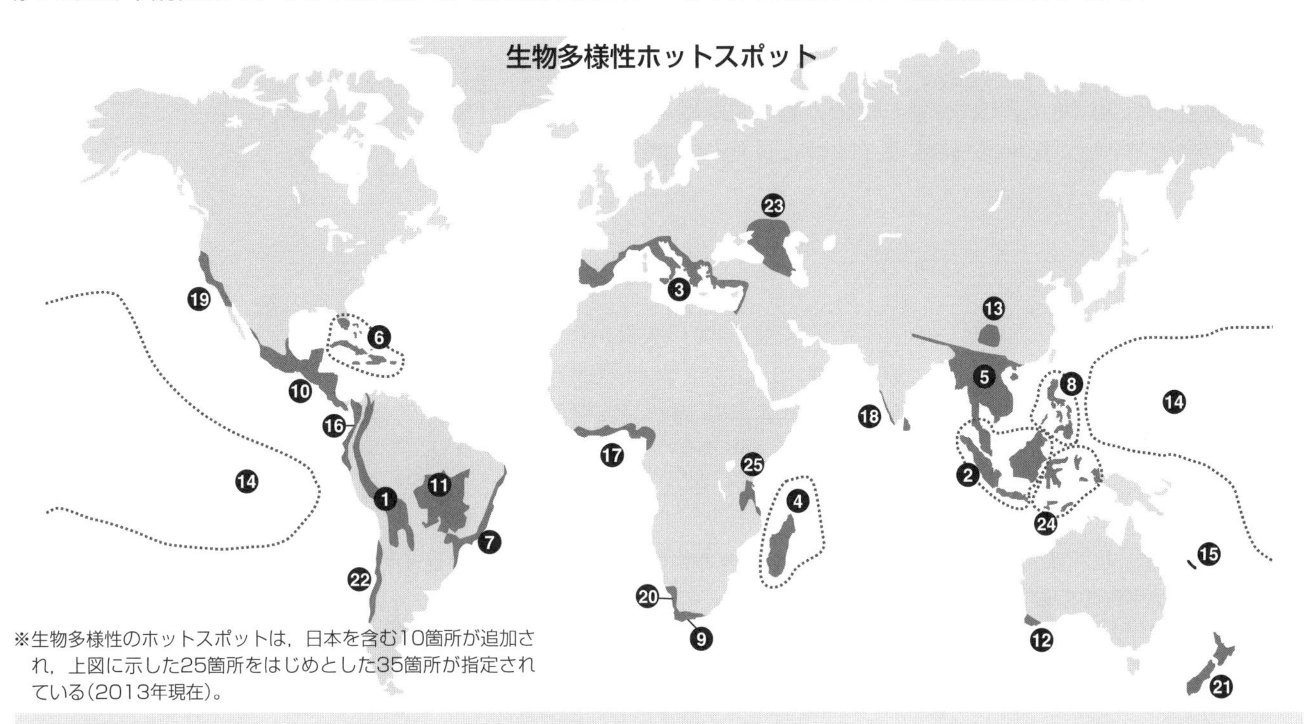

※生物多様性のホットスポットは，日本を含む10箇所が追加され，上図に示した25箇所をはじめとした35箇所が指定されている（2013年現在）。

生物多様性に対する脅威

熱帯木材への世界の需要の増加により，地球上でもっとも種の豊かな地域である熱帯雨林は驚くほどの速さで破壊されており，土地は農業利用のために裸地にされている。

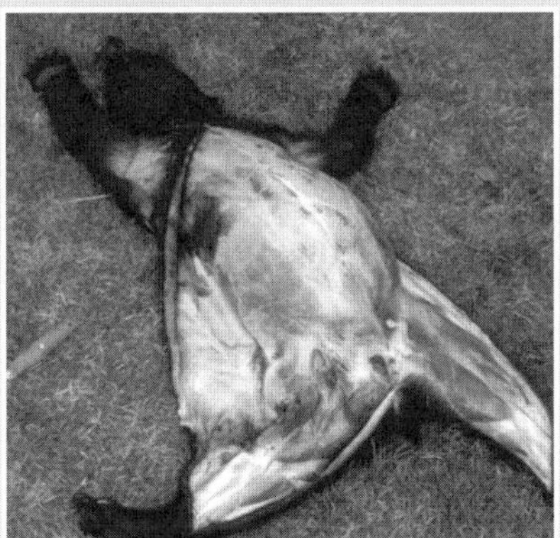

違法貿易（食料にするため，体の一部を取るため，あるいは珍しいペットとして貿易するため）によって，絶滅へと追いやられている種がいる。こうした貿易は国際的に禁じられているにもかかわらず，霊長類，オウム，爬虫類，大型のネコ科動物などの違法な貿易が続けられている。

環境汚染や野生生物のハビタットへの人間活動の圧力は，多くの地域で生物多様性に対する脅威となっている。環境汚染物質は，食物連鎖を通して生物体に濃縮されたり，流出した油にまみれたこの鳥のように，直接的に生物に害をもたらしたりする。

1．教科書やインターネット，百科事典などを使って，上の図に示した25箇所をはじめとする生物多様性ホットスポットを調べなさい。それぞれの地域について，生物多様性ホットスポットとして認定される理由となった特徴をレポートにまとめなさい。

2．あなたがもっとも深刻だと認識した生物多様性に対する脅威を挙げ，その理由を説明しなさい。 ________________

____

____

【 Writing Team 】

- Tracey Greenwood
- Lissa Bainbridge-Smith
- Kent Pryor
- Richard Allan

【 監訳者略歴 】

●後藤　太一郎

1955年生まれ。横浜市立大学文理学部生物学科卒業，岡山大学大学院理学研究科修士課程修了，岐阜大学大学院医学研究科博士課程単位取得退学(医学博士)。三重大学教育学部特任教授ならびに三重大学名誉教授。

【 訳者略歴 】

●松田　良一

1952年生まれ。東京都立大学理学部生物学科卒業，千葉大学大学院理学研究科修士課程修了，東京都立大学大学院理学研究科生物学専攻博士課程中退(理学博士)。東京理科大学理学研究科教授ならびに東京大学名誉教授。

●冨樫　　伸

1955年生まれ。横浜市立大学文理学部生物学科卒業，筑波大学大学院博士課程生物科学研究科修了(理学博士)。明星大学教育学部教授。

●平野　弥生

1957年生まれ。岡山大学理学部生物学科卒業，岡山大学大学院理学研究科修士課程修了，北海道大学大学院理学研究科博士課程修了(理学博士)。千葉県立中央博物館分館海の博物館共同研究員ならびに東邦大学理学部東京湾生態系研究センター訪問研究員。

●高田　智夫

1973年生まれ。三重大学教育学部小学校教員養成過程卒業，三重大学大学院教育学研究科修士課程修了，京都大学大学院理学研究科博士課程修了(理学博士)。サントリーグローバルイノベーションセンター株式会社研究部。

●平山　大輔

1975年生まれ。大阪市立大学理学部生物学科卒業，大阪市立大学大学院理学研究科博士課程修了，博士(理学)。三重大学教育学部教授。

ワークブックで学ぶ生物学の基礎（第3版）

2010年8月25日　第1版第1刷発行
2011年11月28日　第2版第1刷発行
2015年11月25日　第3版第1刷発行
2024年9月10日　第3版第9刷発行

著　者　Tracey Greenwood
Lissa Bainbridge-Smith
Kent Pryor
Richard Allan
監訳者　後藤太一郎
発行者　村上和夫
発行所　株式会社オーム社
郵便番号　101-8460
東京都千代田区神田錦町3-1
電話　03(3233)0641(代表)
URL　https://www.ohmsha.co.jp/

組版　アーク印刷　　印刷・製本　TOPPANクロレ
ISBN978-4-274-50585-0　Printed in Japan